普通高等教育"十一五"国家级规划教材

普通高等教育农业农村部"十三五"规划教材

普通高等教育"十四五"规划教材

草地保护学

第3版

刘长仲　姚　拓　主编

中国农业大学出版社
·北京·

内容简介

本书系统地介绍了草地植物病害、草地昆虫、草原啮齿动物和草地毒草的基础知识，草地有害生物的调查与预测，以及草地有害生物的防治技术与策略。在此基础上介绍了主要的草地有害生物，包括草地主要病、虫、鼠害的分布、为害症状、形态特征、发生规律及防治技术，草地主要毒草的识别特征、生态学特性、有毒成分、家畜中毒症状与解毒方法，以及毒草的开发利用与防除技术。

本书不仅可用作高等院校草学类、动物生产类各专业的教材，也可用作植物保护等相关专业学生知识拓展的资料，还可供草业科学、草地保护学等专业管理和科技人员参考。

图书在版编目(CIP)数据

草地保护学 / 刘长仲，姚拓主编. -- 3 版. --北京：中国农业大学出版社，2021.12

ISBN 978-7-5655-2667-1

Ⅰ.①草… Ⅱ.①刘… ②姚… Ⅲ.①草原保护 Ⅳ.①S812.6

中国版本图书馆 CIP 数据核字(2021)第 247244 号

书　名　草地保护学　第 3 版

作　者　刘长仲　姚　拓　主编

策划编辑　张　程　　**责任编辑**　韩元凤

封面设计　郑　川

出版发行　中国农业大学出版社

社　址　北京市海淀区圆明园西路 2 号　　**邮政编码**　100193

电　话　发行部 010-62818525，8625　　读者服务部 010-62732336

编辑部 010-62732617，2618　　出　版　部 010-62733440

网　址　http://www.cau.edu.cn/caup　　**E-mail** cbsszs@cau.edu.cn

经　销　新华书店

印　刷　涿州市星河印刷有限公司

版　次　2022 年 1 月第 3 版　　2022 年 1 月第 1 次印刷

规　格　185 mm×260 mm　　16 开本　　26.75 印张　　665 千字

定　价　79.00 元

第3版编审人员

主　　编　刘长仲　姚　拓

副 主 编　苏军虎　张廷伟　芦光新　班丽萍

编写人员　（按姓氏笔画排序）

王　登（中国农业大学）
王国利（甘肃农业大学）
牙森·沙力（新疆农业大学）
方强恩（甘肃农业大学）
尹淑霞（北京林业大学）
史　娟（宁夏大学）
任金龙（新疆农业大学）
刘长仲（甘肃农业大学）
芦光新（青海大学）
苏军虎（甘肃农业大学）
李克梅（新疆农业大学）
李建宏（甘肃农业大学）
杨顺义（甘肃农业大学）
迟胜起（青岛农业大学）
张　宁（内蒙古民族大学）
张廷伟（甘肃农业大学）
张志飞（湖南农业大学）
张丽娟（内蒙古民族大学）
林甜甜（四川农业大学）
胡桂馨（甘肃农业大学）
姚　拓（甘肃农业大学）
班丽萍（中国农业大学）
曾　亮（甘肃农业大学）
谭　瑶（内蒙古农业大学）

审　　稿　冯光翰（甘肃农业大学）

第2版编审人员

主　编　刘长仲（甘肃农业大学）

副主编　姚　拓（甘肃农业大学）
赵　莉（新疆农业大学）

参　编　（按姓氏笔画排序）
王国利（甘肃农业大学）
方强恩（甘肃农业大学）
史　娟（宁夏大学）
刘　英（沈阳农业大学）
李克梅（新疆农业大学）
苏军虎（甘肃农业大学）
张　宁（内蒙古民族大学）
张丽娟（内蒙古民族大学）
张彩峡（西藏职业技术学院）
杨顺义（甘肃农业大学）
庞保平（内蒙古农业大学）
胡桂馨（甘肃农业大学）
班丽萍（中国农业大学）
钱秀娟（甘肃农业大学）
曾　亮（甘肃农业大学）
蔡卓山（甘肃农业大学）
谭　瑶（内蒙古农业大学）
魏学红（西藏大学农牧学院）

审　稿　冯光翰（甘肃农业大学）

第 1 版编审人员

主　编　刘长仲(甘肃农业大学)

副主编　姚　拓(甘肃农业大学)
　　　　侯建华(河北农业大学)

参　编　(按姓氏笔画排序)
　　　　王国利(甘肃农业大学)
　　　　方强恩(甘肃农业大学)
　　　　史　娟(宁夏大学)
　　　　刘　英(沈阳农业大学)
　　　　李克梅(新疆农业大学)
　　　　张　宁(内蒙古民族大学)
　　　　张丽娟(内蒙古民族大学)
　　　　赵　莉(新疆农业大学)
　　　　胡桂馨(甘肃农业大学)
　　　　高立杰(河北农业大学)
　　　　钱秀娟(甘肃农业大学)
　　　　蔡卓山(甘肃农业大学)
　　　　鞠晓峰(黑龙江八一农垦大学)

审　稿　冯光翰(甘肃农业大学)

第3版前言

《草地保护学》第2版自2015年12月出版至今已6年，6年来，本教材在草业科技人才培养、草地保护学知识普及、草地生态保护以及控制有害生物的危害，维护人类的物质利益和环境利益等方面发挥了重要作用。在这6年中，随着农牧业产业结构的调整及生态环境的变化，一些地区草地有害生物的群落结构发生改变，主要有害生物的种类发生了变化，草地保护学的研究及有害生物的防控技术也取得很大进展。

《草地保护学》第3版是在第2版的基础上修订的，它继承了第2版的科学体系，同时根据近6年来该领域的生产实践和研究成果，对基础理论部分和应用技术做了进一步充实和提高，调整、合并或新增了部分章节，删除或补充了部分防治药剂等，使其更加符合我国草地保护教育的实际。本书除用作高等院校草学类、动物生产类各专业教材外，也可供植物保护等相关专业学生知识拓展以及草业科学、草地保护学等管理和科技人员参考。

本书的编写分工为：绪论由刘长仲修订；第一章由张丽娟、史娟、姚拓、迟胜起、李建宏修订；第二章由刘长仲、张廷伟、班丽萍、王国利、林甜甜修订；第三章由苏军虎修订；第四章由方强恩修订；第五章由刘长仲、姚拓、苏军虎、方强恩、张宁、张廷伟、李建宏修订；第六章由张宁、苏军虎、李克梅、方强恩修订；第七章由姚拓、曾亮、李建宏、胡桂馨、杨顺义修订；第八章由李克梅、姚拓、张丽娟、曾亮、芦光新、尹淑霞、迟胜起、张志飞修订；第九章由刘长仲、胡桂馨、张廷伟、牙森·沙力、任金龙、谭瑶修订；第十章由王登修订；第十一章由方强恩修订。全书最后由刘长仲和姚拓统稿和定稿。冯光翰教授对全书进行了审阅并提出了许多宝贵意见，在此表示衷心感谢。

感谢参加本书编写工作的同仁们，他们以丰富的经验、严谨的科学态度和团结协作的精神，完成了各自的编写工作。在本教材的编写中，得到了冯光翰教授始终如一的关怀与指导，也得到了中国农业大学出版社及各参编者所在院校领导的大力支持，编写中参考了大量教材、专著和论文，在此一并表示感谢。

刘长仲　姚　拓

2021年12月

第2版前言

《草地保护学》第1版自2009年7月出版至今已6年,6年来,本教材在草业科技人才培养、草地保护学知识普及、草地生态保护以及控制有害生物的危害,维护人类的物质利益和环境利益等方面发挥了重要作用。在这6年中,随着农牧业产业结构的调整及生态环境的变化,一些地区草地有害生物的群落结构发生改变,主要有害生物的种类发生了变化,草地保护学的研究及有害生物的防治技术也取得很大进展。

《草地保护学》第2版是在第1版的基础上写成的,它继承了第1版的科学体系,同时根据近7年来该领域的生产实践和研究成果,对基础理论部分和应用技术做了进一步充实和提高,调整和新增了部分章节,删除和补充了部分防治药剂,使其能更加符合我国草地保护教育的实际。本书除用作高等院校动物生产类各专业教材外,也可供植物保护等相关专业学生知识拓展以及草业科学、草地保护学等管理和科技人员参考。

本书的编写分工为:绪论由刘长仲编写;第一章由张丽娟和史娟编写;第二章由刘长仲、钱秀娟和王国利编写;第三章由苏军虎和蔡卓山编写;第四章由方强恩和刘英编写;第五章由刘长仲、姚拓、苏军虎和方强恩编写;第六章由张宁、钱秀娟、李克梅和方强恩编写;第七章由姚拓、曾亮和杨顺义编写;第八章由李克梅、张丽娟、曾亮和姚拓编写;第九章由赵莉、刘长仲、庞保平、钱秀娟、班丽萍、胡桂馨和谭瑶编写;第十章由苏军虎、魏学红和张彩峡编写;第十一章由方强恩编写。全书最后由刘长仲和姚拓统稿和定稿。冯光翰教授对全书进行了审阅并提出了许多宝贵意见,在此表示衷心感谢。

感谢参加本书编写工作的同仁们,他们以丰富的经验、严谨的科学态度和团结协作的精神,完成了各自的编写工作。在本教材的编写中,得到了冯光翰教授始终如一的关怀与指导,也得到了中国农业大学出版社及各参编者所在院校领导的大力支持,编写中参考了大量教材、专著和论文,在此一并表示感谢。

刘长仲
2015年8月

第 1 版前言

草地保护是维护人类赖以生存的草地资源和促进草地畜牧业健康发展的技术支撑，与动物生产类各专业密切相关。本书从草地农业生态系统的整体观出发，按照一个全新的编写系统，充分体现了草地有害生物的整体性和共性特点，坚持个性与共性、部分与整体等方面相互联系的原则，综合草地保护各分支学科，将提炼的内容有机地组合，形成一个完整的、循序渐进的、便于学习的教材体系，较好地体现了草地有害生物治理的新理论、新技术和新方法。本书除用作高等院校动物生产类各专业教材外，也可供植物保护等相关专业学生知识拓展参考。

全书除绪论外，共分 11 章，第一至七章分别为草地植物病害、草地害虫、草原啮齿动物、草地毒草、草地有害生物的调查方法、草地有害生物的发生规律及预测、草地有害生物的防治技术与策略；第八至十章分别编写了草地主要病害、害虫、啮齿动物的危害特点、识别特征、生活习性、发生规律及防治方法等内容，第十一章介绍了草地主要毒草的形态识别、对家畜的毒性与危害、防治方法等内容。

本书的编写分工为：绪论由刘长仲编写；第一章由史娟和姚拓编写；第二章由刘长仲、鞠晓峰、王国利和钱秀娟编写；第三章由侯建华、高立杰和蔡卓山编写；第四章由刘英和方强恩编写；第五章由刘长仲、侯建华和方强恩编写；第六章由刘长仲、张宁、李克梅、高立杰和方强恩编写；第七章由姚拓编写；第八章由张丽娟、李克梅、史娟和姚拓编写；第九章由赵莉、胡桂馨、张宁和刘长仲编写；第十章由侯建华、高立杰和蔡卓山编写；第十一章由方强恩编写。全书最后由刘长仲统稿和定稿。冯光翰教授对全书进行了审阅并提出了许多宝贵意见，在此表示衷心感谢。

本教材的编写得到了中国农业大学出版社及各参编者所在院校领导的大力支持。编写中参考了大量教材、专著和论文，在此一并表示感谢。由于编者的水平有限，书中难免存在疏漏、不足，甚至错误，恳请读者批评指正，以便再版时修改，使之日臻完善。

编　者

2008 年 12 月

CONTENTS

目录

绪　　论

一、草地保护学的内容和任务

草地是一种可更新的自然资源，在一定的时间和空间范围内，不仅可以为人类提供物质和能量，而且具有较强的固沙防风、涵养水源、保持水土、净化空气等生态功能。草地是我国最大的天然植物基因库和重要的动物基因库，这些野生基因的抗寒、抗旱、抗病等性能很强，是我国宝贵的生物遗传资源。同时，草地又是社会文明和传统文化的载体，具有重要的观赏和审美价值。然而，由于草地经常受到各种不良环境生物和非生物因子的影响，使草地退化、沙化、盐碱化和荒漠化加剧，严重影响到我国的食物安全、生态安全、经济发展和社会稳定。草地保护学就是一门研究如何减少或避免草地和牧草遭受生物灾害的应用科学。

草地保护是综合利用多学科知识，以经济、科学的方法，保护草地和牧草免受生物危害，维护人类的物质利益和环境利益的应用科学。为害草原和牧草并造成经济损失的有害生物包括啮齿动物、害虫、植物病原微生物和毒草等。它们破坏草地土壤，为害牧草并使其产量、营养价值、适口性和消化率降低，导致草原退化。有些有害生物还能传播疾病。某些有害生物自身含有或通过为害牧草产生有毒物质，常使家畜中毒或感染疾病。我国根据研究和防治的对象不同，将草地保护分为草地啮齿动物防治、草地害虫防治、草地病害防治、草地毒杂草防治等方面。广义的草地保护还包括草地资源的保护，许多国家还利用行政和法律手段保护草地资源，如《中华人民共和国草原法》中就有关于制止滥垦、滥牧，禁止采集或猎取珍贵动植物资源和防止火灾等条款，均属广义的草地保护范畴。

草地保护的目的是采取适宜的措施和策略，控制有害生物的危害，避免生物灾害，获得最大的经济效益、生态效益和社会效益。为了实现该目标，草地保护学包括基础理论、应用技术、植保器材和推广技术等研究内容，主要是要弄清不同有害生物的生物学特性、与环境的互作关系、发生与成灾规律，建立准确的预测预报技术，以及科学、高效、安全的防治措施与合理的防治策略，并使其顺利实施。因此，草地保护除了要掌握植物病原学、昆虫学、杂草学、啮齿动物学、农药学、病虫害预测预报技术等学科的知识以外，还应具备动物学、植物学、生态学、草原学、牧草栽培学、牧草育种学、草坪学、土壤学、数学等相关学科的知识。

二、草地保护在草地畜牧业生产中的地位

我国拥有各类天然草地近 4 亿 hm^2，占世界草地面积的 13%，占我国国土面积的 41%，是我国面积最大的陆地生态系统。丰富的草地资源是畜牧业稳定、优质、高速发展的重要基础，

也是促进牧区发展、牧民增收和保持社会稳定的必要条件,更是维护生态安全、保护人类生存环境不可替代的重要保障。然而,我国的草地退化相当严重,据《全国草原生态保护建设规划》所述,目前全国 90%的可利用天然草原已不同程度地退化,其中已沙化和表土覆沙的草原达 8 000 万 hm^2,相当于整个内蒙古的草原面积。引起草原退化的因素是多方面的,其中有害生物的危害是主要因素之一。

草地有害生物种类繁多,危害严重。据统计,我国草原鼠、虫、病害发生面积达可利用草地面积的 30%。以蝗虫为例,其分布遍及各大牧区,有的地区,在大发生年份,将草地上的牧草吃光,成为牲畜缺草的主要原因,21 世纪以来,草原蝗虫年均为害面积维持在 1 000 万 hm^2 以上,严重发生年份达 1 780 万 hm^2,由草原蝗虫危害造成的牧草直接经济损失年均约 16 亿元。再如,青藏高原上发生的草原毛虫,北方草原上的草地螟,北方干旱草原上的各种叶甲、拟步甲类,均为灾害性害虫。2002 年仅青海省草原毛虫发生面积就达 73.8 万 hm^2,严重为害面积近 50 万 hm^2,平均虫口密度 89.46 头/m^2,为害最重地区高达 119 头/m^2,造成的直接经济损失达 4 700 万元;拟步甲为害面积为 573.3 hm^2,有近 157 hm^2 的草原被啃食为裸地。2009 年沙葱萤叶甲开始在内蒙古草原上突然大面积暴发成灾,呈现逐年加重的趋势。栽培牧草和饲料作物及牧草种子生产中,也遭受多种害虫为害,发生严重时,使其大幅度减产,种子颗粒无收,如 1968 年内蒙古伊盟摩林地区的苜蓿田发生蚜虫为害,产草量损失达 60%以上,且越冬后苜蓿大面积枯黄,不能返青,全部翻耕改种其他牧草;1978 年内蒙古锡林浩特地区苜蓿地发生白条芫菁,减产 30%以上。

啮齿动物可对草地造成多方面的危害,主要包括直接啮食牧草,挖掘活动损失牧草,挖洞成丘影响土壤肥力,造成植被盖度降低、草地裸露,引起植物群落演替等。据调查,一只布氏田鼠每日吃干草 14.5 g,全年可消耗牧草 5.29 kg;一只高原鼠兔每日采食鲜草 73.3 g,在牧草生长季节的 4 个月内,可消耗牧草 9.5 kg。每个鼢鼠土丘的底面积平均为 0.19 m^2,每个喜马拉雅旱獭土丘的底面积平均为 4.28 m^2。青海省草地鼠害面积每年达 800 万 hm^2,可消耗草地鲜草量 108.49 亿 kg,因挖掘洞坑损耗的鲜草量 4.56 亿 kg,按每千克鲜草 0.1 元计价,每年仅新鲜牧草一项直接经济损失就是 11.3 亿多元。2010 年内蒙古草原鼠害危害面积达 600 多万 hm^2,其中严重危害面积达 280 多万 hm^2,每公顷草地最多有 2 800 个鼠洞,不仅造成了巨大的直接经济损失,而且对草原生态环境造成了严重破坏。

牧草与其他植物一样,在其生长过程中会发生各种病害,有的甚至是毁灭性病害。如优良豆科牧草苜蓿,我国记录的病害就有 30 余种,至少一半以上对生产有限制作用。其中,细菌性凋萎病、疫霉、根腐病等可以毁灭草地。病害不仅减少牧草和种子的产量,也使其品质变劣。罹病牧草的粗蛋白、脂肪和可溶性糖类的含量显著下降,粗纤维含量升高,单宁和酚类的含量有所增加,这些变化不仅使营养价值降低,适口性和消化率下降,甚至在病草和染病的籽实中还会产生一些对人畜有毒的物质,危害人畜健康,影响家畜的生产繁衍能力。

毒草的滋生蔓延,不仅侵占吞并了大量的优质牧草,而且危害放牧家畜的生长发育,尤其是早春牧草返青期,牲畜误食毒草引起中毒死亡的现象较为严重。家畜采食毒草后,轻则中毒,重则死亡,还可造成母畜怀胎率低,引起流产和畸胎。家畜受危害造成的经济损失很大。据 1997 年调查统计,青海省每年因毒草中毒的羊数量为 27 200 余只,死亡羊数量为 5 900 余只,中毒的大家畜数量为 1 890 余只,死亡大家畜数量为 630 只左右,毒草危害造成的经济损失估计每年约 278 万元。西藏、云南、贵州、四川、甘肃、新疆等省份均有关于牲畜因采食毒草死亡的大量报道。

值得重视的是，虽然国家每年投入大量人力和财力用于草地有害生物的治理工作，但有害生物危害逐年加重的趋势并没有得到有效遏制。草地保护工作任重而道远，“公共植保”“绿色植保”的理念在草地保护工作中更应得到进一步的加强和落实。

第一章

草地植物病害概论

第一节　草地植物病害的基本概念

一、病害的定义

(一)草地植物病害的定义

草地植物在生长发育过程中，由于受到生物和不良环境因素的影响，在生理、细胞和组织结构上发生一系列病理变化的过程，致使生理功能失调，外部形态不正常，生长发育受到显著影响，引起产量下降、品质变劣，严重的出现死亡或生态环境遭到破坏，这种现象被称为草地植物病害。

定义中的四要素：

(1)经济观和生态观　首先是病害影响牧草质量和产量，造成经济损失；其次是患病牧草产生有毒有害物质，造成家畜中毒甚至死亡；再次是病害影响草地功能，降低其生态功能的发挥。认识牧草病害要有生产及经济观点，有些植物由于人为的或外界生物及非生物因素的作用发生某些变态畸形，但却增加了它们的应用价值，此类现象不认为是病害，如苜蓿等豆科植物受到根瘤菌的侵染后两者形成的互惠互利的共生关系。

(2)植物发病表现为一定的病理变化过程　草地植物发病后，其生理机能发生改变进而表现出细胞、组织、结构到外部形态上的改变，这是一个由内及外、逐渐加深、持续发展的病理变化过程。

(3)病害与损伤的区别　植物会受到昆虫、动物或人为破坏，以及冰雹、风灾等自然灾害的影响进而出现损伤或死亡，这些因素对植物产生伤害，但并不涉及生理代谢过程改变，因此，这种现象我们称其为损伤。但是损伤会造成各种伤口，削弱植物生长势，伤口为病原物成功侵入创造了有利条件。

(4)病害对人类经济与社会发展的影响　病害对经济与社会发展的影响是重大的，也是多种多样的。最典型的是1845—1846年欧洲暴发的马铃薯晚疫病，其中爱尔兰岛受灾尤重，马铃薯几乎全部被毁灭，使数十万人死于饥饿和营养不良，100多万人背井离乡逃往美洲。在草地植物上，病草和染病的籽实中会产生一些对人畜有毒的物质，危害人畜健康，影响家畜的生产能力。如多种禾本科作物的麦角病(*Claviceps* spp.)，病穗上的麦角含有生物碱，可使人畜早产、流产、痉挛、四肢坏疽，直至死亡。另外，某些病害(如苜蓿褐斑病)还可以使一些豆科牧草,如苜蓿、三叶草、草木樨体内的香豆雌酚(coumestrol)含量显著增加,致使母畜不孕或低产。防治植物病害,会增加人力、药械等方面的投入,这样不仅提高了生产成本,还可能造成环境污染。

(二)草地植物病害的病原

引起草地植物发病的原因统称为"病原"。根据病原性质可分为生物性病原和非生物性病原。

(1)生物性病原(biotic pathogen) 绝大多数是寄生性微生物。已知的生物性病原分布在真菌界(Eumycota)、色藻界(Chromista)、原生界(Protista)、细菌界(Eubacteria)、病毒界(Virus)、动物界(Animalia)和植物界(Planta)等七界。

(2)非生物性病原 即引起草地植物生长不良的环境条件,包括不适宜的温度、湿度、光照、干热风等气候因子和不适宜的温度、湿度、理化性质、营养元素等土壤因子,以及环境污染等人为因素。

由生物病原引起的病害称为侵染性病害,由非生物病原引起的病害称为非侵染性病害。非侵染性病害的田间分布与造成病害的某类条件的影响范围相一致。侵染性病害具有独特的传染规律,是草地植物病理学研究的主要对象。

(三)草地植物病害发生的条件

(1)寄主 在侵染性病害中,受侵染的植物称为寄主(host)。

(2)病原物 侵染草地植物生病的生物,称为病原物(pathogen)。

(3)环境条件 不利于草地植物生长的环境条件,包括土壤条件和气象条件。

病害是寄主植物、病原和环境条件三者相互作用的结果。因此,草地植物病害的条件是病原、草地植物和环境条件,三者相互依存、缺一不可,通常称为"病害三要素"或"病害三角"。在草地自然生态系统中,三者之间存在着复杂的辩证关系,共同制约着病害的发生和发展,称为病害的三角关系(disease triangle)(图 1-1)。但在农业生态系统中,人类的生产和社会活动对草地植物病害的发生有着重要的影响,很多病害的发生是由于人类的活动打破了自然生态的平衡而造成的,如耕作制度的改变、新品种的引进、大面积单一品种的种植、集约化栽培等。因此,在上述寄主、病原和环境条件关系中,加上人的因素,构成了植物病害的四角关系(disease square)(图 1-2),四角关系主要是强调了人的作用。实际生产中,病害的发生和消长常与人类的经济活动、社会活动、生产活动密切相关。例如天然草原上病害的发生,多保持相对平衡和稳定的状态,一旦人类对之进行灌溉、施肥、放牧、补播等管理措施,就会发生很大的变化,打乱这一稳定状态,牧草的种类、数量、比率、草层的高度和密度发生很大的变化,同时环境条件也

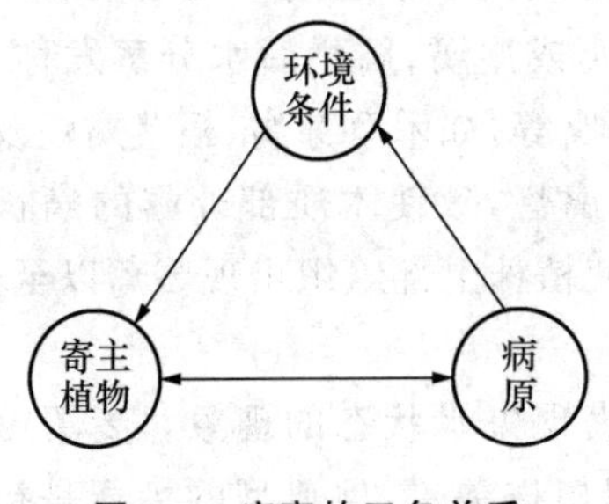

图 1-1 病害的三角关系

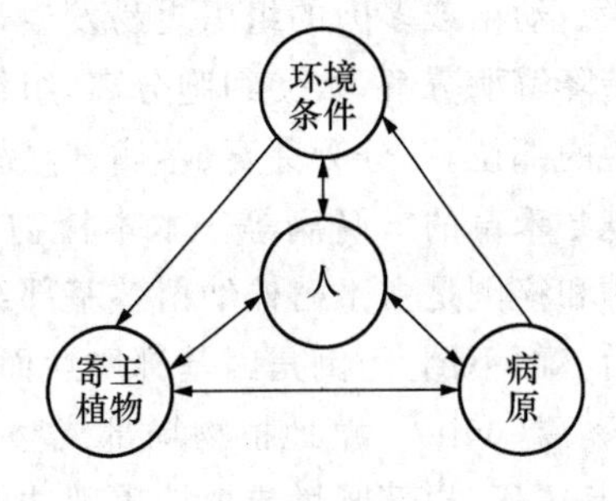

图 1-2 病害的四角关系

因人类生产活动而有颇大的改变，表现在土壤含水量、养分、近地表小气候等。因此病原物的种类、数量、生长和繁殖的速度，传播条件等也有了显著的差异，从而使草地生态系统中的植物病害系统产生全新的特点和格局。人们只有对草地植物病害的形成有一个系统和全面的概念，才能正确地制定防治策略，有效地控制病害。

二、草地植物病害症状

草地植物感病后其外表表现出的不正常状态称为症状(symptom)，其中寄主本身不正常的表现称为病状，病组织上出现的病原物营养体或繁殖体称为病征(sign)。不同病原引起的病害症状均有其自身特点，表现出一定的特征，因此，症状是诊断病害的重要依据之一。

(一)病状及其类型

病状是致病因素(病原)持续地作用于受病植物体，使其发生异常的生理生化反应，细胞、组织逐渐发生病变，达到一定程度时植物的外观表现。

根据内部病理变化的性质，病状可以分为3类：坏死性病状、促进性病状和抑制性病状。坏死性病状以植物细胞和组织的死亡为特征，表现为枯斑、腐烂、焦枯等；促进性病状是植物机体受到病原的刺激发生膨大或增生的病状；抑制性病状和前者相反，植株的生长发育部分或全部受到了抑制。病原种类不同，对植物的影响也各不相同，因此，发病部位和病状表现也千差万别，主要分为以下几类：

(1)变色(discolour) 植物感病后，病部细胞内叶绿素的形成受到抑制或遭到破坏而减少，其他色素形成过多而使叶片表现为不正常的颜色称为变色。变色以叶片变色最为明显，全叶变为淡绿色或黄绿色的称为褪绿，整叶失绿的称为黄化，叶片为深绿色和浅绿色相间的称花叶或斑驳。如各种禾草的黄矮病，禾草和豆科牧草的花叶病等。

(2)坏死(necrosis) 植物发病部位的细胞和组织死亡的现象称为坏死。斑点是叶部病害最常见的坏死症状。叶斑根据其形状不同称为圆斑、角斑、条斑、环斑、网斑、轮纹斑等，如狗牙根网斑病、环斑病；根据颜色不同分为褐斑、灰斑、红斑等，如苜蓿褐斑病、蒴股颖铜斑病等。炭疽是斑点的一种，斑点中生有轮状排列的小黑点。疮痂与斑点近似，在病斑上有增生的木栓层，使得表面粗糙。焦枯是芽、叶、花、穗等器官局部或全部变色坏死，有时是斑点、条斑等发展联合造成整体植株的枯死，如苜蓿腐霉根腐病、百脉根镰孢根腐病等。表现迅速焦枯病状的病害称为疫病。各种病原都可能引起斑点病的发生。

(3)腐烂(rot) 腐烂是指寄主植物发病部位较大面积的死亡或解体。植株各个部位都可发生腐烂。幼苗或多肉的组织更易发生，含水分较多的组织由于细胞间中胶层被病原菌分泌的细胞壁降解酶分解，致使细胞分离，组织崩解，造成软腐或湿腐，腐烂后水分蒸发称为干腐。根据腐烂的部位，可分为芽腐、茎腐、叶腐、花腐、果腐、根腐等，如禾草芽腐、根茎腐烂及冬季长期积雪越冬禾草的雪腐病等。木本植物枝干皮层坏死、腐烂，致使木质部外露的病状称为溃疡。立枯和猝倒是由于植株幼苗茎基部组织被破坏，致使植株上部组织出现萎蔫以至死亡，立枯发病后立而不倒，猝倒是因基部腐烂而迅速倒伏。

(4)萎蔫(wilt) 草地植物局部或整株由于感病而表现失水状态的现象。萎蔫可有多种原因，茎基坏死、根部腐烂或植株生理功能失调都会引起植株萎蔫，但典型的萎蔫是指植株根和茎部维管束组织受病原物侵害造成导管阻塞，影响水分运输而出现的凋萎，这种萎蔫一般是不可逆的。由于病原及症状的不同，萎蔫又细分为枯萎、黄萎、青枯等病状类型。如匍匐翦股颖细菌性萎蔫病、苜蓿尖镰孢萎蔫病等。

(5)畸形(malformation) 因促进性或抑制性的病变，使得植株或部分细胞组织的生长过度或不足，表现为全株或部分器官的畸形。如冰草、狗牙根、羊茅、黑麦草和早熟禾等禾草的黄矮病等。

(二)病征类型

病组织上出现的病原物营养体或繁殖体称为病征(sign)。如菌物的菌丝体、孢子堆，细菌的菌脓等。并不是所有的草地植物病害都有病征表现，只有菌物、细菌、寄生性种子植物等病原引起的病害才具有较明显的病征。病毒引起的病害没有肉眼可见的病征。病征常能代表病原菌的主要特点，因此，在田间诊断上很有意义。主要的病征有以下几类：

(1)粉状物 某些病原菌物一定量的孢子密集在病部产生各种颜色的粉状物，有白粉、黑粉、锈粉状物等。如苜蓿、禾草锈病叶片上的棕褐色锈状粉末(锈菌的孢子堆)，冰草、羊茅、早熟禾等主要草坪草的白粉病所表现的白粉状物等，翦股颖、鸭茅、早熟禾、冰草等的黑粉病在发病后期叶片上出现黑粉。

(2)霉状物 病原菌物的菌丝体、孢子梗和孢子在病部形成各种颜色的霉层。霉层是菌物病害常见的病征，根据颜色、形状、结构、疏密程度等不同，分为霜霉、青霉、灰霉、黑霉、绿霉、赤霉等。如苜蓿霜霉、禾草霜霉等。

(3)点(粒)状物 某些病原菌物在植物病部形成的分生孢子器、孢子盘、子囊壳、子囊盘等繁殖体结构。不同病害点状物病征形状、大小、突出表面的程度、密集或分散、数量的多少等都是不尽相同的。如禾草炭疽病病部的黑色点状物，苜蓿褐斑病病部的褐色斑点等。

(4)菌核 菌物菌丝交结形成的一种致密组织结构。形状、大小差别很大，初期为淡色，后期多数为黑色，少数为棕色，常伴随整株或局部的腐烂或坏死病状产生。发生在植物病部体表或茎秆内部髓腔中的病害称为菌核病。

(5)线(丝)状物 病原菌物的菌丝体或繁殖体的混合物在病部产生的线(丝)状结构，如翦股颖、羊茅、黑麦草、早熟禾等禾草的白绢病病部形成的丝状物。

(6)脓状物(菌脓) 病部出现的脓状黏液，干燥后成为胶质的颗粒或菌膜，这是细菌病害特有的病征，如细菌性萎蔫病病部的溢脓。

病征是由病原微生物的群体或繁殖结构着生在植物病组织表面所构成的，具有相当稳定的特征，因此根据病征能够准确地判断病害。多种草地植物病害是直接以其病征特点而命名的，如锈病、霜霉病、白粉病、黑粉病等。

三、草地植物病害类型

根据由非生物因素和生物因素引起植物病害的性质，可以把草地植物病害分为非侵染性病害(noninfectious disease)和侵染性病害(infectious disease)。非侵染性病害也称非寄生性病害(nonparasitic disease)或生理性病害(physiological disease)，侵染性病害也称寄生性病害(parasitic disease)。

(一)非侵染性病害

由不适宜的环境因素引起的植物病害称为非侵染性病害。这类病害不能相互传染。不适宜的环境条件包括营养、气候(温度、湿度、光照等)、土壤、栽培条件以及环境污染等。归纳为:①温度过高或过低;②土壤湿度过高或过低;③光照不足或过强;④缺氧;⑤大气污染;⑥营养元素缺乏;⑦金属离子中毒;⑧土壤酸碱度不适;⑨农药中毒;⑩栽培措施不宜等。

在非侵染性病害中各种因子是互相联系的,一种环境因素的变化超过了草地植物的适应能力而引起发病,其他环境因素作为环境条件也在影响这种非侵染性病害的发生发展。

(二)侵染性病害

由各类生物病原引起的病害称为侵染性病害,是可以传染的。通常在适宜条件下,会造成病害流行。引起侵染性病害的病原物有菌物、细菌、病毒、线虫、寄生性种子植物等。

侵染性病害和非侵染性病害有时症状是相似的,特别是病毒病害易与生理病害混淆,必须细致观察,才能区分开来。但两者也常常互为因果,伴随发生,当环境中物理化学条件不适宜植物生存时,植物对病害的抵抗力下降甚至消失。例如,霜害和干旱可以降低豌豆对细菌性疫病(*Pseudomonas pisi*)的抗性,冻害降低苜蓿对细菌性枯萎病(*Corynebacterium insidiosum*)的抗性。另外,侵染性病害致使植物抗逆性降低,如白三叶草由于病毒病的为害而难以越冬,致使草地在一两年内就稀疏衰败。锈病由于使寄主表皮和角质层破裂,部分丧失了防止水分蒸发的能力,在干旱条件下比健康植株提早萎蔫和枯死。因此,准确区分侵染性病害和非侵染性病害的同时,也要注意两者之间的联系和制约。

第二节　草地植物病原物

一、病原菌物

菌物(fungus)包括真菌和假真菌,真菌依然是菌物的主体,因而菌物的一般特性仍以真菌为主来介绍。菌物是一类营养体通常为丝状体,具有细胞壁,以吸收为营养方式,通过产生孢子进行繁殖的真核微生物。菌物种类多,分布广,可以存在于水和土壤中以及地面上的各种物体上。菌物大部分是腐生的,少数共生和寄生。在寄生的菌物中,有些可寄生在植物、人类和动物上引起病害。在草地植物病害中,由菌物引起的病害数量最多,为害最大,如常见的锈病、白粉病、黑粉病以及多种饲用植物上的霜霉病、降低草地利用年限的蘑菇圈等都是生产上的重要病害,不仅降低产量和品质,影响草地利用年限,而且菌物产生的毒素可引起家畜中毒,降低家畜繁殖能力。

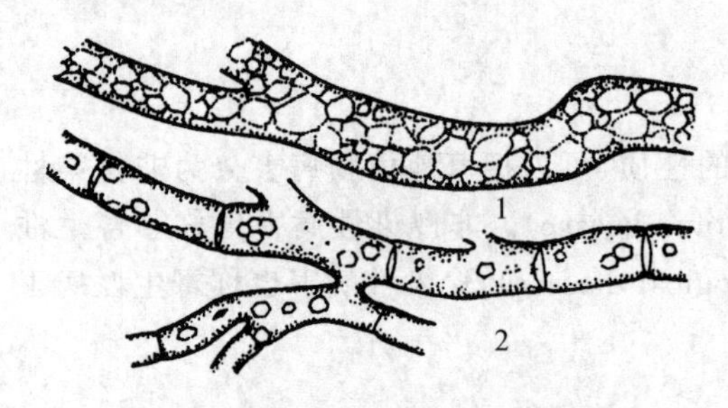

图 1-3　菌物的营养体(仿方中达等)

1. 无隔菌丝　2. 有隔菌丝

(一)营养体

(1)菌丝和菌丝体　真核菌类的丝状营养体,单根丝状体称为菌丝(hypha),相互交织成的菌丝集合体称为菌丝体(mycelium)。高等菌物的菌丝有隔膜(septum),低等菌物的菌丝无隔膜(图 1-3),卵菌营养体为无隔菌丝,根肿菌无菌丝体。

(2)原生质团(plasmodium)有些菌物的营养

体为一团多核、无细胞壁的原生质团，如根肿菌。

(3)营养体的变态结构　菌丝体可以形成疏丝和拟薄壁两种菌组织，由菌组织进一步发育成菌核、菌索、子座等特殊结构。这些结构在真菌传播和抵抗不良环境等方面发挥着重要的作用。

菌核(sclerotium)：是由菌组织构成的颗粒状营养体变态结构。主要功能是休眠，萌发时产生菌丝，也可形成子实体(图 1-4)。

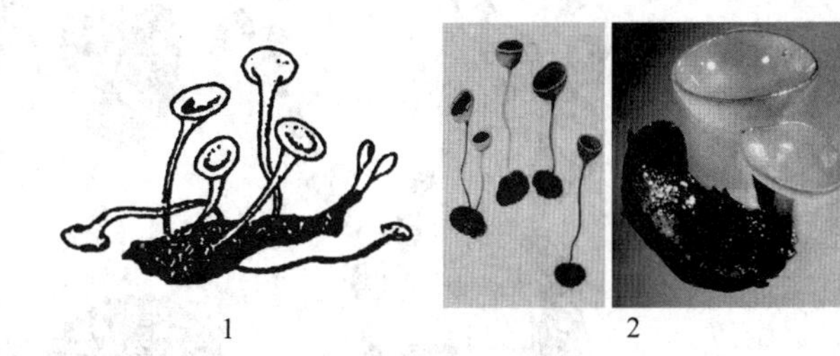

图 1-4　菌核萌发

1. 仿王连荣等　2. 照片

菌索(rhizomorph)：是由菌组织形成的绳索状结构(图 1-5)。主要功能是休眠，萌发时产生菌丝。菌索在引起草地蘑菇圈的高等担子菌中最为常见。

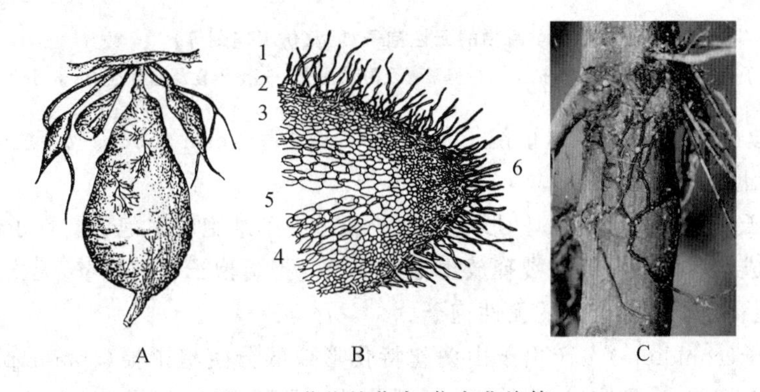

图 1-5　菌物的菌索(仿宗兆峰等)

A. 甘薯块上缠绕的菌索　B. 菌索的结构　C. 缠绕在茎秆上的菌索

1. 疏松的菌丝　2. 胶质的疏松菌丝层　3. 皮层　4. 心层　5. 中腔　6. 尖端的分生组织

子座(stroma)：是由菌组织形成的垫状结构，有时还混有部分寄主组织，称作假子座(pseudostroma)。子座的功能主要是形成产孢结构，同时具备提供营养和抵抗不良环境的能力。

(二)菌物繁殖

1. 繁殖方式

繁殖方式分为无性繁殖和有性繁殖两种，均是通过形成子实体产生孢子。真菌繁殖的基本单位为孢子(spore)，形成的产孢机构通称为子实体(fruiting body)。

2. 无性繁殖及其孢子类型

无性繁殖(asexual reproduction)是不经过性细胞或性器官的结合，直接从营养体上产生孢子的繁殖方式，如断裂、裂殖和芽殖等。无性繁殖产生的孢子称为无性孢子。常见的无性孢子有游动孢子、孢囊孢子、芽孢子、分生孢子和厚垣孢子(图 1-6)。

(1)游动孢子(zoospore)　产生于游动孢子囊中的内生孢子。游动孢子囊由菌丝或孢囊梗(sporangiophore)顶端膨大而形成。在有游离水的条件下，游动孢子囊内原生质割裂释放出游动孢子，游动孢子肾形，具有 1 或 2 根鞭毛，在水中游动，游动一段时间休止，鞭毛收缩形

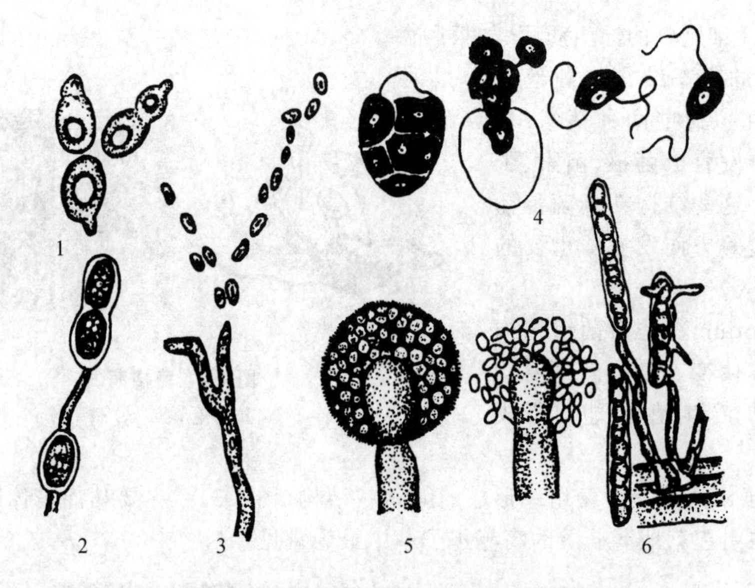

图 1-6 菌物的无性孢子类型(仿王连荣等)

1. 芽孢子 2. 厚垣孢子 3. 粉孢子 4. 孢子囊及游动孢子 5. 孢子囊及孢囊孢子 6. 分生孢子

成圆形的休止孢子。短时间后,休止孢子再萌发形成芽管(germ tube)。游动孢子是卵菌、根肿菌和壶菌的无性孢子。

(2)孢囊孢子(sporangiospore) 形成于孢子囊中的单细胞内生孢子。孢子囊由孢囊梗的顶端膨大而成,成熟后孢子囊壁破裂释放出孢囊孢子。孢囊孢子有细胞壁,无鞭毛,不能游动,借气流飞散。孢囊孢子是接合菌的无性孢子。

(3)分生孢子(conidium) 产生于由菌丝特化形成的分生孢子梗(conidiophore)上,成熟后脱落,一至多个细胞,有细胞壁,无鞭毛,不可游动。是子囊菌、担子菌和半知菌类真菌的无性孢子。分生孢子可以顶生、串生或侧生在梗上。

(4)芽孢子(blastospore) 从一个细胞生芽开始,当芽长到一定大小时脱离母细胞或与母细胞相连而形成的孢子,如裂殖酵母。

(5)厚垣孢子(chlamydospore) 有些菌物菌丝的细胞膨大变圆、原生质浓缩、细胞壁加厚而形成的厚壁休眠孢子。有很强的抗逆性,可以越冬和越夏,条件适宜时又萌发形成菌丝。镰刀菌等多种真菌可产生厚垣孢子。

3. 有性繁殖及其孢子类型

有性繁殖(sexual reproduction)是通过两个性细胞(配子 gamete)或者两个性器官(配子囊 gametangium)结合而进行繁殖的方式,产生的孢子称为有性孢子。常见的有性孢子有卵孢子、接合孢子、子囊孢子和担孢子 4 种类型(图 1-7)。

(1)卵孢子(oospore) 由雄器(antheridium)和藏卵器(oogonium)交配形成的二倍体孢子。卵孢子通常经过一定的休眠期才能萌发,萌发产生的芽管可直接形成菌丝或在芽管顶端形成游动孢子囊,释放游动孢子。

(2)接合孢子(zygospore) 由两个形态相似的配子囊交配,双方接触处细胞壁溶解,原生质和细胞核合成一个细胞,发育为厚壁、二倍体的孢子。如接合菌门的有性孢子。

(3)子囊孢子(ascospore) 通过配子囊接触交配、受精作用和体细胞结合等方式进行质

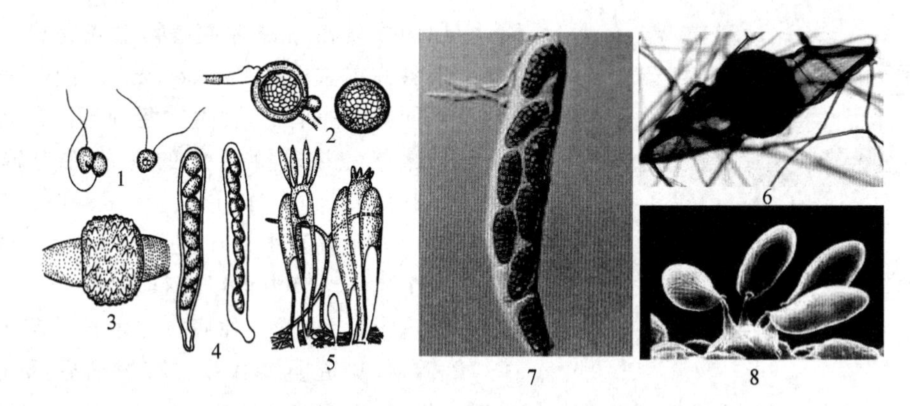

图 1-7 菌物有性生殖产生的孢子类型(仿王连荣等)

1. 合子 2. 卵孢子 3、6. 接合孢子 4、7. 子囊及子囊孢子 5、8. 担子及担孢子

配。质配后的母体产生双核菌丝，称为产囊丝(ascogenous hypha)。由产囊丝顶端形成子囊，子囊内通常形成 8 个子囊孢子。如子囊菌门的有性孢子。

(4)担孢子(basidiospore) 高等菌物的双核菌丝顶端发育成棒状的担子，经过核配和减数分裂生成 4 个单倍体细胞核，并在担子上生 4 个小梗，4 个核分别进入 4 个小梗内，最后在小梗顶端形成 4 个外生孢子。这种在担子上产生的孢子，称为担孢子。如担子菌门的有性孢子。

4. 准性生殖

准性生殖(parasexuality)是指异核体菌丝细胞中两个遗传物质不同的细胞核结合成杂合二倍体细胞核，这种杂合二倍体的细胞核在有丝分裂过程中可以发生染色体交换和单倍体化，最后形成遗传物质重组的单倍体过程。准性生殖与有性生殖的主要区别在于：有性生殖是通过减数分裂进行遗传物质重组和产生单倍体，而准性生殖是通过二倍体细胞核的有丝分裂交换进行遗传物质的重新组合，并通过非整倍体分裂不断丢失染色体来实现单倍体化。

5. 菌物繁殖在病害发生和流行上的意义

无性孢子在一个生长季节中环境适宜可以重复多次侵染，在较短的时间内迅速繁殖扩散，容易造成植物病害的流行。但无性孢子对不良环境的抵抗能力很弱，大部分在不适宜的环境下失去活力。有性孢子通常一年只产生一次，且多发生在寄主生长后期。有性孢子具有较强的活力，对不良环境的抵抗能力较强，以此越冬，并成为第二年植物病害的初侵染源。

(三)病原菌物的生长

病原菌物的生长一般由孢子萌发产生芽管，再向各个方向均等生长而发育成一个球形菌落。真菌的生长需要通过菌丝体获取营养，病原真菌侵入寄主植物后，菌丝在寄主细胞间或细胞内生长蔓延。有的菌丝不能进入寄主组织，通过菌丝特化发育成吸收营养物质的吸器，伸入寄主细胞内吸收养分和水分。

(四)菌物的生活史

菌物的生活史(life cycle)是指菌物从一种孢子开始，经过生长和发育，最后又产生同一种孢子的过程。典型的生活史包括无性繁殖和有性繁殖两个阶段(图 1-8)。

在菌物生活史中，有些真菌不止产生一种孢子，这种形成几种不同类型孢子的现象称为孢子的多型性(polymorphism)。如锈菌在其生活史中可以形成 5 种不同类型的孢子。植物病

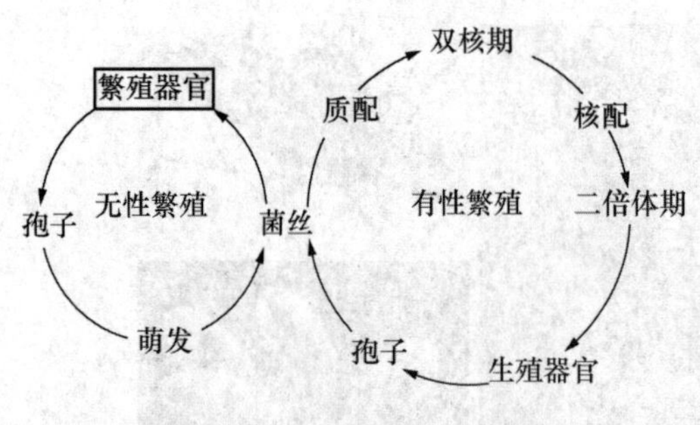

图 1-8　真菌的生活史图解

原菌物只在一种寄主植物上就完成生活史的现象称单主寄生(autoecism)。同一病原菌物不同类型的孢子,发生在两种不同的寄主植物上才能完成其生活史的现象称为转主寄生(heteroecism)。转主寄生也以锈菌最为典型。

大多数菌物具有很强的无性繁殖能力,在一个生长季节内可以进行多次,产生大量的无性孢子,往往对一种病害在生长季节中的传播和再侵染起重要作用。在发病后期或经过休眠期后进入有性生殖,有性孢子一般一年产生一代,是许多草地植物病害的主要初侵染源。

(五)植物病原菌物的分类与命名

1. 菌物的分类地位和分类系统

长期以来,人们将地球上的生物分为动物界和植物界,真菌被归为植物界。1969 年 Whittaket 将真菌独立出来成为真菌界。1981 年 Cavalier-Smith 首次提出细胞生物八界分类系统,即真菌界(Fungi)、动物界(Animalia)、胆藻界(Biliphyta)、绿色植物界(Viridiplantae)、眼虫动物界(Euglenozoa)、原生动物界(Protozoa)、藻物界(Chromista)及原核生物界(Monera)。Ainsworth 体系的《真菌辞典》第八版(1995 年)和第九版(2001 年)真菌分类系统基本接受并采纳了生物八界分类系统。将原"真菌界"分为三个界,即原生动物界(Protozoa)、假菌界(Chromista)和真菌界(Fungi)。其中原"真菌界"中无细胞壁的黏菌和根肿菌被划归为原生动物界,细胞壁主要成分是纤维素;而营养体为二倍体的卵菌被划归为假菌界;其他真菌则被划归为真菌界。真菌界分为壶菌门(Chytridiomycota)、接合菌门(Zygomycota)、子囊菌门(Ascomycota)和担子菌门(Basidiomycota)4 个门。将无有性繁殖阶段的半知菌归为有丝分裂孢子真菌(mitospotic fungus),又称无性菌类(anamorphic fungi),它们不属于正式的分类单元。本教材仍使用"半知菌类"一名。

2. 菌物的分类单元和命名

菌物的各级分类单元是界、门(-mycota)、纲(-mycetes)、目(-ales)、科(-aceae)、属、种。必要时,在 2 个分类单元之间还增加一个亚单元,如亚门、亚纲等。种是最基本的分类单元,但根据需要有时在种下又分为亚种(subsp.)、变种(var.)、专化型(f. sp.)和生理小种。

菌物的命名采用林奈创立的"双名制命名法"。双名制的名称以拉丁语命名,拉丁学名由 2 个词组成,第一个词是属名,属名的第一个字母必须大写;第二个词是种加词,一律小写。书写时拉丁学名要求斜体印刷。命名人的姓氏或其缩写加在种加词之后,但可以省略。如 *Puccinia graminis* Pers(禾柄锈菌)、*Pseudopeziza medicaginis*(Lib.)Sacc(苜蓿假盘菌)等。如果一种真菌的生活史包括有性和无性 2 个阶段,使用有性阶段所起的名称是合法的。对于那些在整个生活史中以无性阶段为主,有性阶段罕见或不重要的半知菌类,通常用其无性阶段的名称。

(六)与草地植物病害相关的病原菌物主要类群

1. 卵菌门(Oomycota)

卵菌大多数水生,少数两栖或陆生。营养体为发达的无隔菌丝,细胞壁由纤维素组成。无性繁殖形成游动孢子,有性生殖形成卵孢子。与草地植物病害关系密切的主要属有腐霉属

(*Pythium*)、疫霉属(*Phytophthora*)和霜霉属(*Peronospora*)。

(1)腐霉属(*Pythium*) 无性繁殖在菌丝顶端或中间形成球形或不规则形的游动孢子囊,成熟后一般不脱落,萌发时产生游动孢子。有性生殖在藏卵器内形成一个卵孢子(图 1-9)。腐霉常存在潮湿肥沃的土壤中,使多种牧草和作物的幼苗发生猝倒病。常见有草坪禾草的芽腐、苗腐、苗猝倒、叶腐、根腐、根茎腐病等。

(2)疫霉属(*Phytophthora*) 菌丝产生吸器伸入寄主细胞内,孢囊梗菌丝状,分枝或不分枝,孢子囊柠檬形或卵形,成熟后脱落,藏卵器内形成一个卵孢子(图 1-10)。重要病原菌有大指疫霉(*P. megasperma*),引起的苜蓿疫霉根腐病是美洲和欧洲栽培苜蓿上的一种毁灭性病害。

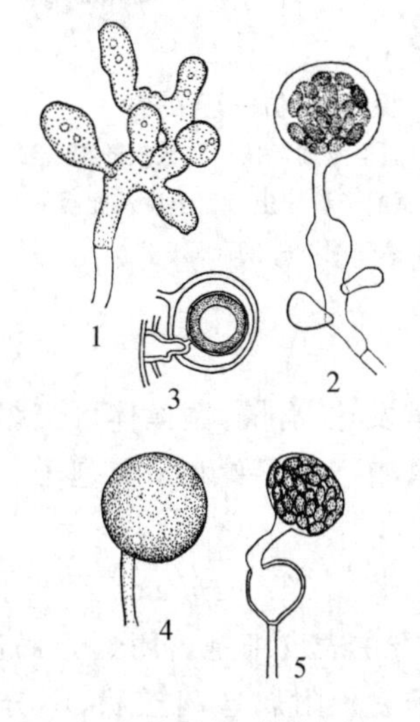

图 1-9 腐霉属(仿李怀方)

1、4. 姜瓣形和球形孢子囊

2. 孢子囊萌发形成排孢管及泡囊

3. 雄器及藏卵器 5. 孢子囊萌发

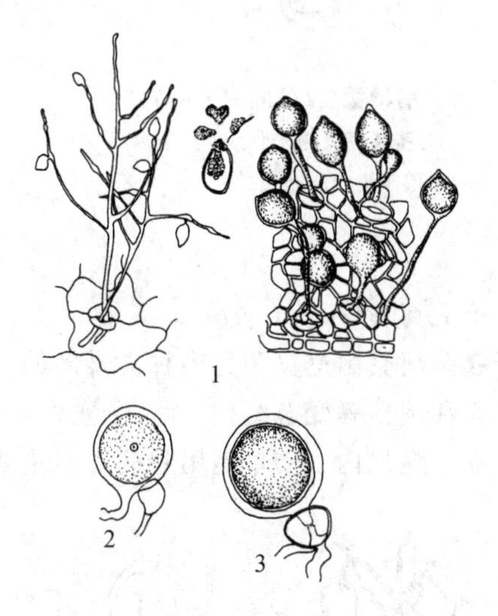

图 1-10 疫霉属(仿许志刚)

1. 孢囊梗、孢子囊及游动孢子

2. 雄器侧生 3. 雄器包围在藏卵器基部

(3)霜霉属(*Peronospora*) 孢囊梗自气孔伸出,单生或丛生,呈两叉状锐角分枝。孢子囊卵圆形,无色或淡褐色,萌发时产生芽管(图 1-11)。卵孢子球形,表面光滑或有纹饰。本属有多种重要的病原菌,可引起苜蓿等豆科牧草的霜霉病。

(4)指梗霉属(*Sclerospora*) 孢囊梗自气孔中伸出,单生或2~3 根丛生,分枝短而不规则(图 1-12)。菌丝体形成小纽扣状吸器伸入寄主细胞。引起高粱、苏丹草、玉米等作物的霜霉病。

2. 接合菌门(Zygomycota)

接合菌的主要特征是菌丝体无隔多核,无性繁殖产生孢子囊,产生不能游动的孢囊孢子,有性繁殖产生接合孢子。

根霉属(*Rhizopus*):菌丝体发达,有匍匐丝和假根。孢囊梗从匍匐菌丝上生出,顶端产生孢子囊。孢子囊球形,内有大量孢囊孢子。囊壁破裂,孢子散出随气流传播(图 1-13)。

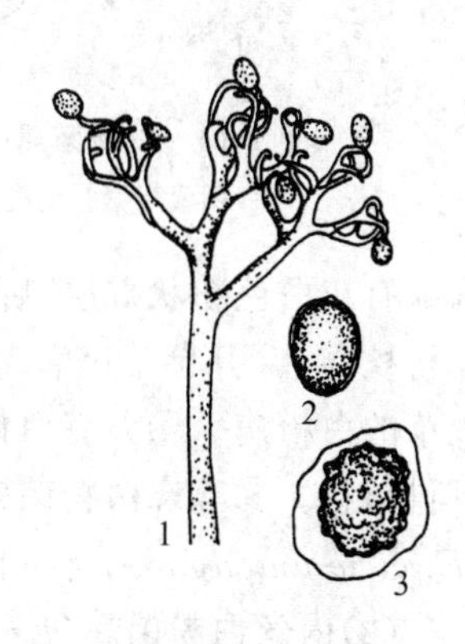

图 1-11 霜霉属

(仿陆家云等)

1. 孢囊梗及孢子囊

2. 孢子囊 3. 卵孢子

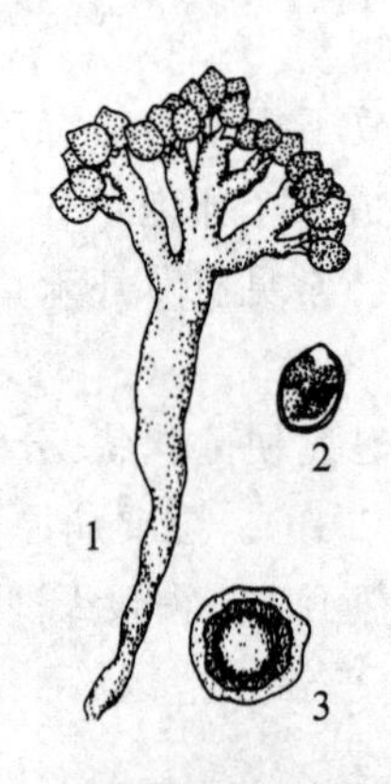

图 1-12 指梗霉属(仿陆家云等)

1. 孢囊梗及孢子囊

2. 孢子囊 3. 卵孢子

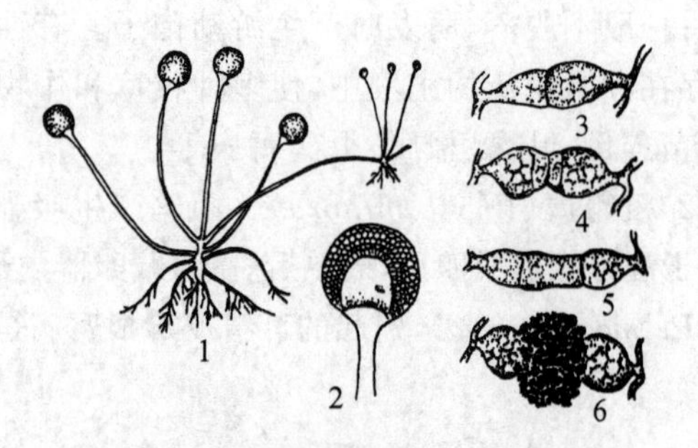

图 1-13 根霉属(仿王连荣等)

1. 孢囊梗、孢子囊、假根及匍匐枝 2. 放大的孢子囊

3. 原配子囊 4. 原配子囊分化为配子囊及配囊柄

5. 配子囊交配 6. 接合孢子

3. 子囊菌门(Ascomycota)

子囊菌门真菌是真菌界中种类最多的一个类群。菌丝体发达,有隔,菌丝体可交织在一起形成子座和菌核等变态结构,无性繁殖产生分生孢子,有性繁殖产生子囊和子囊孢子。子囊大多着生在子囊果内。与草地植物病害有重要关系的有:

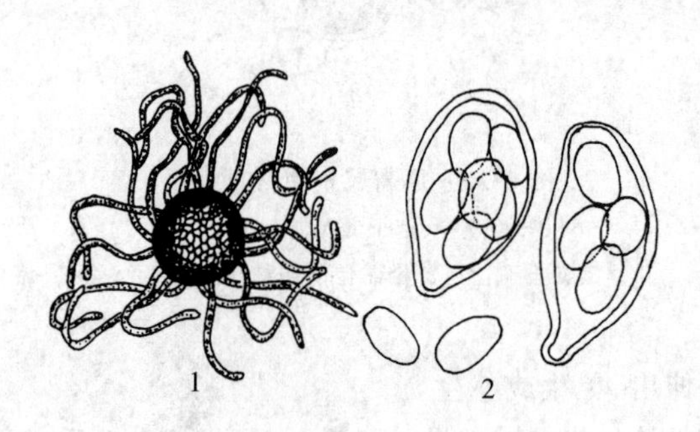

图 1-14 白粉菌属(仿陆家云等)

1. 闭囊壳 2. 子囊及子囊孢子

(1)白粉菌属(*Erysiphe*) 菌丝体表生,以吸器伸入寄主表皮细胞。闭囊壳褐色,扁球形,含多个子囊。附属丝菌丝状,不分枝或稍有不规则分枝。子囊孢子 2~8 个,椭圆形,单胞,无色(图 1-14)。无性态是粉孢属(*Oidium*),分生孢子串生,椭圆形,无色。重要的种有:①蓼白粉菌(*E. polygoni* DC.),寄生于蓼科、豆科、十字花科、伞形科、毛茛科和紫草科植物上,引起酸模叶蓼等植物的白粉病。②禾白粉菌(*E. graminis* (DC.)),为害禾本科草。病部有灰白色粉状霉层,后变污褐色,上生黑色小粒点。③豌豆白粉菌(*E. pisi* DC.),寄生在豆科植物上,引起三叶草、沙打旺、匾蓿豆、粗叶黄芪、草木樨状黄芪、白花草木樨、苜蓿等豆科牧草的白粉病。④大豆白粉菌(*E. glycines* Tai var. *glycines*),为害大豆、菜豆、野豌豆等多种豆科植物。⑤荨麻白粉菌(*E. urticae*),寄生在荨麻科植物上,引起白粉病。⑥歪头菜白粉菌(*E. vicia-untjugae*),寄生在豆科植物上,引起蚕豆、野豌豆等植物的白粉病。

(2)内丝白粉菌属(*Leveillula*) 菌丝体大多内生,分生孢子梗从气孔伸出,分枝或不分枝,顶端单生一个分生孢子。分生孢子倒棒形或不规则形。闭囊壳不常形成,含多个子囊,附属丝菌丝状。子囊含 2 个子囊孢子,单胞(图 1-15)。重要种有:①豆科内丝白粉菌(*L. leguminosarum*),寄生于骆驼刺属、苦豆子、紫苜蓿,为害叶片和茎,形成毡状斑块;②鞑靼内丝白粉菌(*L. taurica*),寄生在苜蓿、豌豆、红豆草上。

(3)小丛壳属(*Glomerella*) 子囊壳小,埋生在寄主组织内,球形至烧瓶形,散生或群集,

深褐色，有喙。子囊棍棒形，内含 8 个子囊孢子。子囊孢子单胞，无色，椭圆形(图 1-16)。无性态为炭疽菌属(*Colletotrichum*)，引起多种牧草植物的炭疽病。

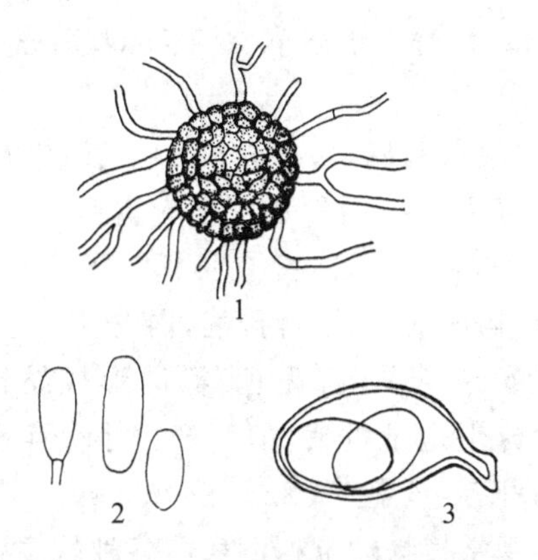

图 1-15 内丝白粉菌属(仿刘若等)

1. 闭囊壳 2. 分生孢子 3. 子囊及子囊孢子

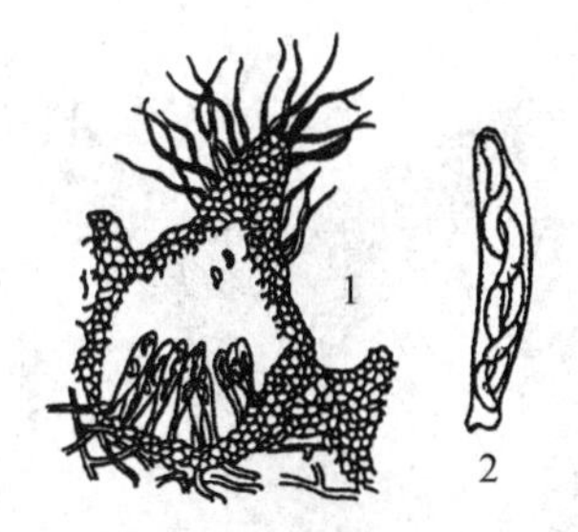

图 1-16 小丛壳属(仿陆家云等)

1. 子囊壳 2. 子囊

(4)黑痣菌属(*Phyllachora*) 假子座在寄主组织内发育，子座顶部与寄主皮层愈合而成黑色光亮的盾状盖。子囊壳埋生于假子座内，瓶形，黑色，孔口外露。子囊圆柱形，平行排列在子囊壳基部，子囊间有侧丝。子囊孢子单胞，椭圆形，无色。为害多种禾草植物的叶片，产生黑色、有光泽的病斑，俗称“黑痣病”。

(5)麦角菌属(*Claviceps*) 寄生在禾草植物的子房内，后期在子房内形成圆柱形至香蕉形的黑色或白色菌核。菌核越冬后产生子座。子座直立，有柄，可育的头部近球形。子囊壳埋生在整个头部的表层内。子囊孢子无色，丝状，无隔膜(图 1-17)。无性态为蜜孢霉(*Sphacelia*)。寄生于禾本科植物的花器，引起麦角病。在穗上先分泌含有大量分生孢子的蜜汁，以后产生黑色坚硬的菌核(麦角)。可作药用。但也可使人畜中毒，引起流产、麻痹以及呼吸器官疾病。

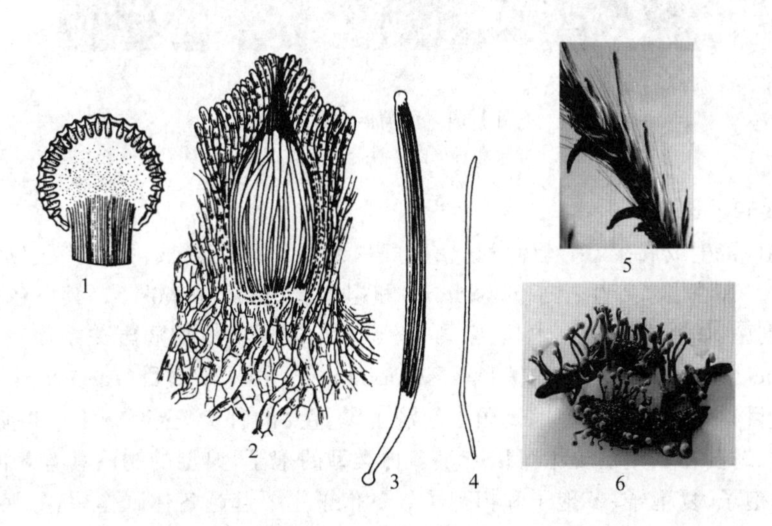

图 1-17 麦角菌属(1～4 仿陆家云等，5～6 为照片)

1. 子囊壳着生在子座顶端头状体上 2. 子囊壳内子囊着生状

3. 子囊 4. 子囊孢子 5. 麦角 6. 麦角萌发出头状子实体

(6)香柱菌属(*Epichloe*)　子座淡色，平铺状，缠在禾本科植物的茎和叶鞘上，形成一个鞘。子囊壳埋生在子座内。子囊细长，单囊壁，顶壁厚，具有折光性的顶帽。子囊孢子无色，丝状，有隔膜。无性态为禾香柱蜜孢霉(*Sphacelia typhina*)。寄生于冰草、纤毛鹅观草、雀麦、早熟禾、披碱草等禾本科牧草上，引起香柱病。

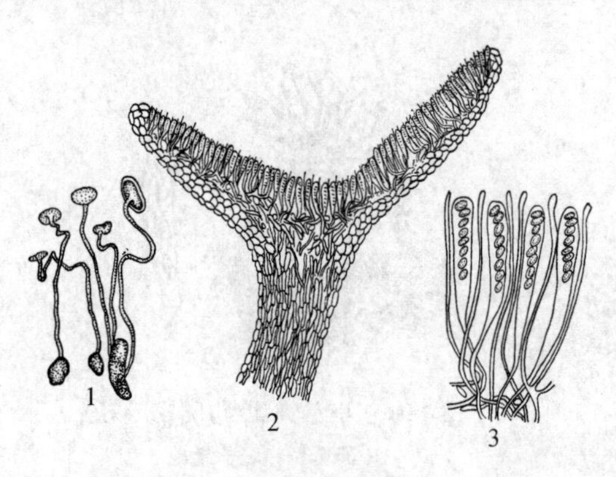

图 1-18　核盘菌属(仿陆家云等)

1. 菌核萌发形成子囊盘　2. 子囊盘　3. 子囊及侧丝

(7)核盘菌属(*Sclerotinia*)　菌核在寄主表面或寄主组织内形成。子囊盘产生在菌核上，盘状或杯状，褐色，有长柄。子囊近圆柱形，孔口遇碘变蓝，平行排列，内含 8 个子囊孢子。子囊孢子单胞，无色，椭圆形或纺锤形。不产生分生孢子世代，但可产生小分生孢子。重要的种有：核盘菌(*S. sclerotiorum*)，引起多种草本观赏植物幼苗猝倒病和各种软腐病；三叶草核盘菌(*S. triforum*)，寄生于紫云英、苜蓿、三叶草等豆科牧草，引起菌核病(图 1-18)。

(8)假盘菌属(*Pseudopeziza*)　子囊盘小，生于寄主表皮下的子座上，浅色，成熟后突破表皮外露。子囊棍棒形，内含 8 个子囊孢子，排成一列或两列。子囊孢子单胞，无色，椭圆形(图 1-19)。重要的致病种类有：①苜蓿假盘菌(*P. medicaginis*)，寄生于苜蓿，引起褐斑病；②三叶草假盘菌(*P. trifolii*)，寄生于三叶草，引起褐斑病。

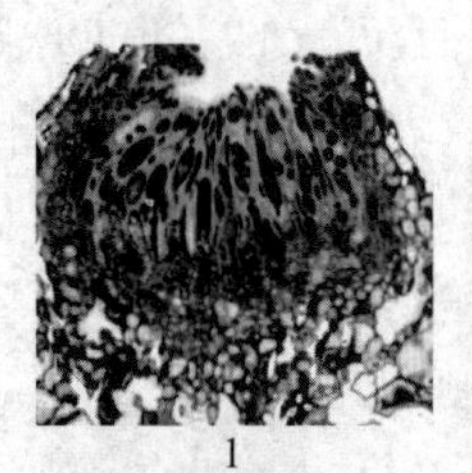
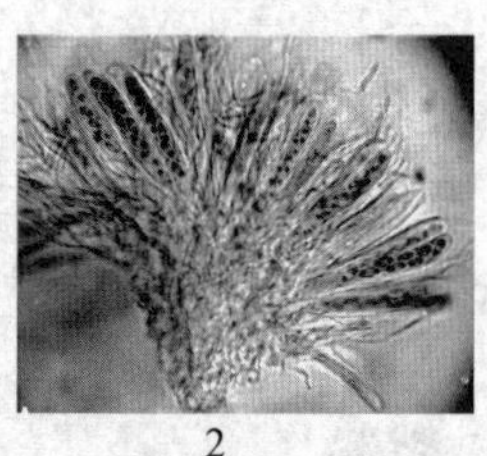
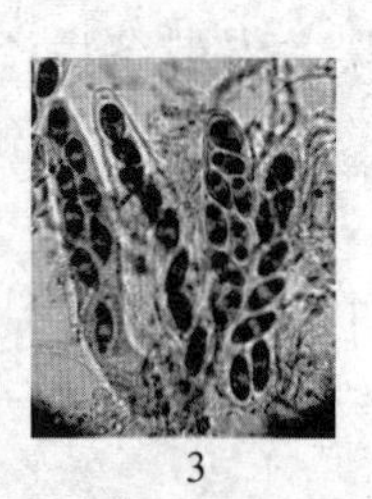

图 1-19　苜蓿假盘菌(史娟)

1. 子囊盘　2. 培养条件下的子囊盘及子囊　3. 子囊及子囊孢子

4. 担子菌门

高等真菌，寄生或腐生，菌丝体发达、有分隔，细胞一般是双核，菌丝产生锁状联合(clamp connections)。有性生殖产生担子(basidium)和担孢子(basidiospore)。其中包括可供人类食用和药用的真菌，如香菇、蘑菇、木耳、银耳、茯苓等。与草地植物病害关系比较密切的担子菌有锈菌目(Pucciniomycetes)、黑粉菌目(Ustilaginomycetes)、伞菌目(Aganricales)。

(1)锈菌目　锈菌是担子菌门真菌中经济上最重要的种类，全部寄生于植物上，常常造成重大的损失。锈菌在其生活史中可以产生多种类型的孢子，典型的锈菌具有 5 种类型的孢子，即性孢子、锈孢子、夏孢子、冬孢子和担孢子。冬孢子主要起越冬休眠作用，冬孢子萌发产生担孢子，常为病害的初侵染源；夏孢子和锈孢子是再次侵染源，起扩大蔓延作用(图 1-20)。有些锈菌完成其生活史需要通过两种亲缘关系不同的寄主，此种现象称为转主寄生。与草地植物病害关系密切的重要属有：

单胞锈菌属(*Uromyces*)：夏孢子堆生于寄主表皮下，后突破表皮，呈红褐色粉状，夏孢子

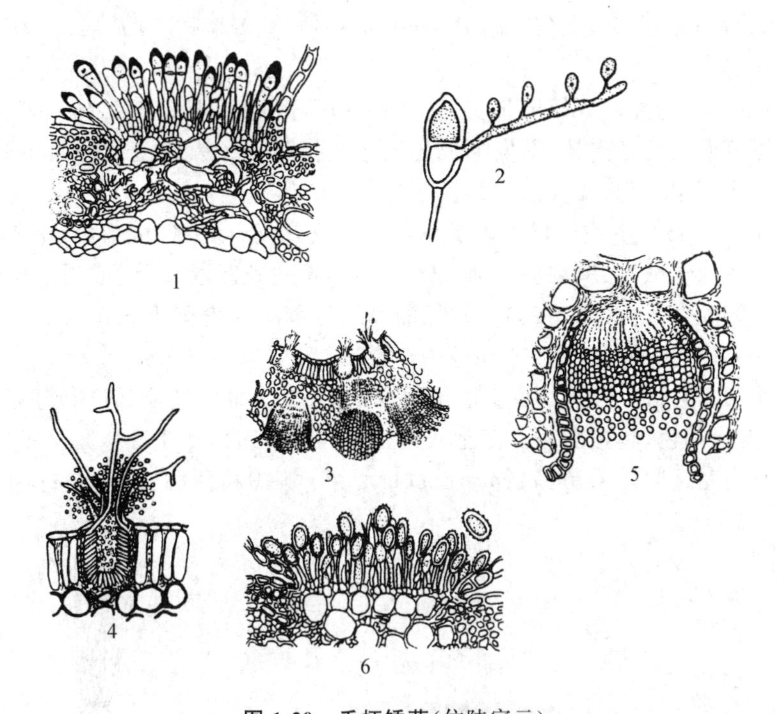

图 1-20　禾柄锈菌(仿陆家云)

1.冬孢子堆和担孢子　2.冬孢子萌发产生担子和担孢子　3.性子器和锈子器
4.放大的性子器　5.放大的锈子器　6.夏孢子堆和夏孢子

单胞、近圆形或椭圆形,黄褐色,表面有刺或瘤。冬孢子堆生于寄主表皮下,破裂后呈暗褐色至黑粉状,冬孢子单胞有柄,黄褐色至栗色,表面平滑,顶壁较厚(图 1-21)。单主寄生或转主寄生。常见的致病种类有:苜蓿单胞锈菌(*U. striatus*),为害苜蓿叶片,引起锈病,转主寄主为大戟属(*Euphorbia*)植物;博伊单胞锈菌(*U. baeumlerianus*),为害草木樨;歪单胞锈菌(*U. fallens*),为害三叶草等。

柄锈菌属(*Puccinia*):性子器埋生在寄主表皮下,近球形。锈子器生在寄主表皮下,杯形或桶形,有包被;锈孢子圆形或椭圆形,通常挤压成多角形,孢壁无色,有小瘤。夏孢子堆生于寄主表皮下,裸露,无包被;夏孢子单胞,圆形或椭圆形,单生柄上,孢壁有色,表面有小刺。冬孢子堆初期生于寄主表皮下,以后外露,冬孢子双胞,单生柄上,孢壁光滑。冬孢子萌发形成有隔担子,上面着生担孢子(图 1-22)。单主寄生或转主寄生,生活史多种多样。柄锈菌属是锈菌中最大的属,寄主包括菊科、莎草科、禾本科、百合科及其他维管束植物。常见的草地致病种类

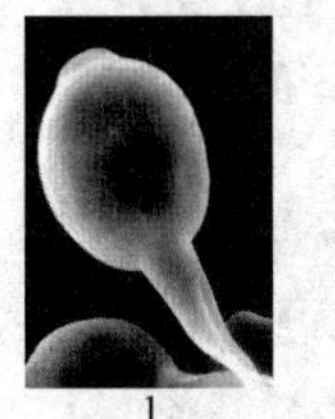
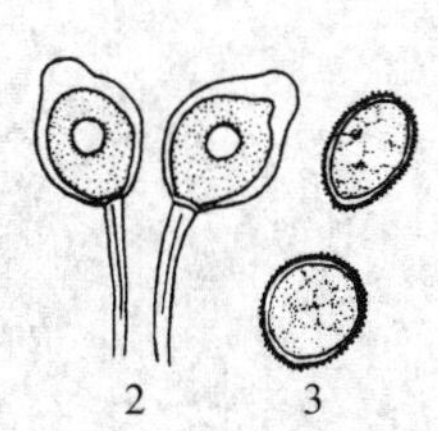

图 1-21　单胞锈菌属(2、3 仿陆家云等)

1、2.冬孢子　3.夏孢子

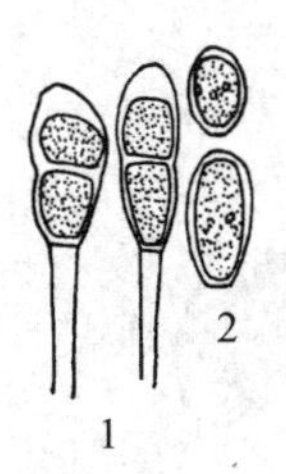

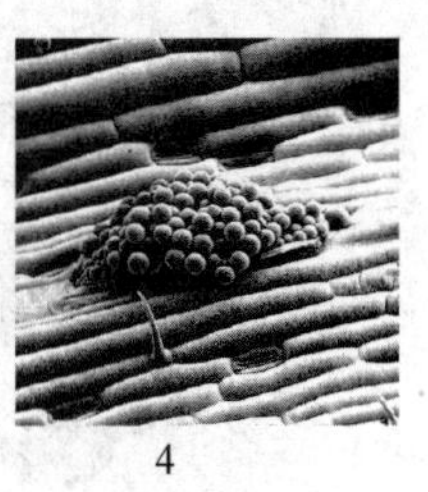

图 1-22　柄锈菌属(1、2 仿宗兆峰等)

1、3.冬孢子　2、4.夏孢子及夏孢子堆

有禾柄锈菌(*P. graminis*)、条形柄锈菌(*P. striiformis*)、隐匿柄锈菌(*P. recondita*)、向日葵柄锈菌(*P. helianthi*)等。

(2)黑粉菌目　黑粉菌以双核菌丝在寄主的细胞间寄生,一般有吸器伸入寄主细胞内。典型特征是形成黑色粉状的冬孢子,萌发形成先菌丝和担孢子。黑粉菌的分属主要根据冬孢子的形状、大小、有无不孕细胞、萌发的方式及冬孢子球的形态等。

黑粉菌属(*Ustilago*):冬孢子堆多呈黑褐色至黑色,生于寄主各个部位,主要为害花器,成熟后呈粉末状。冬孢子散生、单细胞。萌发产生有隔膜的先菌丝,侧生或顶生担孢子,有的不产生担孢子而仅产生侵入丝(图 1-23)。常见的草地病菌有大麦坚黑粉菌(*U. hordei*)、燕麦散黑粉菌(*U. avenae*)、玉蜀黍黑粉菌(*U. maydis*)等。

腥黑粉菌属(*Tilletia*):孢子堆多生于子房内,少数生于寄主其他部位,成熟后呈粉状或带有胶性,淡褐色至深褐色,具鱼腥味。冬孢子单生,常成对结合,产生次生小孢子(图 1-24)。常见的致病种类有小麦矮腥黑粉菌(*T. controversa*)、谷子腥黑粉菌(*T. setariae*)等。

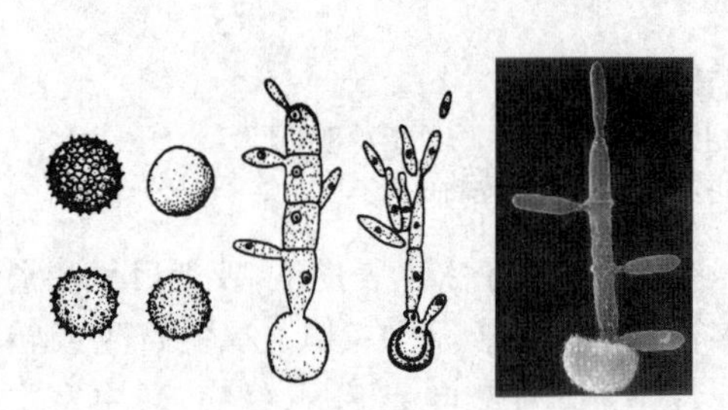

图 1-23　黑粉菌属(仿陆家云等)

冬孢子及其萌发

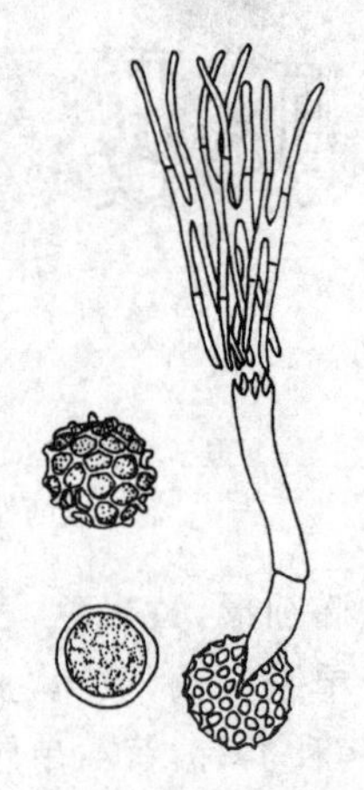

图 1-24　腥黑粉菌属(仿陆家云等)

冬孢子及其萌发

条黑粉菌属(*Urocystis*):孢子堆生于寄主各个部位,以叶、叶鞘和茎上为主,偶有发生在花器、种子或根内,黑褐色至黑色,粉末状或颗粒状。冬孢子球由一至多个冬孢子组成,结合紧密,外围有淡色的不孕细胞(图 1-25)。寄生在多种禾本科草和作物上。常见的种有小麦条黑粉菌(*U. tritici*)、冰草条黑粉菌(*U. agropyri*)。

(3)伞菌目　伞菌又称帽菌或蘑菇,其中的很多种类是食用菌,有的有医药价值,少数具有抗癌作用。有些伞菌与植物共生,形成菌根。部分伞菌引起草坪草的蘑菇圈(图 1-26)。最常

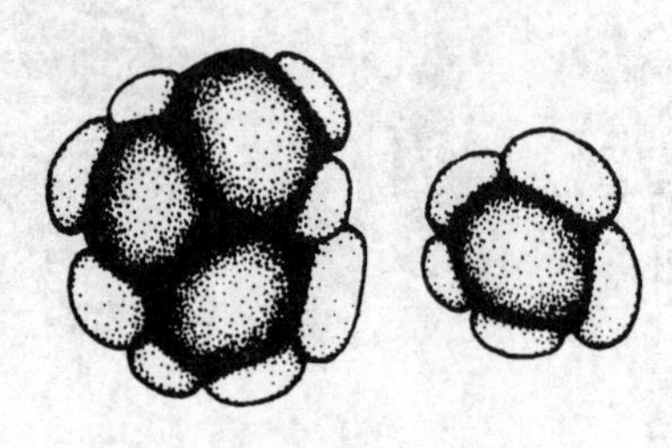

图 1-25　条黑粉菌属(仿陆家云等)

冬孢子集结的孢子球和外围的不孕细胞

图 1-26　草地蘑菇圈

见的病菌有环柄菇属(*Lepiota*)、马勃属(*Lycoperdon*)、小皮伞属(*Marasmius*)、硬皮马勃属(*Scleroderma*)、口蘑属(*Tricholoma*)等。

5.半知菌类

半知菌在自然界分布广,种类多,多数陆生,少数生活在海洋或淡水中。由于半知菌亚门的菌物生活史中只发现无性阶段,未发现有性阶段,故称半知菌或不完全菌。但当发现其有性阶段时,大多数归属子囊菌,极少数归属担子菌,因此,半知菌和子囊菌的关系很密切。半知菌的主要特征是:菌丝体发达,有隔膜;无性繁殖产生各种类型的分生孢子(图 1-27)。与草地植物病害关系比较密切的半知菌有:

图 1-27 半知菌分生孢子形态类型(仿宗兆峰等)

1.单胞孢子 2.双胞孢子 3.多胞孢子 4.砖隔孢子 5.线形孢子 6.螺旋孢子 7.星状孢子

(1)无孢菌 这类半知菌不产生孢子,只有菌丝体,有时可以形成菌核。引起草地植物病害的重要属有:

丝核菌属(*Rhizoctonia*):菌丝褐色,在分枝处缢缩,菌核由菌丝体交结而成,球形、不规则形(图 1-28)。有性态是担子菌的亡革菌属(*Thanatephorus*)、卷担子菌属(*Helicobasidium*)。侵染植物的根、茎、叶,引起根腐病、立枯病、纹枯病等多种病害。主要的致病种类有禾谷丝核菌(*R. cerealis*)、立枯丝核菌(*R. solani*)、玉蜀黍丝核菌(*R. zeae*)等。

小核菌属(*Sclerotium*):菌核褐色至黑色,长形、球形至不规则形,组织致密,干时极硬(图 1-29)。有性态是伏革菌属(*Corticium*)、小球腔菌属(*Leptosphaeria*)。侵染多种植物的叶、茎和根部,引起猝倒、茎腐、根腐和果腐等病害。常见的致病种有齐整小核菌(*S. oryzae-sativae*)。

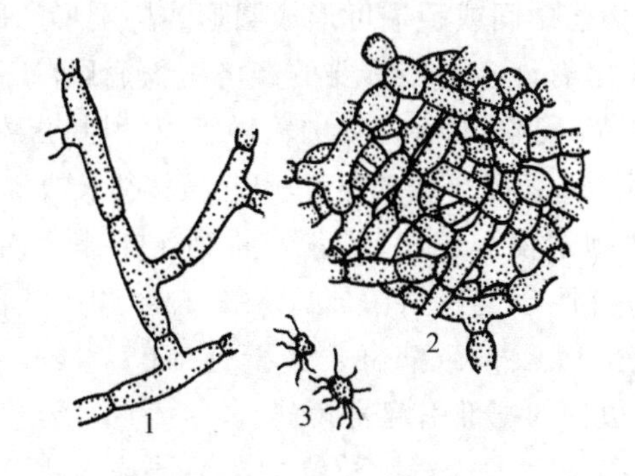

图 1-28 丝核菌属(仿邢来君)

1.直角状分枝的菌丝 2.菌丝交结的菌组织 3.菌核

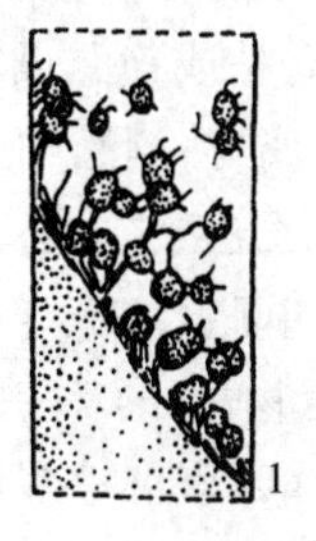

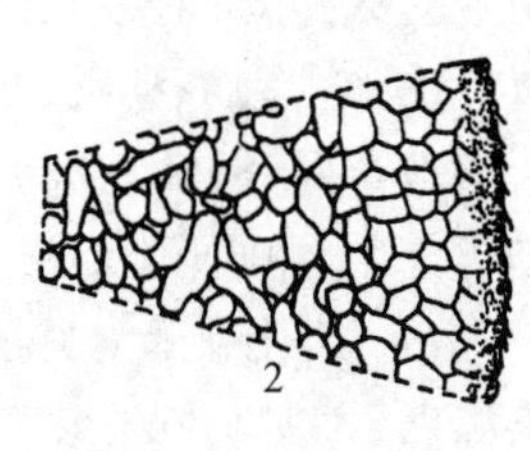

图 1-29 小核菌属(仿邢来君)

1.菌核 2.菌核剖面

(2)丛梗孢菌 分生孢子着生在疏散的分生孢子梗上,或着生在孢梗束上,或着生在分生孢子座上。分生孢子有色或无色,单胞或多胞。引起草地植物病害的重要属有:

粉孢属(*Oidium*):为高等植物的外寄生菌。菌丝体表生,产生指状吸器伸入寄主表皮细胞中吸取养料。分生孢子梗直立,简单不分枝,无色,向基性形成串生的分生孢子。分生孢子圆柱形、椭圆形，无色，单胞。有性态是子囊菌门中的白粉菌。

轮枝孢属(*Verticillium*)：分生孢子梗直立，无色，具隔膜，简单或轮生分枝。分生孢子球形、卵形或椭圆形，无色，单胞，单生或聚生。有性态为丛赤壳属(*Nectria*)、肉座菌属(*Hypocrea*)。重要的致病种有黑白轮枝菌(*V. alboatrum*)、大丽花轮枝菌(*V. dahliae*)。侵染多种植物的根部引起黄萎病。侵染苜蓿引起的苜蓿黄萎病是欧洲和美洲苜蓿的毁灭性病害。

链格孢属(*Alternaria*)：菌丝体大部分埋生，部分表生。分生孢子梗由菌丝顶端生成，或从菌丝侧生，色深，顶端单生或串生分生孢子。分生孢子倒棒形、卵形、倒梨形、椭圆形等，淡褐色，具纵横隔膜，顶端可延长成喙。孢子可连续产生次生分生孢子，形成长的或短的、分枝或不分枝的孢子链。全世界已描述的近 400 个种中，有 90%以上的种是兼性寄生于不同科植物上，引起多种叶斑病。同时该菌产生数十种菌物毒素，对哺乳动物有一定的毒性。重要的致病种有：向日葵链格孢(*A. helianthi*)，侵染向日葵的叶、茎和花葵，引起黑斑病，是向日葵的毁灭性病害，大发生年，造成叶片焦枯和绝收；茄链格孢(*A. solani*)，侵染马铃薯、番茄、茄等茄科植物引起早疫病，是马铃薯上常见的病害，发病严重地块常全田一片焦枯。

尾孢属(*Cercospora*)：菌丝体表生，子座球形，褐色。分生孢子梗不分枝。分生孢子单生，针形、倒棒形、鞭形，无色或淡色，具隔膜。有性态是球腔菌属(*Mycosphaerella*)，侵染多种植物叶片，引起灰斑病和褐斑病。主要的致病种有：变灰尾孢(*C. canescens*)，侵染菜豆、红小豆，引起红斑病；高粱尾孢(*C. sorghi*)，侵染高粱，引起紫斑病；玉蜀黍尾孢(*C. zeae-maydis*)，侵染玉米，引起灰斑病。此外该属菌物侵染多种作物、林木和牧草植物，引起灰斑病或褐斑病。

葡萄孢属(*Botrytis*)：分生孢子梗粗大，顶端分枝，分枝末端膨大，其上聚生分生孢子，外观似葡萄穗状，无色，具隔膜。分生孢子椭圆形、球形或卵形，无色，单胞，表面光滑。常形成椭圆形或不规则的菌核。侵染三叶草、红豆草等豆科牧草，引起灰霉病和腐烂病。

镰孢属(*Fusarium*)：菌丝絮状，培养条件下老熟菌丝常产生红、紫、黄等色素。分生孢子梗无色，常基部结合形成分生孢子座。分生孢子有大型和小型两种。大型分生孢子微弯曲，镰刀形，无色，多隔膜；小型分生孢子椭圆形、卵形和短圆柱形，无色，单胞或双胞，单生或串生。两种分生孢子常在分生孢子座上聚为黏孢子堆。菌丝中间或顶端可形成圆形或椭圆形的厚垣孢子。有性态是赤霉属(*Gibberella*)等。本属种类中有许多种是重要的经济植物病原菌，侵染植物后主要引起 4 种症状：立枯或猝倒，最终导致死苗；萎蔫，侵害植物的输导组织，引起萎蔫；腐烂，包括根腐、茎腐、穗腐、果腐等；刺激细胞增生和增长，病菌产生赤霉素，引起植株徒长或瘿瘤。

蜜孢霉属(*Sphacelia*)：分生孢子座表生，分生孢子梗呈栅栏状，紧密排列于子座表面，分生孢子单生，卵圆形，无色，单胞，埋藏于蜜露中。有性态是麦角菌属(*Claviceps*)和香柱菌属(*Epichloe*)。侵染禾本科植物的子房，引起麦角病。重要的致病种麦角蜜孢霉(*S. segetum*)，侵染黑麦、大麦、小麦、黑麦草、冰草等多种禾本科植物的穗部引起麦角病。

(3)黑盘孢菌　菌丝体生于寄主组织内，分生孢子盘生于寄主植物的角质层或表皮下，成熟后突破寄主表皮外露。分生孢子形态、色泽多样，群集时孢子团呈白色、乳白色、粉红色、橙色、黑色，引起草地植物病害的重要属有：刺盘孢属(*Colletotrichum*)，分生孢子盘生于寄主角质层下，有时生有褐色、具分隔的刚毛，分生孢子梗呈栅栏状排生于分生孢子盘上。分生孢子无色，单胞，长椭圆形或新月形。有性态是小丛赤壳属(*Glomerella*)、球座菌属(*Guignardia*)。其中重要的致病种类有大豆刺盘孢(*C. glycines*)、禾生刺盘孢(*C. graminicolum*)、豆类刺盘孢(*C. truncatum*)。寄生在豆科和禾本科牧草上引起炭疽病。

(4)球壳孢菌　菌丝体发达有分枝,分生孢子器表生、半埋生或埋生,单生、聚生或生于子座上,球形、烧瓶形。分生孢子形态多样,可分为干孢子或黏孢子。寄生在草地植物上,引起叶斑、枝枯、溃疡、烂皮、果腐等病害。

壳二孢属(*Ascochyta*):分生孢子器球形,褐色,散生。分生孢子椭圆形、圆柱形,无色,具1~2个隔膜。有性态为球腔菌属(*Mycosphaerella*)、小球腔菌属(*Leptosphaeria*)。侵染多种植物,引起斑点病。常见的致病种类有:甜菜壳二孢(*A. betae*),侵染甜菜叶,引起轮纹病;豌豆壳二孢(*A. pisi*),侵染香豌豆属(*Lathyrus* sp.)、苜蓿属(*Medicago* sp.)、菜豆属(*Phaseolus* sp.)、豌豆属(*Pisum* sp.)、车轴草属(*Trifolium* sp.)、蚕豆属(*Vicia* sp.)等植物的叶片、茎及叶,引起褐斑病。

茎点霉属(*Phoma*):分生孢子器埋生、半埋生。分生孢子椭圆形、圆柱形,无色,单胞。有性态为格孢腔菌属(*Pleospora*)、球腔菌属(*Mycosphaerella*)。重要的致病种类有甜菜茎点霉(*P. betae*)、黑茎茎点霉(*P. lingam*),侵染苜蓿引起黑茎病。

叶点霉属(*Phyllosticta*):分生孢子器埋生,暗褐色至黑色。分生孢子近球形、卵形、椭圆形。有性态为球座菌属(*Guignardia*)、盘壳菌属(*Discochora*)、球腔菌属(*Mycosphaerella*)。重要的致病种类有:苜蓿叶点霉(*P. medicaginis*),侵染苜蓿叶片,引起斑点病;高粱叶点霉(*P. sorghina*),侵染高粱、苏丹草、黍叶引起斑点病。

壳针孢属(*Septoria*):分生孢子器埋生,球形。分生孢子线形,无色,具多个隔膜。有性态为球腔菌属(*Mycosphaerella*)、小球腔菌属(*Leptosphaeria*),侵染植物的叶、茎和果实,引起各种病害。重要的致病种类有:向日葵壳针孢(*S. helianthi*),侵染向日葵,引起褐斑病;苜蓿壳针孢(*S. medicaginis*),侵染苜蓿叶,引起斑枯病。

(七)菌物病害的症状特点

菌物病害的主要症状是坏死、腐烂和萎蔫,少数为畸形。特别是在病斑上常常有霉状物、粉状物、粒状物等病征,这是菌物病害区别于其他病害的重要标志,也是进行病害田间诊断的主要依据。

卵菌门的许多菌物,如绵霉菌、腐霉菌、疫霉菌等,大多生活在水中或潮湿的土壤中,经常引起植物根部和茎基部的腐烂或苗期猝倒病,湿度大时往往在病部生出白色的棉絮状物。高等的卵菌如霜霉菌、白锈菌,都是活体营养生物,大多陆生,为害植物的地上部,引致叶斑和花穗畸形。霜霉菌在病部表面形成霜状霉层,白锈菌形成白色的疱状突起。这些都是病原物各自特有的病征。另外,卵菌大多以厚壁的卵孢子或休眠孢子在土壤或病残体中渡过不良环境,成为下次发病的菌源。

接合菌门菌物引起的病害很少,而且都是弱寄生,症状通常为薯、果的软腐或花腐。

许多子囊菌及半知菌引起的病害,一般在叶、茎、果上形成明显的病斑,其上产生各种颜色的霉状物或小黑点。它们大多是死体营养生物,既能寄生,又能腐生。但是,白粉菌则是活体营养生物,常在植物表面形成粉状的白色或灰白色霉层,后期霉层中产生小黑点即闭囊壳。多数子囊菌或半知菌的无性繁殖比较发达,在生长季节产生一至多次的分生孢子,进行侵染和传播。它们常常在生长后期进行有性生殖,形成有性孢子,以渡过不良环境,成为下一生长季节的初侵染来源。

担子菌中的黑粉菌和锈菌都是活体营养生物,在病部形成黑色粉状物或褐色的锈状物。黑粉菌多以冬孢子附着在种子上、落入土壤中或在粪肥中越冬,黑粉菌种类多,侵染方式各不相同。锈菌的生活史在真菌中是最复杂的，有多型性和转主寄生的现象。锈菌形成的夏孢子量大，有的可以通过气流作远距离传播，所以锈病常大面积发生。锈菌的寄生专化型很强，因而较易获得高度抗病的品种，但这些品种也易因病菌发生变异而丧失抗性。

二、病原原核生物

原核生物(prokaryotes)是指无真正细胞核的单细胞生物，菌体没有明显的细胞核，但有核质区，无核膜，核糖体为 70 S 型。原核生物包括细菌、放线菌、菌原体等。原核生物引起草地植物生产上的多种重要病害，如苜蓿细菌性凋萎病、鸭茅流胶病、苜蓿细菌性叶斑病、茎疫病、软腐病、细菌性根腐病、马铃薯环腐病等。

(一)原核生物的一般性状

(1)细菌　细菌细胞的形态有球状、杆状和螺旋状。植物病原细菌都是杆状。一般长 1～3 μm，宽 0.5～0.8 μm。细菌细胞的结构比较简单，由细胞壁、细胞膜、细胞质和核质等 4 个部分组成(图 1-30)。大多数植物病原细菌有鞭毛(flagellum)，着生在菌体一端或两端的鞭毛称为极生鞭毛，着生在菌体四周的鞭毛称为周生鞭毛(图 1-31)。植物病原细菌革兰氏染色反应大多为阴性，少数阳性。细菌的繁殖方式为裂殖，因此细菌的繁殖速度很快，在适宜条件下，每 20 min 就能分裂一次。

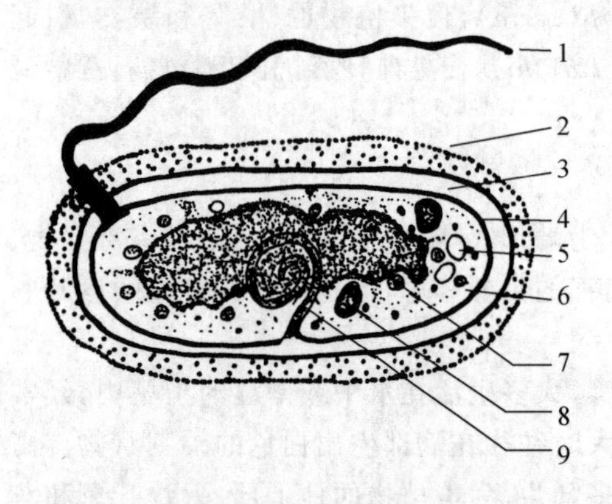

图 1-30　细菌内部结构示意图(仿宗兆峰等)

1. 鞭毛　2. 荚膜　3. 细胞壁　4. 原生质膜　5. 气泡　6. 核糖体　7. 核质　8. 内含体　9. 中心体

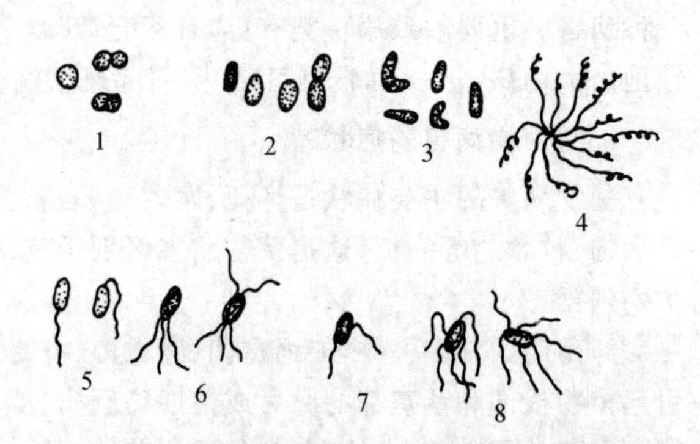

图 1-31　细菌形态及鞭毛着生类型(仿宗兆峰等)

1. 球菌　2. 杆菌　3. 棒杆菌　4. 链丝菌　5. 单极鞭毛　6. 多鞭毛极生　7、8. 鞭毛周生

(2)菌原体　是一类没有细胞壁的原核生物，只由一层称为单位膜的原生质膜包围，没有肽聚糖成分。菌体的形状主要有球形、椭圆形和螺旋形，但形状多变而不固定，也有丝状、杆状。繁殖方式包括芽殖、裂殖或二分裂繁殖。没有鞭毛，大多数不能运动，少数可滑行或旋转，对营养要求苛刻，对四环素类药物敏感。

(二)植物病原原核生物的分类及主要类群

原核生物的“种”是分类学上最基础的单位，是由模式菌株和具有相同性状的菌系群共同组成的群体。在细菌“种”之下，又可以根据寄主范围、致病性等，进一步区分为亚种(subsp.)、致病变种(pv.)和血清型(serovar)等表示。

根据目前细菌分类学中使用的技术和方法，可把它们分成 4 个不同的水平：细胞形态水平、细胞组分水平、蛋白质水平、基因组水平。在细菌分类学发展的早期，主要的分类鉴定指标是以细胞形态和习性为主，可称为经典分类法。在20世纪60年代以后，化学分类法、数值分类法和遗传学分类法等现代分类方法不断出现并日渐成熟。原核生物的命名，也采用拉丁双名制命名法。

本教材仍沿用第9版《伯杰氏细菌鉴定手册》列举的总的分类纲要，并采用Gibbons和Murray(1978)的分类系统，将原核生物分为4个门7个纲35个组群。4个门的主要特征是：

(1)薄壁菌门(Phylum Gracilicutes) 细胞壁薄，厚度为7～8 nm，细胞壁中含有8%～10%肽聚糖，革兰氏染色反应阴性。重要的植物病原细菌属有土壤杆菌属(*Agrobacterium*)、欧文氏菌属(*Erwinia*)、假单胞菌属(*Psuduomonas*)、黄单胞菌属(*Xanthomonas*)等。侵染禾本科和豆科牧草引起褐条斑病、细菌性萎蔫病等。

(2)厚壁菌门(Phylum Firmicutes) 细胞壁肽聚糖含量高(50%～80%)，细胞壁厚10～50 nm，革兰氏反应阳性。重要的植物病原细菌属有棒形杆菌属(*Clavibacter*)和链丝菌属(*Streptomyces*)。侵染马铃薯，引起马铃薯环腐病和疮痂病。

(3)软壁菌门(Phylum Tenericutes) 又称柔壁菌门或无壁菌门。菌体无细胞壁，只有一种称为单位膜的原生质膜包围在菌体四周，厚8～10 nm，没有肽聚糖成分，菌体以球形或椭圆形为主，营养要求苛刻，对四环素敏感。与植物病害有关的统称为植物菌原体，包括植原体属(*Phytoplasma*)和螺原体属(*Spiroplasma*)。

(4)疵壁菌门(Phylum Mendosicutes) 是一类没有进化的原细菌或古细菌，细胞壁中没有胞壁酸和肽聚糖；对内酰胺类抗生素不敏感，化能营养型。有的生活在高盐分、高湿或高度还原的环境中。该门中无植物病原细菌。

草地植物病原细菌常见的5个属为：

(1)土壤杆菌属(*Agrobacterium*) 土壤杆菌属是薄壁菌门根瘤菌科的成员，为土壤习居菌。菌体短杆状，鞭毛1～6根，周生或侧生。好气性，代谢为呼吸型。革兰氏反应阴性，无芽孢。营养琼脂上菌落圆形、隆起、光滑，灰白色至白色，质地黏稠，不产生色素。大多数细菌都带有除染色体之外的另一种遗传物质，一种大分子的质粒，它控制着细菌的致病性和抗药性等，如侵染寄主引起肿瘤症状的质粒称为"致瘤质粒"(tomor inducine plasmid，俗称为Ti质粒)，引起寄主产生不定根的"致发根质粒"(rhizogen inducine plasmid，俗称Ri质粒)。代表病原菌是根癌土壤杆菌(*A. tumefaciens*)，寄主范围广，可侵染多种牧草植物，其中包括三叶草、紫花苜蓿、豌豆、百脉根等豆科牧草。但在我国豆科牧草上尚未发现该菌的为害。

(2)假单胞菌属(*Pseudomonas*) 是薄壁菌门假单胞菌科的模式属。菌体短杆状或略弯，单生，大小为(0.5～1.0) μm×(1.5～5.0) μm，鞭毛1～4根或多根，极生。革兰氏阴性，严格好气性，代谢为呼吸型。无芽孢。已发现的植物病原细菌有一半属于此属，主要引起各种叶斑或坏死症状以及茎秆溃疡。如侵染三叶草引起三叶草细菌性叶斑，侵染苜蓿引起苜蓿细菌性茎疫病。

(3)黄单胞菌属(*Xanthomonas*) 黄单胞菌属是薄壁菌门的成员。菌体短杆状，多单生，少双生，单鞭毛，极生。革兰氏阴性。严格好气性，代谢为呼吸型。营养琼脂上的菌落圆形隆起，蜜黄色，产生非水溶性黄色素。黄单胞菌属的成员都是植物病原菌，模式种是野油菜黄单胞菌。侵染多种牧草植物，引起叶斑病。如侵染苜蓿引起苜蓿细菌性叶斑病，侵染禾草引起禾草细菌性枯萎病(黑腐病)和细菌性条斑病。

(4)棒形杆菌属(*Clavibacter*) 菌体多形态,棒状,不规则棒杆状,常弯曲成"L"形或"V"形,无芽孢。包含5个种和7个亚种,都是植物病原菌,引起系统性病害,表现萎蔫、蜜穗、花叶等症状。重要的病原细菌有马铃薯环腐病菌(*C. michiganensis* subsp. *sepedonicum*)。病菌可侵害5种茄属植物引起马铃薯环腐病。病菌大多借切刀的伤口传染,病株维管束组织被破坏,横切时可见到环状维管束组织坏死并充满黄白色菌脓,稍加挤压,薯块即沿环状的维管束内外分离,故称环腐病(图1-32)。侵染苜蓿引起苜蓿细菌性萎蔫病。

图1-32 马铃薯环腐病

(5)植原体属(*Phytoplasma*) 植原体属即原来的类菌原体(mycoplasma-like organism, MLO),菌体的基本形态为圆球形或椭圆形。菌体大小为80～1 000 nm。目前还不能在离体条件下培养它们。日本学者土居养二(Doi,Y)首先从桑萎缩病病组织切片中发现了病原体,称之为类菌原体。其分类和鉴定主要依靠生物学特征,如寄主、症状、介体专化性等。近年来分子生物学方法已广泛应用于此领域,分类取得了很大的进展。在国内,除桑萎缩病外,还有枣疯病、泡桐丛枝病、水稻黄矮病、水稻橙叶病和甘薯丛枝病等。在草地植物上,主要侵染苜蓿,此外还侵染百脉根、白花草木樨等,引起丛枝病。侵染三叶草引起变叶病。病原借助叶蝉(*Scaphytopius dudius*)和烟草叶蝉(*Orosius argentatus*)在苜蓿和其他豆科植物间传播。

(三)植物原核生物病害的症状特点

植物受原核生物侵害以后,在外表显示出许多特征性症状。细菌病害的症状主要是有坏死、腐烂、萎蔫和肿瘤等,褐色或变色的较少。在田间,细菌病害的症状往往有如下特点:一是受害组织表面常为水渍状或油渍状。二是潮湿条件下,病部有黄褐色或乳白色、胶黏、似水珠状的菌脓(ooze)。如细菌性叶斑病发生初期病斑常呈现半透明的水渍状,其周围由于毒素的作用形成黄色的晕圈,天气潮湿时病部常有滴状黏液或一薄层黏液,通常为黄色或乳白色。三是腐烂型病害患部往往有恶臭味。植物菌原体病害属于系统性病害,其症状主要是有变色和畸形,包括病株黄化、矮化或矮缩、枝叶丛生、叶片变小、花变叶等。

三、病毒

病毒(virus)(又称分子寄生物)是微生物大家庭中的一员,无细胞结构,个体非常微小,是一种分子状态的专性寄生物,寄生在各种细胞中,通常包被于保护性的蛋白衣壳中,只能在适宜的寄主细胞内完成自身复制。病毒具有下列基本特征:①结构简单,没有细胞结构,主要由核酸和蛋白质组成;②只含DNA或RNA一类核酸;③不以二分分裂法繁殖,只能在特定的寄主细胞内以核酸复制的方式增殖;④没有核糖体,不含与能量代谢有关的酶,在活体外没有生命特征。每一种病毒只有一种核酸(RNA或DNA),蛋白质包围着核酸形成保护性外壳,两者构成病毒粒体(virion, virus particle)。其核酸复制及蛋白质合成需要寄主提供原材料和场所。寄生植物的称为植物病毒(plant virus),寄生动物的称为动物病毒(animal virus),寄生细菌的称为噬菌体(bacteriophage)。

目前已研究和命名的植物病毒达1 000多种,其中许多为重要的农作物病原,所造成的损失仅次于菌物病害。在草地植物中,禾草大麦黄矮病毒病分布遍及各大洲,引起牧草、种子产量和品质下降。鸭茅、狗牙根、多花黑麦草等禾草虽不表现症状,但产量显著下降。禾草黑麦草花叶病毒病广泛发生于美洲、欧洲各国,可使多年生黑麦草减产 24%,越冬率减少 85%,是黑麦草草地衰败的重要原因之一。在美国某些州中,白三叶草发生几种病毒病,使草地生产力显著下降,以致农民不肯再种白三叶草。苜蓿花叶病(AMV)也是遍及全球的一种病毒病,造成一定的损失。

虽然人类对植物病毒的记载可追溯到几百年前,但人类认识植物病毒仅有 100 多年的历史。半个世纪以来,由于分子生物学的发展和电子显微镜的进步,人们对植物病毒的形态、结构、生物学特性及理化性质都有深入的研究。近年来对植物病毒的研究已进入分子水平,包括基因组结构及功能,侵染、增殖、致病过程的分子机制,以及抗病毒基因工程等。

(一)植物病毒的一般性状

1. 形态和结构

(1)形状和大小　植物病毒粒体很小,仅在电子显微镜下才能观察到,其度量单位为纳米(nm)。大多数病毒粒体为球状、杆状和线状,少数为弹状(图 1-33)。球状病毒直径大多在 20~35 nm,是由 20 个正三角形组合而成的多面体结构。杆状病毒多为(20~80) nm×(100~250) nm,两端平齐,粒体刚直不弯曲。线状病毒多为(11~13) nm×(700~750) nm,两端也是平齐的,呈不同程度的弯曲。许多植物病毒由不止一种粒体构成。如苜蓿花叶病毒有 5 种粒体组分:大小为 58 nm×18 nm、54 nm×18 nm、42 nm×18 nm、30 nm×18 nm、18 nm×10 nm。球状、杆状及线状病毒的表面由一定数目的蛋白质亚基构成。

(2)结构　完整的病毒粒体是由一个或多个核酸分子(DNA 或 RNA)包被在蛋白或脂蛋白衣壳里构成的。壳体和核酸统称为核衣壳(nucleo-capsid)。绝大多数病毒粒体都只是由核酸和蛋白衣壳(capsid)组成的,但植物弹状病毒(plant rhabdovirus)粒体外面有囊膜(envelope)包被。有些病毒在核壳外还有一层外套,称包膜(envelope)。包膜由脂肪和蛋白组成。衣壳的化学成分是蛋白质,绝大多数植物病毒的衣壳只有一种蛋白质,蛋白多肽链经过三维折叠形成衣壳的基本机构单位,称为蛋白质亚基(subunit)。在球状病毒上,多个蛋白亚基聚集起来形成壳基(capsomer)(图 1-34)。壳基是形态单位,因聚集的蛋白亚基数目不同而分别称

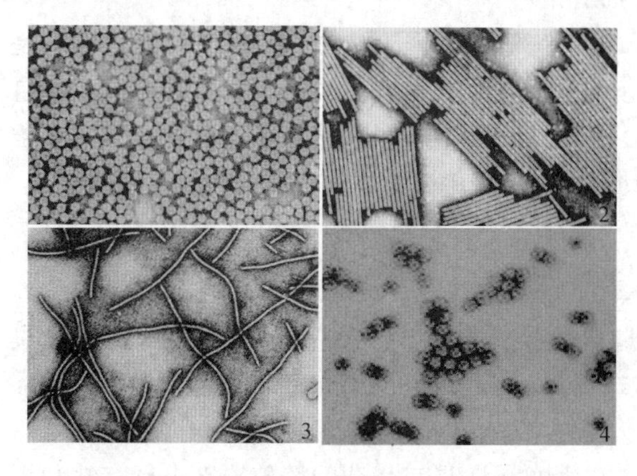

图 1-33　植物病毒粒体的形态(仿宗兆峰等)

1. 球状　2. 杆状　3. 线状　4. 弹状

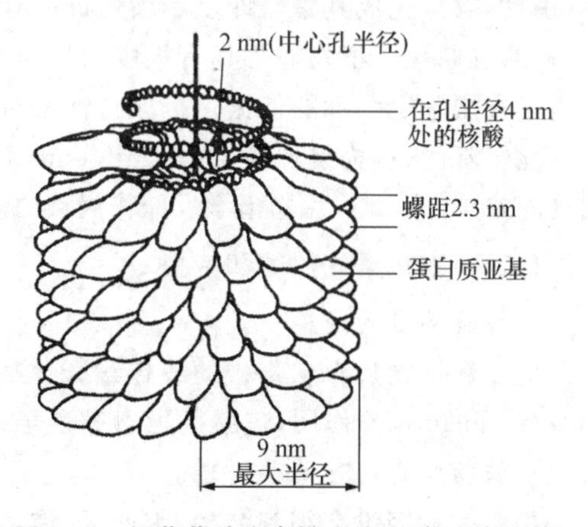

图 1-34　烟草花叶病毒模式结构(仿李阜棣等)

为二聚体、三聚体和五邻体、六邻体，很多壳基组成的衣壳起到保护核酸链的作用。由于不同病毒的蛋白亚基在衣壳体上的排列不同，使得不同的病毒粒体形态结构也不同，植物病毒的粒体结构主要杆状、线状、球状、弹状等。

2. 化学组成

植物病毒的主要成分是核酸和蛋白质。少数大型病毒还含有脂类和糖类物质。病毒只含一类核酸(DNA 或 RNA)，至今还没有发现一种病毒同时兼有两类核酸。大多数植物病毒的核酸为 RNA，少数为 DNA；噬菌体的核酸大多数为 DNA，少数为 RNA；动物病毒，包括昆虫病毒，则部分是 DNA，部分为 RNA。含 DNA 的病毒称 DNA 病毒，含 RNA 的病毒称 RNA 病毒。

无论是 DNA 还是 RNA 病毒，都有单链(ss)和双链(ds)之分。RNA 病毒多数是单链，极少数是双链；DNA 病毒多数为双链，少数单链。病毒核酸还有线状和环状之分，如玉米条纹病毒的核酸为线状单链 DNA。RNA 病毒核酸都呈线状，罕有环状。此外，病毒核酸还有正(+)、负(-)链的区别。凡碱基排列顺序与 mRNA 相同的单链 DNA 或 RNA，称(+)DNA 链或(+)RNA 链；凡碱基排列顺序与 mRNA 链互补的单链 DNA 和 RNA，称(-)DNA 链或(-)RNA 链。如烟草花叶病毒的核酸属于(+)RNA，正链(+)核酸具有侵染性，可直接作为 mRNA 合成蛋白质；负链(-)核酸没有侵染性，必须依靠病毒携带的转录酶转录成正链后才能作为 mRNA 合成蛋白质。

3. 生物学特性

(1)传染性　植物病毒具有传染性。病毒侵入植物时必须通过微伤口或由特定的刺吸式口器昆虫将病毒注入植物的韧皮部内与植物的原生质接触后才能与植物建立寄生关系。

(2)复制性　病毒缺少细胞生物所具备的细胞器，并且绝大多数病毒还缺乏独立的酶系统，不能合成自身繁殖所需的原料和能量，当病毒侵入植物细胞后寄主的代谢途径被改变，寄主细胞在病毒核酸(基因组)的控制之下。以单链 RNA 病毒为例，首先病毒的核酸(RNA)与蛋白质衣壳分离，RNA 以单链状态吸附在细胞核的周围或在细胞核里，这条单链的 RNA 作为一个正链模板，可以复制出与它本身在结构上相对应的负链，这个负链与原来的正链分开，又以该负链为模板复制出相对应的正链，随后复制出的正链离开细胞核进入细胞质，在细胞质中翻译出病毒自身所需要的蛋白质，然后在寄主细胞内将核酸和蛋白质装配成完整的病毒粒体，由此，病毒完成其繁殖即复制增殖(multiplication)。

(3)抗原性　植物病毒具有很强的抗原性，能够刺激动物产生抗体，并和抗体发生反应，是血清学方法鉴定病毒的依据。抗原特性来自分布在蛋白质衣壳表面或包膜蛋白表面的一些特殊的化学基团，称为抗原决定簇(antigenic determinant)，其特异性取决于氨基酸组成及其三维结构的差异。因此可用血清学反应作病毒的诊断，同时也可用于植物检疫及抗病品种的选育。

(二)植物病毒的侵染和传播

1. 植物病毒的侵染

大多数植物病毒从机械的或传毒介体所造成的微伤口(fine wound)侵入寄主，少数经过内吞(endocytosis)作用，包膜病毒通过融合方式(fusion)进入寄主细胞。

2. 植物病毒的复制和增殖

植物病毒因没有细胞结构，因此，不像大多数生物那样具有复杂的繁殖器官进行有性和无性繁殖，也不像细菌那样进行裂殖生长，而是分别合成核酸和蛋白质，再组装成子代病毒粒体，最后以各种方式释放到细胞外，感染其他细胞，这种特殊的繁殖方式称为复制增殖。

病毒侵入植物后,在活细胞内增殖后代病毒需要两个步骤:一是病毒核酸的复制(replication),即病毒的基因传递;二是病毒基因的表达(gene expression),即病毒蛋白质合成。这两个步骤遵循遗传信息的一般规律,但也因病毒核酸类型的变化而存在具体细节上的不同。

3. 植物病毒的传播

植物病毒为专性寄生物,不能离开活细胞,也不能形成休眠器官,在寄主活体外存活的时间一般不会太久。植物病毒没有主动侵入寄主细胞的能力,也不能从植物的自然孔口侵入,因此,植物病毒的传播完全是被动的。植物病毒从一植株转移或扩散到其他植物的过程称为传播(transmission),而从植物的一个局部到另一个局部的过程称为移动(movement)。根据自然传播方式的不同,传播可以分为介体传播和非介体传播两类。介体传播(vector transmission)是指病毒依附在其他生物体上,借生物体的活动而进行的传播及侵染。介体包括动物介体和植物介体两类。没有其他生物介体传播的方式称非介体传播,包括植株汁液接触传播、嫁接传播和花粉传播。病毒随种子和无性繁殖材料传带而扩大分布的情况也是一种非介体传播。植物病毒传播感染途径概括为:①昆虫传播是自然条件下最主要的传播途径。主要虫媒是半翅目刺吸式口器的昆虫,如蚜虫、叶蝉和飞虱。②病株的汁液接触无病株伤口,可以使植株感染病毒。③无性繁殖材料和嫁接传染。几乎所有全株性的病毒都能通过嫁接传染。④花粉和种子传播。种子带毒的为害主要表现在早期侵染和远距离传播。由花粉直接传播的病毒数量并不多,知道的有十几种,多数为害木本植物。

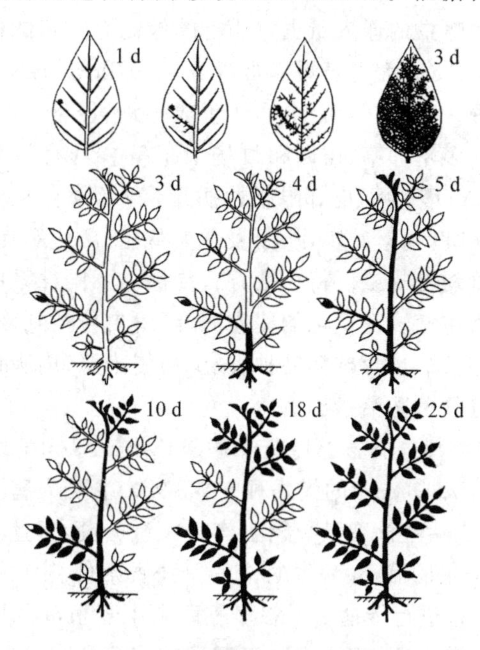

图 1-35 烟草花叶病毒在番茄植株中移动示意图(仿 Agrios)

病毒在植物叶肉细胞间的移动称作细胞间转移,这种转移的速度很慢(图 1-35)。病毒通过维管束的转移称作长距离转移,转移速度较快。

(三)重要的植物病毒及其所致病害

(1)苜蓿花叶病毒(alfalfa mosaic virus,ALV) 为正单链 RNA 病毒(positive-sense RNA viruses)雀麦花叶病毒科(*Bromoviridae*)苜蓿花叶病毒属(*Alfamovirus*)。ALV 的寄主范围广泛,可以侵染 51 科双子叶植物中的 430 多种,例如马铃薯、烟草、番茄、大豆、苜蓿、芹菜、豌豆、三叶草等。ALV 感染往往造成严重的病害。由于 ALV 可经枝叶传播,多种蚜虫以非持久性方式传播,在苜蓿、辣椒等植物上可进行种子传播,造成防治困难,目前尚无有效的防治方法,所以培育抗 ALV 的作物新品种成为亟待解决的问题。

(2)烟草花叶病毒(tobacco mosaic virus,TMV) 为烟草花叶病毒属(*Tobamovirus*)的模式种。在世界各地均有分布,寄主范围非常广泛。在自然界主要以植株间接触传播。对外界环境的抵抗力很强,混有病残体的肥料、种子、土壤和带病的其他寄主植物以及野生植物都可以成为病害的初侵染源。病害发生与品种的抗病性有密切关系。在干旱少雨、气温偏高时发病较重。抗病品种在防治 TMV 引起的病毒病中作用很大,但因病毒变异速度快,品种很容易丧失其抗病性。TMV 引起多种植物的花叶病，造成严重的品质和产量损失。

(3)黄瓜花叶病毒(cucumber mosaic virus，CMV) 为黄瓜花叶病毒属(*Cucumovirus*)的模式种。寄主十分广泛，自然寄主有 67 科 470 多种植物。引起许多单子叶及双子叶植物重要病害，而且常与其他病毒混合侵染，造成更严重的危害。引致的症状主要有花叶、蕨叶、矮化，在有的寄主上能形成各种形状的坏死斑。CMV 在自然界主要依靠多种蚜虫以非持久性方式传播，之外还可经汁液摩擦传毒，有些寄主种子可传毒。CMV 可在多年生的杂草、花卉或栽培植物中越冬。传毒蚜虫数量多，传毒效率高，所以由其引起的病害流行速度快、损失大，防治困难。目前最有效的防治措施是选用抗病品种。另外，铲除田间杂草寄主和早期发病植株、减少蚜虫的迁入量也对病害的控制有一定的作用。

(4)大麦黄矮病毒(barley yellow dwarf virus，BYDV) 为黄症病毒属(*Luteovirus*)代表种。BYDV 广泛分布于世界各地，侵染 100 种以上单子叶植物，包括大麦、燕麦、小麦、黑麦和许多草坪草、田园和牧场杂草等。具有显著的株系分化现象，是麦类作物的重要病毒病原。BYDV 为韧皮部限制性病毒，病毒仅存在于韧皮部。但受侵植物因韧皮部坏死导致生长延缓、叶绿素减少，从而表现为黄化、矮化等症状。BYDV 由长管蚜、无网长管蚜、麦二叉蚜和缢管蚜等蚜虫以持久性方式传播。不同株系的病毒往往由不同的蚜虫传播。田间栽培及野生的寄主植物是病毒的侵染源，经蚜虫传播到麦类作物上，病害的发生流行与传毒蚜虫的数量呈正相关。培育抗病品种、减少初侵染源、内吸性药剂拌种灭蚜、生长期防虫、改变耕作制度是可供选择的防治措施。

(5)小麦土传花叶病毒(wheat soil-borne mosaic virus，WSMV) 为菌物传杆状病毒属(*Furovirus*)的模式种。WSMV 主要为害冬小麦和大麦。开始在叶片上形成短线状褪绿条纹，后逐渐变黄、矮化，产生大量分蘖，呈莲座状丛生，重病株不能抽穗。症状的严重度取决于寄主的品种、病毒的株系和气候条件。WSMV 通过土壤中的禾谷多黏菌(*Polymyxa graminis*)进行传播。禾谷多黏菌是小麦根部的弱寄生菌，对小麦影响不大。但其形成的休眠孢子带有病毒，病毒存在于孢子的表面和孢子的内部，在萌发形成游动孢子时，可将病毒传播到健康的植株。该病毒还可经汁液摩擦传播，但种子不传毒。因病毒介体可长期存在于土壤中，防治上以铲除介体菌为中心，小面积发病可采用药剂处理的方法防治，大面积发病则需利用抗病品种和多年轮作的方法防治。

(四)草地植物病毒病害的症状特点

1. 症状类型

植物病毒大多属于系统性侵染的病原。当寄主植物感染病毒后，或早或迟都会在全株表现出病变和症状，但植物病毒病害只有明显的病状而无病征。绝大多数病毒侵入寄主后可以引起植物叶片不同程度的斑驳、花叶或黄化，同时伴随有不同程度的植株矮化、丛枝等症状。一些病毒可引起卷叶、植株畸形等症状，少数病毒还能在叶片上或茎秆上造成局部坏死和肿瘤、脉突等增生现象。通常植物感染病毒后可使植物表现出三种主要的症状。

(1)变色 由于叶绿体受到破坏，或不能形成叶绿素，从而引起花叶、黄化、红化等，叶片上出现条纹、条点、明脉、沿脉变色等。

(2)组织坏死 最常见的坏死症状是枯斑。枯斑是寄主植物过敏性的反应，可阻止侵入病毒的进一步扩展，有的病斑褪绿深浅相间呈环痕，称为环斑。有些病毒侵染引起韧皮部坏死，有些则引起植株系统性坏死。如红三叶草斑驳病。

(3)畸形 感病器官变小和植株矮小,几乎是所有病毒病害的最终表现。叶片主要表现为卷叶、瘤状突起、脉突、丛簇、缩叶、皱叶等症状;花器变叶芽,节间缩短,侧芽增生等。如三叶草伤瘤病。

病毒侵染植物除造成上述外表症状外,还有内部细胞的或组织的不正常表现。最突出的表现是在感染病毒植株的细胞内形成细胞内含体,这在花叶病中较普遍。植物病毒内含体是植物病毒病诊断的根据之一。

植物病毒病只有明显的病状,不表现病征。这在诊断上有助于将病毒病与其他病原物所引起的病害区分开来,但易与非侵染性病害,特别是缺素症、药害和空气污染所致病害相混淆。

2. 系统侵染(systemic infection)

绝大多数植物病毒病害是系统侵染的。病毒能由侵入点扩展至全株,而表现全株性症状,以叶片、嫩枝表现得最为明显。

3. 症状潜隐(latent symptom)

有些病毒在寄主植物上只引起很轻微的症状,有的甚至是侵染后不表现明显症状的潜伏侵染。表现潜伏侵染的病株,病毒在它的体内还是正常蔓延和繁殖,病株的生理活动也有所改变,但是外面不表现明显的症状,这种现象称为症状潜隐。受到病毒侵染而不表现症状的植物称作带毒者。植物病毒的潜伏侵染在栽培植物和野生植物上普遍存在。

4. 隐症现象(masking of symptom)

环境条件有时对病毒病害的症状有抑制或增强作用。如病毒引起花叶症状,在高温条件下常受到抑制,而在强光照条件下则表现得更为明显。由于环境条件的关系,发病植物暂时不表现明显的症状,甚至原来已表现的症状也会暂时消失,这种现象称为隐症现象。

四、病原线虫

线虫(nematobe)又名蠕虫(helminth),属于无脊椎动物线形动物门(Nemathelminthes)线虫纲(Nematoda)。植物寄生线虫通过分泌有毒物质和吸收营养物质破坏寄主的细胞和组织,由于植物被害后表现的症状与一般植物病害的症状相似,因此,习惯上将植物寄生线虫作为病原物来研究。

在自然界,线虫种类繁多,分布广泛,其中大部分类群生活在淡水、海水、泥沼、沙漠和各种土壤中,也有许多类群寄生在动物上,如常见的蛔虫、钩虫等,对人畜等健康带来很大影响。在草地植物病害中,为害较严重的有苜蓿茎线虫病、禾草种子线虫病,尤其是禾草种子线虫病,致使禾草种子严重减产。

植物线虫对植物的为害,除吸取寄主的营养和对植物的组织造成机械损伤外,主要在于线虫的分泌物和唾液等,能引起植物产生一系列的生理病变,从而破坏植物的正常代谢和机能,影响生长和发育,致使植物的产量减少,品质下降,严重时植物死亡和绝产。此外,线虫还能与有些菌物、细菌和病毒相互作用、共同致病,造成复合病害,或以刺激、诱导、传带等不同方式,促进这三种病原的加重为害。线虫为害植物一般表现为植株矮小、畸形、叶变色、萎蔫、早枯、产量下降等,容易与缺肥、缺水、缺素等生理病害相混淆。

(一)线虫的一般性状

植物病原线虫多为无色、不分节、体形呈圆筒形、两端略尖细的线形体。大多数种类雌雄同形，少数种类雌雄异形，即雄虫保持细长的线状，雌虫体显著膨大成囊状、梨形或球形等(图1-36)，如根结线虫属(*Meloidogyne*)、异皮线虫属(*Heterodera*)。同一种线虫，虫体大小的变化与寄主、抗病性和地理分布有一定的关系。

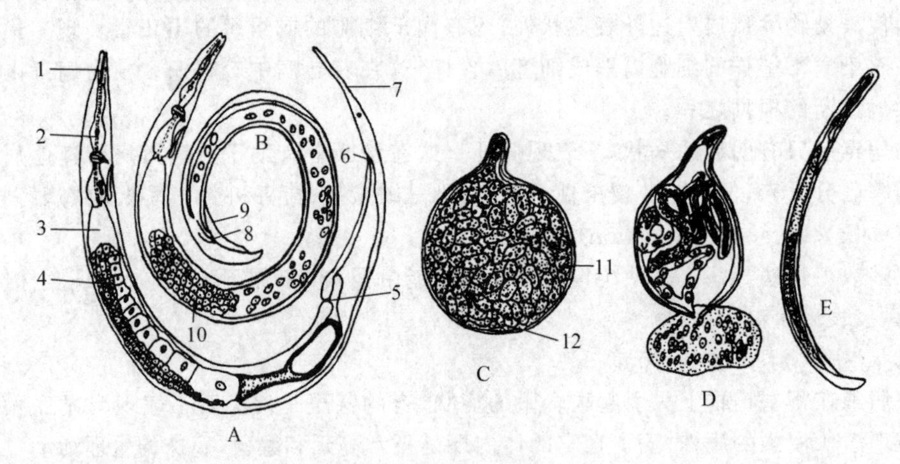

图1-36　线虫形态(仿王连荣等)

A.雌线虫:1.头部及吻针　2.食道球部　3.肠　4.卵巢　5.阴门　6.肛门　7.尾部
B.雄线虫:8.交合刺　9.交合腺　10.睾丸　C.梨形线虫(胞囊线虫属)雌虫:11.卵　12.肛门
D.梨形线虫(根结线虫属)雌虫　E.梨形线虫(根结线虫属)雄虫

(二)植物寄生线虫的生态和病理学

1.线虫生态习性

线虫的生活史包括卵、幼虫和成虫3个阶段。幼虫经4个龄期，发育为成虫。在植物根结线虫中，常以2龄幼虫侵染植物根尖的生长区，并在伸长区的生长锥内定居。在适宜的环境条件下，多数植物线虫完成一代需要3～4周，温度低或其他条件不适宜，则需要的时间较长。在自然条件下，线虫完成一个世代所需要的时间受到许多因素的影响。线虫的种类、为害方式、寄主植物的生长状况、气候条件、土壤环境状况等都与生活史长短有关。

植物线虫除了休眠状态的幼虫、卵外，都需要在适当的水中活动，活动状态的线虫若长时间暴露在干燥的空气中，会很快死亡。线虫发育最适温度各不相同，一般在15～35℃之间，45～50℃的热水中10 min即可杀死线虫。土壤是线虫最主要的生态环境，以土壤耕作层15 cm土层中最多。根部的分泌物对线虫有一定的吸引力，因此在根围土壤周围的线虫最多。在整个生长季节中，线虫在土壤中活动的范围非常有限，很少超过0.3～1 m。因此，线虫一般是通过人为传带、种苗的调运、灌溉水及耕作农具的携带等，进行远距离传播。

2.线虫的致病性

植物线虫都是专性寄生的，只能在活的植物细胞或组织内取食和繁殖。除了线虫侵入寄主植物时以其尖锐的口针机械刺穿植物表面细胞组织造成机械损伤，对植物的生长发育具有一定的影响外，更重要的是线虫背食道腺分泌物对植物破坏作用:①刺激寄主细胞增大，形成巨型细胞或合胞体(syncytium);②刺激细胞分裂，使寄主组织形成肿瘤和根部的恶性分枝;③抑制根茎顶端分生组织细胞的分裂，导致植株矮化;④溶解中胶层，使植物组织细胞离析，溶解细胞壁和破坏细胞壁，造成植物组织溃烂坏死。

(三)线虫病的侵染循环

植物病原线虫大多数为活养生物,少数为半活养生物。它们能为害植物的根、茎、叶、花等器官。根据取食习性,常将线虫分为外寄生型和内寄生型两大类。外寄生型线虫在植物体外生活,仅以吻针刺穿植物根毛表皮组织而取食,虫体不进入植物体内;内寄生型线虫则进入植物组织内取食。然而也有少数线虫先进行一段外寄生,然后再进行内寄生。

线虫一般以卵、幼虫在植物组织内或土壤中越冬。线虫在田间的传播主要通过灌溉水、土壤、人的农事活动等。远距离传播则是依靠种子、球根以及种苗的调运来实现的。

(四)草地植物主要的致病类群

(1)茎线虫属(*Ditylenchus*) 内寄生型。侵染苜蓿根茎和接近地面的茎基部,造成茎节膨大、节间缩短,腐烂。温暖潮湿的天气时,叶片卷曲、变形,变成白色。

(2)粒线虫属(*Anguina*) 侵染禾草和牧草的花器,使种子严重减产。如侵染翦股颖,使其穗部产生虫瘿取代原来的种子,失去种用价值。侵染羊草植株,苗期或返青期虽无明显症状,但在生长后期,病株较矮,生育期延迟,开花推迟 15～20 d,部分小穗不能结实而变为虫瘿。

(3)根结线虫属(*Meloidogyne*) 侵染植物根部,形成瘤状根结。该属是目前世界上分布广、为害严重的植物寄生线虫,可以为害单子叶和双子叶植物。分布最广泛的有 4 种:南方根结线虫(*M. incognita*)、北方根结线虫(*M. hapla*)、花生根结线虫(*M. arenaria*)和爪哇根结线虫(*M. javanica*)。

(五)线虫病害的症状特点

(1)局部症状 地上部的症状有顶芽、花芽坏死,茎叶卷曲或组织坏死。地下部的症状在根部,生长停滞或卷曲,有的形成肿瘤、根结或丛根,有的组织坏死和腐烂;在地下茎上,可使细胞坏死,组织坏死,引起整个块茎腐烂。

(2)全株性症状 植株生长缓慢、衰弱、矮小、发育迟缓,叶色变淡,甚至萎黄,类似缺肥营养不良的症状;也有的呈现全株性枯萎,如寄生在松树树干木质部中的松材线虫(*Bursaphelenchus xylophilus*)引起全株枯萎等症状。

五、寄生性植物

(一)寄生性植物的一般性状

种子植物大多为自养生物,它们有叶绿素或其他色素,借光合作用合成自身所需的有机物。但也有少数植物由于根系或叶片退化或缺乏足够的叶绿素而营寄生生活,称为寄生性植物(parasitic plants)。寄生性植物从寄主植物上获得生活物质的方式和成分各有不同。按寄生物对寄主的依赖程度或获取寄主营养成分不同,可分为半寄生和全寄生两大类。半寄生类植物有叶绿素,能进行光合作用,但无真正的根,以吸根伸入寄主木质部,与寄主的导管相连,吸取寄主的水分和无机盐,如桑寄生科植物。全寄生类植物无叶、无根或叶片退化成鳞片状,不能进行光合作用,以吸器伸入寄主体内,并与寄主的导管和筛管相连,以吸取寄主植物的无机盐类、水分和有机营养物质,如菟丝子属和列当属植物。

寄生性植物按其寄生部位不同分为根寄生和茎寄生。根寄生即寄生物寄生在寄主植物的根部,在地上部与寄主彼此分离,如列当科植物。寄生物寄生在寄主的茎秆上,两者紧密结合在一起，这类寄生称为茎寄生，如菟丝子科植物和槲寄生等。

(二)寄生性植物的主要类群

我国常见的为害较大的寄生性种子植物有桑寄生科(Loranthaceae)、菟丝子科(Cuscutaceae)和列当科(Orobanchaceae)。

1. 桑寄生

桑寄生为桑寄生属植物的总称。桑寄生科中的桑寄生和槲寄生都是具有叶片和叶绿素的地上部半寄生植物，是热带和亚热带木本植物上的寄生性灌木，少数为落叶性的。桑寄生的茎呈褐色，圆筒状，叶对生、舌状。雌雄同花，浆果球形或卵形，内果皮有层胶质保护种子，其种子主要靠鸟类啄食浆果后传播。被鸟食后再吐出或排出的种子黏附在树皮上，种子吸水萌发并产生吸盘，吸盘下生根侵入树皮，并深入扩展形成假根和次生吸根直达寄主的木质部，与寄主导管相通，并建立起吸取寄主水分和无机盐的寄生关系。与此同时，萌发的胚芽也发育形成短枝和叶片，随着枝叶的发展，再通过不定芽在树枝上建立新的侵染点而发展成丛生状灌木丛。

桑寄生在我国分布很广，已记载的有十余种，可以寄生为害多种树木和果树，常见的有桃、李、杏、苹果、柑橘、梨、板栗、枣、枫杨、白蜡等树种。

槲寄生具有革质对生叶片，有的叶退化，小茎作叉状分枝，花极小，雌雄异花。其侵染传播和寄生特点与桑寄生相同。防治上可结合果树修剪，清除其枝叶和吸盘。

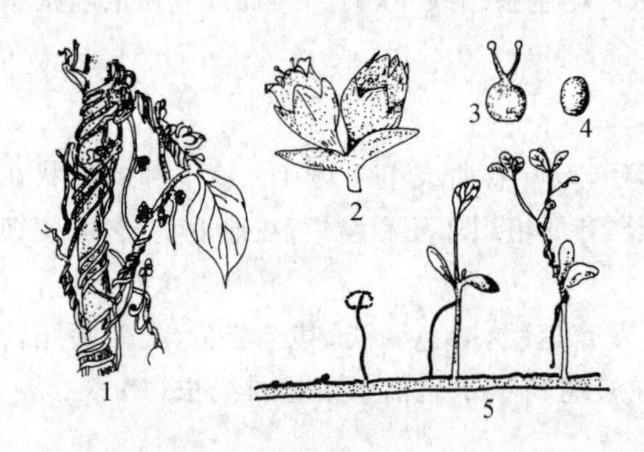

图 1-37　菟丝子(仿王连荣等)

1. 大豆上的菟丝子　2. 花　3. 子房　4. 种子
5. 菟丝子种子萌发及侵染寄主过程示意图

2. 菟丝子

菟丝子原属旋花科，现已改为菟丝子科，只菟丝子一个属，世界上已记载的有100多个种，我国已发现10种。寄主主要是豆科植物，受害作物有大豆、花生、马铃薯等。木本植物中如垂杨及银白杨也受其害。菟丝子属一年生攀藤性寄生草本植物，无根，叶退化呈无色鳞片状，茎为黄色旋卷的细丝。秋季开放淡黄色或粉色细小花，头状花序。果实为扁圆形蒴果，内有种子2～4粒，种子极小，卵圆形稍扁，黄褐色至黑色(图1-37)。

菟丝子种子几乎与农作物同时成熟，大量的种子散落入土壤中，也可能随作物收割混入作物种子或粪肥，并保持活力至次年再度进入田间。种子萌发后，形成无色丝状茎穿出土面在空中旋转，一旦碰上寄主植物就缠绕上去，下部萎缩与土壤脱离，在与寄主植物接触处形成吸器，分化出与寄主维管组织相通的导管和筛管以吸取养分。藤茎不断发育和伸展缠绕，在寄主上形成的吸器也增多，使寄主植物生长削弱，并随菟丝子的蔓延使相邻株也被缠而连成一大片，被寄生的植株枯黄、易早死。连作田施混有菟丝子种子的田块，其危害会逐年加重。

防治菟丝子的危害可以从多方面着手：一是汰除混入作物种子的菟丝子种子；二是与禾本科作物轮作；三是深翻土壤将其种子埋入土壤下层；四是土壤施药；五是田间早期发现病株及时拔除并采用生物防治。

3. 列当

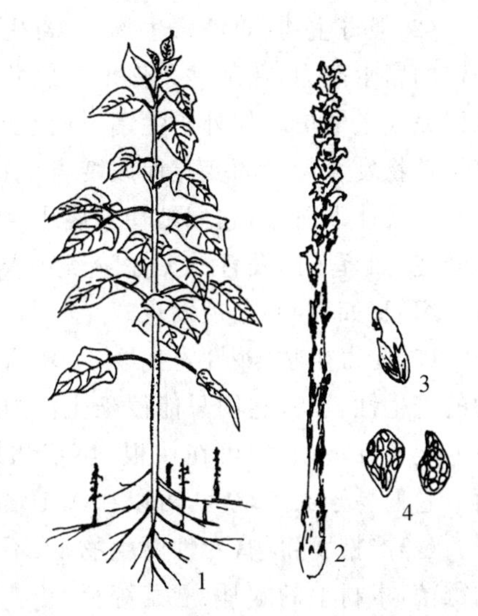

图 1-38 列当(仿王连荣等)
1. 向日葵根部受害状 2. 列当的花序
3. 花 4. 种子

列当属于列当科植物,已有 14 属 130 个种。列当属已有 100 个种,主要分布在高纬度地区,可以作药材。在我国,主要分布于新疆和东北地区,常见的有 4 个种,其中的向日葵列当和在吉林发现的白城列当两个种,属于花茎不分枝的类型;还有大麻列当和埃及列当在我国危害最严重,主要分布在新疆,寄主多达 9 科的 20 余种作物,以瓜类、豆类、马铃薯、番茄、烟草、花生、向日葵、辣椒为主。列当是一年生根部寄生植物,没有叶绿素也没有真正的根,而是以在寄主根上形成的吸器吸取寄主水分和营养物质,并向上形成直立的茎。茎高 30~40 cm,单生或分枝,呈黄褐至紫褐色,茎上螺旋式排列着退化呈鳞片状的叶片,色泽与茎相似。种子极小,扁圆褐色,成熟散出后很易随风传播(图 1-38),在不适于萌发的条件下可保持存活数年。种子也可因雨水、农事操作、混入农作物种子等进行多种途径传播。被侵染的寄主常因养分和水分被夺走而减产。

主要防治措施有:严格种子检疫,实行与非寄主轮作,重发区要铲除开花前的嫩茎,培育抗病品种,化学防治等。

第三节 草地植物病害的发生

草地植物病害的发生是寄主植物和病原物在一定环境条件下,相互作用和斗争的过程,它是理解病害的发生原理、发生规律的基础,涉及病原物的寄生性和致病性、寄主植物的抗病性、侵染过程和侵染循环等内容。

一、病原物的寄生性和致病性

(一)寄生性

病原物的寄生性(parasitism)是指病原物从活的植物体内获取所需营养的能力。这种能力对于不同的病原物来讲是不同的,有的只能从活的植物细胞和组织中获得所需要的营养物质,而有的除营寄生生活外,还可以在死的植物组织上营腐生生活,以死亡植物的有机质作为生活所需要的营养物质。按照它们从寄主活体组织中获得营养能力的大小,病原物可分为 4 种类型。

(1)专性寄生物(严格寄生物) 专性寄生物的寄生能力最强,只能从活的寄主细胞和组织中获得营养。寄主植物的细胞和组织死亡后,病原物也停止生长和发育,其生活严格依赖寄主。该类病原物包括所有的植物病毒、植原体、寄生性种子植物,大部分植物病原线虫和霜霉菌、白粉菌和锈菌等部分菌物。它们对营养的要求比较复杂,一般不能在普通的人工培养基上培养。

(2)强寄生物(兼性寄生物)　寄生性很强,仅次于专性寄生物,以营寄生生活为主,但也有一定的腐生能力,在某种条件下可以营腐生生活。它们虽然可以在人工培养基上勉强生长,但难以完成生活史。如外子囊菌、外担子菌等真菌和叶斑性病原细菌属于这一类。它们能适应寄主植物发育阶段的变化而改变寄生特性,当寄主处于生长阶段,它们营寄生生活;当寄主进入衰亡或休眠阶段,它们则转营腐生生活。而且这种营养方式的改变伴随着病原物发育阶段的转变,如真菌的发育从无性阶段转入有性阶段。因此,它们的有性阶段往往在成熟和衰亡的寄主组织(如落叶)上被发现。

(3)弱寄生物(兼性寄生物)　弱寄生物一般也称作死体寄生物或低级寄生物。该类寄生物的寄生性较弱,它们只能侵染生活力弱的活体寄主植物或处于休眠状态的植物组织或器官。在一定条件下,它们可在块根、块茎和果实等贮藏器官上营寄生生活。如引起猝倒病的丝核菌。它们易于人工培养,可以在人工培养基上完成生活史。

(4)严格腐生物(专性腐生物)　不能侵害活的有机体,因此不是寄生物。常见的是食品上的霉菌,木材上的木耳、蘑菇等。

一般认为,寄生物是从腐生物演化而来的,腐生物经过非专性寄生物发展到专性寄生物。分析一种病原物的寄生性强弱是非常重要的,因为寄生性强弱与防治关系密切。例如,对于寄生性较强的病原物所引起的病害,培育抗病品种是很有效的防治措施;对于许多弱寄生物引起的病害来说,很难得到理想的抗病品种,对于这类病害的防治,应着重提高植物抗病性。

由于病原物对营养条件的要求不同而对寄主具有选择性,有的病原物只能寄生在一种或几种植物上,如锈病菌;有的却能寄生在几十种或上百种植物上,如灰霉病菌。不同病原物的寄主范围差别很大,一般来说,严格寄生物的寄主范围较窄;弱寄生物的寄主范围较宽。

同一寄生物的群体在其寄主范围内,常因对营养条件的要求不同而出现明显的分化,这就是寄生专化性。特别是在严格寄生物和强寄生物中,寄生专化性是非常普遍的现象。例如,禾谷秆锈菌(形态种)的寄主范围包括300多种植物,由于其对营养要求的差别而分化为不同的类群,分别专化寄生不同的寄主,依据病菌对寄主属的专化性分为十几个专化型;同一专化型内又根据对寄主种或品种的专化性分为若干生理群体,特称为生理小种(在细菌中称为菌系,在病毒中称为株系)。在病害防治中,了解当地存在的具体病害病原物的生理小种,对选育和推广抗病品种、分析病害流行规律和预测预报具有重要的实际意义。

(二)致病性

致病性(pathogenicity)是病原物所具有的破坏寄主后而引起病害的能力。

寄生物从寄主吸取水分和营养物质,有一定的破坏作用。但是,一种病原物的致病性并不能完全从寄生关系来说明,它的致病作用是多方面的。一般来说,寄生物就是病原物,但因为寄生并不一定致病,不是所有的寄生物都是病原物。例如,豆科植物的根瘤菌是寄生物,但并不是病原物,它对寄主植物反倒有益。这说明寄生物和病原物并不是同义词。

寄生性和致病性也不是同义词或相似的概念,寄生性的强弱和致病性的强弱没有一定的正相关性。专性寄生的锈菌的致病性并不比非专性寄生的灰霉强。如引起腐烂病的病原物大都是非专性寄生的,有的寄生性很弱,但是它们的破坏作用却很大。一般来讲,病原物的寄生性越强,其致病性相对越弱;病原物的寄生性越弱,其致病性相对越强。如植物病毒侵染寄主,很少立即把植株杀死,这是因为它们的生存严格依赖寄主,没有了活寄主也就没有病毒存在的可能,这是病原一寄主长期协同进化的结果。

病原物的致病性主要靠以下4种方式来实现:①夺取寄主的营养物质和水分,如寄生性种子植物和线虫,靠吸收寄主的营养使寄主生长衰弱。②分泌各种酶类,消解和破坏植物组织和细胞,侵入寄主并引起病害,如软腐病菌分泌的果胶酶,可分解消化寄主细胞间的果胶物质,使寄主组织的细胞彼此分离,组织软化而呈水渍状腐烂。③分泌毒素,使植物组织中毒,引起褪绿、坏死、萎蔫等不同症状。④分泌植物生长调节物质,或干扰植物的正常激素代谢,引起生长畸形,如线虫侵染形成的巨型细胞、根癌细菌侵染形成的肿瘤等。不同的病原物往往有不同的致病方式,有的病原物同时具有上述两种或多种致病方式,也有的病原物在不同的阶段呈现不同的致病方式。

二、寄主植物的抗病性

(一)抗病性的定义及类型

寄主植物抑制或延缓病原物的活动(侵入、扩展、致病等),减轻发病和损失的能力称为抗病性。抗病性是寄主的一种属性,由植物的遗传特性决定,其表达受外界环境条件的影响。不同植物对病原物表现出不同程度的抗病能力。按照抗病能力的大小,抗病性被划分为免疫、抗病、耐病、感病、避病5种类型。

(1)免疫(immune) 寄主对病原物侵染的反应表现为完全不发病,或观察不到可见的症状。

(2)抗病(resistant) 寄主对病原物侵染的反应表现为发病较轻。发病很轻的称为高抗。

(3)耐病(tolerant) 寄主对病原物侵染的反应表现为发病较重,但产量损失相对较小。即外观上发病程度类似感病,但植物的忍耐性较高,有人称此为抗损害性或耐害性。

(4)感病(susceptible) 寄主对病原物侵染的反应表现为发病较重,产量损失较大。发病很重的称为严重感病。

(5)避病(escape) 指寄主在某种条件下避免发病或避免病害大发生的习性,寄主本身是感病的。

(二)抗病性机制

在病害的发生发展过程中,寄主植物始终与病原物进行着斗争。在不同的阶段抗病性的表现方式不同,按照发生时期大体分为抗接触、抗侵入、抗扩展、抗损害等几种类型。而按照抗病的机制可以分为结构抗病性和生物化学抗病性。前者有时称为物理抗病性或机械抗病性。植物一般从两个方面来保卫自身、抵抗病原物的活动:一是机械的阻碍作用,利用组织和结构的特点阻止病原物的接触、侵入与在体内的扩展、破坏,这就是结构抗病性;二是植物的细胞或组织中发生一系列的生理生化反应,产生对病原物有毒害作用的物质,来抑制或抵抗病原物的活动,这就是生物化学抗病性。

植物依靠原有组织结构的特点,抵御或阻止病原物与之接触或侵入,发挥其抗侵入的作用。这种组织或结构上的特点是某些植物固有的,即先天性的防御结构。如植物表面密生的茸毛,或很厚的蜡质层,形成拒水的或拒虫的隔离屏障,使害虫或病原物难以接触表皮细胞或很难穿透侵入。有的气孔密闭或孔隙很小,病原物不易侵入。另有一类是病原物接触或侵入诱导的寄主组织结构的变化,如在病部形成木栓层、离层、侵填体、胼胝质和树胶等组织结构的改变,或细胞坏死等细胞水平的反应,来抵制病原物的扩展或增殖。这些后天性的防御结构的变化往往是与寄主的生物化学代谢分不开的。

一种寄生物接触并侵入植物时，也会受到植物很强烈的生化反应的抵抗。一种病原物只能侵害特定的寄主种类，而不能侵染其他种类的植物，大多是由于这些物种体内发生很强烈的生化反应的抵抗而不能建立寄生关系，才成为非寄主的。在病原物的寄主范围内，不同的种或品种也有程度不同的抵抗反应，与组织结构的抗性相似，也可分为先天的固有生化抗性和后天诱导的生化抗性两类。

先天的生化抗性包括植物向体外分泌的抑菌物质，如葱蒜类、松柏类植物向外分泌大量具有杀菌或抑菌活性的挥发性物质，许多微生物都被这些植物分泌的生化物质（多为酚、萜、萘类）所钝化或灭活。有些植物之所以不能成为某种病原物的寄主，可能是由于体内缺乏该病原物识别反应所需要的生化物质，从而不能建立寄生关系。

在病原物与寄主接触或侵入后，寄主植物仍然发生很强烈的生理生化反应，设法抵制或反抗病原物的侵染，最强烈的是细胞自杀而形成过敏性的坏死反应，细胞死亡使病原物难以得到活体营养，从而限制了病原物的扩展。也有的寄主在侵入点周围的细胞内沉积了大量抑菌性物质，如植物保卫素（phytoalexin，简称为植保素，如菜豆素、豌豆素和日齐素等）、病程相关蛋白（pathogenesis related proteins，PRs）等。

诱导的生化抗性是指在寄主细胞内发生的有利于抗病的生理代谢途径的改变，如磷酸戊糖支路的活化等，从而产生更多的抗菌或抑菌物质；使核酸转录和蛋白翻译加快，一些对病原物有抑制或破坏作用的酶系产生，它们在防御病原物的活动中发挥十分重要的作用。植物抗病基因的诱导性表达是诱导生化抗性的遗传学基础。

三、侵染过程

病原物的侵染过程（infection process）是指从病原物与寄主植物可侵染部位接触侵入寄主植物建立寄生关系，并在植物体内进一步扩展和繁殖，然后发生致病作用，最后显示病害症状的过程，简称病程（pathogenesis）。其实质是病原物的致病性克服了寄主植物抗病性的矛盾斗争的过程。从寄主植物方面看，受侵染植物产生相应的抗病或感病反应，因此在生理上、组织上和形态上产生一系列的病理变化程序，逐渐由健康的植物变为感病的植物或者最终死亡。从病原物方面看，病程是病原物克服了寄主植物抗病性，建立异养生活关系，再进行繁殖表现于植物体外的一个全部过程。因此，病原物的侵染过程受病原物、寄主植物和物理、化学和生物等环境因素的影响。

侵染过程是寄主发病的连续过程。为了便于分析，侵染过程可分为接触期、侵入期、潜育期和发病期 4 个时期，但各个时期并无绝对的界限。由于病原物种类和植物病害的种类繁多，其病程特点不同。

（一）接触期（contact period）

病原物必须接触到寄主的感病部位，才能发生侵染。因此接触期是指从病原物与寄主接触，或达到能够受到寄主外渗物质影响的根围或叶围后，开始向侵入部位生长或运动，并形成某种侵入结构的一段时间。

1. 接触识别

病原物与寄主接触后，并不马上侵入寄主，而是在寄主表面或根围生长一段时间。在这个过程中，菌物的孢子等休眠体萌发所产生的芽管或菌丝的生长、释放的游动孢子的游动、细菌的分裂繁殖、线虫幼虫的蜕皮和生长等有助于病原物到达侵入植物的部位。此间病原物与寄主之间有一系列的识别(recognition)活动。其中包括物理学和生化识别等。物理学识别包括寄主表皮的作用、水和电荷的作用。关于寄主表皮的作用，包括表皮毛、表皮结构等对病原物有一定的刺激作用，称作趋触性(contact tropism)。单子叶植物的锈病菌的芽管由于受叶表物理学的诱导，芽管沿纵行叶脉生长；菌物芽管和菌丝生长由于受趋水性的影响，向气孔分泌的水滴或有水的方向运动，菌物从气孔侵入，已经证明和气孔的分泌水有一定的关系。病原物对其亲和性的(compatible)(感病的)寄主植物或品种的专化性的亲和性，而对非亲和性的(imcompatible)(抗病的)寄主植物或品种的不亲和性，涉及一系列的病原物和其对应的寄主的蛋白质、氨基酸和 DNA 的特异性识别，最后决定植物的病理过程并对病原物的致病作用起到不同程度的促进或阻碍作用。

2.影响因素

接触期间、寄主植物体表的淋溶物(leachates)和根的分泌物可以促使病原物休眠结构或孢子萌发或诱发病原物的聚集。如植物根的生长所分泌的 CO_2 和某些氨基酸可使植物寄生线虫在根部聚集，在土壤和植物表面的拮抗微生物可以明显抑制病原物的活动。除此之外，非生物环境因素中温度、湿度对病原物的影响最为明显。其中温度主要影响病原物的萌发和侵入速度，如菌物孢子萌发最适温度一般为 20～25℃。在适宜温度下，孢子萌发的百分率增加，且萌发所需要的时间也较短。湿度直接影响孢子的萌发，大多数病原菌物孢子必须在水滴中才能萌发。因此，雨、露及植物表面的一层水膜都可以促进孢子的萌发。湿度必须要维持足够长的时间，病原物才能穿透植物，否则干燥会使芽管死亡。对于绝大部分的气流传播的菌物，湿度越高越有利于侵入。但白粉菌的分生孢子由于细胞渗透压较高，自身呼吸产生的水分可以满足萌发需要，因此，白粉病菌的分生孢子在湿度较低的条件下可以萌发，白粉病在干旱的条件下发生严重，在无雨的温室发生也可以很重。光照一般对菌物孢子的萌发影响不大。

(二)侵入期(penetration period)

病原物在寄主表面或周围萌发或生长到达侵入部位，就有可能侵入寄主。通常，将从病原物侵入寄主到建立寄生关系的这段时间，称为病原物的侵入期。植物病原物几乎都是内寄生的，只有极少数是真正外寄生的。如引起植物煤污病的小煤炱科的菌物在植物叶或果实的表面生活，主要以植物或昆虫的分泌物为营养物质，有时也稍微进入到表皮层，但并不形成典型的吸器，这类菌物是典型的外寄生菌。寄生性植物、白粉菌和部分线虫虽然也称为外寄生菌，但必须利用吸盘、吸根、吸器或口针从寄主植物体内吸收营养。因此，大多数病原物涉及侵入问题。

1.侵染途径

各种病原物的侵染途径不同，总体将侵染途径分为直接穿透侵入、自然孔口侵入和伤口侵入 3 种。

(1)直接穿透侵入　直接穿透侵入是指病原物直接穿透寄主的保护组织(角质层、蜡质层、表皮及表皮细胞)和细胞壁而进入寄主组织。这种侵入方式是病原菌物、寄生性植物和病原线虫最普遍的侵入方式。其中最常见和研究最多的是白粉菌属(*Erysiphe*)、炭疽菌属(*Colletotrichum*)和黑星菌属(*Venturia*)。菌物直接穿透侵入的过程为：落在植物表面的菌物孢子，在适宜的条件下萌发产生芽管，芽管顶端膨大形成附着胞(appressorium)，附着胞分泌的黏液机

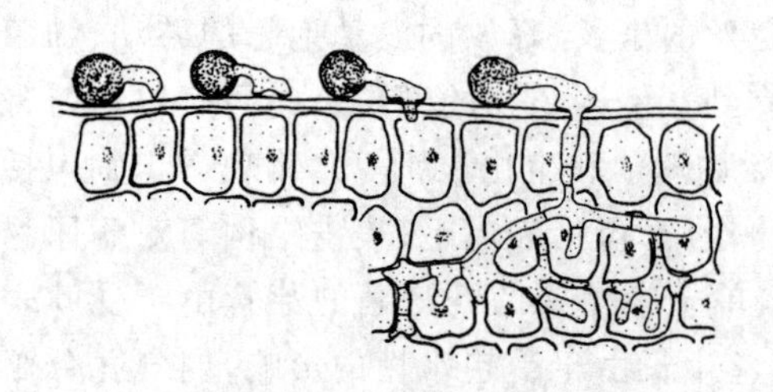

图 1-39　菌物的侵染丝直接穿透寄主表皮侵入(仿 Agriob)

械压力将芽管固定在植物的表面,然后从附着胞与植物接触的部位产生纤细的侵染丝(penetration peg),借助机械压力和化学物质的作用穿过植物的角质层。菌物穿过角质层后,或在角质层下扩展,或随即穿过细胞壁进入细胞内,或穿过角质层后先在细胞间扩展,然后再穿过细胞壁进入细胞内。侵染丝穿过角质层和细胞壁以后,就变粗而恢复原来的菌丝状(图 1-39)。寄生性种子植物与病原菌物具有相同的侵入方式,形成附着胞和侵染丝,侵染丝在与寄主接触处形成吸根或吸盘,并直接进入寄主植物细胞间或细胞内吸收营养,完成侵染过程。病原线虫的直接穿透侵入是用口针不断刺伤寄主细胞,以后在植物体内也通过该方式并借助化学作用侵入。

(2)自然孔口侵入　植物的许多自然孔口如气孔、排水孔、皮孔、柱头、蜜腺等,都是病原物侵入的途径,许多菌物和细菌是从自然孔口侵入的。在自然孔口中,以气孔最为重要。菌物的芽管或菌丝从气孔侵入寄主的情况是最常见的,许多细菌也是从气孔侵入的。菌物孢子落在植物叶片表面,在适宜的条件下萌发形成芽管,芽管直接从气孔侵入。

(3)伤口侵入　植物表面的各种伤口都可能成为病原物侵入的途径,如冻伤、灼伤、虫伤以及植物在生长过程中造成的一些自然伤口等。所有的植物病原原核生物、大部分的病原菌物、病毒、类病毒可通过不同形式的伤口侵入。

植物病毒的伤口侵入情况比较特殊,它需要有寄主细胞并不死亡的极微伤口作为侵入途径。其他病原物如菌物和细菌的伤口侵入则有不同的情况,有的以伤口作为侵入的途径,一部分病原物除以伤口作为侵入途径外,还利用伤口的营养物质。有时病原物先在伤口附近的死亡组织中生活,然后再进一步侵入健全组织。这类病原物有时也称作伤口寄生物,大都是属于寄生性较弱的寄生物。

2. 侵染过程

(1)菌物　菌物的侵入途径包括直接穿透寄主表皮层、自然孔口和伤口 3 种方式。但是,各种菌物的侵入途径并不完全一致。从寄主表皮直接侵入的菌物和从自然孔口侵入的菌物,一般寄生性都比较高,如霜霉菌、白粉菌等;从伤口侵入的菌物很多是寄生性较弱的菌物,如镰刀菌等。菌物大都以孢子萌发后形成的芽管或菌丝侵入。典型的步骤是:孢子的芽管顶端与寄主表面接触时形成附着胞,附着胞分泌黏液将芽管固着在寄主表面,然后从附着胞上产生较细的侵染丝侵入寄主体内。无论是直接侵入或从自然孔口、伤口侵入的菌物都可以形成附着胞,其中以从角质层直接侵入的和从自然孔口侵入的比较普遍,从伤口侵入的绝大多数不形成附着胞,而以芽管直接从伤口侵入。从表皮直接侵入的病原菌物,其侵染丝先以机械压力穿过寄主植物角质层,然后通过酶的作用分解细胞壁而进入细胞内。菌物不论是从自然孔口侵入还是直接侵入,进入寄主体内后,孢子和芽管里的原生质随即沿侵染丝向内输送,并发育为菌丝体,吸取寄主体内的养分,建立寄生关系。

(2)细菌　植物病原细菌缺乏直接穿过寄主表皮角质层侵入的能力,其侵染途径只有自然孔口侵入和伤口侵入两种方式。细菌个体可以被动地落到自然孔口里或随着植物表面的水分被吸进孔口;有鞭毛细菌靠鞭毛的游动也能主动侵入。从自然孔口侵入的植物病原细菌,一般都有较强的寄生性，如黄单胞菌属（*Xanthomonas*）和假单胞菌属（*Pseudomonas*）的细菌；寄生性较弱的细菌则多从伤口侵入，如欧文氏菌属（*Erwinia*）的细菌。

（3）病毒 病毒缺乏直接穿过寄主表皮角质层侵入和从自然孔口侵入的能力，只能从伤口与寄主细胞原生质接触来完成侵入。由于病毒是专性寄生物，所以只有在寄主细胞受伤但不丧失活力的情况下（即微伤）才能侵入，由昆虫传播侵入也是从伤口侵入的一种类型。

（4）线虫 植物寄生线虫有外寄生和内寄生两种寄生类型，但也有兼而有之的。外寄生的植物线虫只能以口针吸取植物汁液，不进入植物体内；内寄生的线虫多从植物的伤口或裂口侵入，也有少数从自然孔口侵入或从表皮直接侵入。

3.影响侵入的因素 病原物侵入寄主与寄主建立寄生关系，除了寄主感病期、感病部位的影响外，环境条件对病原物侵入的影响最为明显。其中以湿度和温度影响最大。

（1）湿度 湿度对侵入的影响包括病原物和寄主植物两方面的影响。大多数菌物孢子的萌发、游动孢子的游动、细菌的繁殖以及细菌细胞的游动都需要在水滴里进行，因此湿度对侵入的影响最大。植物表面不同部位、不同时间内，可以有雨水、露水、灌溉水和从气孔溢出的吐水，其中有些水分虽然保留时间不长，但足以满足病原物完成侵入的需要。一般来说，湿度高对病原物（除白粉菌以外）的侵入有利，而使寄主植物抗侵入的能力降低。但是白粉病菌的分生孢子一般可以在湿度比较低的条件下萌发，有的白粉病菌在水滴中萌发反而不好，这是因为白粉菌细胞液的渗透压很高，可以从干燥的空气中吸收水分。因此，在湿度较低的干旱条件下，发病严重。在高湿度下，寄主愈伤组织形成缓慢，气孔开张度大，水孔泌水多而持久，保护组织柔软，从而降低了植物抗侵入的能力。

（2）温度 温度主要影响孢子萌发和侵入的速度。各种菌物的孢子都具有其最高、最适及最低的萌发温度，在适宜的温度下，萌发率高、所需的时间短、形成的芽管长；超过最适温度愈远，孢子萌发所需的时间愈长，如果超出最高和最低的温度范围孢子便不能萌发。

一般说来，在病害能够发生的季节里，温度一般都能满足侵入的要求，而湿度条件变化较大，常常成为病原物侵入的限制因素。病毒在侵入时，外界条件对病毒本身的影响不大，而与病毒的传播和侵染的速度等有关。例如，干旱年份病毒病害发生严重，主要是由于气候条件有利于传毒昆虫的活动，因而病害常严重发生。此外，光照、营养物质等对病原物的侵入也有一定的影响。

（三）潜育期（incubation period）

指病原物与寄主建立寄生关系到出现明显症状的阶段。这一时期是病原物在寄主体内吸取营养和蔓延扩展的时期，也是寄主对病原物的扩展表现不同程度抵抗性的时期。在潜育期内，无论是专性还是非专性寄生的病原物，在寄主体内扩展时都消耗寄主的养分和水分，同时分泌酶、毒素和生长调节物质，扰乱和干扰寄主正常的生理代谢活动，使寄主组织遭到破坏、生长受到抑制或增殖膨大，最后导致症状的出现。症状的出现就是潜育期的结束。

病原物在植物体内的扩展，有的局限在侵入点周围，称为局部侵染（local infection），如菌物侵染引起的叶斑病；有的则从侵入点向各个部位蔓延，甚至扩展到全株，称为系统侵染（systemic infection）。草地植物病害以局部性侵染的居多，如叶斑病；系统性病害中以草地植物的各种病毒病、细菌性枯萎病等为多。一般系统性病害的潜育期较长，局部性侵染的病害潜育期较短。

每种植物病害均有一定的潜育期，而潜育期的长短因病害而异。主要决定于病原物的生物学特性，环境条件和寄主的抗病性也有一定的影响。环境条件中以温度的影响最大。在一定范围内，温度升高，潜育期缩短；而湿度对于潜育期的影响较小，因为这时病原物已经侵入寄主体内，所以不受外界湿度的干扰。

值得注意的是，有些病原物侵入寄主植物后，由于寄主植物抗病性较强，病原物只能在寄主体内潜伏而不表现症状，但是当寄主抗病性减弱时，病原物继续扩展，寄主植物表现症状，这种现象称为潜伏侵染。潜伏侵染对于病害的防治具有重要意义。

潜育期是植物病害侵染过程的重要环节，借助现代分子生物学手段和生物化学等先进技术研究侵染早期植物的反应，揭示病原物和寄主植物间相互作用的本质，是现代植物病理学领域的研究热点。

(四)发病期(symptom appearance period)

寄主出现症状以后到停止发展为止的这段时间称发病期。症状出现以后，病原物仍有一段或长或短的生长和扩展的时期，然后进入繁殖阶段产生子实体，症状也随着有所发展。如病斑不断扩大，侵染点数不断增加，病部产生更多的子实体等。症状的出现是寄主生理病变和组织解剖病变的必然结果，并标志着一个侵染程序的结束。菌物性病害随着症状的发展，在受害部位或迟或早都会产生各种各样的病征。细菌性病害在显症以后，病部往往产生脓状物，含有大量的细菌个体。病毒是细胞内寄生物，在寄主体外无表现。

外界环境条件中，温度、湿度、光照等，对菌物孢子的产生都有一定的影响。孢子产生的最适温度一般在25℃左右，高湿度对病斑的扩大和孢子形成的影响最显著，光照对许多菌物产生各种繁殖器官都是必需的，但对某些菌物有抑制作用。大多数菌物病害在发病期内还包括产孢繁殖和子实体的进一步传播等行为。发病期内病害的轻重以及造成的损失大小，不仅与寄主抗性、病原物的致病力和环境条件适合程度有关，还与采取的防治措施有关。

四、侵染循环

草地植物侵染性病害的侵染循环(disease cycle)是指一种病害从寄主的前一生长季节开始发病，到后一生长季节再度发病的过程。侵染循环包括3个基本环节：病原物的越冬(over wintering)或越夏(over summering)、病原物的传播(dissemination)、病原物的初侵染(primary infection)与再侵染(secondary infection)等。侵染过程只是其中的一环，病害侵染循环研究大田植物群体和病原物群体的相互关系，是研究植物病害发生发展规律的基础，也是研究病害防治的中心问题，病害防治措施的提出就是以侵染循环的特点为依据的。

(一)病原物的越冬或越夏

病原物的越冬是指作物收获以后，病原物在何处存活，包括越冬的场所和越冬方式以及越冬的存活率等。病原物越冬的主要场所也就是寄主植物在生长季节内的初侵染源，因此，及时消灭越冬的病原物，对减轻下一季节病害的严重度有着重要的意义。病原物越冬或越夏的场所有：

1. 病株及其残体

草地植物大多为多年生植物，一旦染病后，病原物就可在寄主体内定殖，成为次年的初侵染来源，如苜蓿褐斑病、根腐病等。其中病毒以粒体，细菌以细胞，菌物以孢子、休眠菌丝或休眠组织(菌核、菌索等)在病株内部或表面度过夏季和冬季,成为下一个生长季的初侵染来源。许多病毒、细菌和菌物,均可在多年生牧草的根系、根颈和根茎中越冬,次年侵入新生枝叶,成为田间的初侵染来源。因此草地和田间病株残体的清除在防治病害上有很大意义。

2. 种子及其他繁殖材料

病原物可以休眠体的方式混杂在种子之间,如混杂在苜蓿种子中的菟丝子种子,麦角菌的菌瘿等。对于草地植物病害,种子作为带病材料最为重要。种子带菌可以种间、种表和种内3种方式,了解种子带菌的方式对于播种前进行种子处理具有实践意义。使用带病的繁殖材料不但使植株本身发病,而且是田间的发病中心,可以传染给相邻的健株,造成病害的蔓延。还可以随着繁殖材料远距离地调运,将病害传播到新的地区。许多病原物在种子中越冬或越夏,如苜蓿细菌性凋萎病以及多种豆科植物的病毒病等。夹杂在种子中的病原物不但成为当地第二年田间初侵染源,而且通过种子进行远距离的传播。

3. 土壤

对土传病害或植物根病来说,土壤是最重要的或唯一的侵染来源。病株的残体和病株上的病原物都很容易落到土表或埋入土中。因此土壤就成为病原物越冬和越夏的场所。病原物可以厚垣孢子、休眠孢子和菌核等在土壤中休眠越冬,有的可存活数年之久,如禾本科牧草的许多黑粉菌的冬孢子和豆科牧草上的菌核。条件适宜时,这些休眠体就萌发成为田间初侵染源。病原物除休眠体外,还以腐生方式在土壤中存活。根据病原物在土壤中存活能力的强弱,可分为土壤寄居菌和土壤习居菌。土壤寄居菌必须在病株残体上营腐生生活,一旦寄主残体分解,便很快在其他微生物的竞争下丧失生活能力。土壤习居菌有很强的腐生能力,寄主残体分解后能直接在土壤中营腐生生活,如腐霉属(*Pythium*)、丝核菌属(*Rhizoctonia*)和镰刀菌属(*Fusarium*)菌物。病菌在土壤中存活的期限除受环境直接影响外,生物因素也是一个重要因素,一方面土壤中大量微生物可加快病残体的分解,另一方面有些微生物对病菌有拮抗作用,这也是病害生物防治的基础。

4. 粪肥

病原物可以随着病残体混入肥料或以休眠组织直接混入粪肥,肥料如未充分腐熟,其中的病原物就可以存活下来。有些病原菌如禾生指梗霉的卵孢子和小麦腥黑穗病菌的冬孢子,通过家畜的消化道仍保持存活,因此用带有病菌休眠孢子的饲料喂养家畜,排出的粪便就可能带菌,如不充分腐熟,施入田间和草地,可以成为侵染来源引起病害。

5. 机具

刈割机具中残留刈割下的病株残体,成为病原物越冬或越夏的场所。下一次刈割时,带入健康的草地,可以成为侵染来源。如苜蓿和三叶草的炭疽病菌,就可以这种方式度过休眠阶段。

根据病原物越冬或越夏的方式和场所,可以拟定相应的消灭初侵染源的措施。

(二)初侵染和再侵染

越冬或越夏的病原物,在植物的新一代植株开始生长以后引起最初的侵染称为初侵染(primary infection)。受到初侵染的植物发病后,病原物在寄主体外或体内产生大量的繁殖体,通过传播又可以侵染更多的寄主植物或同一寄主植物的不同部分,这种重复侵染称为再侵染(reinfection)。再侵染来源于当年发病的植株,在同一季节中,经传播引起第二次或更多次的侵染,导致植株群体连续发病。根据再侵染的有无,病害循环可分为多病程病害(polycyclic disease)和单病程病害(monocyclic disease)两种类型。多病程病害是一个生长季节中发生初次侵染过程以后,还有多次再侵染过程,也称多循环病害。这类病害很多,如禾草和豆科牧草的白粉病、霜霉病和炭疽病等。潜育期都较短,再次侵染可以重复发生,所以在生长季可以迅速发展而造成病害的流行。有的病害(多为系统性病害)如黑粉病等,潜育期一般较长,从几个月到一年,除少数例外,一般有初侵染而无再侵染。一种病害是否有再侵染,涉及这种病害的防治方法和防治效率。只有初侵染而无再侵染的病害,只要防治初侵染,这些病害几乎就能得到完全控制;对于再侵染发达的病害,在注意防治初侵染的前提下,还要加强再侵染各个环节的控制。因此,防治方法和效率的差异也较大。

病害循环并不简单意味着病害年复一年地、不变地重复发生。由于环境条件、植物本身和病原物每年都在不断变化演替,因此,在不同年份每一种病害的侵染循环的规律还会有些差异。草地植物病害的侵染循环,反映了病害的发生发展规律,只要掌握了病害的侵染循环,就能找出它的薄弱环节,采取针对措施,达到更好的防治效果。

(三)病原物的传播

在植物体外越冬和越夏的病原物,必须传播(transmission)到植物体上才能发生初侵染;在最初发病植株上繁殖出来的病原物,也必须传播到其他部位或其他植株上才能引起再侵染;此后的再侵染也是靠不断的传播才能发生;最后,有些病原物也要经过传播才能到达越冬、越夏的场所。可见,传播是联系病害循环中各个环节的纽带。防止病原物的传播,不仅使病害循环中断,病害发展受到控制,而且还可防止危险性病害发生区域扩大。

各种病原物的传播方式不同。菌物主要是以孢子随气流和雨水传播,细菌多半由雨水和昆虫传播,病毒则主要靠生物介体传播。寄生性种子植物的种子可以由鸟类传播,也可随气流传播,少数可主动弹射传播。线虫一般都在土壤中或在土壤中的根系内、外,主要由土壤、灌溉水以及水流传播,此外,割草机械以及牲畜的啃食等也可做远距离传播,昆虫和某些生物介体都能传播。

病原物的传播方式有主动传播和被动传播。有些病原物可以通过自身活动主动地进行传播。例如,许多菌物具有强烈释放其孢子的能力,有一些菌物能产生游动孢子,具有鞭毛的病原细菌能游动,线虫能够在土壤中和寄主上爬行,菟丝子可以通过蔓茎的生长而蔓延。但是病原体自身放射和活动的距离有限,只能作为传播的开端,一般还需要依靠外力,把它们传播到距离较远的植物感病点上。除了上述主动传播外,病原物主要的自然传播或被动传播方式有以下几种。

1.风力传播

风力传播在病原物的传播中占主要地位。菌物的孢子、病原物的休眠体、病组织或附着在土粒上的病原物都可以被风吹送到较远的地方。特别是菌物产生的孢子数量大,孢子小而轻,更有利于风力传播。风力传播的距离较远,范围也较大,但不同的病害由于其病原体的特性不同,其传播的距离也不同。细菌和病毒不能由风力直接传播,但是带菌的病残体和带病毒的昆虫是可以通过风力做远距离传播的。风能引起植物各个部位或临近植株间的相互摩擦和接触,有助于植物与细菌、菌物、病毒和类病毒的接触而传播。

2.雨水传播

雨水传播病原物的方式是十分普遍的,但传播的距离不及风力远。菌物中炭疽菌的分生孢子、球壳孢目的分生孢子以及许多病原细菌都黏聚在胶质物内,在干燥条件下不能传播,必须利用雨水把胶质溶解，使孢子和细菌散入水内，然后随着气流或飞溅的雨滴进行传播。此外，雨水还可以把病株上部的病原物冲洗到下部或土壤中，或者借雨滴的飞溅作用，把土壤中的病菌传播到距地面较近的寄主组织上进行侵染。雨滴还可以促使飘浮在空气中的病原物沉落到植物上。因此，风雨交加的气候条件，更有利于病原物的传播。土壤中的病原物还能随着灌溉水传播。防治雨水传播的病害主要是消灭初侵染的病原物，灌溉水要避免流经病田。

3. 生物介体传播

生物介体中，昆虫是最主要的传播介体。有许多昆虫在植物上取食和活动，成为传播病原物的介体。昆虫中的蚜虫、飞虱和叶蝉是病毒最重要的传播介体。昆虫传播与病毒病害和植原体病害关系最为密切，一些细菌也可以由昆虫传播，但与菌物的关系较小。

植原体存在于植物韧皮部的筛管中，它的传播介体都是在筛管部位取食的昆虫。如玉米矮化病(corn stunt)是由多种在韧皮部取食的叶蝉传播的。禾草大麦黄矮病毒病和禾草条斑病毒病可以借助蚜虫传播。

线虫和螨类除了能够携带菌物的孢子和细菌细胞外，还能够传播病毒。如剑线虫(*Xiphinema paraelongatum*)能传播禾草雀麦花叶病毒病，螨类可传播禾草黑麦草花叶病毒病等。

鸟类和哺乳动物的活动也能造成病害的传播。鸟类可以传播寄生性种子植物的种子，家畜的啃食活动可以造成病害的传播。菟丝子在植物之间缠绕能够传播病毒，一些菌物也能传播病毒。

对于昆虫传播的病害，防治害虫实际上就是一种防治病害的有效措施。

4. 人为传播

引种、嫁接、整枝、施肥和刈割等农事活动，可以有效地传播病原物。如在草坪草的修剪中，手和工具很容易直接成为传播途径，将病菌或带有病毒的汁液传播到健康的植株上；使用带病的种子可以把病菌带入田间，调种和引种都可能携带病原物使之从一个地方传播到另一个地方。因此，一个地区新病害的发生主要与这些途径有关。在多年生牧草的管理和利用中，刈割和放牧可以造成大量的伤口传染，值得引起重视，并应采取科学的刈牧方法来减少传播。

第四节 草地植物病害的诊断

一、诊断的依据

诊断的目的在于查明草地植物发病的原因，确定病原类型和病害种类，为病害防治提供科学依据。因此，正确的诊断是防治草地植物病害的前提。草地植物病害诊断依据包括症状识别和病原物鉴定两方面的内容。

(一)症状识别

症状是病害诊断的重要依据。草地植物受到病原物侵染后，体内发生一系列生理病变和组织病变，导致其外部表现症状。病状是一定的寄主植物和病原在一定外界条件的影响下相互作用结果的外部表现，且具有相对稳定性。因此，病状是诊断草地植物病害的基础。病征是由病原微生物的群体或器官着生在植物病体表面所构成的，它更直接地暴露了病原物在质上的特点,如菌物子实体在寄主表面形成的霉层、黑点等。由植物病毒、植原体、许多病原细菌引起的病害和非侵染性植物病害等没有病征的表现。病征的出现与否和出现的明显程度,虽受环境条件的影响很大,但一经表现出来却是相当稳定的特征,所以根据病征能够正确判定病害。

田间虽然根据病状和病征判断病害,但作为诊断病害的依据也有其局限性。第一,许多植物病害常产生相似的病状,因此要从各方面的特点去综合判断;第二,植物常因作物品种的变化或受害器官的不同,而使病状有一定幅度的变化;第三,病害的发生发展是一个过程,有初期和后期,病状也随之而发展变化;第四,环境条件对病状和病征有一定的影响,尤其是湿度对病征的产生有显著作用,加之发病后期病部往往会长出一些腐生菌的繁殖器官。因此,症状的稳定性和特异性只是相对的,要认识症状的特异性和变化规律,在观察植物病害时,必须认真地从症状的发展变化中去研究和掌握症状的特殊性;观察和采集植物病害标本,仔细地区别病征的那种微小的、似同而异的特征,才能正确地诊断病害。

(二)病原物的鉴定

草地植物病害分为非侵染性病害和侵染性病害两大类,这两类病害的病原完全不同。诊断时首先应确定所发生的病害属于哪一类,然后再做进一步的鉴定。

1. 非侵染性病害的病原鉴定

对非侵染性病害病原的鉴定,通常采用化学诊断法、人工诱发试验以及指示植物鉴定法。

(1)化学诊断法　对病组织或病田土壤进行化学分析,测定其成分和含量并与正常值进行比较,从而查明过多或过少的成分,确定病原。这一诊断方法常用于缺素症和盐碱害的诊断。

(2)人工诱发试验　通过初步判断分析,人为提供类似发病条件,如低温、缺乏某种营养元素以及药害等,对健株进行处理,观察是否发病。或采取治疗措施排除病因,用可疑缺乏元素的盐类对病株进行喷洒、注射、灌根等方法治疗,观察是否可以减轻病害或恢复健康。

(3)指示植物鉴定法　该方法用于鉴定植物缺素症。当疑似缺素时,可选择最容易缺乏该种元素,症状表现明显、稳定的植物,种植在疑为缺乏该种元素的草地植物附近,观察其症状反应,借以鉴定草地植物表现出的症状,判断是否为该种元素的缺乏症。

2. 侵染性病害的病原鉴定

(1)菌物病害的病原鉴定　菌物病原的鉴定,通常是用解剖针直接从病组织上挑取粉状物、霉状物或颗粒状物等制片,在显微镜下观察其形态特征,并根据这些形态特征确定属名。对常见病在进行症状鉴别及镜检病原物后即可确定病原菌物种及病名。对少见的或新发现的病害的病原菌物必须进行致病性测定,分清其他形态特征和查阅有关文献资料,查证核对后才能确定病原的种。

(2)细菌病害的病原鉴定　显微镜检查对诊断是非常重要的,细菌侵染引起的病害受害部位的维管束或薄壁细胞组织中一般都有大量的细菌,用显微镜观察组织有无细菌流出(喷菌现象)。检查时,要选择典型、新鲜、早期的病组织,用流水冲洗干净,吸干水分,用灭菌剪刀将略带健康组织的病部剪下,置于显微镜下观察病组织周围,有大量细菌似云雾状逸出,即可确定为细菌病害。少见的或新的细菌病害,除采用柯赫氏证病律证实外,还要根据染色反应、培养性状、生化反应、DNA 中 G+C 的物质的量之比以及血清学反应等,有的还需进行噬菌体测定。

(3)病毒病害的病原鉴定　对常见、多发病毒病害,利用不同病毒间生物学特性的差异,如症状类型、传播方式、寄主范围等结合文献资料做出诊断;而对于疑难或新的病毒病害则需要结合病毒鉴定进行诊断。实验室诊断常用的方法有鉴别寄主、传染试验、显微镜(光学、电子)观察、血清学检测和核酸杂交技术等。

(4)线虫病害的病原鉴定　通常将确定为线虫病害的病株病部产生的虫瘿或病瘤切开,挑取线虫制片或直接用病组织切片镜检,根据线虫的形态可确定分类地位。对于肉眼难以观察到的线虫,可采用漏斗分离法或叶片染色法等进行检查。

3. 新病害的病原鉴定

当遇到一种病害,通过症状观察和病原物的检查,与已知的病害存在差异时,作为研究工作者就要考虑是否是一种新病害。由于我国草地植物病害的研究起步较晚,很多病害都没有深入地研究,因此新病害的鉴定较多而且也非常重要。对少见的或新的病害,不能仅就病部发现的病原物做出结论。通常应进行分离培养、接种和再分离,即作致病性的测定后才能做出结论。这种诊断步骤称为柯赫氏证病律(Koch's postulate)。柯赫氏证病律是由柯赫氏提出的对未知病害进行诊断和鉴定时应遵循的基本原则,其内容是:第一,某种可疑的病原微生物必然经常出现在这种病害的寄主上或病害部分;第二,从病组织中可以分离获得该种微生物的纯培养物,并能在培养基上生长;第三,将这种培养物接种或引入同种健康寄主上,可以产生相同症状的病害。

绝大多数由菌物、细菌、线虫、寄生性植物等所引起的病害,都能按照柯赫氏证病律逐步加以诊断和鉴定,但由于科学技术水平或实验室手段的限制,对专性寄生物(如霜霉、植物病毒、植原体等),目前尚不能在人工合成培养基上培养,无法获得纯培养,许多生物性性状就无法进一步研究;不少病原物虽然已获得了纯培养,但还未能找到合适或成功的接种方法使寄主发病,因此,还不能证明它的致病性。例如植物病毒虽不能在培养基上得到纯培养,但可以在鉴别寄主上分离纯化,再在繁殖寄主上大量繁殖。不同的传染性病害的病原各有其不同的特性,因此在病原鉴定时各有一些特殊的方法。

二、侵染性病害的特点与诊断方法

(一)侵染性病害的特点

侵染性病害是由菌物、细菌、病毒、线虫、寄生性植物等病原生物侵染所致,有一个发生传播为害的过程。因此,这类病害都具有传染性。在田间发生时,一般呈分散状分布,但具有明显的由点到面,即由一个发病中心逐渐向四周扩大的过程。有的病害在田间扩展还与某些昆虫有关。传染性病害的病原中除了病毒、菌原体外,在病部大多都会产生病征。其中菌物病害的病征很明显,在病部表面可见粉状物、霉状物、颗粒状物、锈状物等各种特有的结构。细菌病害在潮湿条件下一般在病部可见滴状或一层薄的脓状物,通常呈黄色或乳白色,即细菌的菌脓。寄生性种子植物所致的病害,在病部很容易看见寄生的植株。线虫病害在病部也能看见线虫。病毒所致病害虽不产生病征,但所致病害病状有显著特点,如变色、畸形等全株性病状。

(二)侵染性病害的诊断方法

侵染性植物病害的诊断一般有如下 3 个步骤:①对发病植物全株的症状观察与检查;②对发病植物的生长环境和已有的管理措施的询问调查;③必要的实验室检测与鉴定。

1. 观察症状

认真细致地在现场观察发病牧草的所有症状和特点,包括地上部(根、茎、叶、花、果)和地下部(根系、根茎和茎基部)的所有异常状态,特别是有无诊断性症状或特征性症状,有无明显的病症,内部病变和外部病变。如要抽样,尽量采集典型的标本,以备实验室进一步诊断和鉴定。记录时要尽可能使用规范的专业术语来描述这些症状,最好拍照存档。

2.了解病史

调查了解发病牧草的生长环境和已有的管理措施,病害在田间的分布情况和发生时期。明确病害在田间是点片发生,还是随机分布;有无明显的发病中心,是否在地边的发病比地中间重;是作物苗期、生长前期发生还是中后期、成株期发生;周围有无污染源等。详细调查和了解病害发生的过程,是由点到面,随时间的延续不断扩展,有明显的发展过程,抑或发病过程不明显,病害突然同时大面积出现,发病植物是否有明显的固定的部位等。

了解病害发生与气候、农事操作和周围环境的关系,近期的天气是否有过冷、过热的突变,有无酸雨和雷电过程,周围有无污染源,病前是否施用过农药、激素或化肥,周围作物是否喷施过除草剂,施药时是否有风,其风向如何等。

对发病情况和发病环境了解的越充分、越清楚、越准确,则越有利于对病害做出快速而准确的诊断,从而避免仅凭几株送检样品进行诊断的片面性。

3.实验室检测与鉴定

对于一时难以判断病因的要在现场采样,送实验室进一步检测鉴定。实验室检测、鉴定的项目很多,但并非每项都要检测,要根据实际情况具体判断。实验室的常规检测项目包括:光学显微镜检查、病原物的分离培养和接种、生物学和生理生化检验、免疫学检测、电子显微镜观察、分子生物学的检测等。

(1)光学显微镜检查　借助显微镜或解剖镜对发病植物上的病原物进行观察是最常用的方法。

(2)电子显微镜观察　在病毒病的诊断中经常要使用电子显微镜来协助诊断和鉴定。

(3)分离培养和接种　分离培养和接种是病害诊断和病原物鉴定中广泛使用的一种手段,也是柯赫氏证病律(又称柯赫氏法则)的关键程序。除了植物病毒、植原体等一些专性寄生的病原生物目前还不能人工培养外,其他的病原物应该尽量分离获得其纯培养物,即使在免疫学鉴定或分子生物学检测获得阳性结果的情况下,获得病原生物的纯培养以及接种发病的致病性检验仍然是诊断和鉴定的最直接证据。

(4)病原生物的生物学性状和生理生化性状检测　必要的生物学性状测定包括寄主范围的测定、鉴别寄主的反应、传播介体的种类和传染方式的确定等。病原物生理生化检测的方法很多,例如病原物对碳素和氮素化合物的利用能力、染色反应、细胞成分的测定等,可选择关键性的几项进行测试。

(5)免疫学检测　利用病原物细胞或代谢产物组分的抗原性进行各种类型的免疫学反应,可以迅速判定或鉴定病原物的种类。

(6)分子生物学检测　近年来,利用分子生物学检测技术对样品中有无某种特定的生物进行检测,已得到广泛的应用。各种生物物种的专化型引物在基因文库中的不断涌现和更新,也使该检测技术的应用范围进一步扩大。

在病害诊断中应注意的是,自然界的情况变化很大,任何典型的症状都可能有例外,下结论要留有余地,尽量做到全面而客观。

三、非侵染性病害的特点与诊断方法

非侵染性病害是由不适宜的环境条件引起的，其发生的原因很多，最主要的原因是土壤和气候条件的不适宜，如营养元素的缺乏、水分供应失调、高温和干旱、低温和冻害以及环境中的有毒物质等。根据非侵染性病害的发生特点，在诊断中应详细观察和调查发病植物所处的环境条件和栽培管理等因素，必要时，可分析植物所含营养元素、土壤酸碱度、有毒物质等，还可进行营养诊断和治疗试验、温湿度等环境影响的试验，以明确病原。

（一）非侵染性病害的特点

非侵染性病害具有的特点：①非侵染性病害没有传染性，田间无发病中心，病株在田间的分布具有规律性，一般比较均匀，往往是大面积成片发生。没有从点到面扩展的过程。②症状具有特异性，除了高温引起的灼伤和药害等个别原因引起局部病变外，病株常表现全株性发病。如缺素症、涝害等。③株间不互相传染。④病株只表现病状，无病征。但是患病后期由于抗病性降低，病部可能会有腐生菌类出现。在适宜的条件下，有的病状可以恢复。⑤病害发生与环境条件、栽培管理措施密切相关，因此，在发病初期，消除致病因素或采取挽救措施，可使病态植株恢复正常。

（二）非侵染性病害的诊断方法

1.田间观察

田间观察是诊断病害首要的工作。根据非侵染性病害的发病特点，田间观察时应注意观察病害在田间的分布状况、病株的发病情况及发病条件等。

(1)病害在田间的分布状况　非侵染性病害在田间开始出现时，一般表现为较大面积的均匀发生，发病程度可由轻到重，但没有由点到面即由发病中心向周围逐步扩展的过程。

(2)病株表现　一般非侵染性病害的症状主要表现为变色、枯死、凋萎、落叶、畸形和其他生长不正常等现象。首先要排除侵染性病害，当初步确定为非侵染性病害时，可检查发病的症状类型，分析发病原因，确定病害种类。

(3)环境条件　调查发病植物的周围地势、地貌和土质以及土壤酸碱度，了解当年气象条件的特殊变化（如洪水、干旱、过早或过晚的霜冻等），详细记载施肥、排灌和喷洒化学农药等栽培管理措施。对发病植物所在的环境条件等有关问题进行调查和综合分析后，确定致病原因。

2.病原鉴定

草地植物病害分为非侵染性病害和侵染性病害两大类，这两类病害的病原完全不同。诊断时首先应确定所发生的病害属于哪一类，然后再做进一步的鉴定。对非侵染性病害病原的鉴定，通常采用化学诊断法、人工诱发试验以及指示植物鉴定法。

思考题

1.什么叫草地植物病害？根据病原不同，草地植物病害分为哪两大类？

2.什么是症状？怎样区分病状与病征？各有哪些类型？

3.侵染性病害和非侵染性病害二者有何重要区别？

4.简述菌物营养体的主要类型、结构及功能。

5. 简述菌丝的变态结构及菌丝组织体的类型和功能。

6. 菌物无性繁殖和有性繁殖的主要方式，以及产生的无性孢子和有性孢子的类型有哪些？

7. 简述植物病原菌物无性繁殖和有性繁殖的特点及其在植物病害发生流行中的作用。

8. 菌物依据哪些特点分为5个门类？

9. 卵菌门、接合菌门、子囊菌门、担子菌门以及半知菌类中与草地植物病害有关的主要属的形态特征是什么？

10. 原核生物与真核生物有何区别？植原体与病原细菌在一般性状、传播为害植物方面有何不同？

11. 什么是病毒？植物病毒的组成成分及其功能是什么？

12. 植物病毒有哪些传播方式？植物病毒病害有哪些症状和特点？

13. 线虫对植物为害有什么特点？

14. 什么是寄生性植物？有哪些类型？田间怎样防除寄生性植物？

15. 病原物的寄生性与致病性有何关系？为何寄生性强的病原物往往致病性弱？

16. 专性寄生与寄生专化性有何异同？

17. 病原物致病有哪些致病方式？

18. 抗病性包括哪几种类型？有怎样的抗病机制？

19. 病原物的传播方式有哪些？

20. 病原物越冬和越夏的场所以及影响因素有哪些？

21. 何谓病程？影响病程的因素有哪些？

22. 正确诊断植物病害应遵循哪些步骤？

23. 怎样根据症状的表现区分不同的病害类型？

24. 从表皮侵入的菌物是怎样成功侵入植物的？

25. 植物怎样抵抗病原物的侵入？

第二章

草地昆虫概论

昆虫隶属于节肢动物门(Arthropoda)昆虫纲(Insecta),是动物界中种类最多的一类。全世界已知的昆虫种类在100万种以上,约占动物界种类的2/3。

人们通常把危害植物的昆虫(insects)称为害虫,把由它们引起的植物伤害称为虫害。除了害虫外,在昆虫中还有很多有益的种类,称为益虫。益虫多数种类捕食或寄生在各种害虫体内,在抑制害虫爆发成灾方面具有重要作用,称为天敌昆虫;有些昆虫在帮助植物传粉、分解植物残体和促进生态循环等方面具有重要作用。

为了保护草地,减少害虫危害,首先必须正确识别昆虫,掌握它们的形态特征、生活习性、发生规律和影响昆虫种群数量变动的主要因素,才能确定准确的防治害虫的时机,制定正确的防治策略,达到预期的防治效果。

第一节　昆虫的形态结构

昆虫形态学是研究昆虫的结构、功能、起源、发育及进化的科学。了解昆虫的形态不仅是识别昆虫、对昆虫进行系统分类和进化研究的基础,而且是研究昆虫生物学、仿生学以及选择害虫防治措施等的必要前提。从昆虫体躯构造角度出发,昆虫形态学又分外部形态学与内部解剖学两大部分。

一、昆虫的形态特征

昆虫与其他节肢动物一样,体躯由一系列环节(即体节)组成,在有些体节上具有成对而分节的附肢,节肢动物由此得名。昆虫体躯的各体节按其功能分别集中,形成头部、胸部和腹部3个明显的体段(图2-1)。

头部各体节已紧密地愈合在一起,着生有1个口器,1对触角,1对复眼和0～3个单眼,是感觉和取食的中心;胸部由前胸、中胸和后胸3个体节组成,每个胸节上着生1对足,中胸和后胸常各生有1对翅,是运动的中心;腹部通常由11个体节构成,第1～8节两侧各生有1对气门,末端生有外生殖器和尾须,各种内脏器官大部分位于腹内,是生殖和新陈代谢的中心。

概括地讲,昆虫是体躯分为头、胸、腹3段,胸部生有3对足2对翅的节肢动物。

只要掌握了昆虫纲的特征,就能把它与其他近缘的节肢动物(图2-2)区别开来。这些节肢动物除无翅外,还有其他区别特征。如蛛形纲的蜘蛛,体分头胸部和腹部2个体段,有4对足,无触角。甲壳纲的虾、蟹、鼠妇,体也分头胸部和腹部,但至少有5对足。唇足纲的蜈蚣、钱串子,体分头部和胴部(胸、腹部)2个体段,胴部每节着生1对足。重足纲的马陆,体也分头部和胴部，但其多数体节着生有2对足。

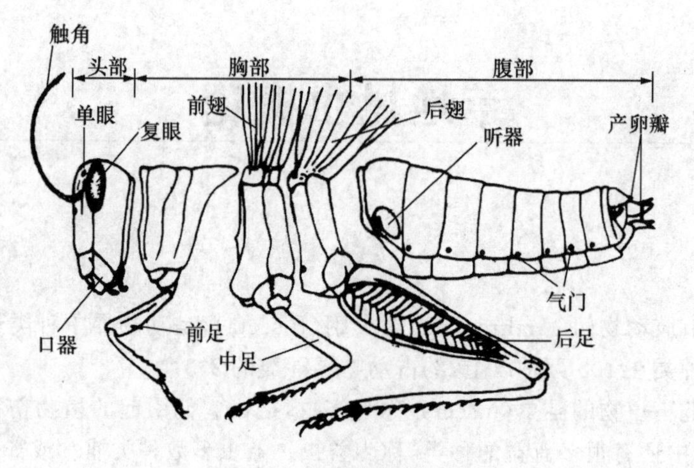

图 2-1 昆虫体躯侧面观

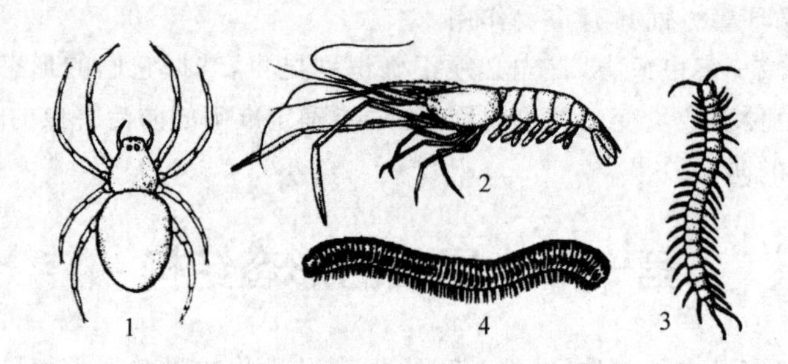

图 2-2 节肢动物各纲形态特征(仿牟吉元等)

1.蛛形纲(蜘蛛) 2.甲壳纲(虾) 3.唇足纲(蜈蚣) 4.重足纲(马陆)

二、昆虫的头部

(一)头壳的基本构造

头部(head)是昆虫体躯的第一个体段，一般认为由6个体节愈合而成；头壳坚硬，以保护脑和适应取食时强大的肌肉牵引力。头壳表面着生有触角、复眼与单眼，前下方生有口器，是感觉与取食的中心。后面有后头孔，头孔周围有膜质的颈与胸部相连，里面有脑、消化道的前端及背血管的前端等。大部分昆虫的头近球形，头壳高度骨化，只有蜕裂线和一些次生的沟把头壳表面分成若干区域(图2-3)。沟是体壁向内折陷而成的，蜕裂线是幼虫蜕皮裂开的地方。

昆虫的头部通常可分头顶、额、唇基、颊和后头。头的顶部称头顶(颅顶)，头顶前下方是额，头顶与额之间以"人"字形的蜕裂线为界。额的下方是唇基，额与唇基之间以额唇基沟为界，唇基下连接上唇。颊位于头部两侧，其前方以额颊沟与额为界。头的后方连接一条狭窄拱形的骨片称为后头，其前方以后头沟与颊为界。

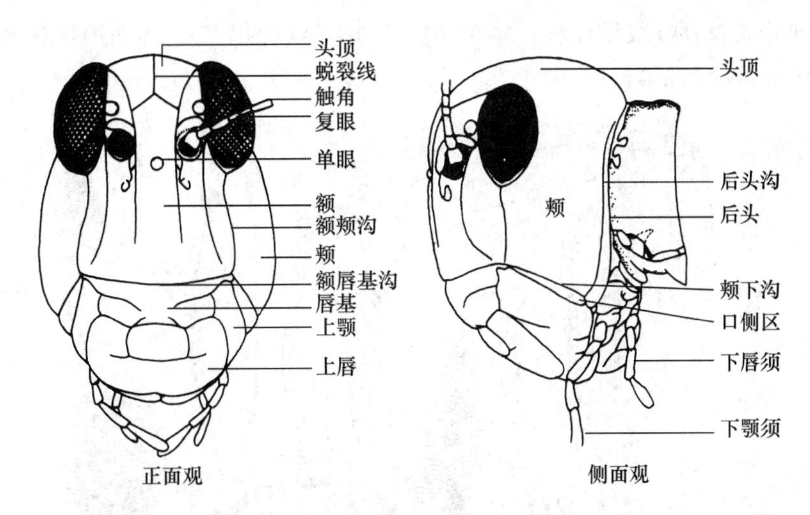

图 2-3　蝗虫头部构造(仿陆近仁等)

(二)头式

昆虫的头部,由于口器着生的位置和方向不同,可分为下述 3 种头式(图 2-4)。

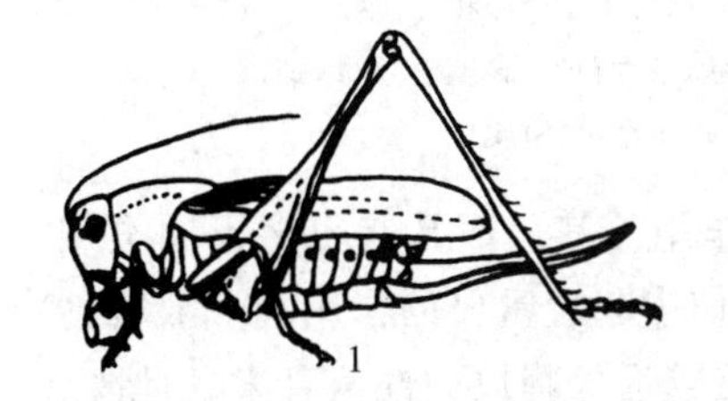

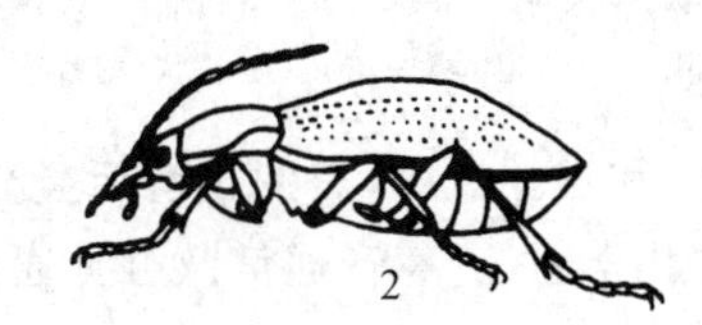

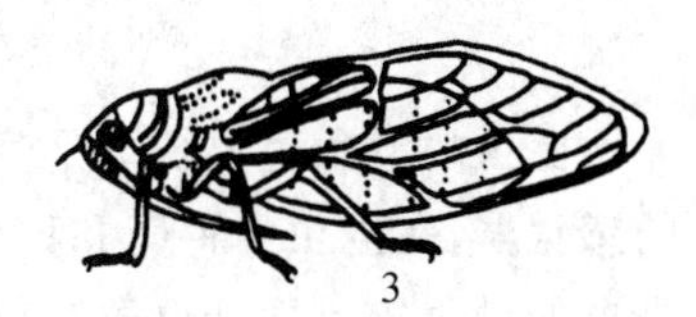

图 2-4　昆虫的头式(仿 Eidmann)

1.下口式　2.前口式　3.后口式

(1)下口式　口器着生在头部的下方并向下伸,与身体的纵轴垂直。大多数具有咀嚼式口器的植食性昆虫和一少部分捕食性昆虫的头式属于此类,如蝗虫、鳞翅目幼虫等的头式。这是最原始的一类头式。

(2)前口式　口器在头部的前方并向前伸,与身体的纵轴成钝角或几乎平行。大多数具有咀嚼式口器的捕食性昆虫、钻蛀性昆虫的头式属于前口式。

(3)后口式　口器向后倾斜,和身体纵轴成锐角,不用时贴于身体的腹面。具有刺吸式口器昆虫的头式属于此型,如蝉、叶蝉、蚜虫、椿象等。

(三)头部的附器

昆虫头部的附属器官有触角、复眼、单眼和口器。

1.触角

触角是昆虫头部的一对附肢,一般着生于额区,其基部包被于膜质的触角窝内,可以活动。触角一般由 3 部分构成,即柄节、梗节和鞭节(图 2-5)。柄节是最基部的一节,常粗短。梗节是触角的第 2 节,一般较小,大部分昆虫在梗节上有一个特殊的感觉器,称为江氏器。梗节以下统称为鞭节,此节在不同昆虫中变化很大,常分成若干亚节。

触角的形状以及长短、节数、着生部位等,不同种类或同种不同性别昆虫间的变化很大,形成了各种不同的类型,主要有刚毛状、丝状(线状)、念珠状、栉齿状、锯齿状、球杆状(棒状)、锤状、具芒状、鳃叶状、羽状(双栉齿状)、膝状(肘状)、环毛状(图 2-5)。触角的形状和类型常作为种类鉴别和区分雌雄的依据。

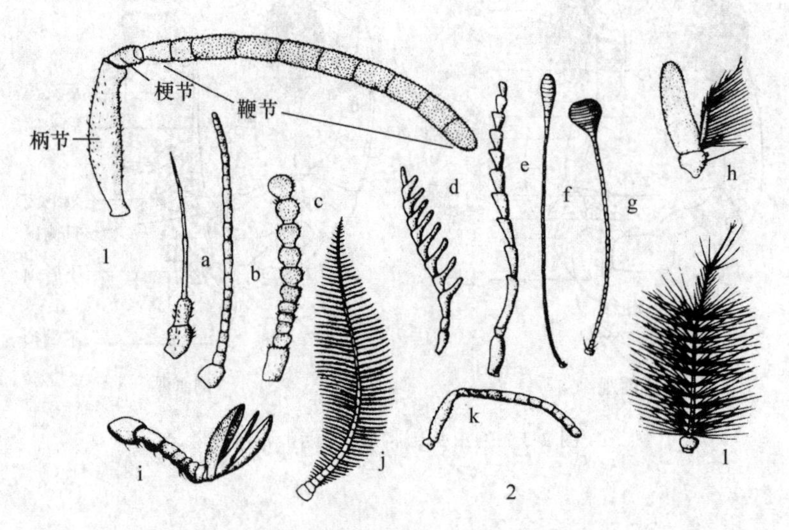

图 2-5　触角的基本构造和类型

1. 触角的基本构造　2. 触角的类型：a. 刚毛状(蜻蜓)　b. 丝状(飞蝗)　c. 念珠状(白蚁)　d. 栉齿状(绿豆象)　e. 锯齿状(锯天牛)　f. 球杆状(白粉蝶)　g. 锤状(长角岭)　h. 具芒状(绿蝇)　i. 鳃叶状(金龟甲)　j. 羽状(樟蚕蛾)　k. 膝状(蜜蜂)　l. 环毛状(库蚊)

昆虫的触角主要功能是嗅觉和触觉作用,有的也有听觉作用。其表面具有很多不同类型的感觉器,在昆虫的种间和种内化学通信、声音通信及触觉通信中起着重要的作用。一般雄性昆虫的触角较雌性昆虫的触角发达,能准确地接收雌性昆虫在较远处释放的性信息素。此外,昆虫的触角还有一些其他功能,如芫菁在交配时,雄虫的触角能起携助拥抱雌虫的作用,魔蚊的幼虫利用触角可以捕获猎物,仰泳蝽在游泳时触角能平衡身体,水龟虫潜水时可以用触角帮助呼吸。

2. 复眼和单眼

(1)复眼　是昆虫主要的视觉器官,着生于头部侧上方,常为圆形或卵圆形,一般由许多大小一致的小眼组成(图 2-6),为成虫和不全变态类的若虫或稚虫所具有,隐蔽或营寄生生活昆虫,复眼退化或消失。

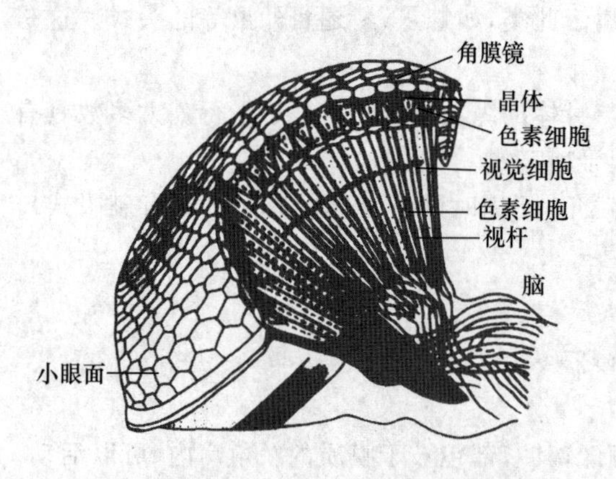

图 2-6　昆虫复眼的模式构造(仿吕锡祥等)

昆虫复眼的小眼数目在不同种类中差异很大,如某些介壳虫雄虫的复眼只有几个圆形小眼,而鳞翅目昆虫一个复眼常有 12 000～17 000 个小眼,蜻蜓目昆虫一个复眼的小眼数有10 000～28 000 个或更多,但多数昆虫的小眼数目在 300～5 000 个之间。

复眼对光的强度、波长和颜色等都有较强的分辨能力,与昆虫觅食、求偶、产卵等行为密切相关。大多数昆虫对 550～600 nm 的黄、绿光有趋光性,故多选择绿色植物产卵或取食;而夜晚活动的昆虫对 330～400 nm 的紫外光有很强的趋光性。

(2)单眼　包括背单眼和侧单眼两类。背单眼为成虫和不全变态类的若虫或稚虫所具有，着生于额的上部，常为 3 个。侧单眼仅为全变态类幼虫所具有，位于头部两侧，常 1～7 对不等，单行或双行，弧形或线形排列，其数目与排列方式对幼虫的分类与区别有较大用途。单眼只能感受光线的强弱与方向而无成像功能。

3. 口器

口器又叫取食器，是昆虫的取食器官。昆虫因食性及取食方式的分化，形成了不同类型的口器。大体上取食固体食物的昆虫口器为咀嚼式；取食液体食物的昆虫口器为吸收式；兼食固体和液体食物的昆虫口器为嚼吸式，其中吸食表面液体的昆虫口器为舐吸式或虹吸式，而吸食寄主内部液体的昆虫口器为刺吸式、锉吸式或捕吸式。在这些类型的口器中以咀嚼式口器最为原始，其他类型的口器均由咀嚼式口器演变而成。

(1)咀嚼式口器　咀嚼式口器的主要特点是具有发达而坚硬的上颚以嚼碎固体食物。无翅亚纲、襀翅目、直翅目、鞘翅目、大部分脉翅目、部分膜翅目成虫及很多类群的幼虫或稚虫的口器都属于咀嚼式，其中以直翅目的口器最为典型。咀嚼式口器由上唇、上颚、下颚、下唇与舌 5 部分组成(图 2-7)。

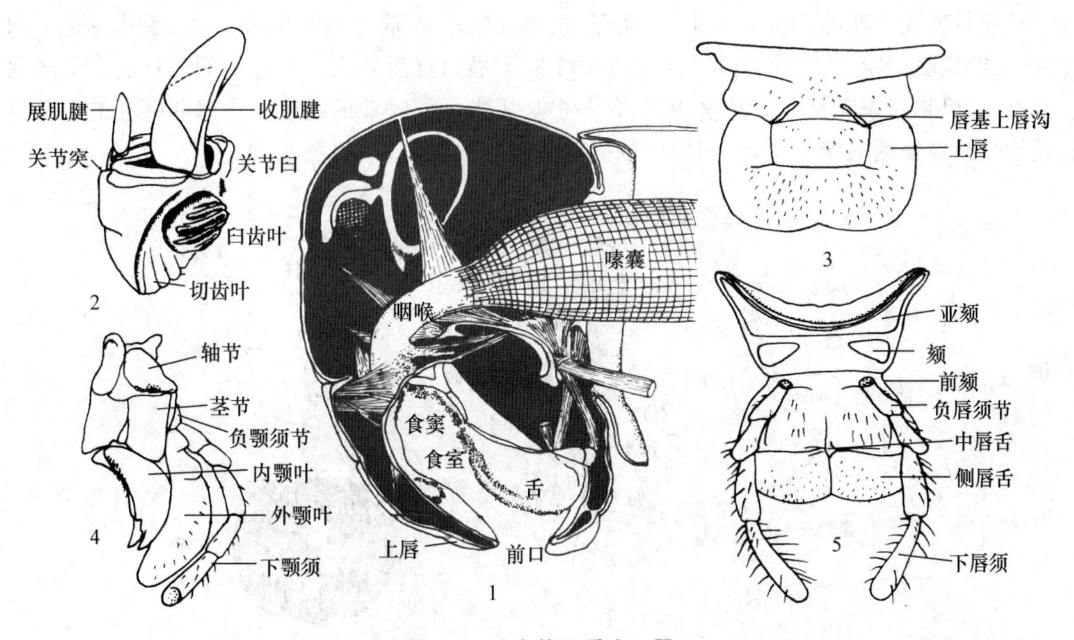

图 2-7　蝗虫的咀嚼式口器

1. 头部纵切面　2. 上颚　3. 唇基和上唇　4. 下颚　5. 下唇

上唇：为悬接于头部前方、唇基下缘的一个近于长方形的薄片。外壁骨化，内壁膜质而有密毛和感觉器官，称为内唇。上唇覆盖在上颚的前面，和口器的 3 对附肢在头壳下围成口前腔的前壁，可以防止食物外逸。

上颚：位于上唇下方，连在头壳侧面下缘，是一对坚硬的块状物。其端部呈齿状，称切区，用以切断食物，基部呈磨盘状，称磨区，用以研磨食物。

下颚：位于上颚后方，连在上颚后面的头侧下缘，活动范围较大，是上颚取食的辅助结构。下颚由轴节、茎节、内颚叶、外颚叶和下颚须 5 部分组成。下颚须还具有触觉、嗅觉和味觉作用。

下唇:位于头壳的后下方,口前腔腹面悬生的一块分节构造,为1对口器附肢愈合而成,由5部分组成,即后颏、前颏、中唇舌、侧唇舌和下唇须。下唇的功能是盛托食物,其中的下唇须具有嗅觉和味觉的作用。

舌:位于口器中央,为一狭长的袋状构造,表面有许多毛和味觉突起,其基部后方是唾腺的开口处。舌的功能是协助食物的运送和吞咽。

具有咀嚼式口器的昆虫,口器各部分的构造随虫态、食性、习性等略有变化,如鳞翅目幼虫口器,上唇与上颚与一般咀嚼式口器相似,但下颚、下唇和舌则合为一个复合体,具有吐丝功能。广翅目、蛇蛉目昆虫成虫为捕食性,具有很发达的上颚,为争夺雌性而好斗的锹甲科雄虫也多具有异常发达的上颚。

(2)刺吸式口器　刺吸式口器是取食植物汁液或动物血液的昆虫所具有的既能刺入寄主体内又能吸食寄主体液的口器,蚜虫、叶蝉、椿象等昆虫的口器均为刺吸式口器。与咀嚼式口器不同点在于:上颚、下颚的内颚叶特化而成2对口针,其中上颚较粗硬,包于外侧,端部有倒钩,下颚口针较细,2根下颚口针内侧相对面各有2条纵沟;下唇延长成管状的喙,中央凹陷成1条纵沟,具有保护口针的作用;食窦形成强有力的抽吸机构。

具有刺吸式口器的昆虫上唇小,三角形,覆盖在喙的基部。下唇须、下颚须、舌均退化。取食时,口针从喙中脱出,1对上颚口针先刺入,1对下颚口针后刺入。左右下颚口针嵌合形成两条管道,一根是用来吸食汁液的食物道,另一根是用来分泌唾液的唾道。食窦和咽喉的一部分形成具有抽吸作用的唧筒构造,即用以抽吸液体食物的食窦唧筒(图2-8)。

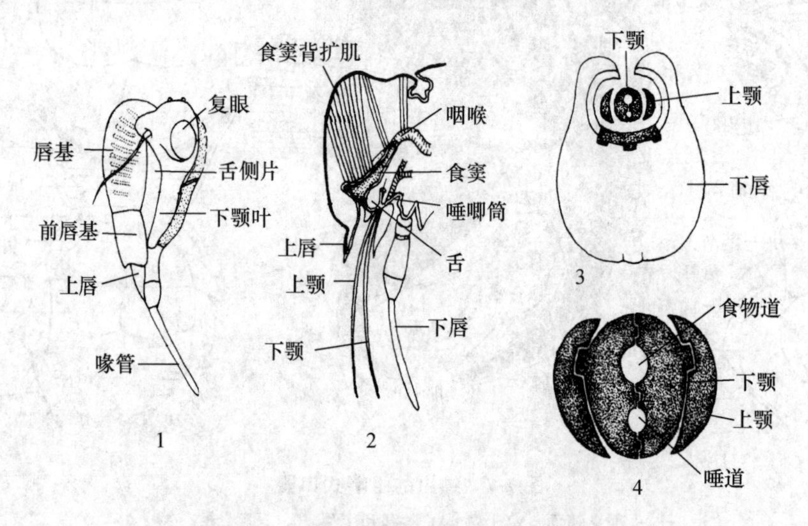

图2-8　蝉的刺吸式口器(仿管致和等)

1.蝉头部侧面　2.头部正中纵切面　3.喙横断面　4.口针横断面

刺吸式口器为害特点是破坏叶绿素,形成褪色斑点;或使枝叶生长不平衡而卷缩扭曲;或因刺激形成畸形。大量为害时,植物因失去大量营养物质而生长不良,导致萎蔫和死亡。

(3)锉吸式口器　为蓟马类昆虫所特有。其上颚不对称,即右上颚高度退化或消失,以致只有3根口针,即由左上颚和1对下颚特化而成。其中2根下颚口针形成食物管,唾道则由舌与下唇的中唇舌紧合而成(图2-9)。被害植物常出现不规则的变色斑点、畸形或叶片皱缩卷曲等症状。

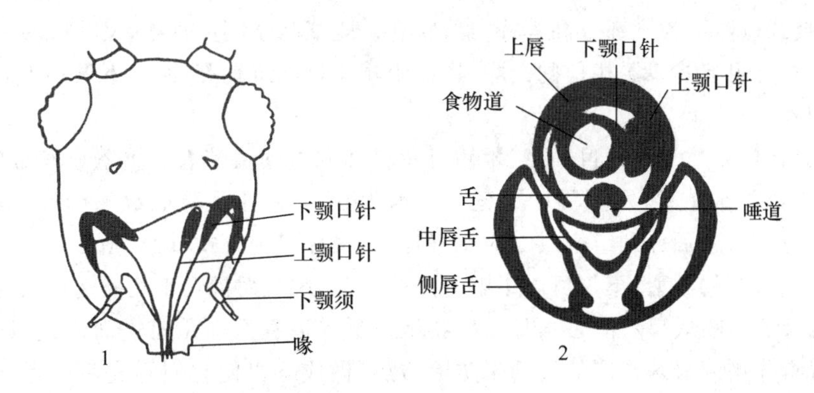

图 2-9　蓟马的锉吸式口器

1. 头部正面观　2. 喙横断面

(4)虹吸式口器　为蝶、蛾类成虫所特有。主要特点是下颚的外颚叶极度延长成喙,内具纵沟,相互嵌合形成管状的食物道。除下唇须发达外,口器的其余部分均退化或消失。喙由许多骨化环紧密排列组成,环间有膜质,故能卷曲(图 2-10)。喙平时卷藏在头下方两下唇须之间,取食时伸到花心吸取花蜜。有些蛾类成虫不取食,口器退化。

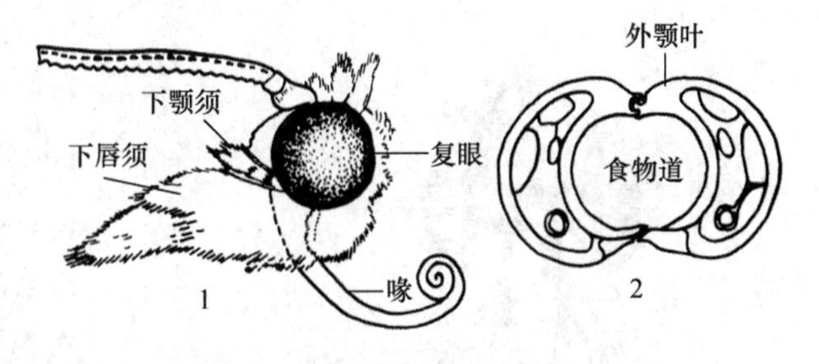

图 2-10　蝶的虹吸式口器

1. 侧面观(仿陆近仁)　2. 喙横断面(仿 Eidmann)

(5)舐吸式口器　为双翅目蝇类所特有。其特点是上下颚完全退化,下唇变成粗短的喙。喙的背面有 1 小槽,内藏 1 扁平的舌。槽面由下唇加以掩盖,喙的端部膨大形成 1 对具有展开合拢能力的唇瓣。两唇瓣间有食物口,唇瓣上有许多横列的小沟,这些小沟都通到食物的进口。取食时即由唇瓣舐吸物体表面的汁液,或吐出唾液湿润食物,然后加以舐吸(图 2-11)。

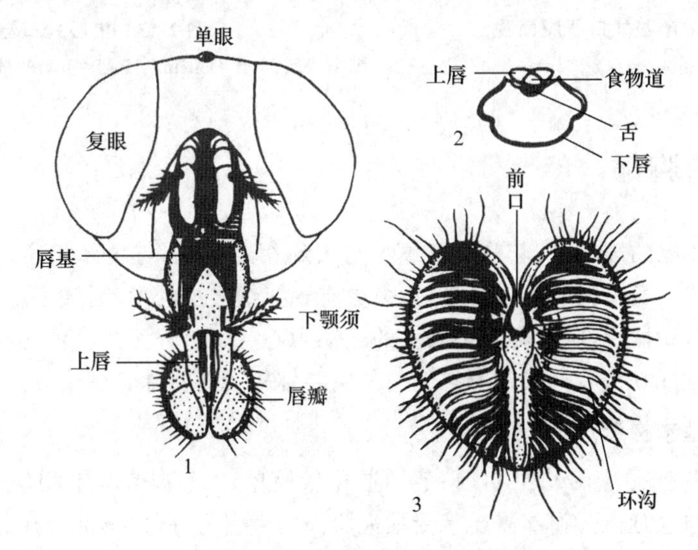

图 2-11　蝇类的舐吸式口器(仿 Snodgrass)

1. 头部正面观　2. 喙横断面　3. 丽蝇唇瓣腹面

(6)嚼吸式口器　为一部分高等蜂类所特有。既能咀嚼固体食物,又能吮吸液体食物。如蜜蜂具有1对与咀嚼式口器相仿的上颚,用以咀嚼花粉和筑巢等,而以下颚和下唇组成吮吸用的喙(图2-12)。

(7)捕吸式口器　为脉翅目幼虫、鞘翅目萤科和龙虱幼虫特有。上颚延长成镰刀状,端部尖锐,其腹面纵凹成槽;下颚外颚叶也延长成镰刀状,紧贴于上颚的纵槽内,形成食物道和唾道。左、右2条上、下颚分别组合成2对刺吸构造,又称双刺吸式口器(图2-13)。

了解昆虫口器的类型,不仅可以了解害虫的为害方式,而且对于正确选用农药和合理施药具有重要意义。咀嚼式口器的害虫是将植物组织嚼碎后吞入消化道进而消化吸收的,因此可选用具有胃毒作用或触杀作用的药剂来防治,也可做成毒饵使它们吞食后中毒死亡。而刺吸式口器的害虫,以植物的汁液为食料。对这类害虫,可选用具内吸作用或触杀作用的药剂来防治。

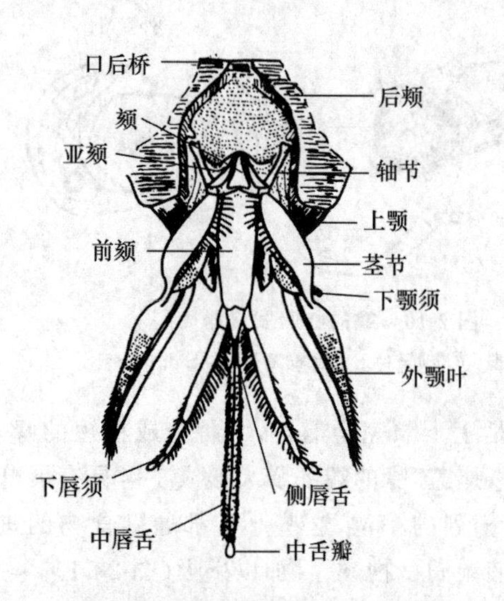

图2-12　蜜蜂的嚼吸式口器腹面观

(仿 Snodgrass)

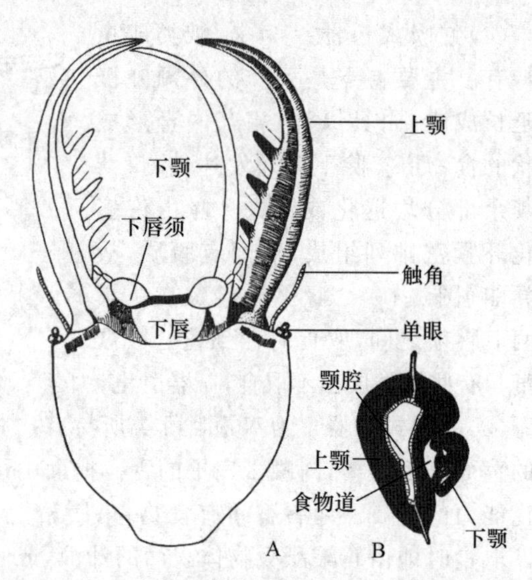

图2-13　捕吸式口器

A. 蚁狮头部(仿 Doflein)　B. 上、下颚的横切面(仿 Locinski)

三、昆虫的胸部

胸部是昆虫体躯的第二段,其前端以颈膜与头部相连,后端与腹部相连。由前胸、中胸及后胸3个体节组成。每一胸节有1对足,大多数有翅亚纲昆虫的中、后胸上还各有1对翅。足和翅都是昆虫的运动器官,所以胸部是昆虫的运动中心。大部分无翅昆虫各胸节的大小、形状十分相似,有翅昆虫的中、后胸因在形态上与前胸差别较大而特称具翅胸节。

(一)胸部的基本构造

无翅昆虫和其他昆虫的幼虫期,胸节构造比较简单,3个胸节基本相似。有翅昆虫的胸部,由于适应足和翅的运动,胸部需要承受强大肌肉的牵引力,所以胸部骨板高度骨化,骨间的结构非常紧密,骨板内面的内脊或内突上生有强大的肌肉。每一胸节均由背面的背板、腹面的腹板和两侧的侧板组成,各骨板又被其上的沟、缝划分为许多小骨片。

1. 前胸

昆虫的前胸无翅，构造比较简单，但在各类昆虫中也有很大变化，其发达程度常与前足是否发达相适应。如螳螂前足特化为捕捉足，蝼蛄前足特化为开掘足，前胸都很发达。

前胸侧板和腹板一般都不发达，但背板则因种类不同常有很大变化。例如，蝗虫类的前胸背板呈马鞍形，两侧向下扩展，几乎盖住整个侧板；菱蝗类的前胸背板向后延伸至腹部末端；半翅目、鞘翅目昆虫的前胸背板也很发达；膜翅目昆虫的前胸背板通常仅仅是一狭小骨片。

2. 具翅胸节

具翅胸节 2 节的结构相似，背板、侧板和腹板通常均很发达，被一些沟划分为许多小骨片，各种小骨片均有专门的名称(图 2-14、图 2-15)。具翅胸节背板常被前胸背板或翅覆盖，如半翅目、鞘翅目昆虫的中胸和后胸背板被翅覆盖，仅中胸小盾片露在翅基部之间，为一小三角形骨片，但半翅目盾蝽的中胸小盾片甚大，可将翅和整个腹部完全覆盖起来。鳞翅目、双翅目和膜翅目的昆虫，主要靠前翅飞行，其中胸比后胸发达。

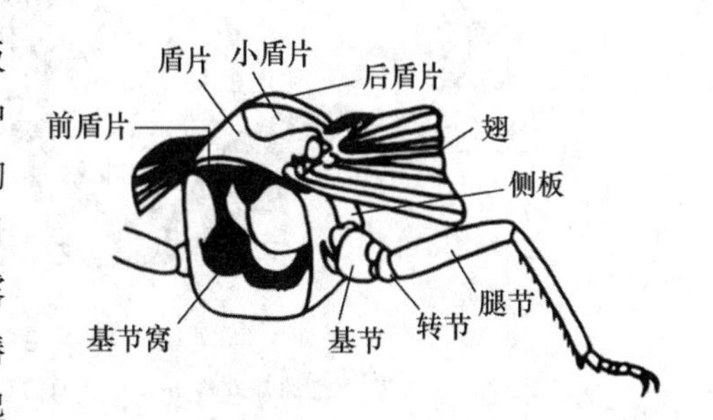

图 2-14　具翅胸节构造图解(仿黄可训等)

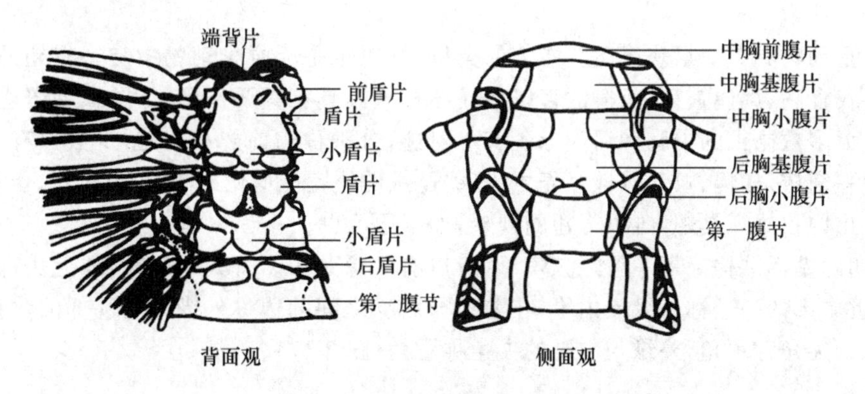

图 2-15　东亚飞蝗的胸部(仿虞佩玉)

(二)胸部的附器

1. 胸足

胸足是着生在各胸节侧腹面基节臼(或称基节窝)里的成对附肢；成虫期有足 3 对，前胸、中胸、后胸各 1 对，分别称为前足、中足和后足。

成虫的胸足一般由 6 节组成，从基部到端部依次称为基节、转节、腿节、胫节、跗节和前跗节(图 2-16)。前跗节一般具两个侧爪，侧爪间有一中垫或爪间突，有时在爪下面还有爪垫。昆虫的胸足原是适于陆生的行走器官，但在各类昆虫中，因生活环境和生活方式的不同，其功能与形态出现了一些变化。根据其结构与功能，可把昆虫的足分为不同的类型(图 2-16)，常见的类型有步行足、跳跃足、开掘足、游泳足、抱握足、携粉足、捕捉足。

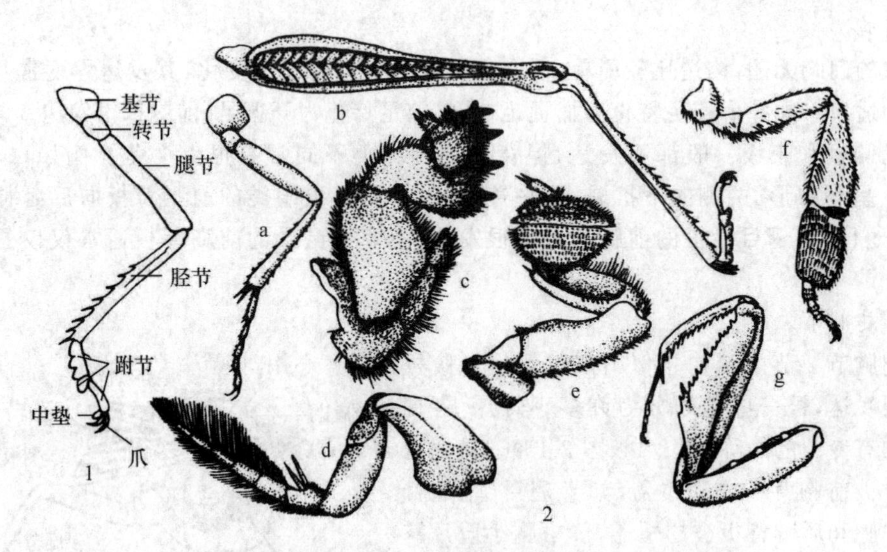

图 2-16　昆虫足的基本构造和类型

1. 昆虫足的基本构造　2. 足的类型：a. 步行足（步行虫）　b. 跳跃足（蝗虫后足）　c. 开掘足（蝼蛄前足）　d. 游泳足（龙虱后足）　e. 抱握足（雄龙虱前足）　f. 携粉足（蜜蜂后足）　g. 捕捉足（螳螂前足）

2. 翅

昆虫是动物界中最早获得飞行能力的类群，同时也是无脊椎动物中唯一有翅的类群。翅对昆虫寻找食物、觅偶繁衍、躲避敌害以及迁移扩散等具有重要作用，是昆虫纲繁盛的重要因素之一。大多数昆虫的中胸和后胸上各有 1 对翅，分别称为前翅和后翅；少数只有 1 对翅，后翅特化为平衡棒，如蝇、蚊和雄性介壳虫；有些昆虫的翅完全退化或消失，如虱目、蚤目；另外还有同种昆虫内仅雄虫具翅，雌虫无翅的现象，如草原毛虫。

(1)翅的基本结构　翅一般近三角形，所以有 3 缘 3 角。将其平展时，靠近头部的一边称前缘，靠近尾部的一边称后缘或内缘，在前缘与后缘之间的边称外缘。翅基部的角称肩角，前缘与外缘的夹角称顶角，外缘与内缘的夹角称臀角（图 2-17）。

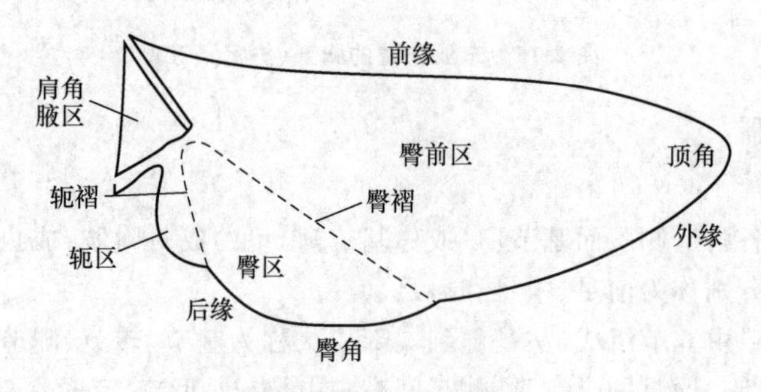

图 2-17　翅的缘、角和分区

(2)翅的类型　根据翅的形状、质地与功能可将翅分为不同的类型，常见的类型有 8 种。

膜翅：膜质，薄而透明，翅脉明显可见。为昆虫中最常见的一类翅，如蜻蜓、草蛉、蜂类的前后翅，蝗虫、甲虫、蝽类的后翅等。

毛翅：膜质，翅面与翅脉被很多毛，多不透明或半透明。如毛翅目昆虫的翅。

鳞翅：膜质，因密被鳞片外观多不透明。如蝶、蛾的翅。

缨翅：膜质透明，翅脉退化，最多有2条纵脉，翅缘具缨状长毛。如蓟马的翅。

覆翅：革质，多不透明或半透明，翅脉仍保留，主要起保护后翅的作用。如蝗虫、叶蝉类的前翅。

半鞘翅：翅基半部革质，端半部膜质。如大多数蝽类的前翅。

鞘翅：全部骨化，坚硬，主要用于保护后翅与背部。如鞘翅目昆虫的前翅。

平衡棒：呈小型棍棒状，飞翔时用以平衡身体。如双翅目昆虫与雄蚧的后翅。

(3)翅脉与脉序　翅脉是翅的两层薄壁间纵横分布的条纹，由气管部位加厚所形成，对翅膜起着支架的作用。翅脉在翅面上的分布形式，称为脉序或称脉相。脉序在不同类群昆虫之间存在一定的差别，而在同一类群中又相对稳定，因此常作为分类的重要依据。

昆虫学者对现代昆虫和古代化石昆虫的翅脉加以分析、比较，归纳概括出一种模式脉序，或称标准脉序(图2-18)，作为比较各种昆虫翅脉变化的科学标准。

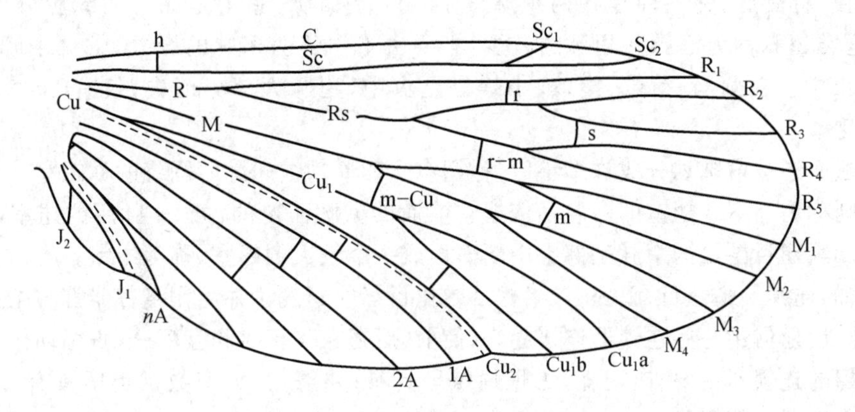

图2-18　昆虫翅的模式脉相图(仿Ross)

翅脉分纵脉和横脉，纵脉是从翅基部伸到翅边缘的翅脉，横脉是横列在纵脉之间的短脉。模式脉序的纵脉和横脉都有一定的名称和缩写代号(表2-1、表2-2)。

表2-1　纵脉名称、代号及分支特点

纵脉名称	缩写代号	分支数	特　点
前缘脉	C	1	不分支，一般构成翅的前缘
亚前缘脉	Sc	2	端部分2支，分别称第一、第二亚前缘脉
径脉	R	5	先分叉为2支：第一径脉R_1和径分脉Rs；Rs再分支，即第二径脉到第五径脉，R_2，R_3，R_4，R_5
中脉	M	4	先分2支；再各分2支，即第一到第四中脉，M_1，M_2，M_3，M_4
肘脉	Cu	3	先分为第一肘脉Cu_1和第二肘脉Cu_2，Cu_1再分为2支，即Cu_{1a}，Cu_{1b}
臀脉	A	1～3	不分支，一般为3条，即第一到第三臀脉，1A，2A，3A
轭脉	J	2	一般分为2条，即第一、第二轭脉，J_1，J_2

表 2-2 横脉名称、称号及连接的纵脉

横脉名称	缩写代号	连接的纵脉
肩横脉	h	在近肩角处，连接 C 和 Sc
径横脉	r	连接 R_1 与 Rs
分横脉	s	连接 R_3 与 R_4；或 R_{2+3} 与 R_{4+5}
径中横脉	r-m	连接 R_{4+5} 与 M_{1+2}
中横脉	m	连接 M_2 与 M_3
中肘横脉	m-Cu	连接 M_{3+4} 与 Cu_1

现代昆虫的脉序除毛翅目石蛾和长翅目褐蛉的脉序接近标准脉序外，大多数昆虫翅脉均有增多、减少甚至全部或部分消失的情况。增多的方式有两种：一种是在原有纵脉的基础上再分枝，称副脉；另一种是在两纵脉间加插 1 条纵脉，它不是原有的纵脉分出来的，是游离的，这类翅脉称为润脉。翅脉的减少，主要由于相邻两翅脉的合并，常见于鳞翅目和双翅目等昆虫中。在蓟马、粉虱、瘿蚊、小蜂等昆虫中，翅脉大部分消失，仅有 1～2 条纵脉留存于翅面上。

昆虫翅面还被横脉划分成许多小区，称翅室。四周均被翅脉所围绕的称闭室，一边开口于翅边缘的则称为开室。翅室的命名是依据它前面的纵脉而定的，如 Sc 脉后的翅室称 Sc 室或亚前缘室。鳞翅目昆虫的中脉基部常中断而形成一个较大的翅室，称为中室。

(4)翅的连锁　鳞翅目、膜翅目、半翅目蝉亚目等前翅发达并用作飞行器官的昆虫，其后翅不发达，前、后翅借用一些连锁器连接起来，使前、后翅在飞行时相互配合，协调动作。

昆虫翅的连锁器主要有：翅轭，为蝙蝠蛾等具有；翅缰，为大多数蛾类所具有；翅抱，为蝶类、枯叶蛾、天蚕蛾等所具有；翅钩列，为膜翅目昆虫所具有；翅褶，为半翅目蝉亚目昆虫所具有(图 2-19)。

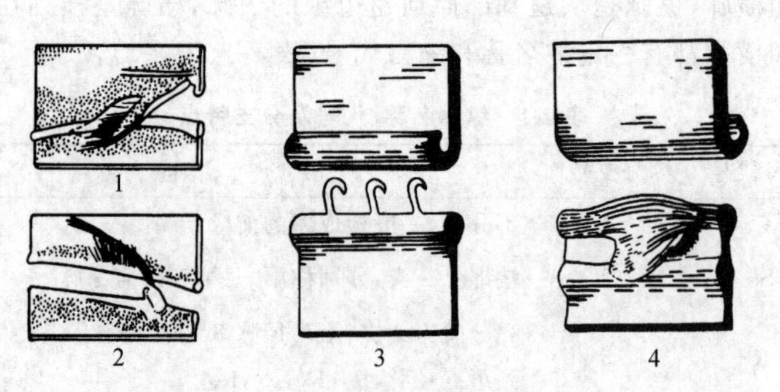

图 2-19　昆虫翅的连锁器(仿 Eidmann)

1. 翅轭(反面观)　2. 翅缰和翅缰钩(反面观)

3. 后翅的翅钩和前翅的卷褶　4. 前翅的卷褶和后翅的短褶

四、昆虫的腹部

腹部是昆虫体躯的第三个体段，多数有翅昆虫第一腹节的端背片与后胸的悬骨有关，所以胸部与腹部紧密相连。膜翅目细腰亚目的昆虫腹部第一节甚至与后胸合并成胸部的一部分，称为并胸腹节。腹部内部包藏着主要的内脏器官及生殖器官，是昆虫新陈代谢和生殖的中心。

(一)腹部的基本结构

昆虫腹部一般呈椭圆形或扁圆形，也有细杆状、球形、基部细长如柄、平扁或立扁的。一般由 9～11 节组成，但有的种类仅有 5～6 节，如蜂、蝇等。腹部除了末端数节外，一般无附肢，各节由背板、腹板和连接它们的侧膜组成，没有侧板。各节间由柔软的节间膜连接。因此，腹节可以相互套叠，伸缩弯曲，以利于交配和产卵等活动(图 2-20)。

腹部的第 1～7 节(雌性)或第 1～8 节(雄性)内包藏有大量内脏，称脏节，也称生殖前节。脏节每节两侧各有气门 1 对，共 8 对，用以呼吸。

昆虫成虫的第 8、9 节(雌性)或仅第 9 节(雄性)上生有产卵或交配器官，这些腹节特称为生殖节。生殖节具有附肢特化成的交尾和产卵的器官，称生殖肢。第 10 腹节和第 11 腹节统称生殖后节。第 11 腹节又称臀节，尾须是它的附肢，因为肛门位于此节末端，所以它的背板称为肛上板，两侧称肛侧板。

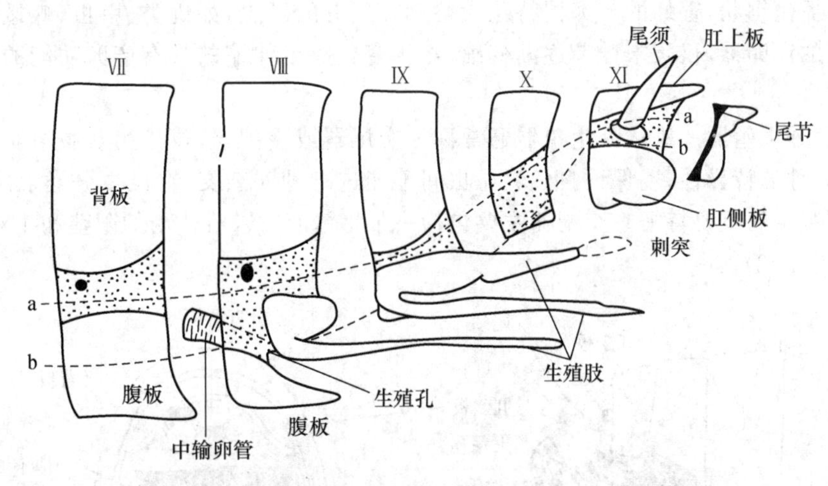

图 2-20　雌成虫腹部末端腹节图解(仿 Snodgrass)

a—a. 背侧线　b—b. 腹侧线

(二)腹部的附肢

无翅亚纲昆虫的腹部，除外生殖器和尾须外，脏节上亦有各种特殊的附肢。有翅亚纲成虫期除了外生殖器和尾须外，腹部再无别的附肢，只有在幼虫期腹部才有与行动有关的附肢，如鳞翅目、膜翅目叶蜂科幼虫腹部有腹足。

1. 外生殖器

(1)雌性外生殖器　雌性外生殖器通常称为产卵器，位于腹部第 8 节和第 9 节的腹面，是这两节的附肢特化而成的。产卵器的构造较简单，主要由 3 对产卵瓣组成，第 1 对着生在第 8 腹节的第 1 载瓣上，称为腹产卵瓣(或第 1 产卵瓣)；第 2 对和第 3 对均着生于第 9 节的第 2 载瓣上，分别称为内产卵瓣(或第 2 产卵瓣)和背产卵瓣(或第 3 产卵瓣)。生殖孔开口在第 8 或第 9 节的腹面(图 2-21)。

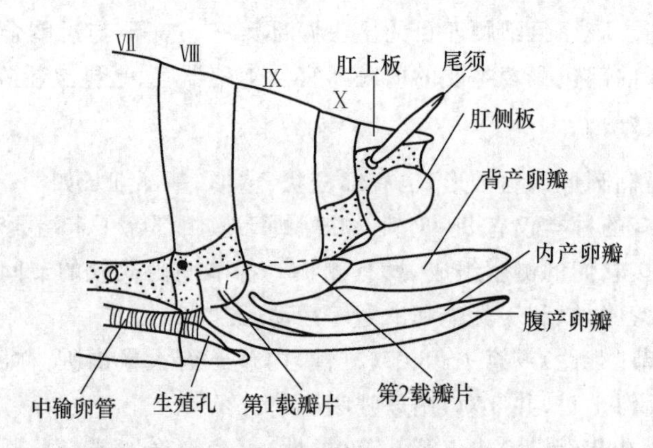

图 2-21 雌成虫产卵器的构造(仿 Snodgrass)

由于昆虫的种类不同,适应的产卵环境不同,产卵器的形状和构造都有许多变异。如蝗虫的产卵器短小呈瓣状,蟋蟀和螽斯的产卵器分别呈矛状和剑状,叶蝉的产卵器呈刀状,叶蜂和蓟马的产卵器呈锯状,蜜蜂的产卵器特化为螯针。还有的昆虫,如蝇类、甲虫、蝶蛾等,没有由附肢特化成的产卵器,仅腹末数节逐渐变细,互相套叠成可伸缩的具有产卵功能的构造,称为伪产卵器。

(2)雄性外生殖器　雄性外生殖器通常称为交尾器或交配器,位于第 9 腹节腹面,构造比较复杂,具有种的特异性,以保证自然界昆虫间不能进行种间杂交,在昆虫分类上常用作种和近缘种类群鉴定的重要特征。交配器主要包括一个将精液射入雌体内的阳茎和 1 对抱握雌体的抱握器(图 2-22)。

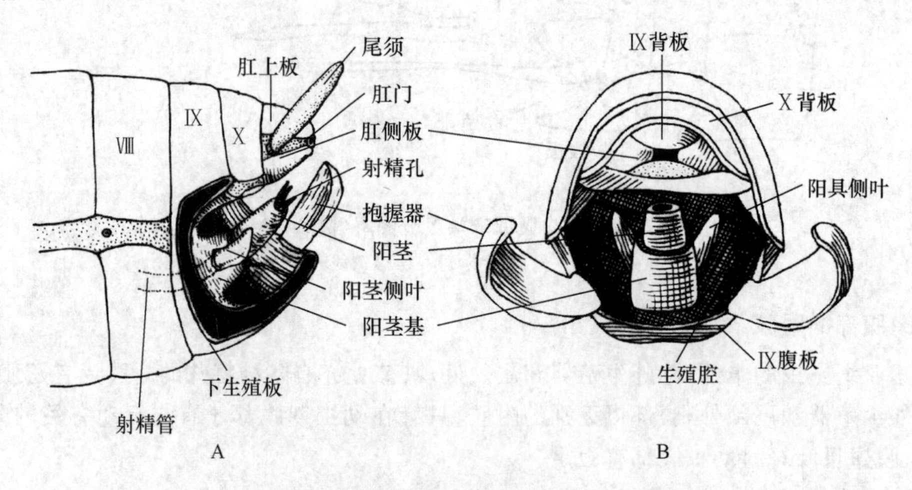

图 2-22 雄性外生殖器的基本构造(仿 Weber & Snodgrass)

A. 侧面观,部分体壁已去除,示其内部构造　B. 后面观

阳具由阳茎及其辅助构造所组成,着生在第 9 腹节腹板后方的节间膜上,此膜往往内陷形成生殖腔,阳具可伸缩其中,平时阳具常隐藏于腔内。交配时借血液的压力和肌肉的活动,能把阳茎伸入雌虫生殖腔内,把精液排入雌虫体内。

抱握器一般由第 9 腹节的 1 对附肢特化而成,多不分节。抱握器的形状亦多变化,通常为叶状、钩状、钳状和长臂状,交配时用于抱握雌体。

2. 尾须

尾须是第 11 腹节的附肢，缨尾目、蜉蝣目的尾须细长如丝，蝗虫类、蜚蠊目的尾须短锥状或棒状；尾须上多具感觉毛，主要功能为感觉，但铗状的尾须可用于防御，蠼螋的铗状尾须还可以帮助捕获猎物、折叠后翅等。许多高等昆虫由于腹节的减少而没有尾须。

3. 腹足

有翅亚纲昆虫中一些幼虫腹部具有与行动相关的腹足，由亚基节、基节和趾节 3 部分组成，常见于鳞翅目蝶、蛾幼虫和膜翅目叶蜂幼虫。鳞翅目昆虫幼虫腹足通常 2～5 对，着生于第 3～6 腹节和第 10 腹节上，腹足趾节端部有成排的小钩，称趾钩（图 2-23）。膜翅目叶蜂类幼虫腹足一般 6～9 对，腹足趾节端部无趾钩。

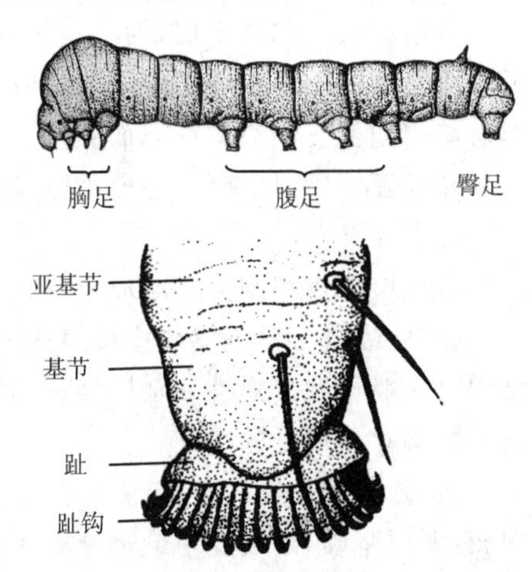

图 2-23 幼虫腹足构造（仿 Snodgrass）

五、昆虫的体壁

昆虫体躯多呈圆筒形，体壁是昆虫体躯最外层的组织，结构复杂而精巧。来源于外胚层细胞及其分泌物，但从某些结构特性上看，却相当于脊椎动物的骨骼，所以又称为外骨骼。其作用在于：保持昆虫固定的体形，体壁内陷可供肌肉着生，保护内脏器官免受机械损伤，防止体内水分蒸发和外来有害物质的侵入。此外，体壁上具有各种感觉器，可以使昆虫与外界环境取得联系。了解昆虫体壁的形态和理化特性，对害虫防治和了解杀虫剂的毒理是很重要的。

（一）体壁的基本构造

体壁来源于外胚层，由内向外可分为底膜、皮细胞层和表皮层 3 部分（图 2-24），表皮层和底膜均由皮细胞分泌而成。

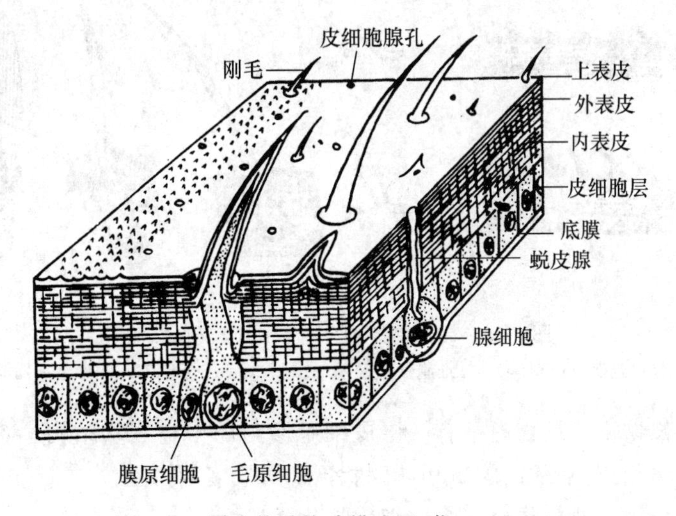

图 2-24 昆虫体壁构造模式图（仿 Richards）

1. 底膜

底膜位于体壁的最内层，是紧贴在皮细胞层下的一层薄膜，一般认为它是皮细胞所分泌的非细胞性物质。

2. 皮细胞层

皮细胞层又称真皮层，为一单细胞层，细胞排列整齐，是体壁中唯一的活细胞组织。细胞近表皮一侧的质膜形成微绒毛，与溶离、吸收旧表皮和分泌、沉积新表皮活动有关。皮细胞的形态结构随变态和蜕皮周期而变化。在蜕皮过程中，皮细胞多呈柱状。皮细胞在发育过程中可特化成腺体、绛色细胞、毛原细胞及感受细胞等。

3. 表皮层

表皮层由皮细胞分泌形成，由内向外可分成内表皮、外表皮和上表皮 3 层。

(1)内表皮　是表皮层中最厚的一层，由许多重叠的薄片组成，主要成分是几丁质和节肢蛋白。一般柔软富弹性和延展性。当昆虫饥饿和蜕皮时，内表皮可被消化、吸收，因而内表皮具有贮备营养成分的功能。

(2)外表皮　在内表皮的外方，主要成分亦为几丁质和蛋白质，经过鞣化反应而形成骨蛋白，色深而坚硬，是表皮中最坚硬的一层。昆虫节间膜等柔软部分外表皮一般不发达。昆虫在蜕皮时，外表皮全部脱去。

(3)上表皮　是表皮的最外层，覆盖于昆虫的体表、气管壁及化学感受器表面。该层不含几丁质，厚度一般不超过 1 μm，上表皮的层次依昆虫种类而不同，从内向外一般分为角质精层、蜡层和护蜡层。蜡层的蜡质分子作紧密的定向排列，并与角质精层形成化学结合，因此具有很强的疏水性，是防止体内水分过度蒸发和外界有害物质侵入体内的主要屏障。

(二)体壁的衍生物

体壁衍生物是指体壁向外突出形成的各种外长物或内陷形成的内骨骼和各种腺体。外长物依其有无皮细胞参与或参与的数目可分为 3 类(图 2-25)。

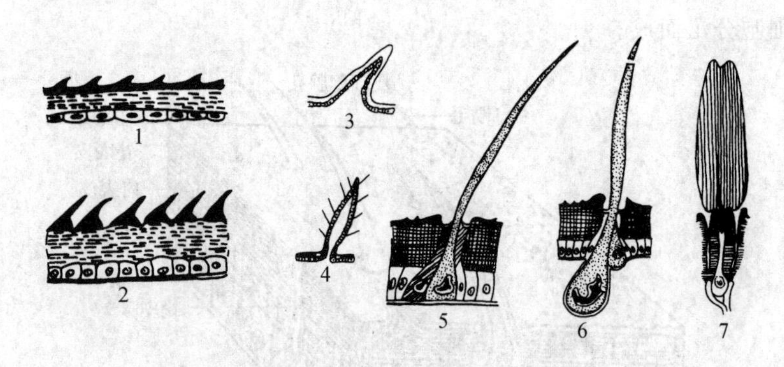

图 2-25　昆虫体壁的外长物(仿 Snodgrass)

1、2. 非细胞性外长物　3～7. 细胞性外长物(3. 刺　4. 距　5. 刚毛　6. 毒毛　7. 鳞片)

(1)多细胞外长物　外长物内壁有一层皮细胞参与的中空刺状结构。若基部直接着生于体壁而不能动者，称刺；若基部以膜质和体壁相连而可动者，称距。

(2)单细胞外长物　外长物由一个皮细胞特化而成。

(3)非细胞外长物　外长物是由表皮细胞向外突出形成的，无皮细胞参与。

此外，体壁的内陷物还有各种内脊、内突和内骨，亦属体壁的衍生物。

(三)体壁的色彩

昆虫的体壁通常具有不同的色彩,因其形成方式不同可分为以下3类。

(1)色素色　又称化学色,是昆虫着色的基本形式,这类体色是由于虫体一定部位有某些色素化合物的存在造成的,这些化合物可吸收一部分波长的光波,而反射另一部分光波形成各种颜色。色素色常因昆虫死亡或经有机溶剂处理而消失。

(2)结构色　又称物理色,是由于昆虫体壁上有极薄的蜡层、刻点、沟缝或鳞片等细微结构,使光波发生折射、反射或干涉而产生的各种颜色。这类色彩一般不会因昆虫死亡或经有机溶剂处理而变色或褪色。

(3)结合色　又称合成色,这是一种昆虫普遍具有的色彩,它是由色素色和物理色混合而成的。如蝶类的翅,既有色素色,也有能够产生色彩的脊纹。

(四)体壁与药剂防治的关系

由于昆虫体壁的特殊结构,特别是蜡层、护蜡层和外长物的存在,对杀虫剂的进入有阻碍作用。不同种类及不同发育期的昆虫,其体壁的厚度、软硬和被覆物多少也不一致,例如甲虫的体壁比较坚硬,鳞翅目幼虫的体壁比较柔软,粉虱、蚜虫和介壳虫体表常被蜡粉,灯蛾和毒蛾幼虫体上有很多长毛等。凡是体壁厚、蜡质多和体毛密的种类,药剂不容易通过。同种昆虫的幼龄期比老龄期体壁薄,尤其是刚蜕皮时由于外表皮尚未形成,药剂比较容易透入体内。昆虫身体的不同部位体壁的厚度也不一样,一般节间膜、侧膜、跗节、微孔道、气门、感觉器官等处体壁较薄,药剂容易进入体内;同一种药物,乳剂的效果比可湿性粉剂的效果高。这些因素都是用药剂时必须考虑的。

六、昆虫的内部系统

昆虫的内部系统按其功能主要包括消化系统、排泄系统、循环系统、呼吸系统、生殖系统、神经系统和激素调控系统,各器官在体内的相对位置如图2-26所示。

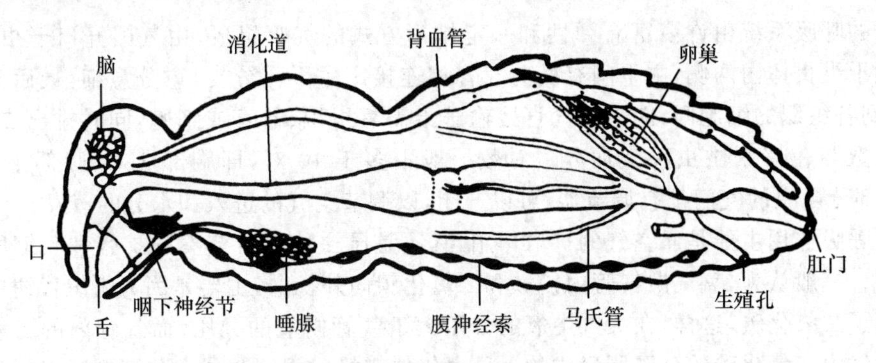

图2-26　昆虫体躯纵切面模式图(仿牟吉元等)

(一)消化系统

昆虫的消化系统由消化道以及与消化有关的唾腺组成。主要功能是消化食物并吸收营养物质,各种昆虫由于取食方式和取食种类不同,其消化道常发生不同程度的变异。一般取食固体食物的咀嚼式口器昆虫,消化道比较粗短;以液体为食的刺吸式口器昆虫,消化道比较细长,某些种类昆虫的消化道还形成特殊的滤室结构。滤室的功用在于能将过多的糖分和水分不经过迂回的途径排出体外，此即蜜露。

昆虫消化食物主要依赖消化液中各种消化酶的作用。如淀粉等复杂的糖类经淀粉酶和麦芽糖酶的作用分解为单糖；脂肪在酶的作用下分解为甘油和脂肪酸；蛋白质在蛋白质酶的作用下，分解为氨基酸，才能被肠壁细胞所吸收。各种消化酶都必须在一个稳定的酸碱度条件下才能起作用。一般昆虫消化液的 pH 在 6～8 之间。许多蛾蝶类幼虫肠液偏碱性，pH 在 8～10 之间，对这类害虫施用敌百虫毒杀效果较好，由于敌百虫在碱性条件下可形成毒性更高的敌敌畏。对具有碱性胃液的害虫施用苏云金杆菌的效果也较好，由于碱性胃液有利于伴胞晶体的溶解，其中有毒的蛋白质可渗入肠壁细胞，引起害虫中毒死亡。

(二)排泄系统

排泄系统的主要功能是将体内新陈代谢的废物排出体外，调节血液中阳离子和水分的平衡，使昆虫保持正常的生理环境。昆虫的排泄器官主要是马氏管。马氏管一般着生于消化道的中肠与后肠交接处。一端开口于后肠，另一端为封闭的盲管游离于体腔内。马氏管能从体腔的血液中吸收各组织新陈代谢出的尿酸及尿酸盐类等废物。马氏管的形状和数目随昆虫种类而不同。少者仅 2 条，如介壳虫；多者 300 余条，如直翅目；半翅目和双翅目昆虫多为 4 条；鳞翅目多为 6 条。

(三)循环系统

昆虫的循环器官主要是推动血液流动的背血管。昆虫属开放式循环系统，血液在体内运行的过程中只有一段途径在血管内进行，其余均在体腔内各器官组织间流动，体内各器官均浸浴于血液中，使组织和血液直接进行代谢物质的交换。背血管位于背壁下方，一般从腹部伸达头部，可以分为前部的大动脉和后部的心脏两个部分。心脏由一连串心室组成，心室又有心门与体腔相通，血液通过心门进入心脏，由于心脏的收缩，使血液向前流动，由大动脉前端的开口喷出，流入头部及体腔内。由于昆虫的血液中没有血红素，所以不能携带氧气。

(四)呼吸系统

昆虫的呼吸系统由许多富有弹性和一定排列方式的气管组成，由气门开口于虫体两侧。气管的主干纵贯体内两侧，主干间有横向气管相连接。主干再分支，愈分愈细，最后分成微气管，分布到各组织的细胞间，能将氧气直接输送给需氧组织、器官或细胞，同时排出二氧化碳。气门的对数与位置因昆虫种类而异。对数一般不多于 10 对，即胸部 2 对、腹部 1～8 节各 1 对。大部分昆虫的气门都有调节器，可以开闭，以调节空气的进入和水分的蒸发。

昆虫呼吸作用主要是靠空气的扩散作用，其次是昆虫体壁有节奏的扩张和收缩所形成的通风作用。一般认为，氧气向气管内扩散和二氧化碳向外扩散，主要是因为组织代谢中消耗了氧并产生了二氧化碳，这样，在大气中氧的分压大于气管内氧的分压，而气管内的二氧化碳分压大于大气内二氧化碳的分压所形成的。昆虫气体交换的强弱与体内代谢产物二氧化碳等积累量多少和温度的高低有关。如果体内积累量增多，可刺激呼吸作用增强。因此，在应用熏蒸剂时，常在毒气中加入少量的二氧化碳，促使昆虫呼吸增强，增大毒气的进入量，从而提高毒杀效果。气门一般有疏水特性，油乳剂易于进入。

(五)生殖系统

昆虫的雌性生殖器官由 1 对卵巢和与其相连的输卵管、受精囊、生殖腔和附腺组成(图

2-27)。卵巢1对位于消化道两侧背方,由若干卵巢管构成,卵巢管是产生卵子的地方。因昆虫种类不同,每一卵巢所含卵巢管的数目有差别。一般有4条、6条或8条,有的多达上百条。昆虫产卵量的多少,除了受食物和气候条件的影响外,还与卵巢管的多少有关。雄性生殖器官由1对睾丸和与其相连的输精管、贮精囊、射精管和生殖附腺所组成(图2-28)。昆虫性成熟后,雌雄两性经过交配,雄虫将精子射入雌虫的生殖腔内,并贮存于受精囊内。雌虫接受精子后,不久便开始排卵,成熟的卵到受精囊的开口时,精子从受精囊中释放出来与卵结合,这个过程称为受精。

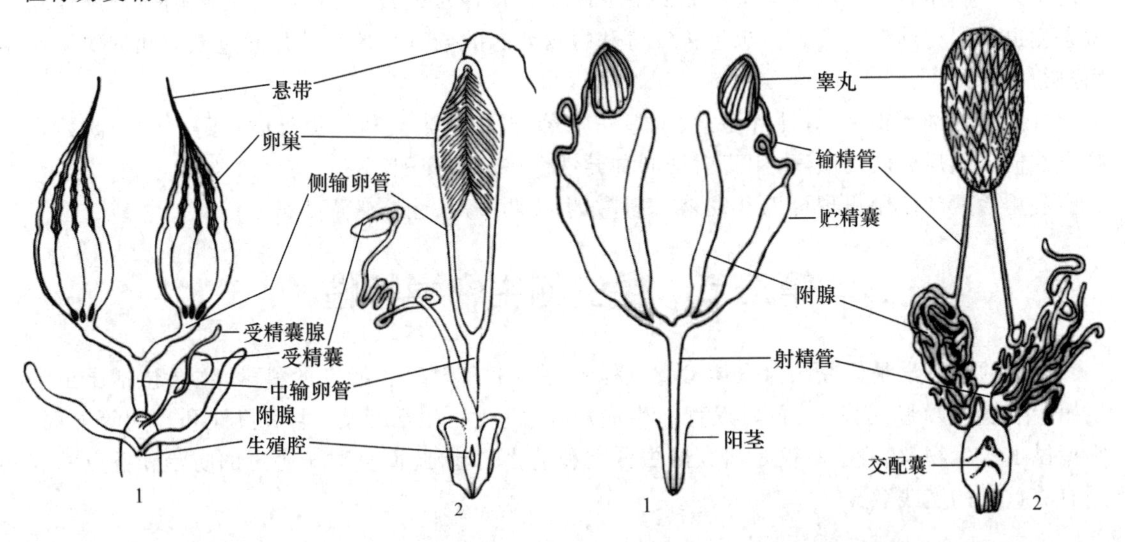

图 2-27 雌性生殖器官的构造(仿 Snodgrass)
1.模式构造 2.蝗虫

图 2-28 雄性生殖器官的构造(仿黄可训等)
1.模式构造 2.蝗虫

害虫不育防治法是近年发展起来的新技术,目前应用的有辐射不育法、化学不育法和遗传不育法。这些方法的共同点是抑制或破坏害虫的生殖系统(主要是生殖细胞),使害虫不能产生精子或卵,或者产生不正常的精子或卵,或者产生不育的后代或使后代畸形无生命力。

(六)神经系统

昆虫通过身体表面的感觉器官,接受外界的各种刺激,经过神经系统的协调,支配各器官做出适当的反应,使各器官形成一个统一的整体,进行各种生命活动。昆虫的神经系统由中枢神经系统、交感神经系统和周缘神经系统组成。中枢神经系统包括脑、咽下神经节和一条位于消化道腹面的腹神经索。交感神经系统包括口道神经系、腹交感神经系和尾交感神经系,它们控制内脏活动和腺体分泌等,协调体内环境的平衡。周缘神经系统分布于体壁下或其他内部器官的表面,其功能是将外界刺激传入中枢神经系统,并将中枢神经系统的"命令"传达到有关器官,以对环境刺激产生相应的反应。

了解昆虫的神经系统有助于对害虫进行防治,如目前使用的有机磷和氨基甲酸酯类杀虫剂属于神经毒剂,它们的杀虫机理就是抑制乙酰胆碱酯酶的活性,当害虫受刺激后,在神经末梢突触处产生的乙酰胆碱不能分解,使害虫一直处于过度兴奋和紊乱状态,最终导致麻痹衰竭而死亡。此外,还可利用昆虫神经系统引起的习性反应,如趋光性、趋化性、假死性等,进行害虫防治。

(七)昆虫的激素

昆虫的激素包括内激素和外激素，分别由内分泌器官和外激素腺体分泌产生。内激素是内分泌器官分泌激素于体内，对昆虫的生长、发育、生殖和生理代谢等起调节和控制作用。外激素是腺体分泌挥发于体外的激素，起种内个体间传递信息的作用，又称信息激素（或信息素）。

内激素主要包括脑神经分泌细胞分泌的脑激素、前胸腺分泌的蜕皮激素和咽侧体分泌的保幼激素。脑激素可以激活前胸腺分泌蜕皮激素促使昆虫蜕皮，又可以激活咽侧体分泌保幼激素使虫体保持幼期形态。昆虫生长发育和蜕皮变态的调节与控制就是通过激素间的协调作用进行的。

外激素的种类很多，有性外激素、示踪外激素、告警外激素和群集外激素等。性外激素是昆虫在性成熟后分泌的激素，用于引诱同种异性个体前来交配。

利用激素的作用机理可以开发杀虫剂，如生长调节剂、性外激素等。

第二节　昆虫的生物学特性

昆虫的生物学是研究昆虫个体发育过程中各种生命现象和特点的科学，主要包括昆虫的生殖、生长发育（胚胎发育、胚后发育）、生命周期（世代）、生活年史、生活习性和行为等方面。掌握昆虫的生物学特性，不仅是研究昆虫分类和进化的基础，而且对于害虫的防治和益虫的利用有着重要的实践意义。

一、昆虫的生殖方式

昆虫的繁殖方式多种多样，主要有以下几种类型。

(一)两性生殖

两性生殖是昆虫最普遍的一种繁殖方式。大多数昆虫为雌雄异体，两性生殖是通过雌雄交配后，精子与卵结合产生受精卵并发育成新个体。

(二)孤雌生殖

孤雌生殖是卵不经过受精就发育成新个体的生殖方式，又称单性生殖。通常有3种形式。

(1)偶发性孤雌生殖　在大多数情况下进行两性生殖，偶尔出现孤雌生殖。如蛾类中我们较熟悉的家蚕，就能进行偶发性孤雌生殖。

(2)经常性孤雌生殖　孤雌生殖是一种正常生殖方式。如膜翅目的蜜蜂，雌蜂产两种卵：受精卵和未受精卵，受精卵发育成雌蜂，未受精的卵发育成雄峰。

(3)周期性孤雌生殖　指两性生殖与孤雌生殖随季节变迁而交替进行。此类生殖方式主要存在于蚜虫和瘿蜂中。许多蚜虫从春季到秋季连续十余代都以孤雌生殖繁殖后代，在这段时间几乎完全没有雄蚜；只在冬季将要来临的时候才产生雄蚜，进行雌雄交配，产受精卵越冬。

(三)多胚生殖

多胚生殖是一个卵发育为两个或两个以上胚胎的生殖方式。这种生殖方式多见于寄生性的膜翅目昆虫（如小蜂科、细蜂科、茧蜂科、姬蜂科等类群）。这种生殖方式多与寄生及胎生有关,有的还与孤雌生殖有关。寄生蜂产的卵既可有受精卵,又可有非受精卵,前者发育成雌蜂,后者发育成雄蜂。

多胚生殖是对寻找寄主困难的适应,它可以充分利用营养物质繁殖大量后代,增多生存机会。

(四)胎生

蚜虫、麻蝇、寄生蝇和鞘翅目的一些种类,卵在母体内孵化,母体直接产出幼体的生殖方式称胎生。但昆虫的胎生和哺乳动物的不同,它们不在母体子宫内发育,靠母体供给营养,而是在母体生殖道内靠卵自身的卵黄营养,故称“卵胎生”。卵胎生是对卵的一种保护性适应。

(五)幼体生殖

幼体生殖是指昆虫还在幼体阶段就能生殖,产生后代。幼体生殖的昆虫都属于全变态类,但它在幼体生殖阶段无卵期和成虫期,有的甚至无蛹期,所以完成一个世代所需的时间很短。幼体生殖同时也是孤雌生殖,所以有利于扩大分布和在不良环境下保持种群生存。

二、昆虫的生长发育

昆虫的个体发育,指从受精卵开始至成虫性成熟能交配产生下一代,最后死亡的整个发育过程。它可以分为两个阶段,第一阶段称为胚胎发育,它是在卵内完成的,所以又称卵内发育,至孵化为止。第二阶段称胚后发育,这是从卵孵化开始至成虫性成熟为止,它包括幼虫期、蛹期和成虫期。

(一)变态及其类型

在胚后发育中,从幼期转变为成虫过程中外部形态及内部生理结构发生变化的现象,称为变态。昆虫的变态可分为增节变态、表变态(或称无变态)、原变态、不全变态和全变态等 5 种类型。增节变态、表变态分别是最原始和比较原始的变态类型,为无翅亚纲昆虫所具有。原变态是有翅亚纲昆虫中最原始的变态类型,仅为蜉蝣目昆虫所具有。不全变态和全变态是昆虫最主要的变态类型。

1. 不全变态

不全变态是有翅亚纲外生翅类昆虫除蜉蝣之外,其他昆虫所具有的变态类型,这种变态类型的特点是发育过程中只经历卵、幼体、成虫 3 个发育阶段(图 2-29),成虫和幼体形态相似,翅在体外发育。不全变态又可再分为 3 种类型。

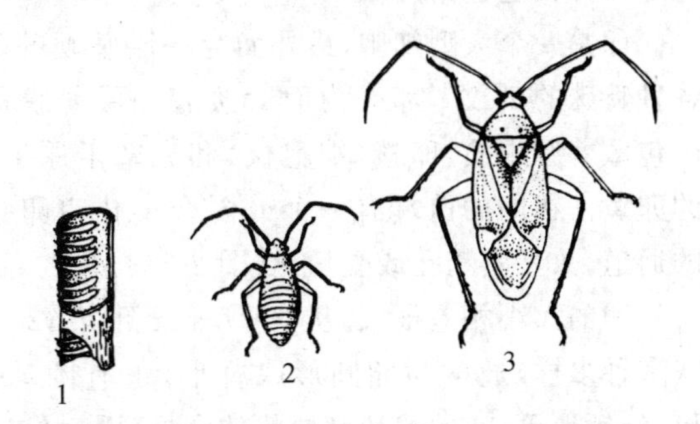

图 2-29 不全变态类昆虫(半翅目)(仿吕锡祥等)

1. 卵及其产卵场所剖面 2. 若虫 3. 成虫

(1)渐变态 幼体除翅的发育程度、生殖系统以及外生殖器发育不成熟外,与成虫在各个方面是相似的,包括栖境、生活习性等。它们的幼体叫若虫。

(2)半变态 在蜻蜓和石蝇中,它们的幼体水生,其取食器官、行动器官、体态形状、生活环境以至生活方式与成虫均不同,其幼体叫稚虫。

(3)过渐变态　在蚧雄虫、粉虱雄虫和蓟马中，在成虫期前具有一个不食不动，类似蛹的阶段，很像完全变态中的蛹，但翅是在体外发育的，与完全变态不同。

2. 全变态

全变态指成虫的翅在幼虫阶段是以翅芽的形式在体壁下发育，到蛹期才翻到体外，所以全变态昆虫均属于内生翅类。它们具有卵、幼虫、蛹和成虫 4 个不同的生命阶段(图 2-30)。

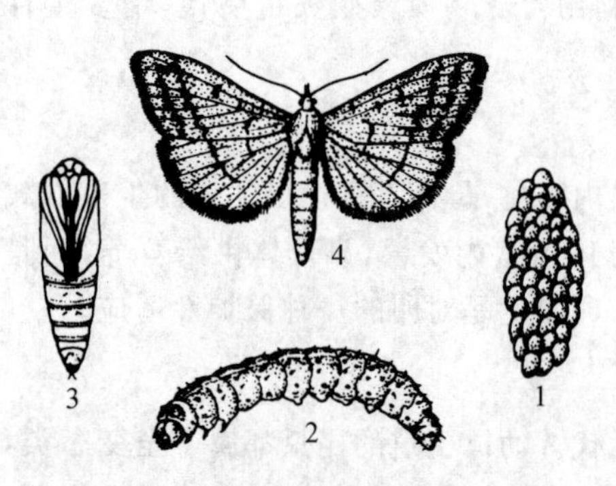

图 2-30　全变态类昆虫(玉米螟)
(仿华南农业大学)
1.卵　2.幼虫　3.蛹　4.成虫

幼虫与成虫在各个方面均具有很大的差别。内部器官与成虫有很大的差别，成虫的外部器官几乎都是以器官芽的形式存在于幼虫体内。而且幼虫所具有的很多暂时性器官如腹足等，成虫也不具备，其生活环境、取食方式也有很大的差别，如金龟甲的幼虫生活在土中，取食植物的根，而成虫生活在地上，取食植物的叶片、果实和花器。在幼虫和成虫之间有一蛹期，这是一个各种器官剧烈转化期。

在完全变态昆虫中，有一类昆虫它们的各龄幼虫在身体形状、取食方式和取食对象上存在很大的差别，这种变态叫复变态。例如芫菁，其 1 龄幼虫具有发达的胸足，能搜寻寄主，叫三爪虫。大多数芫菁幼虫取食蝗虫卵。当找到蝗虫卵后，三爪虫取食后蜕皮进入 2 龄，变成行动迟缓、胸足退化的蛴螬型幼虫；当老熟后，蛴螬型的幼虫下移到较深的土中，变成不食不动的伪蛹，来年再化蛹及羽化为成虫。

(二)昆虫的个体发育

1. 卵期

卵期是个体发育的第一阶段，指卵从母体产下至孵化出幼体所经历的时期。卵期的长短，根据昆虫的种类和不同气候条件而异，有的仅数小时便可孵化，有的数天，有的数十天，越冬卵可长达几个月。

卵是一个大型细胞，最外面为一层坚硬的卵壳，表面常有各种特殊的刻纹。卵壳内面紧接着一层薄膜称卵黄膜，此膜内包藏着原生质、卵核(细胞核)和充塞于原生质网络间隙中的卵黄。在卵的前端有一个或多个小孔叫卵孔，是精子进入的通道，故又叫精孔或受精孔(图 2-31)。

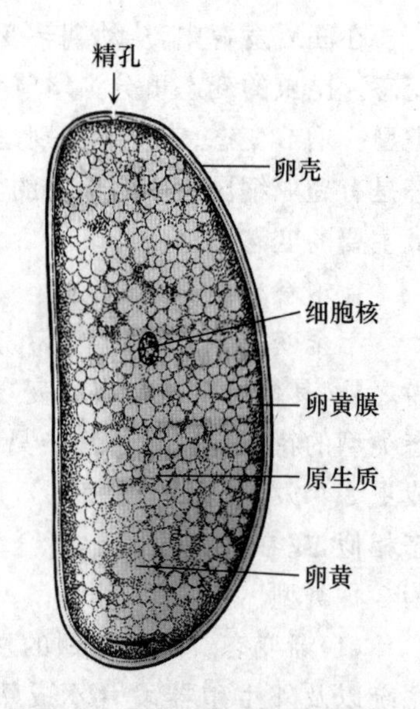

图 2-31　昆虫卵的构造(仿周尧)

卵的大小相差很大，从 6～7 mm 到 0.02～0.03 mm。形状多种多样，通常为卵圆形或肾形，也有圆球形、半球形、桶形、纺锤形等，有的卵还具丝状的卵柄(图 2-32)。

昆虫的产卵方式和场所依种类不同而异，有的单粒散产，有的聚集成块状；有的产在暴露的地方，有的产于植物组织内，有的产于其他昆虫及动物的体内；有的昆虫产完卵后用雌成虫腹末茸毛覆盖，有的卵块外面有囊状或袋状的膜及蜡粉予以保护。了解昆虫的产卵方式和场所，对识别害虫种类、开展虫情调查和防治害虫都是十分重要的。

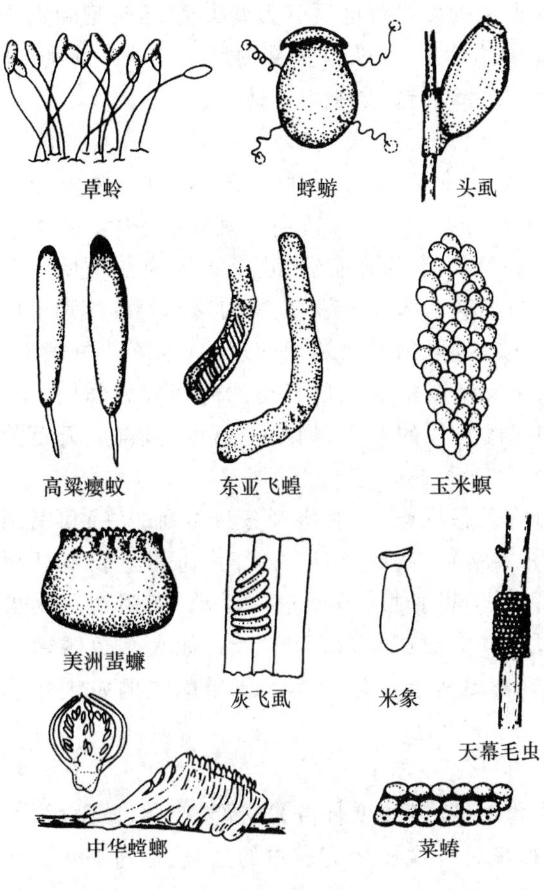

图 2-32 昆虫卵的类型示例(仿黄可训等)

2. 幼虫期

胚胎发育结束后,幼虫或若虫破卵壳而出的过程叫孵化。从孵化开始到蛹(全变态昆虫)或成虫(不全变态昆虫)之前的整个发育阶段称为幼虫期(不全变态昆虫也称为若虫期)。幼虫期是昆虫大量取食生长时期,大多数害虫以幼虫期危害植物,而多数天敌昆虫则以幼虫期捕食或寄生于害虫。幼虫期一般 15～20 d,长的达几个月甚至 2 年,北美一种蝉的若虫在土中生活长达 13～17 年之久。

初孵幼虫个体很小,取食后虫体不断增大,当长到一定程度后,受到体壁的限制,在蜕皮激素的作用下,脱去旧表皮,形成新表皮。每次蜕皮后,虫体显著增大,形态也发生相应的变化。昆虫每蜕一次皮就增加一龄,两次蜕皮之间的时期称为龄期,而其虫态称为龄或龄虫。孵化后的幼虫为第 1 龄,经第一次蜕皮后为第 2 龄,如此类推,以后每脱一次皮增加一龄。昆虫因种类不同其龄数和龄期长短也不同,同种昆虫幼虫期各龄形态也常有差别。一般虫龄大,食量也增大,对农药的抗性增强。了解和掌握幼虫龄和龄期对害虫的预测预报及防治有一定的意义。

全变态昆虫种类多,幼虫形态差异显著,根据其胚胎发育的程度和胚后发育的适应与变化,可将其分为原足型、多足型、寡足型和无足型 4 种类型(图 2-33)。

(1)原足型幼虫　在胚胎发育的早期孵化,腹部分节不明显,胸足仅为简单的突起,口器及呼吸系统均发育不完全,不能独立生活。常见于膜翅目一些内寄生蜂如小蜂、姬蜂等。

(2)多足型幼虫　除 3 对胸足外,腹部还有多对腹足,头发达。如鳞翅目幼虫大多有 5 对腹足,腹足端部有趾钩;膜翅目叶蜂幼虫有 6～8 对腹足。

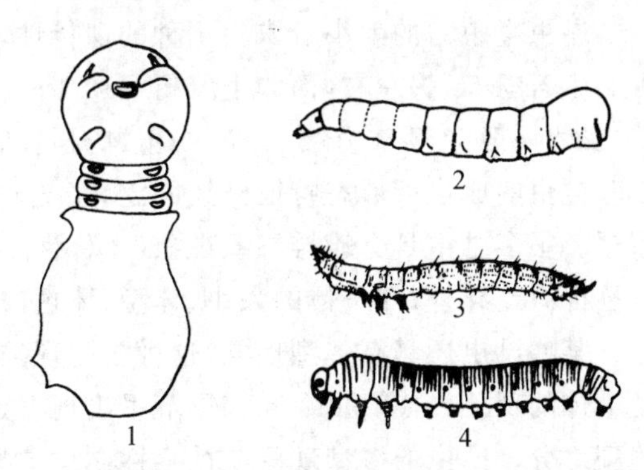

图 2-33 全变态昆虫的幼虫类型(仿陈世骧等)

1. 原足型　2. 无足型　3. 寡足型　4. 多足型

(3)寡足型幼虫　仅有 3 对胸足而无腹足,头部发达,又可分为步甲型、蛴螬型和蠕虫型 3 类。步甲型幼虫胸足发达,行动迅捷,为捕食性种类,如脉翅目、毛翅目、鞘翅目中的步甲、瓢虫、芫菁的 1 龄幼虫等;蛴螬型身体粗壮,行动迟缓,弯曲成 C 形,如金龟甲幼虫;蠕虫型胸足短小,身体僵直,如叩头甲、拟地甲幼虫。

(4)无足型幼虫　胸足和腹足均退化。常根据头的发育程度再分为显头型、半头型和无头型3种类型。显头型头部完整，如象甲、天牛、蚊子的幼虫；半头型头部的后半部缩入前胸，如虻的幼虫；无头型头部完全退化，全部缩入胸内，仅外露口钩，如蝇类的幼虫。

3.蛹期

蛹期是全变态类幼虫向成虫转化的过渡阶段。末龄幼虫(常称为老熟幼虫)蜕皮变为蛹的过程称为化蛹。老熟幼虫在化蛹前，首先要停止取食，寻找适当化蛹场所，很多昆虫在这时吐丝作茧或营土室等。此后，幼虫就不再活动，身体显著缩短，这个阶段为前蛹期。这个时期幼虫的表皮已部分脱落，成虫的翅和附肢等翻出体外，体型也已改变，但仍被前蛹期的表皮(末龄幼虫表皮)所掩盖。从化蛹到成虫羽化所经历的时间称为蛹期。因种类不同和气候条件的差异，蛹期也不相同，自数天至数月不等。

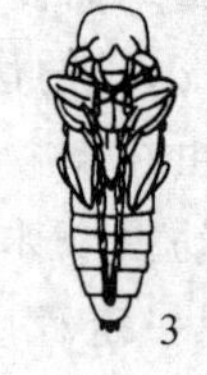

图 2-34　昆虫蛹的类型

1.被蛹　2.围蛹　3.离蛹

根据蛹的形态特点，一般将蛹分为离蛹、被蛹和围蛹3种类型(图 2-34)。离蛹又叫裸蛹，其翅和附肢不贴附在体上，可以活动，同时腹节间也可活动，如鞘翅目昆虫的蛹；被蛹的翅和附肢紧贴在体上，不能活动，腹节多数或全部不能扭动，如大多数鳞翅目昆虫的蛹；围蛹为蝇类所特有，其蛹体为离蛹，在离蛹外有一个由第3、4龄幼虫的蜕硬化形成的蛹壳。

4.成虫期

成虫期是昆虫生命的最后阶段，是昆虫的生殖时期，其主要任务是交配、产卵、繁殖后代。完全变态类的蛹蜕皮或不完全变态类的若虫脱掉最后一次皮变为成虫的过程，称为羽化。成虫从羽化起直到死亡所经历的时间称为成虫期。

不少昆虫羽化时，生殖腺已发育成熟，无须取食即可交配产卵，如草原毛虫等。不全变态昆虫和全部吸血昆虫(雌虫)在羽化后需要继续取食一个时期才能进行生殖。这种对性腺成熟不可缺少的成虫期营养称补充营养。

昆虫生殖力的大小既取决于种的遗传性，也受生态因素的影响。如棉蚜的胎生雌蚜，一生可胎生若蚜60头左右，而卵生雌蚜只产4～8粒卵；东亚飞蝗平均产6个卵块，每块平均约70粒；黏虫一般产卵500～600粒，当蜜源充足和生态条件适宜时，产卵量可高达1 800多粒。

昆虫的成虫期形态特征已经固定，完全显示了种的特征，所以成虫形态是昆虫分类的主要依据。很多昆虫具有雌雄二型现象(也称性二型现象)，是指同种昆虫雌、雄个体除生殖器官第一性征有差异外，在个体的大小、体型、体色、构造等方面又存在差异的现象。

某些昆虫还具有多型现象，这种多型现象是指同种昆虫在同一性别中有两种以上不同类型个体的现象。如蚜虫在同一季节里出现有翅胎生雌蚜和无翅胎生雌蚜，飞虱有短翅型和长翅型之分。昆虫的多型现象在社会性昆虫中特别明显，如同巢白蚁中有蚁后、蚁王、兵蚁、工蚁及有翅的生殖蚁。蜜蜂有蜂王、雄蜂和工蜂等。

三、昆虫的世代及年生活史

一个新个体无论是卵或幼虫，自离开母体开始，到性成熟产生后代为止的个体发育史叫一个世代。一种昆虫在一年中的发育史，叫年生活史，指从当年越冬虫态开始活动起，到第二年越冬结束止的发育经过。

昆虫完成1年发生的代数与种的遗传性有关。1年发生1代的昆虫叫一化性昆虫；1年发生2代及其以上的昆虫叫多化性昆虫；也有的昆虫两年或多年才完成1个世代。

多化性昆虫1年发生的世代数除与种的遗传性有关外，还与环境条件，特别是温度有关。例如黏虫，在华南发生6代，胶东为3代，鲁南为4代，东北大部地区为2代；棉铃虫在华北为3代，东北为2代；玉米螟，山东为3代，东北为2代。世代的计算，习惯上以卵期为起点来划分代数。但是有的昆虫往往是幼虫、蛹、成虫越冬，一年开始，并不与卵期相吻合，在这种情况下，以越冬虫态发育至性成熟的成虫所产下的卵作为第1代的开始，而越冬虫态发育至性成熟的过程属于前1年的最后1个世代，称为越冬世代。

一年发生多代的昆虫，常由于成虫产卵期长，或越冬虫态出蛰期不集中，而造成前1世代与后1世代的同一虫态同时出现的现象，称为世代重叠，如蚜虫常有数代共存的现象。也有一些昆虫发生局部世代的现象，如棉铃虫在山东、河北、河南1年发生4代，以蛹越冬，但有少部分第4代蛹当年羽化为成虫，并产卵发育为幼虫，形成不完整的第5代。

四、昆虫的主要习性

昆虫的习性包括昆虫的活动和行为，了解和掌握昆虫的重要习性，对于害虫的防治是十分重要的。

(一)休眠与滞育

在昆虫年生活史中，常出现或长或短的生长发育和生殖停滞的现象，这实际上是对外界不良环境条件的一种高度适应。但这种现象从生理上可区别为两种不同的情况，即休眠与滞育。

1.休眠

昆虫的休眠是指由不良环境条件直接引起的生长发育暂时停滞的现象。当不良环境条件消除时马上又可继续生长和发育。

2.滞育

昆虫的滞育也是由环境条件引起的，但受其遗传性的支配。在环境条件尚未恶化之前，就进入生长发育的停滞阶段，而且一旦进入滞育，即使给以最适宜的条件，也不会马上恢复生长发育。必须经一定刺激打破滞育，才能重新继续生长发育。

滞育的发生可分为两类：一类为专性滞育，在一年发生一代的昆虫，滞育出现在固定的世代及虫期，在个体发育中，不论外界环境如何，所有个体都发生滞育，如大地老虎；另一类为兼性滞育，滞育的出现无固定的世代，可随地理条件和季节性气候、食物等因素而变动，多为一年多代的昆虫。

滞育的诱导因素有多种，其中光照周期的变化是主要因素。短日照滞育型(又称长日照发育型)，在温带和寒带地区，当自然光照周期每天长于12～16 h，昆虫不发生滞育，当日照缩短至临界光照周期(引起昆虫种群中50%的个体进入滞育的光照期)时数以下，滞育的比例剧增。我国大部分冬季滞育的昆虫属此型，如棉铃虫、多种瓢虫等。长日照滞育型(又称短日照发育型)，当自然光照短于12 h以下，可以正常发育，当光照逐渐增长，超过临界光照时数时，大部分幼虫发生滞育。凡夏季进入滞育的昆虫属此型，如大地老虎、小地老虎等。另外温度、湿度、食料等生态因子对滞育也有影响,例如草地螟的临界光照周期为 14 h,在临界光周期内温度又是影响草地螟幼虫滞育的重要条件,温度越低,滞育率越高,日照少又低温,往往会出现大量滞育幼虫。

(二)活动的昼夜节律

昆虫活动的昼夜节律是指昆虫的活动随着昼夜的变化,有一定节奏性的变化规律。绝大多数昆虫的活动,如取食、交配、飞翔等均有它的昼夜节律。如蝴蝶、蜻蜓白天活动,称为日出性昆虫;绝大多数蛾类夜间活动,称为夜出性昆虫;有些昆虫如蚊子在黄昏或黎明时活动,称为弱光性昆虫。昆虫的昼夜节律是受体内具有时钟性能的生理机制所控制的,这种控制机制也被称为"生物钟"。

(三)食性

不同种类的昆虫,对食料的要求不一样。按其食物的性质和来源,昆虫的食性可以分为植食性、肉食性、杂食性和腐食性。

(四)趋性和假死性

昆虫的趋性是指昆虫对某种外部刺激,如光、温及某些化学物质所产生的定向运动。这些运动带有一定的强迫性,有的为趋向刺激来源(正趋性),有的为回避刺激来源(负趋性)。根据刺激源的种类可以分为趋光性、趋温性、趋化性等。如大多数蛾类、蝼蛄、金龟甲以及叶蝉、飞虱对灯光(特别是短波光线)有正趋性。

假死性是指昆虫受到某种刺激或震动时,身体卷缩,静止不动,或从停留处跌落下来呈假死状态,稍停片刻即恢复正常活动的现象。利用某些昆虫的假死性,可采用震落法捕杀害虫或采集昆虫标本。

(五)群集性

昆虫的群集性是指同种昆虫的大量个体高密度地聚集在一起,许多昆虫都具有这种习性。

(六)扩散与迁飞

扩散是指昆虫个体经常的或偶然的、小范围内的分散或集中活动。扩散现象常发生在某个种群遇到不适宜的环境条件,如当食料条件恶化时,便可扩散转移到相邻的条件较好的植株上或新的地块植株上。

迁飞通常是指某些昆虫具有季节性从一个发生地长距离转迁到另一个发生地的习性。目前已发现有不少重要害虫具有迁飞的特性,如东亚飞蝗、黏虫、小地老虎、甜菜夜蛾、褐飞虱、黑尾叶蝉、多种蚜虫等。

(七)拟态和保护色

拟态是指一种动物"模拟"其他生物的姿态,得以保护自己的现象。保护色是指一些昆虫的体色与其周围环境的颜色相似,以不被天敌发现的现象。

有些昆虫既有保护色,又有与背景形成鲜明对照的体色,称为警戒色,更有利于保护自己。如蓝目天蛾,其前翅颜色与树皮相似,后翅颜色鲜明并有类似脊椎动物眼睛的斑纹,当遇到其他动物袭击时,前翅突然展开,露出后翅上的眼斑,将袭击者吓跑。

有些昆虫既有保护色,又能配合自己的体型和环境背景,保护自己。如枯叶蛾的成虫体色和体型与枯叶极为相似,因而不易被袭击者所发现。

第三节 草地昆虫的主要类群

昆虫学家通常把昆虫分为30个目。其中石蛃目(Archaeognatha)和衣鱼目(Zygentoma)原生无翅,归属于传统的无翅亚纲(Apterygota)。有翅类[过去也称为有翅亚纲(Pterygota)]昆虫分为3个类群(蜉蝣目、蜻蜓目和新翅次类)共28个目。在新翅次类(Neoptera)中,又可进一步分为多新翅部(Polyneoptera)、副新翅部(Paraneoptera)和内翅部(Endopterygota)共计26个目。多新翅部主要包括蜚蠊目、螳螂目、等翅目、缺翅目、襀翅目、螳䗛目、䗛目、蛩蠊目、直翅目、纺足目、革翅目共11个目。副新翅部主要包括啮虫目、虱目、缨翅目和半翅目共4个目。内翅部包括鞘翅目、捻翅目、脉翅目、广翅目、蛇蛉目、长翅目、毛翅目、鳞翅目、双翅目、蚤目、膜翅目共11个目。多新翅部和副新翅部昆虫的发育属于不全变态,传统上称为外翅部;内翅部昆虫属于全变态。在这30个目中,直翅目、半翅目、缨翅目、脉翅目、鳞翅目、鞘翅目、膜翅目和双翅目8个目包括了草地的大部分害虫和益虫。

一、直翅目(Orthoptera)

直翅目包括蝗虫、蚱蜢、蝼蛄、蟋蟀、螽斯等昆虫。全世界已知近2万种,中国已知1 000余种。

(一)形态特征及生物学特性

体中至大型。口器咀嚼式。复眼发达,有翅类群单眼2~3个,无翅类群无单眼。触角多为丝状。前胸背板常向侧下方延伸,呈马鞍形。前翅狭长,覆翅;后翅宽大,膜质,静止时似扇状折叠在前翅下。后足发达为跳跃足,或前足为开掘足。腹末具尾须1对,雌虫产卵器多外露。

渐变态,若虫与成虫外形和生活习性均相似。卵圆柱形,或略弯曲,单产或成块。蝗虫产卵于土中,螽斯产卵于植物组织中。陆生,蝗虫生活在地面,螽斯生活在植物上,蝼蛄生活在土壤中。多数植食性,取食植物叶片等,许多种类是农牧业的重要害虫;少数种类肉食性。很多种类雄虫能发声,如蝈蝈;有的雄虫具好斗习性,如斗蟋。

(二)重要科及其形态特征

1. 蝗科(Locustidae)

俗称蚂蚱。触角显著比体短,丝状、棒状或剑状。前胸背板呈马鞍形。跗节3节,爪间有中垫。后足为跳跃足。听器位于腹部第1节背板两侧。尾须短。产卵器呈短锥状(图2-35)。

本科常见种类分属于飞蝗亚科(Locustinae)、刺胸蝗亚科(Catantopinae)、蚱蜢亚科(Acridinae)、尖头蝗亚科(Pyrgomorphinae)和笨蝗亚科(Pamphaginae)5个亚科,很多种类都是农牧业上的重要害虫,如亚洲飞蝗(*Locusta migratoria migratoria* Linnaeus)、大垫尖翅蝗[*Epacromius coerulipes* (Ivanov)]、西伯利亚蝗[*Gomphocerus sibiricus* (Linnaeus)]、亚洲小车蝗(*Oedaleus asiaticus* B.-Bienko)、狭翅雏蝗(*Chorthippus dubius* Zubovsky)等。

2. 蝼蛄科(Gryllotalpidae)

俗称拉拉蛄。触角显著比体短,但30节以上。前足为典型的开掘足,跗节3节。前翅甚小；后翅宽，纵卷成尾状伸过腹末。前足胫节上的听器退化，呈裂缝状。尾须长。产卵器不外露（图 2-36）。生活史长，通常栖息于土中，咬食植物种子或根部，常造成缺苗断垄，是重要的地下害虫类群之一。我国重要种类北方为单刺蝼蛄（*Gryllotalpa unispina* Saussure），南方为东方蝼蛄（*G. orientalis* Burmeister）。

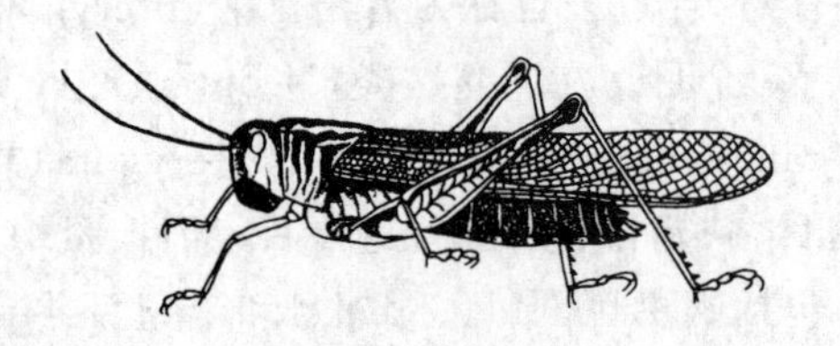

图 2-35 蝗科的代表（亚洲飞蝗）（仿陆伯林）

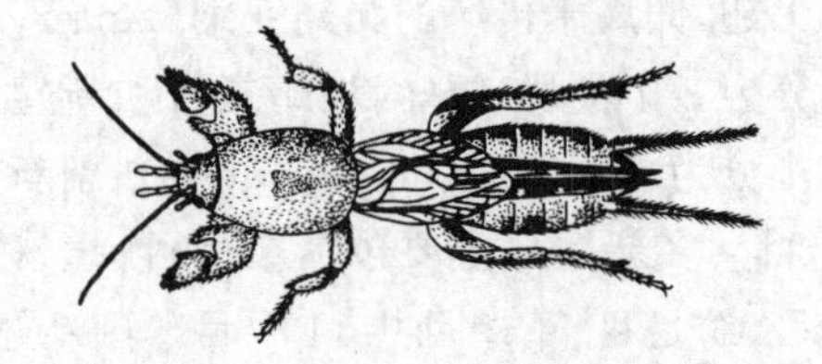

图 2-36 蝼蛄科的代表（单刺蝼蛄成虫）（仿周尧）

3. 蟋蟀科（Gryllidae）

俗称蛐蛐。触角线状，长于体躯。听器位于前足胫节外侧。跗节 3 节。后翅发达，长过前翅。尾须长，但不分节。产卵器发达，针状或长矛状（图 2-37）。多杂食性，穴居，常发生在低洼、河边、沟边及杂草丛中，为害各种作物、树苗、果树、蔬菜以及牧草等。重要的有害种类有油葫芦（*Gryllus testaceus* Walker）、姬蟋蟀（*Gryllodes berthellus* Saussure）、棺头蟀（*Loxoblemmus doenitzi* Stein）、巨蟀（*Brachytrupes portentosus* Linnaeus）。

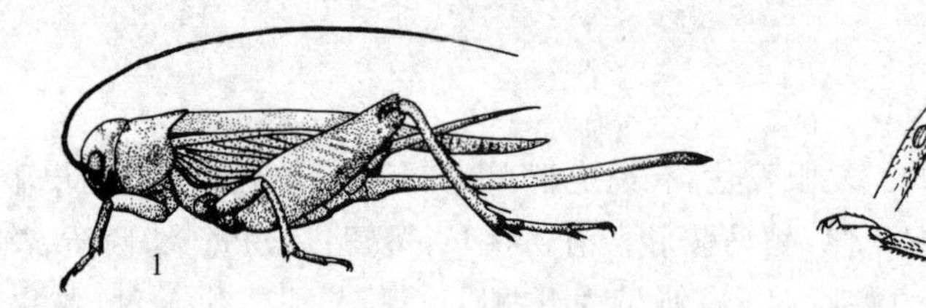

图 2-37 蟋蟀科的代表（油葫芦）（仿周尧）

1. 成虫 2. 前足

4. 螽斯科（Tettigoniidae）

触角线状，比身体长。产卵器刀剑状。跗节 4 节。尾长，不分节。尾须短小。雄性能发音，发音器在前翅基部。翅通常发达，也有短翅或无翅的种类。前足胫节基部有听器。多数种类为绿色，有的暗色，或有暗色斑纹（图 2-38）。一般植食性，有时为肉食性。卵扁平，产在植物组织内，成纵行排列。各地都有一些种类为害作物，如露螽（*Phaneroptera fulcata* Soopoli）、杜露螽（*Ducetia thymifolia* Fabricius）、日本露螽（*Holochlora japonica* Bruner）。

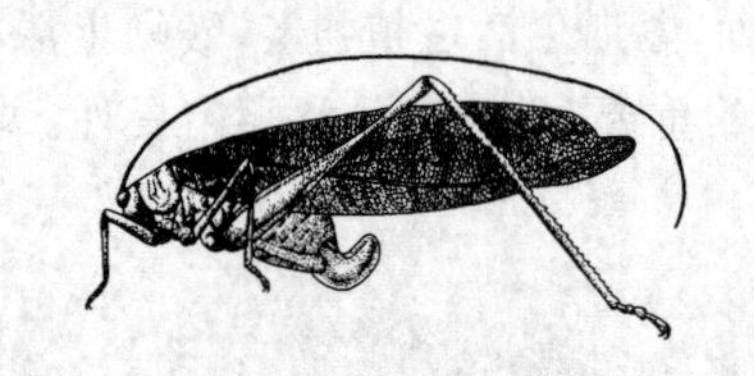

图 2-38 螽斯科的代表（日本露螽）（仿周尧）

二、半翅目（Hemiptera）

半翅目名称源于异翅亚目的前翅为半鞘翅，包括传统的半翅目和同翅目。该目昆虫常见的主要包括椿象、蝉、叶蝉、飞虱、蚜虫、介壳虫、粉虱等。半翅目分为胸喙亚目（Sternorrhyncha)、蜡蝉亚目(Fulgoromorpha)、蝉亚目(Cicadomorpha)、鞘喙亚目(Coleorrhyncha)、异翅亚目(Heteroptera)共5个亚目。全世界记载半翅目约151科92 000多种,中国已记载9 000多种。半翅目常见科简介如下。

(一)形态特征及生物学特性

体微型至巨型。头后口式,口器刺吸式,具分节的喙,喙从头的前端伸出,或从前足基节间伸出。触角丝状或刚毛状。复眼发达或显著,单眼2~3个或无。前胸背板发达;中胸明显,小盾片发达;后胸小。翅2对,有些种类只有1对前翅或无翅,前翅为半鞘翅、覆翅或膜翅,后翅膜翅;半鞘翅加厚的基半部,可分成革片、爪片、楔片等;端半部膜质,称作膜片,上常具脉纹。静息时翅平放在身体背面,或呈屋脊状叠放于体背。腹部10节,异翅亚目许多种类有臭腺,开口于胸部腹面两侧和腹部背面等处,能发出恶臭气味(图2-39)。部分种类腹部有发音器、听器、腹管等,有些种类雌虫产卵器发达;无尾须。

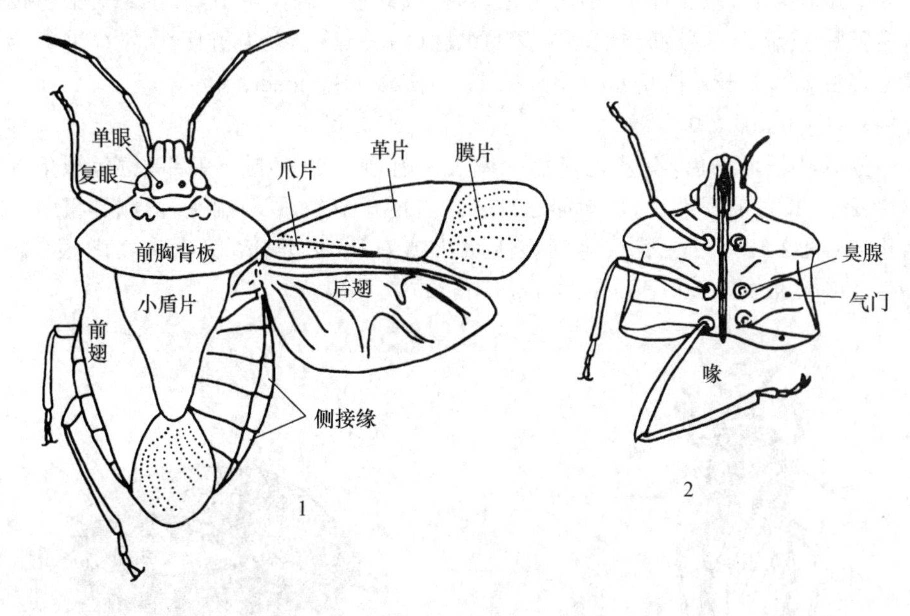

图2-39 半翅目(蝽科)特征图(仿周尧)

1.整体背面观(右翅展开) 2.体前段腹面观

多数为渐变态,若虫与成虫形态和生活习性相似。陆生或水生。生殖方式多样,可卵生、胎生,可两性生殖,亦有孤雌生殖。多数为植食性,为害各种农作物、牧草、蔬菜、果树和林木,刺吸其嫩枝、嫩茎、嫩叶或果实的汁液;少数捕食性,对害虫的生物防治具有一定意义;也有卫生害虫,如臭虫吮吸人血,传染疾病。其中蚜、蚧、粉虱等排泄大量的含糖物质,称作蜜露,能引起煤污病的发生,影响植物的光合作用。有的种类还能传播植物的病毒病。多为多食性,少数是寡食性或单食性。

(二)重要科及其形态特征

1.蝽科(Pentatomidae)

小型至大型,常扁平而宽。头小,触角5节,单眼2个。喙4节。前翅分为革片、爪片和膜片3部分;膜片一般有5条纵脉,发自基部1根横脉上。中胸小盾片发达,三角形,至少超过爪片的长度(图 2-39)。常有臭腺。多为植食性,少数为肉食性。卵桶形,聚产在植物叶片上。本科害虫种类很多,重要的有菜蝽[*Eurydema dominulus*(Scopoli)]、麦尖头蝽(*Aelia acuminata* Linnaeus)、豆缘蝽(*Riptortus clavatus* Thunberg)、稻绿蝽[*Nezara viridula* (L.)]等。

2. 缘蝽科(Coreidae)

图 2-40 缘蝽科的前翅(仿周尧)

中型至大型,体常狭长,多为褐色或绿色。触角 4 节,着生于头部两侧上方。单眼存在。喙 4 节。前翅爪片长于中胸小盾片,结合缝明显。膜片上从一基横脉上分出多条平行纵脉(图 2-40)。大多数种类为植食性,刺吸植物幼嫩部分,引起植物萎蔫甚至死亡。如大稻缘蝽[*Leptocorisa acuta* (Thunberg)]危害禾草和水稻、玉米等。

3. 长蝽科(Lygaenidae)

小型至中型,卵圆形或长卵形,多为黑色、褐色或红色。触角 4 节,着生之处偏于腹面。有单眼。前翅膜片上有 4~5 条简单的不分叉的纵脉(图 2-41)。多为植食性,不少种类取食植物种子。常见害虫如高粱长蝽[*Dimorphopterus spinolae* (Signoset)]。

4. 土蝽科(Cydnidae)

小至中型,卵圆形,黑色,有蓝色光泽。体表常有刚毛和短刺。头部短宽,触角 5 节或 4 节。小盾片发达,长过前翅爪片,但不伸达腹末。前足开掘式,胫节扁平,两侧具粗刺,中、后足顶端有刷状毛(图 2-42)。成、若虫生活在土壤中或石块、叶堆下,吸食植物嫩根,如根土蝽(*Stibaropus formosanus* Takado et Yamagihara)。

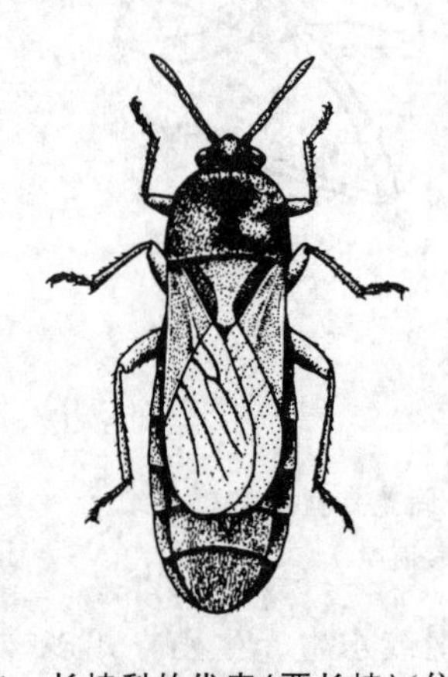

图 2-41 长蝽科的代表(粟长蝽)(仿周尧)

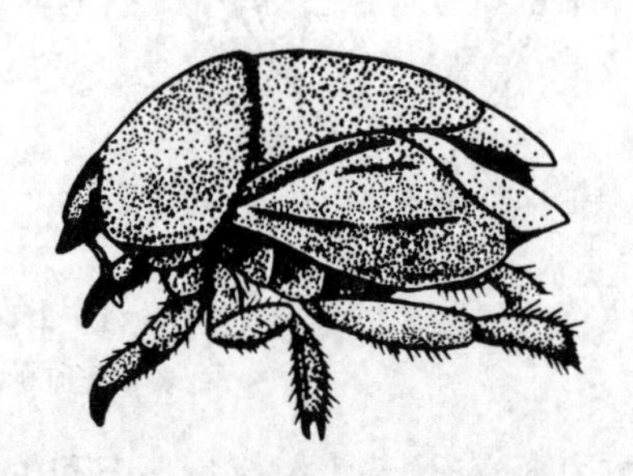

图 2-42 土蝽科的代表(根土蝽)(仿周尧)

5. 盲蝽科(Miridae)

体小型,纤弱,稍扁平。触角 4 节。无单眼。前翅分革片、爪片、楔片和膜片 4 部分,膜片基部有 1~2 个小型翅室,其余纵脉消失(图 2-43)。多数为植食性;少数为肉食性,捕食小虫及螨类。本科全世界已知近万种。草地有害的种类如苜蓿盲蝽(*Adelphocoris lineolatus* Goeze)、三点盲蝽(*A. fasiaticollis* Reuter)、牧草盲蝽[*Lygus pratensis* (Linnaeus)]、绿盲蝽[*Apolygus lucorum* (Meyer-Dür.)]等。

6. 花蝽科(Anthocoridae)

体型小或微小。通常有单眼,触角 4 节,第 3、4 节之和比第 1、2 节之和为短。喙长,3 节或 4 节,跗节 3 节。前翅有明显的楔片和缘片,膜片上有简单的纵脉 1~3 条(图 2-44)。成、若虫常在地面、植株上活动，捕食蚜虫、介壳虫、粉虱、蓟马和螨类等。常见种类如小花蝽（*Triphleps minutus* Linnaeus）。

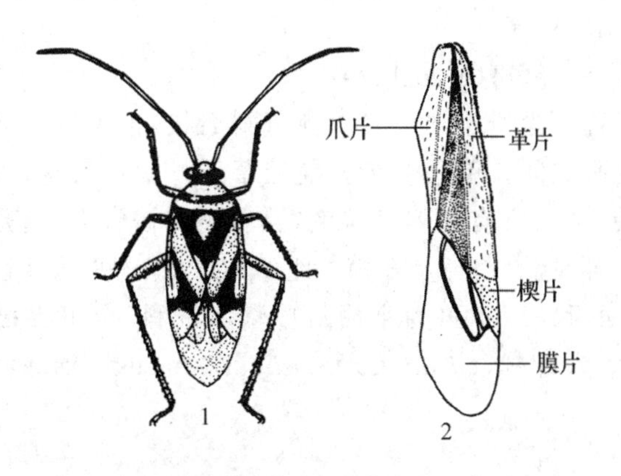

图 2-43 盲蝽科的代表（三点盲蝽）（仿周尧）

1.成虫 2.前翅

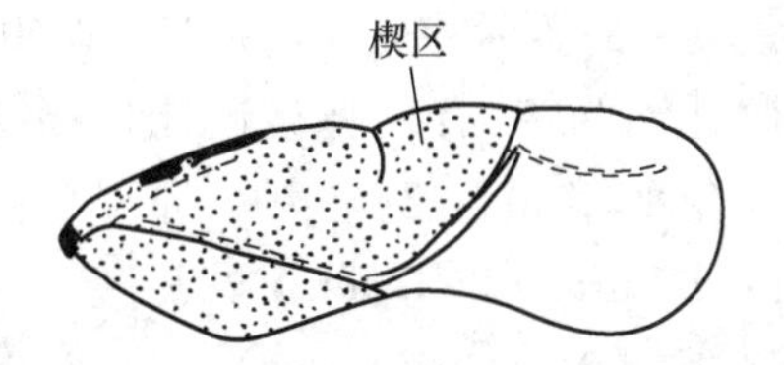

图 2-44 花蝽科的前翅（仿 Silvestri）

7.猎蝽科（Reduviidae）

体小至大型。头部尖、长，在复眼后细缩如颈状。触角 4～5 节。喙 3 节，粗壮而弯曲。前翅革片脉纹发达，膜片上常有 2 个大翅室，端部伸出 1 长脉（图 2-45）。腹部中段常膨大。部分种类栖息于植物上，部分种类喜躲藏于树洞、缝隙等暗处。捕食性，是害虫的重要天敌类群之一。常见种类如白带猎蝽（*Acanthaspis cincticrus* Stål）、黑光猎蝽（*Ectrychotes andreae* Thunberg）。

8.姬蝽科（Nabidae）

体瘦长，多灰色、褐色。触角 4～5 节。前胸背板狭长，前面有横沟。前翅膜片上有纵脉形成的 2～3 个长形的小室，并由它们分出一些短的分支。前足捕捉式，跗节 3 节，无爪垫（图 2-46）。常在草本植物上活动，捕食小型昆虫。常见种类如华姬蝽（*Nabis sinoferus* Hsiao）、暗色姬蝽（*N. stenoferus* Hsiao）捕食蚜虫、叶蝉、蓟马和鳞翅目幼虫。

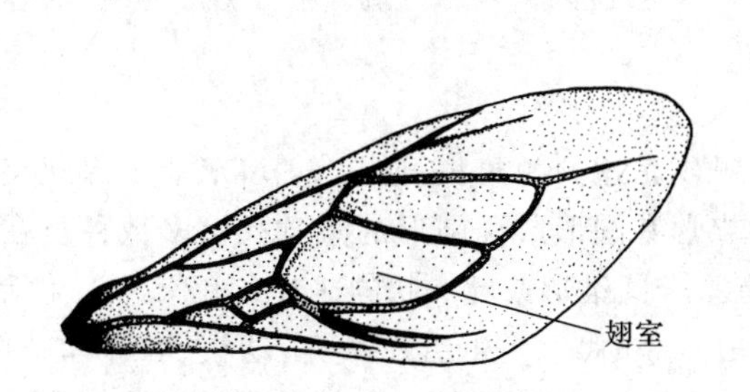

图 2-45 猎蝽科的前翅（仿周尧）

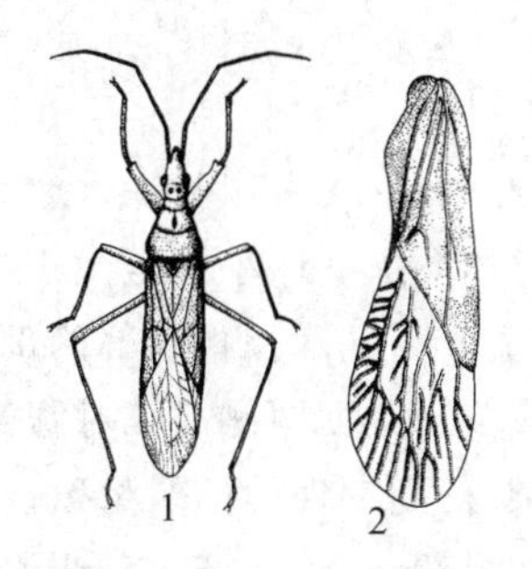

图 2-46 姬蝽科的代表（仿周尧）

1.成虫 2.前翅

9.蝉科（Cicadidae）

俗称知了。体中型至大型。触角刚毛状。单眼 3 个，呈三角形排列。前足开掘足，腿节膨大，下缘具齿或刺；后足腿节细长，不会跳跃；跗节 3 节（图 2-47）。雄蝉腹部第 1 节有发音器；雌蝉产卵器发达，将卵产在植物嫩枝内，常导致枝梢枯死。幼蝉生活在土中，吸食植物根部汁

图 2-47 蝉科的代表(蚱蟟)(仿周尧)

液。生活史长。常见种类如蚱蝉[*Cryptotympana pustulata* (Fabricius)]、蟪蛄[*Platypleura kaempferi* (Fabricius)]等。

10. 叶蝉科(Cicadellidae)

俗称浮尘子。体小型。触角刚毛状,生于复眼前方或两复眼之间。单眼 2 个。前翅革质。后足发达,善跳跃,其胫节下方有 2 列刺状毛,且着生在棱脊上,这是叶蝉科最显著的鉴别特征(图 2-48)。雌虫产卵器锯状,将卵产在植物组织内。成、若虫主要以吸食植物汁液为害,有些种类还能传播植物病毒病。本科为半翅目中最大的科,全世界已知 20 000 多种,我国近 1 000 种。常见种类如大青叶蝉(*Cicadella viridis* Linnaeus)、棉绿叶蝉(*Chlorita biguttula* Ishida)等。

11. 飞虱科(Delphacidae)

通称飞虱。系小型善跳昆虫。触角锥状,生于头侧两复眼之下。后足胫节末端有 1 扁平能活动的大距,这是本科最显著的特征(图 2-49)。有些种类有长翅型和短翅型之分。主要危害禾本科植物。重要种类有褐飞虱(*Nilaparvata lugens* Stål)、灰飞虱(*Laodelphax striatella* Fall.)和白背飞虱(*Sogatella furcifera* Horv.)等。

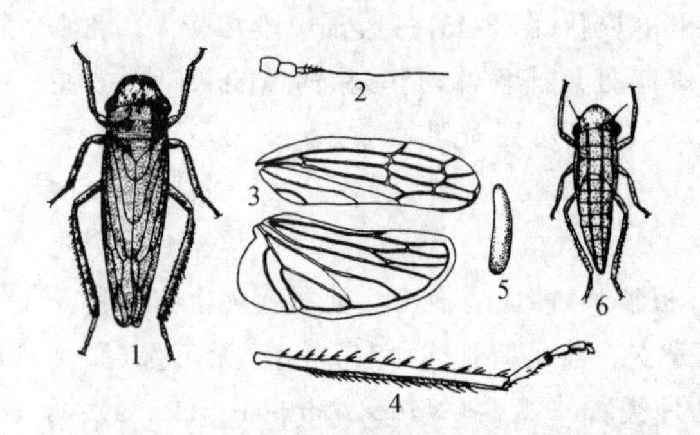

图 2-48 叶蝉科的代表(大青叶蝉)(仿周尧)
1. 成虫 2. 触角 3. 前后翅 4. 后足 5. 卵 6. 若虫

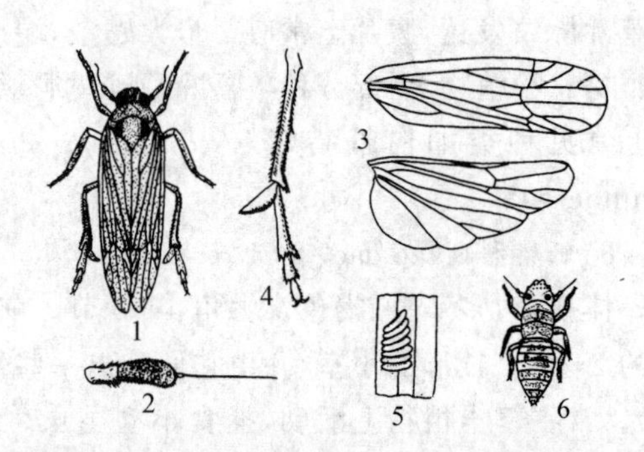

图 2-49 飞虱科的代表(稻灰飞虱)(仿 Silvestri)
1. 成虫 2. 触角 3. 前后翅 4. 后足 5. 卵 6. 若虫

12. 蚜科(Aphididae)

通称蚜虫。体小型至微小型。柔软,有翅或无翅。触角长,通常 6 节,末节中部起突然变细,明显分为基部和鞭状部两部分,第 3~6 节常有圆形或椭圆形的感觉孔。多数种类在腹部第 6 或 7 节背面两侧有 1 对腹管。腹末生有一个圆锥形或乳头状的尾片(图 2-50)。生活史极其复杂,行周期性的孤雌生殖。1 年可发生 10~30 代。多生活在嫩芽、幼枝、叶片和花序上,少数在根部。以成、若虫刺吸植物汁液,并能传播植物病毒病。重要的有麦长管蚜[*Sitobion avenae* (F.)]、麦二叉蚜[*Schizaphis graminum* (Rondani)]、禾谷缢管蚜[*Rhopalosiphum padi* (L.)]、玉米蚜[*Rhopalosiphum maidis* (Fitch)]、苜蓿蚜(*Aphis craccivora* Koch)和豌豆蚜[*Acyrthosiphon pisum* (Harris)]等。

13. 盾蚧科(Diaspididae)

雌雄异型。雌成虫体微小,被由若虫蜕皮和分泌物所组成的介壳所遮盖。触角和足退化,无复眼。腹部末端几节愈合成硬化的臀板(图 2-51)。雄成虫有 1 对前翅,具 1 条两分叉的翅脉。具触角和足。腹末无蜡丝。交尾器狭长。1龄幼虫足和眼发达。触角5～6节，末节很长，常具有螺旋状环纹。除1龄幼虫可爬行或随风等扩散，雄成虫短距离飞行外，其他虫龄营固着生活。主要危害乔木和灌木，少数种类寄生在草本植物上，如甘蔗绵盾蚧[*Odonaspis saccharicaulis*]、狗牙根草介壳虫(*Odonaspis ruthae*)。

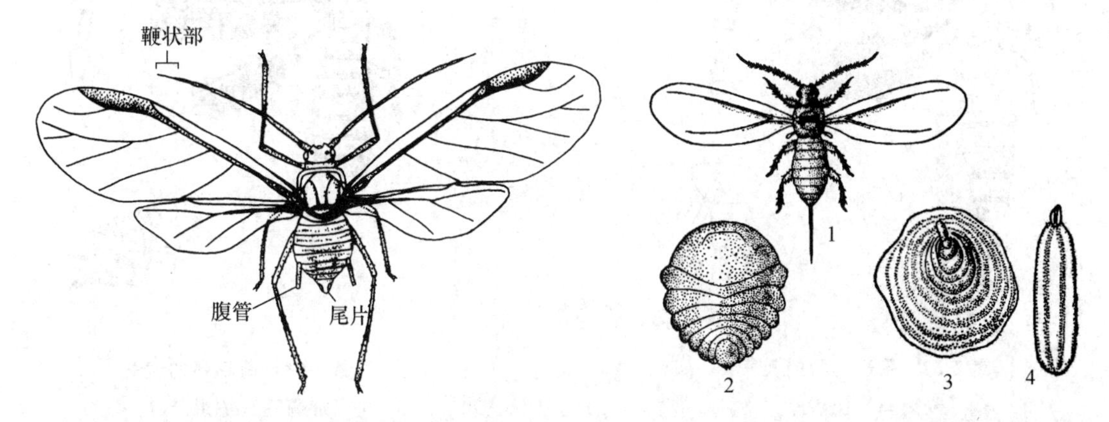

图 2-50 蚜科的代表(桃蚜)(仿周尧)

图 2-51 盾蚧科的代表(桑盾蚧)(仿周尧)
1.雄成虫 2.雌成虫 3.雌蚧壳 4.雄蚧壳

三、缨翅目(Thysanoptera)

缨翅目通称蓟马。全世界已记录约6 000种，我国已知340余种。

(一)形态特征及生物学特性

体微小，体长大多为1～2 mm，最小的只有0.5 mm，细长而略扁。触角6～9节，丝状，略呈念珠状。口器圆锥形，锉吸式，能锉破植物的表皮而吮吸其汁液。翅2对，为缨翅。足短小，跗节1～2节，末端有1泡状中垫。腹部圆筒形或纺锤形，尾须无。

过渐变态。1、2龄若虫无外生翅芽；3龄出现翅芽；相对不太活动，为“前蛹”；4龄不食不动，进入“蛹期”。成虫常见于花上。多数种类植食性，危害牧草和农作物，少数捕食性，可捕食蚜虫、螨类等。

(二)重要科及其形态特征

1. 管蓟马科(Phlaeothripidae)

多数种类黑色或暗褐色。触角4～8节，有锥状感觉器。前翅面光滑无毛，翅脉无或仅有1条简单中脉。腹部末节管状，产卵器无(图2-52)。生活周期短，卵产于缝隙中。重要种类如麦蓟马(*Haplothrips tritici* Kurdj.)、中华蓟马(*H. chinensis* Priesner)和稻管蓟马[*H. aculeatus* (Fabricius)]。

2. 蓟马科(Thripidae)

触角6～8节，末端1～2节形成端刺，第3～4节上常有感觉器。翅有或无，有翅者翅狭长，末端尖，无横脉。雌虫腹部末节圆锥形，腹面纵裂，产卵器锯状，向下弯曲(图2-53)，产卵于植物组织内。重要种类如豆带蓟马(*Taeniothrips distalis* Karny)、花蓟马(*Frankliniella intonsa* Trybom)、烟蓟马(*Thrips tabaci* Lindeman)等。

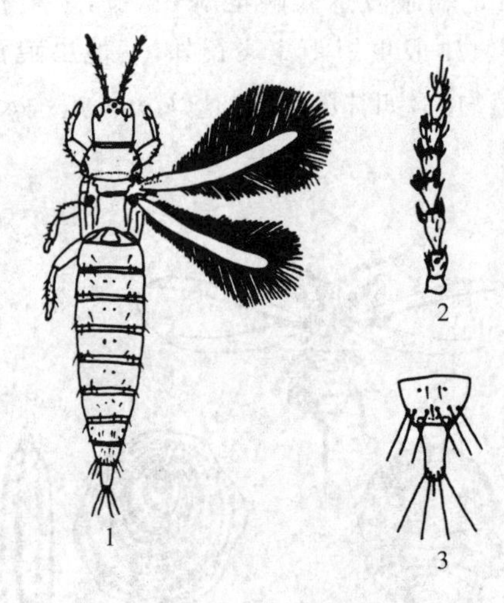

图 2-52 管蓟马科的代表
(麦蓟马)(仿黑泽)
1.成虫 2.触角 3.腹部末端

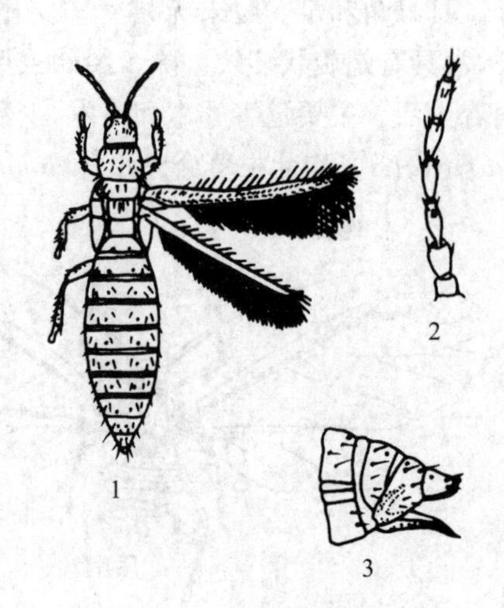

图 2-53 蓟马科的代表
(烟蓟马)(仿黑泽等)
1.成虫 2.触角 3.腹部末端

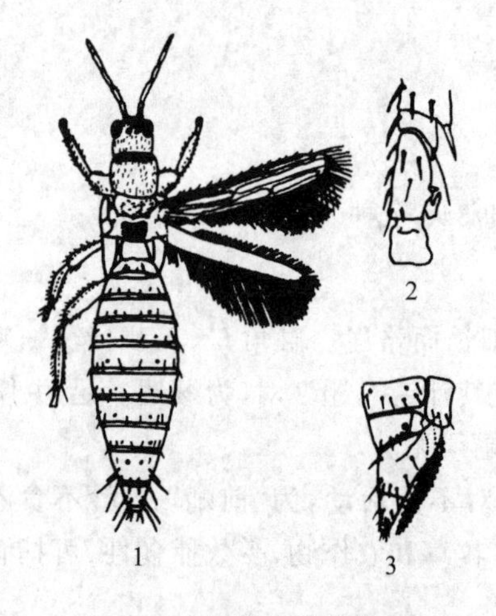

图 2-54 纹蓟马科的代表
(横纹蓟马)(仿黑泽等)
1.成虫 2.足末端 3.腹部末端

3.纹蓟马科(Aeolothripidae)

触角 9 节。翅较阔,前翅末端圆形,2 条纵脉从基部伸到翅缘,有横脉。雌虫腹部末节圆锥形,腹面纵裂,锯状产卵器向上弯曲(图 2-54)。常见重要种类如横纹蓟马[*Aeolothrips fasciatus* (Linnaeus)]。

四、脉翅目(Neuroptera)

脉翅目包括草蛉、蚁蛉、粉蛉、褐蛉等。全世界已知约5 000 种,我国已知 200 余种。

(一)形态特征及生物学特性

体小至大型。口器咀嚼式。触角细长,丝状、念珠状、棒状等。复眼发达。单眼 3 个或无。前后翅大小、形状和脉纹均相似;翅膜质,翅脉多分支,呈网状,在边缘处多分叉。通常有翅痣。

完全变态。卵多为长卵形或有小突起。幼虫寡足型,行动活泼。口器捕吸式。蛹为离蛹,化蛹于丝茧中。成、幼虫均捕食性,以蚜虫、蚂蚁、介壳虫、螨类等昆虫为食,是重要的天敌昆虫类群。

(二)重要科及其形态特征

草蛉科(Chrysopidae)

体中型,身体细长,纤弱。多呈绿色,少数为黄褐色或灰色。触角丝状,细长。复眼有金色光泽,相距较远。单眼无。前后翅的形状和脉相相似,或前翅略大。翅多无色透明,少数有褐斑。前缘横脉不分叉(图 2-55)。

卵长椭圆形，基部都有1条丝质的长柄，多产在有蚜虫的植物上。幼虫称蚜蛳，长形，两头尖削；前口式，上、下颚合成的吸管长而尖，伸在头的前面；胸腹部两侧均生有具毛的疣状突起。本科成、幼虫主要捕食蚜虫，也可捕食蚧虫、木虱、叶蝉、粉虱及螨类，为重要益虫，目前已有10余种用于生物防治中。常见种类如大草蛉（*Chrysopa septempuntata* Wesm.）、叶色草蛉（*C. phyllochroma* Wesm）、丽草蛉（*C. formosa* Brauer）和中华草蛉（*C. sinica* Tjeder）等。

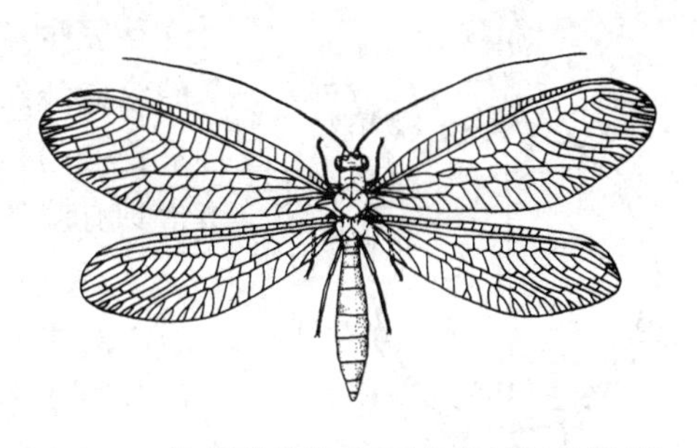

图2-55　草蛉科的代表(叶色草蛉)(仿周尧)

五、鳞翅目(Lepidoptera)

鳞翅目包括蝶、蛾两类昆虫。全世界已知约20万种，我国已知约8 000种，是昆虫纲中仅次于鞘翅目的第2大目。

(一)形态特征及生物学特性

体小至大型。触角丝状、球杆状或羽状。口器虹吸式。复眼1对，单眼通常2个。翅2对，为鳞翅，常形成各种斑纹。前翅纵脉13～14条，最多15条，后翅多至10条。脉相和翅上斑纹是分类和种类鉴定的重要依据(图2-56)。身体和附肢上亦具鳞片和毛。

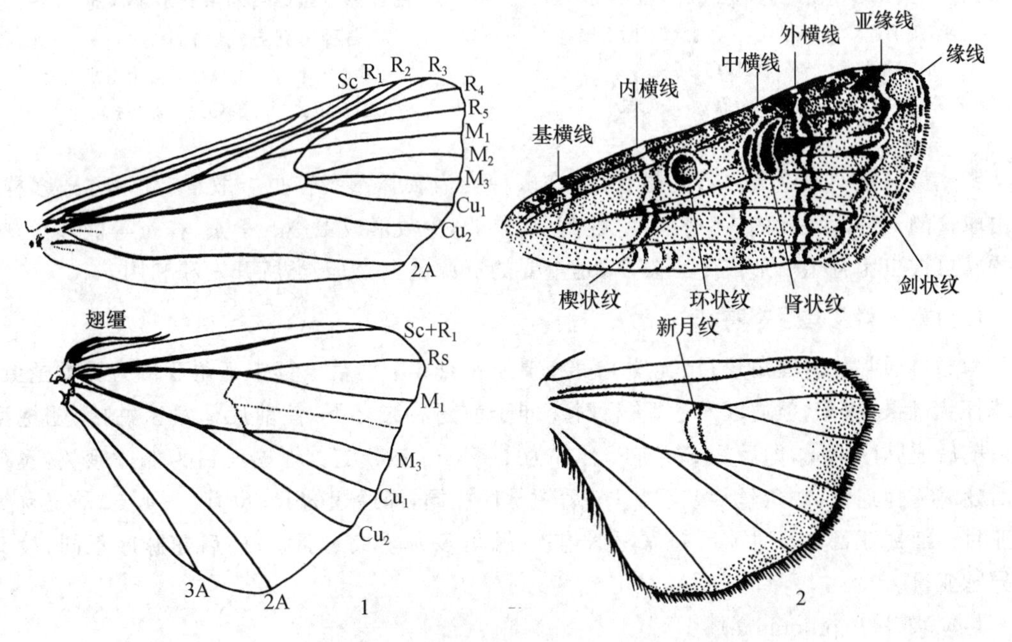

图2-56　鳞翅目成虫翅的脉相和斑纹(小地老虎)(仿周尧)

1.脉相　2.斑纹

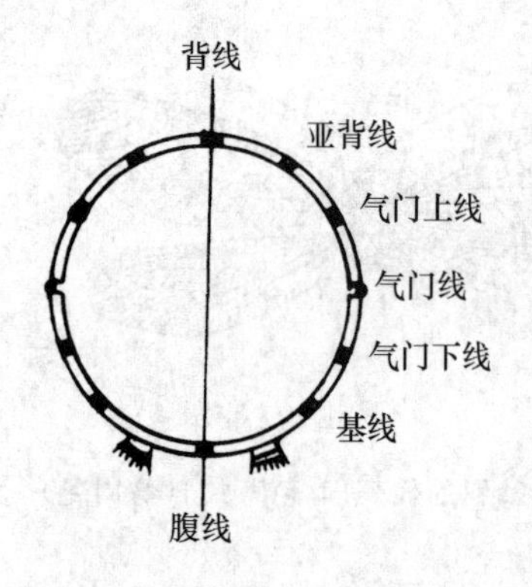

图 2-57　鳞翅目幼虫的线纹示意

完全变态。幼虫为多足型，体圆柱形，柔软，常有不同颜色的纵向线纹（图 2-57），身体各部分具有各种外被物（图 2-58），最普通的是刚毛，还有毛瘤、毛撮、毛突和枝刺等，胸部或腹部常具有腺体。头部坚硬，额狭窄，呈“人”字形，口器咀嚼式。胸足 3 对。腹足 2～5 对，着生在第 3～6 腹节和第 10 腹节上，最后 1 对腹足称为臀足。腹足末端有趾钩，其排列方式按长短高低分为单序、双序、三序和多序；按排列的形状分为环式、缺环式、中列式和二横带式（图 2-59），是幼虫分类的重要特征。蛹常为被蛹。蝶类化蛹多不结茧，蛾类常在土室或丝茧等隐蔽环境中化蛹。蝶类成虫多在白天活动，在花间飞舞；蛾类多在夜间活动，许多种类具趋光性。

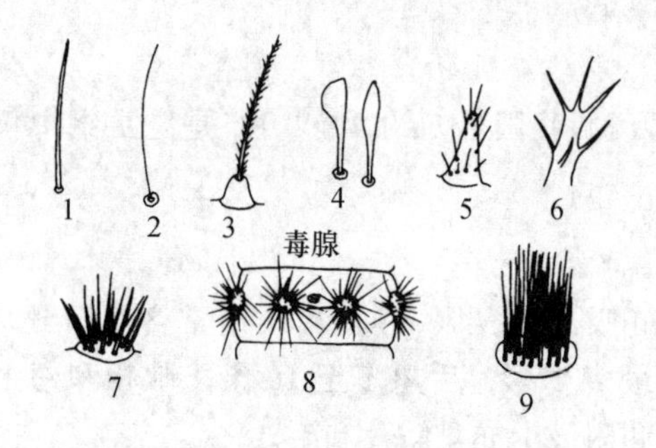

图 2-58　鳞翅目幼虫毛的形式（仿 Peterson）

1. 普通毛（附毛片）　2. 线状毛　3. 羽状毛（附毛突）　4. 刀片状毛　5、6. 枝刺　7. 毛疣　8. 毒蛾一体节（示毛疣及毒腺）　9. 毛撮

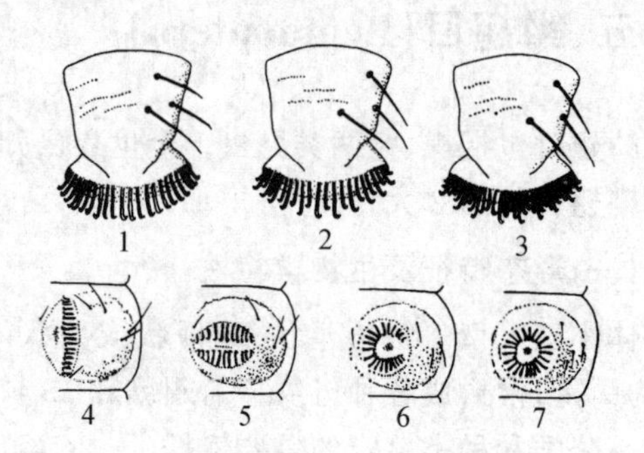

图 2-59　鳞翅目幼虫腹足趾钩的各种排列方式（仿周尧）

1. 单序　2. 双序　3. 三序　4. 中列式　5. 二横带式　6. 缺环式　7. 环式

鳞翅目昆虫幼虫绝大多数为植食性，许多种类为农林重大害虫。取食、危害方式多样，有自由取食的，卷叶、缀叶的，还有潜叶、蛀茎、蛀果的，少数形成虫瘿。桑蚕、柞蚕等能吐丝，蝙蝠蛾的幼虫被虫菌寄生后形成冬虫夏草，是重要的资源昆虫，为人类所开发和利用。

（二）重要科及其形态特征

鳞翅目通常分为锤角亚目、轭翅亚目和缰翅亚目 3 个亚目。其中锤角亚目为蝶类昆虫，触角球杆状；后翅缰无，但肩区发达，飞行时突伸于前翅后缘之下，使前后翅紧密贴接（翅抱型连锁）；前后翅脉序不同，即后翅 Sc 与 R_1 合并为 1 条，Rs 不分支。轭翅亚目为低等蛾类，飞行时前后翅靠翅轭连锁；触角丝状或羽状；前后翅脉序相同，即后翅的 Rs 也有 3～4 支，故又称为同脉亚目。缰翅亚目飞行时前后翅靠翅缰连锁；触角多为丝状或羽状；前后翅脉序不同，故又称为异脉亚目。

1. 凤蝶科（Papilionidae）

中型或大型美丽的蝴蝶。翅三角形，后翅外缘波状，后角常有一尾状突起。前翅后方有 2 条从基部生出的独立的脉（臀脉）；后翅臀脉只有 1 条，肩部有一钩状小脉（肩脉）生在一小室（亚前缘室）上（图 2-60）。

幼虫光滑无毛，前胸前缘有“Y”形臭腺，受惊动即伸出，所以易于识别。蛹的头部两侧有角状突，并以丝把蛹缚于附着物上，腹部末端有短钩刺一丛，钩在丝垫上。蛹亦称缢蛹。常见的有玉带凤蝶(*Papilio polytes* Linn.)。

2. 粉蝶科(Pieridae)

体中型，多白色或黄色，翅上有时具斑纹。前翅三角形，径脉 4 分支，臀脉 1 条；后翅卵圆形，臀脉 2 条(图 2-61)。幼虫绿色或黄色，体表有许多小突起和次生毛。身体每节分为 4～6 个环。腹足趾钩中列式，双序或三序。常见种类如菜粉蝶(*Pieris rapae* Linnaeus)、黑脉粉蝶(*P. melete* Menetries)。

3. 眼蝶科(Satyridae)

体小至中型。体较细弱，色多暗。翅面常有眼状斑或环状纹。前翅有 1～3 条翅脉基部特别膨大(图 2-62)。前足退化，折在胸下。幼虫体纺锤形。头比前胸大，有 2 个显著的角状突起。趾钩中列式，单序，双序或三序。主要危害禾本科植物，重要种类如稻黄褐眼蝶(*Mycalesis gotoma* Moore)、牧女珍眼蝶[*Coenonympha amaryllis* (Cramer)]。

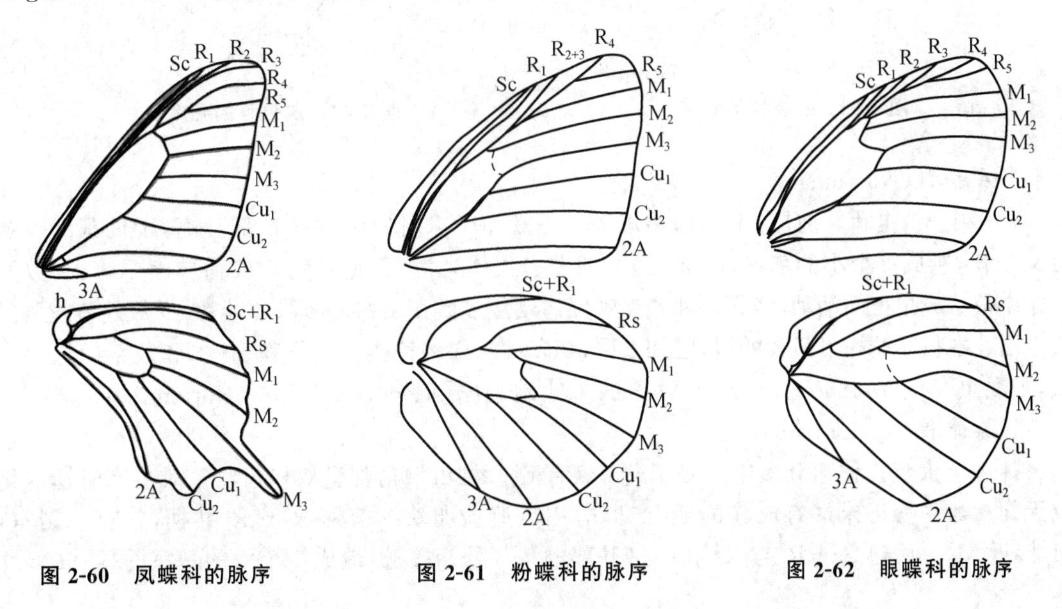

图 2-60 凤蝶科的脉序　　**图 2-61 粉蝶科的脉序**　　**图 2-62 眼蝶科的脉序**

4. 蛱蝶科(Nymphalidae)

体中型至大型。翅的颜色常极鲜明，具有各种鲜艳的色斑。触角锤状部分特别膨大。前足退化。前翅 R 脉 5 支，中室闭式(图 2-63)。幼虫圆筒形，有些种类具头角、尾角各 1 对，许多种类体上有成列的枝刺。腹足趾钩中列式，三序，常见种类有大红蛱蝶(*Pyrameis indica* Linn.)、小红蛱蝶(*P. cardui* Linn.)。

5. 灰蝶科(Lycaenidae)

体小型，纤弱而美丽。触角有白色的环，眼的周围白色。翅表面颜色常为蓝色、古铜色、黑橙色或橙色，有金属闪光，翅反面常为灰色，有圆形眼点及微细条纹。后翅无肩脉，外缘常有尾状突起。前翅 M_1 自中室前角伸出(图 2-64)。幼虫体扁而短，头缩入胸内，取食时伸出。大多为植食性，很多种类嗜好豆科植物，如小灰蝶(*Plebejus argus* Linn.)。

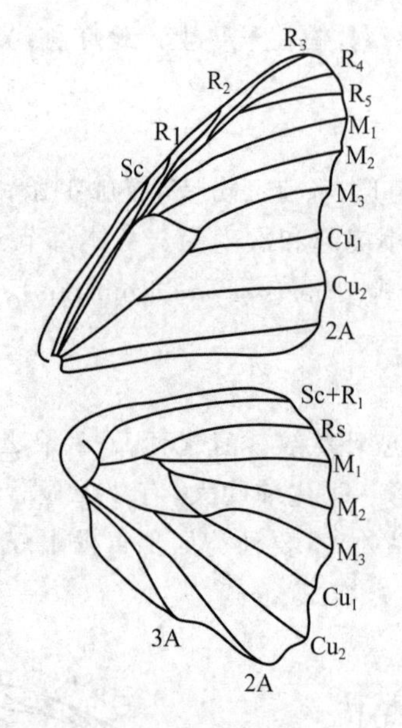

图 2-63 蛱蝶科的脉序

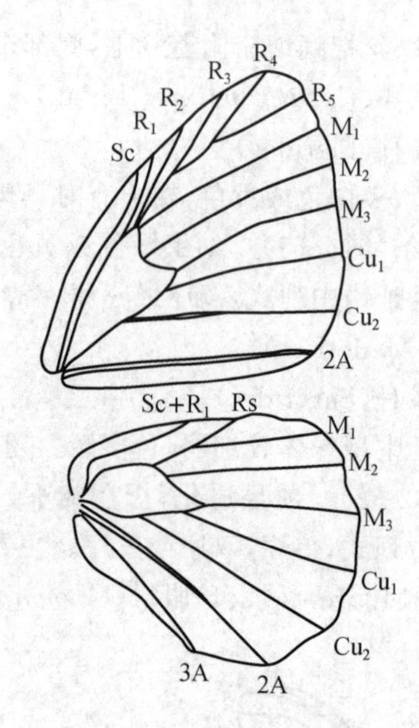

图 2-64 灰蝶科的脉序

6. 夜蛾科(Noctuidae)

体多中型，粗壮。前翅 M_2 基部接近 M_3；后翅 $Sc+R_1$ 和 Rs 脉在基部分离，于近基部接触后又分开，造成 1 个小的基室(图 2-65)。幼虫多数体光滑，腹足趾钩一般为单序中带，少数为双序中带。成虫夜间活动，趋光性和趋糖性强。幼虫多数在植物表面取食叶片，少数蛀茎或营隐蔽生活。本科是鳞翅目最大的科，已知 25 000 多种。许多种类是农作物、林木和牧草的重要害虫，如黏虫[*Mythimna separata* (Walker)]、小地老虎[*Agrotis ypsilon* (Rottemberg)]等。

7. 毒蛾科(Lymantriidae)

体中至大型。体粗壮多毛。喙退化。无单眼。雄虫触角常呈双栉齿状。雌虫有时翅退化或无翅。雌虫腹部末端有成簇的毛，产卵时用以遮盖卵块。前翅 $R_2 \sim R_5$ 共柄，常有一副室，M_2 接近 M_3。后翅 $Sc+R_1$ 与 Rs 在中室基部的 1/3 处相接触，造成 1 个大的基室(图 2-66)。

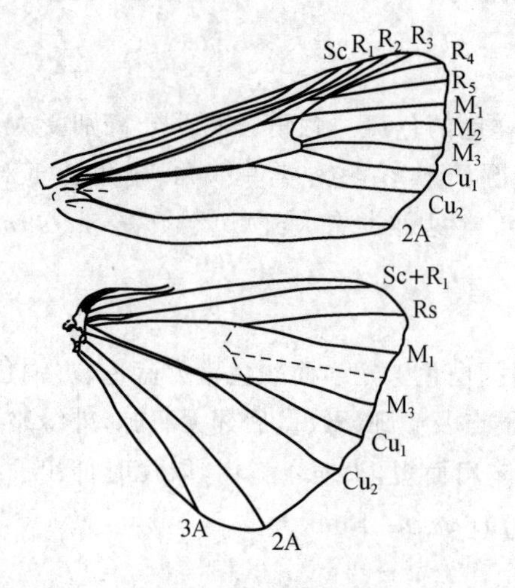

图 2-65 夜蛾科的脉序

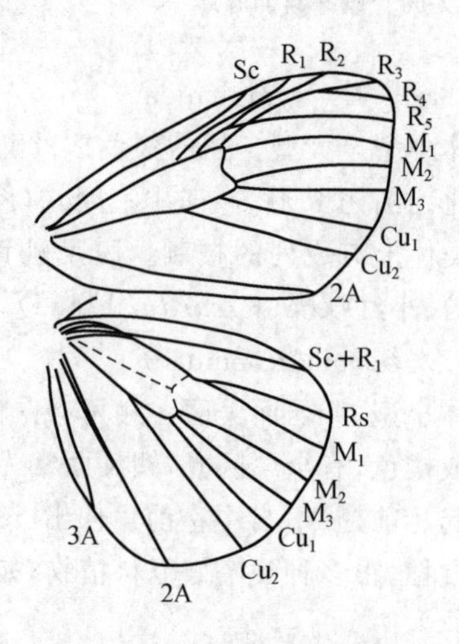

图 2-66 毒蛾科的脉序

幼虫体多毛，在某些体节常有成束紧密的毛簇，毛有毒。趾钩单序中列式。常见的种类有舞毒蛾(*Porthetria dispar* Linn.)、青海草原毛虫(*Gynaephora qinghaiensis* Ghou et Ying)。

8. 螟蛾科(Pyralidae)

体小至中型，体瘦长，腹部末端尖细。前翅三角形，后翅 $Sc+R_1$ 与 Rs 在中室外有一段极其接近或愈合，M_1 与 M_2 基部远离，各从中室两角伸出(图 2-67)。幼虫体细长。腹足短，趾钩通常双序或三序，缺环状。植食性，幼虫常蛀茎或缀叶，营隐蔽生活。本科为鳞翅目第 2 大科，全世界已知 20 000 多种，我国已知 2 000 多种，其中许多为重要害虫。如亚洲玉米螟[*Ostrinia furnacalis* (Guenee)]、豆荚螟[*Etiella zinckenella* (Treitschke)]、草地螟(*Loxostege sticticalis* Linnaeus)。

9. 天蛾科(Sphingidae)

大型蛾类，体粗壮呈梭形。触角末端钩状，喙发达。前翅大而狭长，顶角尖，外缘斜直；后翅小，$Sc+R_1$ 与 Rs 在中室中部有 1 小横脉相连(图 2-68)。幼虫肥大，光滑，多为绿色，体侧常有斜纹或眼状斑。第 8 腹节背中央有 1 向后上方伸出的角状突起，称作尾角。腹足趾钩 2 序中列式。成虫飞翔能力强，幼虫食叶危害。常见种类如豆天蛾(*Clanis bilineata* Walker)。

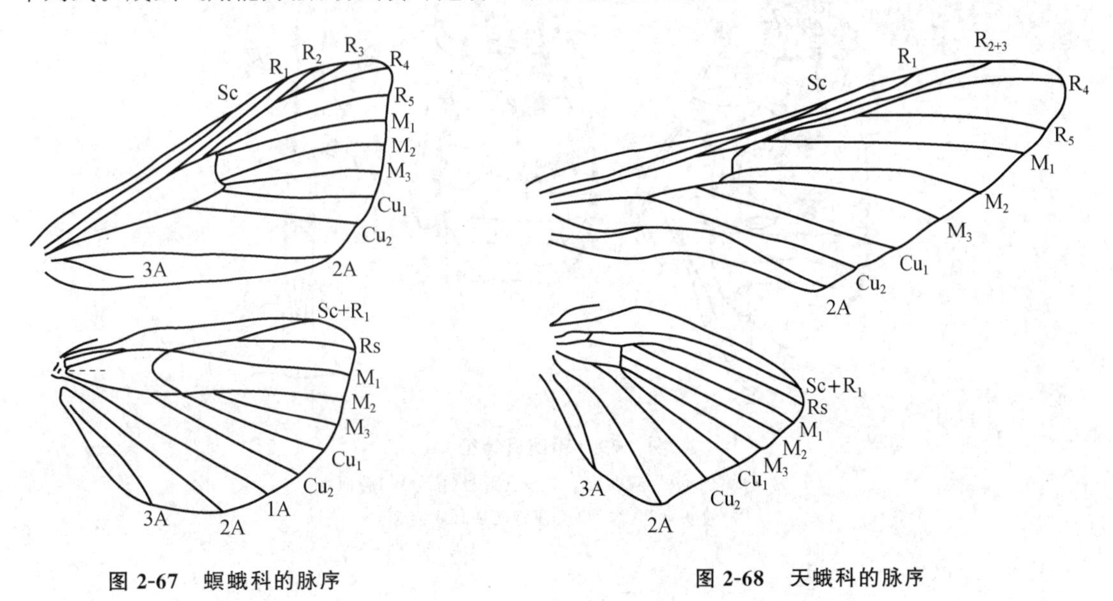

图 2-67 螟蛾科的脉序

图 2-68 天蛾科的脉序

六、鞘翅目(Coleoptera)

通称甲虫。全世界已知约 33 万种以上，我国已记载 7 000 多种，是昆虫纲中最大的目。

(一)形态特征及生物学特性

体微小至大型。口器咀嚼式，上颚发达。一般无单眼。触角 10～11 节，有各种类型，是分类的重要特征。前胸发达，中胸仅露出三角形小盾片。前翅为鞘翅，静息时覆盖在背上，沿背中线会合呈一直线。腹部腹面 5～7 节，背面 7～9 节，无尾须。

完全变态。幼虫寡足型，少数无足型。蛹为离蛹。多为陆生，少数水生。食性较杂。大多植食性，取食植物的不同部位，叶甲吃叶，天牛蛀食木质部，小蠹虫取食形成层，蛴螬(金龟甲幼虫)、金针虫(叩甲幼虫)取食根部,豆象取食豆科种子,许多种类是农作物、牧草、果树、森林及园林的重大害虫。部分种类肉食性,如瓢虫捕食蚜、蚧,可用于生物防治。还有部分种类为腐食性、尸食性或粪食性,在自然界物质循环方面起着重要作用。多数甲虫具假死性,一遇惊扰即收缩附肢坠地装死,以躲避敌害。

(二)重要科及其形态特征

鞘翅目通常分为肉食亚目、多食亚目和管头亚目3个亚目(图2-69)。肉食亚目绝大多数为肉食性,前胸背板与侧板之间具有明显的分界线,后足基节固定在后胸腹板上而不能活动,第1腹节腹板被后足基节窝完全分隔开;幼虫步甲型,有明显的跗节,通常具爪1对。多食亚目食性复杂,多为植食性,也有肉食性和腐食性等,前胸背板与侧板间无明显的分界线,后足基节可活动,第1腹节腹板没有被后足基节窝完全分隔开;幼虫体型多样,无跗节,通常有1个爪。管头亚目为植食性,头延长成象鼻状或鸟喙状,前胸背侧缝和腹侧缝消失,后足基节可活动,第1腹节腹板没有被后足基节窝完全分隔开。

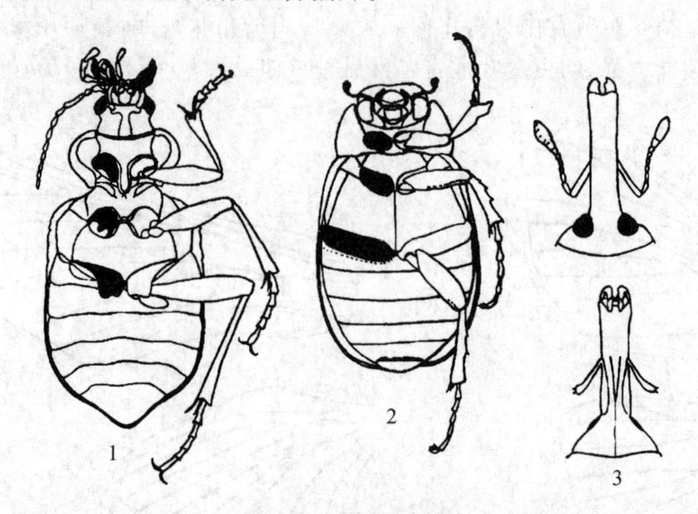

图2-69 鞘翅目特征

1.肉食亚目(步甲)腹面观 2.多食亚目(金龟甲)腹面观
3.管头亚目(象甲)头部背面观和腹面观

1.步甲科(Carabidae)

体小至大型,多为黑色或褐色而有光泽。头部窄于前胸,前口式。触角细长,丝状,着生于上颚基部与复眼之间,触角间距大于上唇宽度。跗节5节。后翅常不发达,不能飞翔(图2-70)。

幼虫体长,活泼。触角4节。胸足3对,5节具爪。成、幼虫均为肉食性,靠捕食软体昆虫为生。白天隐藏,夜间活动。常栖息于砖石块、落叶下及土壤中。本科种类很多,全世界约2.6万种。常见种类有中华步甲(*Carabus maderae chinensis* Kirby)等。

2.鳃金龟科(Melolonthidae)

体中至大型。触角鳃叶状,通常10节,末端3~7节向一侧扩张成瓣状,它能合起来成锤状,少毛。前足开掘式,跗节5节,后足着生位置接近中足而远离腹部末端(图2-71)。

幼虫称为蛴螬,体乳白色,粗肥,静息时呈"C"字形弯曲。幼虫生活在土中,常将植物幼苗的根茎咬断,使植物枯死,为一类重要的农、林及草坪地下害虫。重要的害虫种类有黑绒鳃金龟(*Maladera orientalis* Motsch.)、铜绿丽金龟(*A. corpulenta* Motsch.)、华北大黑金龟

[*Holotrichia oblita* (Faldermann)]、无翅金龟(*Trematodes tenebrioides* Pallas)等。

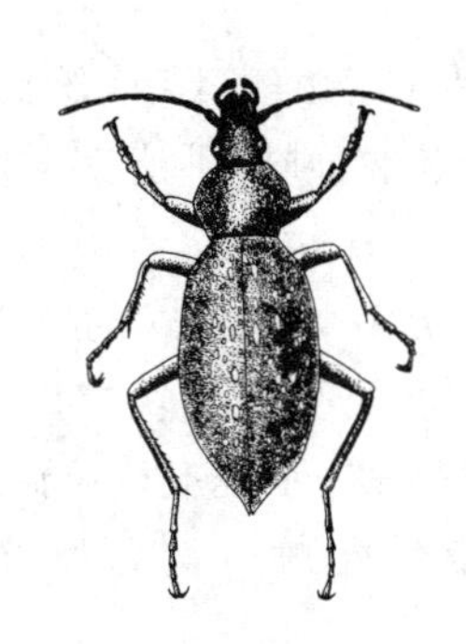

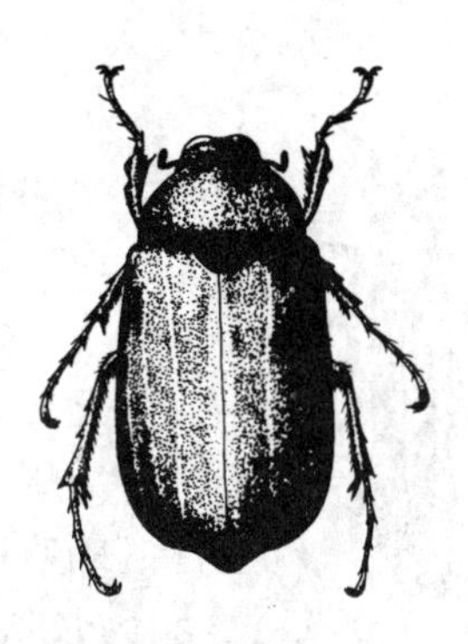

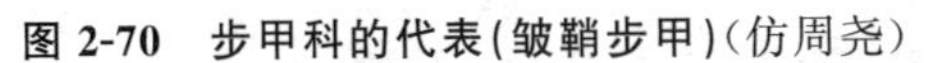

图 2-70　步甲科的代表(皱鞘步甲)(仿周尧)

图 2-71　鳃金龟科的代表(棕色金龟)(仿周尧)

3. 叩头甲科(Elateridae)

通称叩头虫。体小至中型,体色多暗淡。触角锯齿状或栉齿状,11～12 节。前胸可活动,其背板两后侧角常尖锐突出,腹板后方中央有向后伸延的刺状物,插入中胸腹板前方的凹陷内,组成弹跃构造(图 2-72)。当体后部被抓住时,前胸不断上下活动,类似"叩头"。

幼虫通称金针虫,寡足型,体金黄色或棕黄色,坚硬、光滑、细长。无上唇。腹气门各有 2 个裂孔。成虫白天活动,幼虫常栖息于土中,食害植物的种子、根部,为重要的地下害虫。常见种类有细胸叩头甲(*Agriotes fuscicollis* Miwa)、沟叩头甲[*Pleonomus canaliculatus* (Faldermann)]等。

4. 拟步甲科(Tenebrionidae)

体小至大型,一般为灰色或暗色。外形似步甲科,但跗式为 5-5-4(即前足 5 节,中足 5 节,后足 4 节)。头小,部分嵌入前胸。触角 11 节,丝状或棒状,着生于头的侧下方。前胸背板大,鞘翅盖往整个腹部。后翅多退化(图 2-73)。

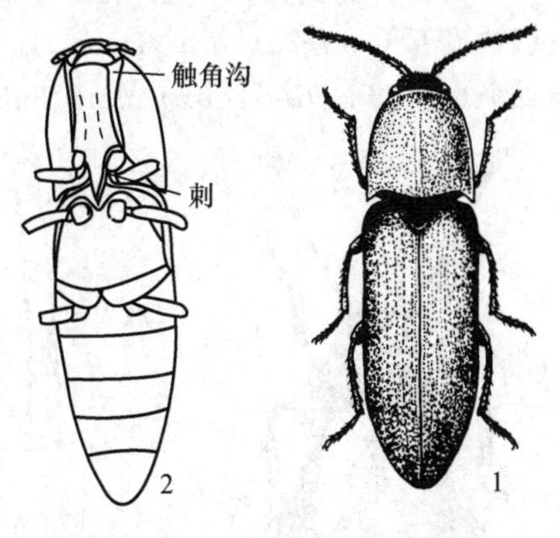

图 2-72　叩头甲科的代表(仿周尧)

1. 褐纹沟叩头甲　2. 叩头甲腹面

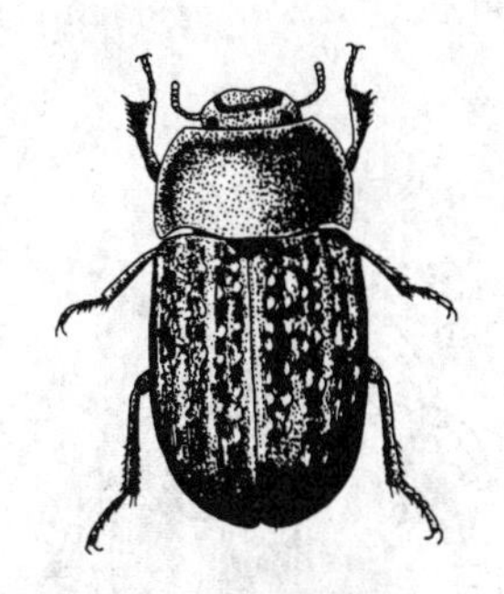

图 2-73　拟步甲科的代表

(网目拟步甲)(仿周尧)

幼虫和叩头甲科幼虫很相似,常称作"伪金针虫"。其区别为唇基明显,上颚具磨区,气门为简单圆形。多数为植食性,许多种类为重要的仓库害虫,如赤拟谷盗(*Tribolium castaneum* Herbst);亦有一些种类是农作物、草地的重要害虫,如网目拟步甲(*Opatrum subaratum*

Fald.)、亮柔拟步甲(*Prosodes dilaticollis* Motsch.)等。

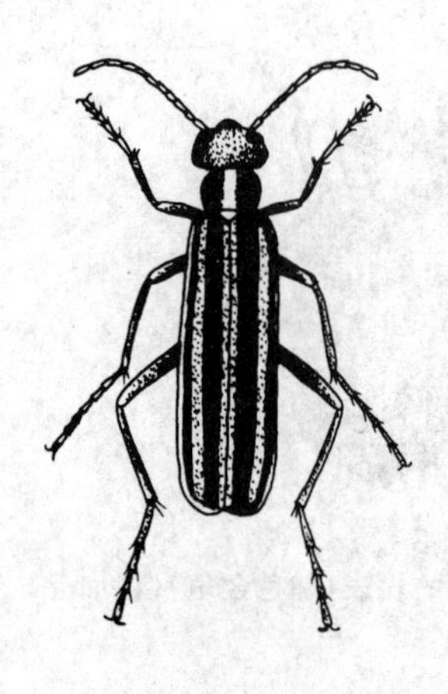
图 2-74 芫菁科的代表(豆芫菁)(仿周尧)

5. 芫菁科(Meloidae)

长体形,体壁柔软,头大而活动,触角 11 节,丝状,雄虫触角中间有几节膨大。前胸狭,鞘翅末端分歧,不能完全切合。跗节 5-5-4 式。爪梳状(图 2-74)。

复变态,一生经过复杂。第 1 龄为步甲式的三爪虫,触角、足和尾发达,能入地找寻蝗虫卵块,寄生在卵块中。第 2 龄起变为蛴螬式。第 5 龄成为体壁较坚韧、足退化、不能活动的"拟蛹"。第 6 龄又恢复蛴螬式,最后化蛹。常见种类如豆芫菁(*Epicauta gorhami* Marseul)。

6. 瓢甲科(Coccinellidae)

体半球形,腹面扁平,背面隆起。鞘翅上常具鲜艳的斑纹。头小。触角短锤状。跗节隐 4 节(伪 3 节),即第 3 节很小,包藏于第 2 节的凹陷中,看起来像 3 节(图 2-75)。

幼虫体长形,背面常有毛瘤或枝刺,有时被有蜡粉。成、幼虫食性相同,多数种类肉食性,可捕食蚜虫、蚧虫、粉虱和螨类等,如七星瓢虫[*Coccinella septempunctata* (Linnaeus)]、龟纹瓢虫[*Propylaea japonica* (Thunberg)]和异色瓢虫[*Leis axyridis* (Pallas)],此类成虫鞘翅多无毛,幼虫行动活泼,体背毛瘤多且柔软;少数种类为植食性,为害农作物,如马铃薯瓢虫(*Epilachna vigintiomaculata* Motsch),此类成虫背面多毛,幼虫多不活泼,体背多具大型枝刺。

7. 叶甲科(Chrysomelidae)

通称金花虫。体小型至中型,椭圆、圆形或长形。常具有金属光泽。跗节隐 5 节(第 4 节很小)。触角丝状,11 节。复眼圆形(图 2-76)。有些种类(跳甲)的后足发达,善跳。幼虫圆筒形,柔软,似鳞翅目幼虫,但腹足无趾钩。成虫和幼虫均植食性,多取食叶片,少数蛀茎和咬根。常见的种类如甜菜龟叶甲(*Cassida nebulosa* Linn.)、黄守瓜(*Aulacophora femoralis* Motschulsky)、草原叶虫(*Geina invenusta* Jacobson)、黄曲条跳甲(*Phyllotreta striolata* Fabricus)等。

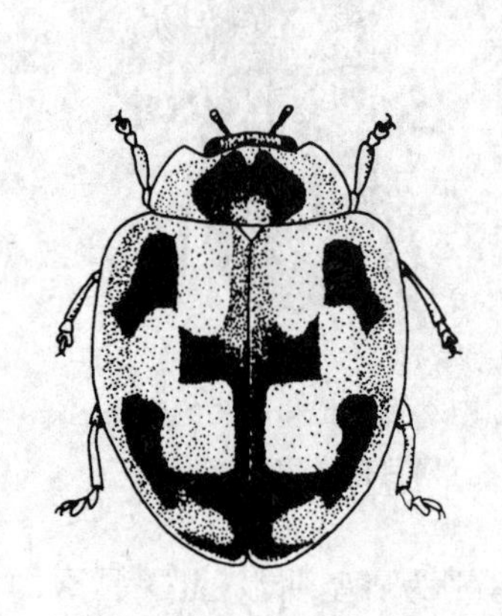
图 2-75 瓢甲科的代表(龟纹瓢虫)(仿周尧)

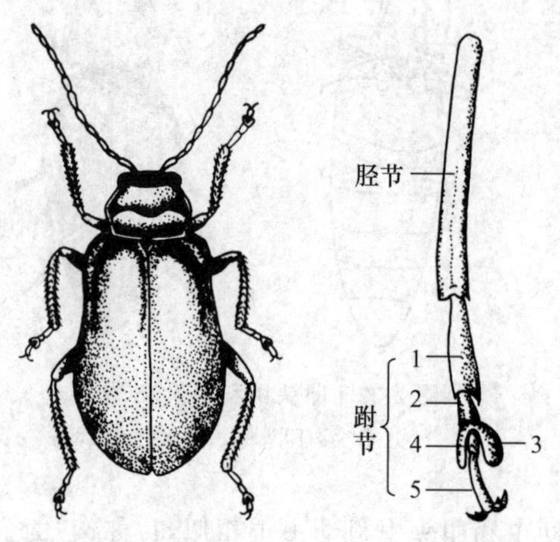

图 2-76 叶甲科的代表(黄守瓜)(仿周尧)

8. 蜣螂科(Scarabaeidae)

粪食性的种类。前足开掘式,后足着生处在身体的后部,其距离接近身体末端而远于中足,后足胫节有一端距。触角鳃叶状,其锤状部多毛(图 2-77)。常见的种类有蜣螂(*Scarabaeus sacer* Linn.)。

9. 粪蜣科(Geotrupidae)

和蜣螂科很相似,其区别为后足胫节有 2 端距,小盾片发达,鞘翅上有明显的沟纹(图 2-78)。加拿大和澳大利亚等国利用本科的种类来清除牧场牲畜的粪便。常见的种类是粪蜣(*Geotrupes substriatellus* Fairm)。

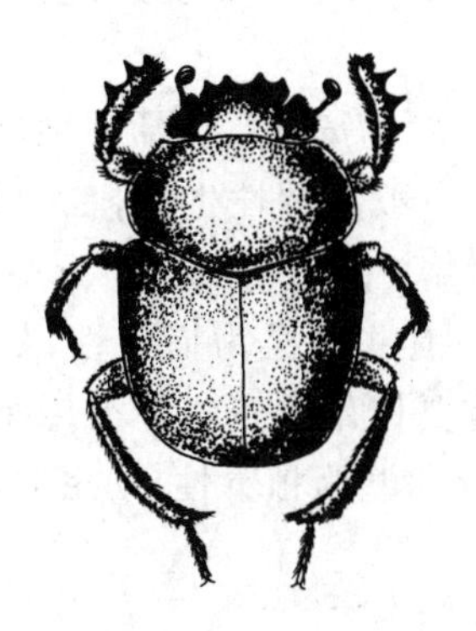

图 2-77 蜣螂科的代表(蜣螂)(仿周尧)

图 2-78 粪蜣科的代表(犀粪蜣)(仿周尧)

10. 豆象科(Bruchidae)

体小,卵圆形。额向下延伸成短喙状。复眼大,前缘凹入,包围触角基部。触角锯齿状、栉齿状或棒状。鞘翅短,腹末外露。跗节隐 5 节。腹部可见 6 节(图 2-79)。幼虫复变态。老熟幼虫白色或黄色,肥胖,向腹面弯曲。足退化。成虫有访花习性,幼虫蛀食豆粒。重要种类有豌豆象[*Bruchus pisorum* (Linnaeus)]、蚕豆象(*Bruchus rufimanus* Boheman)等。

11. 象甲科(Curculionidae)

通称象鼻虫。体小至大型。头部延伸成象鼻状,特称"喙"。咀嚼式口器位于喙的端部。触角多弯曲成膝状,10~12 节,端部 3 节成锤状。跗节隐 5 节(图 2-80)。幼虫体壁柔软,乳白色,肥胖而弯曲。头发达。无足。成虫、幼虫均植食性,许多种类为农林牧业大害虫,如甜菜象(*Bothynoderus punctiventris* Germar)、苜蓿叶象(*Hypera postica* Gyllenhai)等。

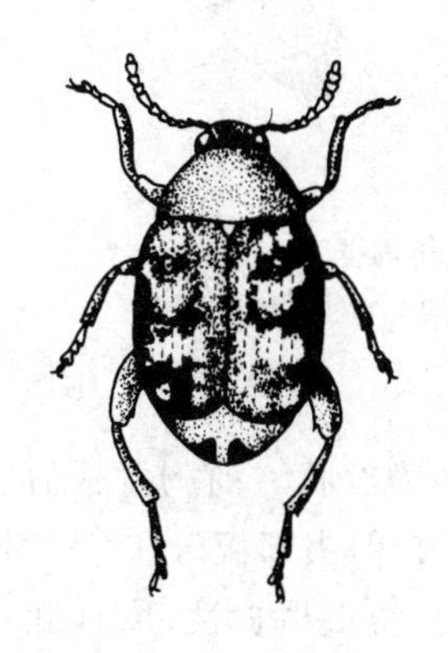

图 2-79 豆象科的代表(豌豆象)(仿周尧)

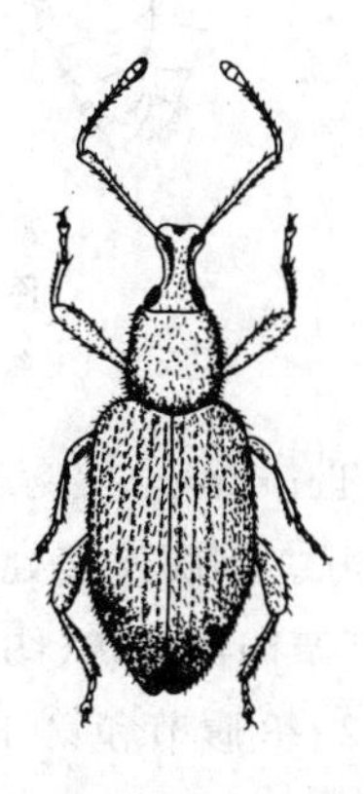

图 2-80 象甲科的代表(棉尖象甲)(仿周尧)

七、膜翅目(Hymenoptera)

包括蜂类和蚂蚁等。全世界已知约 12 万种,我国已知约 2 400 种,为昆虫纲的第 3 大目。

(一)形态特征及生物学特性

体微小至大型。口器咀嚼式或嚼吸式。触角形状多样,有丝状、念珠状、膝状、栉齿状等。翅膜质,前翅大后翅小,后翅前缘有 1 列小钩与前翅相连接。翅脉变异很大,前翅常有翅痣存在。跗节一般 5 节。腹部第 1 节并入后胸,称作并胸腹节。雌虫产卵器发达,锯状或针状,在高等类群中特化为螯刺。

完全变态。叶蜂类的幼虫多足型,其他类幼虫无足型。蛹为离蛹。生活习性比较复杂,多数为单栖性,少数为群栖性,营社会生活,如蜜蜂、蚂蚁等。一般为两性生殖,也有孤雌生殖和多胚生殖。

膜翅目昆虫很多种类为寄生性,如姬蜂、茧蜂、小蜂等;有些种类为捕食性,如胡蜂、泥蜂等,它们都是重要的天敌类群,在害虫生物防治中发挥着重要作用。有些种类传授植物花粉,如蜜蜂、熊蜂等,能提高农作物、果树等的产量和品质。也有一些为植食性,幼虫取食植物的叶片或蛀茎危害,是农林上的重要害虫。

(二)重要科及其形态特征

膜翅目通常分为广腰亚目和细腰亚目 2 个亚目(图 2-81)。广腰亚目胸部与腹基连接处不收缩成细腰状,后翅有 3 个基室,产卵器锯状或管状;幼虫均为植食性,包括叶蜂、茎蜂等。细腰亚目腹基部显著缢缩呈细腰状,后翅最多有 2 个基室;幼虫无足。细腰亚目根据产卵器的功能,再分为锥尾部和针尾部两类。锥尾部腹部末节腹板纵裂,产卵器外露,足转节 2 节,绝大多数为寄生性;针尾部腹部末节腹板不纵裂,产卵器特化为螯刺而不外露,足转节 1 节,多为捕食性。

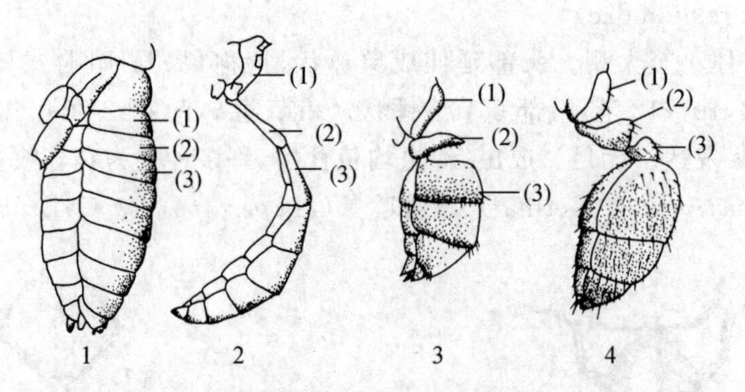

图 2-81　膜翅目胸腹部的连接(仿周尧)

1. 广腰　2. 细腰　3. 腹部第 2 节呈结节状　4. 腹部 2、3 节呈结节状

1. 叶蜂科(Tenthredinidae)

体中型,粗壮。胸腹连接处不收缩成细腰状。触角多为丝状。前胸背板后缘深凹。前足胫节具 2 端距。产卵器锯状(图 2-82)。幼虫似鳞翅目幼虫,但头部额区非“人”字形;腹足 6～8 对,着生在第 2～8 腹节和第 10 腹节上,且末端无趾钩。幼虫植食性,取食叶片。如小麦叶蜂(*Dolerus tritici* Chu)。

2. 姬蜂科(Ichneumonidae)

体细长。触角丝状。前翅翅痣明显,端部第 2 列翅室中有 1 个特别小的四角形或五角形翅室,称作小室;小室下面所连的一条横脉叫作第 2 回脉,是姬蜂科的重要特征(图 2-83)。腹部细长或侧扁,长于头、胸部之和。产卵器很长。卵多产于鳞翅目、鞘翅目、膜翅目幼虫和蛹的体内,幼虫为内寄生,为最常见的寄生性昆虫。常见种类有螟蛉瘤姬蜂[*Itoplectis naranyae* (Ashmead)]、野蚕黑瘤姬蜂[*Coccygomimus luctuosus* (Smith)]和单色姬蜂(*Paniscus unicolor* Smith)等。

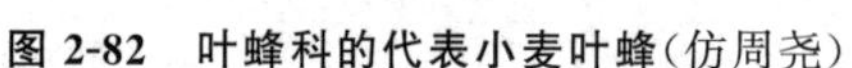

图 2-82 叶蜂科的代表小麦叶蜂(仿周尧)

图 2-83 姬蜂科的代表野蚕黑瘤姬蜂(仿周尧)

3. 赤眼蜂科(Trichogrammatidae)

又叫纹翅卵蜂科。体微小,通常黑色,淡褐色或黄色。复眼赤红色。触角膝状。前翅阔,有缘毛,翅面上微毛排列成行;后翅狭,刀状。跗节 3 节(图 2-84)。寄生于昆虫卵内,已有多种用于害虫的生物防治。重要种类如玉米螟赤眼蜂(*Trichogramma ostriniae* Pang et Chen)、稻螟赤眼蜂(*T. japonicum* Ashmead)。

4. 广肩小蜂科(Eurytomidae)

小型。体长 1.5~6 mm,体黑色或黄色。前胸背板大,四方形或长形,有很密的刻点。前足胫节具 1 大距,后足胫节具 2 距。前翅缘脉、后缘脉及痣脉均发达。雌蜂腹侧常有下陷,最后 1 节背片常向上翘。雄蜂腹部圆球形,有长柄。跗节 4 节。有寄生性的种类,也有植食性的种类,如苜蓿籽蜂(*Bruchophagus gibbus* Boh.)。

5. 蚁科(Formicidae)

通称蚂蚁。体小,光滑或有毛。触角膝状,末端膨大。上颚发达。翅脉简单。胫节有发达的距,前足的距呈梳状。腹部第 1 节或第 1、2 节呈结节状,这是本科的重要特征(图 2-81:3、4)。为多态型的社会昆虫,雌雄生殖蚁有翅,工蚁和兵蚁无翅。常筑巢于地下、朽木中或树上。肉食性、植食性或杂食性。常见种类如小家蚁[*Monomorium phalaonis* (L.)]、亮毛蚁(*Lasius fuliginosus* Latr.)和黑蚁[*L. niger* (L.)]。

6. 蜜蜂科(Apidae)

多黑色或褐色,生有密毛。头和胸部一样阔。复眼椭圆形,有毛,单眼在头顶上排成三角形。下颚须 1 节,下唇须 4 节,下唇舌很长,后足胫节光滑,没有距,扁平有长毛,末端形成花粉篮,跗节第一节扁而阔,内侧有短刚毛几列,形成花粉刷(图 2-85)。有很高的"社会组织"与勤劳的习性,如中国蜜蜂(*Apis cerana* Fabr.)。

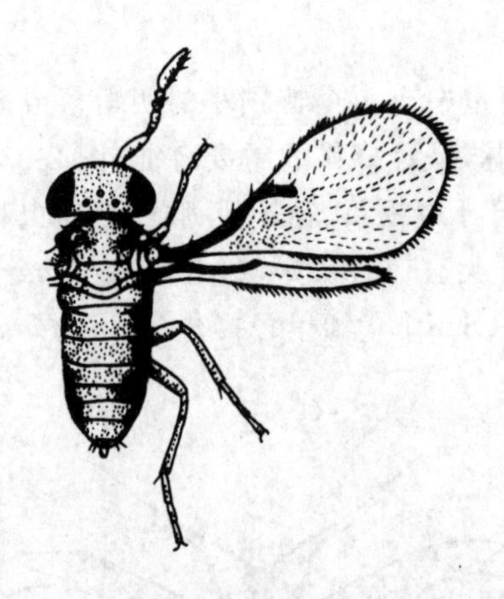
图 2-84 赤眼蜂科的代表稻螟赤眼蜂(仿周尧)

图 2-85 蜜蜂科的代表中国蜜蜂(仿周尧)

八、双翅目(Diptera)

双翅目包括蚊、蠓、虻、蝇等昆虫。全世界已知有 8.5 万余种,我国已记录 4 000 余种,是昆虫纲的第 4 大目。

(一)形态特征及生物学特性

体微小至中型。头下口式,复眼发达。触角形状和节数变化很大,有丝状、念珠状、具芒状等(图 2-86)。口器刺吸式或舐吸式。仅具 1 对膜质前翅,脉相较简单(图 2-87),后翅特化为平衡棒。足跗节 5 节,爪下有爪垫,爪间有爪间突 1 个。

完全变态。幼虫一般无足,蛆形,根据头部发达程度分为全头式、半头式和无头式 3 种类型。生活习性比较复杂。成虫营自由生活,多以花蜜或腐败有机物为食,有些种类可刺吸人类或动物血液,传播疾病;有些则可捕食其他昆虫。幼虫多为腐食性或粪食性;有些为肉食性,可捕食(如食蚜蝇)或寄生于(如寄蝇)其他昆虫;少数植食性,为害植物的根、茎、叶、果、种子等,是重要的农林害虫。

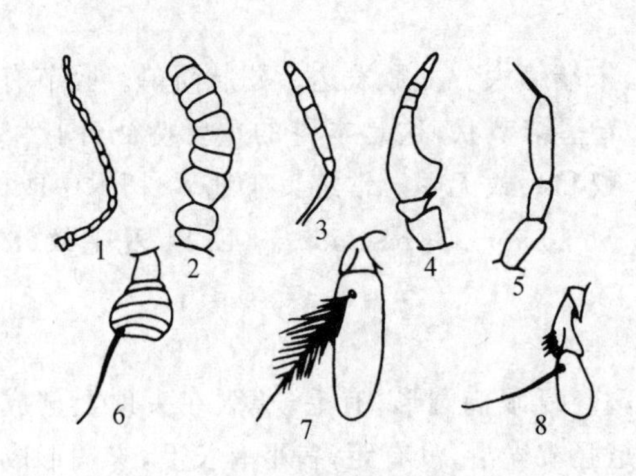

图 2-86 双翅目昆虫的触角(仿 Borror)
1.蕈蚊 2.毛蚊 3.水虻 4.牛虻 5.食虫虻 6.水虻 7.丽蝇 8.寄蝇

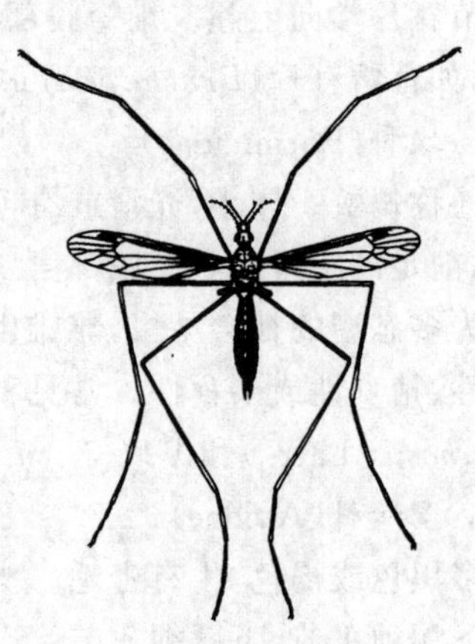
图 2-87 大蚊科的代表大蚊(仿高桥)

(二)重要科及其形态特征

双翅目一般分为长角亚目、短角亚目和芒角亚目3个亚目。长角亚目触角长,6节以上,一般长于头、胸部之和;幼虫全头式,蛹为被蛹,包括蚊、蠓、蚋等。短角亚目触角短于胸部,3节,第3节有时分亚节;幼虫半头式,蛹为离蛹,通称虻。芒角亚目触角短,3节,第3节膨大,背面具触角芒;幼虫无头式,蛹为围蛹,通称蝇。

1. 大蚊科(Tipulidae)

体中至大型。身体和足细长,脆弱。中胸背板有一"V"字形沟。翅狭长,2条臀脉伸达翅缘(图2-87)。成虫不取食或仅食花蜜;幼虫水生或半水生,取食腐败的植物材料或植物根部。如大蚊(*Tipula praepotens* Wiedermann)为害水稻和草坪草。

2. 瘿蚊科(Ithonidae)

体小细弱。触角念珠状,雄性触角节上环生细毛。单眼无。足细长。翅宽而多毛,脉纹退化,仅有3~5条纵脉(图2-88)。成虫多在早、晚活动。幼虫食性可分为捕食性、腐食性和植食性。植食性幼虫常形成虫瘿,吸食汁液从而影响植物生长。重要种类有危害小麦的麦红吸浆虫(*Sitodiplosis mosellana* Gehin)、危害水稻及禾草的稻瘿蚊(*Orseolia oryzae* Woodmason)等。

3. 虻科(Tabanidae)

中型到大型的种类,通常称为牛虻。头大,半球形,后方平截或凹陷。触角向前伸出,基部2节分明,端部3~8节愈合成角状。口器适于刺吸(图2-89),雌虫喜吸哺乳动物的血液,并能传播人畜的疾病。草地上常见种类有骚扰黄虻[*Atylotus miser* (Szilady)]、菲利氏原虻(*Tabanus filipjevi* Olsufjev)、膨条瘤虻(*Hybomitra expollicata* Pandelle)。

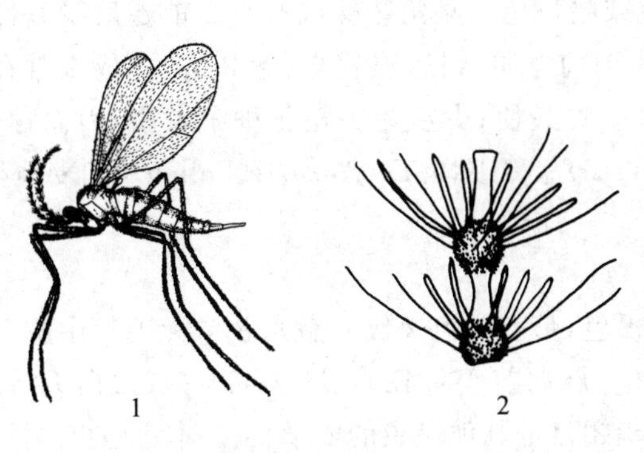

图2-88 瘿蚊科的代表麦红吸浆虫(仿周尧)

1. 成虫 2. 触角

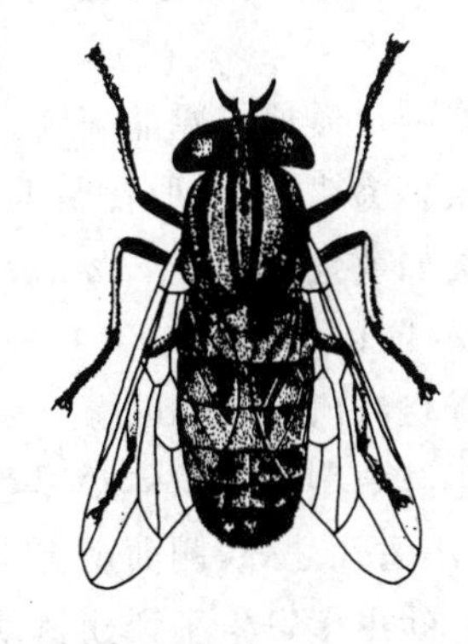

图2-89 虻科的代表牛虻(仿周尧)

4. 食蚜蝇科(Syrphidae)

体中等大小,外形似蜂。体具鲜艳色斑,无刚毛。翅大,外缘有和边缘平行的横脉。径脉和中脉之间有1条两端游离的褶状构造,称作伪脉,是本科的显著特征(图2-90)。幼虫蛆形,体侧具短而柔软的突起或后端有鼠尾状的呼吸管。成虫常在花上或空中悬飞,取食花蜜,传授花粉;幼虫有的为植食性,多数为捕食性,可捕食蚜虫、蚧虫、粉虱、叶蝉、蓟马等,为害虫的重要天敌。如黑带食蚜蝇[*Episyrphus balteatus* (De Geer)]、细腰食蚜蝇(*Bacha maculata* Walker)。

5. 潜蝇科(Agromyzidae)

体小型,多为黑色或黄色。翅宽大,透明或具色斑。无腋瓣,前缘脉有1处中断,亚前缘脉退化。M 脉间有 2 个闭室，后面有 1 个小臀室（图 2-91）。幼虫潜食叶肉，形成各种形状的隧道。重要种类如油菜潜叶蝇（*Phytomyza horticola* Goureau）（旧称豌豆潜叶蝇（*Ph. atricornis* Meigen）。

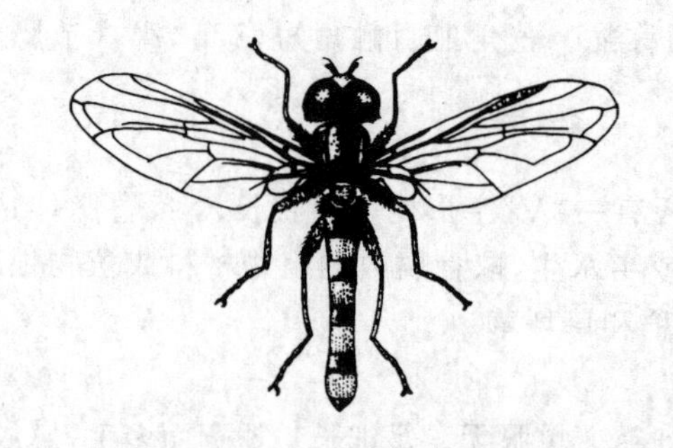

图 2-90　食蚜蝇科的代表食蚜蝇（仿周尧）

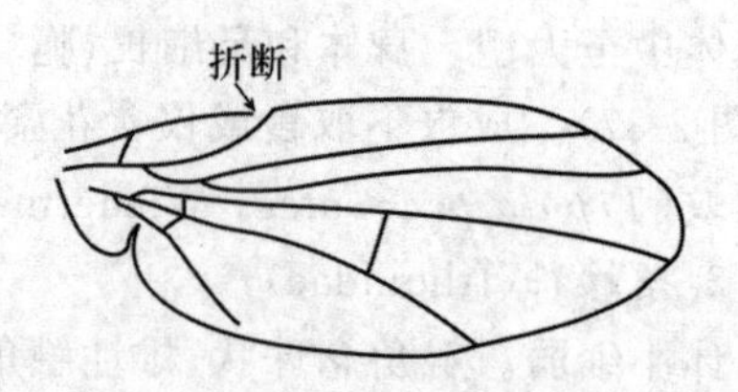

图 2-91　潜叶蝇科的前翅（仿周尧）

6. 秆蝇科（Chloropidae）

又称黄潜蝇科。体微小，多为绿色或黄色，有斑纹。触角芒着生在基部背面，光裸或羽状。翅无臀室，前缘脉在亚前缘脉末端折断（图 2-92）。幼虫蛀食禾本科植物茎秆。重要种类如麦秆蝇[*Meromyza saltatrix* (Linnaeus)]、燕麦黑秆蝇（*Oscinella pusilla* Meigen）。

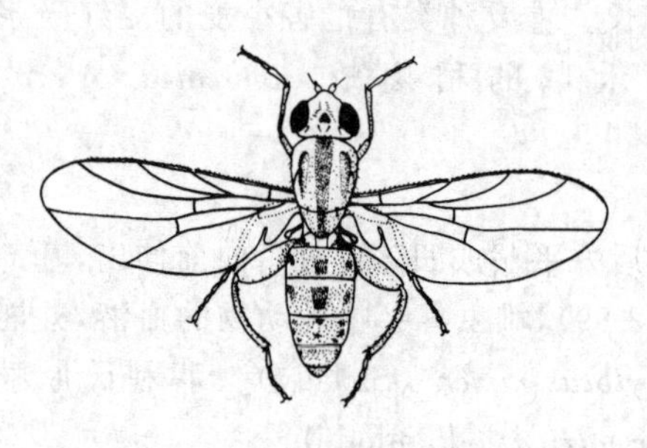

图 2-92　秆蝇科代表麦秆蝇（仿周尧）

7. 花蝇科（Anthomyiidae）

又称种蝇科。体小至中型，有鬃毛，多为黑色、灰色或暗黄色。触角芒裸或有毛。前翅后缘基部与身体连接处有一片质地较厚的腋瓣。M_{1+2}脉不向前弯曲，到达翅后缘（图 2-93）。成虫常在花间飞舞。幼虫多为腐食性，取食腐败动、植物和动物粪便；少数为害植物种子及根，因而称作根蛆。常见种类如葱地种蝇[*Delia antiqua* (Meigen)]、萝卜蝇[*D. floralis* (Fallén)]和麦地种蝇[*D. coarctata* (Fallen)]。

8. 寄蝇科（Tachinidae）

体小至中型，多毛，体常黑色、灰色或褐色，带有浅色斑纹。触角芒常无毛。中胸后盾片发达，露在小盾片之外，侧面观更为明显。M_{1+2}脉向前弯向 R_{4+5}（图 2-94）。成虫白天活动，常见于花间。幼虫多寄生于鳞翅目幼虫、蛹及鞘翅目等其他昆虫的成、幼虫。本科昆虫多数是益虫，

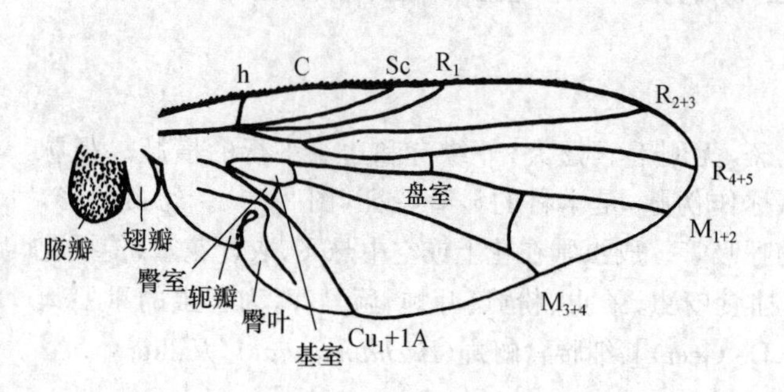

图 2-93　双翅目昆虫花蝇科的前翅（仿 Suwa）

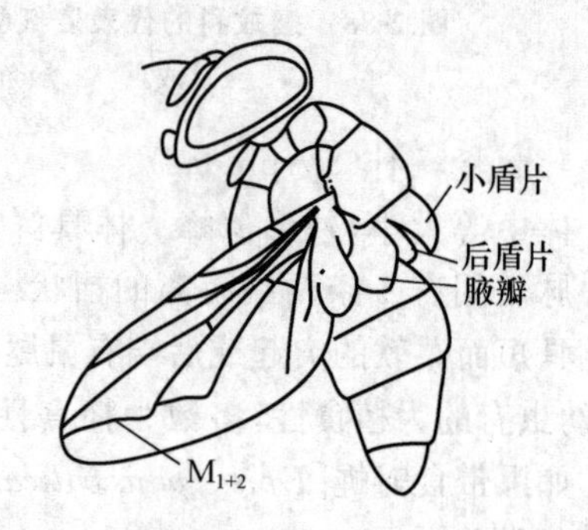

图 2-94　寄蝇科的侧面（示盾片等）（仿周尧）

在生物防治中起一定作用。如寄生黏虫的日本追寄蝇(*Exorista japonica* Townsend),寄生玉米螟、草地螟的玉米螟厉寄蝇(*Lydella grisescens* Robimeau-Desvoidy)。

思考题

1.昆虫的主要形态特征是什么?

2.昆虫的胸部和腹部在构造上各有何特点?

3.昆虫的触角的基本构造怎样?它有哪些类型?了解触角的类型有何实践意义?

4.昆虫的口器有哪些主要类型?咀嚼式和刺吸式口器的基本构造怎样?

5.简述咀嚼式口器、刺吸式口器、锉吸式口器的基本结构及各类型的特点。

6.昆虫胸足有几对?它有哪些主要类型?

7.昆虫的翅有哪些主要类型?翅的连锁器有哪几类?

8.何为标准脉序?它有哪些纵脉和横脉?

9.昆虫外生殖器的基本构造怎样?

10.昆虫体壁的结构及其功能是什么?

11.简述昆虫各主要内部器官的结构和功能。

12.昆虫主要内分泌器官有哪些?各分泌的激素是什么?

13.昆虫的生殖方式主要有哪些?各有何特点?

14.昆虫的产卵方式主要有哪些?了解产卵方式有何意义?

15.昆虫的变态类型有哪些?各有何特点?

16.何谓世代和世代重叠?何谓一化性昆虫和多化性昆虫?

17.何谓滞育和休眠?它们有何异同?引起和解除滞育的条件主要有哪些?

18.什么是趋性?趋性有哪些主要类型?了解昆虫的趋性有何意义?

19.简述直翅目、缨翅目、半翅目、鳞翅目、鞘翅目、膜翅目、双翅目及其各重要科成虫的主要特征。

第三章

草原啮齿动物概论

第一节　啮齿动物的概念及形态特征

一、啮齿动物的概念

啮齿动物是指哺乳纲中的啮齿目和兔形目动物，即通常所说的鼠类和兔类。其中，鼠类体形较小，上颌仅具1对凿状门齿；兔形目体形中等，上颌具两对门齿，呈前后排列，后一对很小，隐于前一对的后方，因此又称"重齿类"。

啮齿动物的共同特点是：门齿非常发达且呈凿状，无齿根，能不断地生长；无犬齿，门齿和臼齿间的间隙宽阔；臼齿分叶或咀嚼面上有突起。盲肠较发达。

啮齿动物是哺乳纲中种类最多的一个类群，其繁殖力和适应性较强，常能在短期内形成较高的密度，对人类的生产和生活带来极大的危害。广泛分布于森林、草原、农田等各种生态环境之中，有些种类还成为密切依附于人类的家栖鼠种，被称为人类最成功的伴生种。营穴居生活。食性主要以植物性食物为主。草地生态系统中的啮齿类多具有积极作用，适宜的数量有利于草地生态系统的机能，享有"生态系统工程师"美誉。

二、啮齿动物的形态结构特征

(一)外部形态

啮齿动物身体被毛，呈灰黑色、灰褐色、黄褐色等多种颜色。身体可分为头、颈、躯干、尾和四肢5部分(图3-1)。

1. 头部

头部明显，是脑、感觉器官(眼、耳、鼻等)和摄食器官(口)的所在部位。其中，眼和耳的形态与种类、栖息生境和生态习性密切相关。生活于开阔景观的夜行性种类，听觉器官发达，耳壳和听泡比较大(如兔和跳鼠)；而昼行性种类(如黄鼠、旱獭)或地下生活的种类(如鼢鼠)，耳壳不发达甚至退化。地下生活种类(如鼢鼠、鼹鼠等)眼亦极度退化，甚至连视网膜或视神经也发育不全。

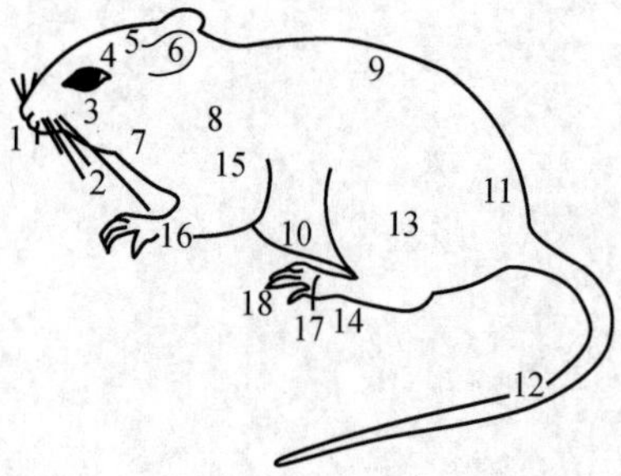

图3-1　啮齿动物的外形(仿宋恺)

1.吻　2.须　3.颊　4.眼　5.额　6.耳　7.喉　8.颈　9.背　10.腹　11.臀　12.尾　13.股　14.后足　15.肩　16.前足　17.趾　18.爪

2. 颈部

颈部明显、发达，可使头部转动灵活，以适应多变的陆生环境。但地下生活的鼢鼠颈部不明显，这与其用头部推土导致颈部肌肉发达有关。

3. 躯干部

躯干部以膈肌为界可分为胸部和腹部。雌体腹面通常有 3～6 对乳头，腹部后端有尿道、阴道和肛门 3 个开口。雄体在肛门之前有阴囊（交配季节睾丸降入阴囊中）和阴茎，腹部后端只有肛门和阴茎末端 2 个开口。

4. 尾部

尾部的形态因种类而异，尾部的有无、长度、形状、鳞片、尾毛以及末端是否有毛束等，都是物种鉴别的常用依据。

5. 四肢

四肢为陆栖脊椎动物典型的 5 趾型附肢（图 3-2）。足型为跖行型，即运动时跖（掌）趾（指）全部着地。前后肢的长度多相差不明显，但兔和跳鼠的后肢延长，以后肢跳跃行走，而营地下生活的鼢鼠则前肢特别发达，指爪强健，适于掘土。趾数因种类而异。有些鼠类跖部腹面和趾两侧生有密毛（如毛跖鼠、跳鼠等）或趾间具蹼（如河狸、麝鼠等）。趾底的肉质跖垫数和爪的颜色亦是种类鉴别的依据。

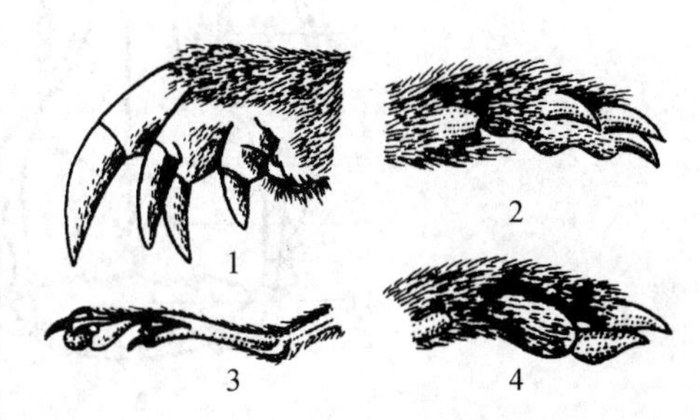

图 3-2　鼠的前后肢与爪（仿郭全宝）

1. 鼢鼠的前肢　2. 旅鼠的前肢
3. 跳鼠的后肢　4. 田鼠的前肢

6. 外形测量

啮齿动物外形的数量指标是用于分类的重要依据。在捕获标本之后，必须先进行测量登记，然后解剖或制作标本。鼠的外形测量主要包括体长、尾长、后足长、耳长、体重和胴体重。其中重量单位用 g 表示，长度单位用 mm 表示（图 3-3）。

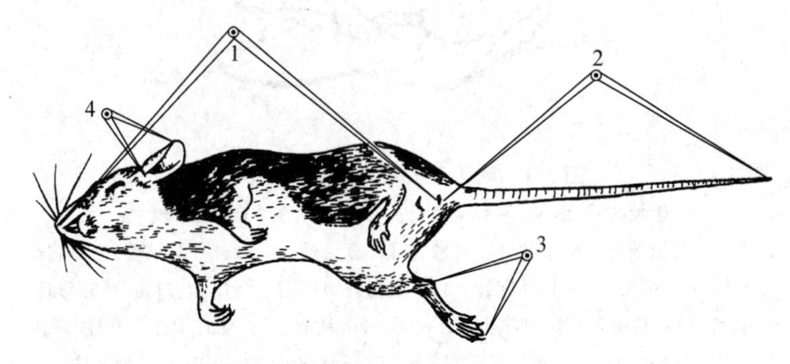

图 3-3　啮齿动物的外形测量（仿韩崇选）

1. 体长　2. 尾长　3. 后足长　4. 耳长

体长：自吻端至肛门的直线距离。

尾长：自肛门至尾端的直线距离（尾端毛不计在内）。

耳长：自耳孔下缘（如耳壳呈管状则自耳壳基部量起）至耳顶端（不连毛）的直线距离。

后足长：自足跟至最长脚趾末端（不连爪）的直线距离。

体重：整体重量。

胴体重：除去全部内脏的重量。

(二)内部结构

1. 头骨

头骨包括颅骨和下颌骨两部分。

(1)颅骨　由背腹2组骨片连同嗅觉、听觉、视觉3对感觉囊共同组成。背面由成对的鼻骨、额骨、顶骨和一块顶间骨形成鼻部和颅顶(图3-4)。

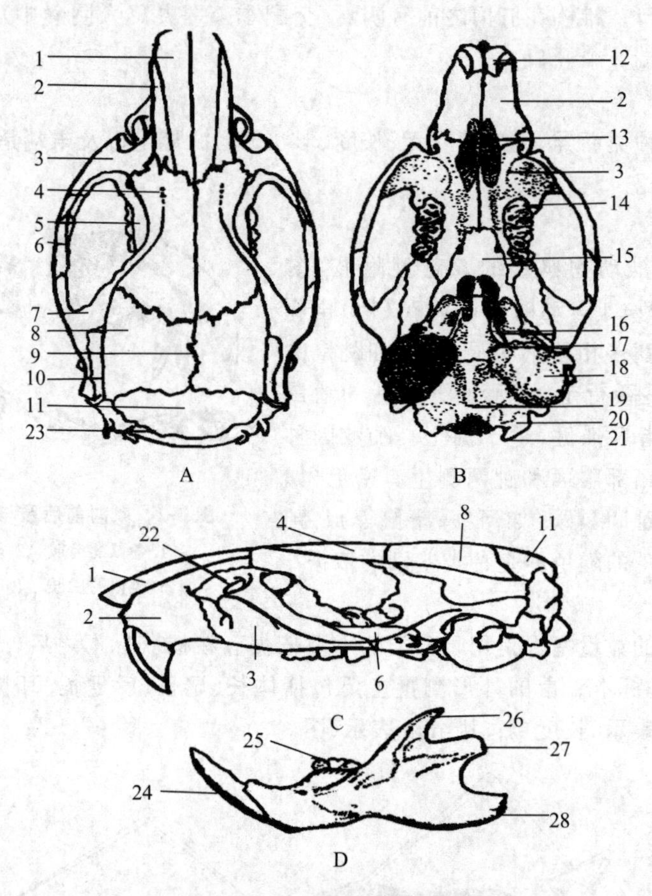

图3-4　啮齿动物的头骨(仿宋恺)

A. 颅骨的背面　B. 颅骨的腹面　C. 颅骨侧面　D. 下颌骨侧面

1. 鼻骨　2. 前颌骨　3. 上颌骨　4. 额骨　5. 眶上嵴　6. 颧骨　7. 鳞骨　8. 顶骨　9. 矢状嵴　10. 颞嵴　11. 顶间骨　12. 上门齿　13. 腭孔　14. 上臼齿　15. 腭骨　16. 翼骨　17. 基蝶骨　18. 听泡　19. 枕骨　20. 枕髁　21. 枕骨大孔　22. 眶下孔　23. 人字嵴　24. 下门齿　25. 下臼齿　26. 冠状突　27. 关节突　28. 角突

后端为枕骨,枕骨围绕枕骨大孔(脑和脊髓相连的通道),枕骨大孔的两侧各有1个枕骨髁(与第1颈椎相连接)。枕骨与顶间骨(或顶骨)之间由"人"字嵴隔开。

腹面由前颌骨、上颌骨、腭骨和翼骨组成次生颚。其前面有门齿孔和腭孔。次生颚与鼻骨之间是鼻道,鼻道后端的开口为内鼻孔,其间为犁骨。基枕骨之前为基蝶骨,前蝶骨夹于两翼骨之间。

侧面凹陷的眼眶上缘为眶上嵴(额骨向外突出形成),下缘是颧弓(由上颌骨颧突、颧骨和鳞骨颧突组成)。泪骨1块,位于眼眶前壁。眶蝶骨为两眼眶之间的隔壁。颧弓的鳞骨颧突发自后面的颞骨(或称鳞骨)。颞骨后方为鼓骨,由它形成听泡,上有听孔,内为鼓室。听泡后外侧为岩乳骨。

(2)下颌骨 由1对齿骨组成(图3-4),由关节突与鳞骨腹面的下颌关节窝相联结。着生门齿和颊齿的部分为骨体(下颌体),其余为下颌支。骨体包括前端的门齿部和臼齿部。门齿与臼齿齿槽间是宽阔的虚齿位。下颌支末端有3个突起,最上面的为钩状的冠状突(喙状突),供颞肌附着;中间的突起为髁状突(关节突);冠状突和髁状突之间的半圆形凹缘称下颌切迹;最下面的一个突起为朝向后方的隅突(角突),其外侧腹缘有咬肌嵴,嵴上方的凹面称咬肌窝,供咬肌的附着。有的种类在下颌支外侧有一由下门齿末端形成的隆突,称门齿齿槽突。

(3)头骨测量 头骨是啮齿动物鉴定的主要依据,头骨测量的量度单位为mm,测量部位主要有:

颅全长:头骨的最大长度,从吻端(包括门齿)到枕骨最后端的直线距离。

颅基长:从门齿底端至左右枕髁最后端连接线的直线距离。

上齿列长:从门齿至最后臼齿槽最后缘间的距离。

齿隙长:从门齿基部的后缘至颊齿列前缘的直线距离。

听泡长:听泡的最大长度(不包括副枕突)。

听泡宽:听泡的最大宽度。

眶间宽:额骨外表面与两眶间的最小宽度。

鼻骨长:鼻骨前端至其后缘骨缝的最大长度。

颧宽:左右颧弓外缘间的最大宽度。

后头宽:头骨后部(脑颅部分)的最大宽度。

2.牙齿

啮齿动物的牙齿分化为门齿、犬齿、前臼齿和臼齿,具有切割、撕裂和磨碎等多种功能。牙齿与食性密切相关,是分类的重要依据。通常以齿式来表示牙齿的数目。齿式的书写方法采用哺乳动物齿式表达方式,即用分数式来表示。分子表示上颌一侧的齿数,分母表示下颌一侧的齿数。每侧先从门齿开始写起,依次为门齿、犬齿、前臼齿、臼齿,其中缺少某种牙齿则以“0”代之。最后将上颌和下颌的齿数相加,再乘以2(往往在书写齿式时可把“×2”省略),即为牙齿的总数。其公式为:

$$\text{齿式}=\frac{\text{(上)门齿·犬齿·前臼齿·臼齿}}{\text{(下)门齿·犬齿·前臼齿·臼齿}}\times 2=\text{总齿数}$$

或写成:

$$\text{齿式}=\frac{\text{(上)门齿·犬齿·前臼齿·臼齿}}{\text{(下)门齿·犬齿·前臼齿·臼齿}}=\text{总齿数}$$

如仓鼠的齿式为:

$$\frac{1\cdot 0\cdot 0\cdot 3}{1\cdot 0\cdot 0\cdot 3}\times 2=16,\text{或写成}\frac{1\cdot 0\cdot 0\cdot 3}{1\cdot 0\cdot 0\cdot 3}=16$$

啮齿动物无犬齿,门齿与前臼齿间具有一个宽阔的间隙,称犬齿虚位。门齿无齿根,终生生长,并需要通过经常咬啮来磨损。臼齿数不超过6枚,颊齿从前往后数,倒数3枚为臼齿,其余为前臼齿;臼齿为长柱形,因釉质伸入齿质并发生褶皱,而使臼齿咀嚼面呈多种形态。

门齿的颜色(黄色、白色、橙色)和前缘表面的纵沟、齿尖后缘的缺刻,门齿与上颌骨的角度(垂直或前倾)以及臼齿咀嚼面的形态(嵴状、结节、平坦、片状分叶)等均为分类的重要依据。

3. 消化系统

消化系统包括消化道和消化腺2部分。

(1)消化道　由口腔、食道、胃、小肠、大肠和肛门组成(图3-5)。其中,口具肌肉质的唇,具有吸吮、辅助摄食和咀嚼的功能,兔形目上唇具有唇裂。部分种类在两侧牙齿外侧的颊部具有发达的颊囊,用以暂时贮存食物;口腔内部有牙齿和舌,并经咽与食道相连。食道与胃的贲门相连。胃为单胃,胃下部通过幽门通往十二指肠。小肠与大肠交界处具发达的盲肠,内生大量细菌,能帮助消化植物纤维。以肛门开口于体外。

(2)消化腺　口腔内具唾液腺,能分泌唾液。小肠附近具肝脏和胰脏,分别分泌胆汁和胰液,并注入十二指肠。

4. 生殖系统

(1)雄性生殖系统　由睾丸、附睾、输精管、阴茎、贮精囊和附属腺体等部分组成(图3-6)。

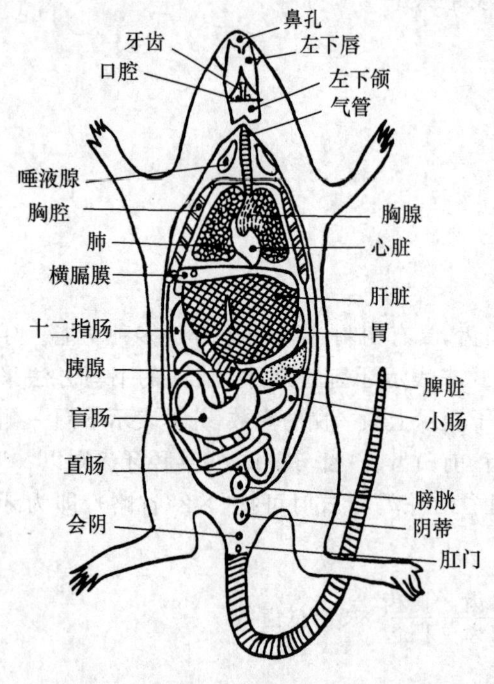

图3-5　小鼠的内部结构(仿钟品仁)

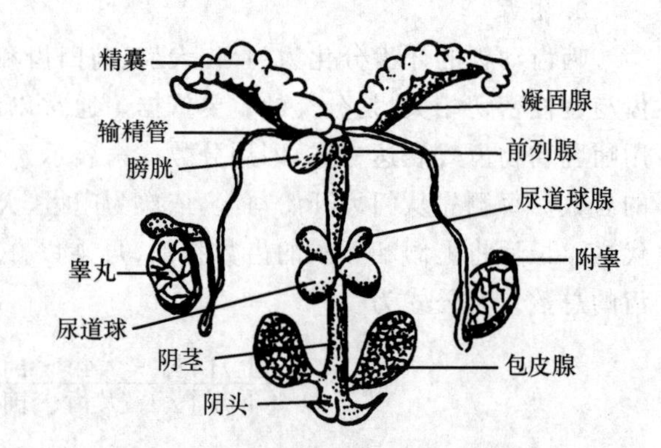

图3-6　雄鼠的生殖器官(仿钟品仁)

睾丸:为雄性生殖腺,内具许多生精小管,是产生精子的器官。性成熟时,睾丸由腹腔下降到阴囊。

附睾:附着在睾丸上部,由睾丸伸出的细管盘曲而成,性成熟时明显。分为附睾头、附睾体和附睾尾,附睾尾的末端紧接输精管。

输精管:由阴囊伸入腹腔上行,绕过输尿管,在膀胱的背侧形成贮精囊(贮存精液)。左右输精管在贮精囊之后汇合成射精管,通入阴茎的尿道内开口于龟头。

阴茎:由海绵体组成,许多啮齿动物的阴茎还具有阴茎骨,阴茎骨的形状亦可作为分类的依据。

附属腺体：包括精囊腺、前列腺、尿道球腺等，具有稀释精液和加强精子活动的功能。精囊腺位于膀胱的背侧，其主要功能是分泌黏液，交配后精囊腺分泌的黏液在雌性的阴道内凝结成阴道栓，使精液不致倒流，并可防止已受精雌体二次受精；交配后不久阴道栓即被溶解吸收或自行掉落。

(2)雌性生殖系统　由卵巢、输卵管、子宫、阴道和阴门等部分组成。

卵巢：为雌性生殖腺，位于腹腔壁凹陷内。性成熟后，卵巢表面有许多处于不同发育阶段的滤泡，每个滤泡内含一个卵细胞。排卵后滤泡形成黄体。卵受精后黄体发育成妊娠黄体，在卵巢表面形成红色、橙色或乳白色的疣状体，若卵未受精则黄体逐渐退化，称假黄体。

输卵管：输卵管远端细窄并通过喇叭口与卵巢相接，输卵管近端与子宫直接相连。

子宫：啮齿动物为左右完全分开的双子宫，分别开口于阴道。

阴道：阴道内面为多褶的黏膜，在发情期黏膜稍呈角质化。

前庭：泌尿、生殖共同开口的部位叫作前庭。在前庭内有阴道和尿道的开口，前庭腹壁还具有发达的阴蒂(海绵体小突起)。由于啮齿动物的阴蒂发达，与雄性的阴茎不易区分，故雌雄鉴别时通常还需要根据它与肛门间的距离来辅助判断。

第二节　啮齿动物的生物学习性

啮齿动物具有生命力强、适应范围广、繁殖率高等特点，这与啮齿动物的生物学习性有关。了解啮齿动物的生物学习性是鼠害防治工作的基础。

一、栖息地及洞穴

(一)栖息地

栖息地指啮齿动物在其分布区内的生活场所。

1.栖息地类型

(1)最适生境　指啮齿动物能够得到比较好的生活条件和繁殖场所，并能形成较高密度的场所。

(2)可居住生境　指啮齿动物可以生活或繁殖，但不能形成较高密度的场所。

(3)不适生境　指不适宜于啮齿动物栖息、生活的场所。

2.贮备地

贮备地指某些特殊生境能为啮齿动物的生存提供非常有利的生活条件，即使在广大分布区都处于不利的情况下，这些生境也能维持啮齿动物的生存，对啮齿动物起到贮存保留的作用；而在良好条件下，啮齿动物则可大量增殖，并由此向外扩散，该生境又起到发源地的作用。故贮备地是害鼠防治的重点场所。

(二)洞穴

绝大多数啮齿动物营地下穴居生活。洞穴是啮齿动物躲避敌害、保护幼仔、贮存越冬食物、抵御冬夏多变不良气候的重要场所。啮齿动物的洞穴结构包括洞口、洞道、窝巢、仓库和便所等(图 3-7)。

(1)洞口　洞口的大小、形状和多少因鼠种而异。如跳鼠仅有 1 个洞口，黄鼠有 1～2 个洞口，沙鼠可多至十几或几十个洞口。洞口前常有土丘。

(2)洞道　洞道的长短、直径和深浅因种而异。夏季洞和临时洞洞道短浅，分支少；冬季洞和永久洞洞道长而复杂，迂回曲折且分支多，洞道可长达数米至数十米，鼢鼠洞道甚至可超过0.5 km。

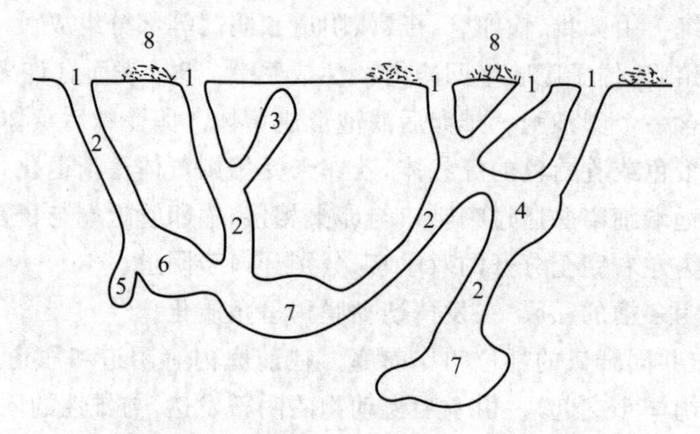

图 3-7　鼠类洞穴模式图(仿赵肯堂)

1.洞口　2.洞道　3.暗窗　4.窟　5.盲道　6.便所　7.窝巢　8.抛土

(3)窝巢　位于洞道的末端或洞系的中央部分，距离地面较深，巢由细软的碎草、羽毛和兽毛等组成。冬眠鼠的窝巢均在冻土层以下。此外，洞道中还有扩大的部分，可作进出时转身和临时伏卧之用。

(4)仓库　不冬眠的鼠类秋季贮存食物的地方。

(5)便所　鼠类排泄粪尿的场所。

(6)盲道和暗窗　盲道是由洞道或窝巢发出而末端不通到地面的洞道，是鼠类出蛰时的通道；暗窗指末端接近地表的盲道，作为鼠类遇敌时逃逸的通路。

冬眠鼠类(如仓鼠、黄鼠、花鼠、松鼠等)和夜间活动的鼠类(如跳鼠等)，洞穴分散，结构简单，单独生活(繁殖期除外)，一鼠一洞；而非冬眠鼠类(如鼢鼠、鼠兔等)和白天活动的鼠类(如沙鼠、田鼠等)，洞穴都比较复杂(图 3-8)。

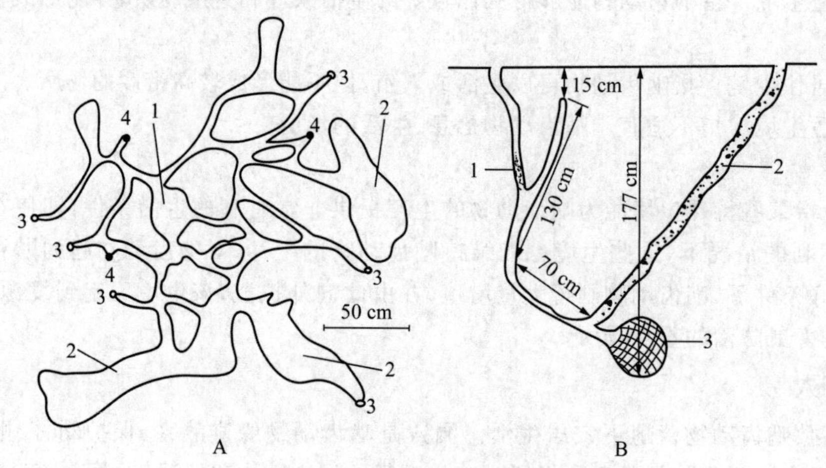

图 3-8　布氏田鼠和草原黄鼠的洞穴(仿宋恺)

A.布氏田鼠洞穴平面图：1.巢室　2.仓库　3.明洞口　4.暗洞口

B.草原黄鼠的冬眠洞：1.堵塞部分　2.往年废弃洞　3.冬眠洞

二、活动与取食

(一)活动

啮齿动物的活动包括打洞、觅食、筑巢、求偶、避敌和迁移等,其活动与种类、年龄、活动环境、气候条件及季节变化等密切相关。多数种类在出生后3个月到2～3年内活动能力最强,出生后3周内的幼体和3年以上的老体活动能力较弱;啮齿动物在打洞、觅食、筑巢、求偶交配时,活动量增加,而在怀孕和哺乳期活动量减少;一般成年雄体的活动能力大于雌体。

1.活动节律

啮齿动物的活动具有一定的节律性,按照不同的标准可以划分为不同的类型。

(1)昼夜节律　按照啮齿动物活动的昼夜节律,可以划分为昼出活动、夜间活动和全昼夜活动3种类型。

昼出活动类型:草原啮齿动物大多属于昼出活动类型,如黄鼠、旱獭、布氏田鼠和长爪沙鼠等。

夜间活动类型:夜间活动的种类有跳鼠、仓鼠、褐家鼠、姬鼠和子午沙鼠等。

全昼夜活动类型:营地下生活的种类与昼夜交替没有多大联系,而属于全昼夜活动类型,如鼢鼠和鼹形田鼠等。

(2)活动高峰节律　按照啮齿动物一天的活动高峰数量,可以划分为单峰型、双峰型和多峰型等。

单峰型:每天出现一次活动高峰,如褐家鼠等。褐家鼠大体上自下午5时起逐渐开始活动,活动高峰出现在午夜0—凌晨2时,而上午8—下午6时,则极少活动。

双峰型:每天出现两次活动高峰,如高原鼠兔。高原鼠兔在夏秋季节,每天上午8时左右和下午5时左右出现两次活动高峰,但以上午活动比较频繁,活动时间也较长。而在气温最高的中午12—下午3时,很少活动。

多峰型:每天出现多次活动高峰,如鼢鼠和鼹形田鼠。鼢鼠和鼹形田鼠营地下生活,可能因环境温度等影响,全昼夜活动而呈现为多峰型;其在夜间活动的时间长于白昼,以午夜的高峰值最高;上午7—10时和下午5—7时活动明显,中午12—下午4时活动很少。

2.影响啮齿动物活动的因素

啮齿动物的活动与光照、温度、风、降雨等环境因子密切相关。光照是大多数啮齿动物调节昼夜活动节律的基本信号;白昼活动的鼠类通常是在洞内外温差最小的时候活动最为频繁;大风和大雨天气,啮齿动物活动减少,而在雨过天晴以后活动量往往显著增高。此外,啮齿动物的活动还与性别、年龄和生理状态有密切关系:一般雄性活动量较雌性大;交配和贮粮季节,两性活动量都增加;哺育期,雌性活动时间显著减少。

3.活动范围

啮齿动物的活动范围因种而异。例如,沙鼠的活动距离为200～400 m,远者可达千米;达乌尔黄鼠为300～500 m;大仓鼠为2 km;布氏田鼠的迁移距离可达50～60 km。活动范围也会因性别有差异。一般雄性的活动范围大于雌性。

(1)巢区　巢区指以巢穴为中心,啮齿动物经常活动的范围,它是啮齿动物进行采食和交配的重要场所。巢区大小因种而异并随季节发生变化(图3-9),一般食种子的鼠类巢区较大,

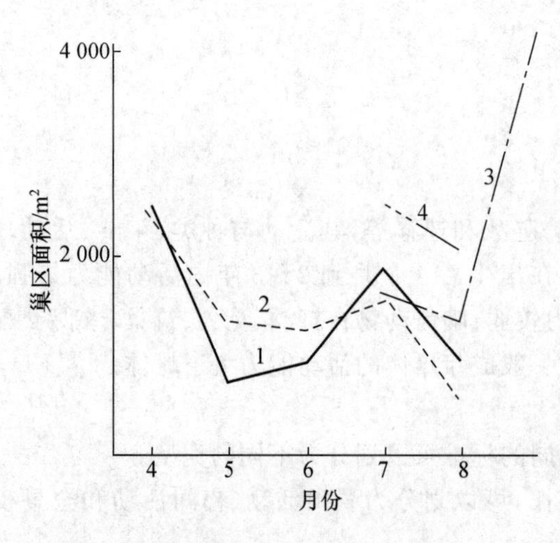

图 3-9　黄鼠巢区季节变化趋势(仿宋恺)

1. 成年雄性　2. 成年雌性

3. 未成年雄性　4. 未成年雌性

食茎叶的鼠类巢区较小。研究巢区,可以探明个体活动范围的大小,得到种群密度和种内个体接触程度信息,为灭鼠时确定投饵密度提供依据。

(2)领域　领域指巢区范围内不准其他个体侵入的部分,领域内能保障啮齿动物能源的供应,并维持啮齿动物的生存。领域的大小与啮齿动物的能量需要成正比,所有啮齿动物都有巢区,但不一定都有领域。

4. 迁移

啮齿动物多为定居生活,但当环境条件不适宜时,如食物、气候发生变化,或栖居地遭受破坏时,啮齿动物亦可进行迁移活动。啮齿动物迁移活动可使某一地区在短期内啮齿动物种群密度突然增加或减少。例如,北欧的旅鼠具有周期性成群迁移的习性,当食物缺乏时,旅鼠可呈几十万只甚至几百万只进行成群迁移。我国内蒙古西部荒漠地带的子午沙鼠具有嗜食性迁移习性,该地区在 6 月下旬芦苇返青时,子午沙鼠从柽柳灌丛中逐步转移到芦苇丛中取食;7 月上旬黑果枸杞逐渐成熟时,该鼠开始出现在枸杞丛中;8 月上旬芦苇根茎纤质增加、适口性渐差,黑果枸杞果实渐少,而猪毛菜和赖草的种子陆续成熟,于是该鼠又迁移取食种子,在芦苇和黑果枸杞丛中逐渐消失;9 月初至 10 月份,多种植物种子普遍成熟,食料丰富,各类植物群落间的嗜食迁移活动结束。据研究,长爪沙鼠迁移的最远距离为 1.57 km,布氏田鼠迁移距离可达 50～60 km。

研究和掌握啮齿动物的活动规律,可为准确、有效、集中防控有害啮齿动物提供依据。

(二)取食

1. 食性

啮齿动物多为植食性,部分种类转化为杂食性(如仓鼠、跳鼠、黄鼠、褐家鼠等)。有些种类的食性范围比较窄,属于狭食性,如竹鼠,仅吃嫩竹及其地下茎,鄂毕旅鼠则专门以苔草和羊胡子草为食;草原啮齿动物大多为广食性的种类,如达乌尔黄鼠经常采食的植物有 19 种之多。

啮齿动物的食性不是一成不变的,往往随季节发生变化。如青海的高原鼠兔,6 月份喜食针茅,7 月份采食比例减少,8 月份几乎不采食;蒙古黄鼠的食性也有较明显的季节变化(表 3-1)。引起啮齿动物食性变化的原因主要有两个方面:①啮齿动物自身需要,如秋冬季节,气温下降,啮齿动物多趋向于采食含热量较高的食物(如果实、花、种子等);②环境胁迫,即获得某种食物的可能性,如棕背䶄冬季啃食树皮,是因为环境中缺乏食物所致,而不是出于喜好。

2. 食量

啮齿动物的食量很大。一般啮齿动物每天的食量,相当于它体重 1/10～1/15,田鼠每天的食量可达到体重的 1～3 倍。食量的大小决定于食物所含热量的多少、啮齿动物的新陈代谢强度以及和代谢有密切关系的生理、生态特性、生长速度、活动性和外界温度等多种因素。一般而言,肉食性啮齿类比植食性啮齿类的食量小,杂食性啮齿类居中,食种子、果实和块根(茎)的啮齿类比吃茎、叶部分的食量小。

表 3-1　蒙古黄鼠食物组成的季节变化(自宋恺,1997)

食物种类	月份							
	3	4	5	6	7	8	9	10
绿色植物		++	++	++	++	++	++	+
种子	+	+				+	++	+
花			+	+	+			
根	+	++		+	+			
昆虫碎片	+	++	++	+	++	++	++	+

+表示在食物中所占比例多,++表示较多。

三、生长与繁殖

啮齿动物的种族延续是通过生长与繁殖来完成的,研究啮齿动物的生长与繁殖可为鼠害预测预报提供依据。

(一)生长

啮齿动物刚出生时全身无毛,眼耳紧闭,此后生长发育迅速。根据啮齿动物生长过程中形态、行为和性发育的特点与变化,其生长大致可以划分成 4 个阶段(以小家鼠为例)。

(1)乳鼠阶段　自初生至 15 日龄。此阶段体温调节机制尚未形成,但生长发育迅速;体重、体长、尾长和后足长高速增长,毛被在此期内基本长全,睁眼,耳孔开裂,门齿长出,开始断乳。

(2)幼鼠阶段　15～25(或 30)日龄。此阶段生长率下降,体温调节机制形成。上下颌臼齿长全,断乳,开始独立觅食。

(3)亚成体阶段　自 25(或 30)～70(或 75)日龄。此阶段生长率明显下降,生殖器官迅速发育,雄鼠睾丸达到最重,并降入阴囊,附睾具精子;雌鼠阴门逐渐开孔。少数个体在春夏季参加繁殖。

(4)成体阶段　生殖腺已完全发育成熟,并具有生殖能力(即达到性成熟)。其标志是雄鼠睾丸降入阴囊,雌鼠阴门开孔。体长、尾长和后足长在 90 日龄后基本停止增长。性成熟的年龄与啮齿动物的寿命和体形大小有关(表 3-2),一般在 70 日龄以上。

啮齿动物的生长发育与环境条件密切相关。对于多动情周期的种类,春季出生的个体生长发育较快,当年达到性成熟,并能参加繁殖;但夏末秋初出生的个体,发育较缓慢,入冬后甚至停止发育,直到翌年春季才达到性成熟,开始参加繁殖。而对于单动情周期的种类则到第二年或第三年才达到性成熟,并开始繁殖。幼体离开母巢后独立觅食并过渡到独立生活是逐步进行的,群栖性种类,当年最后一窝仔鼠常与母体集群同居越冬。

表 3-2 性成熟与体型大小和寿命的关系（自宋恺，1997）

种类	体型大小	寿命	性成熟
小家鼠、普通田鼠、鼾	较小	1.5～2 年	2 个月
褐家鼠	较大	2～3 年	2～3 个月
花　鼠	较大	6～7 年	6 个月
黄　鼠	较大	5～6 年	1 周年
旱　獭	较大	15 年	2 周年

（二）繁殖

啮齿动物性成熟后开始进入繁殖期，繁殖包括发情、交配、妊娠、产仔和哺乳等过程。

1. 性周期

啮齿动物性成熟后雌雄个体生殖器官发生一系列的变化，并进入准备交配的生理状态，叫作动情期。一年只有一次动情期的，称为单动情周期啮齿类（如冬眠鼠类和高寒地区的鼢鼠）；一年发情多次的，称多动情周期啮齿类。

（1）雌性动情期　在神经系统和激素的作用下，雌性个体表现为精神状态不安，生殖器官充血、阴门肿胀增大至开放，阴道上皮角质化，卵巢排卵（野兔、黄鼠为诱发排卵，即必须交配之后才排卵）。动情期延续的时间很短，如家鼠仅为 12～21 h，旱獭动情期为 20 d 左右，一般排卵之后动情期的表现逐渐消失。动情期可以进一步划分为动情前期、动情期和动情后期；两个动情期之间的时期称间情期，间情期雌性生殖器官处于安静状态，子宫紧缩，阴门缩小，卵巢退化，乳头小，乳腺不发达。

（2）雄性动情期　主要表现是睾丸体积增大，降入阴囊；精子逐渐成熟，精囊腺肥大，精神状态发生一系列波动，如串洞、追逐、鸣叫、争雌咬斗和产生外激素等。动情期之后，精囊腺缩小，精巢退化并退入腹腔。

2. 交配

单动情周期的冬眠啮齿类，在早春出蛰后不久即开始发情交配；多动情周期的非冬眠啮齿类，一年内可重复多次发情交配。啮齿类常为一雄多雌交配，交配后雄性个体体质衰弱，死亡率增高。

3. 妊娠

妊娠期始自卵子在输卵管中受精。受精卵未植入子宫壁之前，叫妊娠潜伏期，平均为 5 d 左右。妊娠期因体形大小、营养状况和潜伏期的长短而不同。一般松鼠科的妊娠期较长（如旱獭为 40 d 左右，花鼠为 35～40 d），小型啮齿动物的妊娠期较短（如黑线仓鼠为 20～21 d，长爪沙鼠为 21 d）。

4. 产仔

临产母鼠往往表现得很不安宁，甚至有停食现象。产后有吞食胎盘、胎膜和黏液的现象。啮齿动物的产仔数因种和个体而异，少则一只，最多时可达十几只。

产仔后胎盘在子宫壁上留下的斑痕叫胚斑。新斑黑而粗，旧斑淡而细，新旧两代的胚斑相间排列。单动情周期的胚斑可以保存 3～6 个月；多动情周期的胚斑可以保存 6 个月，甚至更长。

四、行为与通讯

啮齿动物是具有较高社群行为的动物，独居或群居的个体在其生活过程中，个体间或群体间都会彼此传递一定的信息，发生一定的联系，从而相互协调、共同形成一个有机群体。

(一)行为

啮齿动物具有明显的领域性、巢区范围和排斥竞争等特殊的行为特征，普遍存在着社群领域行为和序位行为。

(1)社群领域行为　由于同种啮齿动物个体具有相同的生态位，因此，在一定的时空范围内，存在着为争夺生存资源而进行竞争的现象，竞争的结果常导致一个个体与另一个个体相对分离，从而形成巢区，即能够保证一个个体或一个家族能够进行正常生活的区域。有些种类在巢区内，特别是在洞口周围一定区域内(领域)不准同种或异种个体侵入而进行积极防御。

(2)序位行为　一般地说，同种内较优势的雄性个体(如体格强壮者和居住时间长者)控制着最有利的领域范围，而次级雄性个体往往被排挤到次要地区。在次要地区中次级雄性个体则依次建立起优劣等级关系。这种序位关系的确立需要通过争斗来实现。雌性个体一般较雄性个体弱，但在怀孕和哺乳期间能够凶悍地保卫其领域范围。啮齿动物的巢区之间有时会有重叠，但领域不会重叠。

(二)通讯

啮齿动物除了具有视觉、触觉和听觉等物理通讯(如震动通讯和回声定位通讯)外，还具有化学通讯，化学通讯在其生活史中具有重要的作用。所谓的化学通讯是指啮齿动物通过身体上某些特殊腺体向体外分泌化学物质(即外激素)，借助周围环境中的媒介物传递给其他受纳个体，使之接受并引起相应的生理及行为反应，例如，啮齿动物的生殖、雌雄个体间的相互寻找等都是依靠化学通讯来实现的。

1.化学通讯的过程

化学通讯是一个非常复杂的过程，主要包括外激素的释放、传导和接收三个过程。

(1)外激素的释放　啮齿动物的包皮腺、肛门腺、腹腺、唾液腺、皮脂腺、侧腺、背腺、香腺和臭腺等腺体可以分泌释放外激素，这些外激素往往具有特定的气味，内含含硫化合物、酸、酚、醇类、内酯类、酮类和胺类等多种化学物质，多数相对分子质量在50～300之间，具有较高的挥发性和结构的多样性。外激素能够引起同种或异种受纳个体产生一系列生理及行为反应。

外激素可以通过体表直接向周围环境中释放，例如，麝鼠香腺分泌物的挥发；亦可以先将外激素释放到排泄(遗)物中，再通过排泄(遗)物释放到周围环境中去，例如，包皮腺分泌的外激素是混合于尿液中排出体外的，肛门腺分泌物则混合于粪便表面排出体外。因此，啮齿动物常用尿液和粪便来标记巢区和领域。

(2)外激素的传导　外激素通过空气或水传导。

(3)外激素的接收　外激素通过嗅觉器官接收。啮齿动物的嗅觉器官较为敏锐，鼻黏膜上含有大量嗅觉细胞，能够迅速而准确地判别和接收具有特定化学结构的外激素。

2.外激素的诱导效应

(1)对性成熟的诱导效应　在一定密度下，雄性个体外激素(气味)可以刺激同种幼雌体性早熟，对性成熟具有促进作用，有利于种群数量增长。但是，当种群内雄性个体过少时，幼雌体会因缺乏足够的雄性外激素刺激而导致性成熟推迟，或当种群密度过大时，过分拥挤群体所释放的外激素，亦会对性成熟产生抑制作用，从而抑制种群数量增长。

(2)对性周期的诱导效应　雄性外激素能够促使雌体发情，使雌雄性个体同步发情，同时，雄性外激素还可以缩短雌体动情周期，促使繁殖次数增加。

(3)对妊娠的诱导效应　雄性配偶的外激素可促使雌性配偶尽早受孕，具有促进妊娠作用。但陌生雄鼠的外激素可使孕雌鼠妊娠中断。

(4)引诱效应　啮齿动物的尿液具有引诱作用。例如，动情期雌鼠的尿液对同种雄鼠具有显著的引诱作用，这种雌雄个体间的吸引与繁殖行为有关，属于性引诱。

(5)警示效应　啮齿动物用外激素对巢区进行标记，主要目的是对外来者起警示作用，以防止其他个体的侵入。此外，当啮齿动物受到突然刺激时(如电击、惊吓或与外来者争斗致伤遇险时)，可释放警报外激素，警告同种其他个体迅速逃离。

(6)生殖隔离效应　啮齿动物的外激素具有种的特异性。一方面可以加强种内个体间的相互联系，另一方面可以尽量避免与它种个体发生接触，从而保证繁殖期同种个体间的相互识别、交配和繁殖，有利于种的繁衍。

啮齿动物化学通讯的过程与诱导效应十分复杂，今后仍需进一步深入研究。实践表明，在灭鼠过程中加入性外激素不仅可以促使鼠类多食毒饵；而且可以引诱鼠类发现毒饵并尽快取食，从而缩短灭鼠时间。此外，可将外激素的警示效应用于驱避害鼠、抑制鼠类繁殖，从而降低鼠密度。因此，利用外激素可以显著提高灭鼠效果。

五、越冬与冬眠

高纬度的温带、寒带地区，气候变化明显，冬季寒冷，生活条件极为严酷。生活在这些地区的啮齿动物，通常贮藏食物越冬或进入冬眠。

(一)贮粮越冬

高纬度地区食物条件的季节变化，促使不冬眠的啮齿动物(如鼠兔、田鼠、沙鼠和仓鼠等)在长期进化过程中形成了贮粮的习性。一般认为激发啮齿动物进行贮粮活动的外界信号是食物丰富、气温下降和日照缩短等因素。每一洞系贮粮的种类和数量，随鼠种和参加贮粮活动的个体数量以及食物来源的条件而异。例如，布氏田鼠每一洞系贮粮多达 10 kg，长爪沙鼠 20～30 kg，大沙鼠可达 50 kg。

(二)冬眠

冬眠是北方中小型啮齿动物对低温和食物短缺的一种适应现象。冬眠可以划分为 3 种类型。

(1)不定期冬眠　仅在冬季特别寒冷的日子里暂时进入冬眠状态。例如松鼠、小飞鼠等。

(2)间断性冬眠　蛰眠的程度较深，体温也有下降，但容易惊醒，在冬季较温暖的日子里，甚至可以外出活动，并有贮粮习性。例如花鼠。

(3)不间断冬眠　深度冬眠，机体呈昏睡状态，心跳、体温和呼吸都急剧下降，完全依靠体内贮存的脂肪维持其有限的代谢作用和生命活动。例如旱獭、黄鼠和跳鼠等。

冬眠动物的体温一般在0.1～1℃到8～10℃之间；低于0℃或1℃时，动物会被冻僵，高于10～12℃时，动物会苏醒而恢复活动状态。因此冬眠动物的越冬窝巢都建筑在冻土层以下－1～10℃之间的环境中。当气温升高到0℃以上时，冬眠鼠类就开始苏醒出蛰。通常最高地温超过20℃和平均气温在0℃以上时，就会见到出蛰的黄鼠，并在短期内出蛰完毕。

第三节　啮齿动物的主要类群

啮齿动物指兔形目和啮齿目动物，隶属于动物界脊索动物门脊椎动物亚门哺乳纲，其共同特点是：门齿凿状、终生生长；无犬齿，颊齿多无齿根。

一、兔形目(Lagomorpha)

兔形目属中、小型兽类，其身体结构与啮齿目十分相似，但在系统发生上二者却关系较远。

(一)兔形目主要特征

具2对上门齿，前一对较大且前面具明显纵沟，后一对极小并隐于前一对门齿后方，又称重齿类(Dupilicidentata)；无犬齿。前臼齿与臼齿的咀嚼面均分为前后两部分，左右上齿列的宽度比下齿列宽，由于只能有一侧的上下齿列相对，故咀嚼时下颌左右移动。门齿孔甚大。腭骨很短，在前臼齿间形成一骨桥。上颌骨上多网孔结构，两侧有很大的三角形空隙。无尾或尾极短。前足5指，后足4或5趾。脚底有毛(鼠兔远端趾垫例外)，后足跖行性。

(二)兔形目的主要类群

兔形目分布广、数量大，全球均有分布。包括2科10属70种，我国有2科2属32种。

1. 兔科(Leporidae)

中型食草兽。上唇具唇裂。耳长，尾短但很明显。眼侧位，视野范围大。成体体长≥500 mm。后肢显著超过前肢，适于跳跃。颅骨侧扁，背面呈弧形，眶上嵴发达，颧骨往后延伸稍微超过鳞骨颧突的基部。齿式为：2·0·3·3/1·0·2·3＝28。

兔形目栖息于陆地各类生态环境中。

本科全世界共有10属46种，分布于欧洲、亚洲、非洲及美洲(澳洲已引入)，我国有1属9种。本科常见种检索见下表。

兔科常见种检索表

1(8)尾背方有棕灰色、栗灰色、浅灰色或白色毛区，背方和侧方毛色无明显界线

2(3)体形较大，成体颅全长大于95 mm，冬季毛色除耳尖保留黑色外，

　　一般其余均为白色或极白色 ……………………………… 雪兔 *Lepus timidus*

3(2)体形较小，成体颅全长小于95 mm，冬季的毛色不变或白色

4(5)听泡极大，其宽度显著大于两听泡间宽；毛色极淡，为沙黄色，

　　尾背方灰黑色 ……………………………… 塔里木兔 *Lepus yarkandensis*

5(4)听泡较小，其宽度显著小于两听泡间宽；毛色极深，尾背方毛灰色或棕灰色

6(7)耳较长，其长远大于颅全长，向前折时明显超过鼻端，尾长约为

　　后足长的80% ……………………………… 高原兔 *Lepus oiostolus*

7(6)耳较短，其长约等于颅全长，向前折时不超过鼻端，尾长不及后

足长的50% …………………………………………………………………… 东北兔 *Lepus mandschuricus*

8(1)尾背方有一黑色或棕色毛区,两侧与腹部毛纯白色,背方和侧方

毛色界线清晰 ………………………………………………………………… 草兔 *Lepus capensis*

2. 鼠兔科(Ochotonidae)

小型食草兽。上唇有纵裂。耳圆形。无尾或尾短小不突出毛被外。体长≤300 mm。后肢略长于前肢。颅骨背方较平直,额骨两侧无眶上嵴,颧弓后端延伸成剑状突起直至听泡的前缘。齿式为:2·0·2·3/1·0·2·3=26。第1对上门齿前方的纵沟极深,无第3臼齿,第2上臼齿的内侧后方有一小突起。

多栖息于草原、草甸、灌丛、坟地以及山地砾石地带。

本科世界上仅有1属即鼠兔属 *Ochotona*,共30种,我国有24种。本科常见种检索见下表。

鼠兔科常见种检索表

1(10)上门齿后方的门齿孔与腭孔合并成一大孔

2(7)体形小,体长多不超过170 mm。颅全长一般小于40 mm

3(4)体形较大,颅全长平均28 mm左右,颧宽不小于17 mm ……………… 西藏鼠兔 *Ochotona thibetana*

4(3)体形略小,颅全长小于37 mm,颧宽小于17 mm

5(6)颅骨狭长,颧宽小于15 mm ……………………………………………… 狭颅鼠兔 *Ochotona thomasi*

6(5)颅骨短而宽,颧宽大于15 mm ……………………………………………… 间颅鼠兔 *Ochotona cansus*

7(2)体形大,体长平均超过170 mm。颅全长大于40 mm

8(9)吻部上下唇深黑褐色,成体头骨额部隆起,整个头骨背面有较大

的弧度,听泡较小 ……………………………………………………………… 高原鼠兔 *Ochotona curzoniae*

9(8)吻部四周非深黑褐色,头骨额部趋于平缓,听泡较大 ……………… 达乌尔鼠兔 *Ochotona daurica*

10(1)上门齿后方的门齿孔与腭孔明显分离

11(12)门齿孔与腭孔多少相通,眶间宽大于鼻骨中部的宽度 ……………… 蒙古鼠兔 *Ochotona pallasii*

12(11)门齿孔与腭孔完全分开

13(14)体形小,颅基长不及43 mm,鼻骨较短 ……………………………… 东北鼠兔 *Ochotona hyperborea*

14(13)体形大,颅基长超过43 mm,鼻骨较长 ……………………………… 高山鼠兔 *Ochotona alpina*

二、啮齿目(Rodentia)

(一)主要特征

啮齿目属于小型或中型兽类。上下颌各有1对门齿,呈凿状,终生生长。无犬齿。前臼齿不超过2/1,上下颌各具3枚臼齿,咀嚼面上有突起或平直,有些种类由于釉质楔入齿质而形成许多片状分叶。咀嚼时下颌作前后或斜向移动。

(二)主要类群

啮齿目是哺乳纲中种类最多的一个目,全世界共有34科约351属1 700种。我国有13科72属207种。本目常见科检索见下表。

啮齿目常见科检索表

1(18)体表被有软毛

2(3) 尾轴背腹扁平,其上覆有大型鳞片 ……………………………………… 河狸科 Castoridae

3(2) 尾轴圆形或侧扁,其上被毛或小型鳞片或无尾

4(9) 上臼齿列有齿 4～5 枚,下臼齿列有齿 4 枚
5(6) 无尾,后足仅 3 趾 …………………………………………………………………… 豚鼠科 Caviidae
6(5) 有尾,后足 5 趾
7(8) 身体前后肢间无飞膜 ……………………………………………………………… 松鼠科 Sciuridae
8(7) 身体前后肢间具飞膜……………………………………………………………… 鼯鼠科 Petauristidae
9(4) 上臼齿列有齿 3～4 枚,下臼齿列有齿 3 枚
10(13)上臼齿列有齿 4 枚
11(12)后肢较前肢长 2～2.5 倍;中蹠骨不相并合;尾端无长毛束;栖于
林地或草地 ……………………………………………………………… 林跳鼠科 Zapodidae
12(11)后肢较前肢约长 4 倍;中蹠骨互相并合;尾端常有长毛形成的"尾穗";
多栖息于漠地 ……………………………………………………………… 跳鼠科 Dipodidae
13(10)上臼齿列有齿 3 枚
14(15)臼齿的咀嚼面呈块状的孤立齿环,耳与眼退化,尾短 ……………………… 竹鼠科 Rhizomyidae
15(14)臼齿的咀嚼面不呈块状的孤立齿环,耳与眼正常,尾长
16(17)第 1、2 上臼齿咀嚼面上具 3 个纵行齿突;或不具齿突,但咀嚼面成
横列的板状嵴 ……………………………………………………………………… 鼠科 Muridae
17(16)第 1、2 上臼齿咀嚼面上仅有 2 个纵行齿突;或咀嚼面分割成两纵行,
有多种形状的齿环 ……………………………………………………………… 仓鼠科 Cricetidae
18(1)体表被有坚硬棘刺 ……………………………………………………………… 豪猪科 Hystricidae

1. 松鼠科(Sciuridae)

尾圆或扁,被覆长毛,尾上无鳞。前足 4 指,拇指极不显著,后足 5 趾。齿式为:1·0·2·3/1·0·1·3=22。是啮齿目中的一大类群,我国有 17 属 48 种,分为树栖、半树栖-半地栖和地栖 3 种类型。

(1)树栖种类　尾长而尾毛蓬松,前后肢相差不显著,耳壳较大;颅骨圆而凸。多栖息在森林中。

(2)地栖种类　适宜于挖掘活动与穴居生活,尾短小,后肢较前肢略长,耳壳较小,有的仅成为皱褶;颅骨狭窄而多嵴。大都栖息于草原和农区附近。

(3)半树栖-半地栖种类　形态分化属于从树栖到地栖的过渡类型。颅骨大都圆而凸。

本科常见种检索见下表。

松鼠科常见种检索表

1(2)背上有 5 条深色纵纹 …………………………………………………… 花鼠 *Eutamias sibiricus*
2(1)背上无上述深色纵纹
3(4)尾长明显超过体长之半。耳露于毛外,通常耳端有簇毛 ………………………… 灰鼠 *Sciurus vulgaris*
4(3)尾长小于体长之半。耳较短,不明显的露于毛外,耳端无簇毛
5(16)体形小,成体体长小于 400 mm,后足长小于 60 mm
6(7)尾较长,不计端毛超过体长的 1/3 ……………………………… 长尾黄鼠 *Spermophilus undulatus*
7(6)尾较短,不计端毛小于体长的 1/3
8(13)后蹠裸露,只有脚掌侧面和后跟被毛
9(10)颊部有锈红色斑 ………………………………………………… 赤颊黄鼠 *Spermophilus erythrogenys*
10(9)颊部无锈红色斑
11(12)体形较小,体长小于 230 mm,后足长小于 42 mm;体背具隐约细斑,

不杂铁锈色 …………………………………………………… 小黄鼠 *Spermophilus pygmaeus*

12(11)体形较大,体长超过 230 mm;体背具有清晰的杂斑,

混杂铁锈色 …………………………………………………… 天山黄鼠 *Spermophilus relictus*

13(8)后蹠被毛,一直到趾基部附近的足垫

14(15)成体体长超过 185 mm;背上常有浅色波纹或斑点;尾基常有一黑斑,

尾端黑白双色的情况不明显 ………………………………… 阿拉善黄鼠 *Spermophilus alaschnicus*

15(14)成体体长不超过 185 mm;背色一致而无斑纹;尾基无黑斑,

但尾毛有显著的黑白双色 ………………………………… 达乌尔黄鼠 *Spermophilus dauricus*

16(5)体形大,成体体长大于 400 mm,后足长大于 70 mm

17(18)尾连端毛之长显然超过体长的 1/3 ………………………………… 长尾旱獭 *Marmota caudata*

18(17)尾连端毛之长不及体长的 1/3

19(20)背部呈沙黄色,毛尖黄褐色 ………………………………………… 草原旱獭 *Marmota bobak*

20(19)背部黑色和淡棕黄色相混杂,并形成明显的黑色波纹

21(22)毛短,躯体背面及两侧毛色与腹面毛色无明显区别………… 喜马拉雅旱獭 *Marmota himalayana*

22(21)毛长,躯体背面及两侧毛色与腹面毛色区别明显 …………………… 灰旱獭 *Marmota baibacina*

2. 仓鼠科(Cricetidae)

体形较小,适于多种生活方式,体型有变异。齿式为:1·0·0·3/1·0·0·3=16。臼齿或具二纵列齿尖,或无齿尖而形成多种形式的齿环。具分叉的能终生生长的齿根(或无齿根)。本科分为 4 个亚科。

(1)仓鼠亚科(Cricetinae) 营洞穴生活的小型鼠类。尾短且均匀被毛,无鳞片,有颊囊。前足 4 指,后足 5 趾。头骨无明显的棱角。臼齿有齿根,其咀嚼面上有 2 列齿尖,磨损后左右相连成嵴。我国已知有 5 属 13 种,主要分布于我国长江以北地区,栖息于草原、半荒漠、农田、山麓及河谷灌丛等多种环境。本亚科常见种检索见下表。

仓鼠亚科常见种检索表

1(4)后足下面全部被有密毛,尾极短,近于后足长,一般小于 14 mm

2(3)背部中央有 1 条黑色纵条纹,腹面毛基灰色,尖端白色 …………… 黑线毛足鼠 *Phodopus sungorus*

3(2)背部中央无黑色纵纹,腹面毛纯白色 ………………………………… 小毛足鼠 *Phodopus roborovskii*

4(1)后足下面裸露或仅后部被密毛,尾大于后足长,一般大于 15 mm

5(6)尾极短,为体长的 1/6~1/5,略大于后足长,顶间骨在成体时很小,其长仅为宽的 1/5~1/4,

体中等大小(在 110 mm 以上) ……………………………………… 短尾仓鼠 *Cricetulus eversmanni*

6(5)尾长大于体长的 1/5,一般超过后足长的 1.5 倍,顶间骨在成体时较大;其长大于宽的 1/4

7(10)听泡小,扁平

8(9)尾长为体长的 1/2 ………………………………………………………… 西藏仓鼠 *Cricetulus kamensis*

9(8)尾长为体长的 1/3 ……………………………………………………… 高山仓鼠 *Cricetulus alticola*

10(7)听泡大,隆起

11(12)体形大,成体体长大于 140 mm,颅全长大于 34 mm;尾上下均暗色;

有眶上嵴 ………………………………………………………………… 大仓鼠 *Cricetulus triton*

12(11)体形小,成体体长小于 140 mm,颅全长小于 34 mm;尾上下白色或上下颜色不同;

无明显的眶上嵴

13(14)背面有 1 条黑色纵纹 ……………………………………………… 黑线仓鼠 *Cricetulus barabensis*

14(13)背面无黑色纵纹

15(16)耳呈淡灰色，腹毛纯白色，中部一段略现灰色毛基；尾上下均匀白色，
其长为体长 1/3 左右 …………………………………………… 灰仓鼠 *Cricetulus migratorius*
16(15)耳呈两色，基部黑色，腹毛基全灰色；尾上方灰色，下方白色，
其长为体长的 1/3～1/2 …………………………………… 长尾仓鼠 *Cricetulus longicaudatus*

(2)沙鼠亚科(Gerbillinae) 典型的荒漠鼠类。被毛沙黄色，尾较长，善于奔跑跳跃。视觉灵敏，听泡发达。上门齿前面有一条或两条纵沟。臼齿齿冠较仓鼠亚科的为高，成体咀嚼面平齐。珐琅质形成的三角形齿环左右对立而又相连通。我国已知有 3 属 7 种。本亚科常见种检索见下表。

沙鼠亚科常见种检索表

1(2)每个上门齿前方均有 2 条纵沟；最后 1 个上臼齿很大，其内外侧各有 1 个凹角
…………………………………………………………… 大沙鼠 *Rhombomys opimus*
2(1)每个上门齿前方均有 1 条纵沟，最后 1 个上臼齿很小，其咀嚼面呈圆形
3(4)头骨轮廓近三角形，吻短；额部较宽，脑颅极宽；耳退化，其长约为后足长的 1/3
…………………………………………………… 短耳沙鼠 *Brachiones przewaliskii*
4(3)头骨轮廓正常，非三角形，吻较短；额部较窄，耳正常，其长约为后足的一半
5(6)足掌毛棕色或棕褐色，形成鲜明深色长斑；成体头骨的枕鼻长大于 40 mm，听泡较小，
通常小于枕鼻长的 28% ………………………………………… 柽柳沙鼠 *Meriones tamariscinus*
6(5)足掌毛灰白或黄白色，无深色长斑；成体头骨的枕鼻长大于 40 mm，听泡较大，甚至为枕鼻长的 30%
7(10)足掌近后踝处有裸出区；成体头骨枕鼻长大于 36 mm
8(9)尾长等于或大于体长，尾上面黑褐色，下面棕黄色 ………………… 红尾沙鼠 *Meriones libycus*
9(8)尾长约为体长的 3/4，尾上下均呈棕黄色 …………………………… 郑氏沙鼠 *Meriones chengi*
10(7)足掌近后踝处无裸出区；成体头骨枕鼻长小于 36 mm
11(12)腹毛基灰色，爪长而色黑，听泡长为枕鼻长的 30% …………… 长爪沙鼠 *Meriones unguiculatus*
12(11)腹毛基纯白，爪短而色白或浅黄，听泡长等于或大于枕鼻长的 1/3
…………………………………………………………… 子午沙鼠 *Meriones meridianus*

(3)鼢鼠亚科(Myospalacinae) 营地下穿穴生活。体形粗壮。四肢短粗，前足爪特别发达，其长度大于相应的指长。耳壳完全退化。尾短圆，完全裸露或被覆稀疏的短毛。头骨前窄后宽，在人字嵴处的最大宽度等于或大于颧宽。人字嵴一般均在颧弓后缘水平。门齿特别粗大，臼齿无齿根，其咀嚼面呈"3"字形。栖息于草原与农田中。主要以植物的地下部分为食。我国已知有 1 属 7 种，主要分布于我国华北、西北、东北地区。本亚科常见种检索见下表。

鼢鼠亚科常见种检索表

1(6)头骨后端在人字嵴处成截切面，仅枕骨中部略向后突起；第 3 上臼齿后端无向后延伸的小突起；眶前孔略成三角形，上方较宽，下方较窄
2(3)第 1 上臼齿内侧仅有 1 个很深的内陷角 ………………………… 草原鼢鼠 *Myospalax aspalax*
3(2)第 1 上臼齿内侧有 2 个内陷角或无内陷角
4(5)尾被短毛，成体第 1 上臼齿内侧的内陷角很浅，第 2、第 3 上臼齿内侧的内陷角极浅或根本看不到
…………………………………………………… 阿尔泰鼢鼠 *Myospalax myospalax*
5(4)尾几乎裸露，仅有极稀疏的白色短毛，成体 3 个上臼齿内侧的内陷角均很深
…………………………………………………………… 东北鼢鼠 *Myospalax psilurus*
6(1)头骨后端在人字嵴处不成截切面，枕骨向后斜伸一段再转向下方；第 3 上臼齿后方有 1 个延伸的小突起；眶前孔较大，为椭圆形，其下方不明显变窄

7(8)眼眶边缘突起，颞嵴平行，鼻骨后端尖削，额骨的前端嵌于两鼻骨之间
…………………………………………………………………… 中华鼢鼠 *Eospalax fontanieri*

8(7)眼眶边缘不突出，颞嵴在中央线上合并，鼻骨后端平直，额骨前端不嵌入两鼻骨之间

9(10)尾短，左右颞嵴在后部比在额—顶骨缝处为接近 ……………………… 高原鼢鼠 *Eospalax baileyi*

10(9)尾长，左右颞嵴在后部比在额—顶骨缝处为远离 …………………… 甘肃鼢鼠 *Eospalax cansus*

(4)田鼠亚科(Arvicolinae) 体形较粗笨，毛被蓬松，耳、尾和四肢短小。臼齿分成很多齿叶，咀嚼面平坦，其上有很多左右交错(或左右相对)的三角形齿环；臼齿多能终生生长，少数种类在成年之后生有齿根。鳞骨大都生有眶后嵴。种类繁多，分布极广。我国已知有12属50种。本亚科常见种检索见下表。

田鼠亚科常见种检索表

1(2)尾侧扁，有鳞，后肢趾间具蹼 …………………………………………… 麝鼠 *Ondatra zibethicus*

2(1)尾圆，无鳞，后肢趾间无蹼

3(4)前肢内侧第1趾的爪大而扁平，略成方形，两侧缘平行，前缘中部凹入，颧骨特宽
…………………………………………………………………………… 森林旅鼠 *Myopus schisticolor*

4(3)前肢内侧第1趾的爪正常，两侧缘卷曲，末端渐尖，颧骨正常

5(14)腭骨后缘平直

6(9)成体臼齿有齿根，其外侧的棱角不达齿槽的边缘

7(8)成体颅全长大于25 mm，额宽在眶间部分两侧有明显的眶上嵴。中央凹陷成明显的纵沟，尾细且尾毛纤细 …………………………………………………… 棕背䶄 *Clethrionomys rufocanus*

8(7)成体颅全长小于25 mm，额宽在眶间部分两侧平坦，尾粗且尾毛长
…………………………………………………………………………… 红背䶄 *Clethrionomys rutilus*

9(6)成体臼齿无齿根，其外侧的棱角深入齿槽中

10(11)第1上臼齿外侧有3个、内侧有4个突出角 ………………… 黑腹绒鼠 *Eothenomys melanogaster*

11(10)第1上臼齿外侧各有4个突出角

12(13)尾长大于60 mm，后足长大于20 mm ………………………… 中华绒鼠 *Eothenomys chinensis*

13(12)尾长小于60 mm，后足长小于20 mm ………………………… 西南绒鼠 *Eothenomys custos*

14(5)腭骨后缘不平直

15(16)无明显耳壳，上门齿强烈向前倾斜，成体臼齿有齿根 ……………… 鼹形田鼠 *Ellobius talpinus*

16(15)有明显耳壳，上门齿不甚向前倾斜，成体臼齿无齿根

17(20)尾极短，其长远小于后足长

18(19)体毛深灰色，背部中央有1条明显的黑色条纹 ………………… 草原兔尾鼠 *Lagurus lagurus*

19(18)体毛沙黄色，背部中央无黑色条纹 ………………………………… 黄兔尾鼠 *Lagurus luteus*

20(17)尾较长，其长远大于后足长

21(24)第1下臼齿在最后的横叶前有3个封闭三角形

22(23)耳退化，不伸出毛外，第1下臼齿前叶退化 ………………………… 隐耳松田鼠 *Pitymys leucurus*

23(22)耳正常，常伸出毛外，第1下臼齿前叶发达 …………………………… 显耳松田鼠 *Pitymys irene*

24(21)第1下臼齿在最后的横叶前有4～5个封闭三角形

25(26)头颅狭长，颧宽小于颅全长的一半 ………………………………… 狭颅田鼠 *Microtus gregalis*

26(25)头颅较宽，颧宽大于颅全长的一半

27(30)尾长小于后足长的1.5倍，第3上臼齿内侧有3个突出角

28(29)毛色深，背为棕灰色，杂有许多黑毛；成体头骨无明显眶间嵴 …… 北方田鼠 *Microtus mandarinus*

29(28)毛色淡而纯，背为沙黄色；成体头骨有明显的眶间嵴 ………………… 布氏田鼠 *Microtus brandtii*

30(27)尾长大于后足长的1.5倍,第3上臼齿内侧有4个突出角
31(32)第1下臼齿后端横叶之前有4个封闭的三角形与1个前叶 ………… 根田鼠 *Microtus oeconomus*
32(31)第1下臼齿后端横叶之前有5个封闭的三角形与1个前叶
33(34)体形小,头骨腭后窝较浅,第3上臼齿外侧有3个突出角 …………… 普通田鼠 *Microtus arvalis*
34(33)体形大,头骨腭后窝较深,第3上臼齿外侧有4个突出角
35(36)尾长约等于体长之半,后足具5个足垫,头骨粗壮,眶上嵴多不明显 … 东方田鼠 *Microtus fortis*
36(35)尾长约短于体长之半,后足具6个足垫,头骨纤弱,眶上嵴明显
…………………………………………………… 莫氏田鼠 *Microtus maximowiczii*

3.鼠科(Muridae)

中小型鼠类。多具长而裸、外被鳞片的尾。第1、第2臼齿具有3纵列齿突,每3个并列的齿突又形成一条横嵴(成年板齿鼠不见齿突而仅有横嵴)。大多数种类齿式为:1·0·0·3/1·0·0·3=16。但有些种类臼齿为2/2,个别的则为1/1。鼠科种类多,分布广,适应性极强,除少数营树栖生活外,大都为陆生穴居种类。我国已知有17属51种。本科常见种检索见下表。

鼠科常见种检索表

1(12)体形较大,成体体长超过150 mm,后足长超过30 mm,颅全长超过28 mm
2(3)尾长显著短于体长,头骨颞嵴几近平行 …………………………… 褐家鼠 *Rattus norvegicus*
3(2)尾长接近或超过体长,头骨颞嵴呈弧形弯曲
4(5)腹毛灰黄或棕黄色,毛基灰色,毛色染以棕黄色调 ……………………… 黄胸鼠 *Rattus flavipectus*
5(4)腹毛灰白(毛基灰色,毛尖白色)或纯白色或纯暗灰色
6(7)鼻骨相对较长,其长占枕鼻长的40%;后足长平均35 mm …………………… 大足鼠 *Rattus nitidus*
7(6)鼻骨相对短,其长占枕鼻长的37%以下;后足长平均小于35 mm
8(9)颅全长平均36 mm,听泡较大,其长占枕鼻长的19%左右 ……………………… 黄毛鼠 *Rattus losea*
9(8)颅全长平均40 mm,听泡较小,其长占枕鼻长的6%左右
10(11)头骨腭孔较长,鼻骨较长而宽,其后端达前颌骨与额骨接缝之水平线;尾一般双色,上面褐色,
下面污白色…………………………………………………………… 拟家鼠 *Rattus rattoides*
11(10)头骨腭孔较短,鼻骨较短而窄,其后端不达前颌骨与额骨接缝之水平线;尾单色,呈黑褐色
…………………………………………………………………… 黑家鼠 *Rattus rattus*
12(1)体形较小,成体体长不超过150 mm,后足长不超过30 mm,颅全长小于28 mm
13(14)上门齿明显斜向后方,其末端内侧有缺刻,吻短 ………………………… 小家鼠 *Mus musculus*
14(13)上门齿不斜向后方,其末端内侧无缺刻,吻长
15(16)第3上臼齿内侧具2个角突,体背中央有1条黑色纵纹 ………… 黑线姬鼠 *Apodemus agrarius*
16(15)第3上臼齿内侧具3个角突,体背中央无黑色纵纹;耳较小,棕褐色,与颈及体背色相似
…………………………………………………………… 大林姬鼠 *Apodemus speciosus*

4.跳鼠科(Dipodidae)

荒漠草原鼠类(少数种类在山林生活)。后肢显著加长,中间3个跖骨愈合,第1和第5趾骨不发达或消失,适于长距离的迅速跳跃。前肢短小,仅用于挖掘和把持食物。尾极长且端部生有丛毛,有助于栖止和奔跑跳跃。头骨眶下孔极大,呈卵圆形或圆形,颧骨的前端沿眶下孔的外缘向上伸至泪骨附近。齿式为:1·0·1·3/1·0·0·3=18,但有时因上颌缺少前臼齿而仅有16枚。我国已知有9属18种。本科常见种检索见下表。

跳鼠科常见种检索表

1(10)后足一般具5趾;第1和第5趾小

2(9)上门齿无沟,耳泡不特别扩大

3(4)耳宽而长,约为体长的1/2,或接近后足长;吻较长;颧骨前后部汇成一钝角;上门齿不向前突出 …………………………………………………………………… 长耳跳鼠 *Euchoreutes naso*

4(3)耳窄而较短,长度远不及体长的1/2,且明显短于后足;吻较短;颧弓弯曲,几乎成一直角;上门齿向前突出或几乎垂直

5(8)尾细长,超过体长的125%;尾端呈"旗"状

6(7)体较大;后足长大于60 mm;耳较长,向前折超过吻部;上前臼齿(P4)与最后上臼齿(M3)一样大 …………………………………………………………………… 五趾跳鼠 *Allactaga sibirica*

7(6)体较小;后足长短于60 mm;耳较短,向前折不超过吻部 ……………… 小跳鼠 *Alactagulus pumilio*

8(5)尾短而肥大,约与体等长,无尾"旗" ……………………… 维氏肥尾跳鼠 *Pygerethmus vinogradovi*

9(2)上门齿具沟,耳泡大,个体很小,耳小 ………………………… 心颅跳鼠 *Cardiocranius paradoxus*

10(1)后足只有3趾,第1和第5趾完全退化

11(14)上门齿具沟;体较大,体长超过90 mm;后足长超过28 mm

12(13)尾端有明显的黑白色毛簇;门齿黄色;颊齿4/3 ………………………… 三趾跳鼠 *Dipus sagitta*

13(12)尾端无黑白毛簇,毛呈对分状;尾毛色与体背同;门齿白色;成体颊齿每侧3/3 …………………………………………………………………… 羽尾跳鼠 *Stylodipus telum*

14(11)上门齿无沟;体较小,体长小于90 mm;后足长小于28 mm;颧弓有明显腹突,尾长超过100 mm …………………………………………………… 柯氏矮三趾跳鼠 *Salpingotus kozlovi*

思考题

1. 简答啮齿动物栖息地的类型和洞穴的结构。
2. 啮齿动的活动节律有哪些类型?什么是巢区、领域?
3. 简述啮齿动物的生长与繁殖。
4. 简述啮齿动物的行为与通讯。
5. 什么是冬眠?啮齿动物的冬眠包括哪些类型?
6. 兔形目和啮齿目的主要特征有哪些?
7. 兔形目和啮齿目的主要类群有哪些?各有何特征?

第四章

草地毒草概论

第一节　草地毒草的概念与分类

一、草地毒草的概念

草地上的植物种类非常丰富，除可供牲畜饲用的牧草外，还生长有一些不为牲畜采食或对牲畜及畜产品构成一定毒害作用的植物。凡体内或不同营养器官内含有生物碱、苷、挥发油、有机酸等化学物质，家畜误食后，能引起生理异常，损害其健康，直接或间接地致使家畜生病甚至死亡，这类植物被称为有毒植物，习惯简称为毒草。在一般情况下有毒植物家畜多不采食，但在严重缺草的枯草季节或大雪封山家畜无喜食牧草采食时，常会因饥饿误食而引起中毒。

有毒植物是前人在长期的牧业生产实践和牧草资源利用考察中，直接或间接对草地植物与家畜牧养之间利弊关系认识的深化，是草地经营、牧草资源开发利用中草畜双方对立统一关系阶段性认识的概括，是个相对的概念。有毒植物体中毒害物质的存在是绝对的，但在开发利用中是否造成危害则是相对的。草地上有很多有毒植物同时又是名贵的传统药材，具有很高的药用价值，如龙胆（*Gentiana* spp.）、草麻黄（*Ephedra sinica*）、苦参（*Sophora flavescens*）、山莨菪（*Anisodus tanguticus*）、颠茄（*Atropa belladonna*）、巴豆（*Croton tiglium*）、罂粟（*Papaver somniferum*）等；有些是很好的花卉观赏和绿化植物，如报春花（*Primula malacoides*）、绿绒蒿（*Meconopsis* spp.）、迎春（*Jasminum nudiflorum*）、萱草（*Hemerocallis fulva*）、翠雀（*Delphinium grandiflorum*）、马先蒿（*Pedicularis* spp.）等。

有毒植物对不同家畜表现出的毒害作用不尽相同。一些对牛羊构成毒害作用的阔叶草，如常见的能引起牛臌胀病的豆科牧草，对猪则不形成毒害。有些植物的毒害作用有季节性，青绿时有毒害作用，枯黄后毒害作用消失或大大减弱，如荨麻（*Urtica fissa*）、山莨菪等。此外，能否形成毒害作用，还与家畜采食毒草的数量、有毒物质在家畜体内的滞留、积累量和家畜自身解毒能力的强弱有关。很多豆科牧草，如沙打旺（*Astragalus adsurgens*）、小冠花（*Coronilla varia*）等，多少都含有一定有毒物质，但少量采食不构成对家畜健康的危害。还有些植物已被人们驯化，成为广泛栽培的优良牧草。如山黧豆属（*Lathyrus* spp.）的几个种含有氰化物[如山黧豆（*L. quinquenervius*）、香豌豆（*L. odoratus*）、宽叶山黧豆（*L. latifolius*）等]，被认为是累积性中毒植物，其种子人食后也会中毒甚至引起瘫痪，但它们富含蛋白质，可作为高蛋白质饲料开发，目前国内外在选育低毒山黧豆工作方面已取得成效。如美国与印度合作选育出的Pusa-24 山黧豆，我国选育出的黑龙江山黧豆，含毒量低，均属安全高蛋白山黧豆品种。

总之,草地有毒植物是否对家畜构成危害不是绝对的。只有在草地上有毒植物达到一定多度,在一定的季节或在植物的某些发育阶段,有毒植物才会对一些家畜产生毒害作用。因此要用动态观念去认识有毒植物,测定中毒量界限,测定构成毒害作用时有毒植物在草群中的多度、频度、重量比重,研究不同家畜种类、不同品种对有毒植物的敏感程度、耐受力及中毒季节,从而采取有效防治措施,开展对有毒植物的综合利用,变害为利。

二、草地毒草的分类

在众多的草地植物中,有毒植物是一类特殊的类群,其主要作用在于对人、畜发生毒害,或影响畜产品质量,降低牧草产量等。为防止有毒植物对草地畜牧业带来的严重影响,首先必须认识它,了解它的危害,进而采取各种相应的措施予以防除。欲达此目的,必须首先将众多的有毒植物区别开来,对其危害根据一定的系统和标准进行分类。

必须指出,草地有毒植物的分类是极其复杂的,草地工作者、植物学工作者、化学工作者以及药物学工作者,都曾从不同角度对有毒植物进行过分类。如根据毒物的来源和性质可概括地分为饲料中毒、有毒植物中毒、药物中毒等。根据有毒植物的化学成分分为非蛋白氨基酸类、肽类、生物碱类、萜类、苷类、酚类及衍生物类、无机化合物和简单有机化合物类等。

有毒植物中的有毒物质进入家畜机体后,可引起急慢性功能性障碍、器质性损伤、癌变、畸胎等多种中毒效应。根据毒理机制分为精神性中毒作用类,神经系统中毒作用类,呼吸系统中毒作用类,器官损伤性中毒作用类,致癌、致突变、致畸胎作用类等。

以上分类都是从不同学科出发对有毒植物进行分类的。牲畜中毒是极其复杂的,任何物质的毒性,不仅取决于毒物的性质,而且在一定程度上取决于外界环境条件,如气候、光照、温度和湿度等。就有毒植物的成分而言,一年四季不是固定不变的,某些植物花期含毒最多,某些植物花期以前和花期以后含毒量大;某些植物生长在不同的地区,含毒量多少也有差异,甚至在某些地区有毒,在另一些地区则无毒。

由于动物的种类、性别、年龄、体重、体质强弱、神经系统机能状态,以及饲养、管理等情况的不同,受毒物的毒性作用也不一样。在某些地区,当地生长的动物对某些有毒植物和真菌毒素的耐受性比从外地引进的动物强。

此外,毒物的毒性还与毒物之间的拮抗作用和协同作用有关。拮抗作用即一种毒物进入动物机体所产生的毒性作用,被另一种毒物减弱或完全消除,也就是相互呈现出物理、化学的中和、吸收、破坏或转化成无毒的化合物。协同作用是指两个以上的毒物,在机体内互相协同,促进其毒性作用,致使病情急剧恶化。

综上所述,有毒植物的分类涉及众多因素,难以找到一个理想的指标进行分类。目前在草地管理实践中普遍采用的是富象乾(1985)提出的分类方法。这种方法根据有毒植物的毒害规律,将有毒植物分为常年性有毒植物、季节性有毒植物和可疑性有毒植物三大类。根据有毒植物引起家畜中毒程度的不同,前两类又各分为烈毒性有毒植物和弱毒性有毒植物两大类群。

(一)常年性有毒植物

这类有毒植物在天然草地上的种类最多,危害也最大。在这些有毒植物中,绝大多数植物体内含有生物碱,个别种还含有光效能物质等。含有这类毒素的植物,在加工调制,如晒干、青贮等过程中,其毒性毫不减弱。因此,家畜在任何时候采食,都有可能发生中毒。按照有毒物质含量高低、毒性强弱，可将其分为两大类群。

1. 烈毒性常年有毒植物

凡毒性剧烈，不论在任何季节，即使家畜少量采食，也会发生中毒，甚至造成死亡的有毒植物均属于烈毒性常年有毒植物。由于这些植物大多数具有强烈的刺激性气味，一般为家畜所厌恶，因此，很少有家畜中毒。属于这一类群的毒草占常年性有毒植物总种数的一半以上，主要有牛扁（*Aconitum barbatum* var. *puberulum*）、铁棒锤（*A. pendulum*）、北乌头（*A. kusnezoffii*）、白屈菜（*Chelidonium majus*）、石龙芮（*Ranunculus sceleratus*）、野罂粟（*Papaver nudicaule*）、变异黄耆（*Astragalus variabilis*）、小花棘豆（*Oxytropis glabra*）、甘肃棘豆（*Oxytropis kansuensis*）、乳浆大戟（*Euphorbia esula*）、泽漆（*E. helioscopia*）、毒芹（*Cicuta virosa*）、醉马草（*Achnatherum inebrians*）、颠茄（*Atropa belladonna*）、天仙子（*Hyoscyamus niger*）、藜芦（*Veratrum nigrum*）等。

2. 弱毒性常年有毒植物

属于这一类群的植物其有毒物质的含量一般都比较低，或其毒素对家畜的毒害作用比较弱。虽然各种家畜对有毒物质的感受性不同，其中毒机会以及中毒程度都有很大差异，但是，只要大量地采食，也会出现中毒症状。在天然草地上经常造成家畜中毒的主要是这一类有毒植物，常见的有问荆（*Equisetum arvense*）、木贼（*E. hyemale*）、无叶假木贼（*Anabasis aphylla*）、毛茛（*Ranunculus japonicus*）、黄堇（*Corydalis pallida*）、地锦（*Euphorbia humifusa*）、华丽龙胆（*Gentiana sino-ornata*）等。

（二）季节性有毒植物

季节性有毒植物系指在一定的季节内对家畜有毒害作用，而在其他季节，其毒性基本消失或减弱。即使在有毒季节内，如经过加工调制，其毒性也会大大降低。这类有毒植物在天然草地上的比重较大，在它们体内，一般都含有糖苷、皂苷、植物毒蛋白或有机酸、挥发油等，一般毒性比较弱，只有很少的种有剧毒。但它们在干燥过程中，体内的糖苷、皂苷的毒性就会迅速下降，氰氢酸逐渐消失，挥发油也因油性散发而失去毒性。因而，家畜在晚秋或冬季采食这些植物，就会完全消化。同样这类有毒植物也可再分为两类：

1. 烈毒性季节有毒植物

这一类群植物，在其有毒季节内对家畜的毒害作用与烈毒性常年有毒植物基本相同。它们可导致家畜急性或慢性中毒，在这些有毒植物中，含有毒蛋白的有宽叶荨麻（*Urtica laetevirens*）、蝎子草（*Girardinia suborbiculata*）等。含有糖苷的有兴安杜鹃（*Rhododendron dauricum*）、羊踯躅（*R. molle*）、海韭菜（*Triglochin maritimum*）等。

2. 弱毒性季节有毒植物

这一类植物在其有毒季节内，植物体的有毒物质含量比较低或其有毒成分对家畜的毒害作用比较弱。家畜少量采食，一般不会引起中毒。已有中毒报道的有：含有糖苷的有草玉梅（*Anemone rivularis*）、二歧银莲花（*A. dichotoma*）、耧斗菜（*Aquilegia viridiflora*）、侧金盏花（*Adonis amurensis*）、白头翁（*Pulsatilla chinensis*）等。含有氰氢酸的有唐松草（*Thalictrum* spp.）、酢浆草（*Oxalis corniculata*）等。含皂苷及挥发油的有薄荷（*Mentha haplocalyx*）、泽兰（*Eupatorium* spp.）等。此外，还有酸模（*Rumex acetosa*）、盐角草（*Salicornia europaea*）、木贼麻黄（*Ephedra equisetina*）、苦马豆（*Sphaerophysa salsula*）、返顾马先蒿（*Pedicularis resupinata*）等。

(三)可疑性有毒植物

有些植物是否对家畜有毒以及有毒部位、有毒时期、有毒成分等在一些报道中说法不一，因此很难得出确切的结论。还有一些在国外报道是有毒植物，而在我国尚未发现有家畜中毒者。如钩刺雾冰藜(*Bassia hyssopifolia*)、盐生草(*Halogeton glomeratus*)等在美国的文献中记载是有毒植物；小花糖芥(*Erysimum cheiranthoides*)、骆驼蓬(*Peganum harmala*)、茅香(*Hierochloe odorata*)、千叶蓍(*Achillea millefolium*)、顶羽菊(*Acroptilon repens*)等在俄罗斯文献中被认为是有毒植物。有些植物家畜一般避而不食，但不明原因，牧民认为是有毒植物的有串铃草(*Phlomis mongolica*)等。

第二节 草地毒草的生物学及生态学特性

一、草地毒草的生物学特性

由于长期的自然选择，草地毒草形成了一系列的生物学特性，使其对不良环境条件有广泛的、多种多样的适应性。草地毒草的生物学特性主要包括植物的形态、生理、生长发育(如结实)、生长速度、寿命等。掌握草地毒草的生物学特性及其规律，了解到毒草延续繁衍中的薄弱环节，对制定科学的毒草治理策略和探索防除技术有重要的理论和实践意义。

(一)毒草形态结构的多样性

1.毒草个体大小变化大

不同种类的毒草个体大小差异明显，高的可达 2 m 以上，如紫茎泽兰、铁棒锤等；中等的约 1 m，如毒麦(*Lolium temulentum*)、藜芦等；矮的仅有几厘米，如地锦。同种毒草在不同的生境条件下，个体大小变化亦较大。例如小花棘豆生长在空旷、土壤肥力充足、水湿光照条件好的地带，株高可达 80 cm 以上；相反，生长在贫瘠、干旱的裸地上其高度仅在 20 cm 以内。

2.根茎叶形态特征多变化

草地毒草的根有十几种类型，其中大多为直根系，其主根强壮，根毛密生，能深入到很深的土层中吸取水分和营养，甚至能躲过除草剂的药土层；也有的是须根系，其须根茂密，根系发达；有的毒草须根呈放射状分布，可从远处吸收养分，对土表的占有率大。

草地毒草的茎有直立茎、缠绕茎、平卧茎、匍匐茎、根状茎、块茎、鳞茎等多种类型，能适应不同的生态环境，其中匍匐茎、根状茎、块茎、鳞茎发达的草地毒草，往往具有很强的再生能力。

此外，生长环境对毒草根、茎、叶的发生也有一定的影响。生长在阳光充足地带的毒草，如狼毒(*Stellera chamaejasme*)、甘肃棘豆、醉马草等多数毒草茎秆粗壮、叶片厚实、根系发达，具较强的耐旱耐热能力。相反，生长在阴湿地带的毒草，其茎秆细弱、叶片宽而薄、根系不发达，当进行生境互换时，后者的适应性明显下降。

(二)毒草生活史的多型性

一般早发生的毒草生育期较长，晚发生的较短，但同类毒草成熟期则差不多。根据毒草当年一次开花结实成熟、隔年一次开花结实成熟和多年多次开花结实成熟的习性，可将毒草的生活史分为一年生类型、二年生类型和多年生类型。但是，不同类型之间在一定条件下可以相互转变。如多年生毒草蓖麻(*Ricinus communis*)发生于北方,则会变为一年生毒草。

(三)毒草营养方式的多样性

毒草的营养方式多种多样。绝大多数毒草为光合自养性植物,但亦有不少属于寄生类型。寄生性毒草在其种子发芽后,历经一定时期的生长,必须依赖于寄主的存在和寄主提供足够有效的养分才能完成生活史全过程。例如菟丝子(*Cuscuta chinensis*),是人工草地中苜蓿等植物的茎寄生性毒草。

(四)毒草繁衍滋生的复杂性与强势性

1.惊人的多实性

草地毒草通常具有惊人的结实力。一株毒草往往能结成千上万甚至数十万粒细小的种子。据报道,变异黄耆 (*Astragalus variabilis*)平均每株能产生种子 800 粒;一株成年狼毒可产种子 240 粒左右;甘肃棘豆成株一般年产种子 2 700 粒;醉马草单穗产种子 481 粒,最高可达 739 粒;紫茎泽兰成熟时可年产种子(瘦果)10 000 粒/株;酸模每株产生的种子数为 29 500 粒;反枝苋(*Amaranthus retroflexus*)为 117 400 粒。这种大量结实的能力,是毒草在长期竞争中处于优势的重要原因。

2.繁殖方式的多样性

草地毒草的繁殖方式多种多样,常见的有种子繁殖、根茎繁殖、根蘖繁殖、匍匐茎繁殖和块茎鳞茎繁殖等,其中除种子繁殖外其他均属于营养繁殖类型。毒草营养繁殖是指毒草以其营养器官根、茎、叶或其一部分进行繁衍滋生的方式,尤其是多年生毒草,具有很强的营养繁殖和再生能力。如木贼的地下茎,每一节都可发芽、生根并向四方伸展。半夏(*Pinellia ternata*)、糙苏(*Phlomis umbrosa*)利用地下营养器官贮藏的大量营养物质发育新的枝叶。毒草的营养繁殖特性使其保持了亲代或母体的遗传特性,生长势、抗逆性、适应性都很强,具这种特性的毒草给防治造成极大的困难。迄今为止,人们还没有找到一种行之有效的控制或清除这类毒草的方法。

3.传播途径的广泛性

毒草的种子或果实有容易脱落的特性。有些毒草具有适应于散布的结构或附属物,借助外力可以向远处传播,分布很广。例如酢浆草的蒴果在开裂时,会将其中的种子弹射散布;十字花科、石竹科和玄参科的毒草如白芥子(*Sinapis alba*)、王不留行(*Vaccaria segetalis*)、长果婆婆纳(*Veronica ciliata*)等,其种子可借果皮开裂而脱落散布;萝摩科毒草的种子上有毛,可随风飘扬,如牛皮消(*Cynanchum auriculatum*);蒺藜(*Tribulus terrester*)、苍耳(*Xanthium sibiricum*)、醉马草等毒草种子有刺毛或芒,可附着于其他物体上传播。毒草种子的人畜传播和扩散则是上述所有毒草种子传播扩散(尤其是远距离传播和扩散)途径中,影响最大、造成危害最重的一种方式,应该引起人们的高度重视。

4.强大的生命力

许多毒草种子埋藏于土壤中,多年后仍能保持生命力。如狼毒种子落地后,经采食家畜踏进土层,经历多年,仍可存活。在一般情况下,毒草籽实皮越厚越硬,透水性越差,其寿命越长。繁缕(*Stellaria media*)的种子最长可在土壤中存活 622 年之久,藜(*Chenopodium album*)等植物的种子可存活 1 700 年。

(五)草地毒草化学成分的复杂性

由植物产生的能引起人和动物致病的有毒物质称为植物毒素。现已知道的植物毒素绝大部分属于植物的次生代谢产物，与其生存斗争有关。一些植物毒素是植物化学防御机制的重要物质，对人、畜、昆虫和鸟类有毒；而另一些植物毒素则对异类植物有生长抑制作用。草地毒草的毒物成分复杂多样，通常可划分为生物碱、苷类化合物、萜类化合物、酚类及其衍生物、无机化合物和简单有机物等几大类。一种有毒植物常含有多种毒物成分，例如狼毒含有萜类树脂、有毒的高分子有机酸及狼毒苷、狼毒素、二氢山柰酚等黄酮类化合物，毒芹（*Cicuta virosa*）含有毒芹毒素、毒芹醇等多种聚炔化物，虽然毒物成分较多，但往往其中一种是导致家畜中毒的主要成分。现将常见有毒植物的毒物成分归纳如下：

1. 生物碱

生物碱是一种含氮有机化合物。其种类很多，已发现的有数千种。大多数生物碱是无色或白色、味苦的结晶体，个别有颜色。少数在常温下呈液体状态（如烟碱）。由于生物碱系碱性物质，因而在植物体中总是和有机酸，如柠檬酸、草酸、苹果酸等结合成盐存在。同一种植物往往含多种生物碱。同一种生物碱也可以出现在不同的植物中，如麻黄碱，曾在5种不同种的植物中发现。生物碱几乎出现于含生物碱类植物的所有组织中，一般以根、茎、果及叶中较多。各种植物中生物碱的含量很不一致，有的植物含量甚微（百万分之几），有的高达2%至百分之十几。在不同的产地和在植物的不同生育期含量也不相同。

含有生物碱的植物种类很多，主要存在于毛茛科、罂粟科、小檗科、豆科、茜草科、防己科、夹竹桃科、伞形科、龙胆科、茄科、马钱科、百合科、石蒜科等植物体中。常见的植物有乌头、铁棒锤、露蕊乌头（*Aconitum gymnandrum*）、秦艽（*Gentiana macrophylla*）、野罂粟、白屈菜、小花棘豆、变异黄耆、毒芹、龙胆、曼陀罗（*Datura stramonium*）、洋金花（*Datura metel*）、山莨菪、小黄花菜（*Hemerocallis minor*）、藜芦等。其中，造成重大危害的为小花棘豆和变异黄耆。前者危害马、牛、羊，后者主要危害骆驼和羊。它们主要分布于内蒙古、甘肃、青海的草原化荒漠或荒漠类草地，特别是退化草地。据内蒙古阿拉善盟草原站调查，在该盟的小花棘豆、变异黄耆分布区，它们的生长量可分别达到可食牧草生长量的20%～40%。在干旱年份，能在大面积草地范围内，致使大量牲畜中毒，甚至死亡。

生物碱类物质具有多种毒性，一般都有很强的生理作用，特别是对中枢神经系统和消化系统有严重影响。凡含有此类物质的植物，牲畜中毒症状多为恶心、呕吐、腹痛、腹泻、全身发麻、血压下降、呼吸困难、抽搐等。

2. 苷类

苷曾称配糖体，是糖和非糖分子缩合生成的化合物。大多数糖苷是无色无臭的结晶或粉末，多能溶于水及乙醇，有的可溶于氯仿、乙酸乙酯等。有些糖苷类化合物本身毒性较强，可直接引起中毒，而有些则须在相应的酶作用下生成有毒苷元，从而引起中毒。重要有毒苷类化合物有氰苷、芥子油苷、强心苷、多萜苷类等。氰苷在豆科、蔷薇科、藜科、大戟科、虎耳草科、桃金娘科、禾本科等植物中含量较高。芥子油苷主要存在于十字花科植物中。强心苷是有强心作用的甾体苷类化合物，广泛存在于夹竹桃科、百合科、毛茛科、玄参科植物中，对动物有强烈毒性。皂苷是一些大分子质量的复杂苷类物质，有特殊的溶血作用和刺激作用。

草地上常见的此类有毒植物有泽漆（*Euphorbia helioscopia*）、龙葵（*Solanum nigrum*）。此外还有大戟（*Euphorbia pekinensis*）、麦仙翁（*Agrostemma githago*）、侧金盏花（*Adonis amurensis*）等。凡含此类物质的植物，牲畜中毒后通常出现喉干、口渴、恶心、视力模糊、瞳孔散大、心悸、头晕、全身无力、腹痛、腹泻、呕吐等症状。

3. 萜类

此类毒物在植物体内可以精油、树脂、苦味素、乳胶和色素等多种形式存在，对家畜有多种刺激作用，如接触性皮炎、胃肠道刺激作用等。这类毒性物质主要存在于商陆科、大戟科、卫矛科、茜草科、马鞭草科等植物体中。常见有毒植物有雷公藤（*Tripterygium wilfordii*）、苦楝（*Melia azedarach*）、鸡矢藤（*Paederia scandens*）、黄花败酱（*Patrinia scabiosaefolia*）、马鞭草（*Verbena officinalis*）、黄独（*Dioscorea bulbifera*）、狼毒、狼毒大戟（*Euphorbia fischeriana*）等种类，雷公藤及黄独的毒性较强，可致人畜死亡。

4. 无机物和简单有机物

此类毒物成分包括一些重金属、硝酸盐、有机酸类，如豆科紫云英（*Albizia sinicus*）生长过程中积累吸收的硒，天南星科、藜科、酢浆草科、蓼科的草酸，菊科、芸香科的聚炔类化合物等。

有些植物在喷洒除草剂和过多施用氮肥时，能够积累硝酸盐类。积累的植物主要是苋属、茄属、猪毛菜属和藜属的一些种，多积累于阴天、寒冷、干旱条件下。当牧草干物质含硝态氮0.07%时，就能引起中毒，超过0.22%时就能致死。硝酸盐本身毒性较小，但进入反刍家畜体内，在反硝化细菌和转化酶的作用下，硝酸盐很快地转化成亚硝酸盐。亚硝酸盐被家畜吸收进入血液后，将血红蛋白氧化成高铁血红蛋白，使其失去携带氧的能力，导致家畜窒息而死亡。不但能引起急性中毒，也能引起慢性中毒，降低肉、奶产量或造成流产。中毒家畜主要是反刍家畜，马也能发生。

有机酸类是分子结构中含有羧基的化合物。在植物的叶、根特别是果实中广泛分布。植物体中常见的有机酸有脂肪族的各类羧酸如酒石酸、草酸、苹果酸、抗坏血酸（维生素C）等，亦有芳香族有机酸如苯甲酸、水杨酸、咖啡酸等。除少数以游离状态存在外，一般都与钾、钠、钙等结合成盐，有些与生物碱类结合成盐。有机酸多溶于水或乙醇呈显著的酸性反应，难溶于其他有机溶剂。一般认为脂肪族有机酸无特殊生物活性，但有些有机酸如苹果酸、酒石酸、抗坏血酸等综合作用于中枢神经。草地上部分禾本科、毛茛科、蓼科、荨麻科、酢浆草科等植物中的一些种所含的氰氢酸、酸模酸、草酸等均可使牲畜中毒，如醉马草、瓣蕊唐松草（*Thalictrum petaloideum*）、狼毒、酸模、荨麻（*Urtica fissa*）、马桑（*Coriaria nepalensis*）、酢浆草（*Oxalis corniculata*）等。含此类物质的植物，牲畜中毒后口吐白沫、精神沉郁、食欲减退、耳耷头低、行走如酒醉状，有时阵发性狂暴，知觉过敏，起卧不安；有时倒地不起，呈昏睡状，心跳加快，呼吸短促。严重中毒的马还有嗳气、肚臌胀、腹痛、鼻出血、急性胃肠炎等症状。

5. 酚类及其衍生物

酚类及其衍生物包括单酚类、单宁、醌类、黄酮、异黄酮、香豆素、木脂素、萱草根素等多种类型的化合物。

单宁（鞣质）是植物中相对分子质量在500以上的多元酚化合物，可分为用酸或酶容易水解的可水解单宁和难以水解的缩合单宁，其作用机理是由高分子水解单宁经生物降解，产生多种低分子酚类化合物引起中毒。其植物来源很广，尤其以分布于栎属植物的树皮、木材、叶、壳斗及种仁中的栎单宁最常见。牛过多地采食栎属树叶能造成蓄积性慢性中毒。发病后有明显的水肿症状，有的地区称“水肿病”，死亡率很高。

香豆素是草木樨属（*Melilotus* spp.）植物中含有的一种芳香成分，为氧杂萘邻酮酸的一种内酯肉桂酸的氧化衍生物。当草木樨受到某种损坏，如霉变败坏时，香豆素分解变为具有延长血凝时间性质的双香豆素。试验证明，当干草中含双香豆素0.002 6%时，便能发生这种有害作用。

棉酚色素是锦葵科的棉属和其他一些植物中固有的色素。其中毒症状一般表现为食欲下降和体重减轻。

萱草根素主要存在于萱草属(*Hemerocallis* spp.)植物。目前为止,我国是世界上发现家畜萱草根中毒病的唯一国家。其常见症状为双目瞳孔散大、失明、全身瘫痪、膀胱麻痹等中枢神经系统障碍,常见于绵羊和山羊,故又称为"羊瞎眼病"。

6. 有毒蛋白质及肽类

蛋白质和多肽,如酶、激素、转运蛋白质和抗体等这一大类物质中,有一些对产生其自身的生物体无毒性作用,而对其他生物体有毒性作用。有毒蛋白质包括植物性蛋白和非植物性蛋白。

植物性蛋白以大戟科蓖麻(*Ricinus communis*)茎、叶和种子中的蓖麻毒素为代表,它是一种溶血性毒蛋白,能使血液凝集和红细胞溶解,并使内脏组织细胞原生质凝固,还可作用于中枢神经,使呼吸和血管运动中枢麻痹。除蓖麻外,还有一些植物也含有毒蛋白,如巴豆(*Croton tiglium*)含巴豆毒素,刺槐(*Robinia pseudoacacia*)含有刺槐毒素,相思豆(*Abrus precatorius*)中含有相思子毒蛋白。非植物性蛋白有细菌毒素、真菌毒素,这些毒素不是植物本身所含有的,而是由生长在植物上的真菌和细菌产生的,如生长在苇状羊茅(*Festuca arundinacea*)体内的一种内寄生真菌(*Acremonium coenophialum*)。家畜采食受感染的苇状羊茅,造成肉用母牛受胎率低,牛犊生长缓慢,奶牛产奶量下降,阉牛增重降低,怀孕母马流产或产死驹,产奶少或不产奶,被称为狐茅毒性(*Festuca* toxicity)。被这种真菌感染的苇状羊茅制成的干草,贮存2年后仍然能引起中毒。

肽类主要包括毒肽和毒伞肽,存在于毒伞属(*Amanita*)的蘑菇中。此外,毛果巴豆(*Croton lachnocarpus*)、野芋(*Colocasia antiquorum*)等植物也含有有毒肽类。

7. 光能效应物质

光能效应物质也称荧光性物质、叶红质。主要存在于蓼科一些植物中,如荞麦(*Fagopyrum esculentum*)、水蓼(*Polygonum hydropiper*)等。家畜采食后,这种光能效应物质被吸收进入血液,能增加家畜对太阳光线作用的敏感性。中毒的都是白色或白色斑点的动物。在有阳光时,白色皮肤积聚太阳光线的光能而破坏血管壁,因而在皮肤上出现皮疹。同时,中枢神经系统和消化器官也发生障碍。

有毒植物的确定,有时是很困难的,因为植物体内所含的有毒物质,对于不同的家畜其感受性不同。如翠雀属(*Delphinium* spp.)植物被牛采食后会很快引起中毒,而对绵羊无害;小冠花(*Coronilla varia*)对反刍动物无害,而对单胃动物有毒。

8. 挥发油

挥发油是一类可随水汽蒸馏出来,在常温下能全部或几乎全部挥发,有特殊香气的油类液体,由多种化合物组成,是甾醇的衍生物,具有很强的刺激气味。挥发油具有芳香气味,按化学成分可分饱和挥发油、不饱和挥发油及含硫挥发油。挥发油能造成中枢神经系统、心脏和消化系统疾病。但在晒制干草时,由于油性的挥发而失去毒性。

挥发油在毛茛科、伞形科、唇形科、菊科等植物中都有,如茴茴蒜(*Ranunculus chinensis*)、野薄荷(*Mentha haplocalyx*)、百里香(*Thymus mongolicus*)、菊蒿(*Tanacetum vulgare*)等。此类植物中毒后主要症状为肠胃炎、下痢,甚至便血、呕吐、瞳孔散大,严重者可引起痉挛。中毒后一般处理方法为催吐、洗胃、服通用解毒剂,呼吸衰竭时给予呼吸兴奋剂,抽搐时给予水合氯醛等药物。

二、草地毒草的生态学特性

草地毒草的生态学特性是指草地有毒植物与周围环境,如土壤、温度、水、阳光、动植物及微生物等发生关系时所具有的特征,是有毒植物因长期生长在某种环境条件下所形成的对该环境条件的要求和适应能力。

毒草在草地上的出现,往往是草地植被长期逆向演替(正常草地－轻度退化－中度退化－重度退化)情况下的产物。由于长期超载过牧、滥垦及自然因素的作用,天然草地退化和土地沙漠化得不到有效控制,由此引起草地生态系统失调,形成“超载过牧－草地退化－鼠虫危害－毒草滋生－草畜矛盾加剧－次级生产力下降”的恶性循环。天然草地面积缩小,植被变劣,优良牧草和可食牧草的种类、产量日趋减少,毒杂草滋生蔓延,数量增多。

多数草地毒草具有同其他植物种进行不断竞争的能力,比其他植物种更能适应和耐受较差的环境条件,在与群落中的其他植物种长期竞争中,经过漫长的历史条件下的自然选择,形成了本身独特的生态学特性。

(一)抗逆性强

毒草具有较强的生态适应性和抗逆性,表现在对盐碱、人工干扰、旱涝、极端高低温等有很强的耐受能力。有些毒草生长快,生命周期短,群体不稳定,一年一更新,繁殖快、结实率高,如曼陀罗、白苏(*Perilla frutescens*)、苍耳、毒麦等一年生毒草。有些毒草个体大,竞争力强,生命周期长,在一个生命周期内可多次重复生殖,群体饱和稳定,如紫茎泽兰、北萱草(*Hemerocallis esculenta*)等多年生毒草。有些毒草,例如草麻黄(*Ephedra sinica*)、乌头、小花棘豆等都有不同程度耐受盐碱的能力。狼毒为多年生中旱生植物,叶片披针形,蜡质层较厚,具有对外界水分条件剧烈变化做出迅速生理反应的能力,能够忍受长期干旱。据观察,当气候极端干旱时,在有狼毒分布的草地植被群落中,其他植物种的叶片已经干枯死亡时,狼毒却无明显的脱水现象,仍表现出枝叶繁茂。

(二)可塑性大

由于长期对自然条件的适应和进化,植物在不同生境下对其个体大小、数量和生长量的自我调节能力被称为可塑性。可塑性使得毒草在多变的自然或人工环境条件下,如在密度较低的情况下能通过其个体结实量的提高来产生足量的种子,或在极端不利的环境条件下,缩减个体并减少物质的消耗,保证种子的形成,以延续其后代。如反枝苋(*Amaranthus retroflexus*),在不同生境下株高可低至 5 cm 或高至 300 cm,结实数可少至 5 粒或多至百万粒。当土壤中毒草结实量很大时,其发芽率会大大降低,以避免由于群体过大而导致个体死亡率的增加。

(三)生长势强

前面已提到,草地毒草通常具有惊人的结实力,以提高它在草地植被中的竞争优势。还有许多毒草能以其地下根或茎的变态器官避开劣境、繁衍扩散,当其地上部分受伤或地下部分被切断后,能迅速恢复生长并进行传播繁殖。例如,甘肃棘豆成株一般年产种子 2 700 粒/株,当地上部分受伤或切断后,根部能产生再生芽 20～98 个/株。紫茎泽兰除种子产量大之外,还具有顽强的无性繁殖能力,可依靠根系向四周蔓延。狼毒的地下肉质根粗大、木质并且有绵性纤维,根系入土深。据测定,一年生狼毒根深 10 cm 以上,二年生狼毒根深 15~25 cm,三年生狼毒根深 40~50 cm,四年生狼毒根深可达 60~100 cm。其根吸水、吸肥能力强。当气候干旱时,狼毒根的绵性纤维可以吸收并且贮存水分、养分,供给地上部以渡过不良环境;狼毒地上丛生枝条多,丛直径平均可达 6 cm,冠层繁茂,反过来又可郁蔽抑制其他植物种的生长和发育,使得植被中牧草的生长速度和生长量均受到影响。

(四)具有化感作用

植物化感作用原称他感作用、相生相克作用或异株克生作用,是植物通过合成并向环境释放化学物质而对同种或异种植物(包括微生物)萌发和生长发育所产生的直接或间接的有益或有害的作用。自 20 世纪以来,人们对植物间的克生关系已经进行了长时间的观察研究,发现植物在生长和腐朽过程中能释放出各种各样的有机化合物进入土壤或释放出各种气味。一些植物受生长在邻近的另一些植物的影响作用可以通过株高减小、缺绿甚至死亡等容易判别的反应得到证明。但是在这个领域里,这方面的研究常引起剧烈的争论。

紫茎泽兰由于有强烈的毒性,可以排挤其四周的他种植物(如菊科、蔷薇科、豆科、天南星科、唇形科、伞形科、茄科、禾本科、石竹科、松科、半边莲科、忍冬科等)成为独自存在的单优群落。刘伦辉等对紫茎泽兰化感作用的研究表明,紫茎泽兰水浸提液对玉米、紫花苜蓿、白车轴草等的发芽率、发芽势、发芽整齐度、胚根胚芽的伸长、干物质、粗蛋白、灰分等均有不同程度的抑制作用。10%紫茎泽兰水浸提液能使玉米的产量降低 30%。宋启示(2000)研究发现,紫茎泽兰地上部分的石油醚、乙醇和水提取物对豌豆的种子萌发和幼苗生长均有抑制作用。在 2%相对浓度下,紫茎泽兰的石油醚、乙醇和水提取物对豌豆的萌发分别产生 100%、40%和 50%的抑制。

在以狼毒为建群种的草地植物群落内,对狼毒化感作用的研究目前还处于探索阶段。中国农业科学院草原研究所周淑清等人(1993)用狼毒鲜植株的根、茎、叶的水浸液对苜蓿、沙打旺、披碱草、老芒麦等二十几种植物的种子进行了发芽的测定,并用狼毒根茎叶粉碎物掺和土壤进行盆栽试验的研究,结果表明,狼毒对入试的植物的发芽和幼苗生长均有抑制作用,这种抑制作用的大小因植物种类、狼毒用量而有程度上的差异。

第三节 中国草地毒草的种类、分布与危害

一、草地毒草的种类

在植物界中,大部分科属都包括有毒植物,据 20 世纪 60 年代报道,在 110 科被子植物中有 56 科植物含有毒素,有毒植物 273 种,占记载植物的 10%。许多国家在公布了调查研究的基础上,列出了常见的能引起动物中毒的常见有毒植物名录。例如,俄罗斯的 121 种有毒植物中,常见的 22 种;日本的 200 种有毒植物中,16 种常见;北美常见有毒植物中,春季 11 种,春夏季 4 种,夏秋季 7 种,冬季 7 种,四季均可引起中毒的 28 种;尼日利亚的常见有毒植物 60 种;波兰的常见有毒植物 28 种。据《兽医公报》记载,1960—1979 年世界发表的 3 200 多篇文献资料表明,在 98 科 321 属植物中都存在着有毒植物,然而,这些科属的统计并不精确,随着

有毒植物的不断发现和研究报告的正式发表，有毒植物的科、属和种类的数量在不断变化，各个国家的有毒植物种类也不完全相同。

我国是世界上草原面积最大的国家之一，植物资源十分丰富，有毒植物种类之多也为世界各国所罕见。自新中国成立以来，我国科研工作者从未停止过对毒草植物的调查研究。1959年崔友文报道了中国北部的36种有毒植物。据中国医学科学院劳动卫生及职业病研究所、药物研究所合编的《野生植物的营养及毒性》(1961)记载，能引起人畜中毒的植物约121种。华中农学院主编的《饲料生产学》(1962)将我国草原上的重要有毒植物确定为15科33属。广东省农林水科学技术服务站经济作物队编著的《南方主要有毒植物》(1970)记载454种有毒植物对人的危害，其中31种对动物有毒。1985年富象乾调查了我国北方草地有毒植物种类，确定为238种，分属于45科127属。陈翼胜等(1987)主编的《中国有毒植物》，收集了中国有毒植物101科943种，较完整地介绍了它们的植物学、化学及毒理学研究进展。

根据20世纪80年代全国统一草地资源调查，初步统计大陆草地有毒植物约有49科152属731种。其中种类较多的有毛茛科13属186种，豆科22属153种，大戟科11属59种，瑞香科7属14种，龙胆科7属100种，菊科11属40种，茄科7属22种，罂粟科3属45种，杜鹃花科4属12种。其他如荨麻科、水麦冬科、凤尾蕨科、天南星科等有毒植物的种类较少。在我国天然草原中，报道较为集中的毒草有小花棘豆(*Oxytropis glabra*)、黄花棘豆(*Oxytropis ochrocephala*)、甘肃棘豆(*Oxytropis kansuensis*)、冰川棘豆(*Oxytropis proboscidea*)、镰形棘豆(*Oxytropis falcata*)、毛瓣棘豆(*Oxytropis sericopetala*)、急弯棘豆(*Oxytropis deflexa*)、变异黄耆(*Astragalus variabilis*)、劲直黄耆(*Astragalus strictus*)、哈密黄耆(*Astragalus hamiensis*)、狼毒(*Stellera chamaejasme*)、紫茎泽兰(*Eupatorium adenophorum*)、黄帚橐吾(*Ligularia virgaurea*)、藏橐吾(*Ligularia rumicifolia*)、纳里橐吾(*Ligularia narynensis*)、醉马草(*Achnatherum inebrians*)、乌头(*Aconitum carmichaelii*)、唐松草(*Thalictrum aquilegiifolium* var. *sibiricum*)、马先蒿(*Pedicularis* spp.)、北萱草(*Hemerocallis esculenta*)、藜芦(*Veratrum nigrum*)、无叶假木贼(*Anabasis aphylla*)、苦豆子(*Sophora alopecuroides*)、牛心朴子(*Cynanchum hancockianum*)、狼毒大戟(*Euphorbia fischeriana*)、乳浆大戟(*Euphorbia esula*)、密花香薷(*Elsholtzia densa*)、毒芹(*Cicuta virosa*)、翠雀(*Delphinium grandiflorum*)等100多种。

近20多年来，随着各省、自治区、直辖市农业区划和草山草坡及草原的普查工作的开展，严重的动植物中毒病得到应有的重视和研究，我国有毒植物和动物中毒的研究大大推进了一步。根据目前已经公布的资料，我国部分省份及地区有毒植物的种数统计结果如表4-1所示。

表4-1　中国部分省份及地区草地有毒植物分布

省份及地区	有毒植物种数	报道者及报道年份
内蒙古	57科270种	白云龙，1997
科尔沁草地	42科164种	邢福等，2000
内蒙古阿拉善	30科142种	马海波等，1996
黑龙江	32科142种	张鹏咏，1991
河北坝上	16科31种	郭郁颖等，1999
山西	35科148种	董宽虎等，1994

续表 4-1

省份及地区	有毒植物种数	报道者及报道年份
河南	89 种	河南生物研究所,1962
湖南	16 科 33 种	湖南省畜牧局,1983
福建	43 科 110 种	张国森,1999
宁夏	31 科 129 种	郭思加等,1997
宁夏盐地	24 种	王永红,1981
陕西	20 科 65 种	陕西省农牧厅畜牧局等,1987
甘肃	18 科 178 种	甘肃省草原总站,1999
四川	42 科 106 种	中国科学院四川分院支农办,1960
四川西部	26 科 80 种	刘洪先等,1986
青藏高原东南部	33 科 226 种	王力等,2006
云南	28 科 168 种	云南省畜牧局,1989
贵州	110 科 480 种	刘济明,2004
西藏	18 科 72 种	余永新等,1997
新疆	35 科 166 种	赵德云等,1997
青海	19 科 224 种	路元新,1988

二、草地毒草的分布

由于地理、气候及生态条件的差异,我国各地调查确定的有毒植物种数不尽相同(表 4-1)。在不同草原地带、不同草原类型中,毒草的种类分布也存在很大差异。

(一)内蒙古中东部及周边草原区

本区域属于水分条件较好的草甸草原及森林草原地带,分布的毒草有 160 多种,占总种数的 67.2%,常见的主要有栎属(*Quercus*)、杜鹃花属(*Rhododendron*)、白头翁属(*Pulsatilla*)、铁线莲属(*Clematis*)、唐松草属、大戟属、橐吾属、乌头属、毒芹属、藜芦属的许多种等。

(二)内蒙古西部及周边草原区

本区域属于典型的荒漠与半荒漠化草原、较为干旱的典型草原或黄土丘陵草原区,分布的毒草种类较少,仅有 40～60 种,约占总种数的 20%,主要有黄耆属和棘豆属的有毒种、醉马草、沙冬青(*Ammopiptanthus mongolicus*)、杠柳(*Periploca sepium*)、无叶假木贼、牛心朴子等。分布的植物主要有变异黄耆、牛心朴子、苦豆子、披针叶黄华(*Thermopsis lanceolata*)、刺叶柄棘豆(*Oxytropis aciphylla*)、白刺(*Nitraria tangutorum*)、沙冬青、霸王(*Zygophyllum xanthoxylon*)、骆驼蓬(*Peganum harmala*)等植物。

(三)新疆草原区

本区域属于较干旱的典型草原地带,毒草约有 90 余种,约占总种数的 37.8%,毒草主要有禾本科醉马草,毛茛科乌头、唐松草,菊科橐吾,玄参科马先蒿,豆科小花棘豆,藜科无叶假木贼,瑞香科狼毒等。毒害草主要优势种群是:禾本科芨芨草属醉马草、毛茛科乌头属白喉乌头

(*Aconitum leucostomum*)、豆科棘豆属小花棘豆、豆科黄耆属变异黄耆、菊科橐吾属橐吾、玄参科马先蒿属甘肃马先蒿(*Pedicularis kansuensis*)、藜科假木贼属无叶假木贼等。

(四)青藏高原草原区

本区域属于高原草甸区,分布的毒草种类在150种以上,约占有毒植物总种数的63%,毒害草主要优势种群是豆科棘豆属甘肃棘豆、黄花棘豆、镰形棘豆、冰川棘豆、劲直黄耆,瑞香科瑞香狼毒,禾本科芨芨草属醉马草,菊科橐吾属黄帚橐吾,豆科野决明属披针叶黄华,玄参科马先蒿属甘肃马先蒿等。其中,劲直黄耆几乎在西藏各地均有分布,并成为西藏天然退化草地主要优势种,也是危害西藏草地畜牧业最为严重的毒草。

(五)南方草地区

本区域属于水分条件较好的草甸、草甸草原及林区草原,一般分布的毒草种类较多,但生物储量较小;在地势低洼及排水不良的沼泽地带,常有毛茛、乌头、毒芹、麦仙翁(*Agrostemma githago*)、藜芦等大量烈性毒害草分布。紫茎泽兰作为外来物种,分布面积逐年增长。

毒害草的种属分布与草原利用的程度有很大关系。长期以来,我国天然草原由于干旱、超载过牧、盲目开垦、乱砍乱挖、人口增长等自然和人为因素的影响,以及草原基础建设投入不足,导致草原退化,草原逆向演替,可食牧草逐年减少,而毒害草扩散蔓延,造成草原毒害草化。在过度放牧的退化草原,毒害草数量急剧增长。在人畜活动比较集中的居民点、饮水点、生产点或路旁附近,常有大量毒害草滋生,如天仙子、龙葵、曼陀罗、有毒棘豆、有毒黄耆、瑞香狼毒等。毒害草群落的形成、种群数量和生物量与草原退化程度有关,在严重退化的草原区域,如瑞香狼毒、有毒棘豆、有毒黄耆、橐吾、牛心朴子等常常形成优势种群或建群种。毒害草是草原退化植被长期逆向演替的产物,是草原退化的重要标志。据统计,西藏、新疆、青海、甘肃、内蒙古、宁夏、陕西、四川等11个省份天然草原面积为32 721.56万 hm^2,可利用草原面积为26 107.72万 hm^2,毒害草面积为3 470.58万 hm^2,毒害草占可利用草原面积达13.29%。中国部分省份天然草原毒害草分布面积见表4-2。

表4-2　中国部分省份天然草原毒害草分布面积(赵宝玉等,2017)

省份	天然草原面积/万 hm^2	可利用草原面积/万 hm^2	毒害草分布面积/万 hm^2	占可利用草原面积/%
新疆	5 733.30	4 800.68	782.15	16.29
四川	2 253.88	1 962.03	732.09	37.31
西藏	8 205.19	7 084.68	573.50	8.09
内蒙古	7 880.40	6 359.10	507.11	7.97
青海	3 636.97	3 153.07	420.28	13.33
甘肃	1 790.72	1 607.16	175.68	10.93
宁夏	301.40	262.56	101.77	38.76
山西	455.20	455.20	69.00	15.16
云南	1 527.00	1 187.00	67.00	5.64
河北	417.20	408.50	42.00	10.28
陕西	520.60	434.90	—	—
合计	32 721.56	26 107.72	3 470.58	13.29

三、草地毒草的危害

草地毒草的大量繁衍，不仅影响家畜健康，降低畜产品质量，而且由于它们对当地各种条件具有很强的适应能力，加之一般不为牲畜采食，当草场上优良牧草被啃食减少后，它们获得更加优越的生长繁殖条件，大量消耗草地的水分和养料，使优良牧草难以生长。具体危害表现如下：

（一）对家畜的危害

毒草的滋生蔓延，不仅侵占吞并了大量的优质牧草，而且危害放牧家畜的生长发育，尤其是早春牧草返青期，牲畜误食毒草引起中毒死亡的现象较为严重。家畜采食毒草后，轻则中毒，重则死亡，还可造成母畜怀胎率低，引起流产和畸胎。家畜受危害造成的经济损失很大。据 2001 年调查统计，西藏阿里地区东部三个牧业县，因冰川棘豆（*Oxytropis proboscidea*）中毒死亡的牲畜总数在 53 万头以上，经济损失超过 6 172 万元，已占到当年收入的 28%以上；2003—2005 年，改则县冰川棘豆中毒致死的牲畜总数为 10.3 万头，直接经济损失高达 2 034.95 万元，平均每年经济损失达 700 多万元。另据 2007 年 20 个省份不完全统计，我国 4 亿 hm^2 天然草原上毒草危害面积达3 867 万 hm^2，其中严重危害面积 2 000 万 hm^2，草原毒害草引起 161 万头（只、匹）家畜中毒，11.8 万头（只、匹）家畜死亡，毒草灾害造成经济损失 101.6 亿元，如果加上治理费用 150 亿元，每年的经济损失达 251 亿元。

有毒植物对牲畜的影响，对不同种的家畜有很明显的差异性，同时因植物生长时期和牲畜健康状况而不同。有些植物对某种牲畜有毒，而对另一些家畜则无任何影响。如大花飞燕草对牛、马毒性很大，对山羊则无毒害作用。家畜长期生活在某一地区，由于对毒草有一定的识别能力，一般也很少中毒。牲畜中毒往往发生在早春、灾年和饥饿时放牧。

早春因牧草刚返青，牲畜度过漫长的冬天，特别贪食青草，一些萌发较早的毒草最易被家畜采食，加之早春家畜一般体质较弱，抵抗力差，最易中毒。

灾年放牧，特别是干旱年份，牧草生长差，而毒草因具很强的适应能力生长较旺，在草场缺草的情况下，牲畜往往采食毒草中毒。

饥饿时放牧，由于家畜过于饥饿，所谓饥不择食，而易采食毒草发生中毒。

此外，一些购入的外来家畜，由于对路过地区毒草不认识，加之长途赶运，因饥饿也往往误食毒草而中毒。如以前常从南疆调入牲畜到乌鲁木齐市，路过南山庙尔沟时，多次发生因误食禾本科醉马草中毒死亡的情况。

有些有毒植物虽然对家畜的健康危害不严重，但其体内含有的特殊物质，能引起乳、肉产品变味、变色或变质，降低产品质量。如十字科的独行菜，使肉色变黄；豆科沙冬青能使肉变味、变色；豆科的沙打旺能使乳、肉变苦；菊科蒿属（*Artemisia*）植物、百合科葱属（*Allium*）植物、蓼科酸模属（*Rumex*）植物等，能引起乳产品变味或变质。当山羊采食毒草中毒后，身体消瘦，料肉比显著下降，被毛粗乱，羊绒无光泽，颜色加深，甚至羊毛脱落，羊绒品质低劣。

（二）降低草原生产力

草原毒害草具有一般植物无法比拟的抗性，如耐旱、耐寒、耐贫瘠、抗病虫害、根系发达、返青早、生长快、多种籽、多分枝、生命力强等特性。一旦毒害草侵占草原后，能够在短期内形成优势种群，排斥其他牧草生长，使草原质量严重下降，产草量降低，草原承载能力下降，影响草原畜牧业的健康可持续发展。瑞香科狼毒作为我国退化草原上危害严重的毒害草之一，在东北、华北、西北及西南的草甸草原、典型草原、高寒草原以及荒漠草原都有分布。在正常情况下，狼毒在草原植物群落中以偶见种或伴生种存在，而在放牧过度的退化草原、山坡草原、沙质草原常成为优势种群。如在内蒙古巴林左旗，在适度放牧的草原地带，很少能见到狼毒生长，群落以大针茅、铁杆蒿等植物占优势。而在明显过牧地带，大针茅几乎消失，狼毒大量滋生，覆盖度达到 30%，其生物量占到草原植被群落总产量的 62%。在严重退化地带，狼毒种群已取代了其他所有植物，瑞香狼毒种群覆盖度达到 40%～65%，地上生物量鲜重达 2 kg/m^2。在青海退化草原，狼毒发生面积 140 万 hm^2，覆盖度为 40%～60%，比较严重的海北州祁连县、海南州兴海县狼毒覆盖度达到 80%左右，其生物量占到草原植被群落总产量的 80%以上。有毒棘豆和有毒黄耆在西北、西南广大牧区的退化草原已形成优势种群，生物量很大。如劲直黄耆垂直分布于西藏各地，覆盖度为 40%～60%；变异黄耆主要分布在内蒙古、甘肃和宁夏的荒漠半荒漠草原；甘肃棘豆和黄花棘豆主要分布在祁连山草原，覆盖度最高达 90%以上，在甘肃天祝山地草甸和灌丛草甸草原，密度为 32.41 株/m^2，覆盖度为 32%，生物量占到草原植被群落总产量的 45%。

(三)降低草地利用率

草原毒害草的生长和蔓延，导致牲畜毒害草中毒呈现多发、频发，甚至暴发态势，使牧民对此产生了恐惧感和不安全感，不敢在毒害草生长区放牧，造成现有草原得不到充分利用，而优良草原利用过度，最终导致整个草原生态恶化，草原利用率显著降低。如棘豆危害严重的青海省海北州托勒牧场，棘豆平均密度为 20.16 株(丛)/m^2，鲜重达 2 804.7 kg/hm^2，占总牧草产量的 64.4%。该州牲畜由于连年棘豆中毒，牧民不敢将绵羊和马在有棘豆的草地上放牧，造成很大的损失，仅青海省海北藏族自治州避牧草地面积就达 3 万 hm^2，按 0.684 hm^2 草场养 1 只羊计算，全年少养羊 4.39 万只。

(四)减少草地生物多样性，促使草地退化

毒草抗逆性强，繁殖力大，如变异黄耆(*Astragalus variabilis*)中等大小者单株结荚 60 个左右，大株在 100 个以上，单荚种子数 6～8 粒，多者 10 粒，一株变异黄耆年可繁殖种子数百粒，大株甚至超过千粒；一株成年狼毒可产种子 240 粒左右；甘肃棘豆成株一般年产种子 2 700 粒/株，根部产生再生芽 4～98 个/株；醉马草单穗产种子 481 粒，最高可达 739 粒，而且易于传播。再加上牲畜择食，使得毒草在与其他牧草争夺光照、水分、养分时占据明显优势，尤其是在草地利用过度、植被破坏严重的地段，有毒杂草入侵更加迅速，常呈片状集中分布，使草地植物成分简化、草地生物多样性降低，造成植物群落抗逆性下降、抵御外界骤变能力差，草地生态系统遭到破坏。以瑞香科狼毒为例，狼毒地下根发达，可吸收近 1 m^2 的土壤根层水分，造成草地地下活根量、土壤含水量逐渐下降，有机质不断减少，加之有毒，牲畜不喜食，在植物的生存竞争中明显处于有利地位而日渐茂盛，容易形成以狼毒为优势种的单种群落，植被群落逆行演替，生物多样性降低。

(五)引起动物毒性灾害

由于自然的环境和人为因素，使某种(或某些)有毒物质引起人和动物中毒死亡，造成经济损失的事件称为毒性事件(或中毒事件)。对于那些发生突然，伤亡人数或动物数量居多，经济损失惨重，政治影响颇大且深远的毒性事件，称之为毒性灾害。在世界范围内，每个国家都有在一定地区导致生态灾难的有毒植物，如欧洲千里光、黄羽扇豆、天仙子、多斑矢车菊等（表 4-3）。

表 4-3 世界重要有毒植物的分布及危害（江蕴华等，1990）

植物名称	科别	习性	分布情况	危害情况
多斑矢车菊（*Centaurea maculosa*）	菊科	二年生草本	欧洲、北美洲，高加索及西伯利亚地区西部	严重威胁牧场的毒草
黑点叶金丝桃（*Hypericum perforatum*）	金丝桃科	多年生草本	中国、印度、欧洲西部、非洲北部	误食 1%（饲料含量）使牲畜中毒
亚麻荠（*Camelina sativa*）	十字花科	一年生或二年生草本	欧洲、北美洲、非洲北部及大洋洲等	含酚类化合物，误食使牲畜中毒
紫茎泽兰（*Eupatorium adenophorum*）	菊科	一年生或多年生草本	30 多个国家和地区	含甾体类化合物，误食使某些牲畜中毒
欧洲千里光（*Senecio vulgaris*）	菊科	一年生草本	中国北部、东北部，欧洲，北美洲，亚洲西部	误食使牲畜肝坏死
三裂叶豚草（*Ambrosia trifida*）	菊科	一年生草本	中国东北地区及北美洲	误食使牲畜中毒
柳穿鱼（*Linaria vulgaris*）	玄参科	多年生草本	中国长江以北、欧洲、亚洲西部	破坏草原的经济价值
黄羽扇豆（*Lupinus juteus*）	豆科	一年生草本	欧洲南部和东部，日本引入庭院栽培	误食使牲畜中毒
多年生羽扇豆（*L. perennis*）	豆科	多年生草本	北美洲东部及西部	含生物碱，误食使牲畜中毒
翠雀（*Delphinium grandiflorum*）	毛茛科	多年生草本	中国、蒙古及俄罗斯西伯利亚	含翠雀宁等生物碱，误食使牲畜中毒
白头翁（*Puleatilla chinensis*）	毛茛科	多年生草本	中国、朝鲜及俄罗斯远东地区	含原白头翁素，误食使牲畜中毒
天仙子（*Hyoscyamus niger*）	茄科	二年生草本	中国北部和西南部，欧洲，亚洲北部和西部，非洲北部，北美洲	含生物碱，误混入饲料中使牲畜中毒

近 20 年来中国牧区草场的棘豆属有毒植物、林区草场的栎属植物和农区草场上的紫茎泽兰成为当今中国草原危及畜牧业最为严重的“三大毒草灾害”，已引起我国各级政府的重视。

以棘豆属有毒植物为例。棘豆属有毒植物引起家畜中毒后表现出共济失调、行为蹒跚等症状，棘豆在我国草原上分布广、种类多，被认为是危害最大的毒草。据调查统计，在全国各省、自治区醉马草分布面积已达 1 100 万 hm^2，每年造成的直接或间接经济损失约达 12 亿元人民币，是形成草原毒草灾害的主要毒草类群。

小花棘豆已经成为内蒙古草原上三大灾害（风沙、盐碱、毒害草）之一，小花棘豆、变异黄耆、醉马草等毒草的分布面积达 320 万 hm^2 左右，占可利用草场面积的 25%，每年因采食棘豆中毒的家畜在 30 万头(只)以上,中毒瘫痪和死亡的患畜在 3 万余头(只),经济损失非常严重。青海省毒草面积约 197 万 hm^2,自 1975 年以来,青海省有 5 个州 26 个县先后发生马、羊棘豆中毒、死亡,造成很大经济损失。甘肃天祝、甘南地区有毒棘豆生长的草场达 13.34 万 hm^2,2003 年调查资料表明,天祝县的一些乡村家畜棘豆中毒发病率高达 89.1%,死亡率达到 21.9%,流产率为 29%,有些牧场已经放弃了养羊业。

紫茎泽兰是自 20 世纪 40 年代由东南亚引入云南一带的牧草,但没有料想到它蔓延无阻,不仅竞争过了其他牧草,而且致马类家畜患病死亡。紫茎泽兰在云南分布区呈密集型单优群落,每公顷产量达 4.5 万 kg/年(鲜重)。其种子具刺毛,可随风飘散,一旦成熟,飞扬各地迅速繁殖,并对菊科、蔷薇科、茄科、忍冬科、豆科、禾本科、唇形科、石竹科、松科等植物具抑制能力。天然草地被紫茎泽兰入侵 3 年就会失去放牧利用价值,常造成家畜误食中毒死亡。据 2011 年报道,四川凉山彝族自治州紫茎泽兰危害面积已达 26 万 hm^2 以上,每年牧草减产 5 亿 kg 以上,家畜死亡 3 000 头以上,经济损失 2 100 多万元。紫茎泽兰入侵农田、林地、牧场后,与农作物、牧草和林木争夺肥、水、光和空间,并分泌化感性物质,抑制周围其他植物的生长,对农作物和经济植物产量、草地维护、森林更新有极大影响。

(六)影响人体健康

有些有毒植物被家畜采食会使畜产品含有对人体有毒的物质。如山羊采食大戟科的某些植物,山羊本身没有中毒现象,但人喝了山羊产的奶,可引起中毒。大量采食蓄积铅、砷、硅、硒等植物的家畜后,这些有毒成分会残留在畜产品中,对人体健康产生危害。

有毒植物导致的毒性灾害是一个生态经济问题,其重大意义已超出了家畜中毒本身的意义。因此,研究有毒植物的危害,不能就“毒草”研究“毒草”,而应从生物学、生态学、毒理学、防除与利用等方面全面系统地深入研究,最终达到限制其有害作用,利用其有益于人类生产生活和社会经济发展的方面,造福于人类。

第四节　草地毒草的开发利用

草地毒草是一类重要的植物资源,是生物进化得以生存繁衍的结果,在植物遗传多样性研究中占有重要位置。草原有毒植物灾害的大量发生,从毒物学角度看,家畜采食毒草后引起大批中毒死亡,很大程度上具有人为利用不当而产生次生灾害的属性。目前,我国西部草原毒草灾害的威胁不断增加。要防御草原有毒植物灾害的发生,有毒植物的防除并非问题的关键。植物产生毒素是一种重要的生命现象,是植物在自然界长期进化过程中为了保存自身的繁衍,抵抗高等动物或疾病的侵袭而形成的化学防御能力。人类至今对其所蕴涵的大量复杂的重要生物学信息知之甚少,从生物学角度理解植物毒素,可以发现很多植物毒素是对人类有益的药源,是天然药物化合物库。科学开发利用有毒植物,特别是提取其有效成分发展高附加值产业,变害为利,做到物尽其用,一方面会带动草产业的发展,另一方面也能促进荒漠化防治、生态建设与当地经济发展形成相互协调、相互促进、持续发展的良性循环。

一、草地毒草在维持草地生态平衡中的作用

人们过去一直片面地强调草地有毒植物的负面作用,对其有利的一面未能引起足够的重

视。近年来,随着各项研究工作的深入,人们对有毒植物有了新的认识。有毒植物是天然草地生物多样性的重要组成部分,维持着特定环境的草地生态平衡。

在干草原、沙质草原、典型草原的退化草场上,虽然早春放牧可以引起家畜误食狼毒而发生中毒,但是在已经过牧造成严重退化的草地生态系统中,狼毒却起着很重要的生态作用。狼毒的根粗大,入土深,在气候特别干旱时,可以利用地下深层水,使得地上植株繁茂,覆盖度大,能使草地风蚀减低,减轻风蚀危害,削弱风对土壤和近地面空气的干燥作用,减少土壤蒸发,在植被已经退化的基础上,维持着暂时的平衡。因此,应该充分利用狼毒在退化草地上这种积极的生态作用,及时补播竞争力强的饲用植物,在狼毒群落间逐渐形成优势。实践证明,如果一味采取耕翻灭除狼毒植株后再行补播措施,不但不能使草地恢复良性生态循环,反而会加速草地的风蚀和沙化。

此外,在作为世界第三极的青藏高原生态环境保护问题中,有毒植物在防风固沙,涵养水源,遏止草地退化、沙化进程中起着积极有效的作用。特别是在已形成次生裸地的退化草地上,杂毒草往往作为先锋植物首先侵入该区域,形成由杂毒草为优势种的植物群落,丰富草地物种的多样性,恢复裸地植被,增加草地覆盖度,防止水土流失。

因此,必须正确认识草地有毒植物在草地生态平衡中所占的地位,改变以往对草地有毒植物所采取的灭治策略,合理开发利用,拓宽认知草业的视野,拓展草业生产的内涵,将草地畜牧业与草地其他产业相互衔接,相互渗透,充分发挥各产业的耦合效应,提高草地综合生产性能,变害为宝,综合开发。

二、草地毒草作为野生植物资源的开发利用

除了维持生态平衡,有毒植物又是人类生产和生活中不可缺少的自然资源,具有很高的观赏、药用等价值,在新型生物农药、传统医学开发、园林观赏、工业等方面发挥着重要作用。

(一)饲用

从牧草学和营养学角度分析,有毒植物含粗蛋白质一般在10%以上,有的高达20%以上,并含有丰富的粗脂肪、碳水化合物、矿质元素、多种氨基酸,是潜在的牧草资源。因此,考虑把更多的精力投入毒草的开发和利用上,将有毒植物通过技术措施变为可利用的饲草,加以充分利用。

依据有毒植物对不同动物的易感性差异,通过改良畜种特异性,调整牧场畜群结构,或使用新疫苗免疫家畜来降低有毒植物危害,使家畜安全地利用有毒植物;有些植物属于季节性有毒,则可以集中在无毒季节进行采食,如含皂苷、挥发油、毒蛋白的有毒植物;还有些有毒植物调制成干草或青贮后,就可直接饲用,如含配糖体的有毒植物可通过加热或酸碱处理消除毒性,含皂苷、毒蛋白类的有毒植物经干燥可消除毒性,挥发油类有毒物质经贮存会逐渐挥发掉;含可溶性生物碱的豆科毒草,可用水浸、煮,除去有毒成分,成为可利用的豆科饲草。

最新实验研究表明,疯草中所含的有毒生物碱是由于植物感染内生真菌产生,从密柔毛黄耆(*Astragalus mollissimus*)、绢毛棘豆(*Oxytropis sericea*)、蓝伯氏棘豆(*Oxytropis lambertii*)等豆科植物的叶、茎、花及种子中分离出的内生真菌,在人工培养条件下均可单独产生苦马豆素,未受内生真菌侵染的棘豆植株体内不产生有毒生物碱。因此,通过去除疯草体内的内生菌,从而安全利用这些植物,实现草原有毒植物灾害有效防御。

（二）药用

有毒植物富含的生物化学物质是开发天然医药、兽药、有机生物农药及特殊功能添加剂等新产品的重要原料。目前，科学家正在研究从有毒植物中提取抗菌、抗病毒、抗癌、抗艾滋病及戒毒的药物。用绿色植物浸提物取代药物饲料添加剂具有广阔的前景。

许多植物有毒成分衍生的药物已为人熟知，如镇痛药吗啡，强心药洋地黄，神经系统药物乌头碱、阿托品，以及抗癌药物长春碱、喜树碱、三尖杉酯碱、鬼臼毒素等。目前，由植物提取的青蒿素是国际上首选的抗疟药。从蓖麻种子胚乳中提取的蓖麻毒素（ricin）与抗肿瘤单克隆抗体通过化学偶联组成的免疫毒素，能专一性杀伤靶瘤细胞，不损伤正常细胞，可应用于肿瘤导向治疗。生物毒素不但可以作为临床药物，还可以为药物分子设计提供有价值的新药模型和结构构架，更能为发现药物新作用靶位发挥特殊作用。小花棘豆的有毒成分是吲哚兹定生物碱——苦马豆素，有研究发现，苦马豆素可作为免疫调节剂、肿瘤转移及扩散抑制剂、抗病毒和细胞保护剂等药物使用，是一种新型的抗癌药物，它具有杀伤肿瘤细胞、免疫调节的双向作用，能够刺激骨髓细胞的增殖，已经应用到防治人类癌症的Ⅱ期试验阶段。研究专家还发现醉马草具有消肿解毒、消炎止痛作用，在腮腺炎和关节炎的疼痛治疗上有良好效果，可开发成为理想的镇静止痛药品。狼毒根入药，有大毒，能散结、逐水、止痛，主治水气肿胀、淋巴结核、骨结核，外用治疥癣、瘙痒、顽固性皮炎。

（三）植物源农药

植物源农药是从植物中提取有杀虫或抗菌作用的活性物质，直接或间接加工合成的新型农药。由于该类农药具有在环境中生物降解快、对人畜及非靶标生物毒性低、害虫不易产生抗性等优点，所以，该类农药的开发和应用已经成为当前农药和植物保护研究的热门课题。

目前，植物源杀虫剂研究比较广泛，尤其以对卫矛科南蛇藤属苦皮藤（*Celastrus angulatus*）和雷公藤属植物，豆科鱼藤属植物鱼藤（*Derris trifoliata*），以及楝科的苦楝（*Melia azedarach*）和川楝（*M. toosendan*）研究最为成熟，此外，黄杜鹃（*Rhododendron molle*）、瑞香狼毒、除虫菊（*Pyrethrum cinerariifolium*）、烟草（*Nicotiana tabacum*）中的杀虫活性物质的研究也比较深入，并已取得一定的成效。既可以控制草原滋生蔓延的杂草，又可防除农作物害虫、减少农药使用，在今后农药的理论研究和生产实践应用等方面都具有重大的科学价值和生态学意义。

（四）育种

运用转基因技术，将控制野生有毒植物优良性状的基因转移到普通的植物上，培育出抗逆性强、经济性状好的优良种苗。通过组织培养、无土栽培等技术来增加种苗的数量、提高扦插的成活率，并将一些优良品种在其他地区推广。

（五）观赏用

赵宏（2006）对北京、上海、杭州等7个城市的园林植物进行调查，发现有毒植物共计59科146种，约占城市园林常见植物种类的10％，其中乔木类约占20％，灌木类约占22％，藤本类约占5％，草本类约占53％。如侧金盏花、多被银莲花（*Anemone raddeana*）用作早春地被植物；长瓣金莲花（*Trollius macropetalus*）、落新妇（*Astilbe chinensis*）可栽植于花坛、花境中；菖蒲（*Acorus calamus*）、泽泻（*Alisma orientale*）群植于河岸、湖旁水湿地上；瓜木（*Alangium platanifolium*）、兴安杜鹃（*Rhododendron aureum*）点缀在小区里；南蛇藤（*Celastrus orbicu-*

latus)、东北雷公藤(*Tripterygium regelii*)攀爬于长廊、拱顶的上面等。

(六)其他经济用途

狼毒全株可造纸,茎和根皮的纤维细长而柔软,具有一定的韧性,是生产各种纸张很好的原料,我国藏族有史以来用的“藏经”纸就是利用狼毒为主要原料生产的;石蒜鳞茎有毒,含石蒜碱,可供药用或做农药,又可提取淀粉、酿酒,供工业用;许多有毒植物种子可以榨油,如乌头、蓖麻、苍耳、胡桃楸(*Juglans mandshurica*)等。

幼嫩时期的蕨(*Pteridium aquilinum* var. *latiusculum*)是营养丰富的野生蔬菜;草原有毒植物具有很强的抗旱、抗寒、抗病虫害的能力,在极端恶劣的环境条件下亦能旺盛生长,产量高,是植物育种的重要基因材料和生物芯片、蛋白质组、核糖组等的重要生物信息源;许多 C_4 植物和油脂植物是极有前途的生物质能源材料,非洲沙地生长一种叫作麻风树(*Jatropha curcas*)的有毒植物,其种子含油率高达 40%～60%,比大豆、油菜等常见油料作物含油量还高,且油分流动性很好,能与柴油、汽油相互掺和,种子油成分及化学特性与柴油非常相似,因此极具开发潜力。目前麻风树生物能源的研究和开发已经受到世界各国的广泛关注。

思考题

1. 如何理解草地毒草的概念?
2. 你认为草地毒草的两种分类方法各有什么优缺点?
3. 简要总结草地毒草的生物学和生态学特性。
4. 草地毒草的分布特点是什么?
5. 草地毒草的危害有哪些?

第五章

草地有害生物的调查方法

为了有效地防治草地有害生物，必须了解有害生物的种类及发生为害程度，唯一的方法是进行实地调查。通过对有害生物的调查，将所得数据和基本情况进行计算整理与分析比较，便可得到比较可靠的资料，这是进行预测和指导防治的主要依据。

第一节　草地害虫的调查方法

草地害虫有其自身的分布和危害特点，采取适当的方法进行调查，弄清草地虫情，做出准确的预测预报，对于害虫的防治十分重要。

一、害虫的调查

(一)草地害虫调查的原则

害虫调查必须注意以下 3 项基本原则，即明确调查目的和内容；采取正确的取样和统计方法；依靠群众了解基本情况。

草地调查的内容可以是多种多样的，如查明某地草地害虫和益虫的种类，以及不同种类的数量对比；明确当地主要害虫和次要害虫种类，明确主要益虫种类。也可以调查某种害虫和益虫的寄主范围、越冬虫态及场所、危害程度、发生数量、发育进度和防治效果等。

(二)草地害虫调查的方式

害虫因为种类或虫期不同，为害部位和分布型也有差异。在实际调查中，根据调查目的、任务、对象，通常采用一般调查和详细调查相结合的方法。

一般调查又称普查或虫害基本情况调查，一般选择具有代表性的路线用目测法了解草地害虫种类、分布、为害程度、发生特点、防治状况等，调查较粗略。

详细调查是在普查基础上，为进一步查清害虫的种类组成、空间分布型、发生数量、为害程度或防治效果而进行的详细调查。

(三)害虫的种类调查

害虫种类的调查方法主要是草地采集调查，其次可辅以灯光诱集、潜所诱集、色板诱集和性引诱等方法。草地采集调查一般整年定期进行，采取普查方式，每 10～15 d 调查一次，采集害虫和益虫的标本，记载其危害虫态和植物的被害状。所采集的标本必须进行编号和分类鉴定，同时注明采集时间、地点和寄主植物。诱集器所诱到的标本也应及时进行鉴定登记。这样经过 1～2 年的调查就可以明确当地主要害虫和益虫的种类，为害虫防治打下基础。

(四)害虫的数量调查

害虫数量的调查对于了解害虫的发生规律、预测预报和防治效果都是十分重要的。害虫数量调查一般采用取样调查的方法,即抽取有代表性的田块或地段,选择有代表性的样点,对所取样点内的昆虫进行调查,要求样点接近全局,代表全局。调查取样主要由取样方式、取样单位和样本数量3项因素组成。这3项因素都要求有代表性,否则会影响调查结果的准确性。

害虫数量调查的取样方式和样本数量与害虫的空间分布型关系密切。昆虫的空间分布型常因昆虫种类和虫态而不同,常见的分布型有3种,即随机分布型、核心分布型和嵌纹分布型(图5-1)。一般活动能力强的昆虫分布比较均匀,种群中的个体占据空间任何一点的概率相等,一个个体的存在不影响其他个体的分布,称为随机分布型。活动力弱的昆虫分布不均匀而形成多个小集团核心,并从核心作放射状蔓延,称为核心分布型。有的昆虫在草地呈不均匀的疏密相间分布,称嵌纹分布型。

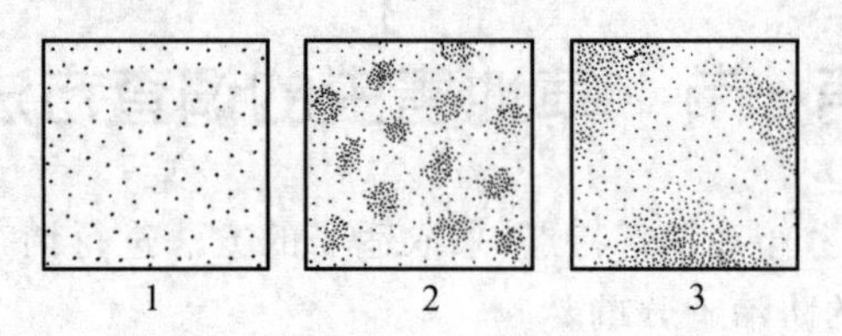

图5-1 昆虫种群空间分布型示意图

1.随机分布型 2.核心分布型 3.嵌纹分布型

1. 取样方式

在昆虫的调查中常用的取样方式有五点式、对角线式、棋盘式、平行线式、“Z”字形等(图5-2)。

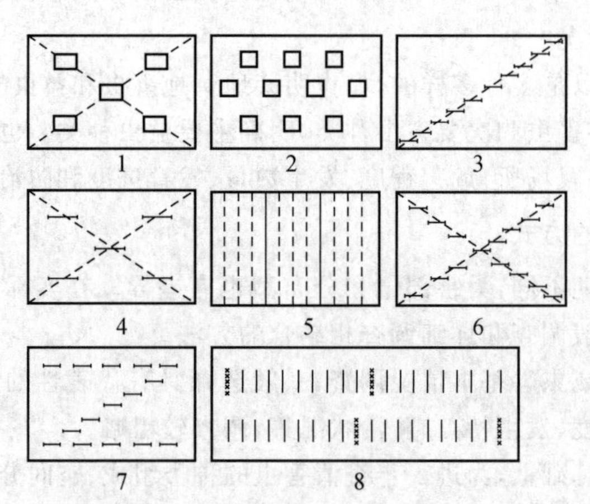

图5-2 草地调查取样法示意图

1.五点式(面积) 2.棋盘式 3.单对角线式 4. 五点式(长度) 5.分行式 6.双对角线式 7.“Z”字形 8.平行线式

(1)五点式取样 适于密植的或成行的植物及随机分布型昆虫的调查。可以面积、长度或植株作为抽样单位。

(2)对角线式取样 适于密植的或成行的植物及随机分布型的昆虫。它又可以分为单对角线式和双对角线式2种。

(3)棋盘式取样 适于密植的或成行的植物及随机分布型或核心分布型的昆虫。

(4)平行线式取样 适于成行的植物及核心分布型的昆虫。

(5)“Z”字形取样 适于嵌纹分布型的昆虫。

此外,还有等距取样、分层取样、多级取样、序贯取样、双重取样和成团取样等。

2.取样单位

取样单位因种类、虫态、植物类型以及昆虫的生活方式不同而不同。一般常用的取样单位有如下几种。

(1)面积 对于土栖昆虫、密植牧草的害虫可以用面积作为取样单位。草地害虫的调查多采用这种方法,如调查 1 m^2的昆虫数。对于土栖昆虫的调查,还必须注意调查不同土层深度的昆虫数量。

(2)长度 适用于条播的密植牧草,如 1 m 行长内的昆虫数或牧草受害株数。

(3)植株或植株的某一部分 对于虫体小、不活泼、数量多或有群集性的害虫,如蚜虫、蚧类、螨类等,可以取植株的某一部分,如叶、花、果、枝条等作取样单位,而对于稀植牧草的虫数和受害程度,可以整株牧草为取样单位。

(4)容积和重量 如调查每升种子或每千克种子中的害虫数,多适用于仓储害虫的调查。

(5)时间 常用于调查较活泼的昆虫,以单位时间内所采集到的或目测到的虫数来表示。

(6)器械 如对飞虱、叶蝉等害虫调查可用捕虫网扫捕,统计每百网虫数;对金龟子等有假死习性的害虫,可用拍打一定次数所获虫数作单位。

3.样本数量

在一个地块中所取样点的多少叫样本数量,一般为 5、10、15、20 点;如以植株作为单位时一般取 50～100 株。被调查的地块面积小、地形一致、牧草生长整齐、周围无特殊环境影响的随机分布型昆虫,取样时可以适当少取一些样点,反之,则样点宜多取一些。

二、调查资料的计算和统计

调查数据的表示法通常有列表法、图解法和方程法。无论使用哪一种方法,都必须将调查所获得的原始数据加以整理分析。资料分析整理中常用的一些统计计算方法如下:

1.平均数计算法

平均数计算法是调查统计分析上用得最多,而且很重要的一个数量指标。它集中代表了样本的归纳特征。计算法是把各个取样单位的数量直接加在一起,除以取样单位的个数所得的商,即为平均数。计算公式为:

$$\bar{x} = x_1 + x_2 + x_3 + \cdots + x_n / n = \sum x / n$$

式中:$\bar{x}$ 为均数;n 为取样单位个数;x 为变数。

计算平均数时,应注意代表性,变数中有的太大或太小常影响均数的代表性。为了表示均数中各样本的变异幅度,常附加一个标准差。

标准差的计算公式为:

$$S = \sqrt{\sum (x - \bar{x})^2 / (n - 1)} \text{ 或 } S = \sqrt{\left(\sum f x^2 - n\bar{x}^2\right) / (n - 1)}$$

式中：S 为标准差；f 为次数；$n-1$ 为自由度，当 $n>30$ 时，可不用 $n-1$，改用 n 作除数。

例如，在草地上调查地下害虫（蛴螬等）的数量，采用五点取样法，每样点面积为 1 m²。统计虫数分别为 8，5，3，4，2 头，每平方米虫口密度平均数为：

$$\bar{x}=(8+5+3+4+2)/5=4.4(\text{头})$$

$$S=\sqrt{[(8-4.4)^2+(5-4.4)^2+(3-4.4)^2+(4-4.4)^2]+(2-4.4)^2/(5-1)}$$
$$=\sqrt{22.8/4}=2.4$$

因此，每平方米虫口密度为（4.4±2.4），即在调查的样本中：有 68.26% 在 2～6.8 头之间。

2. 加权平均

如果在调查资料中，变数较多，样本在 20 个以上，相同的数字有几个，在计算时，可用乘方代替加法，这种计算平均数的方法，称加权平均。其中数值相同的次数为权数，用 f 代表，用加权计算的平均数叫作加权平均数。公式如下：

$$\bar{x}=(f_1x_1+f_2x_2+f_3x_3+\cdots+f_nx_n)/\sum f=\sum fx/\sum f$$

例如，调查草地螟数量，用双对角线取样 20 点，每个样点面积为 1 m²，各样点检查虫数结果为：1，3，2，6，5，2，3，3，3，0，4，2，0，2，2，4，2，5，1，2。加权平均时，先整理出次数（权数）分布表，见表 5-1。

表 5-1　次数分布表

变数(x)	0	1	2	3	4	5	6
次数(f)	2	2	7	4	2	2	1

代入加权平均公式得：

$$\bar{x}=(2\times0+21+7\times2+4\times3+2\times4+2\times5+1\times6)/(2+2+7+4+2+2+1)$$
$$=52/20=2.6(\text{头})$$

加权平均法对于各变数所占比重不同的资料亦可适用。例如，不同类型草地中害虫发育进度、不同受害程度的虫害率等，都应考虑各类型草地所占面积的比例，即以各类型草地面积百分数为权数，求出加权平均数，才符合客观实际。

3. 百分率的计算

为了便于比较不同地区、不同时期或不同环境因素影响下的害虫或益虫发生情况，一般需计算出百分率，样本数至少要有 20 个以上，常用下列公式计算：

$$P=n/N\times100\%$$

式中：P 为受害株百分率（有虫样本百分率）；n 为有虫或受虫害样本数；N 为检查样本总数。

表示样本不匀程度的标准差公式为：

$$S=P(1-P)$$

4. 损失估计

牧草因害虫所造成的损失程度，直接决定于害虫数量的多少，但并非线性关系，为了可靠地估计害虫所造成的损失，需要进行损失估计调查。

产量损失可以用损失百分率来表示，也可以用实际损失的数量来表示。这种调查往往包括三个方面：调查计算损失系数，调查计算牧草被害株率，计算损失百分率或实际损失数量。

求损失系数的公式为：

$$Q=(a-e)/a\times100\%$$

式中：Q 为损失系数；a 为未受害植株单株平均产量(g)；e 为受害植株单株平均产量(g)。

产量损失的大小不仅决定于损失系数，而且决定于被害株率，根据上面资料可算出产量损失百分率：

$$C=Q\times P/100\%$$

式中：C 为产量损失百分率(%)；Q 为损失系数；P 为受害株百分率(%)。

进一步可以求出单位面积牧草实际损失产量：

$$Z=a\times M\times C$$

式中：Z 为单位面积实际损失产量(kg)；a 为未受害株单株平均产量(g)；M 为单位面积总植株数(株)；C 为产量损失百分率(%)。

5.防效统计

在进行药效试验时，杀虫剂的药效常常用害虫的死亡率、虫口减退率表示对害虫的防治效果。当调查结束后，能准确调查样点内的所有死虫和活虫时，一般用死亡率表示。可以用下列公式计算：

$$\text{害虫死亡率}=\frac{\text{死亡个体总数}}{\text{供试总虫数}}\times100\%$$

当调查结束后，只能准确地调查样点内的活虫而不能找到全部死虫时，一般用虫口减退率表示。可以用下列公式计算：

$$\text{虫口减退率}=\frac{\text{防治前活虫数}-\text{防治后活虫数}}{\text{防治前活虫数}}\times100\%$$

害虫的死亡率和虫口减退率通常包括了杀虫剂所造成的死亡和自然因素所造成的死亡。如果自然死亡率很低(指不施药对照区的死亡率)，则虫口减退率基本上可以反映杀虫剂的药效。但当自然死亡率较高一般大于5%时，则上述害虫死亡率和虫口减退率就不能真实地反映杀虫剂的药效。在某些时候甚至出现害虫种群数量还在不断上升。这样就必须进行校正。常用校正防效表示，可以用下列公式计算：

$$\text{校正防效}=\left(1-\frac{\text{处理区处理后虫量}\times\text{对照区处理前虫量}}{\text{处理区处理前虫量}\times\text{对照区处理后虫量}}\right)\times100\%$$

第二节　草地病害的调查方法

病害调查是了解病害种类、分布、为害程度、发生特点和规律，确定病害防治对策及制定防治方案的基本依据，因而必须掌握有关基本知识。

一、病害调查类别及方法

(一)调查方式

草地病害调查是植物病理学研究的一项基本工作,可以为植物病害分布、危害及发生发展规律提供基本信息。草地病害调查分一般调查、重点调查和系统调查。

1.一般调查

一般调查又称前普查或病害基本情况调查。目的是了解草地病害种类、分布、为害程度、发生特点、防治状况等,调查面要广,可在发病盛期一次调查,也可在几个发病关键时期分期进行。除现场调查外,还要访问群众、开座谈会和查阅有关资料。现场调查时还需采集病害标本,用于病原鉴定。一般调查的调查面积要尽可能大,以便反映该区域病害发生和分布情况,还要注意样点的随机性和代表性。由于是在大面积上的调查,因此一般调查的精度要求并不很严。

一般调查主要是了解病害的分布和发病程度,有多种记录方法,可以参考表5-2或表5-3,或视调查目的设计其他表格进行记录。

2.重点调查

重点调查又称专题调查。对已发生的重要病害应就其流行和防治等诸方面的主要问题进行深入的专题调查。此种调查可针对单一病害进行,也可就多个病害共同的问题进行,调查区域不一定很广,但要求深入细致,找出规律。调查的具体方式方法需根据调查的问题确定。

重点调查的内容记录可以参考表5-4。

表5-2 草地病害一般调查记录表(样地记录法)

草地类型: 调查地点: 调查日期: 调查人:

病害名称	发病率									
	草地1	草地2	草地3	草地4	草地5	草地6	草地7	草地8	……	平均
锈　病										
白粉病										
黑粉病										
叶斑病										
镰刀菌枯萎病										
……										

表5-3 草地病害一般调查记录表(种类记录法)

草地类型: 调查地点: 调查日期: 调查人:

病害名称	为害部位	发生特点	发病程度
……			

发病程度有时可用“无病”轻”“重”“很重”,或者用“－”“＋”“＋＋”“＋＋＋”等符号表示,但必须对符号加以说明(数据界定),不加说明的符号是没有意义的。

表 5-4　草地病害重点调查记录表

调查日期：	调查地点：	调查人：
草地类型：	草地草种和品种：	种子来源：
病害名称：	发病率和田间分布情况：	土壤性质和肥沃度：
当地温度和降雨(注意发病前和病害盛发时的情形)：		
土壤湿度：	灌溉和排水情况：	施肥情况：
草地建植与管理方式：	其他重要的病虫害：	防治方法和防治效果：
发病率：	感病指数：	群众经验：

注意：重点调查除草地观察外，更要注意访问和座谈。

3.系统调查

系统调查是定时、定点、定量的病害调查，强调的是数据的规范性和可比性。系统调查的目的是掌握病害的周年流行过程和发生发展规律，实施预测预报或确定药剂防治适期。常采用的调查方式为定点系统调查，即选择代表性草地，确定 4～5 个调查点，作上标记，定期多次调查，记载统计发病率、病害严重度或枯草斑直径的消长变化。系统调查时应同时观察记载栽培管理和环境变化，有条件时，还应观测气象要素。

(二)取样方法

病害调查的取样方法影响着结果的准确性。各种病害的取样方法不同，方法选用要看调查的性质和要求准确的程度，原则是可靠又可行。

1.样本数目

样本的数目要看病害的性质和环境条件。空气传播而分布均匀的病害如禾草锈病等，样本的数目可以少一些。土传病害受地形、土壤和伴生植物的影响较大，因此取样要多一些，但不一定太多，要有代表性。

2.取样地点

避免在牧道或走道边取样，牧道或走道边的植物往往不能代表一般发病情况，应离开牧道或走道 1 m 以上，从草地四角两条交叉线的交叉点和交叉点至每一个角的中间的 4 个点，共 5 个点取样。在草种类单一的人工草地，可以在田间随机选若干点进行调查。要注意随机选点，避免专门选择重病点，可规定每隔一定距离调查一次。

3.样本类别

样本可以整株(苗枯病、枯萎病、病毒病等)、穗秆(黑粉病)、叶片(叶斑病)、果实(果腐病)等作为计算单位。枝干病害要看发病情况，主干发病而影响全株生机的，应以植株计算；发病而不影响全株生机的，可以计算有多少枝干发病，或者以整株作单位，但分级后计数。取样单位应该简单而又能正确地反映发病情况。同一种病害，由于危害时期和部位不同，必须采取不同的取样方法，如棉花角斑病可危害叶片和棉铃，就要分别以叶片和棉铃为取样单位。

叶片病害的取样比较复杂，大致有以下 3 种方法：①田里随机采取叶片若干，分别记载，求得平均发病率；②从植株的一定部位采取叶片，以此叶片代表植株的平均发病率；③记载植株上每张叶片(必要时也可采下)的发病率，求得平均数。第一种方法比较省时省事，用得最多;后两种方法只适合于植株叶片较少的作物。事实上,后两种方法是有关联的,如先用第三种方法,找出哪一张叶片能代表植株的一般发病率,就可以改用比较省时的第二种方法。

4.调查规模

一个基本要求是样本要小而可靠。如进行黑粉病的调查时,以在田间每一点观察200~300穗或秆,或者观察一定的面积(0.45 m^2)或行长(1.67 m左右),求得发病率。植株较大的作物,行长和面积要大一些。果实病害要观察100~200个;全株性病害观察100~200株;叶片病害则由分布情形决定,分布很不均匀的病害,每一样本要有20片左右叶片,发病比较均匀的如锈病,可观察7~8片叶片。禾草锈病发生的早期,田间不易发现,但早期发生的微量锈病,对以后锈病发展的影响很大,每次应观察数百至数千片叶片。

5.取样

为了节约人力和物力,对一般发病情况的调查,最好是在发病盛期进行。如草地禾草种子病害调查的适当时期一般为:叶枯病在抽穗前,条锈病在抽穗期,叶锈病可以迟一些,秆锈病、赤霉病、腥黑穗病和线虫病等可以迟到完熟期。如果一次要调查几种病害的发生情况,可以选一个比较适中的时期。但对于重点调查的病害,取样的适当时期应根据调查病害的种类、调查内容、病害发生规律等作具体安排,选择适合的时期。如谷粒病害和果实腐烂病等,可在谷粒和果实将成熟时、成熟后收获前分别取样调查(注意:如果在收获时已将烂果剔除或谷粒在脱粒后经过剔除,则得到的发病率比实际情况要低)。贮藏中的种子病害,可以在贮藏过程中不断取样记载。调查取样方式应视草地具体情况而定,常用的方法与草地害虫调查相似(见图5-2)。

二、发病程度及其计算

发病程度包括发病率、严重度和病情指数。

1.发病率

发病率是指发病的地块、植株或器官(根、茎、叶)数占调查地块、植株或器官(根、茎、叶)总数的百分率,表示发病的普遍程度。

$$发病率=\frac{发病田块(株、器官)数}{调查总田块(株、器官)数}\times 100\%$$

2.严重度

严重度表示发病的严重程度,多用整个植株或某一器官(或地块)发病面积占总面积的比率分级表示,用以评定植株或器官(或地块)的发病严重程度。发病严重级别低,则发病轻,反之,则发病重。调查草地病害严重度时,要有分级标准,分级标准可以病斑数量、发病面积、发病株数等所占的比例而定,但适合的分级标准需在大量的工作中反复验证才能确定。

近年来,为了适应计算机分析,严重度常采用0~9共10级表示法。表5-5是国际通用的标准分级体系(SES),在实际应用中,常用0、1、3、5、7、9级。

表 5-5 通用的病情分级标准体系(SES)

代表值	病情	抗性符号
0	无可见症状	I 免疫
1	病斑(或病株)占样本面积(或样本株)1%～3%(1～2 个病斑)	HR 高抗
2	病斑(或病株)占样本面积(或样本株)4%～10%(<10 个病斑)	MR 中抗
3	病斑(或病株)占样本面积(或样本株)11%～25%	MS 中感
4	病斑(或病株)占样本面积(或样本株)26%～50%	HS 高感
5	病斑(或病株)占样本面积(或样本株)51%～75%	VS 极高感
6	病斑(或病株)占样本面积(或样本株)76%～85%	
7	病斑(或病株)占样本面积(或样本株)86%～90%	
8	病斑(或病株)占样本面积(或样本株)91%～95%	
9	病斑(或病株)占样本面积(或样本株)96%以上	

3. 病情指数

病情指数表示发病普遍程度和严重程度的综合指标。

$$病情指数=\frac{\sum 病株(叶)数\times 该级严重度代表值}{调查总株数\times 发病最重级严重度代表值}\times 100$$

病情指数是将发病率和严重度两者合在一起,用一个数值来代表发病程度,对调查和实验结果的分析是有利的。在比较防治效果和研究环境条件对病害的影响等方面常常采用这一计算方法。但是,病情指数计算法如果使用不当也可能发生一定的偏差。例如,分级的标准和确定各级的代表数值,就是突出的问题。代表值是反映发病的严重度的,代表值为 4 的级别,严重度要比代表值为 1 的级别大 3 倍。常常发生的情况是没有充分的根据,随意分级和确定代表数值,计算到的指数就不能代表真正的发病程度。此外,病情指数含有发生量和严重度两方面的因素,有时看不出是发生量不同,还是严重度不同。例如,有两种不同情况:一种是发病个体虽少,但是发病很重;另一种是发病个体很多,但是发病很轻。它们的病情指数可以相同,但是病害发生的情况显然不同。病害流行学方面的研究,一般要求准确反映病害发生量的变化,最好是尽可能用具体的数值表示发生量。总之,病情指数是表示发病程度的一种方式,使用要恰当。

在草地调查品种的抗病性时,以根据发病的严重度分级记载为好,一般不宜用病情指数表示。

第三节 草地毒草的调查方法

草地毒草调查基于以下目的:①草地毒草学、生态学及中毒病的流行病学调查。对某种或某一科属的草地毒草及其对动物的危害进行专门研究,了解草地毒草的分布区域、生态特点、种属鉴定、对动物的危害程度,进而了解植物有毒部位、毒性及其季节变化、动物对毒草的敏感性等,在掌握生态学与流行病学规律的基础上,提出有效的防治、管理与控制措施。②病因调查。结合动物中毒或某种疑难病的病因调查,了解草地毒草的分布、民间利用情况及动物采食的可能性、季节性与发病的一致性，借以分析病因，确定疾病的特征和病因，同时，也为进一步防治提供依据。③综合性考察。如科学考察、资源调查、牧场规划、自然地理调查、区域性综合区划、草原规划、农牧业经济区划及环境质量评价等。草地毒草调查作为其中的一个部分，主要调查草地毒草的种类及其对人和动物的危害、历史上的中毒事件、经济损失，依据草地毒草的危害确定如何将防治和控制措施纳入规划或区划意见之中，对一些既有毒又有益(如提取重要药物等)的草地毒草资源，还要提出开发利用的意见并作可行性论证。

一、调查的时间

调查时间的选定很重要，一般应在家畜放牧时间进行调查；在已出现怀疑草地毒草中毒的情况下，应立即组织调查；对于研究草地毒草生态、习性、有毒成分变化及对家畜危害等较长期的调查，则应根据调查的草地毒草生长阶段和当地具体情况，选定季节，进行多次多项调查。有些草地毒草中毒的调查，要进行几年乃至十多年。在动物发病季节进行调查研究，特别是具有明显地区性季节性的植物中毒病可采用这种方法。

二、调查的方法

草地毒草的调查工作，首先应向牧民学习，采取“开调查会”邀集各方面的群众进行调查，了解某地区、乡、村或某块草地、山区地带草地毒草的情况，然后亲自深入现场认真选点进行调查研究。现场调查除了记录调查实况外，还应将调查的重要数据填入准备好的各种调查表中(表 5-6)，以便随时分析研究，深化调查。

表 5-6 草地毒草调查表

学名：________ 地方名：________

科、属：________

采集地点：________

采集时间：________

形态、生态、有毒部位及时期：________

中毒动物与中毒情况：________

当地防治方法：________

其他：________

调查人：________

在调查的同时，一方面要采集草地毒草全株以压制标本，另一方面采集草地毒草的有毒部位，分别装入备好的纸袋中，以便进一步实行必要的有毒成分的分析鉴定。其数量可按需要决定。一般收集标本至少 3 株，分析有毒成分，每个样品至少 100 g。

在调查中对基本情况的了解应注意以下几点：

(1)调查地区的自然面貌、特色，生物气候特点，土壤水分条件，农牧业生产状况以及社会经济情况。

(2)群众中普遍了解到的草地毒草种类、毒性，对家畜的危害性，包括历史的和现实的，力求弄清地点、时间、人物以及事例的真实情况。

(3)家畜中毒病发生情况以及某些疑难病发生情况，地区性、季节性，中毒家畜的畜种、年龄、性别、发病头数、死亡头数。

(4)家畜饲养或放牧的环境，饲草成分、数量、比例，放牧场植被状况，打草地与贮备饲料中草地毒草的混合比例、种类。

第四节　草地啮齿动物的调查方法

一、种类调查

草地啮齿动物种类较多，但同一地区通常只有几到十几种。种类调查即调查当地啮齿动物种类及其构成比例，确定啮齿动物的优势种、常见种和稀有种。一般的数量级标准是：捕获率在10%以上的为优势种，1%～10%的为常见种，少于1%的为稀有种。通常一种环境或一个地区内只有1～2种优势种，常见种的比例较大，而稀有种的种数较少。

调查方法主要是通过适当布点，利用鼠夹或鼠笼诱杀，收集标本，进行分类统计。一般情况下，结合冬眠和繁殖等特性，每月捕捉一次，连续捕捉一年，即可基本查清当地的啮齿动物种类。

二、种群密度调查

草地鼠害与优势鼠种的种群密度密切相关。但一般很难直接统计某地害鼠的绝对种群数量，故草地种群密度调查，主要是直接或间接地对相对数量的调查和绝对数量的推定。

(一)直接相对数量调查

直接相对数量调查是通过直接捕捉害鼠而估算其相对数量。如夹日法，就是利用一定型号的鼠夹、在固定的范围和时间内进行捕捉，以统计相对数量的调查方法。

1. 夹日法

一夹日是指一个鼠夹捕鼠一昼夜，通常以100夹日作为统计单位，即100个夹子一昼夜所捕获的鼠数作为鼠类种群密度的相对指标——夹日捕获率。例如，100夹日捕鼠10只，则夹日捕获率为10%。其计算公式为：

$$捕获率=\frac{所捕获的鼠数}{所布鼠夹的数量(鼠夹数\times昼夜数)}\times100\%$$

夹日法通常使用中型板夹，具托食踏板或诱饵钩的均可。诱饵以方便易得并为鼠类喜食为准，各地可以因地制宜。同一系列的研究，为了保证调查结果的可比性，鼠夹和诱饵必须统一，并不得中途更换。

鼠夹排列的方式：

(1)一般夹日法　鼠夹排为一行(所以又叫夹线法)，夹距5 m，行距不小于50 m，连捕2至数昼夜，再换样方，即晚上把夹子放上，每日早晚各检查一次。2 d后移动夹子。为了防止丢失鼠夹，或调查夜间活动的鼠类时，也可晚上放夹，次日早晨收回，所以又叫夹夜法。

(2)定面积夹日法　25～50个鼠夹排列成一条直线，夹距5 m，行距20～50 m，并排4行，这样100个夹子共占地1～10 hm^2，组成一单元。于下午放夹，每日清晨检查一次，连捕2昼夜。在野外放夹时，最好两个人合作。前一人背上鼠夹并按夹距逐个把鼠夹放在地上，后一人手持一空夹，在行进中固定诱饵(也可预先把难以脱落的诱饵固定在鼠夹上)并支夹，将支好的夹放在适宜地点，顺手拾起地上的空夹，继续支夹、放夹。放完一行鼠夹，应在行的首尾处安置醒目的标记。

由于风雨天鼠类活动会发生变化，故风雨天统计的夹日捕获率没有代表性；若鼠夹击发而夹上无鼠，只要有确实证据说明该夹为鼠类碰翻，应记作捕到1只鼠。每一生境中至少应累计300个夹日才有代表意义。夹日法适用于小型啮齿动物的数量调查，特别是夜行性的鼠类。

(二)间接相对数量调查

间接相对数量调查是利用取食、活动行为等反映害鼠相对密度的方法。如食饵消耗法，在调查区内选择有代表性的样方，布放一定数量和同一规格的食饵，经害鼠取食后，计算食饵消耗率作为该地害鼠的相对密度指标。此外还有堵洞封洞数、新掘洞的土丘数以及观察害鼠足迹等方法，现列举洞口系数调查法如下：

洞口系数是鼠数和洞口数的比例关系，表示每只鼠所占用的洞口数。因不同的啮齿动物不同时期洞口数不同，故该方法具有季节性特征，应测得每种鼠不同时期的洞口系数来统计数量。

洞口系数的调查，必须另选与统计洞口样方相同生境的一块样方，面积一般为0.25～1 hm^2。先在样方内堵塞所有洞口并计数(洞口数)，经过24 h后，统计被鼠打开的洞口数，或者针对地下鼠鼢鼠来说，在样方内打开所有洞口并计数(洞口数)，经过24 h后，统计被鼠封住的洞口数，即为有效洞口数。然后在有效洞口置夹捕鼠，直到捕尽为止(一般需要3 d左右)。统计捕到的总鼠数，此数与洞口或有效洞口数的比值，即为洞口系数或有效洞口系数。

$$\text{洞口系数(或有效洞口系数)}=\frac{\text{所捕获的鼠数}}{\text{总洞口数(或有效洞口数)}}$$

也可分出单独洞群的群居性鼠类，不设样方，直接选取5～10个单独洞群，统计并计算其洞口系数或有效洞口系数。用有效洞口系数求出的鼠密度准确度较高，但费工也多。

调查地区的鼠密度，在查清洞口密度或有效洞口密度的基础上，用下式求出：

$$\text{鼠密度}=\text{洞口系数}\times\text{洞口密度}$$

$$\text{或鼠密度}=\text{有效洞口系数}\times\text{有效洞口密度}$$

绝对数量推定是利用鼠夹或鼠笼连续捕捉害鼠，累计捕鼠量，通过坐标作图推算该地害鼠种群数量。常用的有去除取样法和标记重捕法。前者设定一地的害鼠数量随着捕捉去除而减少，因而逐日捕鼠量也下降，以每日捕鼠量对该日前累计捕鼠量作图，将每日捕鼠量延推至零时的累计捕鼠量，便是该地的种群推定数量。后者设定捕捉标记后流放使逐日捕鼠中的标记鼠比例不断上升，以每日捕鼠的标记率对该日前的累计标记流放数作图，将每日捕鼠标记率延推至100%时的标记鼠累计数，便是该地的种群推定数量。总之，不同的鼠种可以根据其生物学特征设置新的种群密度调查方法，比如利用无人机、红外相机监测技术和其他物联网技术等。

三、繁殖强度调查

繁殖强度调查主要是在繁殖季节，通过每月或每季度的捕鼠和解剖，了解当地优势害鼠雌成鼠的怀孕率、妊娠频率、怀胎仔数，雄鼠的睾丸下降率、性腺发育等，用于分析害鼠种群繁殖情况。也可以测定啮齿类的繁殖激素变化情况，了解其繁殖特征和强度等。

四、年龄组成调查

年龄组成是指某种害鼠种群内，一般是幼体鼠、亚成体鼠、成体鼠和老体鼠等不同年龄组的构成比例。年龄的鉴定可以用体重法、胴体重法等，不同的鼠种一般具有不同的年龄鉴别方法，可以根据其毛色、繁殖特征等综合进行判定。年龄组的划分也根据不同鼠种的生物学特性来进行，如表5-7列举的是高原鼢鼠年龄划分的胴体重法。由于各年龄组的个体繁殖情况和生命期望不同，因而年龄组成左右着种群数量增长的速度。调查主要是通过短期内连续捕鼠100只以上，进行区分统计。可以了解啮齿类的年龄组成情况和年龄锥体的类型，掌握其种群发展趋势等。

表5-7 高原鼢鼠年龄划分表(胴体重法)

年龄组	判断依据		
	雄性/g	雌性/g	标准
亚成体	143以下	104以下	当年出生至秋末的个体
成体Ⅰ组	144～210	106～148	越冬后的成体，大约有20%的个体参加繁殖
成体Ⅱ组	211～276	149～190	第2年越冬之前的成体，大约有70%的个体参加繁殖
成体Ⅲ组	277～342	191～232	3年后个体，大约有90%的个体参加繁殖
成体Ⅳ组	343～408	233～274	4年及5年以上个体，大约有90%的个体参加繁殖
老体	409以上	275以上	较稀少的个体，全都参加繁殖

五、损失调查

利用“作图法”“样线法”可对啮齿动物引起的损失进行估算。

(一)“作图法”调查

1.抽样

利用调查地区的地形植被分布图(可通过地形图绘制)，按景观特点选择2 km×4 km代表性地段作为样地。在样地的各生境类型中随机抽样。在地图上画出方格，每一方格给一编号，随机抽样。每种生境设3个以上的样方，样方占抽样地面积的1%～2%。样方形状为正方形或长方形，大小随调查种类不同而略有伸缩，大型啮齿动物至少应包括一个家族的基本活动范围，群栖性小型啮齿动物应包括 3～4 个洞群。

2. 填图

填图自样方一侧开始，把梯形测网放在地上逐格将破坏情况按比例填入计算纸上，填完一条，测网向前移动一格。填图内容包括啮齿动物挖出的新旧土丘和土丘流泻的面积、洞口、废弃和塌陷的洞道、明显的跑道以及其活动造成的秃斑和植被“镶嵌体”等。

3. 记录

在填图的同时，每一样方填写一张样方记录卡，如表 5-8 所示。

表 5-8　样方登记卡片

样方号________ ________年________月________日　图号________
地点________坐标位置________
地形________
海拔________坡向________坡度________样方面积________(hm²)
植被类型________
优势植物________
____
盖度________%　植被高度(cm)　乔木________灌木________草层________
土壤________地表________水分________
人为活动影响________经济利用状况________
鼠洞统计或捕获统计________
____
____
____
危害状况________
____
备　注　　　　　　　　　　　　记录人

4. 计算

用数小方格法或求积仪法测定土丘、洞口等所占的面积(S_i)。

(1)总破坏量(S)　$S = \sum S_i$

(2)破坏率(q)　$q = S/A$(A 为样方面积的总和)

(3)产草损失量(C)　分别在鼠群活动地段和非活动地段测量产草量，测量样方为 1 m²，将草齐根剪下，称取鲜重或风干重。

$$C = W_1 - W_2 \text{［} W_1、W_2 \text{为鼠群活动区外、内的平均产草量(g/m}^2\text{)］}$$

(二)“样线法”调查

“样线法”方法简便、省力，可以比较迅速地测出破坏率。其方法是：用长 15～30 m 的测绳，拉成直线放在地上，登记样线所接触到的土丘、洞口、秃斑、塌洞和镶嵌体等，记载每一个项目所截样线的长度(L)，将数据记入样线记录表中(表 5-9)，据此计算破坏率，还可以分别计算不同项目的破坏率。

$$破坏率=\frac{各项所截长度总和}{区段长度}\times 100\%$$

表 5-9　样线记录表

地点__________　生境(类型或编号)__________
区段长度__________　____年___月___日　观测人__________

区段号 项目	1	2	3	4	5	
$\sum$						

思考题

1. 在草地病虫害的调查中，常用哪些取样方法？害虫的空间分布型与取样方法有什么联系？

2. 简述草地毒草的调查方法。

3. 怎样进行啮齿动物的种类、种群密度、年龄组成及损失调查？

第六章

草地有害生物的发生规律及预测

第一节　草地病害的流行

一、病害流行的概念

植物病害流行是指植物病害在较短时间内突然大面积严重发生，从而造成重大损失的过程，而在定量流行学中则把植物群体的病害数量在时间和空间中的增长都泛称为流行。某种草地植物病害在一个地区、较短时间内普遍而严重发生的现象，称为草地植物病害流行。

二、病害流行的类型

根据病害的流行学特点不同，可分为单循环病害和多循环病害两类。

单循环病害是指在病害循环中只有初侵染，而无再侵染，或者虽有再侵染，但作用很小的病害。此类病害多为种传或土传的全株性或系统性病害，在田间其自然传播距离较近，传播效能较小。在一个生长季节中，单循环病害在田间的病株率比较稳定，每年的流行程度主要取决于初始病原物数量和初侵染的发病程度，受环境条件的影响较小。此类病害在一个生长季中因无再侵染或再侵染作用很小，初侵染病原物数量少时不会引起病害的当年流行，但随着病原数量逐年积累，稳定增长，达到一定程度的后的年份将可能导致较大的流行，因而也称为“积年流行病害”。例如禾草黑穗(粉)病、苜蓿丛枝病、苜蓿病毒病等都是积年流行病害。

多循环病害是指在一个生长季中病原物能够连续繁殖多代，从而发生多次再侵染的病害。这类病害绝大多数是局部侵染的，病原物的增殖率高，寄主的感病时期长，病害的潜育期短。多循环病害在有利的环境条件下病原增长率很高，病害数量增幅大，有明显的由少到多、由点到面的发展过程，可以在一个生长季内完成病原物数量积累，造成病害的严重流行，因而又称为“单年流行病害”。例如牧草锈病、霜霉病、白粉病、苜蓿褐斑病等气流和水流传播的病害都属于单年流行病害。

单循环病害与多循环病害的流行特点不同，防治策略也不相同。防治单循环病害，铲除初始病原物很重要，除选用抗病品种外，田园卫生、土壤消毒、种子消毒、拔除病株等措施都有良好防效。即使当年发病很少，也应采取措施抑制菌量的逐年积累。防治多循环病害主要应种植抗病品种，采用药剂防治和农业防治措施，降低病害的增长率。

另外，根据草地植物病害流行频率的差异，病害流行可划分为病害常发区、易发区和偶发区。常发区是病害流行的最适宜区，易发区是流行的次适宜区，而偶发区为不适宜区，仅个别年份有一定程度的流行。根据当年的流行程度和损失情况，病害流行可划分为大流行、中度流行、轻度流行和不流行等类型。

三、病害流行的因素

牧草病害是牧草和病原物在一定的环境条件下相互斗争的结果，因此，牧草病害的流行受到寄主植物群体、病原物群体、环境条件和人类活动等诸多因素的影响，这些因素的相互作用决定了流行的强度和广度。

(一)寄主植物

大量感病植物的存在是病害流行的基本前提。不同种和品种的牧草植物对某一病害具有不同的感病性。当感病寄主种或品种在特定地区大面积单一化存在时，特别有利于病害的传播和病原物增殖，常导致病害大流行。在病害常发区，大面积推广种植单一抗病品种，短期内对病害的防效高，但也因此增加了对病原物的选择压力，易使病原物群体中出现新的生理小种而使寄主种群抗病性丧失，造成病害的流行。因此，对不同种或不同抗病类型品种进行合理布局是防止病害流行的重要手段。比如，草地建植时提倡牧草混播可减轻病害的流行。

(二)病原物

具有强致病性的病原物，且病原物数量巨大是病害流行的必要条件。许多病原物群体内部有明显的致病性分化现象，具有强致病性的小种或菌株占据优势就有利于病害大流行。在种植寄主植物的抗病品种时，病原物群体中具有匹配致病性(毒性)的类型将逐渐占据优势，使品种由抗病转为感病，导致病害重新流行。有些病原物种类能够大量繁殖和有效传播，短期内能积累巨大数量(如禾草锈菌)；有些则抗逆性强，越冬或越夏存活率高，初侵染病原数量较多(禾草黑粉菌)，这些都是重要的流行因子。对于生物介体传播的病害，有亲和性的传毒介体数量也是重要的流行因子。病原物除来自本地，也可能从外地或国外传入。此外，病原物适于风、水、昆虫传播，对环境有广泛的适应力等也是造成病害流行的条件。

(三)环境条件

在满足病害流行的感病寄主和病原物的条件下，适宜的环境条件常常成为病害流行的主导因素。强烈削弱寄主植物的抗病力，或非常有利于病原物积累和侵染活动的环境条件，都是诱使病害流行的重要因素。环境条件主要是指气象条件、土壤条件和栽培条件，其中以气象条件的影响较大。有利于病害流行的条件应能持续足够长的时日，且出现在病原物繁殖和侵染的关键时期。

1. 气象条件

气象条件主要包括温度、水分(包括湿度、雨量、雨日数、雾和露等)和光照等，既影响病原物的繁殖、传播和侵入，又影响寄主植物的抗病性。不同类群的病原物对气象条件的要求不同。例如，霜霉菌的孢子在水滴中才能萌发，而水滴对白粉菌的分生孢子的萌发不利。多雨的天气容易引起霜霉病的流行，而对白粉病多有抑制作用。寄主植物在不适宜的环境条件下生长不良，抗病能力降低，可以加重病害流行。例如，高温干旱条件可加重苜蓿根腐病的发生。

光照对一些病原菌的孢子和菌丝生长有较大的影响，如禾柄锈菌(*Puccinia graminis*)的夏孢子在没有光照的条件下萌发较好，但禾本科植物的气孔在黑暗条件下是完全关闭的，夏孢子的芽管不易侵入，因此锈菌接种时有一定光照是有利的。

另外，寄主植物在不适应的温、湿度及光照条件下生长不良，抗病性下降，可以加重病害的发生和流行。

2. 土壤条件

土壤条件包括土壤结构、土壤酸碱度和土壤微生物等。这些因素对寄主植物根系和土壤中病原物的生长发育影响较大，因而影响根部病害的流行，但往往只影响病害在局部地区的流行。

(四)人为因素

随着人类的不断进步，自然生态系统逐步被改造成农业生态系统。在这样的生态系统中，人类的作用和地位十分显赫。人类干预农业生态系统，从而直接或间接地影响植物病害的流行，农业生态系统中的有害生物爆发、有害生物原有优势种群的改变、次要种群数量的交替上升等现象，大多都是人为所致。具有区域特点的植物病害流行与人类的栽培管理措施密切相关。

各种栽培管理措施的运用，都可以改变上述各项流行因子而影响病害流行。品种选用和搭配、种植密度、水肥管理、播种方式、轮作或连作、刈割方式、化学防治、生物防治等，影响寄主群体的抗病性、病原物在田间的数量和田间的小气候，从而对牧草病害的流行产生影响。

栽培管理措施在不同情况下对病害发生有不同的作用。如灌水，若频繁和多量灌溉，草层经常结露、吐水，则有利于病原菌孢子的萌发、侵入和生长发育，同时在潮湿生境下寄主植物的保护结构较不发达，如组织纤弱，气孔数目多、开放时间长，为病原菌的侵染也提供了方便的条件。又如施肥，若土壤中氮、磷、钾和各种微量元素的含量过高、过低或比例失调，都会降低牧草的抗病性。草地利用及草地卫生也会影响病害的发生和流行，利用不足或过迟会使病原物有可能产生大量繁殖体，使以后的发病更趋严重，刈割后的病残体若不及时清理则导致下一生长季病害的严重发生。种植方式(如种植密度、混播或单播、是否轮作等)对病害的发生也有很大的影响。密度太大易倒伏且通风透光差，有利于病原物的侵入、繁殖和传播。单播草地比混播草地病害严重。因此在病害的防治管理中应注重栽培管理因素对病害的影响。

上述几方面的相互配合是病害流行必不可少的条件。但是，这并不意味着在任何情况下，各方面的因素都是同等重要的。实际上，对于任何一种植物病害来说，在特定的地区和时间内，发展成为流行状态都有一个起决定作用的因素。因为在自然情况下，一切条件常常是在不同程度上存在着的。某个最易变化或变化最大的因素，必然对病害发生有较大的影响而成为流行的主导因素。因此，分析和掌握引起病害流行的主导因素，在病害预测及防治上是非常重要的依据。

病害的流行受病原物、寄主、环境条件和人为因素的影响，而这些因素常随时间的推移而变化，因而病害流行在一年中有季节变化，在年份之间也有所不同。

第二节　草地害虫的种群动态

害虫的种群动态是指在一定区域内种群个体数量由少到多，由盛至衰的动态规律及其在空间上的分布规律，对这些规律进行的背景关系分析和机制探讨，对分析害虫的大发生机制及进行预测预报是十分重要的。

一、种群及其特征、结构

(一)种群及其基本特征

种群是种以下的一个单位。物种是指自然界中凡是在形态结构、生活方式及遗传上极为相似的一群个体,它们在生殖上与其他种类的生物有严格的生殖隔离。而种群则是在一定的空间内(区域内),同种个体的集合群,是物种存在的基本单位。同一种群内的个体之间相互联系较不同种群的个体更为密切。

由于种群是物种存在的基本单位,所以它可以部分地反映构成该种群的个体的生物学特性,也就是说,种群具有可与个体相类比的一般生物学性状,例如,就某个体而论,具有出生(或死亡)、寿命、性别、年龄(虫态或虫期)、基因型以及繁殖、滞育等性状。由于种群是个体的集合群,因此它不但具有物种的一个个体的一般生物学属性,而且具有其本身独特的群体的生物学属性,如出生率(或死亡率)、平均寿命、性比、年龄组配、基因频率、繁殖率或繁殖速率、迁移率、滞育百分率等。从这个意义上可见,种群的这些特征充分反映了一个群体的概念,它是个体相应特征的一个统计量,它反映了该种群中个体的集中(平均)相应特征。更进一步,种群作为一个群体结构单位,还具有一些个体所不具备的特征,例如种群有密度(数量)和数量动态,以及因种群的扩散或聚集等习性而形成的种群的空间分布型。特别是种群因种间或种内个体间的相互联系状况和当时环境条件的影响,而具有调节其本身密度的规律(或称为“密度控制”机制)。所有这些都充分反映了种群水平的生物学特性。

同一种的种群之间在形态上常没有明显的差异,也能相互交配、繁殖(即没有生殖隔离现象)。但同一种的种群在长期的地理隔离或寄主食物特化的情况下,也会使同种种群之间在生活习性、生理、生态特性,甚至在形态结构或遗传上发生一定的变异。由于长期的地理隔离而形成的种群,称为“地理种群”或“地理宗”。如棉铃虫在高加索地区 20℃时引起蛹滞育的临界光周期为 14.5 h,而在江苏扬州同样温度下为 12.5 h。由于以食物条件为主而引起的不同种群,称为“食物种群”或“食物宗”。例如,苹果绵蚜原产于美国,在当地绵蚜必须在苹果及美国榆两种寄主上生活,方能完成其世代交替,其有性世代都发生在美国榆上,但在传入欧洲后,因当地缺乏美国榆,经长期的适应后,欧洲的绵蚜即可在苹果树上完成整个世代交替过程,形成了两个不同的食物种群。我国的苹果绵蚜也属欧洲类型。

种群作为具体的研究对象又可分为自然种群和实验种群、单种种群和混合种群。

(二)种群的结构

种群虽由许多个体组成,但这些个体间的某些生物学特性可以是不同的。例如,多数蛾类的成虫不再为害植物,但具有繁殖能力;而幼虫则为害植物,但不具有繁殖能力。所以,在害虫种群动态研究中对种群结构的研究也是重要的。种群的结构或称种群的组成,是指种群内某些生物学特性互不相同的各类个体群在总体内所占的比例的分配状况。其中最主要的为性比和年龄组配,其次,还有因多型现象而产生的各类生物型。

1. 性比

大多数昆虫的自然种群内雌雄个体比率接近 1∶1。但常由于各种环境因素的影响,使种群正常的性比发生变化,而引起未来种群数量的消长。最显著的例子是由于食物营养的丰歉而使许多小蜂类,特别是赤眼蜂(*Trichogramma* spp.)的性比发生变化。在食物短缺而雌性比率严重下降时,下代种群数量将显著减少。迁飞性昆虫由于雌雄个体的迁飞能力不同,也使不同距离的迁入地区间性比有所不同。在一个种群的一个世代或高峰期间,由于雌雄幼虫或蛹的有效积温有差异,也使得种群整个发生期间,前中后期的性比有不同。例如棉铃虫的雌蛹发育比雄蛹发育快 1～2 d,因此在高峰期间雌性比率常大于高峰期后。有些昆虫有多次交配的习性,如黏虫等,则其自然种群的性比也不是 1∶1。

另一些营孤雌生殖的昆虫,如蚜虫、螨类等,在全年大部分时间内只有雌性个体存在,而雄虫只是在有性生殖的短暂季节中出现。对于这类昆虫,在分析种群的结构时,可以不考虑其性比问题。

2. 年龄组配

年龄组配表示种群内各年龄组(成虫各期、幼虫各龄等)的相对比率或百分率。昆虫的自然种群,尤其是世代重叠比较明显的种群内,一般都包含有不同年龄的个体。不同年龄的个体对植物的为害程度不同,栖息习性不同,甚至空间分布状况也有差异。所以,在昆虫种群的研究中必须考虑昆虫的年龄组配。不同年龄的个体对于环境的适应能力有差异,如夜蛾类幼虫不同龄期的抗药性、感染病毒的能力、对温度的适应性等都有显著差异。不同年龄的成虫的繁殖能力差异也很大。

种群的年龄分布是一个重要的种群特征。一个种群内不同年龄群的比例既可决定当时种群的生存生产能力,也可预见未来的生产状况。一般来说,一个激烈扩张的种群,常具有高比例的年轻个体;一个稳定的种群,具有均匀的年龄分布结构;而一个衰退的种群,则具有高比例的老年个体。也就是所谓的年龄金字塔结构(图 6-1)。种群的变化动态有时并不表现在种群密度的变化上,而只表现在年龄结构的变异上。

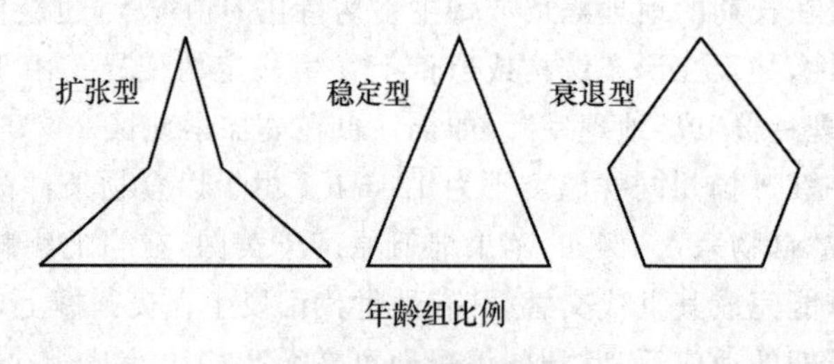

图 6-1　年龄金字塔

3. 多型现象

由于一些昆虫具有多型现象而产生各种生物型,如有翅型和无翅型、长翅型和短翅型、群居型和散居型等,其在种群中的比例或百分率,也影响种群的变化。

二、种群的消长类型

种群的数量波动常表现在空间和时间上密度分布的动态差异。也是有害生物测报中种群密度调查时必须考虑的问题。它决定于两个方面:一方面是种群内在的因素(生理、生态特性及适应性);另一方面是外在条件的异质性及其与内在因素间的联系。由于种群的内在生物学特性和所处外在条件因素,如一个地区的地形、地貌、气候类型等在一定的空间和相当长的时期内都有相对的稳定性。从而两者联系后所表现在种群数量分布的动态也有相对的稳定性和规律性。因此，研究和掌握种群密度分布的时空动态类型有利于准确预测害虫的生存特点及种群变动趋向。

(一)种群密度消长的空间动态

在自然界经常可以看到一种害虫在其不同尺度的分布区内，各区域间种群密度差异很大的现象。首先，在大尺度区域内，某种害虫可在一定大尺度区域内常年发生较多。在这种区域内，其种群密度虽然也有年份间的变动，但种群密度常年维持高水平状态，猖獗频率也高。一般都超过经济阈值，在生产上常年均需进行防治。这种区域称为种群适生区或种群密度高相对稳定区。相反，在另一些区域内，种群虽有分布，但常年密度都维持在低水平状态，常低于经济阈值，常年均不需要进行防治，故也称为种群密度低相对稳定区，或波及区。介于二者之间的为种群密度波动区，也就是该种害虫在有的年份发生多，超过经济阈值，有的年份则发生少，不需要进行防治。

例如，大豆食心虫(*Leguminivora glycinivorella*)在我国东北及华北平原种群密度常年处于高相对稳定状态，为该区域大豆生产中常年防治对象；而在长江流域及以南至杭州湾一带，虽有分布，但种群密度常年维持在低水平状态；而在江淮之间及山东南部一带则为种群密度波动区。

在小尺度范围内害虫的扩散分布也有显著的差异。造成的原因与环境或栖息地的异质性有很大关系。例如东亚飞蝗的发生基地内，凡土壤水分在10%～20%、盐分0.2%～1.2%和植被覆盖度在50%～70%以下的栖境内卵块最多。玉米螟在东北地区主要在村落内或附近的玉米秆堆中越冬。因此，村落就成为这些害虫来年春季第一代的虫源地，种群密度分布与距离虫源地的远近呈正相关。也是这些害虫第一代预测中必须考虑的重要空间因素。

分析昆虫种群密度在空间上分布的差异，主要是由于昆虫种群的内在生物学特性，如成虫的趋向选择行为、对气候的适应性、迁飞降落行为、成虫产卵选择性、幼期的存活特性等与外界地理空间或栖息地条件因素间的种种矛盾统一关系。当外界适合种群发生的因素起主导作用时，种群密度常成为高相对稳定状态。相反，不适应条件为主导地位时，种群密度空间分布呈低相对稳定状态。

一般认为，在大尺度的生态系统中(如不同农业区域、气候区域等)，种群间的空间相关性主要受空间异质性的影响，如不同的气候、土质、农业栽培制度等。而在相同或相似的栖境中，种群内或种群间的空间相关性除空间异质性因素外，还受密度制约作用或种内、种间相互作用的影响，如在同一农业区域内，不同类型田之间种群的空间差异等。后者更是害虫预测时必须经常考虑和研究的内容和预测因素。

(二)种群密度在时间上的数量分布动态

昆虫种群密度随着自然时间因素，如季节或年份间的演变而呈起伏波动状态。

1.种群密度的季节性消长类型

昆虫的种群密度随着季节的演替而有起伏波动，这种波动在一定的空间内常有相对的稳定性，形成了种群季节性消长类型。在一化性昆虫中，季节消长比较简单，在一年内种群密度常只有一个增殖期，其余时期都呈减退状态。一化性昆虫的这种季节性消长动态，常和滞育的特性密切关联。多化性昆虫的季节性消长复杂得多，而且因地理条件而变化极大。害虫种群数量的季节消长可归纳为以下 4 个主要类型(图 6-2)。

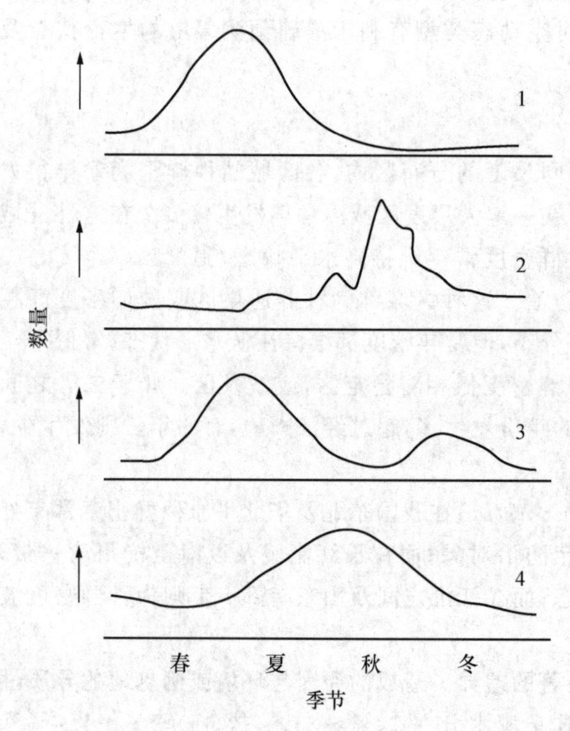

图 6-2　长江流域几种害虫种群季节性消长模式图

1. 斜坡型　2. 阶梯上升型　3. 马鞍型　4. 抛物线型

(1)斜坡型　种群数量仅在生长季节前期出现生长高峰,以后各代便直趋下降,很多一化性害虫属于这种类型,如小麦吸浆虫、大豆食心虫、大地老虎、麦叶蜂等及迁飞性害虫如黏虫、小地老虎等。

(2)阶梯上升型　昆虫种群数量逐代逐季递增,出现多次峰期,如玉米螟、红铃虫、三化螟、棉大卷叶虫、棉铃虫等。

(3)马鞍型　常在春秋季出现数量高峰,而夏季数量较少,如棉蚜(夏季发生伏蚜的地区除外)、萝卜蚜、桃蚜、麦长管蚜、菜粉蝶、麦蜘蛛等。

(4)抛物线型　常在生长季节中期出现高峰,前、后期种群数量较少,如大豆蚜、高粱蚜、斜纹夜蛾、银纹夜蛾、甜菜夜蛾、棉叶螨等。

种群季节性消长是由种的主要特性及其与栖息地生态系统内气候、食物及天敌的季节性变动间的互相联系形成的。值得指出的是,这种季节性消长并不是一成不变的,同一种昆虫所属的季节性消长类型可以因年份、地区、耕作制度、防治水平等而变化。

2. 种群密度的年际波动规律

种群数量在不同年份之间的变动是种群数量时间动态的最热门的研究问题之一。这种年份间的变动,具有周期性的波动和非周期性波动,或称随机性波动。通常是由非生物因子,特别是气候因子在不同年份中的波动所引起,常具有突发性。无论是周期性或非周期性的波动,由影响种群年际消长的主导因素的波动作为触发点,可影响种群数量的突变。这种突变的数量级差异甚至可达几千倍或上万倍,特别发生在环境比较稳定的森林、草原生态系统中。

(1)年际种群数量动态的周期性波动　目前,关于生物种群数量的周期性波动的大部分研究均集中在小型哺乳动物及森林害虫的研究上。在昆虫中又以生物多样性较稳定的森林或草原害虫多于农业害虫。周期性分析必须掌握长期的种群数量变动资料,避免受随机或偶然性事件的干扰。

俄罗斯专家通过对太阳活动与草地螟在俄罗斯大发生的关系进行比对关联研究,阐明了两者之间关联性,认为草地螟的大发生周期一般为 10～13 年,并预测草地螟第 3 个大发生周期可能是 1995—2000 年间在欧亚大陆出现,后来草地螟实际发生情况证实了这种预测的准确性。黄绍哲(2007)对太阳活动周期和我国草地螟大发生的历史记载的相关性和相位分析的结果表明,我国草地螟的大发生周期与对应的太阳黑子活动的奇数周期呈显著性关联。

(2)年际种群数量的非周期性波动　大多数昆虫属于这种动态类型。种群数量的年际波动随机性的成分很大,常受到物种本身的遗传特性以及外界各种环境因子的影响,并且这种相互依赖、相互制约的关系还因时间、空间而发生变动。

飞蝗在种群低密度下为散居型，而在高密度时通过蝗蝻个体间频繁的接触感觉作用，产生群集行为，在生理和形态上发生了相应的变化，便转变为群集型。因此，种群密度便成为变型最主要的内在原因。东亚飞蝗成虫喜选择向阳、有稀疏植被、土壤含水量适中、土面坚实的滩地，而在土壤疏松的耕地中产卵少或不集中。成虫的产卵选择性，形成极高密度的卵块集产地，是形成种群高密度的主要原因。这种适宜群集产卵的环境只有在水分不稳定的湖、河、水库滩地或易内涝的地区发生，这也就是东亚飞蝗所发生的蝗区。飞蝗适生的蝗区和群居型飞蝗的大发生与旱、涝因素有密切的联系和因果关系。

影响不同害虫年际种群密度波动的主导因素是不同的。如上述东亚飞蝗是以降雨引起的水涝或干旱为影响种群密度年际波动的主导因素；而水稻三化螟为单食性害虫，只以水稻为食，而且水稻不同生育期可影响幼虫的侵入率和存活率，因此，食物因素就成为影响其年际种群波动的主导因素；在南方的热带或亚热带地区，天敌因素也可成为影响害虫密度的主导因素。

(3)年际种群密度趋于稳定的类型　年际种群密度动态另一种类型是有些昆虫在不同年份间种群密度基本处于同一密度水平状态。例如，上述空间动态中高相对稳定区或低相对稳定区域内的一些害虫动态。这是由于主导环境条件常年处于适生范围或抑制范围内。如水稻栽培制度常推行早、中、晚稻混栽地区，则三化螟种群密度常年维持在高水平状态。相反，如常年推行纯双季稻或纯单季早中稻的地区，则三化螟种群常年将维持在低水平状态。

稳定性动态的另一类型为捕食性天敌。有些生态学家认为，昆虫的捕食性天敌大都为多食性的，在寄主多样性较稳定的状态下，捕食性天敌年际种群数量常稳定为一定水平。

三、种群的生长型

一个种群在一定环境条件下数量的增加或减少是与其出生率、死亡率、年龄组配、迁移率等密切相关的。在自然条件下，任何种群与生物群落中的其他生物都是密切相关的，不能从中孤立开来，但是为了了解种群的增长与动态规律，往往从研究单种种群开始。单种种群的生长型按时间函数的连续性，可以分为两类。

(一)世代离散性生长模型

对于一年只有一个世代，或是世代分离明显的昆虫，其种群增长规律可用如下数学模型描述：

$$N_{t+1}=R_0N_t$$

式中：N_t为第t世代的种群数量(种群基数)；N_{t+1}为第$t+1$世代时的种群数量；R_0为净生殖率，也就是上下两代之间的比例。

(二)世代重叠的连续性生长模型

这种模式适合于生活史很短、每年发生多代、世代多少有不同程度的重叠，也适用于成虫繁殖期特长，或一年以上发生一代的昆虫。这种生长曲线属于连续的，常用微分方程来加以拟合。这种连续型的生长曲线有两种情况。

1. 在无限环境中的几何增长

这类模型首先假定环境对种群的增长没有限制，设 r 为恒定的种群瞬时增长率，N 为种群数量，t 为时间，则可得微分方程：

$$dN/dt=rN$$

其积分形式是：

$$N_t=N_0e^{rt}$$

式中：N_t为在 t 时刻的种群数量；N_0为种群数量的初始值；e 为自然对数的底；t 为时间；r 为种群的瞬时增长率“内禀增长率”，它代表在一定非生物的和生物的环境条件作用下，种群所固有的内在增长能力。

该积分形式即为种群在无限的环境中作几何增长的短期预测式。

2. 在有限的环境中的逻辑斯蒂增长

在以上分析指数函数增长时，曾假定其环境中的资源(食物及空间等)的供应是无限的，也就是说完全排除了种群各个体间对资源的竞争。但实际上，种群常生存于资源供应有限的条件下，随着种群内个体数量的增多，对有限资源的种内竞争也逐渐加剧，个体间的死亡增多或生活力减弱，繁殖减少，种群的增长速率逐渐减少，当种群增长达到其资源供应状况所能够维持的最大限度的密度，种群将不再继续增殖，此时种群的增长率为零。这种形式的增长可用如下微分方程来描述：

$$\frac{dN}{dt}=rN(1-\frac{N}{K})$$

求其积分，可以得积分式：

$$N=\frac{K}{1+e^{a-rt}}$$

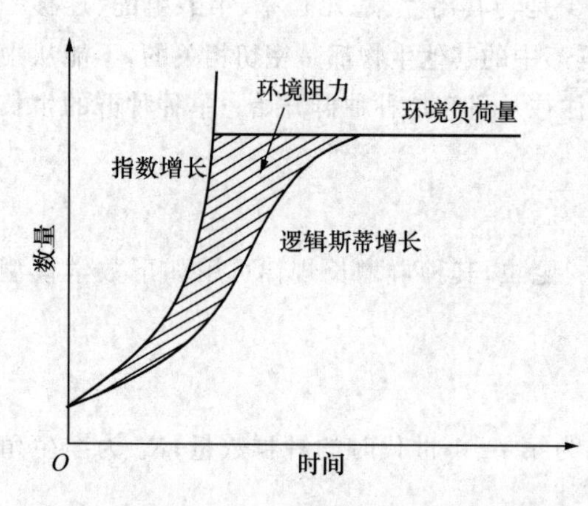

图 6-3 指数增长和逻辑斯蒂增长的种群动态比较

式中：N 为种群数量；K 为环境负荷量(N 的上限)；r 为种群的内禀增长率；t 为时间；a 为新的参数，其值取决于初始种群 N_0，表示曲线对原点的相对位置。

此即为著名的逻辑斯蒂方程。

该模型所表达的增长曲线为“S”形增长曲线。如图 6-3 所示，图中阴影部分表示指数增长与逻辑斯蒂增长之间的距离，Gause(1934)称这个差距为“环境阻力”，实际上它是由于种内竞争引起的“拥挤效应”的结果。

逻辑斯蒂曲线在 $N=K/2$ 处有一拐点，在拐点上，dN/dt 最大，到达拐点前，dN/dt 随种群数量的增长而上升，称为正加速期；在拐点以后，随种群数量的增长，N 趋向于 K，dN/dt 趋向于零，为负加速期。

四、影响种群动态的因素

在不同生境内，可能气候、土壤条件等不完全相同，物种的组成不同，各种生物种群间的关系不同，各种的数量和变化也不完全相同。在同一生境内，由于气候条件的变化和土壤条件的变化，种群之间关系的变化，也会引起种群的数量变化。种群的数量变化是生境内各种因素相互联系、相互依存、相互制约的结果。

环境因素总体可以划分成生物因素和非生物因素两大类。每类中的主要因素列于表 6-1 中。除了以上的划分方法之外，环境因子也可以分为密度制约因子和非密度制约因子。

表 6-1 限制昆虫种群数量增长的环境因子

种类	因素	种群密度相关性
非生物因素（无生命的）	气候，特别是温度	非密度制约型
	生活空间	密度制约型
	土壤类型	非密度制约型
生物因素（有生命的）	食物数量	密度制约型
	食物质量	非密度制约型
	捕食性与寄生性天敌	密度制约型
	疾病	密度制约型

如果一种因子在任何种群密度下均具有同样的影响，那么该因子即为非密度制约因子（指其作用强度变化与密度无关的因素），温度就是这样的因子。因为不管是对一头昆虫还是对上千头昆虫，温度都具有同样的影响。

病原微生物在密度大的昆虫种群中比在稀少的昆虫种群中常具有更大影响，这样的因子被称为密度制约因子（作用强度的变化与密度有关的因素）。

大多数生态学家认为密度制约因子在维护生态系统的稳定性方面是非常重要的。因为当一种生物数量增加时，它们所具有的影响也随之增大，促使种群数量回到较低的水平。这些因子起着负反馈的作用。

在自然界中，往往几种密度制约因子和非密度制约因子同时起作用，而且随时间变化而改变。各因素之间还有主从关系，即在一定的条件下，常有一、二种是主导因素，其他则为次要因素，环境条件发生变化，这种主从关系就可能发生转换。如害虫的大发生，一般情况下，当种群发展到极高水平以前时，非生物因素极为重要；而当种群密度发展到极高水平时，则生物因素常起主导作用。

值得强调的一点是密度制约因素通常是活的生物体，它们对昆虫种群的变化会产生反应，而非生物因素则不能起到相应的作用。因此，对于起非密度制约死亡因子作用的杀虫剂，不管它们一开始是如何有效，对害虫群体只能起到暂时的控制作用，即应急作用。

第三节 草地病虫害预测

病虫害发生的预测预报就是根据病虫害的发生发展规律、植物的物候、气象资料等进行综合分析，向有关部门和植保人员提供疫情报告，以科学地指导病虫害防治。这样就使得病虫害防治可以有目的、有计划、有重点地进行，经济、安全地保证牧草顺利生长。

一、预测的内容

病虫害预测的内容取决于防治工作的需要，大致可以分3个方面。

1. 发生期预测

预测病害可能发生的时期，害虫某种虫态或虫龄的出现期或为害期；对具有迁飞、扩散习性的害虫，预测其迁出或迁入本地的时期。这是确定防治适期的参考依据。

2. 发生量或流行程度预测

预测一定时期内害虫的发生量，病原物数量和流行的可能性，以及病虫害可能达到的严重程度，是否有暴发性流行的可能等。这是确定防治适期的参考依据。

预测结果可用具体的发病数量(发病率、严重度、病情指数等)、害虫的密度作定量表述，也可用级别作定性的表述。级别多分为大发生、中度偏重、中度、中度偏轻和轻度发生5级，具体分级标准因病虫而异。

由于影响病害流行和害虫发生数量的因素十分复杂，当前对于病虫发生量的预测远不及发生期预测所取得的进展，因此这方面有很多工作有待进行。

3. 危害程度预测及产量损失估计

根据当时当地牧草布局、病原物和害虫的数量、气候条件，在发生期、发生量预测的基础上，根据病菌的致病力、害虫的为害能力和作物产量的损失率，从而推断病虫灾害程度的轻重或所造成损失的大小，为选择合理的防治措施提供参考。

二、预测的时限

按照预测期限长短，可将病虫害预测分为短期预测、中期预测、长期预测和超长期预测。

(1)短期预测　短期预测的期限对病害一般为1周以内，对害虫则大约在20 d以内。一般做法是根据过去发生的病情或1、2个虫态的虫情，推算以后的发生时期和数量，以确定未来的防治适期、次数和防治方法。其准确性高，使用范围广，主要用于指导田间防治工作。

(2)中期预测　中期预测的期限，一般为20 d到一个季度，常在一个月以上，视病虫害种类不同，期限的长短可有很大的差别。如一年1代、一年数代、一年十多代的害虫采用同一方法预测的期限就不同，通常是预测下一个世代的发生情况，以确定防治对策和进行防治工作部署。

(3)长期预测　长期预测的期限常在一个季度或一年以上。预测时期的长短视有害生物种类不同和生殖周期长短而定，甚至可以跨年度。超过一年以上的预测，也可称为超长期预测。长期预测着重于发生趋势的预测，由于预测时间长，准确性较差。

三、病害预测的依据和方法

(一)预测的依据

病害流行的预测因子应根据病害的流行规律，由寄主、病原物和环境诸因子中选取。一般说来，菌量、气象条件、栽培条件和寄主植物生育状况等是最重要的预测依据。

1. 根据菌量预测

单循环病害的侵染概率较为稳定，受环境条件影响较小，可以根据越冬菌量预测发病数量。对于小麦腥黑穗病、谷子黑粉病等种传病害，可以检查种子表面带有的厚垣孢子数量，用以预测次年田间发病率。麦类散黑穗病可检查种胚内带菌情况，确定种子带菌率，预测翌年病穗率。

多循环病害有时也利用菌量作预测因子。例如，水稻白叶枯病病原细菌大量繁殖后，其噬菌体数量激增，可以测定水田中噬菌体数量，用以代表病原细菌菌量。研究表明，稻田病害严重程度与水中噬菌体数量高度正相关，可以利用噬菌体数量预测白叶枯病发病程度。

2. 根据气象条件预测

多循环病害的流行受气象条件影响很大，而初侵染菌源不是限制因子，对当年发病的影响较小，通常根据气象条件预测。有些单循环病害的流行程度也取决于初侵染期间的气象条件，可以利用气象因子预测。英国和荷兰利用“标蒙法”预测马铃薯晚疫病侵染时期。该法指出若相对湿度连续 48 h 高于 75%，气温不低于 16℃，则 14～21 d 后田间将出现晚疫病的中心病株。又如葡萄霜霉病菌，以气温 11～20℃，并有 6 h 以上叶面结露时间为预测侵染的条件。苹果和梨的锈病是单循环病害，每年只有 1 次侵染，菌源为果园附近桧柏上的冬孢子角。在北京地区，每年 4 月下旬至 5 月中旬若出现多于 15 mm 的降雨，且其后连续 2 d 相对湿度高于 40%，则 6 月份将大量发病。

3. 根据菌量和气象条件进行预测

综合菌量和气象因子的流行学效应，作为预测的依据，已用于许多病害。有时还把寄主植物在流行前期的发病数量作为菌量因子，用以预测后期的流行程度。我国北方冬麦区小麦条锈病的春季流行通常依据秋苗发病程度、病菌越冬率和春季降水情况预测。我国南方小麦赤霉病流行程度主要根据越冬菌量和小麦扬花灌浆期气温、雨量和雨日数预测，在某些地区菌量的作用不重要，只根据气象条件预测。

4. 根据菌量、气象条件、栽培条件和寄主植物生育状况预测

有些病害的预测除应考虑菌量和气象因子外，还要考虑栽培条件、寄主植物的生育期和生育状况。例如，预测稻瘟病的流行，需注意氮肥施用期、施用量及其与有利气象条件的配合情况。在短期预测中，水稻叶片肥厚披垂，叶色浓绿，预示着稻瘟病可能流行。水稻纹枯病流行程度主要取决于栽植密度、氮肥用量和气象条件，可以做出流行程度因密度和施肥量而异的预测式。油菜开花期是菌核病的易感阶段，预测菌核病流行多以花期降雨量、油菜生长势、油菜始花期以及菌源数量(花朵带病率)作为预测因子。

此外，对于昆虫介体传播的病害，介体昆虫数量和带毒率等也是重要的预测依据。

(二)预测方法

病害的预测可以利用经验预测模型或者系统模拟模型。当前广泛利用的是经验式预测，这需要搜集有关病情和流行因子的多年多点的历史资料，经过综合分析或统计运算建立经验预测模型，用于预测。

综合分析预测法是一种经验推理方法，多用于中、长期预测。预测人员调查和收集有关品种、菌量、气象和栽培管理诸方面的资料，与历史资料进行比较，经过全面权衡和综合分析后，依据主要预测因子的状态和变化趋势，估计病害发生期和流行程度。例如，北方冬麦区小麦条锈病冬前预测(长期预测)可概括为：若感病品种种植面积大，秋苗发病多，冬季气温偏高，土壤

墒情好，或虽冬季气温不高，但积雪时间长，雪层厚，而气象预报次年 3～4 月份多雨，即可能大流行或中度流行。早春预测（中期预测）的经验推理为：如病菌越冬率高，早春菌源量大，气温回升早，春季关键时期的雨水多，将发生大流行或中度流行。如早春菌源量中等，春季关键时期雨水多，将发生中度流行甚至大流行。如早春菌源量很小，除非气候环境条件特别有利，一般不会造成流行。但如外来菌源量大，也可造成后期流行。菌源量的大小可由历年病田率以及平均每 667 m² 传病中心和单片病叶数目比较确定。

上述定性陈述不易掌握，可进一步根据历史资料制定预测因子的定量指标。例如小麦条锈病春季流行程度预测表（表 6-2），对菌量和雨露条件做了定量分级。

表 6-2　小麦条锈病春季流行程度预测表

菌量（3 月下旬至 4 月下旬平均每 667 m² 病点数）	4 月份雨露流行情况		
	雨露日 15 d 以上，雨量 50 mm 以上	雨露日 10～15 d，雨量 15～20 mm	雨露日 5 d 以下，雨量 10 mm 以下
10 个	大流行	中度流行或大流行	中度流行
1～10 个	大流行或中度流行	中度流行	轻度流行
1 个以下	中度流行	轻度流行	不流行

数理统计预测法是运用统计学方法，利用多年多点历史资料建立数学模型，用于预测病害的方法。当前主要用回归分析、判别分析以及其他多变量统计方法选取预测因子，建立预测式。此外，一些简易概率统计方法，如多因子综合相关法、列联表法、相关点距图法、分档统计法等也被用于加工分析历史资料和观测数据，用于预测。在诸多统计学方法中，多元回归分析用途最广。病害的产量损失也多用回归模型预测。通常以发病数量以及品种、环境因子等为预测因子（自变量），以损失数量为预测量（因变量），组建一元或多元回归预测式。

系统模拟预测模型是一种机理模型。建立模拟模型的第一步是把从文献、实验室和田间收集的有关信息进行逻辑汇总，形成概念模型。概念模型通过实验加以改进，并用数学语言表达即为数学模型。再用计算机语言译为计算机程序，经过检验和有效性、灵敏度测定后即可付诸使用。

四、害虫的预测方法

（一）发生期预测

在害虫发生期预测中，常将某种害虫的某一虫态或某一虫态的特定时期的发生期，按其种群数量在时间上的分布进度划分为始见期、始盛期、高峰期、盛末期及终见期。关于始盛期、高峰期和盛末期划分的数量标准各学者有不同见解。有将发育进度百分率达 16%、50%、84% 左右作为划分始盛期、高峰期和盛末期的数量标准的，也有将发育进度百分率达 20%、50%、80%作为划分始盛期、高峰期和盛末期的数量标准的。害虫的始盛期至盛末期有时统称为盛发期。有时害虫的盛发期的数量指标还应随害虫种群密度大小而做一些具体调整，如扩大到 5%～95%范围，特别是某些发生数量很大，防治的虫态或虫龄历期较短而为害虫态或虫龄历期较长的害虫。此外，害虫的食性、寄主和虫源的多少、危害性大小及防治要求的高低等也可以作为调整盛发期长短（数量指标）的依据。

以生物学为基础的害虫发生期预测方法现在已经比较成熟，在实际生产的短、中期预测中准确性较高，也是目前基层测报站对害虫发生期预测推行的主要方法。发生期预测方法主要有历期预测法、期距预测法、卵巢发育分级预测法、有效积温预测法和物候预测法。

1. 历期预测法

通过田间对某种害虫前一两个虫态发生情况的调查，查明其发育进度，如化蛹率、羽化率、孵化率，并确定其发育百分率达始盛期、高峰期和盛末期的时间，在此基础上分别加上当时当地气温下各虫态的发育历期，即可推算出后一虫态发生的相应日期及防治适期。

例如棉铃虫卵、幼虫、雌蛹和成虫产卵前期在平均25℃下的历期依次为(3.34±0.02) d、(17.67±0.15) d、(12.24±0.14) d和(2.81±0.02) d。如某地6月22日是第2代棉铃虫卵高峰期，该地常年6月下旬至7月下旬的平均气温为25℃，则可推算出下一代卵高峰期将于7月28日前后出现。

为确保预测值的准确性，应采取正确的抽样技术和选择好类型田，每次获得活虫、蛹至少20头，还需要定期多次调查，常常费时费工较多。

2. 期距预测法

期距一般是指各虫态出现的始盛期、高峰期或盛末期间隔的时间距离。它可以是由一个虫态到下一个虫态，或者是由一个世代到下一个世代的期距。不同地区、季节，世代的期距差别很大，每个地区应以本地区常年的数据为准，其他地区不能随便代用。这需要在当地有代表性的地点或田块进行系统调查，从当地多年的历史资料中总结出来。有了这些期距的经验或历年平均值，就可依此来预测发生期。期距法简便易行，推算方便，也有一定的准确性。

3. 卵巢发育分级预测法

在害虫发生预测上，也可将昆虫的内部解剖生理知识运用于测报。如小地老虎卵巢发育分级预测的通常做法是：当小地老虎雌蛾在灯下或糖液盆等处出现后，即可按一般解剖法，将雌蛾置于蜡盘内。剪开其腹背体壁，观察卵巢的发育状况，根据卵巢发育进度，推测成虫产卵高峰期。小地老虎雌蛾卵巢发育分级标准见表6-3。

表6-3 小地老虎雌蛾卵巢发育分级标准

级别	发育期	卵巢管特征	脂肪体特征	备注
1	乳白透明期	卵巢小管基部卵粒乳白色，先端卵粒透明，分辨不清	淡黄色，椭圆形，葡萄串状，充满腹腔	
2	卵黄沉积期	卵巢小管基部1/4开始逐渐向先端变黄，卵粒可辨	淡黄色，变细长，圆柱形	个别交配
3	卵粒成熟期	卵壳形成，卵粒黄色，卵巢小管及中输卵管内卵粒排列紧密	乳白色，变细长	交配盛期 产卵初期
4	产卵盛期	卵巢小管及中输卵管内卵粒排列疏松，不相互连接	乳白色，透明，细长管状	
5	产卵后期	卵巢小管收缩变形，卵粒排列疏松或相互重叠淡黄色，椭圆形，葡萄串状，充满腹腔	乳白色，透明，呈丝状	

当查得小地老虎4～5级雌蛾占剖查雌蛾数的15%～20%时为产卵始盛期，占45%～50%时为产卵高峰期。各期加上当时气温下的卵历期即得孵化始盛期和高峰期，如再加一龄期即得二龄幼虫始盛期和高峰期。可分别预报田间产卵和二龄幼虫的防治适期。

解剖鉴定卵巢发育级别不仅可以预测防治适期，而且可以根据迁飞性昆虫的雌成虫卵巢级别，即生殖滞育阶段和生殖阶段来判别各地的虫源性质及迁出、迁入比率等，可以提高该类害虫发生预测质量。

4.有效积温预测法

昆虫的体温随环境温度而变化，进而影响昆虫的生长发育速度。根据有效积温法则，昆虫完成某一发育阶段所需有效温度的总和为一常数，即$K=N(T-C)$（K为有效积温，T为实际温度，C为发育起点，N为发育历期日数）。

根据有效积温原理预测害虫发生期，在国内各地早已研究应用。在适宜害虫发生的季节里，害虫出现期的早迟、发育速度的快慢以及虫口数量的消长等均受到气温、营养等环境因素的综合影响。其中以温度影响害虫的发生期、发生量甚为明显。当测得害虫某一虫期或龄期的发育起点和有效积温后，就可根据当地常年的平均气温，结合近期的气象预报，利用有效积温公式，发出对害虫下一虫态或虫龄出现时期的预报。在害虫测报上应用时，是将有效积温公式转变为发生期预测的有效积温经验预测式$N=K/(T-C)$。

有效积温预测法偏重温度对昆虫的影响，尽管还可以考虑均温和C、K值的标准误差，调整预报期，但这个方法多限于适温区和受营养等条件影响较小的虫期和龄期，而对受营养等条件影响较大的虫期和龄期，其预测值与实发值相比偏离度可能较大。因此，应用此法时要注意预测对象的生态学特性并加以研究。此法还可以预测害虫的地理分布及发生世代数的理论值。

5.物候预测法

应用物候学知识预测害虫发生期，这种方法叫作“物候预测法”。物候学是研究自然界的生物包括动物和植物与气候等环境条件的周期性变化之间相互关系的科学。生物有机体的生育周期和季节现象是长期适应其生活环境的结果，各现象之间有着相对的稳定性。物候法预测害虫的发生就是利用这个特点。在长期的农业生产和害虫测报实践中，广大群众积累了丰富的物候学知识。例如，对小地老虎就有“榆钱落，幼虫多；桃花一片红，发蛾到高峰”的简易而可靠的预报方法。还有“花椒发芽，棉蚜孵化；芦苇起锥，向棉田迁飞”“小麦抽穗，吸浆虫出土展翅”等说法。运用当地物候资料进行虫情预测，不仅简单易行，便于群众掌握，而且有一定的科学依据。

物候预测具有严格的地区性，不可机械地搬用外地资料。就是在同一个地区，所选用的指示动、植物也会受地势、土质、地形、树龄、品种及营养状况等差异的影响。因此，物候预测法虽然简单易行，也只能预测一个趋势，或作为确定田间查虫期的一个依据。

(二)发生量预测

害虫发生数量的预测是确定防治地区、防治田块面积及防治次数的依据。目前，虽然有不少关于发生量预测的资料，但其总体研究进展仍远远落后于发生期预测。这是由于影响害虫发生量的因素较多所致。例如，营养的量与质的影响、气候直接或间接的作用、天敌的消长和人为因素等，常常引起害虫发生量的波动以及其繁殖力、个体大小、体重、性比、色泽、死亡率等指标的变化。这种变化的幅度或深度，常因害虫的种类而不同。对各种环境因素适应能力愈强的害虫，也愈能引起数量的猖獗。害虫数量消长还与其发生的有效虫口基数有关。

现根据有关资料，将发生量的预测法归纳为有效基数预测法、气候图预测法、经验指数预测法、形态指标预测法等。

1. 有效基数预测法

这是目前应用比较普遍的一种方法。它是根据上一世代的有效虫口基数、生殖力、存活率来预测下一代的发生量。此法对一化性害虫或一年发生世代数少的害虫的预测效果较好，特别是在耕作制度、气候、天敌寄生率等较稳定的情况下应用效果较好。预测的根据是害虫发生的数量通常与前一代的虫口基数有密切关系。基数愈大，下一代的发生量往往也愈大，相反则较小。在预测和研究害虫数量变动规律时，对许多害虫可在越冬后、早春时进行有效虫口基数调查，作为预测第一代发生量的依据。

根据害虫前一代的有效虫口基数推算后一代的发生量，常用下式计算其繁殖数量。

$$P=P_0\left[e\frac{f}{m+f}(1-M)\right]$$

式中：P 为繁殖数量，即下一代的发生量；P_0 为上一代虫口基数；e 为每头雌虫平均产卵数；$\frac{f}{m+f}$为雌虫百分率，f 为雌虫数，m 为雄虫数；M 为死亡率（包括卵、幼虫、蛹、成虫未生殖前）；$1-M$ 为生存率，可为$(1-a)(1-b)(1-c)(1-d)$，a、b、c、d 分别代表卵、幼虫、蛹和成虫生殖前的死亡率。

例如某地秋蝗残蝗密度为每公顷 450 头，雌虫占总虫数的 45%，雌虫产卵率为 90%，每 100 头雌虫有 90 头能产卵，每头雌虫平均产卵 240 粒，越冬死亡率为 55%，预测来年夏蝗蝗蝻密度。

$$\text{夏蝗蝗蝻密度}=450\times240\times45\%\times90\%\times(1-55\%)=19\,683(\text{头}/\text{hm}^2)$$

2. 气候图预测法

许多害虫在食物得到满足的情况下其种群数量变动主要是以气候中的温湿度为主导因素引起的，对这类害虫可以通过绘制气候图来探讨害虫发生量与温湿度的关系，从而进行发生量的预测。

通常绘制气候图是以月（旬）总降雨量或相对湿度为坐标的一方，月（旬）平均温度为坐标的另一方。将各月（旬）的温度与雨量（或温度与相对湿度）组合绘为坐标点，然后用直线按月（旬）先后顺序将各坐标点连接成多边形不规则的封闭曲线。把各年各代的气候图绘出后，再把某种害虫各代发生的适宜温湿度范围标注在图上，就可比较研究温湿度组合与害虫发生量的关系。

在生物气候图中可以明显地看出害虫大发生年（或世代）及小发生年（或世代），以及发生多的地区和发生少的地区的温雨或温湿度组合是否适宜于害虫发生。此法也可作为昆虫地理分布的预测法。

3. 经验指数预测法

经验指数来源于研究分析害虫猖獗发生的主导因素。因其地区性较强，不同病虫害及其不同发育阶段的主要生态影响因子不尽一致，所用的经验指数也不同。常见的经验指数有温雨系数、温湿系数、气候积分指数、天敌指数、综合猖獗指数等。

4. 形态指标预测法

环境条件对昆虫的影响都要通过昆虫本身的内因而起作用;昆虫对外界条件的适应也会从内外部形态特征上表现出来。如虫型、生殖器官、性比的变化以及脂肪的含量与结构等都会影响到下一代或下一虫态的数量和繁殖力。例如蚜虫有有翅型和无翅型,飞虱有长翅型和短翅型之分。一般在食料、气候等适宜条件下无翅蚜多于有翅蚜,短翅型飞虱多于长翅型飞虱。当这些现象出现时,就意味着种群数量即将扩大;相反,有翅蚜、长翅型飞虱的个体比例较多,表示着即将大量迁出,可远距离迁飞扩散。因此,可以将这些形态指标作为数量预测指标以及迁飞预测指标,来推算未来种群数量动态。

此外,还可通过生命表分析、组建预测模型或统计预报方法等预测发生量。

(三)产量损失估计

防治害虫首先要研究各类害虫对牧草的危害程度和引起的产量损失,以便制定合理的防治指标,从而进行适时防治,以最少的投资获得最大的经济收益。牧草受害程度预测和产量损失估计是以害虫种群数量、为害量和产量损失之间的变动规律为依据的。牧草产量损失是各种因素相互影响的结果,因此是一个很复杂的问题。也就是说,产量损失程度通常是害虫发生量、发生期、为害习性与寄主植物品种特性、生育期、人为管理措施、农业经济规律等相结合的综合表现。

许多非生物和生物因素是因时因地而共同制约害虫及其寄主植物的。因此,害虫种群密度和牧草受害程度与产量损失每年都有变化。所以,估计牧草产量损失需要多年的资料,而且要把各种因素综合起来考虑。通常可根据害虫的为害程度,运用合理的统计方法,力求做出符合客观实际的损失估计,从而找出防治依据,达到经济有效地灭害保苗、高产稳产的目的。

产量损失可用损失百分率表示,也可用实际损失的数量来表示。这种调查计算常包括三方面:①调查计算损失系数;②调查计算牧草被害株率;③计算损失百分率或实际损失数量。

进行产量损失估计,可在不同类型草地内直接抽样检查,挑选若干未受害株和被害株,分别进行测产,或进行小区接虫试验等。

(四)数理统计预测

前述各种预测预报方法,可称为实验生态、生物学方法,这类方法的优点是生态学、生物学、生理学意义比较明确,但必须进行田间的系统调查和室内饲养观察,因而工作量较大;另外实验法一般只能作中、短期预报,时效较短。

数理统计预报法是根据统计学原理,利用多年的病虫害发生情况调查的历史资料,找出害虫发生与环境之间以及害虫自身发生变化的规律性,进行统计分析,建立恰当的数理统计模型,然后根据当前害虫发生和环境因子的情况,来预报未来病虫害发生的情况,并能进一步利用计算机技术和现代信息技术("3S"技术)建立更加精准的病虫害的监测和预警系统。该预测方法可以减少或不用田间系统调查和室内饲养观察,并可作较长时期的预报。常用的数理统计学方法有相关分析、回归分析、聚类分析、判别分析、时间序列分析等。

第四节　草原啮齿动物的种群数量变动与预测

一、种群的数量变动

(一)影响啮齿动物种群数量变动的因素

种群增长率由种群出生率、死亡率、迁入率和迁出率等因素决定。啮齿动物个体生理体质状况，直接影响种群的出生率和死亡率等指标。个体生理指标除受遗传基础控制外，也受外界环境条件的影响。影响种群数量变动的因素包括气候条件(温度、降水和积雪等)、栖息地、食物、捕食、疾病(病毒、细菌和寄生虫等)、竞争(种间竞争和种内竞争)和人类活动等。这些因素一般通过影响个体的体质状态和行为，直接或间接改变种群的生殖、死亡和扩散等。

影响啮齿动物种群数量变动的因素可分为密度制约因素和非密度制约因素2类。密度制约因素是指对种群参数的影响与种群的密度有关的因素，如食物、栖息地与空间、捕食、疾病和竞争等。非密度制约因素是指对种群参数的影响与种群的密度无关的因素，如气候等。

1. 气候因子

温度、降水量和光照等气候因子对啮齿动物的寿命、生殖力以及其他许多特性都有影响，这些因子通过影响啮齿动物的繁殖和死亡率而起到种群密度调节作用。例如，春天来得早，能使当年新生的仔鼠性成熟并参加繁殖，从而使种群数量增加；若春季过冷，可使繁殖推迟，当年出生的仔鼠因达不到性成熟而不能参加繁殖，从而使种群数量增长缓慢。降水量与啮齿动物数量季节消长密切相关，降雨量大可使啮齿动物种群密度迅速降低。光照通过神经-内分泌影响啮齿动物的性活动，从而影响到啮齿动物的繁殖。

2. 食物因子

食物的数量、质量以及水分含量，直接影响到啮齿动物的生理状况(生活力)，进而影响到啮齿动物的繁殖力。例如，子午沙鼠在食物丰富的夏秋季节，密度较高；而在食物缺乏的冬季，繁殖休止，密度较低。大沙鼠在正常年份，妊娠率仅为65%～80%，但在气候和食物良好的年份，妊娠率可达85%～95%。田鼠在食物中水分含量低于60%时，就会停止繁殖。

3. 捕食因子

在一定条件下，捕食因子的限制作用是十分显著的。例如猛禽和食肉兽对高密度的田鼠、旅鼠有很大的捕杀作用。捕食者通过对啮齿动物的行为、生理和基因表达等产生影响，对其种群周期性波动具有重要影响。

4. 疾病因子

寄生虫、病原微生物等可以导致啮齿动物种群因疾病流行而大量死亡。

5. 空间因子

啮齿动物正常繁殖需要有适宜的生活地点和一定比例的生活空间，天然居住环境的间断性和变异性，是限制啮齿动物大量繁殖的重要因素之一。例如，在麝鼠没有固定的生活地区时，其死亡率比有固定地段的死亡率高。

各种因素对鼠类种群的作用，有主次之分。有的因素对种群数量变动来说，是关键因素，即是种群数量的限制因子。如在居民区，降水、积雪和温度，对啮齿动物种群的影响较小，而栖息地和人为的灭鼠措施，对其数量变动影响较大。在北方，食物资源不稳定和冬季气候条件等，对其种群数量影响大；在南方，气候、食物资源不是主要的影响因素，而影响种群数量的主要因素就是动物间的种间竞争、捕食者天敌等因素；在荒漠地区，水资源和夏季的高温是种群数量变动的主要限制因素。

许多因素，如食物、栖息地、竞争甚至疾病，都可以通过密度反馈来保持种群数量的相对稳定。种群在高密度时，食物资源相对紧张，竞争强，社群压力大，高密度增加了感染疾病的概率，而较高的压力又导致了免疫力的降低，死亡率增高。而高压力也会通过下丘脑-垂体-肾上腺轴（hypothalamic-pituitary-adrenal axis，HPA 轴）的活动作用于性腺，导致其繁殖力降低，这一规律称为密度反馈调节。

（二）啮齿动物种群数量的季节波动

许多鼠类都表现出季节性变动规律。温带、寒带的鼠类大多在冬季停止繁殖，种群数量处于下降的状态，直到第二年春季幼鼠出生前，种群数量下降到一年中的最低点。随着春季幼鼠的出生，种群数量开始呈现上升态势，直到秋季鼠类停止繁殖前，种群数量达到最高峰。

不同鼠类的种群数量的季节变化模式不同。北方鼠类的种群数量季节消长曲线一般为单峰型，鼠类数量高峰出现在夏季，如黄鼠和鼢鼠；也有以秋峰为主的双峰型鼠种，如大仓鼠。在南方，鼠类数量季节动态多为双峰型，数量高峰分别出现在春季和秋季，如黄毛鼠等。

同一鼠种在不同的生态地理区，其种群数量季节变动也不一致。如黑线姬鼠，在华北平原为单峰型，数量高峰在秋季；在长江流域为双峰型，秋峰高于春峰；在川西平原，也呈双峰型，但春峰高于秋峰。

（三）啮齿动物的密度制约调节

啮齿动物种群具有与密度有关的自我反馈调节机制。种群一般具有相对的稳定性，当种群密度偏离其水平时，可以通过反馈机制的调节而使种群恢复到开始水平。

1. 内分泌调节

内分泌学说（Christian，1964）认为，种群密度的调节机制是行为-内分泌的反馈调节作用。随着种群密度的增加，种群内个体间经常相遇，引起彼此争斗和干扰，种内竞争增强、社群压力增大，强烈刺激着中枢神经系统，特别是下丘脑，通过神经内分泌系统影响脑下垂体，使脑垂体前叶促肾上腺皮原激素分泌增加，进而刺激肾上腺分泌肾上腺皮质激素。肾上腺皮质激素增加，又反馈影响脑垂体，最后通过影响性腺而使性腺激素分泌量随之减少，从而使生殖器官延缓或抑制，雌雄两性的性成熟延迟。在高密度条件下，雌性表现为阴道口关闭，子宫萎缩或发育不正常；雄性表现为性成熟延缓或完全被抑制、雄性精子出现延缓和副性腺器官重量减轻。此外，内分泌也影响啮齿类的性周期，如高密度环境下的种群，成年雌鼠可能表现出不正常的动情周期（间期—前期—中期—后期）或者动情周期延长，从而对种群数量进行调节。值得一提的是，内分泌除作用于繁殖外，还会通过影响存活率来调节种群数量，如生长激素减少和肾上腺皮质激素的增加，会影响幼体的正常生长发育，降低对外界环境及疾病的抵抗能力，导致死亡率增加。社群压力对鼠类的影响是很显著的，多数鼠类具有此种调节机制。

2. 遗传调节

遗传变异调节学说（Chitty，1960）认为，种群具有遗传二型或多型现象。一种遗传型在种群密度增长期或高峰期占优势，另一种遗传型则在下降期占优势。第一组的遗传基因是高进攻性的，繁殖力较强，但不适于密集。第二组遗传基因的繁殖力较低，适应于密集条件。当种群数量上升时，自然选择有利于第一组，并逐步替代第二组，种群数量上升。当数量达到高峰时，由于社群压力增加，自然选择不利于高繁殖力的，而适应于能密集的第二组，于是种群数量下降。就这样通过遗传型的转换进行着种群数量的自我调节。

3. 行为调节

行为作为适应环境最基本的方式之一，密度制约的行为调节及其遗传效应对啮齿动物种群会产生显著影响。美国的生态学家温·爱德华认为，社群行为是一种调节种群密度的机制，种群中的个体有等级之分，有优势地位的、有支配地位的。当种群密度上升时，种群内支配地位的个体将被排挤出去，因而使种群的密度不至上升很多。随着学科的发展，更多的密度制约性调节机制被揭示。例如，当种群密度升高时，栖息地内单个动物的领域、食物等资源都会减少，而由密度引起的种内斗争势必增加，为提高自身的生存和繁殖机会，动物必将改变其行为对策，最终结果可能是表现为限制种群增长，这也会涉及种群繁殖或生殖行为上。

很多鼠类种群内存在不同社群序位，因此种群密度大小可能会对社群序位有所影响，进而影响群体的繁殖能力。在社群繁殖中高序位雌、雄个体的作用明显高于低序位个体，高序位雌鼠获得被选择、交尾及产仔的机会最多。对于非社会性的鼠类，也存在这种关系。如高原鼢鼠种群中一部分成年雌性不参与繁殖，当捕杀后就会参与繁殖。而行为又具有一定的遗传效应，以达到对种群的调节作用。大仓鼠具有表型匹配识别亲属的能力，但是在低密度下，也有可能不表现出对亲属和非亲属的分辨，即不表现近交回避和亲属善待行为，这样能增加繁殖成功的机会，有利于种群恢复。诚然，密度制约效应也会体现在其他方面，甚至是综合作用，如 Agrell 等(1992)在野外条件下对黑田鼠的研究发现，由于种群密度增大，种内竞争，环境压力增加，导致饮食发生改变，且胎仔数量和质量、存活率、性比、出生率、怀孕率均受到密度因素的影响。

二、种群发生预测

啮齿动物的危害程度取决于啮齿动物的发生数量，预测的重点应集中在优势种类的发生与危害情况，以便确定防治适期。啮齿动物预测预报包括发生期、发生量和危害程度预测。

1. 发生期预测

发生期预测主要根据冬季和早春气温高低、春季繁殖期的早迟来确定。例如，当日平均温度稳定在 5℃以上，地表温度稳定在 4℃以上时，雄黄鼠开始出蛰；日平均温度稳定在 10℃以上，地表温度稳定在 6℃以上，为雌黄鼠出蛰盛期，也是黄鼠种群春季发生高峰期；日平均温度稳定在 18℃以上，地表温度稳定在 15℃以上，为黄鼠出蛰盛期。因此，可根据当地当年的气象预报情况来预测害鼠的发生期(始盛、高峰和盛末期)，也可通过多年的鼠情观察资料和气象资料等进行相关性分析，找出与发生期有关的预测因子，建立预测模型，做出发生期预测。

2. 发生量预测

发生量预测主要根据越冬基数、开春后的密度、繁殖强度、不同时期的年龄组成以及气候变化、食物条件、天敌多少、农事活动和有否灭鼠等，进行综合分析。如果春季害鼠密度高、雌鼠多、怀孕率高、种群中亚成体和成体比例大、食料丰富、中长期天气对害鼠发生较有利，则当年害鼠种群数量将有明显的增长，因而有可能造成严重危害。也可利用某些关键因子，如密度基数、繁殖强度、种群年龄结构、气象因子等组建预测模型，做出中长期预报。发生量可以进行定性预测和定量预测。

3. 危害程度预测

根据害鼠的发生数量来预测危害程度，并根据危害造成的经济损失来确定防治指标。例如，在青藏高原甘南高寒草甸，当高原鼢鼠新土丘数 386～785 个/hm² 时，可预报为轻度危害；当新土丘数在 786～1 040 个/hm² 时，可预报为中度危害；当新土丘数在 1 041～1 820 个/hm² 时，可预报为严重危害；当新土丘数在 1 821 个/hm² 以上时，可预报为特别严重危害（表 6-4）。当然不同的鼠种也可用不同的指标进行预测，可根据指标的科学性、准确性和易获得性等进行选择。在高寒草甸区域经济损害水平、次生落地面积、盖度、产草量等也是评估高原鼢鼠危害的有用指标。

表 6-4　高寒草甸高原鼢鼠危害程度分级指标

指标	轻度危害（一级）	中度危害（二级）	重度危害（三级）	极度危害（四级）
平均鼠数/（只/hm²）	8～20	21～66	67～140	≥141
平均新土丘数/（个/hm²）	386～785	786～1 040	1 041～1 820	≥1 821
平均次生裸地面积/（m²/hm²）	<1 500	1 501～4 500	4 501～6 500	≥6 500
平均产草量/（kg/hm²）	>1 526	1 525～790	789～584	<583
平均植被覆盖度/%	>85	85～56	55～35	<35
经济损害水平（有效洞口）（个/hm²）	240	652	997	1 300

第五节　草地毒草的群落演替与种群动态预测

一、草地毒草的群落特性

1. 草地毒草种群

草地毒草种群是指占据某一定地区（草地）的某种毒草的一群个体，如黄花棘豆在一块草地中的危害。种群有其数量变动、年龄组成、空间分布格式、种群内各个体间及与其他种间的关系，以及自动调节能力等特性，它是了解草地毒草群落和生态系统的主要基础。

草地毒草种群数量的变动决定对草场的危害，其年龄组成和危害有密切关系，如多年生毒草种群年龄结构复杂，种群的适应能力强，危害严重，而且难以一次性防除。了解草地毒草种群个体的空间分布格局可以追溯毒草侵染草地的历史，同时也为制定防除对策（如全面防除还是局部防除等）提供依据。

2. 草地毒草的群落特性

草地中危害的毒草往往不是以一个种群存在的，而是多个种群构成危害的。不同种毒草群居有规律地组合，并在环境相似的不同地段有规律地重复出现，这种组合的单元即为一个毒草群落。

群落组合间的不同种毒草产生了复杂的相互关系，它们都受环境的影响，反过来群落又影响外界环境。在群落中各种毒草在空间和时间上都有一定的配置即群落结构。群落的主要特征表现为一定的种类组成、群落的外貌、垂直和水平结构，以及种的多度、密度、覆盖度、频度、体积、重量、优势度等数量特征。了解这些特征可以帮助了解毒草构成危害的特点和分析危害过程，为制定防除对策、确定除草剂配方提供依据。

随着环境条件的改变与人为因素的作用，草地毒草群落处在不断变化过程中。有的毒草优势种群可能会逐渐衰退，而有的劣势种群可能迅速上升为优势种群。在草地中毒草通常不是一个种群，而是经常与其他毒草伴生形成多元种群。多元种群不遵循“均匀平衡、机会均等”的规律，而是有主次之分。

二、草地毒草的群落演替

(一)草地毒草的种群变迁和群落演替

所谓演替，就是在同一地区，随着群落的发展而出现的有规律地一个群落被另一个群落所代替的现象。在演替的过程中，每个物种都为它的继承者创造了有利的条件，而它本身变得不适于生长，从而在该处消失。演替反映了群落的动态。演替的研究可以帮助人们了解植物群落的现状，预测植物群落的未来，从而为合理经营管理植物群落提供科学依据。

群落演替具有以下特点：演替是群落组成有规律地向一定方向发展的过程，是可以预见的；演替是群落引起物理环境改变的结果，是由群落控制的，一般是不可逆的；演替以形成稳定的生态系统（即由顶极群落所形成的系统）为其发展的顶点。

任何一种植物群落都不会静止不变，其原因在于组成群落的各种毒草都有其生长、发育、传播、死亡的过程；同时外界环境条件也在不断地变化，如除草方法的改变，从人工除草发展到化学除草，这些变化影响毒草群落变化的方向和进程，使毒草明显地发生种群变迁，甚至一个群落为另一个群落所代替。这种现象使毒草在人类生产活动的干预下表现得尤为强烈。在使用某种除草剂防除草地毒草时，我们将会发现某些敏感种被消灭了，另一些毒草则借机迅速发展，一些潜在性草害上升为关键性的草害。此外，近年来在毒草防除方面面临的另一个问题是某些毒草对某些除草剂产生抗药性，这些抗性毒草如不加以解决也将上升为主要优势种群的毒草。

(二)草地毒草群落演替的机制

草地毒草群落的演替机制和其影响因素是直接相关的。影响草地毒草群落演替的因素包括外界因子与人为因素。

1.外界因子的作用

影响草地毒草群落演替的外界因子很多，主要包括检疫性外来恶性毒草的侵入与传播；适合的外界条件促使毒草繁殖体在短时期内大量蔓延；多元种群中毒草间的伴生、相互影响的作用；毒草种类的变种或生态型的发生发展；毒草病害、虫害的连续流行导致某种毒草自然衰退；自然灾害（洪涝、地震、地下水位的急剧升高或降低等）迫使种群演替等。

2.人为因素的作用

(1)过度放牧　如果草地放牧过度，超出草原群落的自我调节能力，会发生草地毒草的逆行演替。在放牧的影响下，草原演替的基本趋势表现为草群中的种类组成发生明显变化，适口性高的偏中生植物和不耐践踏的丛生禾草在草群中逐渐消失，种类简化，适口性差的毒害杂草得以相应增加。由于植被中的优良牧草得不到生衍养息机会，在群落种群竞争中处于劣势，从而导致原有以优良牧草为建群种或优势种的草地演变为以毒杂草为优势种的草地景观类型，如不及时治理，会引起草场退化。据报道（2018 年），青海省“毒杂草型”退化草地约 133 万 hm^2，严重危害地段的毒杂草成分占到草地植被生物量结构的 60%～70%，草场利用价值大幅度下降。

（2）割草　割草与放牧一样，是引起草地毒杂草演替的重要因素。在同一草原地段多年连续割草的情况下，常常会引起草原退化。草原割草一般在大多数植物种子成熟之前进行，因而影响它们繁殖后代，助长少数以无性繁殖的植物（如根茎型毒杂草）的再生，从而对植被的种类成分发生分选作用，逐渐使草原的组成简化。

（3）开垦　草原植被开垦成人工草地或农田，使天然植被被消灭殆尽。当弃耕撂荒后，植被开始恢复，这时往往会给繁殖力顽强的草地毒杂草演替创造有利的条件。

（4）化学除草　使用化学除草剂效果明显，对草地牧草安全，节省人工，具有很大的经济效益和社会效益。但目前使用的除草剂大部分为选择性除草剂，只能防除某一种或某几种主要草地毒杂草。而草地植被中，毒草种类繁多，并在一定的生态条件下，具有一定的种群组成和结构，形成自有的二元、三元或多元群落状态。这种群落组成会受到生产活动的影响而发生变化。实践证明，长期施用某一种除草剂，会使草地毒杂草群落很快发生明显的变化。这是化学除草面临的新问题，必须予以足够重视和寻求综合治理的对策。

（三）草地毒草群落演替的对策

草地毒草及其种群的演替结果是：优良牧草数量减少，优势种群减弱；毒杂草种类密度增加，个体生长势更强，整个草地长满某种或数种毒草，劣势小种变为优势小种；一些原来没有的某些毒草和种群的出现，毒草迁移到新的草地。

在草地毒草种群的演替中，人类的生产活动起着关键的作用。因而应当通过有效的防治措施来干扰和控制草地毒草群落的组成，以达到更好地控制草害的目的。

（1）实行以化学防除为主体的综合治理方法，进行协调管理。将单纯的化学防除与系统的农业、机械防除措施有机地结合运用。

（2）开展持续性草地毒草调查，注意掌握草情动态，为调整与制定新的防治对策提供依据。

（3）健全植物检疫制度。

（4）化学除草措施中应着重强调：避免单一使用除草剂灭草或单一品种除草剂多年使用；合理使用除草剂（除草剂的选择、施药方法的选择、药剂的混用与搭配使用、化学除草结合机械除草等）。

三、毒草种群动态预测

毒草种群动态是指草地毒草种群数量的变化，它对我们制定防治措施，特别是在防治中应用“阈值”是十分重要的。种群动态决定于输入与损失两方面的因素，其中包括产生、死亡、迁入与迁出。一个种群从前一时期（t）到下一时期（$t+1$）后数量的变化可按下式计算：

$$N_{t+1}=N_t+B-D+I-E$$

式中：N 为种群数量，B 为产生数量，D 为死亡数量，I 为迁入数量，E 为迁出数量。

(一)输入

1.种子数量

一株毒草能结实数十至数十万粒，结实数的多少决定于土壤中毒草种子发芽数和成活数。发芽数则因种子休眠期、寿命及其在土壤中所处位置而异，接近土表的种子往往易于发芽。毒草出苗后，在生长过程中既发生种间竞争，也发生种内竞争。种间竞争会导致单株结实率及单位面积结实量下降，种内竞争的结果产生自身稀疏现象，可以使单株结实率减少，而单位面积结实量显著增多。

种子数量主要来源于毒草结实量，但通过不同传播途径，如风、水、动物、人以及混杂于播种材料中也会增加土壤中种子的数量。

2.种子库

存在于土壤上层凋落物和土壤中全部存活种子的总和即为种子库，是植物种群生活史的一个阶段。一般种子库本身的损失总量不足以防止土壤中种子的积累；当将天然放牧场耕作5年或10年而成为耕地后，如果田间保持无草状态，那么土壤中种群总量便明显下降。但在生产中，由于许多毒草的多实性，所以一年中仅仅很少量的毒草便能造成次年的再感染，从而增加种子库中毒草种子数量。

3.营养体繁殖数量

多年生毒草营养繁殖器官是造成草场再侵染的重要原因之一。与种子比较，它易于萌芽成新株，而且在一年内能不断繁殖，其个体的竞争性很强，是土壤中种子库的输入来源之一。

(二)损失

损失分完全损失(死亡)与活力损失(繁殖速度下降)。损失的途径很多，如通过防治措施消灭幼苗与植株、昆虫及病原菌感染造成的伤害、异常的气候环境条件等都能引起土壤中种子库种子量的显著减少；种内与种间竞争、异株克生也会导致草地毒草的损失及种子库中种子的腐烂等。

在进行大量而系统的调查基础上，可以编制适宜的模型，应用计算机来预测不同防治措施与种群的变化规律。

思考题

1.病害预测的依据有哪些？

2.什么是种群？种群有哪些基本特征？

3.昆虫种群的季节消长类型主要有哪些？

4.预测害虫的发生期和发生量有哪些主要方法？

5.影响啮齿动物种群数量变动的因素主要有哪些？

6.简述啮齿动物的密度制约调节机制。

7.简要概括草地毒草的群落特性。

8.试分析草地毒草群落演替的机制。

9.如何有效控制草地群落的逆行演替？

第七章

草地有害生物的防治技术与策略

草地有害生物防治技术是草地保护学研究的核心内容之一，其目的是对有害生物实行有效控制，即在认识和掌握有害生物发生发展规律的基础上，因势利导，按照人们的愿望，采取与自然规律相协调的综合措施，把有害生物的数量和危害控制在经济允许水平以下，同时对人类健康和环境不造成危害。不同历史阶段人类对自然界的认识程度和科技发展水平不同，对有害生物的认知和防治技术及策略也在不断地发生着相应变化。

第一节 草地有害生物的防治技术

人类在谋求自身生存与发展的过程中不断地同病、虫、鼠及毒杂草等有害生物进行着斗争，并在此过程中积累了丰富的经验与教训，因此，有害生物防治技术在不断发展和更新，防治方法也表现出多样性和灵活性。草地生态系统涉及有害生物、植物、环境及家畜等多个方面，同时草地植物本身的特殊功能和用途决定了该生态系统与一般的农业生态系统有害生物防治有所不同，即有害生物的防治更强调“防”重于“治”的观点。

草地有害生物防治技术是预防和控制草地有害生物大量出现，避免或减轻草地植物遭受严重损失的技术，常针对草地植物群体而言。具体措施很多，主要有植物检疫、农业防治、抗性品种(种)利用、物理机械防治及生物防治等，此外，特殊地域、用途下，必要时也可以采取化学防治措施，下面分别予以简介。

一、农业防治

农业防治是通过科学的草地管理措施，降低草地有害生物种群数量或减少其大发生的一种传统有效的防治方法，主要是培育健壮牧草，增强其生活力、提高其抗性及自身补偿能力，抑制有害生物的存活、繁殖、传播和危害。农业防治措施包括从整地、播种、田间管理到收获利用、贮藏与加工的全过程。其内容主要包括：

(一)利用健康、不含有害生物的种子或繁殖材料建植或补播草地

为保证草地健康，在建植或补播草地时，选用籽粒饱满和发芽率高的健康无病、无虫及不含毒杂草的种子或繁殖材料建植或补播草地尤为重要。若种子本身携带虫卵、病菌或混有毒杂草种子等，则应进行种子处理，通常有两种方法：物理处理和化学处理。

1. 物理处理

物理处理多采用热力处理(如温水浸种法、冷浸日晒法、干热法、蒸汽热处理法等)。如苜

蓿种子可用温汤浸种法杀死种子上携带的病原菌。一般情况，用50～55℃温水处理10 min，即可杀死病原物而不伤害种子；用开水烫种30 s，最多45 s，即可将种带幼虫全部烫死且有利于种子发芽；将蒸汽充入装有草捆的密闭室内，当内部温度达到86℃以上4 min或80℃以上10 min后，抽真空15 min可以杀灭草捆中携带的所有害虫和病原物。此外，也可利用比重法清选种子，常用的方法有：

(1)筛选法 利用筛子、簸箕等把夹杂在健康种子中间的病粒、菌瘿、虫瘿、菌核及杂草繁殖材料等筛除。

(2)水选法 一般被病、虫为害的种子比健康种子轻，可用盐水、泥水、清水漂除病、虫粒等。

(3)石灰水浸种法 主要作用原理是石灰水与二氧化碳接触而在水中形成碳酸钙结晶薄膜，隔绝了空气，使种子上携带的病原菌等因缺氧而窒息死亡，而种子是可以进行无氧呼吸的，处理后仍能正常萌发。

近些年，辐照技术等也被用于种子处理，比传统的热力处理法更为快捷方便。

2. 化学处理

用药剂处理种子可以抑制或杀死多种种传病原菌或种子携带的害虫，并保护种子在储运过程中免受病原菌的污染，是防治土传和种传病害、虫害，提高种子发芽率和田间出苗率的有效措施。常用的处理方法有拌种法、浸种法和包衣法等。

(1)拌种法 用适当浓度的药剂直接与种子混合拌匀，简便易行，适于大批量种子的处理。据报道，利用甲基硫菌灵、福美双等拌种，可使种子死亡率降低40%～65%。盆栽试验表明，杀菌剂拌种，播后15 d统计，未经拌种处理的苜蓿幼苗存活率仅31%，而经不同杀菌剂处理的幼苗存活率增加48.4%以上。在新疆阿勒泰地区利用杀菌剂拌种进行的田间出苗试验发现，田间出苗率较对照提高30%。

(2)浸种法 将种子在适当浓度的药剂中浸泡一定的时间。如用500 μg/mL金霉素、链霉素或土霉素浸泡十字花科种子1 h，沥干后再用0.5%次氯酸钠溶液处理30 min，可防止黑腐病的发生。

(3)包衣法。在种子上包一层杀虫剂或杀菌剂等外衣，以保护种子和其后的生长发育不受病虫的侵害。种子包衣需要专用的农药剂型(种衣型)，需要专用的包衣设备(种子包衣机)，也需要规范的包衣操作程序，即一般需要脱粒精选、药剂选择、包衣处理、计量包装等过程。

(二)选择合理的种植方式

合理的种植方式包括合理密植、混播、间作及轮作等。种植密度主要通过影响田间草层等小气候环境及牧草的生长发育从而影响到病、虫害的发生和为害。一般来说，种植密度大，通风透光差，田间荫蔽，湿度大，牧草木质化速度慢，有利于大多数病害和喜阴好湿性害虫的发生和为害；而密度过小，牧草分蘖分枝多，生育期不一致，也会增加有害生物的发生危害，尤其是杂草的为害会明显加重。合理密植，不仅能充分利用土地、阳光等自然资源，提高单产，同时也利于抑制病、虫、草害的发生。另外，牧草混播更有利于防病、防虫。研究表明，不同品种或不同种的牧草混播是防治牧草病、虫害的有效措施。具有不同抗病基因的群体组建的混合群落，与单播种群相比，感病个体数量减少，相应的病原菌数量减少。在空间分布上，混播群落中抗病与感病群体镶嵌分布，抗病个体对病害的传播具有障碍及干扰作用，同时感病个体间距离增大，减少了病菌侵染成功的机会。据报道，在黄土高原区，苜蓿与无芒雀麦混播，可显著地降低苜蓿褐斑病与黑茎病的发病率。初建苜蓿草地时若与春油菜等混播，可以减轻或避免苜蓿苗期的虫害，且不利于苜蓿专食性害虫群落的形成。因此，对于以收获草产品为主的草地应大力推广和提倡不同草种或品种的混播。

(三)选择适当的播种期

由于长期的适应性进化，特定地区病害、虫害的发生期往往形成与寄主植物生长发育期相吻合的状况，牧草相对于农作物而言，其播种方式、时期和方法更多、更灵活，因此，适当提前或推迟播种期，将病害、虫害发生期与牧草的易受害期和危险期错开，可避免或减轻病害和害虫的为害。

(四)合理的田间管理

合理的田间管理措施可有效地改善草地小气候环境和生物环境，使之有利于牧草的生长发育而不利于有害生物的发生和为害。田间管理对病害、虫害等影响较大的是灌溉、施肥和田间卫生等。

1.合理进行草地排灌

排灌不仅可以有效地改善土壤的水、气条件，满足牧草生长发育的需要，还可以有效地控制病害、虫害的发生和为害。水分对牧草和病原物、害虫的生存与发育及病害、虫害发生发展的影响主要体现在三个方面：①直接促进或抑制病原菌、害虫的存活、生长和繁殖；②直接促进或抑制牧草的生长、发育和存活；③影响土壤和草地群落中其他微生物、害虫的存活、生长和繁殖，从而间接影响病原菌(害虫)或牧草或二者。改变三者中的任何一方面，均可改变病原菌(害虫)与牧草的相互关系，从而影响病害(虫害)的发生与发展。因此，可通过合理灌溉，调节草地水分状况以提高牧草生活力和抗病(抗虫)性。如春耕灌水，可以杀死越冬的幼虫(如蛴螬、金针虫等)和蛹。但灌水往往会造成局部分布病害的传播，同时积水或土壤湿度较大，有利于某些病害的发生。灌水量应根据土壤湿度、牧草需水特性、降雨和天气状况等因素而定。频繁和多量灌水，使地面和草层经常结露、吐水，土壤长期湿润，透气性差，对牧草根系等生长不利，且有利于病原物孢子萌发、侵入和生长发育。但若灌水不足，土壤干旱，则会减弱牧草的抗病力而使病害加重。因此，应当对牧草和其寄生物对水分条件变化的反应做具体分析和研究，以便找出最合理的排灌方式。

2.科学施肥

一般来说，肥料在病、虫害防治中有三方面的主要作用：①改善牧草营养条件，提高牧草抗逆能力；②改变土壤性状和土壤微生物群落结构，恶化土壤中有害生物的生存条件；③直接杀死有害生物。对牧草而言，牧草的生长发育需要多种必需营养元素的平衡供应。牧草的种类和发育期不同，对不同元素需要的量和形式不同，土壤中盐度、pH、湿温度及微生物活动均会影响必需元素供应的有效性。某种元素的缺乏或过量，均会导致牧草生长发育异常，形成类似于病、虫危害症状的缺素症或中毒症。因此，施肥必须合理、适当、均衡。施肥过多，牧草生长嫩绿，分枝分蘖多，有利于大多数病、虫害的发生和为害。但缺氮时，牧草生长弱，有利于叶斑病和叶螨等病、虫害的发生。磷、钾、钙及微量元素的合理平衡施用也有显著的抗病、虫害效果。如施用过磷酸钙可以直接杀死叶螨和蛞蝓；施用石灰可以杀死蓟马、飞虱、叶蝉等害虫及直接杀伤一些病菌；喷施氨态氮(尿素)可以减轻各种叶斑病。另外，加拿大科技工作者发现，土壤中硫的含量低(0.55～2.10 mg/kg)是加重苜蓿根腐病的原因之一。美国科技工作者指出,增施钾肥可降低苜蓿根病的发病率和镰刀菌的侵入率,增施氮肥可增加苜蓿黑茎病的发病率,而土壤中施钙可降低茎线虫对苜蓿的为害。

3.搞好草田卫生

主要是清除草地内的病、虫来源及其滋生场所,改善草地生态环境,减少病、虫害发生概率。包括清除收获后遗留田间的病株残体,生长期拔除病株与铲除发病中心,焚烧残茬,施用充分腐熟的有机肥以及清洗消毒农机具、农膜、仓库等。

(1)清除杂草　田间许多杂草往往是病、虫害的过渡寄主或越冬场所,如能及时清除,可以减少牧草病、虫害的侵染源。如结合早春除草沤肥、熏肥,清除苜蓿田间或地边的野生豆科植物和杂草,可以减少病、虫害的发生。据报道,在甘肃河西地区,及时清除田边的苦豆子,可减少苦豆子夜蛾对苜蓿的为害。

(2)焚烧灭茬　可减少初侵染源。如早期焚烧苜蓿残茬能减少生长季中的初侵染源,即病原物数量,减少苜蓿病害发生。在加拿大,曾用焚烧成功地控制了苜蓿黑茎病以及蚜虫的为害。焚烧亦是消灭菟丝子为害的有效措施。新疆阿勒泰地区福海县的试验证明,早春焚烧残茬对苜蓿生长有益无害,对防治病害和菟丝子十分有效。晋南农民在冬季地冻以后,将苜蓿地枯枝落叶和杂草覆盖于苜蓿根茬上,点火燃烧,基本消灭了田中越冬苜蓿盲蝽的卵,同时又增加了草木灰,一举两得。

(3)清除病株　拔除田间病株、摘除病叶和消灭发病中心,能阻止或延缓病害流行。如早期彻底拔除病株是防治燕麦黑穗病的有效措施。对于以当地菌源为主的气传病害,一旦发现中心病株要立即喷药封锁。对于土传病害,在零星发病阶段,也应挖除病株,病穴用药剂消毒,以防止病害扩展蔓延。

(五)合理利用草地

合理利用草地可以减少田间病原物、害虫、毒杂草数量及增强牧草自身活力,减轻因有害生物危害造成的损失。

1.提早刈割或放牧

当田间大量发生病害、虫害时应提早刈割。如苜蓿的正常刈割时期是开花率达20%~30%时,但若苜蓿田普遍发生叶斑病时,应提早(开花率达10%,或视具体情况而定)刈割或放牧,以减少田间病源的积累,降低再生牧草的发病率。又如,当田间大量发生根瘤象、叶象、苜蓿盲蝽、蓟马等害虫时,也要提早刈割。早割虽然干草的产量有所降低,但饲料的营养价值高,同时避免了病、虫害的猖獗发生。此外,种用苜蓿宜在种荚75%变褐时开镰,7 d内收割完毕。收割过晚易于落荚脱粒,使潜伏在种子内的籽蜂幼虫遗留田间,继续繁殖为害。

2.低割

低割是防治多种草地害虫的基本措施之一。低割不仅可以增加干草的产量,促使根颈(如苜蓿)发枝,而且可以更多地割去下部茎秆内叶象和苜蓿盲蝽的卵。低割的前提是土地平整,留茬高度最好控制在5 cm左右。用割草机或扇镰可以满足这一要求。

3.结合刈割,留诱虫带、集中用药剂消灭害虫

如大面积栽培苜蓿田,为了防止苜蓿刈割后苜蓿盲蝽向其他作物田转移,可根据条田的宽度,先从靠近其他作物田的一边刈割,在远离其他作物田的一边留下一条宽度为收割机1~2个工作幅的地带,然后集中用药剂防治,施药后根据药剂安全间隔期再刈割。

4.割后管理

牧草(如苜蓿)刈割后,夏季曝晒1~2 d,苜蓿水分可减少70%以上。如多日曝晒不仅降低饲草的营养价值,也易使叶片枯干脱落,而且给各种害虫提供了继续繁殖和藏匿或逃脱的机会。因此,最好在刈割后及时移出田外,使刈割茬地经阳光曝晒,可造成害虫或病原菌的大量死亡。之后再及时灌溉,又可促进第二茬牧草的生长。此外,种用牧草刈割后必须认真做好脱粒工作,必须彻底清除遗留于场上的破粒、秕粒及碎粒等,以防籽蜂幼虫漏网。筛选后的种子应装入结实的种子袋内,以防籽蜂成虫羽化外逃。种子在贮藏期间要防止其他仓库害虫的为害。草捆存储场所应事先清洁,防止仓虫、鼠类为害干草。

(六)合理的耕作措施

对于建植多年的草地,如苜蓿草地,在早春苜蓿萌发前,用轻型圆片耙横向耙地,既可以疏松土壤,减少土壤水分蒸发,又有利于苜蓿的生长发育,提高苜蓿对根瘤象和其他食叶害虫的抗御能力。春耙还可直接利用机械力量杀伤一部分以成虫越冬的各种象虫、苜蓿蚜的越冬卵和苜蓿残茬中的苜蓿盲蝽卵,以及将茬地残留的有苜蓿籽蜂的种子埋入土中。

一年生豆科牧草刈割后应立即进行翻耕。对虫害严重的多年生草地,如老苜蓿地,若准备轮作其他作物或牧草,必须在秋后用不带小铧的犁进行深耕,消灭在地下越冬的根瘤象甲成虫、幼虫,叶象的成虫,夜蛾的幼虫、蛹,苜蓿盲蝽的卵,或将含有籽蜂幼虫的种子埋入土中。冬前灌溉不仅有利于牧草第二年的生长发育,而且能消除地下害虫及其他在地下越冬的害虫,并可抑制苜蓿蚜的产卵量及越冬卵的成活率。

大多数草地建植之后要维持多年,所以建植前考虑与病、虫害等有害生物控制相关的问题非常重要。在大面积连片种植时,应做好与非豆科作物的轮作区划,以及不同品种的搭配,避免品种单一化。此外,牧草留种应有专门的种子田繁殖生产种子。种子田尽可能与草田远离。但是如果在同一种植区内既要留种又要作为直接饲用及生产干草时,原则上以第一茬作为留种用,以减少籽蜂等为害。但在叶象等为害严重的情况下,可以提早刈割,而以第二茬作为留种用。留种地必须每年更换,不宜连续两年留种,以免籽象和籽蜂种群密度继续增加。

(七)生态工程控制

对于天然草原的毒杂草控制,近些年,有的学者提出有毒植物生态工程控制,该方法是依据生态毒理学原理调整植物毒素在生态系统中平衡关系所采用的一种方法。James(1988)对栎属有毒植物研究所提出的毒性方程对大宗有毒植物的生态工程控制具有一定的普遍意义。

$$\beta(\text{资源再生系数})=\frac{F(\text{资源再生量})}{E(\text{资源耗用量})}$$

若$\beta \geqslant 1$,牧场动物中毒概率很小;若$\beta \leqslant 1$,牧场动物中毒概率增大。生态工程控制的要点是提高资源再生量或降低资源耗用量。其特点是:①不是采用化学的或机械的方法消除毒草,而是以生态学的方法调整草群结构,控制毒草生长,逐步提高资源再生系数,降低毒草中毒危险性。②依据毒草对不同动物的易感性差异,或改良畜种的特异性,调整牧场畜群结构,以发挥物尽其用、降低毒草危害的功效。因此,可从毒杂草的可利用性和草场上不同畜种的易感性研究入手,因地制宜地采取草库法、植被良性演替法、限制畜种围栏轮牧法等方法,以达到经济、有效、生态平衡和可持续发展的目的。生态工程控制以调整牧场草群结构和畜群结构为主要特点,是控制毒草危害的好方法,但调整草群结构和畜群结构的可行性在广阔的大草原上受到一定限制。因为实现这两大调整不但需要很大的人力、财力、物力作支撑，而且需一个较长的时期，并且如何调整和怎样调整尚需进一步研究。

农业防治是草地(特别是人工草地)有害生物管理极为重要的一环，其最大优点是不需要过多的额外投入，且易与其他措施相配套。此外，推广有效的农业防治措施，常可在大范围内减轻有害生物的发生。因此，在草地有害生物综合防治体系中农业防治措施居于基础地位。但农业防治具有很大的局限性，如农业防治必须服从高产要求，不能单独从有害生物防治的角度去考虑问题。农业防治措施往往在控制一些病、虫害的同时，引发另外一些病、虫害。因此，实施时必须针对当地主要病、虫害综合考虑，权衡利弊，因地制宜。此外，农业防治具有较强的地域性和季节性，且多为预防性措施，在病、虫害大发生时，防治效果不理想。但如果很好地加以利用，则会有效地压低有害生物的种群数量，甚至可以持续控制某些有害生物的大发生。

二、抗性牧草品种(种)的利用

抗性品种(种)(resistant variety)，指具有抗逆特性的品种(种)，它们在同样的灾害条件下能够通过抵抗灾害、耐受灾害以及灾后补偿作用，减少灾害损失而取得较好的收获。抗逆性是一种遗传特性，包括抗干旱、抗涝、抗盐碱、抗倒伏、抗虫、抗病、抗草害等，这里所说的抗逆品种主要是指对病、虫害的抗性。

草地生态系统中，牧草种质资源极其丰富，而不同种和品种的牧草对病、虫害等的抗性往往不同，因此，在草地(特别是人工草地)有害生物的综合治理中，要充分利用抗病、虫害的牧草品种(种)，发挥牧草自身对病、虫害的调控作用。

(一)抗病性的利用

选育和利用抗病品种(种)是控制牧草病害最为有效、经济和易行的措施之一，也是实现可持续农业的重要保证。它既有利于农作物连年高产优质，节省大量人力物力，降低农业生产成本，又不污染环境，有利于提高人类的健康水平。对于许多难以运用农业措施控制，而又缺乏有效农药或其他生防制剂的病害，如土传病害、病毒病害以及大面积流行的气传性病害，选育和利用抗病品种尤为重要，有时甚至是唯一的防治途径。牧草抗病性利用主要包括以下几个方面。

1. 抗病品种(种)的选择利用

不同品种(种)对不同病害以及对同一病害的抗性存在着很大差异。抗病反应可以从免疫、高度抗病到高度感病，这就为通过选择不同品种(种)防治病害提供了可能，同时也为抗病品种(种)的利用提供了依据。因此，对品种(种)的选择与利用，在兼顾产量、品质性状的前提下，应把抗病反应作为重要的选择内容。如苜蓿霜霉病(*Peronospora aestivalis*)是一种世界性病害，主要发生于温带地区及热带和亚热带高海拔冷凉地区，目前已成为我国苜蓿草地提早衰败退化的主要限制性病害之一。但不同种质的苜蓿对霜霉病的反应有显著差异。据报道，阿尔古奎斯、巴瑞尔、阿毕卡、安古斯、伊鲁瑰斯、布来兹、托尔、贝维、润布勒、兰热来恩德、威斯康星、格林苜蓿等品种属免疫类群；普劳勒、班纳、兴平、美国1号、草原2号、吉林苜蓿、宁县苜蓿、新牧2号等品种属高抗类群；肇东、陇中和陇东等品种属高感类群；78-27捷克、阿波罗、准格尔、陕北、河西、和田、沙湾等品种属极感类群。又如，夏季斑枯病(*Magnaporthe poae*)是冷季型草坪草重要病害之一，目前在北京草地早熟禾草坪上普遍发生，危害严重。据报道，不同草种或同一草种的不同品种对该病害的抗性不同，对夏季斑枯病的抗病性由强到弱的草种依次为多年生黑麦草>匍匐翦股颖>高羊茅>草地早熟禾。

必须指出的是，当选择对一个地区主要病害具有抗性的某草种或品种的同时，还需兼顾对其他主要有害生物的抗性，最好使用多抗性品种，不仅可抵抗多种病原菌小种，也可兼抗几种病害、虫害，甚至抗不良环境条件。此外，还应注意，尽管品种(种)的抗病性差异是由遗传基因决定的，但其抗病性表现还受温度、水分、土壤 pH、土壤养分等环境条件的影响，只有在最适合该草种或品种生长的条件下，其抗病性才能得以充分发挥。因此，确定主要牧草种、品种的生态区域分布，不仅对建植草地有重要意义，而且是草地有害生物防治的重要基础。

2. 不同草种或品种的合理配比和混合种植

如人工草地或草坪，可以根据牧草或草坪的使用目的、环境条件等选择两种或两种以上的草种或同一草种的不同品种混合播种，组建一个多元群体的植物群落。混播的主要优势在于混合群体比单播群体具有更广泛的遗传背景，因此具有更强的对外界的适应性。混播作为一项防病措施，在牧草或其他植物上已被普遍应用。其防病的主要机制在于混合群体的抗病多样性，既可以减少病原物数量，加大感病个体间的距离，干扰病原物在感病植株间的传播，又可能产生诱导抗性或交叉保护以有效抑制病害。例如，早熟禾白粉病在天然草地上的发病率仅1%左右，但在单播时，则上升到85%以上，为害非常严重。再如苜蓿单播时，褐斑病的发病率为78%，而与雀麦混播时为64%，和梯牧草混播时为58%，苜蓿、三叶草、禾本科牧草混播时仅为28%。因此，在一个地区内应种植多个品种，防止单一品种易出现病、虫害大流行而造成严重损失，同时，应经常进行抗性品种轮换，确保草地健康及持续利用。

3. 合理选用具有一般抗病性、耐病性品种

牧草对各种病害一般都有不同程度的抗性，但一种牧草不可能对所有病害都有抗性。抗病育种一般是针对一些主要病害进行的，所利用的是植物的低反应型抗病性(也称垂直抗病性)。这是一种小种专化性抗病性，其特点是抗病性表现高抗或免疫，但是只能抵抗病原菌的某些小种(菌系)，而不能抵抗其他小种(菌系)。因此抗病性不稳定，不持久，容易因病原物小种组成的变化而使抗病性减弱或丧失。而一般抗病性(也称为水平抗病性)虽然抗病性不及低反应型抗病性，仅达中等水平，但其不具小种专化性，抗病性比较稳定和持久。牧草对各种病害都可能具有程度不等的一般抗病性，在生产上有利用价值。耐病品种多具有较强的生理补偿作用，在受病原物侵染后，恢复快，损伤小，特别是在没有抗病品种的情况下，应选用耐病品种，在减低发病程度的基础上，配合其他防治措施，也能较好地控制病害的发生和发展。

此外，对于草坪，可选择带有内生真菌的草种或品种，充分利用内生真菌给草坪草带来的抗逆、抗病、抗虫、抗线虫及耐践踏等优良特性。内生真菌是寄生在植物体内而不表现任何病害症状的一类真菌。据报道，内生真菌主要在羊茅属和黑麦草属植物体内。

(二)抗虫性的利用

植物的抗虫性有多种类型，主要表现为不选择性、抗生性与耐害性，统称抗虫性三机制。所谓不选择性，即在害虫发生数量相同的情况下，一些品种很少或不被害虫选择产卵、取食；抗生性指昆虫取食一些品种后，发育不良，体形变小，体重减轻，寿命缩短，生殖力降低，死亡率增加；耐害性指有些植物品种受害后，有很强的增殖或补偿能力，使害虫造成的损失很低。牧草抗虫性利用主要是选育可供大面积使用的抗虫品种(种)。此外，也可利用现有品种资源，选用一些耐害性强的品种，再配合其他防治措施，减少损失。

利用抗性品种是控制草地有害生物最有效、最经济的措施之一，尤其对一些防治难度较大的病害，如风力传播的病害和土壤习居菌所引起的病害，有时甚至是唯一的有效措施。该方法使用方便，潜在效益大，抗性品种一旦育成推广应用后，无须或很少需要额外投入便能产生巨大的经济效益。此外，该措施对环境影响小，不影响其他保护措施的实施，在有害生物综合治理中具有很好的相容性和较强的后效应，除有害生物产生新的变异外，抗逆品种可以长期保持对病、虫害的防治作用，因此，该方法在草地有害生物综合防治体系中处于核心地位。但是，该方法也存在着明显的局限性。如一些有害生物具有较强的变异适应能力，可以通过变异适应，使抗逆品种很快丧失抗性。另外，由于有害生物种类繁多，抗性品种控制了目标有害生物后，常使次要有害生物种群上升、危害加重，同时，培育抗性品种通常需要较长的时间。因此，在生产实践中要特别注意合理利用抗性品种，使其最大限度地发挥作用，避免抗性过早地丧失。为此，应把利用抗性品种纳入综合防治体系，与其他措施配套使用，以更好地控制目标有害生物，延缓有害生物对抗性品种的适应速度。此外，利用群体遗传学的方法原理，采取适宜的措施，如不同抗性机制的品种轮作、镶嵌式种植等措施，可有效地减轻抗性品种对有害生物的适应选择。

目前，在牧草抗性育种方面，我国科技工作者在苜蓿抗病、虫品种选育方面开展了不少工作，已培育出抗霜霉病的苜蓿品种中兰一号、抗蚜苜蓿品种甘农 5 号、抗蓟马苜蓿品种甘农 9 号和草原 4 号。在抗锈病、抗褐斑病和抗霜霉病等方面进行了种质资源评价，发现苜蓿群体中存在着抗性差异。同时，还发现某些品种抗几种病害。这些研究为进一步进行抗病育种提供了基础资料。国外已培育出许多抗苜蓿主要害虫的品种，可供选用。虽然如此，国内牧草抗性品种的选育工作进展较慢，能大规模应用的抗性品种较少，能兼抗病、虫等多种有害生物的品种更少，因此，此方面的工作尚需进一步加强。

三、物理机械防治

物理机械防治（physical control）是指利用各种物理因子、人工和器械防治有害生物。草地保护中常用方法有人工机械防治、诱杀法、温控法、阻隔法、利用辐射灭鼠杀虫等。

(一)人工机械防治

人工机械防治指利用人工和简单机械，通过汰选或捕杀防治有害生物的一种措施。如草地建植前种子筛选、水选或风选可以汰除毒杂草种子和一些带病、虫的种子，减少有害生物传播。对于草地病害来说，除在个别情况下利用拔除病株，剪除病枝、病叶等方法外，汰除带病种子对控制种传单循环病害可取得很好的控制效果。而草地害虫防治常使用捕打，网捕，摘除虫枝、虫果等人工机械方法。如利用小地老虎夜间为害、就近入土的习性，人工捕捉以防治草坪中的小地老虎高龄幼虫。有时利用网捕防治活动能力较强的害虫等。草原上，一般在毒杂草（如棘豆、狼毒等）连片分布地段，种子成熟前动员和组织牧民在雨后连根通片不漏地挖除，减少其种群数量，降低危害。利用捕鼠器（如鼠夹、弓形夹、环形夹、捕鼠笼、活套、粘鼠胶、暗箭、地箭、压板等）捕鼠也是一项有效的鼠害防治技术。对于鼠害，还可以采取一些简单工具直接捕杀，若应用得当，常能收到很好的效果。如在草原上，一些牧民采用挖洞法（用于洞穴比较简单的鼠种）、灌水法（适用于水源较近和土壤致密等条件）、人工捕打法（在鼠多地段，如苜蓿草垛下、草粉或草颗粒贮存的仓库内，可以将草捆、草粉、草颗粒挪动或搬开，进行捕打，特别在鼠类繁殖期可将成鼠和幼鼠一起消灭),效果显著。

(二)诱杀法

诱杀法是利用害虫、害鼠的趋性,配合一定的物理装置、化学毒剂或人工处理来防治害虫、害鼠的一种方法,通常包括灯光诱杀、食饵诱杀和潜所诱杀。

(1)灯光诱杀　利用害虫、害鼠等对光的趋性,采用黑光灯、双色灯或高压汞灯结合诱集箱、水坑或高压电网诱杀害虫、害鼠。如利用蚜虫对黄色的趋性,采用黄色粘胶板或黄色水皿诱杀有翅蚜。许多夜间活动的鼠类,可以利用灯光诱捕。一般是两个人一边慢慢行走,一边用手电(灯光)照射鼠丘堆之间、灌木丛之间、沟渠、道旁的各个角落,可以惊动很多跳鼠和沙鼠。这些鼠类被灯光照射之后,眼睛睁不开,呆若木鸡,可以用长柄扫网捕捉或用长竿横扫,打断其肢体而捕获。

(2)食饵诱杀　不少害虫和害鼠对食物气味有明显趋性,通过配制适当的食饵,利用这种趋化性诱杀害虫和害鼠。如配制糖醋液诱杀取食补充营养的小地老虎和黏虫成虫,利用新鲜马粪诱杀蝼蛄,撒播毒谷毒杀金龟子等。

(3)潜所诱杀　利用不少害虫、害鼠具有选择特殊环境潜伏的习性而诱杀。如田间插放杨柳枝把,可以诱集棉铃虫成虫潜伏其中,次晨用塑料袋套捕可以减少田间蛾类数量。

(三)温控法

温控法指利用高温或低温来控制或杀死有害生物的一种技术。有害生物对环境温度均有一个适应范围,过高或过低,都会导致有害生物的死亡或失活。一般来说,温度控制对于种子处理最为常用。如用50～55℃温水处理携带病原菌的苜蓿种子约10 min,即能杀死病原物而不伤害种子。土传病害的病原物在土壤中存活或休眠,在温室、温床情况下,如用电热或蒸汽将土温提高到82℃以上30 min,可以杀死所有的病原物。盛夏可以用聚乙烯薄膜覆盖潮湿土壤,利用太阳能使土表5 cm温度升至52℃,持续数天至数周,可以有效降低土壤中尖孢镰孢菌、轮枝菌接种体数量和致病能力。此外,在草地管理中,火烧法在一些情况下也可作为一种简单有效的防治方法。如在人工草地管理中,冬季焚烧残茬,能减少越冬的病原菌、虫卵及杂草种子数量,从而减少生长季中有害生物的发生概率;又如在天然草原上,有毒杂草(如棘豆、狼毒等)相对集中地段,利用小火焚烧,不但可以灭掉地表毒杂草及其部分种子,同时可烧死一些虫瘿、虫卵、病株残体及病原物繁殖体,既可防除毒草,减少病虫害,还可以加速草地物质循环进程。但对于多年生毒杂草,火烧不能根除。另外,火烧一般多在初春或冬季,此时多风,易引起草地火灾,具有较大的风险性,故此法的应用大大受到限制,只能在特定地段、特定条件下使用。同时火烧法不具选择性,在冬季草乏之际,会增加草畜矛盾,故此法只能作为一种补充性措施应用。

(四)阻隔法

阻隔法指根据有害生物的侵染和扩散行为,设置物理性障碍,阻止有害生物的危害或扩散。只有充分了解有害生物的生物学习性,才能设计和实施有效的阻隔防治技术。目前此法在草地有害生物管理中应用很有限。

(五)利用辐射灭鼠杀虫

利用辐射灭鼠杀虫指利用电波、γ射线、X射线、红外线、紫外线、激光、超声波等电磁辐射进行有害生物防治的技术,包括直接杀灭和辐射不育,如可利用超声波灭鼠器。据报道,鼠类在超声波的作用下会发生内分泌机能紊乱,降低繁殖强度,加速死亡等现象。试验证实,超声波灭鼠器存在两大缺点:一是鼠类能很快适应;二是超声波的穿透力差,作用有限,目前进行大面积应用较少。

物理机械防治简单易行,成本低,见效快,常可将害虫、害鼠等消灭在盛发期前,对人、畜比较安全,具有广泛的群众基础,若使用得当,效果较好,可作为有害生物大量发生时的一种应急措施,尤其是用化学农药难以解决时,往往是一种有效手段。但该方法投劳多,工效较低,很难大面积使用。同时该方法也可能引起一些其他方面的问题,如在利用人工挖除法防治草原毒杂草棘豆的同时也挖掉了其他优质牧草,造成草地破坏。另外,一些地方群众反映"棘豆越挖越多",其原因是自然状况下,棘豆种子成熟散落在地面后,一般多处于不利环境(如枯草丛),与土壤不能充分接触,或草地太实,种子不能入土萌发,有的即使发芽,也会因不利条件而不能成活。但经人工挖除后,洒落在地面的种子便有了与土壤充分接触的机会,并在土壤这个相对稳定的环境下萌发、成长。因此,该方法只有因地制宜地和其他方法配合才具可行性。

四、生物防治

生物防治(biological control)是指在农业生态系统中利用有益生物或有益生物的代谢产物来调节植物的微生态环境,使其利于寄主而不利于病原物,或者使其对寄主与病原物的相互作用发生有利于寄主而不利于病原物的影响,从而防治植物病害的各种措施。

人类很久以前在从事农业活动时就发现了生物之间的食物链关系,并利用天敌生物进行有害生物的防治。现代农业中,由于化学农药3R(resistance,抗药性;resurgence,再猖獗;residue,农药残留)问题的出现及近年来有机农业(organic agriculture)在全球范围,特别是发达国家的兴起,发掘和利用生物资源防治有害生物的研究已备受关注和青睐。

目前,生物防治主要是利用动物天敌、病原微生物、拮抗生物和生物产物进行病害、虫害、草害及鼠害的防治。

(一)利用动物天敌

动物天敌种类很多,从高等哺乳类到节肢动物、线虫和原生动物,都可通过捕食或寄生而成为某些有害生物的天敌来防治虫害、草害和鼠害。

1. 利用动物天敌防治虫害

动物对虫害具有显著的控制作用,许多鸟类如燕子、啄木鸟、灰喜鹊等,两栖类的青蛙、蟾蜍,捕食性昆虫如瓢虫、步甲、草蛉、螳螂、食蚜蝇、食虫虻、食虫蝽、蚂蚁、胡蜂、捕食螨等,寄生性昆虫如姬蜂、茧蜂、小蜂、小茧蜂等,都是农业害虫的天敌,通过保护、引进和人工繁殖释放,可以有效控制害虫。原生动物中的有些微孢子虫,也是害虫较专一的寄生物,有的种类目前已被开发利用,并进行草地蝗虫等害虫的防治。此外,养禽治虫也是一项很有效的生物防治措施,目前在草地有害生物管理方面已有一些尝试,如一些地方,在受害很严重的一年生以上苜蓿地,在苜蓿尚未封行之前,放饲鸡群,可啄食根瘤象、叶象、籽象及苜蓿盲蝽若虫等。在刚刈割过的苜蓿草地上,由于突然失去隐蔽场所,放饲鸡群,害虫控制效果更为显著。2～3年生苜蓿,特别是3年生以上老苜蓿地,苜蓿覆盖和害虫群落均已经形成,短期轮换放猪,不致对苜蓿造成践踏损失,但可消灭大量叶象的幼虫,并兼收"苜蓿养猪,猪养田"的效果。

2.利用动物天敌防治草害

利用动物(如家畜)牧食、践踏等方式控制毒杂草在一些天然草原上已有应用,即根据家畜对一些毒杂草的专嗜性及毒杂草对家畜的最低致毒量,在毒杂草含毒量低的生长阶段,适时、适度放牧,防止毒杂草的再生,达到控制目的。此外,也有利用昆虫进行草害控制的例子。20世纪初,澳大利亚从美洲原产地搜集筛选引进仙人掌螟蛾防治草原恶性杂草仙人掌,是最早获得成功的例子。其后又有100多种昆虫被成功用于控制杂草的危害。

3.利用动物天敌防治鼠害

鼠类在自然界的天敌也不少,它们大多数是陆生肉食性动物,如猛禽、猛兽、蛇等,它们通过觅食捕杀大量鼠类。如一只长耳枭一个冬季可以捕鼠360～4 540只。另外,通过动物天敌惊吓减少害鼠的取食危害,或通过干扰内分泌系统影响体内正常代谢和繁殖,造成异常迁移、流产或弃崽等行为,对鼠类种群具有显著的控制作用。在天然草地上,每隔一定的距离架设鹰架,利用鹰来控制草原鼠害已是草地保护中鼠害防治的常用方法之一。

(二)利用病原微生物

病原微生物的种类很多,开发利用的水平也较高,目前已被用来防治病、虫、草、鼠等各种生物灾害。

1.病原微生物治病

目前研究较多的是利用重寄生真菌或病毒来防治植物真菌和线虫病害。如土壤中的腐生木霉菌可以寄生立枯丝核菌、腐霉菌、小菌核菌和核盘菌等多种病原真菌,其中哈茨木霉、康宁木霉和绿色木霉已被开发用于大田作物病害防治。这类重寄生真菌的防病作用,除对寄主寄生致病外,还具有抗生和竞争作用。如用哈茨木霉(*Trichoderma harzianum*)防治齐整小核菌(*Sclerotium rolfssi*)引起的茎腐病;用钩木霉菌(*T. hamatum*)的分生孢子处理豌豆和萝卜种子,对由立枯丝核菌(*Rhizoctonia solani*)和腐霉菌引起的苗期病害有一定的防效。自然情况下,线虫被真菌寄生或捕食也很普遍,但目前大面积开发利用的很少。病毒寄生植物病原真菌后,常使其致病力降低为弱致病菌株。

2.病原微生物治虫

害虫的病原微生物被开发利用较为广泛,许多种类已被工厂化生产,制成生物农药。如细菌中用于防治鳞翅目、双翅目和鞘翅目害虫的苏云金杆菌类(其产品有青虫菌、杀螟杆菌、Bt-781等),专杀土壤中蛴螬的乳状芽孢杆菌。真菌中的白僵菌、绿僵菌、拟青霉菌、多毛菌、赤座霉菌和虫霉菌等,可以用于防治鳞翅目、同翅目、直翅目和鞘翅目害虫。昆虫病毒由于寄主十分专一,通常只寄生一种或亲缘关系很近的虫种,而其环境适应能力强,一些包涵体病毒在温室下1～2年不失活,在土壤中数年仍有侵染能力,所以开发利用也十分迅速。目前研究较多的是核多角体病毒(NPV)、细胞质多角体病毒(CPV)和颗粒体病毒(GV)。昆虫病毒可用于防治鳞翅目幼虫、膜翅目幼虫和螨类等。应用方法是采集或大量饲养其寄主昆虫,以带毒饲料饲喂,待寄主死后,将虫体磨碎过滤,加水稀释喷施。喷施时宜喷于叶背,最好加入活性炭。此外,原生动物微孢子虫在草原蝗虫防治中也得到大面积推广应用。尽管如此,在草地害虫防治中,这类资源目前很少应用,其研究和应用尚需进一步加快。

3.病原微生物治草

毒杂草在其生长发育过程中也会受到多种病原微生物的侵染而发生病害,目前在生物防治中开发利用较多的是病原真菌。如山东农业科学院曾利用寄生菟丝子的炭疽病菌研制开发

"鲁保1号"真菌制剂,用于大豆菟丝子的防治,获得了成功。新疆曾利用列当镰刀菌防治埃及列当及云南利用黑粉菌防治马唐,也取得了明显的成效。国外以菌治草取得成功的事例也较多。如1971年澳大利亚从意大利引进一种粉苞苣柄锈菌(*Puccinia chondrillina*)防治菊科杂草粉苞苣(*Chondrillia juncea*),在不到1年的时间内,这种锈菌就传遍了澳大利亚东南地区粉苞苣分布区。到1978年此项生物防治获得经济效益6亿澳元(该项研究投入经费250万澳元)。继20世纪80年代初,第一个商品化生物除草剂Devine正式进入市场以来,近些年又有两个新的生物除草剂产品Biochon(用银叶菌*Chondrostereum purureum*生产出的木本杂草腐烂促进剂)和Camperico[用细菌*Kanthomone campestris* pv. *poae*(JT-P482)防除草坪杂草的生物除草剂]获得商业化生产。

近年来,在甘肃天祝高山草地进行棘豆病害调查时发现,棘豆上有锈病、白粉病和叶斑病等发生。锈病病原有两种,分别是*Uromyces lapponicus*和*Uromyces punctatus*。白粉病亦有两种,分别是*Erysiphe pisi*和*Trichocladia* sp.。叶斑病是*Spetonia* sp.(有待进一步确定)和*Plospora permunda*。其中*Uromyces lapponicus*在当地自然发病率较高,对棘豆危害较大,轻者生长势减弱、不能或很少开花结实,重者整个叶片、枝条死亡。但这方面有许多问题尚待解决,如在当地未见夏孢子和冬孢子,只见性孢子和锈孢子,故其接种问题尚难解决;另外,也无该菌生物学和生态学特性的报道。两种白粉菌也为棘豆的生物防除提供了可能性。此外,两种叶斑病也可作为棘豆防治的病原资源,这些病原均属半知菌类,可在人工条件下培养,实现商业化生产,但该菌对其他植物致病性如何,尚需研究。狼毒防除目前多以人工挖除和化学防治为主,但草地面积大,物种繁多,使得这些措施的作用极其有限。近几年的研究发现,狼毒被锈菌(*Melampsora stellerae*)寄生后,不仅生长受抑,结实率降低,同时第二年的返青和密度也受到一定影响。进一步研究发现,虽然狼毒锈病的自然发病率和病情指数不高,但在人工接种条件下发病率很高,叶部发病率可达100%,茎部发病率也可达94%~100%(平均97.1%)。此外,接种当年9月份观察时发现,接种植株的叶片和茎部已形成许多黑色的冬孢子堆,且冬孢子堆愈合形成较大的病斑,一些感病叶片死亡脱落,部分植株茎秆也死亡,说明在人工接种情况下,该锈病对狼毒有较好的控制作用。锈菌是一类绝对寄生菌,其对寄主植物的专化性很强,虽不能使寄主植物立即死亡,但其累积效应和长期效益不容忽视。因此,该菌是很有潜力的狼毒生防材料。目前研究的首要任务是进一步确定该菌是否存在转主寄主(目前尚未观察到),若存在,其转主寄主是否为优良牧草。同时,必须研究清楚该菌的生物学和生态学特性以及该锈病在不同生态区域的发生发展规律。

在毒杂草盖度较大的地段,结合人工挖除及其他草地改良措施,补播竞争力强的优良牧草,利用生物竞争以草治草也是目前草地毒杂草防治的常用方法之一。生物防治天然草地毒杂草是一种经济、有效、安全、持久、稳定、无污染、低成本的方法(被称为杂草学"不触目的生长点"),在地形复杂、条件恶劣、气候多变、人烟稀少的特殊环境中更能显示出其独特性(如病原物可通过风力、雨水等传播)。生物防治见效慢,目前面临的困难很多,但从长远来看,它应成为天然草地上控制毒杂草的主要途径。

4.病原微生物治鼠

利用鼠类感染病害死亡而进行防治。从19世纪末到20世纪初,各国相继应用了10余种灭鼠细菌。目前应用的几乎都属于沙门氏菌属(*Salmonella*)的细菌,如米列日科夫斯基菌(*S. spermophilorum*)、达尼契菌(*S. danysz*)、依萨琴柯菌(*S. decumanicidum*)和No. 5170

菌(*S. typhimurida rodentia*)等,分别可用以杀灭黄鼠、褐家鼠、田鼠、林姬鼠等。此外,澳大利亚和欧洲曾利用黏液瘤病毒(*Marmoraceae myxomae*)杀灭野兔,西北高原生物研究所曾研究用鼠痘病毒(*Seulus marmorans*)杀灭小家鼠。国外还用过球虫(*Eimeria* sp.)控鼠。目前我国登记的生物杀鼠剂产品有两种:C、D肉毒梭菌毒素(克鼠安)和肠炎沙门氏菌阴性赖氨酸丹尼氏变体。这类产品对人、畜无毒,但其产品保存使用需特殊条件,使用不多。

目前虽有不少成功实例,但该方法的安全性较差,在应用上受到很大限制。这主要是由于鼠类与高等动物亲缘关系较近,而病原微生物的遗传变异性较强,使用后常导致人畜禽感染。如开发用于鼠类防治的沙门氏菌,经荷兰和美国鉴定的651种血清型都能引起人畜染病。因此,利用这一措施,必须进行严格评估和监测,以免发生事故。

(三)拮抗生物的利用

拮抗生物主要通过产生抗生物质,占领侵染位点,以及竞争营养和生态环境来控制有害生物,一般被用来防治植物病害和草害。

自然界存在大量可以产生抗生素的微生物,包括放线菌、真菌和细菌,它们可以杀死或溶解病原生物,对病害具有良好的控制作用。如绿色木霉(*Trichoderma viride*)可以产生胶霉毒素和绿胶菌素两种抗生素,对立枯丝核菌具有拮抗作用。另一些腐生性较强的微生物,生长繁殖较快,能迅速占领植物体上可能被病原物侵入的位点,或竞争夺取营养,如菌根真菌、荧光假单胞菌和芽孢杆菌等根际微生物,许多已被开发利用。

近些年来,植物生长促进菌(plant growth promoting rhizobacteria,PGPR,促生菌)的研究备受关注。促生菌是指自由生活在土壤或附生于植物根际、茎叶的一类可促进植物生长的有益菌类,一般是细菌、蓝细菌等。促生菌具有如下主要特征(或之一):与植物的联合固氮作用;产生植物激素;溶解土壤中的不可利用磷;分泌抗生素(如 *Azosprillum* sp.,*Enterobacteria* sp.,*Klebsiella* sp.,*Alcaligenesm* sp. 等可分泌氧肟酸类或邻苯二酚等高铁载体,可以抑制土壤病原微生物的生长与繁殖等,从而减少植物病原物对植物的侵染,增强植物抗逆性)及产生乙烯等。由于PGPR兼具促生、防病及调节植物生长等特性,在有机农业生产中受到极大关注。巴西、印度、巴基斯坦、法国、德国、美国、英国、加拿大及澳大利亚等国已进行了大量的研究,已有产品问世。我国在这方面也有一些研究,可望在有机农业中发挥重要作用。牧草方面,目前我国在苜蓿、燕麦等有研究并有少量应用,效果很好。

此外,这些年"堆肥茶"(compost tea),即高质量的堆肥在水中发酵一段时间[一般堆肥与水的体积比为1∶(3～10),堆肥装于袋中,浸泡于水中,类似于国内"泡茶",一般7～14 d]后用于防治或抑制作物病害在美国、加拿大等国已展开研究,并已初步在有机农业中应用,效果也很好。

近些年来利用微生物代谢产物作为生防制剂成了草地保护领域新的方向,中国农业科学院植物保护研究所从链格孢中提取了植物激活蛋白(activator protein),该蛋白能够诱导植物自身防卫系统,增强抵御病虫害侵袭的能力,促进植物生长,增加产量。

生物防治是利用活体生物防治病、虫、草害等,由于天敌的寄主专化性,不仅对人畜安全,而且也不存在残留和环境污染问题,对有害生物可以达到长期控制的目的。同时,生物防治的自然资源丰富,易于开发,成本相对较低,对草地环境具有一定的可行性。但生物防治仍具有很大的局限性,主要表现在作用效果慢,在有害生物大发生时常无法控制,同时受气候和地域生态环境的限制,防治效果不稳定,开发周期长,研发成本高等。然而,从保护生态环境和可持续发展来看,生物防治措施与生态环境保护具有“相融性”,与农业可持续发展具有“统一性”。生物防治强调发挥自然天敌的控制作用,通过保护、利用自然天敌,引入、繁殖、释放天敌和应用生物农药防治有害生物,可以维持草地生态系统的物种多样性,使生态系统向良性循环方向发展,符合自然发展规律,因此有着广泛的发展前景,是今后草地有害生物控制的发展方向之一。

五、植物检疫

(一)植物检疫的概念

植物检疫(plant quarantine)是为了防止人为地传播植物危险性有害生物,保护本国、本地区农业(广义的)生产和农业生态系统的安全,服务农业生产的发展和商业流通,由法定的专门机构,依据有关法规,应用先进科学技术,对在国内和国际流通的植物、植物产品及其他应检物品,在流通前、流通中、流通后所采取的一系列旨在预防危险性有害生物传播和定植的措施所构成的包括法制管理、行政管理和技术管理的综合管理体系。

自然情况下,有害生物虽然可以通过气流等自然动力和自身活动扩散,不断扩大其分布范围,但这种能力是有限的,加之受到地理条件(如高山、海洋、沙漠等天然障碍)的阻隔,其分布有一定的地域性。但有害生物一旦借助人为因素传播,就可以附着在种子、无性繁殖材料及其他植物产品上跨越这些天然屏障,由一个地区传到另一个地区或由一个国家传播到另一个国家。当危险性有害生物离开了原产地,到了一个新的地区后,其危险性将远远超过其原产地域,这是因为新传入的地区人们缺乏防治经验,同时原来制约有害生物发生发展的一些环境因素被打破,条件适宜时就会迅速扩展蔓延并猖獗成灾。由于植物检疫不仅关系到一个地区的农业生产,而且关系到国内外其他地区的农业生产、物资交流和对外贸易等,它关系到农林牧业的长远利益,也关系到国际贸易信誉,因此,植物检疫工作受到世界各国的重视。

(二)植物检疫的任务

植物检疫的目的在于保护农业生产,防止由于人为因素从国外引进那些在国内尚未发生的有害生物或在国内局部地区已有发生的有害生物的传播,其主要任务包括以下 3 个方面:①禁止危险性病、虫、杂草等有害生物随着植物及其产品由国外输入或由国内输出;②将国内局部地区已发生的危险性病、虫、杂草等有害生物封锁在一定范围内,不让传播到还没有发生的地区;③当危险性病、虫、杂草等有害生物传入新的地区时,应采取紧急措施,就地彻底肃清。我国自 20 世纪 80 年代以来,由于草场大规模的开发和城市绿化的需要,每年从国外进口大量种子,1990—1998 年,仅从珠海口岸入境的种子就达 4 381.2 t,这些优良种子的引进有效地促进了我国畜牧业的发展和城市绿化建设,但也增加了国外危险性有害生物传入我国的概率。1982 年至今,我国检疫部门在全国范围内多次从引进的草种上截获重大疫情。例如,1982 年 3 月,北京口岸从美国进口的冰草种子中检出小麦矮腥黑穗病(*Tilletia contraoversa*);1985 年 1 月,厦门口岸从美国进口的黑麦草种子中检出黑麦草腥黑穗病菌(*Tilletia secalis*);1988 年 8 月上海口岸从美国进口的一批混合牧草籽(黑麦草、早熟禾、紫羊茅)中检出狐草腥黑穗菌的冬孢子;1991 年 1～3 月,天津口岸从美国进口的早熟禾中检出狐草腥黑穗病菌;1991 年 8 月,上海口岸再次从美国进口的草种中检出狐草腥黑穗菌;2015 年南京口岸截获检疫性杂草菟丝子;2015 年广东东莞龙通码头办事处从来自乌克兰的一批散装黄玉米中截获了我国禁止进境的植物检疫性杂草多年生豚草。因此，植物检疫成为阻止危险性有害生物跨地区、跨国家传播的有效途径。

（三）植物检疫对象确定条件

植物检疫对象是根据国家和地区对保护农业生产的实际需要和病、虫、杂草等有害生物发生特点而确定的。由于有害生物的种类很多，植物检疫不是对所有的有害生物都实行检疫，只有通过人为传播途径侵入未发生地区的种类才具有检疫意义。因此，必须通过调查研究和科学分析，确定植物检疫对象和受检的植物及其产品。一般地，只有那些为政府或地区性政府间组织所提出的对该国或该地区农业生产和环境有威胁的特定危险性有害生物才是检疫的主要目标。世界各国检疫政策不同，设定检疫性有害生物的形式和检疫对象也可能不同。通常，构成植物检疫的对象有3个条件：①本国或本地区未发生的或分布不广的有害生物（局部地区发生的）；②危害严重、防治困难的有害生物；③可借助人为活动传播，如可以随同种子、无性繁殖材料、包装物等运往各地，且适应性强的有害生物。根据这3个条件制定国内和国外的植物检疫对象名单，实行针对性检疫。同时，必须根据寄主范围和传播方式确定应该接受检疫的种子、无性繁殖材料及其他植物产品的种类和部位。在确定植物检疫对象时，必须综合考虑多种因素才能正确合理地确定检疫性有害生物。此外，检疫对象名单并不是固定不变的，必须根据实际情况不断进行修订和补充。

有关植物检疫的范围、分类、内容及检疫处理的详细情况，请参阅相关植物检疫教材或《中华人民共和国进出境动植物检疫法》及《植物检疫条例》等相关资料。

为了规范和加强草种管理，防止危险性病害的传播蔓延，确保草业生产安全，使检疫工作规范化、制度化，2007年农业部根据《中华人民共和国种子法》《中华人民共和国草原法》《草种管理办法》《植物检疫条例》和《植物检疫条例实施细则（农业部分）》等的有关规定，发布了《草种病害检疫技术规程》（NY/T 1499—2007），对产地检疫、调运检疫、国外引种检疫审批、样品和档案管理等作了具体的规定，成为我国目前草种病害检疫的依据，而有关草地其他有害生物，如虫害、鼠害及草害等检疫尚无检疫技术规程出台，目前主要根据《中华人民共和国进出境动植物检疫法》和《植物检疫条例》及《植物检疫条例实施细则（农业部分）》等进行。目前，草地中，一些危害严重的、世界范围内的检疫有害生物，如苜蓿疫霉根腐病、苜蓿细菌性凋萎病等在我国尚未报道，因此在种质交换与调种、购种过程中，应加强检疫，避免上述病害的引入。

植物检疫是一个国家保护其农业生产的主要措施之一，与其他有害生物防治技术有明显的不同，即植物检疫主要利用立法和行政措施防止或延缓有害生物的人为传播，其基本属性是强制性和预防性。它通过阻止危险性有害生物的传入和扩散，达到避免植物遭受生物灾害危害的目的，是目前农业危险性有害生物防治和避免其传播蔓延的有效方法之一。但还应指出，在有害生物防治的实践中，对于一些虽未列为检疫对象，但主要靠人为因素远距离传播的病、虫、草害，也应采取必要的检疫措施，防止其传播和扩大蔓延。

六、化学防治

化学防治（chemical control）是利用化学药剂防治植物病、虫、草、鼠等有害生物的一种技术，主要通过开发适宜的农药品种并加工成适当的剂型，利用适当的机械和方法处理受害植株、种子、土壤等，杀死有害生物或阻止其侵染危害，达到减轻有害生物造成的损失的目的。

(一)农药的基本知识

1. 农药的定义

农药(pesticides)是植物化学保护所使用的化学药剂的总称,指用于预防、控制危害农业、林业的病、虫、草、鼠和其他有害生物以及有目的地调节植物、动物生长的化学合成或者来源于生物、其他天然物质的一种物质或者几种物质的混合物及其制剂。

2. 农药的类型

农药品种繁多,可根据其用途、成分、防治对象或作用方式、机理等进行分类。农药最基本的分类是按其主要防治对象来分,可将其分为杀虫剂、杀菌剂、除草剂、杀鼠剂、杀螨剂、杀线虫剂、植物生长调剂和杀软体动物剂等。

(1)杀虫剂(insecticides) 用于防治农业害虫和病媒害虫的农药,指对昆虫有机体有直接毒杀作用以及通过其他途径可控制其种群形成或可减轻、消除害虫为害程度的药剂。按其化学成分可分为无机杀虫剂和有机杀虫剂。无机杀虫剂(如砷酸钙、砷酸铝和亚砷酸等)由于其残留毒性高,防效较低,目前已较少使用。有机杀虫剂按其来源又分为天然有机杀虫剂和人工合成的有机杀虫剂。天然有机杀虫剂包括植物性(鱼藤、除虫菊、烟草等)和矿物性(如矿物油等)两类,目前开发的品种较少。人工合成有机杀虫剂种类繁多,按其作用方式可分为触杀剂(如辛硫磷、抗蚜威等)、胃毒剂(如敌百虫等)、内吸剂(如氧化乐果等)、熏蒸剂(如磷化铝、溴甲烷等)、驱避剂、拒食剂、引诱剂、不育剂和生长调节剂。目前使用的大多数杀虫剂常具有多种作用方式,大多数合成有机杀虫剂均兼具触杀和胃毒作用,有些还具有内吸或熏蒸作用。但也有不少是专一作用的杀虫剂,尤其是非杀死性的软农药(soft chemicals),如驱避剂、拒食剂、引诱剂和不育剂等。

(2)杀菌剂(bactercide 或 fungicides) 用于防治植物病害的农药,包括杀真菌剂、杀细菌剂、杀病毒剂和杀线虫剂,是一类能够杀死病原生物,抑制其侵染、生长和繁殖,或中和其有毒代谢物,或提高植物抗病性的农药。杀菌剂按原料的来源可分为无机杀菌剂、有机合成杀菌剂、农用抗生素和植物源杀菌剂。无机杀菌剂是利用天然无机矿物质制成的杀菌剂,如世界上第一个无机保护性杀菌剂波尔多液;有机合成杀菌剂化学成分较复杂,主要有有机硫类、有机磷类、有机砷类、有机氮类、取代苯类、有机杂环类以及混合杀菌剂;农用抗生素是通过微生物发酵产生的有防病作用的代谢物,如我国大量使用的井冈霉素;植物性杀菌剂是从植物中提取出来具有杀菌作用的活性物质,如大蒜素等。杀菌剂按作用方式常可分为保护性杀菌剂(如百菌清、代森锰锌等)、治疗性杀菌剂(如多菌灵、疫霉灵、粉锈宁等)、铲除性杀菌剂等。保护性杀菌剂在病原菌接触或侵入前施用,可保护植物,阻止病原菌侵入。治疗性杀菌剂能进入植物组织内部,抑制或杀死已经侵入的病原菌,使植物病情减轻或恢复健康。铲除性杀菌剂对病原菌有强烈的杀伤作用,可通过直接触杀、熏蒸或渗透植物表皮而发挥作用。

(3)除草剂(herbicides) 用来毒杀、消灭杂草和非目标绿色植物的一类农药。按其对植物作用的性质分为选择性除草剂和灭生性除草剂;按其在植物体内的输导性分为内吸性传导型除草剂和触杀型除草剂。

(4)杀鼠剂(rodenticides) 用于防治有害啮齿动物的农药,大多数是胃毒剂,主要采用毒饵施药。一般将杀鼠剂分为无机杀鼠剂(如磷化锌)、抗凝血素类杀鼠剂(如大隆等)、植物类杀鼠剂(如雷公藤甲素)和其他杀鼠剂(如甘氟、毒鼠磷和灭鼠优等)。按其作用速度又可以分为急性杀鼠剂和慢性杀鼠剂两大类。

(5)杀螨剂(acaricide)　用于防除植食性有害螨类的药剂,一般是指只杀螨不杀虫或者以杀螨为主的药剂。生产上用来控制螨类的农药有两类,一类是专性杀螨剂,即通常所说的杀螨剂,只杀螨不杀虫或者以杀螨为主;另一类是兼性杀螨剂,以防治害虫或者病菌为主,兼有杀螨活性,这类农药又称为杀虫杀螨剂或者杀菌杀螨剂。

(6)杀线虫剂(nematicide)　是用于防治植物线虫病害的药剂。大部分用于土壤处理,小部分用于种子或者苗木处理。杀线虫剂的品种较少,主要包括生物源杀线虫剂、熏蒸杀线虫剂、氨基甲酸酯类杀线虫剂、有机磷杀线虫剂等,全世界有 40 余种,常用的有 10 余种,可分为熏蒸剂和非熏蒸剂。

(7)植物生长调节剂(plant growth regulator)　是指对植物生长发育有控制、促进或调节作用的药剂。植物生长调节剂是仿照植物激素的化学结构人工合成的具有植物激素活性的物质。这些物质的化学结构和物质性质与植物激素不完全相同,但有类似的生理效应和作用特点,即均能通过施用微量的特殊物质来达到对植物体生长发育产生明显的调节作用。它的合理使用可以使植物的生长发育朝着健康的方向或认为预定的方向发展;可增强植物的抗虫性、抗病性,达到防治病虫害的目的。一些植物生长调节剂还可以选择性的杀死一些植物而用于田间除草。植物生长调节剂按照生理效应可以划分为生长素类、赤霉素类、细胞分裂素类、甾醇类、乙烯类、脱落酸类、植物生长抑制物质等。

(8)杀软体动物剂(molluscacide 或 molluscicide)　是指用于防治农、林、渔业等有害软体动物的药剂。危害农作物和牧草的软体动物隶属于软体动物门腹足纲,取食量大,繁殖速度快,繁殖量大,种群增加迅速,对植物的各个发育阶段都能造成很大影响,同时,螺、蜗牛等软体动物还是病媒中间寄主,传播多种疾病。杀软体动物剂发展缓慢,品种少,主要品种 19 个,广泛使用的品种约 10 个。

3. 农药的剂型(pesticide formulations)

一般将工厂生产出来未经加工的农药称为原药(原粉或原油)。由于大多数原药不能直接溶于水,在实际使用上用量又很少,所以,原药必须经过加入一定量的助剂如填充剂、湿润剂、溶剂和乳化剂等,加工成含有一定有效成分、一定规格的制剂才能使用。目前常用的农药剂型有几十种,但草地有害生物治理中常用剂型主要有以下 4 种。

(1)乳油(emulsifiable congcentrates,EC)　原药经溶剂溶解后,加入适量的农药专用乳化剂混合,制成的一种均相透明油状液体制剂。乳油加水稀释,可自行乳化,分散成相对稳定的乳状液。这类剂型的制剂有效成分含量高,贮存稳定性好,使用方便,防治效果好。该剂型适用于喷雾、拌种和撒毒土等。

(2)可湿性粉剂(wettable powders,WP)　将原药、填料、表面活性剂和辅助剂经混合粉碎至一定细度而制成,用水调成悬浮液。可湿性粉剂主要用于喷雾,还可用于拌种、撒毒土和土壤处理等。

(3)粉剂(dustable powder,DP)　农药原药、填料和少量助剂经混合粉碎至一定细度而制成的粉状制剂。粉剂使用方便,药粒细、分布均匀,撒布效率高、节省劳动力,加工费用低,特别适用于供水困难地区和防治暴发性病虫害。但粉剂用量大,飘移污染严重,目前这类剂型制剂的使用已受到很大限制。低浓度粉剂可直接喷粉使用,高浓度粉剂可供拌种、配制毒饵或作土壤处理等使用。

(4)粒剂(granule,GR)　农药原药、助剂和载体制成的松散颗粒状制剂。施用颗粒剂可以避免撒布时微粉飞扬而污染环境，减少操作人员吸入微粉造成人身中毒。制成颗粒剂还可以使高毒农药低毒化，对益虫和天敌安全，残效期长。但粒剂有效成分含量低，用量较大，不便贮运。粒剂多用于土壤处理、根施和穴施等。

4. 几个重要的概念

(1)毒力(toxicity) 指药剂本身对不同生物发生直接作用的性质和程度，可定义为：在一定条件下(多指室内局部控制条件)，某种药剂对某种生物毒杀作用的大小。在农药学研究中，毒力主要指农药对病、虫、草等有害生物毒杀效力的大小(针对性较强)，常以杀死某种目标有害生物群体50%个体，或使其50%个体产生反应的致死中量(LD_{50})、致死中浓度(LC_{50})、有效中量(ED_{50})和有效中浓度(EC_{50})等来表示和比较。新农药开发或农药用于防治某种有害生物时，首先要对化合物进行毒力测定，以确定化合物对有害生物的活性和开发潜力。毒力测定一般在室内相对严格控制条件下进行，所测定结果一般不能直接应用于田间，只能为田间防治提供参考。

(2)毒性(toxicity) 指农药对非靶标生物有机体器质性或功能性损害的能力。习惯上将农药对高等动物的毒害作用称为毒性。测试农药的毒性主要用大鼠来进行。农药可以通过呼吸道、皮肤、消化道进入高等动物体内而引致中毒，其对人畜的毒害基本上可以分为急性毒性、亚急性毒性和慢性毒性三种。急性毒性(acute toxicity)是指生物一次性接触较大剂量的农药，在短时间内迅速作用而发生病理变化，出现中毒症状的农药毒性。亚急性毒性(subchronic toxicity)是指生物长期连续接触一定剂量的农药，经过一段时间的累积后，表现出类似急性中毒症状或局部病理变化的农药特性。慢性毒性(chronic toxicity)是长期接触少量农药，在体内积累，引起生物机体的机能受损，阻碍正常生理代谢，出现病变的毒性。农药的慢性毒性测定主要是对其致癌、致畸和致突变，即“三致”作用等项进行判断。由于常规动物致癌试验时间很长(2～3年)，费用大，所以近年来广泛采用了一些快速、灵敏的方法，Ames氏测定法就是其中之一，该方法用鼠伤寒沙门氏菌(*Salmonella typhimurium*)不能合成组氨酸的突变体作为指示微生物，检测某种化学物质是否具有致突变作用，这种方法能在较短时间(3 d)内准确地测定慢性毒性，但要得到最后准确的结果，仍需通过动物试验。毒性是农药安全评估的主要内容，也是新农药能否商品化应用的重要依据。一般高毒农药使用会受到许多限制，而具有致癌、致畸、致突变作用的活性化合物不能商品化。

(3)选择性(selectivity) 指农药对不同生物的毒性差异。农药开发必须注意农药对目标有害生物和非目标生物之间的毒性差异。一般来说，选择性差的农药容易引起植物药害以及蜂、蚕、鱼、畜、禽和人的中毒事故。

(4)药效(pesticide effectiveness) 是药剂本身和多种因素综合作用的结果，可定义为：在综合条件下某种药剂对某种生物作用的大小，也可称为防治效果。剂型、防治对象、寄主植物、使用方法和时间以及各种田间环境因素，都与药剂作用效果有密切的、不可分割的关系。药效是通常在田间或接近田间的条件下紧密结合生产实际进行测试的结果，主要用来评价不同制剂和使用技术及其在不同环境下的应用效果、防治有害生物的范围、对天敌等其他生物的影响和应用前景。因此，药效对指导防治工作具有实用价值，药效好坏是一种农药能否推广应用的依据。

(5)安全间隔期(preharvest interval，PHI) 指经残留试验确证的在作物生长后期最后一次使用农药距作物收获所必须间隔的时间。

(6)限制进入间隔期(restricted entry interval,REI) 特指田间用药后,在没有防护服或设备的条件下,人可以安全进入施药田间的间隔时间。即施药后,经过限制进入间隔期后,人才可安全进入田间进行有关农事操作。

(7)采收间隔期(interval to harvest) 指采收距最后一次施药的间隔天数。

(二)草地有害生物的化学防治

1.农药使用方法

为充分发挥药效,尽量减少对环境和牧草及家畜的不利影响,施药时必须根据有害生物的发生特点、草地类型、牧草种类、农药性质与剂型以及气候条件等因素选择合适的使用方法。农药的使用方法很多,草地有害生物管理中常用的施药方法有以下几种:

(1)拌种法 是处理种子的施药方法。通常用粉剂、种衣剂或毒土拌种,或用稀释后的药剂兑水浸种,拌种或浸种可以防治种子携带的有害生物、地下害虫、土传病害、害鼠等苗期病、虫、鼠害。拌种分干拌和湿拌两种方法,干拌法可利用干燥的药粉直接拌种,湿拌法是将药剂加水稀释后喷布在干种子上拌匀。拌种用药量一般是种子重量的0.2%～0.5%,以0.2%～0.3%为多。拌种应在拌种器内进行,以30 r/min的速度,拌3～4 min为宜。带绒毛的种子,拌种时不能用拌种器,先将药粉与填充物(如细土、炉渣灰等)混匀,再与浸泡(或进过催芽)后的种子拌和均匀。该方法用药集中,工作效率高,效果好,无污染。

(2)喷雾法 利用喷雾机具将液态制剂或固态制剂的稀释液雾化并分散到空气中,形成液气分散体系的施药方法,是目前病虫草害等有害生物防治中使用频率最高的施药技术。喷雾法主要用于茎叶处理和土壤表面处理,其施药工作效率高,但有一定的飘移污染和浪费。供喷雾使用的农药剂型中,除超低容量喷雾剂不需加水稀释可直接喷洒外,其他剂型均需加水调配成稀释液后才能供喷洒使用。草地上适用的剂型有乳油、可湿(溶)性粉剂、水剂、可溶液剂、水分散粒剂、悬浮剂、水乳剂、微乳剂及超低容量喷雾剂等,要求喷洒均匀,覆盖完全。喷雾法药液分布均匀,液滴干后附着力强,药效长。

(3)撒施法 将农药与有一定湿度的过筛细土/沙按比例拌均匀制成毒土或毒沙,直接撒施在植物根际周围,用以防治根部和茎基部病害、地下害虫及发芽期的杂草。

(4)毒饵法 用有害生物喜食的食物为饵料,与农药配制成毒饵,让有害生物取食中毒。此法用药集中,相对浓度高,对环境污染少,常用于害鼠、软体动物和一些地下害虫。如将胃毒作用强的敌百虫、辛硫磷等药剂与豆饼、花生饼、麦麸、青草等饵料拌匀后施入田间诱杀害虫(如蝼蛄、地老虎等)。

2.合理使用农药

为在草地生态系统中科学、高效、安全地使用农药,必须注意以下几个方面。

(1)正确选择药剂种类与剂型 根据药剂的防治对象、作用机理,有害生物的种类、发育阶段、生物学特性、为害方式和为害部位,以及草地类型、牧草种类等,选择适当的农药品种和剂型。草地用药一定要特别强调低毒、低残留和无药害。

(2)适时、适量用药 各种有害生物在其生长和发育过程中均存在易受农药杀伤作用的薄弱期,应根据防治对象的发生特点,认真做好实地调查,适时用药。施药过早或过迟都会影响防治效果。同时,根据有害生物的发生情况、药剂有效期长短和牧草对不同农药的允许残留量来确定合理的用药量和施药次数。任意加大用药浓度和增加施药次数,不仅造成浪费,还可能引起药害。

(3)选择适当的施药方法　因牧草主要是以饲喂家畜为目的,因此,在施药方法上应尽量选择减少飘移污染的集中施药技术。如可以通过种子、土壤处理防治病、虫、鼠及有毒杂草等,这样不仅省工、高效、污染小,而且对天敌和非靶标生物影响小,有利于建立良性生态环境。此外,还应注意温度、湿度、雨水、光照、风和土壤性质等环境因素的影响。

(4)安全用药　农药可通过口、皮肤和呼吸道进入人、畜体内,造成器官或生理功能损伤,或者是人、畜中毒甚至死亡。因此,在农药使用过程中一定要采取严格的防护措施和操作规范。施用过高毒农药的地方要树立标志,在一定时间内禁止放牧、割草、挖野菜,以防人、畜中毒。草地提倡选用低毒和微毒农药。

(5)防止和延缓抗药性产生　同一地区长期连续使用单一农药品种会导致防治对象对其产生抗药性,防治效果明显下降,甚至使该药剂丧失对某种防治对象的使用价值。因此,在生产中,要采取各种措施,如注意化学防治与其他防治措施的协调和配合,尽量减少用药量和用药次数;选用不同类型的药剂轮换、交替使用;正确混用农药或使用作用机理不同的两种单剂配制而成的复配剂等,以防止和延缓抗药性产生。

化学防治适用范围广、简便、高效、速效、经济效益高,可以用于各种有害生物的防治,特别在有害生物大发生时能及时控制危害,这是其他防治措施无法比拟的。但是,长期使用化学农药会造成某些有害生物产生不同程度的抗药性;污染和毒害环境,杀伤天敌,打乱生物自然种群平衡,造成有害生物的再猖獗或次要有害生物上升危害。因此,使用农药必须注意发挥其优点,克服缺点,才能达到化学保护的目的,并对有害生物进行持续有效的控制。

在草地生态系统中,由于牧草本身的使用特点及经济、环境和食物链安全等制约了农药的应用。目前,播前种子处理是草地生产中应用化学农药的主要方式,因此,对草地有害生物的管理更加依赖于科学的田间管理与草地利用等农业技术措施。一般地,草地有害生物防治,除贵重的种子田和科研田外,难以通过施用药剂去“治”。在人工草地或天然草场上使用化学防治时,必须注意以下问题:放牧或刈草用地或草场,一般不能喷洒农药,因极易造成家畜中毒或污染食物链,同时也可能通过畜产品间接危害人类。此外,天然草场面积广大,地形复杂,人力、水源相对匮乏,使用药物防治比较困难。在对小面积科研或采种地使用药物保护时,对豆科牧草须先作小面积试验,然后才可以在较大面积上使用,以免产生药害或防效不显著的情况。对于观赏或运动用的草坪,可以进行化学保护,但应注意避免环境污染。因此,在草地有害生物管理中,化学防治应处于次要地位,或作为一种应急措施而加以利用。

我国目前专门用于牧草有害生物防治的登记的农药品种较少,有鉴于此,在本章末附“草地常用农药简介”中列出了一些农药供选择。为了牧草产品的质量安全,建议应用时参考所用农药品种在蔬菜上登记使用的安全间隔期或国外同类产品在牧草上应用的安全间隔期。一般在草田要用残效期短的农药品种,在种子田可用残效期较长的品种。购买农药后,应仔细阅读使用说明,以正确施用。

综上所述,各种有害生物防治技术均具有一定的优缺点,对于种类繁多、适应性极强的有害生物来说,单独利用其中任何一种技术,都难以达到持续有效控制的目的。因此,草地保护必须利用各种有效技术措施,采取积极有效的防治策略,才能持续控制有害生物,确保牧业生产高产稳产、优质高效。

第二节　草地有害生物的防治策略

一、草地有害生物防治策略的概念

有害生物防治策略是指人类防治有害生物的指导思想和基本对策。不同历史时期，由于科技发展水平及人们对自然的认识和控制能力等不同，人类对有害生物采取的防治策略也不同。如古代农业以“修德减灾”为有害生物的主导防治策略；近代农业以“化学防治为主，彻底消灭有害生物”为主导对策；现代农业以有害生物“预防为主，综合防治”为主导策略。

草地有害生物防治策略是指在草地生态系统中，人们控制有害生物的指导思想和基本对策。与作物生态系统相似，现代草地生态系统有害生物防治以“综合治理”为主导策略。

二、草地有害生物的综合治理

(一)相关概念

(1)经济危害允许水平　经济危害允许水平(economic injury level，EIL)又称经济损害水平，是农作物(或牧草)能够容忍有害生物危害的界限所对应的有害生物种群密度，在此种群密度下，防治收益等于防治成本。经济危害允许水平是一个动态指标，它随着受害作物(或牧草)的品种、补偿能力、产量、价格、所用防治方法的成本变化而变动。

(2)经济阈值　经济阈值(economic threshold，ET)又称防治指标(control action threshold，CAT)，是为了防止有害生物种群增加到造成农作物(或牧草)经济损失而必须防治时的种群密度临界值。确定经济阈值除需考虑经济危害允许水平所要考虑的因素外，还需要考虑防治措施的速效性和有害生物种群的动态趋势。

经济阈值是由经济危害允许水平衍生出来的，两者的关系取决于具体的防治情况。如采用的防治措施可以立即制止危害，经济阈值和经济危害允许水平相同。如采用的防治措施不能立即制止有害生物的危害，或防治准备需要一定时间，而种群密度处于持续上升时，经济阈值要小于经济危害允许水平。当考虑到天敌等环境因子的控制作用，种群密度处于下降时，经济阈值常大于经济危害允许水平。

(二)草地有害生物综合治理

草地有害生物综合治理(integrated pest management，IPM)，或称综合防治(integrated pest control，IPC)，指从草地生态系统的整体和生态平衡的总体出发，根据有害生物和环境之间的相互关系，充分发挥自然控制因素的作用，创造不利于有害生物发生发展，而有利于草地植物生长及有益生物生存和繁殖的条件，将有害生物控制在经济损害允许水平以下，以获得最佳的经济、生态和社会效益。即以抗病、虫等品种为基础，因时、因地制宜，合理地协调应用植物检疫、农业防治、生物防治、物理防治和化学防治等必要的技术措施，取长补短，相辅相成，达到经济、安全、有效地控制有害生物发生，同时不给人类健康和环境造成危害。因此，有害生物综合治理策略把有害生物看作是草地生态系统的一个组成部分，防治有害生物不着重于彻底消灭有害生物，而只要求对有害生物的数量予以控制、调节，允许一定数量的有害生物存在（但其影响必须在“经济危害允许水平”以下）；在防治技术上，不仅强调各种防治方法的配合与协调，而且还强调以自然控制为主；在防治效益上，不能单看防治效果，同时注重生态平衡、经济效益和社会安全。因此“有害生物综合治理”不仅是几项防治措施的综合运用，还要考虑经济方面的成本核算和安全方面的环境污染等问题；在防治的范围上，不仅要防病虫，也要防其他危险性动、植物，这样就把管理的目标扩大，对生态系统进行全面的保护。草地有害生物综合治理更加依赖于大量的、准确的生物学信息，并以生物学、社会学以及经济学的理论为基础，在研究与实施过程中，更加需要多学科、多组织的合作。

相对于农作物生态系统而言，草地生态系统有害生物综合治理在强调经济效益的同时，更应重视生态效益和社会效益。

（1）生态效益　草地有害生物综合治理是以生态学原理为依据，对草地植物实施保护的管理体系，是从草地生态系统的整体出发，把草地有害生物作为草地生态系统的一个组成部分，研究有害生物与系统内其他生态因素间的相互关系以及对有害生物种群动态的综合影响，加强或创造对有害生物的不利因素，避免或减少对有害生物的有利因素，维护生态平衡并使这一平衡向有利于人类的方向发展。

（2）社会效益　草地生态系统是一个开放系统，它与人类社会有着广泛和密切的联系。对草地生态系统实施环境质量优化保护，不仅具有生态和经济特性，还具有鲜明的社会特性。综合治理策略的制定和实施及技术管理体系的建立和完善，既受社会因素的制约又同时会产生对社会的反馈效应。诸如牧草栽培措施的改变、化学农药的使用、技术管理系统的决策等，在对有害生物综合治理的同时，都会产生直接的甚至是巨大的社会效应。

（3）经济效益　有害生物的综合治理实际上是人类的一项经济管理活动，其目的不是根除消灭有害生物，而是将有害生物的危害控制在经济允许水平之下；强调防治成本与防治增益之间的关系，就是从经济效益的观点出发，制定一个科学的经济阈值或防治指标作为防治决策的标准。

三、草地有害生物综合治理体系的构建

（一）草地有害生物综合治理体系的内容

一般地，草地有害生物综合治理体系包括基本信息收集、防治决策和防治实施 3 个主要部分。基本信息收集主要包括收集气象信息、草地生态系统内植物信息（种类、分布、生长发育状况等）、有害生物和天敌信息（种类、密度和发育状态）以及环境信息等；防治决策主要是利用各种信息以及生物、经济和环境等知识，对有害生物的种群密度变化、草地（或植物）可能的受害程度、不同防治措施可以产生的效果，通过计算机模拟等手段进行预测和评估，做出何时、采取何种措施进行防治；防治实施主要是由农牧民或专业草地（或植物）保护部门根据综合治理决策进行的实践活动。

（二）草地有害生物综合治理体系构建的基本原则

在构建草地有害生物综合治理体系时，必须符合“安全、有效、经济、简便”的原则。“安全”

是指对人、畜、牧草、天敌和其他有益生物及其生活环境不造成损害和污染;“有效”是指能大量杀伤或抑制草地有害生物或明显地压低有害生物的种群数量,起到保护草地植物不受侵害或少受侵害的作用;“经济”是指用最少的费用获取最大的经济效益,尽量减少消耗性的生产投资;“简便”是指防治方法简便易行,便于农牧民掌握应用。

(三)构建草地有害生物综合治理技术体系应注意的问题

在构建综合治理技术体系时,要充分考虑以下几点:①防治的目标是将病、虫、杂草等有害生物危害的损失降低到经济允许水平以下,而不是也不可能彻底消灭;但是对于检疫性危险病、虫、杂草等有害生物,不论何时何地,都必须彻底铲除。②因地、因时确定对草地危害最大的病、虫、杂草等有害生物为主要防治对象,同时兼顾其他有害生物。③根据不同生态区域的病、虫、杂草等有害生物的特点组建技术体系,要充分考虑措施间的优缺互补,做到多种措施的协调配合。④由于草地的特殊地位,对其有害生物的防治应以生态效益和社会效益为主。

构建草地有害生物综合治理技术体系并不是朝夕即成,而需要在充分研究并掌握草地生态系统的特点和各组成成分相互关系的基础上,制定切实有效的方案。在综合治理技术体系的内容中,一般应注意以下几个问题:①搞清当地草地生物群落的组成结构和有害生物的种类及种群数量,明确主要防治对象和兼治对象以及保护利用的重要天敌类群。②研究不同防治对象的生物学特性,环境因素对其发生消长的影响,植物物候学、生物学及生态学,以明确有害生物种群数量变动规律和防治的有利时期。③研究各种生物之间的相互关系,种群与损失的关系,结合防治成本、草业产值等经济、社会因素,制定科学的经济阈值或防治指标。④在对各种防治对象、防治技术研究的基础上,按照综合治理的策略原则,协调组建系统防治措施。⑤方案的实施采取试验、示范、检验、推广的程序,并对其反馈信息加以总结分析和改进。

在草地有害生物综合治理技术体系实施中需要做到:①建立健全草地保护技术服务中心。由具有技术职称的专家和专业技术人员组成,其任务是制订适合于当地的草地有害生物防治措施,进行必要的有害生物研究和评价工作,提供权威性咨询意见,提供必要的防治药剂和实地试验数据。对当地草地有害生物进行定期的统计调查和试验研究,及时做好草地有害生物监测,及时预报,以指导防治。同时应建立健全草地有害生物预警系统等,这个系统要能及时掌握害情程度、发生范围,进行损失评估,分析防治经济阈值,提供最佳防治方案。②做好技术培训。技术培训包括两个方面:一方面要对各级领导干部进行培训,使其认识和掌握草地有害生物的基本知识和发生为害情况,以便从行政、技术上组织好综合治理;另一方面要对广大农牧民进行技术培训,使他们学会和掌握草地有害生物防治的技术。因为任何一项措施的实施都要考虑到农牧民的切身利益及其接受能力,要提高广大农牧民的文化素质和科技水平,从保护生态、保护消费者、保护生产者几方面的利益入手,才能做到草地资源的良好保护和永续利用。在技术指导和培训中应讲授易于被牧民接受并能够切实改善生产、生活条件的实用技术,使综合治理观念深入群众,得到群众的支持、配合和参与。③建立和推广综合治理示范区。在重点危害区域对典型有害生物建立综合治理科技示范区。根据当地主要有害生物的生理生态、栖息环境特点采用行之有效的防治技术以示范形式推广。④广泛开展草地有害生物防治的宣传工作,突出生态效益、经济效益和社会效益观点的宣传,使群众了解有害生物综合治理对草原、草地的意义,以及如何配合有害生物防治。

附 草地常用农药简介

一、杀菌剂(含杀线虫剂)

1. 代森锌

通用名称:代森锌,zineb。别名:Aspor、Cuprosan。主要制剂:80%、65%可湿性粉剂。

作用特点 广谱保护性有机硫杀菌剂,一般作叶面喷洒防治叶面病害,也可作土壤处理和种子处理防治土传和苗期病害。对许多病原菌有较强的触杀作用。其杀菌机理主要是可直接杀死孢子或抑制孢子萌发,阻止病原菌侵入植物体内,对已侵入植物体内的病原菌菌丝体杀伤作用小。该杀菌剂残效期短(7~10 d),对人、畜几乎无毒,但对皮肤黏膜有刺激作用,对作物和牧草安全。

使用方法 适用于防治果树、蔬菜、作物及牧草的霜霉病、炭疽病、早疫病、晚疫病、叶霉病、斑枯病、蔓枯病、软腐病、黑腐病、疫病、锈病等多种病害。以喷雾为主。防治苜蓿腐霉病、霜霉病、炭疽病和锈病可用65%代森锌可湿性粉剂 400~700 倍液,在发病初期开始喷雾,每隔 7~10 d 喷 1 次。

注意事项 ①本药不能与碱性农药及含铜的药剂混用。②应贮存在干燥、阴凉处,以防吸收潮湿空气中的水分而分解失效。③配药和施药操作过程中,应注意防止污染手、脸和皮肤,如有污染,应立即用肥皂水洗净。④本药遇光、热、碱性物质易分解出二氧化硫而减效。

2. 代森锰锌

通用名称:代森锰锌,mancozeb。别名:速克净、大生富、山德生、新万生、大生、喷克,Dumate。主要制剂:50%、70%、80%可湿性粉剂,30%悬浮剂,70%、75%水分散粒剂。

作用特点 是一种高效、低毒、杀菌谱广的保护性有机硫杀菌剂,可防治多种植物病原卵菌、子囊菌、半知菌和担子菌引起的叶部病害。其杀菌机理主要是抑制菌体内丙酮酸的氧化。对由真菌引起的病害有良好的预防作用,对缺锰、缺锌症亦有疗效。可与内吸性杀菌剂混用,延缓抗性的产生。对人、畜低毒,但对皮肤和黏膜有一定的刺激作用,对鱼类有毒。

使用方法 适用于防治果树、蔬菜、瓜类、牧草等的炭疽病、早疫病等多种病害。可采用拌种、喷雾、浸渍等多种方法施药,但以喷雾法为主。一般在发病初期使用 70%代森锰锌可湿性粉剂 500~800 倍液喷雾,隔 7~10 d 喷 1 次,连喷 2~4 次。如防治苜蓿锈病、白粉病、褐斑病、霉斑病、黄斑病、霜霉病和丝核菌根腐病等,在开始发病时使用 70%可湿性粉剂 500~800 倍液喷雾,隔 7~10 d 喷 1 次,连喷 2~4 次。

注意事项 ①喷药应掌握在病害即将发生或发生初期。②不能与碱性农药、肥料或含铜药剂混用。③应与内吸性杀菌剂混合或交替使用,以提高防治效果,延缓产生抗性。④收获前半个月停止用药。⑤在高温和潮湿的环境中易分解,可引起燃烧。⑥施药时勿使药液污染眼睛,施药后用肥皂洗脸、洗手。

3. 福美双

通用名称:福美双,thiram。别名:秋兰姆,Thiuramin、Amson。制剂:50%、70%、80%可

湿性粉剂，80%水分散粒剂。

作用特点　属中等毒性、杀菌谱广的保护性有机硫杀菌剂。

使用方法　适用于防治果树、蔬菜、作物及牧草的霜霉病、炭疽病、猝倒病、立枯病、黑穗病、白腐病等多种病害。可采用喷雾、拌种、土壤消毒等方法施药，但以种子和土壤处理为主。

种子处理：如防治苜蓿锈病、丝核菌根腐病、镰刀菌根腐病、黄斑病、春季黑茎病等可用50%福美双可湿性粉剂拌种；防治禾草多种病害，可用50%福美双可湿性粉剂拌种，用量为每100 kg种子0.5～0.8 kg药剂。

土壤处理：每100 kg温床上用50%福美双可湿性粉剂200 g进行苗床土壤消毒。

叶面喷雾：用50%福美双可湿性粉剂750～1 500 g/hm^2，兑水750～1 500 kg防治苹果黑星病、葡萄白腐病等；用50%福美双可湿性粉剂500～800倍液防治苜蓿腐霉病、霜霉病等。

注意事项　①勿与含铜及碱性药剂混用。②药剂处理的种子不可食用或作饲料用。③遇酸多分解。④本品粉末对鼻孔黏膜有刺激作用，施药时应戴口罩，并注意防止药剂污染手、脚和脸。

4. 三乙膦酸铝

通用名称：三乙膦酸铝，fosetyl-aluminium。别名：乙膦铝、克霜、疫霉灵、疫霜灵、克霉灵、霜霉净，Aliettel。主要制剂：40%、80%可湿性粉剂，90%可溶性粉剂，80%水分散粒剂。

作用特点　是一种具有保护和治疗作用的高效、内吸性杀菌剂，被植物吸收后能向上向下传导。对霜霉属、疫霉属等引起的病害有良好的防效。该杀菌剂持效期一般为20～30 d。对人、畜低毒，对鱼类、蜜蜂较安全。

使用方法　适用于防治果树、蔬菜、瓜类、牧草等的霜霉病、疫霉病等。可采用涂抹、喷雾、浸渍等多种方法施药，但以喷雾法为主。一般在发病初期用40%三乙膦酸铝可湿性粉剂200～500倍液喷雾，隔7～10 d再喷1～3次。如防治苜蓿霜霉病和腐霉病，在发病初期用40%三乙膦酸铝可湿性粉剂300～400倍液喷雾。

注意事项　①此药宜在发病初期使用。②不能与强酸、碱性药、肥料混用。③应密封干燥贮存。④与代森锰锌、多菌灵等混用，能提高防效，扩大防治范围。

5. 百菌清

通用名称：百菌清，chlorothalonil。别名：敌克、达科宁、打克尼尔，Dacotech、Daconil、TPN。主要制剂：50%、75%可湿性粉剂，40%悬浮剂，75%水分散粒剂，10%、30%、45%烟剂，10%油剂。

作用特点　是一种非内吸性广谱杀菌剂，主要为保护作用，也有一定的治疗作用。其杀菌机理为能与真菌细胞的3-磷酸甘油醛脱氢酶发生作用，破坏酶的活性，使真菌细胞的新陈代谢受到破坏而丧失生命力。药剂在植物表面有良好的黏着性，耐雨水冲刷，持效期较长。对多菌灵产生抗性的病害，改用百菌清防治效果良好。对人、畜低毒，但对有的人会引起皮肤过敏。对家蚕安全，对鱼类毒性大。

使用方法　适用于防治果树、蔬菜、作物及牧草的炭疽病、霜霉病、白粉病、早期落叶病等多种病害。可采用喷雾、喷粉和烟雾熏蒸等多种方法施药，但以喷雾为主。一般在发病初期用75%可湿性粉剂400～1 000倍液喷雾，隔10～15 d喷1次，共喷2～3次。如防治苜蓿褐斑病、锈病、霉斑病、黄斑病、炭疽病及丝核菌根腐病，在发病初期使用75%百菌清可湿性粉剂500～600倍液喷雾。

注意事项 ①不能与石硫合剂、波尔多液混用。②对鱼类有毒，药液不能污染水源。③对梨树和柿树易产生药害，在桃、梅和苹果等果树上使用浓度偏高时也会发生药害，苹果落花后 20 d 左右喷药，幼果易产生果锈。④在酸性和碱性介质中均不易分解，但遇强碱会分解。⑤对人的皮肤和眼睛有刺激作用，如有药液溅到眼睛里，要用清水清洗 15 min，直到疼痛消失。

6. 五氯硝基苯

通用名称：五氯硝基苯，quintozene。别名：土壤散、掘地生，Terracelor、PCNB。主要制剂：20%、40%粉剂，40%种子处理干粉剂，15%悬浮种衣剂。

作用特点 属低毒、具有内吸性的芳烃类保护性杀菌剂，残效期长，在土壤中很稳定。

使用方法 主要用于防治种子和土壤传播的真菌病害（如立枯病、黑粉病、炭疽病、猝倒病，尤其是丝核菌引起的病害）。可用作土壤处理和种子消毒。种子消毒用量一般为种子重量的 0.5%～1%；土壤处理用量一般为 15～37.5 kg/hm^2，用细土拌匀，翻入土中。如防治苜蓿南方枯萎病、丝核菌根腐病等用 40%五氯硝基苯粉剂拌种或处理土壤。

注意事项 ①药剂要拌均匀以免影响药效。②施药时要避免药剂直接和幼苗或根接触，以免产生药害。③药剂处理的种子不可食用或作饲料用。

7. 甲基硫菌灵

通用名称：甲基硫菌灵，thiophanate-methyl。别名：甲基托布津，Topsin-M、Mildotheme、Pungo。主要制剂：50%、70%可湿性粉剂，70%水分散粒剂，500 g/L、36%、50%悬浮剂。

作用特点 是一种广谱、内吸性杀菌剂，具有内吸、保护、铲除和治疗作用。对多种植物病原子囊菌、半知菌和担子菌有效。主要为向顶型传导，在植物体内转化为多菌灵而起作用。但内吸作用比多菌灵强。其杀菌机理为干扰病菌有丝分裂中纺锤体的形成，影响细胞分裂。可用于防治多种真菌性病害。对人、畜低毒，对皮肤有一定刺激性，对鱼类、蜜蜂、鸟类毒性低，对作物和牧草安全。

使用方法 适用于防治果树、蔬菜、作物及牧草的多种病害，可采用拌种、喷雾、浸渍等多种方法施药，但以喷雾、拌种法为主。一般在发病初期使用 50%可湿性粉剂 700～1 500 倍液喷雾，隔 7～10 d 喷药 1 次，共喷 3～6 次，或使用 50%可湿性粉剂按种子重量的 0.2%～0.5%拌种。如防治禾草黑穗病，使用 50%甲基硫菌灵可湿性粉剂 200 g，兑水 4 kg 稀释，拌 100 kg 种子，闷种 6 h 后播种；防治禾草赤霉病，在始花期使用 50%可湿性粉剂 1 125～1 500 g/hm^2，兑水 750 kg 喷雾，隔 5～7 d 再喷 1 次；防治苜蓿白粉病、锈病、褐斑病、匍柄霉叶斑病、霉斑病、丝核菌、黄斑病等用 70%甲基硫菌灵可湿性粉剂 1 000～1 500 倍液喷雾；防治苜蓿南方枯萎病用 70%甲基硫菌灵可湿性粉剂 600 倍液喷雾，防治苜蓿镰刀菌根腐病、丝核菌根腐病用 50%甲基硫菌灵可湿性粉剂 1 000 倍液浸种 4～5 h。

注意事项 ①不能与碱性药、肥料及含铜制剂混用。②收获前 14 d 内禁止使用。③连续使用易使病菌产生抗药性，应与其他杀菌剂轮换使用或混用，但不宜与多菌灵轮换使用。④此药对霜霉菌无效。

8. 多菌灵

通用名称：多菌灵，carbendazim。别名：苯并咪唑 44 号、棉萎灵，Delsene、Baristan、Devosal。主要制剂：25%、50%可湿性粉剂，40%悬浮剂，50%、80%水分散粒剂。

作用特点 是一种高效、低毒、广谱、内吸性杀菌剂，具有保护和治疗双重作用，能通过叶片渗入植物体内，并有向顶传导性、耐雨水冲刷、持效期长的特点。其作用机理为干扰病菌有丝分裂中纺锤体的形成,影响菌体有丝分裂。对许多子囊菌和半知菌引起的病害有效,对卵菌和细菌引起的病害无效。可用于防治赤霉病、黑穗病、立枯病、茎腐病等多种病害。对人、畜和鱼类低毒,对蜜蜂无害。

使用方法　适用于防治果树、蔬菜、作物及牧草的多种病害,可采用拌种、浸种、土壤处理、喷雾等多种方法施药,但以喷雾为主。一般在发病初期用50%可湿性粉剂500～1 500倍液喷雾,隔7～10 d喷药1次,共喷2～4次,或用40%悬浮剂按种子重量的0.2%～0.5%拌种。如防治禾草黑穗病,可用40%多菌灵悬浮剂250 g,拌种100 kg后闷种;防治立枯病、炭疽病,可用40%悬浮剂50 g拌40 kg种子;防治苜蓿腐霉病、霜霉病等,可用50%多菌灵可湿性粉剂,按种子重量的0.4%～0.5%拌种;防治苜蓿炭疽病、南方枯萎病等,可用50%多菌灵可湿性粉剂400～600倍液;防治苜蓿白粉病、褐斑病、霉斑病、黄斑病等,可用25%多菌灵可湿性粉剂500～800倍液。

注意事项　①不可与碱性农药、肥料及铜制剂混用,与其他农药(如波尔多液)随混随用。②连续使用易引起病原菌的抗药性,应与其他不存在交互性的杀菌剂轮换使用或混用。③应密封贮存于阴凉、干燥处。④收获前25d内禁止使用。

9.苯菌灵

通用名称:苯菌灵,benomyl。别名:苯来特,Benlata。主要制剂:50%可湿性粉剂。

作用特点　是一种高效、低毒、广谱性的内吸性杀菌剂,具有保护、治疗和铲除作用,持效期长,在作物体内很容易转变成多菌灵。对人、畜低毒。

使用方法　适用于防治果树、蔬菜、作物及牧草的白粉病、炭疽病、轮纹病、梨黑星病、葡萄白粉病、白腐病等多种病害。可采用喷雾等方法施药。防治苜蓿褐斑病、霉斑病、黄斑病、白粉病、匍柄霉叶斑病等用50%苯菌灵可湿性粉剂1 500～2 000倍液。

注意事项　①不能与碱性药剂混用。②收获前21d禁用。

10.异菌脲

通用名称:异菌脲,iprodione。别名:扑海因、咪唑霉,Rorral。主要制剂:50%、75%可湿性粉剂,255 g/L、500 g/L、25%、45%悬浮剂,10%乳油。

作用特点　是一种广谱、触杀型保护性杀菌剂,具有一定的治疗作用。对葡萄孢属、链孢霉属、核盘菌属等病菌防效显著,对链格孢属、蠕孢霉属等病菌也有效。对人、畜和鱼类低毒,对蜜蜂、鸟类安全,对人眼睛、皮肤无刺激和过敏。

使用方法　适用于防治果树、蔬菜、作物及牧草的多种病害,可采用拌种、喷雾、浸渍等多种方法施药,但以喷雾法为主。一般在发病初期用50%异菌脲可湿性粉剂600～1 500倍液喷雾,隔7～14 d喷药1次,共喷2～3次。如防治苜蓿南方枯萎病、丝核菌根腐病用50%扑海因可湿性粉剂喷雾。

注意事项　①不能与腐霉利(速克灵)、乙烯菌核利(农利灵)等作用方式相同的杀菌剂混用或轮用。②不能与强碱性或强酸性的药剂混用。③为预防抗性菌株的产生,作物或牧草生育期异菌脲的施用次数控制在3次以内。在病害发生初期和高峰期前使用,可获得最佳效果。

11.三唑酮

通用名称:三唑酮,triadimefon。别名:粉锈宁、百里通、百菌酮,Bayleton、MEB-6447。主要制剂:15%、25%可湿性粉剂,10%、20%乳油,8%、44%悬浮剂,15%水乳剂,9%微乳剂。

作用特点　是一种高效、低毒、低残留、持效期长、内吸性强的三唑类杀菌剂。药剂被植物的各部位吸收后，能在植物体内传导，具有预防、铲除、治疗及熏蒸作用。其杀菌机理为通过阻止麦角甾醇的生物合成，从而抑制或干扰菌体附着胞及吸器的发育、菌丝的生长和孢子的形成。对人、畜低毒，对蜜蜂和天敌无害，对鱼类及鸟类安全。

使用方法 适用于防治果树、蔬菜、作物及牧草的散黑穗病、腥黑穗病、白秆病、白粉病、锈病、全蚀病。可采用喷雾、拌种和土壤处理等多种方法施药，但以喷雾和种子处理为主。①种子处理，如防治小麦、大麦病害，用15%三唑酮可湿性粉剂200 g拌麦种100 kg；防治苜蓿锈病、丝核菌根腐病用粉锈宁拌种，用量为种子重量的0.2%～0.4%。②田间喷雾，如防治禾草锈病、白粉病，在发病初期用15%可湿性粉剂125 g/hm^2或20%乳油900 mL/hm^2，重病田块用量可提高到15%可湿性粉剂135 g/hm^2或20%乳油1 050 mL/hm^2；防治苜蓿白粉病用15%三唑酮可湿性粉剂1 000倍液。

注意事项 ①不能与强碱性农药混用。②避免长期单一使用，应与其他杀菌剂交替或混合使用。③收获前20d内禁止用此药。④本药虽属低毒农药，但因无较好的解毒药剂，故如误用引起中毒，出现呕吐、激动、昏晕等症状时，应立即就医诊治。⑤使用时一定要按推荐剂量，否则作物易受害。

12.烯唑醇

通用名称：烯唑醇，diniconazole。别名：速保利、特谱唑。主要制剂：12.5%可湿性粉剂，5%微乳剂，10%、25%乳油，50%水分散粒剂，30%悬浮剂。

作用特点 是一种高效、广谱性三唑类杀菌剂。通过抑制麦角甾醇的生物合成来杀灭病菌，具有保护、治疗、铲除和内吸向上传导作用。对人、畜毒性中等，对眼睛有轻微刺激作用。

使用方法 该药对由子囊菌和担子菌引起的病害如白粉病、锈病、黑粉病和梨黑星病等防效较好。可采用喷雾、拌种等法施药，但以喷雾为主。如防治禾草腥、散黑穗病用12.5%速保利可湿性粉剂按种子重量的0.1%拌种；防治禾草锈病、白粉病，在发病初期用(有效成分)45～112.5 g/hm^2，兑水750 kg喷雾；防治苜蓿白粉病、锈病用12.5%速保利可湿性粉剂2 000倍液喷雾。

注意事项 ①不能与碱性药剂混用。②应存放在干燥、避光和通风处。③操作时要避免药液吸入或沾染皮肤。④具有较强植物生长抑制作用的杀菌剂，尤其是种子处理和在大田双子叶作物上使用易产生药害。

13.苯醚甲环唑

通用名称：苯醚甲环唑，difenoconazole。别名：噁醚唑、显粹、思科、世高。主要制剂：10%、15%、20%、37%水分散粒剂，25%乳油，30%悬浮剂，10%可湿性粉剂，25%水乳剂，30 g/L悬浮种衣剂，10%微乳剂。

作用特点 三唑类广谱性内吸性杀菌剂，具有保护和治疗作用，被叶片内吸，有强的向上输导和跨层转移作用。对子囊菌、担子菌和半知菌病害具有很强的保护和治疗活性。

使用方法 主要用于叶面喷雾和种子处理。植物生长期喷雾施药宜在发病前或发病初期，种子处理或种子包衣要均匀周到，用药量参考推荐用量。

注意事项 ①不宜与铜制剂混用，因为铜制剂能降低它的杀菌能力。②对皮肤和眼睛有刺激作用，施用时注意防护。

14.戊唑醇

通用名称：戊唑醇，tebuconazole。别名：立克锈。主要制剂：30%、430 g/L悬浮剂，

12.5%、250 g/L水乳剂,80 g/L、60 g/L种子处理悬浮剂,2%湿拌种剂,25%可湿性粉剂,6%微乳剂,25%、250 g/L乳油等。

作用特点　广谱内吸性三唑类杀菌剂,为脱甲基抑制剂。具有保护、铲除和治疗作用,用于防治锈病和白粉病等多种植物的各种高等真菌病害。

使用方法　主要用于叶面喷雾和种子处理。植物生长期喷雾施药宜在发病前或发病初期,种子处理或种子包衣要均匀周到,用药量参考推荐用量。

注意事项　①茎叶喷雾时,在植物幼苗期应注意使用浓度,以免造成药害。②该药无特殊解毒剂,有中毒情况发生,应立即就医,对症治疗。

15.腈菌唑

通用名称:腈菌唑,myclobutanil。主要制剂:12.5%、25%乳油,40%、60%、80%可湿性粉剂,20%、30%、40%悬浮剂,12.5%微乳剂,40%、45%水分散粒剂及悬浮种衣剂等。

作用特点　广谱内吸性三唑类脱甲基抑制剂。具有保护和治疗作用,用于防治多种植物的子囊菌、半知菌和担子菌病害,对各种植物上的白粉病病菌、仁果上的锈菌和黑星病病菌、镰刀菌、核腔菌等具有很高的活性。由于该化合物是麦角甾醇生物合成抑制剂类杀菌剂中对植物的副作用较小的杀菌剂,所以常用来防治双子叶植物叶面的锈病、白粉病、黑星病和各种叶斑病等真菌病害,可以防治大麦、小麦、玉米等作物的多种种传和土传病害。腈菌唑也用于防治储藏期病害。

使用方法　主要用于叶面喷雾和种子处理。植物生长期喷雾施药宜在发病前或发病初期,种子处理或种子包衣要均匀周到,用药量参考推荐用量。

注意事项　①茎叶喷雾及种子处理时,应注意使用浓度,以免造成药害。②避免眼和皮肤的接触。该药无特殊解毒剂,有中毒情况发生,应立即就医,对症治疗。

16.烯酰吗啉

通用名称:烯酰吗啉,dimethomorph。别名:霜安、安克、伏霜、专克、雄克、安玛、绿捷、破菌、瓜隆等。主要制剂:40%、50%、80%水分散粒剂,25%、30%、50%、80%可湿性粉剂,10%水乳剂,25%、40%悬浮剂。

作用特点　局部内吸性杀菌剂,具保护和抗产孢作用。其作用特点是破坏细胞壁的形成,对卵菌生活史的各个阶段都有作用,在孢子囊梗和卵孢子的形成阶段尤为敏感。对卵菌纲真菌有效,特别是霜霉属和疫霉属有特效,对腐霉属效果稍差。

使用方法　以喷雾为主,根颈部受害的也可对根颈部及其周围土壤喷淋。一般在发病初期用药。

注意事项　①单独使用有比较高的抗性风险,所以常与代森锰锌等保护性杀菌剂复配使用,以延缓抗性的产生。②该药没有解毒剂对症治疗,施药时避免药剂直接与身体各部位接触,如溅入眼中,迅速用清水冲洗。

17.嘧菌酯

通用名称:嘧菌酯,azoxystrobin。别名:阿米西达。主要制剂:50%、250 g/L悬浮剂,50%、80%水分散粒剂,10%微囊悬浮剂,40%可湿性粉剂。

作用特点　高效、广谱内吸性甲氧基丙烯酸酯类杀菌剂,具保护、治疗、铲除和抗产孢作用,主要表现为保护作用。具内吸和跨层转移作用,可被植物的根、叶、嫩茎吸收,在植物体内质外体系输导。对几乎所有的(子囊菌、担子菌、卵菌和半知菌)病害均有良好的活性。可用于喷雾施药,亦可进行种子处理和土壤处理。

使用方法 主要用于叶面喷雾施药,施药宜在发病前或发病初期,部分土传病害亦可在播种时喷雾沟施,用药量参考推荐用量。

注意事项 ①嘧菌酯不能与杀虫剂乳油,尤其是有机磷类乳油混用,也不能与有机硅类增效剂混用,会由于渗透性和展着性过强引起药害。②作用位点比较单一,所以产生抗性比较快。在使用时一定要控制使用次数,以免加速抗性的产生。

18.吡唑醚菌酯

通用名称:吡唑醚菌酯,pyraclostrobin。主要制剂:25%、30%悬浮剂,25%、50%水分散粒剂,9%、25%微囊悬浮剂,20%、25%%可湿性粉剂,250 g/L 乳油,0.1%颗粒剂,40%水乳剂等以及种子处理悬浮剂和种子处理微囊悬浮剂。

作用特点 吡唑醚菌酯为内吸性杀菌剂,具有保护、治疗和铲除作用,持效性长,对黄瓜白粉病、霜霉病和香蕉黑星病、叶斑病、菌核病等具有较好的防治效果,对表面发生的白粉病和锈病有治疗作用,对大多数子囊菌、担子菌、半知菌和卵菌都有良好的杀菌活性。

使用方法 主要用于叶面喷雾施药,施药宜在发病前或发病初期,部分土传病害亦可在播种时喷雾沟施或种子处理,用药量参考推荐用量。

注意事项 ①对鱼类等水生生物有毒,远离水产养殖区、河塘等水域施药;对蚕有影响,附近有桑园地区使用时应严防飘移。②在作物幼苗期,作物生长旺盛且高温高湿条件,吡唑醚菌酯使用浓度过高会有一定药害风险。③作用位点比较单一,所以易产生抗性,在使用时一定要控制使用次数,以免加速抗性的产生。④不能与碱性杀菌剂混用,不要与乳油、有机硅混用,与其他药剂混用要注意浓度,做好试验。

19.肟菌酯

通用名称:肟菌酯,trifloxystrobin。主要制剂:25%、30%、40%、50%悬浮剂,50%、60%水分散粒剂等。

作用特点 杀菌谱广,除对白粉病和叶斑病有特效外,对锈病病菌、霜霉病病菌、立枯病病菌、苹果黑星病菌有良好的活性;具有优良的保护和一定的治疗作用,不具内吸性,有一定渗透性,在表面上通过气相再分布,也有跨层转移作用;耐雨水冲刷,持效期长。

使用方法 主要用于叶面喷雾施药,施药宜在发病前或发病初期,用药量参考推荐用量。

注意事项 ①对鱼类等水生生物有毒,远离水产养殖区、河塘等水域施药;对蚕和蜜蜂有影响,使用时要尽可能避免在蜂群周围、开花植物花期、蚕室和桑园使用。②作用位点比较单一,易产生抗药性,在使用时一定要控制使用次数,以免加速抗性的产生。③不要与乳油、有机硅混用。

20.多抗霉素

通用名称:多抗霉素,polyoxin。别名:多氧霉素、多效霉素、宝丽安、保利霉素,Polyoxin Al。主要制剂:1.5%、2%、3%、10%可湿性粉剂,0.3%、1%水剂。

作用特点 是一种低毒、广谱性抗生素类杀菌剂,具有较好的内吸和传导作用。对动物没有毒性,对植物无药害。

使用方法 主要适用于防治白粉病、霜霉病、枯萎病、叶斑病、葡萄灰霉病、林木枯梢病及梨黑斑病等多种真菌病害。使用方式以喷雾为主。一般在发病初期用2%可湿性粉剂7.5～15 kg/ hm^2,兑水1 500～3 000 kg 喷雾,隔7～10 d 喷药1次,共喷2～3次。

注意事项　①应密封贮存于干燥阴凉处。②不能与酸性或碱性药剂混用。

21.棉隆

通用名称:棉隆,dazomet。别名:必速灭、二甲硫嗪,Mylone、Basamid-granular。主要制剂:98%微粒剂。

作用特点　是一种广谱、熏蒸性杀线虫剂,兼治土壤真菌、地下害虫及杂草。易在土壤及其他基质中扩散,杀线虫作用全面而持久,并能与肥料混用。该药使用范围广,能防治多种线虫,而不会在植物体内残留。

使用方法　棉隆用于花圃(温室)、苗床育种室、混合肥料、盆栽植物及大田等土壤处理。用药量75～90 kg/hm^2,撒施或沟施,深度20 cm,施药后立即覆土或洒水封闭或地膜覆盖,一段时间后松土通气,播种或扦插。在植物生长期应采用沟施埋药方法防治根结线虫属、胞囊线虫属、茎线虫属、滑刃线虫属、剑线虫属的线虫病害,兼治地下害虫。

注意事项　①对鱼类有毒,易污染地下水。②本品有熏蒸作用,因此要求土温在12～18℃,含水量在40%以上。③不宜在作物或牧草生长期用,也不宜作拌种用,否则易产生药害。④毒土处理,必须深施、覆土。

22.噻唑膦

通用名称:噻唑膦,fosthiazate。别名:福气多。主要制剂:5%、10%颗粒剂,20%水乳剂,30%微囊悬浮剂。

作用特点　低毒有机磷类杀线虫剂,具有触杀和内吸作用,主要作用方式为抑制根结线虫乙酰胆碱酯酶的合成。噻唑膦有向上传导特性,由作物根部向叶片传导强,由叶片向花传导弱,基本不由花向果实传导;可传导至叶片防治刺吸式口器害虫如蚜虫等;杀死根结线虫主要通过两种方式:线虫接触土壤中的噻唑膦而死亡;噻唑膦内吸至作物根部杀死已侵入作物根部形成根瘤的根结线虫。可用于防治各类根结线虫,速效性好,持效期长。

使用方法　可用于防治各类根结线虫,5%、10%噻唑膦颗粒剂以及30%微囊悬浮剂在播种前、播种时撒施、沟施或穴施;20%噻唑膦水乳剂随水冲施或兑水2 000倍喷施、浇灌移栽窝;亦可兑水750～1 000倍灌根。

注意事项　①进行表施后,通过旋耕可使药剂在耕作层内均匀分布;沟施或穴施的药剂局限在沟底或穴底的一定范围,难以保证更大耕作层也均匀有药,所以表施防效高于沟施或穴施法。②用药后必须立即进行旋耕或覆土,减少药剂暴露时间,以免降低药效。

23.灭线磷

通用名称:灭线磷,ethoprophos。别名:灭克磷、益收宝、丙线磷、益丰收。主要制剂:5%、10%颗粒剂,40%乳油。

作用特点　具有触杀作用但无内吸和熏蒸作用的高毒有机磷酸酯类杀线虫剂,属于胆碱酯酶抑制剂。对眼睛有轻微刺激作用,对鸟类和鱼类高毒,对蜜蜂毒性中等。

使用方法　根据推荐剂量沟施、撒施或穴施,用药量参考推荐用量。

注意事项　①该药易通过皮肤进入人体,因此,要避免接触皮肤,如溅入眼睛或皮肤应立即用清水冲洗。②对鱼、鸟类低毒,避免污染河流和水塘。③发生中毒应立即用盐水或芥末水引吐并给病人喝牛奶和水,有效解毒剂是阿托品和解磷定。

24.氟吡菌酰胺

通用名称:氟吡菌酰胺 fluopyram。主要制剂:41.7%氟吡菌酰胺悬浮剂。

作用特点　氟吡菌酰胺最初被开发为杀菌剂，具有杀菌、杀线虫和杀虫作用。该成分安全，对环境友好，用量很低，持效期长，可长效防治棉花和花生中的线虫和早季害虫。其机制是作用于线粒体呼吸电子传递链上的复合体Ⅱ，从而干扰其呼吸作用，是作用于此靶标的第一个杀线虫剂。当线虫经氟吡菌酰胺处理后，虫体僵直成针状，活动力急剧下降。

使用方法　防治线虫一般在根结线虫发生初期灌根施药。亦可采用滴灌、冲施、土壤混施、沟施和种子处理等。

注意事项　①该药剂对水生生物有毒，药品及废液不得污染各类水域，禁止在河、塘等水域清洗施药器械。②赤眼蜂等天敌释放区域禁用。③无特定解毒剂，有中毒情况发生，禁止引吐，应用水漱口，并携制剂标签立即就医，对症治疗。

25. 淡紫拟青霉

通用名称：淡紫拟青霉（*Paecilomyces lilacinus*）。主要制剂：2 亿活孢子/g 粉剂，5 亿活孢子/g 颗粒剂。

作用特点　淡紫拟青霉孢子萌发后，所产生的菌丝可分泌几丁质酶，穿透线虫的卵壳、幼虫及雌性成虫体壁，菌丝在其体内吸取营养，进行繁殖，破坏卵、幼虫及雌性成虫的正常生理代谢，从而导致植物寄生线虫死亡。

使用方法　2 亿活孢子/g 粉剂 22.5～30 kg/hm^2 制剂穴施，5 亿活孢子/g 颗粒剂 37.5～45 kg/hm^2 制剂穴施。

注意事项　①勿与化学杀菌剂混合施用。②淡紫拟青霉可寄生眼角膜，如不慎进入眼睛，立即用大量清水冲洗。③最佳施药时间为早上或傍晚，勿将药剂直接放置于强阳光下。④贮存于阴凉干燥处，勿使药剂受潮。

26. 厚孢轮枝菌

通用名称：厚孢轮枝菌（*Verticillium chlamydos porium*）。母粉为淡黄色粉末，菌体、代谢产物和无机混合物占母粉干物质质量的 50%。主要制剂：2.5 亿孢子/g、25 亿孢子/g 微粒剂，2.5 亿孢子/g 颗粒剂。

作用特点　厚孢轮枝菌属低毒活体真菌杀线虫剂，以活体孢子为主要活性成分，通过孢子萌发及产生菌丝寄生于根结线虫的雌虫及卵达到杀线虫的目的。

使用方法　制剂穴施或者结合追肥施用。

注意事项　①勿与化学杀菌剂混合施用。②不可与复合肥混用，埋肥时，可先放复合肥，覆土 3～5 cm 后，再使用本品，覆土。

27. 蜡质芽孢杆菌

通用名称：蜡质芽孢杆菌（*Bacillus cereus*）。产品为蜡质芽孢杆菌活体吸附粉剂，外观为灰白色或浅灰色粉末。主要制剂为 8 亿孢子/g、20 亿孢子/g 可湿性粉剂，10 亿 CFU/mL 悬浮剂。

作用特点　蜡质芽孢杆菌为细菌性活体农药，主要用于防治细菌病害，目前也用于防治根结线虫。蜡质芽孢杆菌通过体内超氧化物歧化酶（SOD）提高作物对病原菌、逆境危害引发体内产生氧的消除能力，调节作物细胞微生境，维护细胞正常的生理生化反应，从而提高抗逆性。

使用方法　防治线虫一般采用灌根施药。

注意事项　①本剂为活体细菌制剂，保存时避免高温，50℃以上易造成菌体死亡。②应贮存在阴凉、干燥处，切勿受潮，避免阳光暴晒。

二、杀虫剂

1. 敌百虫

通用名称:敌百虫,trichlorphon。别名:虫快杀,Anthon。主要制剂:80%、90%可溶性粉剂,30%、40%乳油。

作用特点　是一种高效、低毒、广谱性的有机磷杀虫剂,对害虫有很强的胃毒、触杀作用,对蜡类有特效,对蚜虫及螨类效果差。敌百虫适用于防治咀嚼式口器害虫,特别是对鳞翅目、双翅目、半翅目害虫防效良好,残效期 3～5 d。

使用方法　防治豆芫菁,在成虫盛发期用 80%敌百虫可溶性粉剂 1 000 倍液喷雾。防治鳞翅目幼虫可用 80%敌百虫可溶性粉剂 1 000 倍液喷雾。防治地老虎、蝼蛄,用 80%敌百虫可溶性粉剂 0.5 kg 加少量水溶化,然后加饵料 50 kg 制成毒饵,在傍晚撒于作物根部土表诱杀害虫。

注意事项　①敌百虫不能与碱性农药混用。②长期单一使用敌百虫,害虫易产生抗性,因此,最好和其他农药混用或轮换使用。③对金属有腐蚀作用,施药后要清洗喷雾器。

2. 辛硫磷

通用名称:辛硫磷,phoxim。别名:肟硫磷,Baythion。主要制剂: 40%、50%、56%乳油,1.5%、3%、5%颗粒剂,30%微囊悬浮剂。

作用特点　辛硫磷是一种高效、低毒、低残留的广谱性有机磷杀虫剂,具有良好的触杀和胃毒作用,也有一定的渗透和熏蒸作用。辛硫磷对害虫的击倒力强,对咀嚼式和刺吸式口器害虫均有效,对鳞翅目的幼虫防效显著,特别对大龄幼虫杀伤力较强,对虫卵也有一定的杀伤作用。辛硫磷适用于防治多种鳞翅目、双翅目、半翅目害虫。对人、畜低毒,对鱼类、蜜蜂和天敌昆虫毒性较大。

使用方法　防治蛴螬、金针虫、蝼蛄等地下害虫,用 50%辛硫磷乳油 100 mL 兑水 5 kg 稀释后拌麦种 100 kg 或玉米种 40 kg,拌匀后堆闷 2～3 h 即可播种。苜蓿拌种时可参考此剂量进行。

注意事项　①辛硫磷见光易分解,因此田间喷雾最好在傍晚或夜间进行,拌闷过的种子要避光晾干,贮存时放在暗处。②拌种用药量应严格控制,不能随意加大,在稀释液加入种子堆时,宜随洒随拌,以免引起药害。③不能与碱性农药混用,作物收获前 7 d 禁用。④对蜜蜂有触杀和熏蒸毒性。

3. 乐果

通用名称:乐果,dimethoate。别名:Rogor。主要制剂:40%、50%乳油,60%可湿性粉剂,1.5%粉剂。

作用特点　乐果是一种高效、广谱性的杀虫剂,对多种刺吸式口器、咀嚼式口器害虫均有很好的防效,对害虫和螨类有强烈的触杀和一定的胃毒作用,对刺吸式口器害虫有内吸杀虫作用。对人、畜毒性中等,对鱼低毒,对蜜蜂、寄生蜂、捕食性瓢虫等毒性较高。

使用方法　防治蚜虫、红蜘蛛、潜叶蝇,在为害期每 667 m^2 用 40%乐果乳油 50 mL 兑水 60～80 kg 喷雾;防治烟蓟马,在发生初期用 40%乐果乳油 800～1 000 倍液喷雾。

注意事项　①不能与波尔多液、石硫合剂等碱性药物混用。②在苜蓿田开花期禁用,苜蓿限制进入间隔期为 48 h,每茬仅能用 1 次,在收获或放牧前 10 d 内不能使用。③乐果对牛、羊的胃毒性大,喷过药的绿肥、杂草在 1 个月内不可喂牛、羊,施过药的地方 7~10 d 内不能放牧牛、羊。

4. 马拉硫磷

通用名称:马拉硫磷,malathion。别名:马拉松、马拉赛昂、贮粮灵。主要制剂:45%、70%乳油,1.2%、1.8%粉剂。

作用特点 马拉硫磷是一种高效、低毒的广谱性杀虫、杀螨剂,有良好的触杀、胃毒和一定的熏蒸作用。对刺吸式和咀嚼式口器害虫和害螨都有杀灭作用,残效期短。对人、畜低毒,对鱼类毒性中等,对蜜蜂高毒,对眼睛、皮肤有刺激性。

使用方法 防治蚜虫,用 45%马拉硫磷乳油 1 000 倍液喷雾;防治鳞翅目幼虫,45%马拉硫磷乳油 1 000 倍液喷雾。

注意事项 ①不能与碱性农药混用。②不能用金属容器盛放。③在苜蓿上的限制进入间隔期为 12 h,安全间隔期依不同产品而异,一般 0~7d。在开花期不用或开花期的早晨或傍晚使用。④对眼睛、皮肤有刺激性。⑤对热稳定性差。⑥易燃。在运输、贮存过程中注意防火,远离火源。

5. 抗蚜威

通用名称:抗蚜威,pirimicarb。别名:避蚜雾。主要制剂:25%、50%可湿性粉剂,25%、50%水分散粒剂。

作用特点 抗蚜威是具有触杀、熏蒸和渗透作用的氨基甲酸酯类选择性杀蚜虫剂。杀虫机理是抑制昆虫体内胆碱酯酶的活性,可渗透到植物叶组织内部,对蚜虫有特效,能有效防治除棉蚜以外的所有蚜虫。能防治对有机磷杀虫剂产生抗性的各种蚜虫,速效性好,残效期短。对人、畜毒性较低,对水生生物、鸟类和蜜蜂低毒。

使用方法 防治蚜虫每 667 m^2 用 50%抗蚜威水分散粒剂 5~10 g,兑水 50 kg 喷雾。

注意事项 ①施药后 24 h 内,禁止家畜进入施药区。②必须用金属容器盛装抗蚜威。③如发现中毒者,应肌肉注射 1~2 mg 硫酸颠茄碱解救。

6. 甲萘威

通用名称:甲萘威,carbaryl。别名:胺甲萘、西维因,Sevin。主要制剂:25%、85%西维因可湿性粉剂,5%甲萘威颗粒剂。

作用特点 甲萘威是一种较广谱性的杀虫剂,具有触杀、胃毒和微弱的内吸作用。对人、畜和鸟类毒性低。

使用方法 用药量参考推荐用量,可防治蚜虫、叶蝉、飞虱及鳞翅目幼虫等。

注意事项 在苜蓿上的限制进入间隔期为 12 h,每茬仅能用 1 次,在收获或放牧前 7 d 内不能使用。

7. 溴氰菊酯

通用名称:溴氰菊酯,deltamethrin。别名:敌杀死、凯素灵、虫赛死,Decis。主要制剂:25 g/L、50 g/L、2.5%、5%乳油,2.5%、5%可湿性粉剂,2.5%、10%悬浮剂。

作用特点 敌杀死为高效、低毒、广谱性拟除虫菊酯类杀虫剂,对害虫具有强烈的触杀、胃毒作用,并有一定的驱避和拒食作用。敌杀死可用于防治果树上的鳞翅目、半翅目、双翅目和直翅目等多种害虫,尤其对鳞翅目和蚜虫有强大的杀伤力。对人、畜中等毒性,对眼睛有轻度刺激作用,对鱼、蚕、蜜蜂及天敌毒性大。

使用方法 防治蚜虫,喷施2.5%敌杀死乳油3 000~4 000倍液,杀虫保叶效果好,并可兼治食叶性害虫。

注意事项 ①不能与碱性药剂混用。②使用时应避开高温天气,同时要均匀、周到。③注意与其他杀虫剂如马拉硫磷等交替使用,以免产生抗药性。④不可用塑料容器盛装,且远离火源。⑤对人的眼睛、鼻黏膜、皮肤刺激性较大,有人易产生过敏反应,施药时注意保护。

8. 高效氯氰菊酯

通用名称:高效氯氰菊酯,beta-cypermethrin。别名:歼灭、高效灭百可。主要制剂:2.5%、4.5%、10%乳油,3%、4.5%水乳剂,2%颗粒剂,4.5%微乳剂,5%可湿性粉剂。

作用特点 高效氯氰菊酯是一种拟除虫菊酯类杀虫剂,生物活性较高,是氯氰菊酯的高效异构体,具有触杀和胃毒作用。其杀虫谱广,击倒速度快,杀虫活性较氯氰菊酯高。对人、畜毒性中等。

使用方法 防治蚜虫,在无翅蚜发生盛期每667 m^2用4.5%高效氯氰菊酯乳油15~30 mL,兑水40~50 kg,均匀喷雾;防治鳞翅目幼虫,每667 m^2用4.5%高效氯氰菊酯乳油15~40 mL,兑水40~50 kg,均匀喷雾。

注意事项 ①该制剂易燃,注意防火,远离火源。②该制剂勿与碱性物质相混。③高效氯氰菊酯对鱼及水生生物高毒,使用时及清洗药械后的废水应避免污染河流、湖泊、水源和鱼塘等水体。④高效氯氰菊酯对家蚕高毒,禁止用于桑树上;对蜜蜂、蚯蚓有毒,禁止在花期使用。⑤该制剂安全间隔期为10 d。⑥高效氯氰菊酯属中等毒性杀虫剂,使用时注意安全防护。⑦该制剂若沾染皮肤可能会有刺痛感或发热等症状,应立即用水冲洗,并脱去衣服,必要时就医。⑧高效氯氰菊酯中毒无特效解毒药,应对症治疗。

9. 甲氰菊酯

通用名称:甲氰菊酯,fenpropathrin。别名:韩乐村、灭扫利,Meothrin。主要制剂:10%、20%乳油,10%、20%水乳剂。

作用特点 是一种拟除虫菊酯类杀虫剂,具有触杀、胃毒和一定的驱避作用,无内吸、熏蒸作用。其杀虫谱广,持效期长,对多种叶螨有良好效果。该药可用于防治鳞翅目、半翅目、双翅目、鞘翅目等害虫以及多种害螨,尤其在害虫、害螨并发时,可虫螨兼治。对人、畜中等毒性,对鱼高毒,对鸟低毒。

使用方法 防治蚜虫,用20%甲氰菊酯乳油4 000~10 000倍液喷雾。防治红蜘蛛用20%甲氰菊酯乳油2 000倍液喷雾,有效期10 d左右。

注意事项 ①甲氰菊酯不宜在桑园附近喷药,以免污染桑叶引起家蚕中毒。②甲氰菊酯不能与碱性农药混用。③甲氰菊酯对鱼类有毒,注意勿使药液污染鱼塘。④要随配随用,不准配后存放,并控制用药量。

10. 氰戊菊酯

通用名称:氰戊菊酯,fenvalerate。别名:速灭杀丁、速灭菊酯、杀灭菊酯,Sumicid、Pydrin。主要制剂:20%、40%乳油,20%、30%水乳剂。

作用特点 氰戊菊酯是一种高效、低毒、低残留的广谱性拟除虫菊酯类杀虫剂,对害虫有触杀、胃毒作用,并有拒产卵、杀卵、杀蛹的效果。其击倒力强,残效期长,用量少,对环境安全。氰戊菊酯对直翅目、半翅目等害虫防效高,对鳞翅目害虫防效更佳,但对螨类无效。对人、畜毒性低，对天敌杀伤力强，对鱼、蚕毒性高。

使用方法　防治棉铃虫，在卵孵化高峰期用20%氰戊菊酯乳油每667 m^2 用药液30～50 mL，兑水50 kg喷雾，隔13 d再喷1次。防治鳞翅目幼虫，用20%氰戊菊酯乳油每667 m^2 用药液20 mL，兑水50～60 kg喷雾。防治蚜虫，在盛发初期用20%氰戊菊酯乳油每667 m^2 用药液25 mL，兑水50～60 kg喷雾。

注意事项　①施药要均匀，方能有效控制害虫，在害虫、害螨并发田要配合使用杀螨剂。②蚜虫、棉铃虫等害虫对此药易产生抗性，使用时尽可能与其他杀虫剂轮用，与非碱性农药混用。③对蜜蜂、鱼虾、家蚕等毒性高，使用时注意不要污染河流、池塘、桑园、养蜂场所。

11. 氯氟氰菊酯

通用名称：氯氟氰菊酯，cyhalothrin。别名：三氟氯氰菊酯、功夫，Kung fu。主要制剂：25 g/L、50 g/L乳油。

作用特点　氯氟氰菊酯是一种高效、低残留广谱性杀虫剂，具有触杀、胃毒作用，无内吸作用，杀虫谱广，活性较高，作用迅速，喷洒后有耐雨水冲刷的优点，但长期使用害虫易对其产生抗药性。其对刺吸式口器的害虫及害螨有一定防效，但对螨的使用剂量比常规用量增加1～2倍。对人、畜中等毒性，对鱼、蜜蜂、蚕剧毒，对鸟类低毒。

使用方法　用于防治鳞翅目幼虫及蚜虫，幼虫高峰期用25 g/L氯氟氰菊酯乳油3 000～4 000倍液喷雾。防治蚜虫，在发生期用25 g/L氯氟氰菊酯乳油2 500～3 000倍液喷雾。

注意事项　①不要与碱性物质混合使用。②此药杀虫兼杀螨，因此不要作为杀螨剂专门用于防治害螨。③使用时防止污染鱼塘、河流、蜂场、桑园。④如药液溅入眼中或溅到皮肤上，立即用水冲洗；如有误服，立即引吐，并迅速就医。⑤在苜蓿地限制进入间隔期为24 h，在作为鲜草收获前1 d内不能用，作为干草收获前7 d内不能用，仅限于苜蓿建植后或植被形成后应用。

12. 除虫脲

通用名称：除虫脲，diflubenzuron。别名：敌灭灵、灭幼脲1号，Dimilin。主要制剂：5%、25%、75%可湿性粉剂，5%乳油，20%、40%、240 g/L悬浮剂。

作用特点　除虫脲是苯甲酰基脲类杀虫剂。其作用机制是抑制昆虫表皮几丁质合成，从而导致昆虫不能正常蜕皮而死亡。作用方式为胃毒和触杀。对鳞翅目幼虫有特效，对鞘翅目、双翅目等多种害虫也有效。对人、畜低毒，对蜜蜂、鱼及有益生物安全。

使用方法　防治鳞翅目幼虫用20%除虫脲悬浮剂2 500～4 000倍液喷雾，也可与菊酯类农药混用，比例为1∶1，兑水2 500～5 000倍，能提高前期防效，又可延长药效期。

注意事项　①不宜在幼虫老龄期施药。②本剂久置分层，使用时要摇匀。③不能与碱性农药混用。

13. 灭幼脲

通用名称：灭幼脲，chlorbenzuron。别名：灭幼脲Ⅲ号、苏脲Ⅰ号。主要制剂：25%可湿性粉剂，20%、25%悬浮剂。

作用特点　灭幼脲是一种几丁质合成抑制剂，属于苯甲酰基脲类杀虫剂。主要是胃毒作用，触杀作用次之。它能抑制昆虫体内几丁质合成酶，使昆虫在蜕皮期几丁质减少，从而影响新表皮的形成，使其不能正常蜕皮或仅部分蜕皮；或只形成极薄的皮，造成畸形而死亡；或虽能发育为成虫，但产的卵不孵化。该药对鳞翅目害虫杀灭力很强，耐雨水冲刷，残效期长达15～

20 d,不污染环境。对人、畜低毒,对鱼类、鸟类及捕食性天敌很安全。

使用方法　防治鳞翅目幼虫,在3龄幼虫盛期每667 m^2用25%灭幼脲悬浮剂30～40 mL,兑水60～75 kg喷雾。

注意事项　①悬浮剂易沉淀,使用时应先摇匀再兑水稀释。②在卵孵化盛期和幼虫低龄期施药,不宜在成虫期和蛹期施药。③蚕业区不宜用药。④不能与碱性物质混合。⑤贮存在阴凉处。

14.吡虫啉

通用名称:吡虫啉,imidacloprid。别名:灭虫精、咪蚜胺。主要制剂:10%、20%、25%可湿性粉剂,5%乳油,30%微乳剂,5%可溶液剂,0.2%缓释粒剂,350 g/L种子处理悬浮剂,10%种子处理微囊悬浮剂,5%片剂。

作用特点　吡虫啉是一种氯化烟碱类高效、低毒、广谱内吸性杀虫剂,具触杀、胃毒和内吸作用,持效期长,对刺吸式口器害虫防效好。大鼠经口LD_{50}为1 260 mg/kg,经皮LD_{50}>1 000 mg/kg。

使用方法　主要用于防治刺吸式口器害虫。用10%可湿性粉剂600～1 050 g/hm^2,兑水900～1 125 kg均匀喷雾防治蚜虫和飞虱等。

15.啶虫脒

通用名称:啶虫脒,acetamiprid。别名:乙虫脒、莫比朗、吡虫清。主要制剂:5%、10%乳油,5%、10%、20%、70%可湿性粉剂,3%、10%、20%、30%微乳剂,20%、40%可溶粉剂,20%、30%可溶液剂,40%、70%水分散粒剂。

作用特点　广谱且具有一定杀螨活性的氯化烟碱类杀虫剂,具触杀、胃毒和内吸作用。啶虫脒对半翅目(尤其是蚜虫)、缨翅目和鳞翅目害虫有高效。对抗有机磷、氨基甲酸酯和拟除虫菊酯等的害虫也有高效。防治蚜虫、小菜蛾和桃小食心虫的持效期可达13～22 d。因此,该杀虫剂可以和其他类杀虫剂配伍,参与害虫综合治理系统。

16.噻虫嗪

通用名称:噻虫嗪,thiamethoxam。别名:阿克泰、锐胜。主要制剂:25%可湿性粉剂,25%、50%、70%水分散粒剂,10%微乳剂,25%、30%悬浮剂,30%、40%、46%种子处理悬浮剂,50%、70%种子处理可分散粉剂,30%悬浮种衣剂,2%颗粒剂。

作用特点　氯化烟碱类高效低毒杀虫剂,具触杀、胃毒和内吸作用,杀虫谱广,作用速度快,持效期长,对刺吸式害虫有良好的防效。

使用方法　可叶面喷雾施药,亦可作种子处理、种子包衣和土壤施药,用量参考推荐剂量。

注意事项　①不能与碱性药剂混用。②不要在低于-10℃和高于35℃的环境贮存。③对蜜蜂有毒,用药时要特别注意。

17.氟啶虫胺腈

通用名称:氟啶虫胺腈,sulfoxaflor。主要制剂为50%水分散粒剂,22%悬浮剂等。

作用特点　氟啶虫胺腈是砜亚胺杀虫剂,作用于烟碱类乙酰胆碱受体内独特的结合位点而发挥杀虫功能;具有触杀和胃毒作用,具有内吸传导和渗透性,可经叶、茎、根吸收而进入植物体内。该药剂适用于防治盲蝽、蚜虫、粉虱、飞虱、介壳虫等,高效、持效期长,耐雨水冲刷,能有效防治对烟碱类、拟除虫菊酯类、有机磷和氨基甲酸酯类杀虫剂产生抗药性的刺吸式口器害虫,对非靶标节肢动物毒性低,是害虫综合治理优选药剂。氟啶虫胺腈是被杀虫剂抗性委员会

(IRPC)认定的唯一的 Group 4C 类全新有效成分,是美国历史上唯一一个出现的没有通过正式登记即批准应用的农药。

使用方法 主要为喷雾施药防治刺吸式口器害虫,用量参考推荐剂量。

注意事项 ①不同作物安全间隔期不同,因抗性管理的需要,每个作物周期最多使用 2 次。②直接喷施到蜜蜂身上对蜜蜂有毒,在蜜源植物和蜂群活动频繁区域,施药后作物表面药液彻底干后才可以放蜂。③禁止在河塘等水体内清洗施药器具,不可污染水体,远离河塘等水体施药。④因氟啶虫胺腈可被土壤微生物迅速降解,虽然持效期非常长,也不可用于土壤处理或拌种使用。

18. 氟虫腈

通用名称:氟虫腈,fipronil。别名:锐劲特。主要制剂:20%、50 g/L、200 g/L 悬浮剂,4 g/L 超低容量剂,3%、5%、6%微乳剂,80%水分散粒剂,8%、12%、22%、50 g/L 悬浮种衣剂。

作用特点 氟虫腈以触杀和胃毒作用为主,在植物上有较强的内吸作用和击倒活性,对包括蚜虫、叶蝉、飞虱、鳞翅目幼虫、蝇类和鞘翅目在内的一系列重要害虫均有很强的杀虫作用。氟虫腈用于对菊酯类或氨基甲酸酯类杀虫剂已产生抗性的昆虫有特效。

使用方法 可叶面喷雾,也可土壤处理,用药量参考推荐用量,可防治蓟马、小菜蛾、卷叶螟等害虫。

注意事项 ①对鱼、虾、蜜蜂、家蚕高毒,使用时应慎重。②土壤处理时要注意与土壤充分掺和,才能最大限度地发挥低剂量的优点。

19. 唑虫酰胺

通用名称:唑虫酰胺,tolfenpyrad。主要制剂:15%悬浮剂等。

作用特点 杀虫谱广,具有触杀作用,对鳞翅目和鞘翅目害虫具有很高的拒食作用。对各种鳞翅目、半翅目、鞘翅目、膜翅目、双翅目、蓟马及螨类均有效,对鳞翅目小菜蛾、缨翅目蓟马有特效,该药剂对部分作物白粉病也有相当的效果。

使用方法 主要为喷雾施药,用量参考推荐剂量。

注意事项 ①对家兔眼睛和皮肤有中等程度刺激作用。②不可与碱性农药、未确认效果的药物混用。③该药为触杀剂,喷雾施药时一定要均匀、周到。④对蚕、鱼、蜜蜂有毒,蜜源作物花期禁用,蚕室和桑园附近禁用,远离水产养殖区用药。

20. 吡蚜酮

通用名称:吡蚜酮,pymetrozine。别名:吡嗪酮。主要制剂:25%、30%、40%、50%、70%可湿性粉剂,50%、60%、70%水分散粒剂,25%悬浮剂。

作用特点 具有触杀、内吸和胃毒作用的吡啶类选择性杀虫剂。对半翅目害虫的若虫和成虫高效,选择性极强。可用于防治对有机磷和氨基甲酸酯类杀虫剂产生抗性的蚜虫。

使用方法 主要为喷雾施药防治刺吸式口器害虫,用量参考推荐剂量。

注意事项 ①不能与碱性农药混用。②喷雾时要均匀、周到,尤其对目标害虫的危害部位。

21. 氟啶虫酰胺

通用名称:氟啶虫酰胺,flonicamid。主要制剂:15%、20%、25%悬浮剂,10%、20%、25%、30%、35%、50%、60%水分散粒剂,30%可分散油悬浮剂。

作用特点 氟啶虫酰胺是一种新型低毒吡啶酰胺类昆虫生长调节剂,生物活性极高,对各种刺吸式口器害虫有效，并具有良好的内吸作用。它可以从根部向茎部、叶部输导，但由叶部向茎、根部输导作用较弱。该药剂通过阻碍害虫吸吮作用而致效，害虫摄入药剂后很快停止取食，最后因饥饿而死。氟啶虫酰胺主要用于防治蚜虫类、粉虱、蓟马、茶小绿叶蝉、稻飞虱等吸汁类害虫，对蚜虫、粉虱具有高效杀伤力，同时能有效阻止病毒病传播。因其具有较好的渗透传导性，对作物的新叶和新生组织具有较好的保护作用，对访花益虫和天敌友好。

使用方法　主要为喷雾施药，用量参考推荐剂量。

注意事项　①施药后 2～3 d 肉眼才能看到蚜虫死亡，注意不要重复施药。②建议与其他作用机制不同的杀虫剂轮换使用，以延缓抗性产生。

22. 氯虫苯甲酰胺

通用名称：氯虫苯甲酰胺，flubendiamide。主要制剂：5%、200 g/L 悬浮剂，35%水分散粒剂，5%超低容量液剂，0.01%、0.03%、0.4%、1%颗粒剂，50%种子处理悬浮剂等。

作用特点　氯虫苯甲酰胺是一种新型邻甲酰胺基苯甲酰胺类广谱杀虫剂，具有独特的化学结构和新颖的作用方式，可以防治对其他杀虫剂产生抗性的害虫，其对非靶标节肢动物具有良好的选择性。该药剂对鳞翅目害虫高效，还能控制鞘翅目象甲科、叶甲科，双翅目潜蝇科、烟粉虱等多种非鳞翅目害虫。

使用方法　可以喷雾、撒施或者种子处理施药，用量参考推荐剂量。

注意事项　①为避免抗药性的产生，一季作物或一种害虫宜使用 2～3 次，每次间隔时间在 15 d 以上。②禁止在蚕室及桑园附近使用。③喷雾施药采用弥雾或细喷雾效果更好，当气温高、田间蒸发量大时，应选择上午 10 点以前，下午 4 点以后用药。

23. 溴氰虫酰胺

通用名称：溴氰虫酰胺，cyantraniliprole。主要制剂：48%种子处理悬浮剂，10%、19%悬浮剂，10%可分散油悬浮剂，0.5%杀虫饵剂等。

作用特点　溴氰虫酰胺属于新型苯甲酰胺类杀虫剂，是继氯虫苯甲酰胺之后开发的第二代鱼尼丁受体抑制剂类杀虫剂，具有较好的内吸性，兼具胃毒和触杀作用，首创既能控制咀嚼式口器昆虫又能防治刺吸式、锉吸式和舐吸式口器昆虫的多谱型杀虫剂，与其他杀虫剂无交互抗性，对幼虫阶段的鳞翅目昆虫具有较高的防治效果，也能防治牧草害虫、蚜虫及部分鞘翅目和双翅目昆虫。在害虫发生早期使用，能阻止和推迟高繁殖力害虫种群的增长，例如粉虱、蚜虫、蓟马和木虱，对主要的飞虱生物型有非常优异的活性，包括 B 型和 Q 型烟粉虱等。

使用方法　可以喷雾、苗床喷淋等方法施药，用量参考推荐剂量。

注意事项　①在施药和清洗容器时，避免污染水源。远离水产养殖区、河塘等水体施药；蚕室和桑园附近禁用。②对蜜蜂有毒，施药时应避开蜜蜂日常活动时间或者栖息地。③建议与其他作用机制不同的杀虫剂轮换使用，以延缓抗性产生。

24. 氟苯虫酰胺

通用名称：氟苯虫酰胺，flubendiamide。别名：氟虫酰胺，氟虫双酰胺。主要制剂：10%、20%悬浮剂，20%水分散粒剂。

作用特点　氟苯虫酰胺属新型邻苯二甲酰胺类杀虫剂，激活鱼尼丁受体细胞内钙释放通道，导致储存钙离子的失控性释放。氟苯虫酰胺是目前为数不多的作用于昆虫细胞鱼尼丁受体的化合物，对鳞翅目害虫有广谱性的防治效果，作用速度快，持效期长，与现有杀虫剂无交互抗性，非常适宜于对现有杀虫剂产生抗性的害虫的防控，在害虫发生早期的预防和控制中能起到很好的作用;对幼虫具有非常突出的防效,对成虫防效有限,没有杀卵作用。渗透到植株体内后通过木质部略有传导,耐雨水冲刷。

使用方法 喷雾施药,用量参考推荐剂量。

注意事项 ①该药对蚕有影响,桑园及蚕室附近禁用。②建议与其他作用机制不同的杀虫剂轮换使用,以延缓抗性产生。

25.三氟甲吡醚

通用名称:三氟甲吡醚,pyridalyl。主要制剂:10.5%乳油,10%悬浮剂。

作用特点 三氟甲吡醚属二卤丙烯类杀虫剂,化学结构独特,与常用农药作用机制不同,对鳞翅目害虫有卓越的防治效果,与现有鳞翅目杀虫剂无交互抗性,可能具有一种新的作用机制。该药剂主要用于防治鳞翅目幼虫,对缨翅目蓟马、双翅目潜叶虫也具有较好的防效。

使用方法 主要为喷雾施药,用量参考推荐剂量。

注意事项 ①该药对蚕有影响,桑园及蚕室附近禁用。②不得污染饮用水、河流、河塘等,远离水产养殖区、河塘等水域施药,不能在河塘等水域中清洗施药器具。③建议与其他作用机制不同的杀虫剂轮换使用,以延缓抗性产生。④对家兔眼睛、皮肤有轻度刺激性。

26.苏云金杆菌

通用名称:苏云金杆菌(*Bacillus thuringiensis*)。别名:Bt。主要制剂:15 000 IU/mg、32 000 IU/mg、64 000 IU/mg 水分散粒剂,8 000 IU/mg、16 000 IU/mg、32 000 IU/mg 可湿性粉剂,4 000 IU/mL、6 000 IU/mL、8 000 IU/mL 悬浮剂。

作用特点 苏云金杆菌是一种细菌杀虫剂,属好气性蜡状芽孢杆菌属(*Bacillus thuringiensis*),可产生两种毒素:内毒素,能破坏昆虫肠道内膜,使细菌的营养细胞进入血淋巴,昆虫会因饥饿和败血症而死亡;外毒素,能抑制依赖于 DNA 的 RNA 聚合酶。以胃毒作用为主。用于防治直翅目、鞘翅目、双翅目、膜翅目,特别是鳞翅目的多种害虫。对人、畜无毒,对作物无药害,对害虫天敌安全,但对蚕有毒害。

使用方法 防治鳞翅目幼虫,在 1 龄幼虫高峰期用 8 000 IU/mg Bt 可湿性粉剂 500~1 000 倍液喷雾。

注意事项 ①对蜜蜂、鱼类有毒,对家蚕有毒害,严禁在桑园及附近使用,如误用,可用 0.1%漂白粉消毒。②主要用于防治鳞翅目害虫的幼虫,施用期一般比使用化学农药提前 2~3 d。③不能与内吸性有机磷杀虫剂或杀菌剂混用。④菌粉应放在干燥阴凉处保存,避免水湿、曝晒和鼠咬。⑤15℃以下 30℃以上施用时基本无效,最好在傍晚或阴天使用。

27.阿维菌素

通用名称:阿维菌素,abamectin。别名:齐螨素、虫螨克、阿弗米丁、除虫菌素、害极灭、MK-936。主要制剂:1.8%、3.2%、18 g/L、5%乳油,1.8%、3%可湿性粉剂,1.5%超低容量液剂,1.8%、3.2%微乳剂,0.5%颗粒剂等。

作用特点 具有杀虫、杀螨、杀线虫活性的十六元环大环内酯化合物。具有胃毒和触杀作用,不能杀卵。可广泛用于防治害螨和双翅目、半翅目、鞘翅目及鳞翅目的多种害虫。对抗性害虫有较好防效,与其他农药无交叉抗性,即使对有机磷、合成除虫菊酯、氨基甲酸酯类和其他杀虫剂已产生抗性的螨类和害虫,仍具有杀灭功效。

使用方法 防治各种螨类用 1.8%阿维菌素乳油 3 000~5 000 倍液喷雾。防治斑潜蝇及鳞翅目幼虫每 667 m^2 用 1.8%乳油 10~20 mL,兑水 50 kg 喷雾。

注意事项　误服可用吐根糖浆或麻黄素解毒。

28. 多杀霉素

通用名称：多杀霉素，spinosad。别名：多杀菌素。主要制剂：2.5%水乳剂，5%、10%～20%、25 g/L、480 g/L 悬浮剂，10%、20%水分散粒剂，8%水乳剂，10%可分散油悬浮剂。

作用特点　在刺糖多孢菌发酵液中提取的一种大环内酯类无公害高效、低毒、低残留的广谱生物杀虫剂。具有快速的触杀和胃毒作用，对叶片有较强的渗透作用，对一些害虫具有一定的杀卵作用。无内吸作用。

使用方法　多杀霉素主要用于喷雾防治害虫，用量参考推荐剂量。

注意事项　可能对鱼或其他水生生物有毒，药剂贮存在阴凉干燥处。

29. 蝗虫微孢子虫

通用名称：蝗虫微孢子虫(*Nosema locustae*)。主要制剂：0.2 亿孢子/mL、0.4 亿孢子/mL 悬浮剂。

作用特点　是一种专性寄生直翅目昆虫的原生动物。蝗虫微孢子虫被害虫取食后在其消化道内萌发，通过肠道侵入血腔，主要侵染蝗虫的脂肪体、消化道、神经组织以及雌成虫生殖器官。蝗虫微孢子虫感染力高，体外存活能力强，在蝗虫种群中具有传播和流行能力。

使用方法　喷雾施药，每 667 m^2 用 0.2 亿孢子/mL 蝗虫微孢子虫悬浮剂 65～80 mL，或每公顷用 0.4 亿孢子/mL 蝗虫微孢子虫悬浮剂 120～240 mL。

注意事项　蝗虫微孢子虫与一些低剂量化学杀虫剂或其他微生物杀虫剂混合使用具有增效作用，可提高杀虫效果。

30. 苜蓿银纹夜蛾核型多角体病毒

通用名称：苜蓿银纹夜蛾核型多角体病毒(Autographa californica NPV)。别名：奥绿一号。主要制剂：10 亿 PIB/mL 悬浮剂。

作用特点　该药为一种新型昆虫病毒杀虫剂。杀虫谱广，对鳞翅目害虫有较好的防治效果，具有低毒、药效持久、害虫不易产生抗性等特点，是一种微生物源低毒杀虫剂。

使用方法　防治甜菜夜蛾每 667m^2 用制剂 100～150 mL，兑水 50 kg，均匀喷雾。应于傍晚或阴天、低龄幼虫高峰期施药。

注意事项　本品不能与酸碱性物质混合存放。

31. 印楝素

通用名称：印楝素，azadirachtin。主要制剂：0.3%、0.5%、0.6%、0.7%乳油，0.5%可溶液剂，0.5%、2%水分散粒剂，1%微乳剂。

作用特点　广谱、高效、低毒、易降解、无残留的植物源杀虫剂，具有拒食、趋避、触杀、胃毒、内吸和抑制昆虫生长发育的作用。

使用方法　主要为喷雾施药，用量参考推荐剂量。

注意事项　不宜与碱性农药混用。

32. 苦参碱

通用名称：苦参碱，matrine。主要制剂：0.3%、0.5%、0.6%、1.3%、2%水剂，0.3%水乳剂，0.36%、0.5%、1%、1.5%可溶液剂。

作用特点　对人、畜低毒的广谱植物源杀虫、杀菌剂，具有触杀和胃毒作用。

使用方法　主要为喷雾施药，用量参考推荐剂量。

注意事项　严禁与碱性药混用。

三、除草剂

1. 氟乐灵

通用名称：氟乐灵，trifluralin。别名：特福力、氟特力、茄科宁。主要制剂：45.5%、48%乳油，480 g/L 乳油。

作用特点　氟乐灵是一种二硝基苯胺类的选择性内吸型土壤处理剂，主要通过杂草种子发芽生长穿过土层的过程中被吸收，出苗之后的茎和叶不能吸收。

使用方法　可用于苜蓿田防除稗草、野燕麦、狗尾草、马唐、牛筋草、马齿苋、藜、萹蓄、繁缕等一年生禾本科和小粒种子的阔叶杂草。播前或播后苗前，每 667 m^2 用 48%乳油 110～170 mL(有效成分 53～77 g)土壤处理(均匀喷雾土表，施药后立即混土，混土深度为 5～7 cm)。

注意事项　①应在播前 5～7 d 施药，以防止发生药害。②在土壤中的残效期较长，在北方低温干旱地区可长达 300～360 d，对后茬的高粱、谷子有一定的影响，高粱尤为敏感。③对皮肤和眼睛有一定刺激作用，对鱼类高毒。

2. 甲草胺

通用名称：甲草胺，alachlor。别名：拉索、杂草锁、草不绿。主要制剂：43%、480 g/L 乳油，38%、42%、43%、55%悬乳剂，30%泡腾颗粒剂，55%可湿性粉剂。

作用特点　甲草胺是一种酰胺类选择性内吸型芽前土壤处理剂，主要通过植物幼芽吸收(单子叶植物胚芽鞘，双子叶植物下胚轴)。

使用方法　可用于苜蓿田防除一年生禾本科杂草，莎草科杂草，荠菜、反枝苋、藜、龙葵、马齿苋、繁缕、菟丝子等部分一年生阔叶杂草。播前或播后苗前，每 667 m^2 用 480 g/L 乳油 250～300 mL(有效成分 120～144 g)土壤处理(兑水 20～30 L，均匀喷洒土表)。

注意事项　①最好在杂草萌发前施药，播后苗前应在播后 3 d 内施药。②干旱条件下可在施药后混土 2～3 cm，并及时镇压。③当田间阔叶杂草同时发生时，可与其他防除阔叶杂草的除草剂混用，以提高整体防效。

3. 乙草胺

通用名称：乙草胺，acetochlor。别名：禾耐斯。主要制剂：50%、81.5%、89%、900 g/L、990 g/L 乳油，50%微乳剂，20%、40%可湿性粉剂，40%、48%、50%水乳剂，25%微囊悬浮剂。

作用特点　乙草胺是一种酰胺类的选择性内吸型芽前土壤处理剂，主要通过植物的幼芽吸收并向上传导，出苗后主要靠根吸收向上传导。

使用方法　可用于防除稗草、狗尾草、马唐、牛筋草、看麦娘、野燕麦等一年生禾本科杂草和藜、反枝苋、菟丝子、萹蓄、繁缕等小粒种子的阔叶杂草，用量参考推荐剂量。

注意事项　①有机质含量高，黏土，或干旱条件下，采用较高药量；有机质含量低，沙壤土，可降雨、灌溉情况下，采用低药量；②干旱条件下可在施药后混土 2～3 cm，并及时镇压。

4. 丁草胺

通用名称：丁草胺，butachlor。别名：灭草特、去草胺、马歇特。主要制剂：36%、50%、80%、85%、600 g/L、900 g/L 乳油，40%、400 g/L、600 g/L 水乳剂，5%颗粒剂，10%微粒剂。

作用特点　丁草胺是一种酰胺类的选择性输导型芽前除草剂，主要通过幼芽吸收，根也可以吸收。

使用方法　可防除稗草、马唐、狗尾草、牛毛草、鸭舌草、节节草、异型莎草等一年生禾本科杂草和某些双子叶杂草。用量参考推荐剂量。

注意事项　①本品对出土前杂草防效较好，大草防效差，应尽量在播种定植前施药。②土壤有一定湿度时使用丁草胺效果好，旱田应在施药前浇水或喷水，以提高药效。③主要防除单子叶杂草，对大部分阔叶杂草无效或药效不大。④喷药力求均匀，防止局部用药过多造成药害，或漏喷现象。⑤对鱼毒性较强。

5. 异丙甲草胺

通用名称：异丙甲草胺，metolachlor。别名：都尔、甲氧毒草胺。主要制剂：70%、72%、88%、720 g/L、960 g/L 乳油。

作用特点　异丙甲草胺是一种酰胺类选择性内吸型芽前土壤处理剂，主要通过植物的幼芽（单子叶杂草的胚芽鞘，双子叶杂草的下胚轴）吸收向上传导。

使用方法　可用于防除牛筋草、马唐、狗尾草、稗草等一年生禾本科杂草，碎米莎草等莎草科杂草，苋、马齿苋、菟丝子等部分阔叶杂草。播前或播后苗前，每 667 m^2 用 72%乳油 100～200 mL（有效成分 72～144 g）土壤处理（兑水 40～50 L，均匀喷洒土表）。

注意事项　①播后苗前土壤处理时应在播后随即施药。②在干旱条件下施药，可在药后即进行浅混土，以提高药效。

6. 禾草丹

通用名称：禾草丹，thiobencarb。别名：杀草丹、灭草丹、稻草完。主要制剂：50%、90%、900 g/L 乳油。

作用特点　禾草丹是硫代氨基甲酸酯类的选择性内吸传导型除草剂。杂草从根部和幼芽吸收后转移到植物体内。

使用方法　作土壤处理剂使用，对稗草有优良防治效果。适于防除稗草、牛毛草、异型莎草、千金子、马唐、蟋蟀草、狗尾草、碎米莎草、马齿苋、看麦娘、藜、蓼、苋、繁缕等。用量参考推荐剂量。

注意事项　①施药时杂草均应在 2 叶期以前，否则药效下降。②沙质田或漏水田不宜使用禾草丹，有机质含量高的土壤应适当增加用量。

7. 乙羧氟草醚

通用名称：乙羧氟草醚，fluoroglycofen-ethyl。别名：阔锄。主要制剂：10%、15%、20%乳油，10%微乳剂。

作用特点　乙羧氟草醚为二苯醚类选择性触杀型茎叶处理除草剂，兼有一定的土壤封闭活性，光照下才能发挥除草活性。

使用方法　用于茎叶喷雾，可防除阔叶杂草，尤其是猪殃殃、婆婆纳、堇菜、苍耳和甘薯杂草。

注意事项　①是苗后触杀型除草剂，不要随意加大用药量。②喷施后，遇到气温过高或在作物上局部着药过多时，作物上会产生不同程度的灼伤斑，由于不具有内吸传导作用，经过 10～15 d 的恢复期后，作物会完全得到恢复，不造成减产，反而能起到增产效果。③田间杂草的种类对药效发挥具有重大影响，应根据具体情况来选择用量，当为敏感性杂草时可用推荐用量的低限量。④在光照条件下才能发挥效力，所以应在晴天施药。

8. 乙氧氟草醚

通用名称:乙氧氟草醚,oxyfluorfen。别名:果尔、氟果尔、割地草。主要制剂:25%、35%悬浮剂,30%微乳剂,20%、24%、240 g/L 乳油。

作用特点 乙氧氟草醚是一种二苯醚类选择性触杀型芽前和芽后早期除草剂,在有光的情况下发挥杀草作用。

使用方法 可用于防除龙葵、苍耳、藜、马齿苋、繁缕、苘麻、反枝苋等一年生阔叶杂草和看麦娘、稗草、莎草等部分一年生单子叶杂草,对多年生杂草仅有抑制作用。播后苗前,每667 m^2用 24%乳油 40～50 mL(有效成分 9.6～12 g)土壤处理(兑水 40～50 L,均匀喷洒土表)。

注意事项 ①芽前和芽后早期施用效果最好。②乙氧氟草醚为触杀型除草剂,喷药时力求均匀周到,施药剂量要准。

9. 乳氟禾草灵

通用名称:乳氟禾草灵,lactofen。别名:克阔乐。主要制剂:24%、240 g/L 乳油。

作用特点 乳氟禾草灵是一种二苯醚类选择性内吸型苗后茎叶处理除草剂,施药后通过植物茎叶吸收,在体内进行有限的传导。充足的阳光有助于药效的发挥。

使用方法 可用于防除苍耳、苘麻、龙葵、反枝苋、刺苋、地肤、荠菜、藜、马齿苋等一年生阔叶杂草。阔叶杂草 2～4 叶期、大多数杂草出齐时进行茎叶处理,每 667 m^2用 24%乳油 30～35 mL(有效成分 7.2～8.4 g)兑水 15～30 L 茎叶喷雾。

注意事项 ①施药后苜蓿茎叶可能出现枯斑式黄化现象,只要按规定剂量使用不会影响新叶的生长,7～14 d 便会恢复正常。②杂草生长状况和气候会影响杀草效果,其对 4 叶期前生长旺盛的杂草杀草活性高。

10. 氟磺胺草醚

通用名称:氟磺胺草醚,fomesafen。别名:虎威、除豆莠、氟磺草醚、PP021、闲锄伴侣。主要制剂:16.8%、25%、48%、250 g/L、280 g/L 水剂,10%、12.8%、20%乳油,12.8%、20%微乳剂。

作用特点 氟磺胺草醚是一种二苯醚类选择性触杀型茎叶处理除草剂,兼有一定的土壤封闭活性,光照下才能发挥除草活性。茎、叶及根均可吸收,破坏光合作用,叶片黄化或有枯斑,迅速枯萎死亡。

使用方法 杀草谱宽,可有效防除苘麻、反枝苋、刺苋、田旋花、荠菜、藜、萹蓄、马齿苋、龙葵等一年生和多年生阔叶杂草。苜蓿播后苗前或苗后,一年生阔叶杂草 2～5 叶期、大多数杂草出齐时,每 667 m^2用 25%水剂 67～100 mL(有效成分 17～25 g)兑水 20～30 L 进行茎叶喷雾处理。

注意事项 ①长期干旱、气温高时施药,应适当加大喷药量,保证除草效果。②本剂在土壤中的残效期较长,当用药量高时对后茬作物会产生药害,故不推荐使用高剂量。③在光照条件下才能发挥效力,所以应在晴天施药。

11. 精喹禾灵

通用名称:精喹禾灵,quizalofop-p-ethyl。别名:精禾草克。主要制剂:50 g/L、5%、8.8%、10%、15%、20%乳油,5%、8%微乳剂,20%、60%水分散粒剂,15%、20%悬浮剂,10.8%水乳剂。

作用特点 精喹禾灵是一种芳氧苯氧丙酸类选择性内吸型茎叶处理除草剂,根、茎、叶皆可吸收。通过杂草茎叶吸收，在植物体内向上和向下双向传导，积累在顶端及居间分生组织，抑制细胞脂肪酸合成，使杂草坏死。精喹禾灵是一种高度选择性的新型旱田茎叶处理剂，在禾本科杂草和双子叶作物间有高度的选择性，对阔叶作物田的禾本科杂草有很好的防效。

使用方法　可有效防除野燕麦、稗草、狗尾草、马唐、牛筋草、画眉草、狗牙根、白茅、芦苇等一年生和多年生禾本科杂草。苜蓿苗后禾本科杂草3～5叶期进行药剂茎叶喷雾处理，用量参考推荐剂量。

注意事项　①精禾草克与其他阔叶杂草除草剂混用，有可能产生拮抗作用降低除草效果，并加重对作物的药害，应及时调整混用品种和剂量。②注意避免药液飘移到小麦和玉米等禾本科作物上。

12. 精噁唑禾草灵

通用名称：精噁唑禾草灵，fenoxaprop-p-ethyl。别名：威霸、骠马、维利、高噁唑禾草灵。主要制剂：6.9%、7.5%、69 g/L水乳剂，10%、80.5 g/L、100 g/L乳油。

作用特点　精噁唑禾草灵是一种芳氧苯氧丙酸类选择性内吸传导型茎叶处理除草剂，通过茎叶吸收后传导到叶基、节间分生组织、根的生长点。

使用方法　可有效防除稗草、马唐、看麦娘、野燕麦、狗尾草等一年生禾本科杂草。在禾本科杂草2叶期至分蘖期，每667 m^2用6.9%水乳剂50～70 mL(有效成分3.45～4.83 g)兑水20～30 L叶面喷雾。

注意事项　①用于苜蓿田防除禾本科杂草施药期较宽，但以早期生长阶段(杂草3～5叶期)处理最佳。②足够的土壤湿度和温度可增进其杀草作用，因此在水分、相对湿度较好时采用低剂量，在干旱条件下用高剂量。③对眼睛、皮肤有轻微刺激作用，对鱼类中等毒性。

13. 精吡氟禾草灵

通用名称：精吡氟禾草灵，fluazifop-p-butyl。别名：精稳杀得。制剂：15%乳油。

作用特点　精吡氟禾草灵是一种芳氧苯氧丙酸类选择性内吸传导型茎叶处理除草剂，通过茎、叶、根吸收。精吡氟禾草灵易被植物吸收，并迅速水解为相应的酸，通过木质部而达到植物的生长部位。

使用方法　可有效防除稗草、野燕麦、狗尾草、牛筋草、看麦娘、狗牙根、白茅等一年生和多年生禾本科杂草，对芦苇有特效。一般在苗后，禾本科杂草3～6叶期，每667 m^2用15%乳油33～80 mL(有效成分4.95～12 g)兑水20～30 L喷雾；对于多年生杂草，每667 m^2用15%乳油80～133 mL(有效成分12～16.95 g)兑水20～30 L喷雾。

注意事项　①杂草叶龄小用低剂量，叶龄大用高剂量。②药效受气温和土壤墒情影响较大，在施药时气温、相对湿度较高时呈现较好的除草效果，在温度低、干旱条件下施药，要用剂量的高限。③在禾本科杂草与阔叶杂草、莎草混生地块，需与阔叶杂草除草剂混用或先后使用。④与干扰激素平衡的除草剂(如2,4-D)有拮抗作用，即它们混用，除草效果会下降。

14. 高效氟吡甲禾灵

通用名称：高效氟吡甲禾灵，haloxyfop-p-methyl。别名：高效盖草能。主要制剂：10.8%、22%、108 g/L乳油，17%、28%微乳剂。

作用特点　高效氟吡甲禾灵是一种芳氧苯氧丙酸类选择性内吸型茎叶处理除草剂。根、茎、叶皆可吸收，主要通过叶片吸收传导至整个植株，抑制植物分生组织而杀死杂草。

使用方法　可防除野燕麦、稗草、马唐、狗尾草、牛筋草、看麦娘、芦苇、狗牙根等一年生和多年生禾本科杂草。防治一年生禾本科杂草，3～4 叶期施药，每 667 m^2 用 10.8%乳油 25～30 mL(有效成分 2.7～3.2 g)；4～5 叶期，每 667 m^2 用 10.8%乳油 30～35 mL(有效成分 3.2～3.8 g)；5 叶期以上，用药量适当酌加。防治多年生禾本科杂草，3～5 叶期，每 667 m^2 用 10.8%乳油 40～60 mL(有效成分 4.3～6.5 g)。

注意事项　①从禾本科杂草出苗到抽穗均可施药，但在杂草 3～5 叶期，生长旺盛，杂草基本出齐，地上部分较大，易吸收药液，施药质量好。②常与阔叶除草剂混用扩大杀草谱，但可能会发生以下现象：高效氟吡甲禾灵因拮抗作用而药效降低，而阔叶除草剂会增效。可通过增加高效氟吡甲禾灵的用量和降低阔叶除草剂的用量来克服。③使用时加入有机硅助剂可以显著提高药效。④禾本科作物对本品敏感，施药时应避免药液漂移到玉米、小麦、水稻等禾本科作物上，以防产生药害。

15. 灭草松

通用名称：灭草松，bentazone。别名：排草丹、苯达松，Basagran。主要制剂：25%、40%、48%、480 g/L、560 g/L 水剂，25%悬浮剂，480 g/L 可溶液剂，80%可溶粉剂。

作用特点　灭草松是一种有机杂环类的选择性触杀型苗后茎叶处理剂，通过叶片渗透传导到叶绿体内，抑制光合作用，致使杂草死亡。

使用方法　可防除莎草科和阔叶杂草。在苜蓿苗后，阔叶杂草 2～5 叶期(株高 5～10 cm)，每667 m^2 用 48%水剂 100～200 mL 兑水 20～30 L 茎叶喷雾。

注意事项　①灭草松应在阔叶杂草及莎草出齐幼苗时施药，喷洒均匀，使杂草茎叶充分接触药剂。②灭草松在高温晴天活性高，除草效果好。③对禾本科杂草无效，如与防除禾本科杂草的除草剂混用，应先试验，再推广。④施药后部分作物叶片会出现干枯、黄化等轻微受害症状，一般 7～10 d 后即可恢复正常生长，不影响最终产量。

四、杀鼠剂

1. 磷化铝(AlP)

通用名称：磷化铝，aluminium phosphide。主要制剂：56%片剂、粉剂、丸剂，80%大粒剂。

理化性质　磷化铝粉剂为浅黄色或灰绿色粉末，磷化铝片剂为带有白色斑点的灰黑色固体。无味，易潮解，不溶于冷水，溶于乙醇、乙醚，相对密度 2.85(15℃)，性质稳定。磷化铝在干燥条件下对人、畜较安全，吸收空气中的水分后，分解放出高效剧毒的磷化氢气体。

作用机制　广谱性熏蒸杀鼠、杀虫剂，磷化铝吸水后会立即产生高毒的磷化氢气体，通过呼吸系统进入体内，作用于细胞线粒体的呼吸链和细胞色素氧化酶，抑制正常呼吸而致死。

使用方法　主要用于熏杀室外啮齿动物及仓储害虫等，用量参考推荐剂量。

注意事项　①严禁和药剂直接接触。②在干燥条件下对人、畜较安全，吸收空气中的水分后，分解放出高效剧毒磷化氢气体，对人、畜高毒。③对蜜蜂、鱼类、家蚕有毒。

2. 杀鼠灵($C_{10}H_{16}O_4$)

通用名称：杀鼠灵，warfarin。别名：灭鼠灵。制剂：2.5%粉剂，0.025%、0.5%毒饵。

理化性质　杀鼠灵是白色无味的粉末，难溶于水，溶于丙酮，微溶于甲醇、乙醚和油类。熔点 161～162℃，性质稳定。制成的钠盐易溶于水。杀鼠灵有两个同分异构体，*S*-异构体的毒力是 *R*-异构体的 7～10 倍，工业产品为异构体的混合物。适口性好，一般不产生拒食。杀鼠灵最大的特点和优点是慢性累积毒力远比急性毒力大。对畜禽的毒力较小，误食一次几乎无害。但对犬、猪和猫则比较敏感。不同鼠种敏感性也有一定差异，对褐家鼠毒力强，对小家鼠毒力较弱。由于野外大面积灭鼠难以多次投毒，因此很少用于防治野鼠。

作用机制　主要是破坏正常的凝血功能，降低凝血能力，损害毛细血管，使血管变脆，增强渗透性，使害鼠死亡。

使用方法　杀鼠灵使用浓度很低，推荐使用浓度褐家鼠为0.005%～0.025%，黄胸鼠、小家鼠0.025%～0.05%。舔剂用0.5%～1.0%，毒水用0.025%～0.05%的杀鼠灵钠盐溶液，并加2%～5%食糖作矫味剂和引诱剂。投毒时要充分供应毒饵，消耗的毒饵应及时补充。投药后，一般3～4 d出现毒饵消耗高峰，6～7 d以后为鼠尸出现高峰，投放毒饵15 d左右，毒饵不再消耗，也无新出现的鼠尸，表明该地鼠群已经消灭。

注意事项　①投毒饵要充足，不要间断。②配制毒饵时应加警戒色，以防误食中毒。③死鼠应及时收集深埋，避免污染环境。④误食中毒及时送医院救治，维生素 K_1 是有效的解毒剂。

3. 敌鼠钠盐

通用名称：敌鼠钠盐，sodium diphacinone。主要制剂：0.05%、0.1%毒饵，0.05%饵剂，0.1%饵粒，40%母药。

理化性质　纯品为黄色针状结晶。工业品是黄色无臭针状晶体，熔点146～147℃。不溶于水，溶于丙酮、乙醇等有机溶剂。钠盐溶于热水。敌鼠钠盐为淡黄色粉末，无臭无味，可溶于热水和乙醇等有机溶剂。敌鼠钠盐是目前应用最广泛的第一代抗凝血杀鼠剂品种之一。具有适口性好、效果好等特点，一般用药后4～6 d出现死鼠。

作用机制　在鼠体内不易分解和排泄。有抑制维生素K的作用，阻碍血液中凝血酶原的合成，使摄食该药的老鼠内脏出血不止而死亡。中毒个体无剧烈的不适症状，不易被同类警觉。

使用方法　40%母药防治田鼠需配成0.05%毒饵进行饱和投饵。0.05%敌鼠钠盐毒饵、0.05%敌鼠钠盐饵剂、0.1%敌鼠钠盐饵粒则根据推荐剂量投饵施药。

注意事项　①对人毒性大，误食后可服用维生素K解毒，并及时就医抢救。②药剂应贮于阴凉、干燥处。

4. 溴鼠灵($C_{31}H_{23}BrO_3$)

通用名称：溴鼠灵，brodifacoum。别名：大隆、溴鼠隆、可灭鼠、杀鼠隆、溴联苯杀鼠萘，Talon。制剂：0.005%饵剂、饵粒、毒饵、饵块，0.5%母药、母液。

理化性质　溴鼠灵为黄白色结晶粉末，熔点228～232℃，不溶于水和石油醚，溶于常用的有机溶剂如乙醇、丙醇等，有顺式和反式两种异构体，工业品为异构体的混合物。两种异构体的生物活性，包括毒力和适口性都没有显著的差异。是目前所有抗凝血剂中毒力最强的一种，既有急性毒力，又有慢性积累毒力。

作用机制　第二代抗凝血杀鼠剂，主要是干扰肝脏对维生素K的作用，抑制凝血因子，影响凝血酶原的合成，使凝血时间延长，代谢产物可破坏毛细血管壁。通过胃肠道吸收，适口性好，鼠类不拒食。

使用方法　防治野鼠可用0.005%的毒饵1次投放或7 d投毒1次，可节约毒饵和劳动力。防治家鼠可用0.001%～0.005%的毒饵，按抗血凝剂使用的一般方法处理6～10 d。

注意事项　①对眼睛有中度刺激性，对皮肤也有刺激作用，对鱼类和鸟类高毒，对人、畜，尤其是猪、犬、鸡比较敏感，对非靶标生物的影响以及二次毒性现象都比较普遍。②维生素 K_1 为溴鼠灵中毒的有效解毒药。③由于对敏感鼠的慢性毒力溴鼠灵并不比杀鼠灵强多少，而安全性和价格都比杀鼠灵差，尤其是一旦抗溴鼠灵的鼠类出现，目前尚无可替代的抗血凝杀鼠药，所以防治家鼠的首选药物，仍是以杀鼠灵为代表的第一代抗血凝剂。

5. 杀鼠醚($C_{19}H_{16}O_3$)

通用名称：杀鼠醚，coumatetralyl。别名：立克命、杀鼠萘。制剂：0.75%追踪粉，0.037 5%毒饵，0.038%饵剂，0.75%、3.75%母粉。

作用机制 抗凝血杀鼠剂，破坏凝血机能，损坏微血管，引起内出血而使害鼠死亡。

理化性质 纯化合物为白色粉末，原药为黄色结晶体，无臭无味，贮藏适宜可保存 18 个月以上不变质。150℃高温下无变化。几乎不溶于水，可溶于乙醇、二氯甲烷、异丙醇和丙酮。杀鼠醚在水中不水解，但在阳光下有效成分迅速分解。为慢性杀鼠剂，在低剂量下多次用药会使老鼠中毒死亡。

使用方法 ①毒饵的配制：立克命 0.75%追踪粉以用于配制毒饵为主，亦可直接撒在鼠洞、鼠道，铺成均匀厚度的毒粉，使鼠经过时沾上药粉，当鼠用舌头清除身体上黏附的药粉时引起中毒。毒饵一般采用黏附法或者混合法配制。黏附法配制毒饵，可取颗粒状饵料 19 份，拌入食用油 0.5 份，使颗粒饵料被一层油膜，最后加入 1 份 0.75%杀鼠醚追踪粉搅拌均匀，也可以将小麦、玉米碎粒、大米等饵料浸湿后，倒入药剂拌匀；混合法配制毒饵，可取面粉 19 份，0.75%杀鼠醚追踪粉 1 份，二者拌匀后用温水和成面团，制成颗粒或块状，晾干即可，毒饵中有效成分含量为 0.037 5%，与市售毒饵一致。自配毒饵时亦可加入蔗糖、鱼粉、食用油等引诱物质。还可以用曙红、红墨水等染色，以示与食物的不同，避免人、畜及鸟类误食。②施药防治：防治家栖鼠类，可参照敌鼠钠盐的使用方法；防治野栖鼠种，可采用一次性投饵，沿地埂、水渠、田间小路等距投饵，每隔 5 m 投 1 堆，每堆 5～10 g 毒饵，对黑线姬鼠、褐家鼠、黄毛鼠的杀灭效果良好；防治达乌尔黄鼠，可按洞投饵，每个洞口旁投 15～20 g。对于长爪沙鼠每个洞口处投放 5～10 g 毒饵即可。一次性投饵难以得到最理想的防效，如果在第 1 次投饵后的 15 d 左右补充投饵 1 次，防治效果可达 100%，此即间隔式投饵方法。第 2 次投饵无须普遍投放，只需在鼠迹明显的洞旁、地角或第 1 次投饵时取食率高的饵点处投放，以免造成浪费。

注意事项 ①投放鼠饵时应注意药物不可与鸡或猪的饲料接触，尽量避免家禽、家畜与毒饵接近。②毒饵要现配现用，剩余毒饵要深埋。③若出现中毒现象，用维生素 K_1 能有效地解除杀鼠醚毒性；严重中毒时，可用维生素 K_1 剂作静脉注射，必要时每 2～3 h 作重复注射，但总注射量应不超过 4 针剂(40 mL)。

6. 氯化苦(CCl_3NO_2)

通用名称：氯化苦，chloropicrin。别名：三氯硝基甲烷。主要制剂：99.5%液剂。

理化性质 氯化苦为油状液体，无色或微绿，相对密度 1.7，沸点 112.4℃，冰点－69.2℃。难溶于水，易溶于二硫化碳等有机溶剂。长期暴露在阳光下发生化学反应而降低毒力。氯化苦易挥发，其饱和蒸气压与环境温度和气压有关。蒸气压过低时，空气中毒气含量很少，不易熏死害鼠，所以一般在气温低于 12℃时不宜使用；但在高山上气压较低，氯化苦较易挥发，在这种低气压下，12℃以下也可以使用。氯化苦蒸气相对密度为 5.7，所以在鼠洞中能迅速下沉，深入洞中，但容易被潮湿和多孔的物体吸附，在正常情况下，鼠洞中可以保持致死浓度达数小时之久。氯化苦毒力很强。氯化苦对皮肤、黏膜的刺激性很强。空气中最大允许浓度为

1 μl/L。

使用方法　氯化苦主要用于消灭野鼠，用量随鼠种、洞型和土质不同而不同。一般消灭沙鼠每洞用5 g左右，消灭黄鼠用5～8 g，旱獭则需用50～60 g。投放方法很多，如直接注入或喷入鼠洞，把氯化苦倒在干畜粪上，投入鼠洞；与锯末混合，用金属管注入鼠洞深处；把氯化苦装在小安瓿中，放在灭鼠烟剂里，或直接把氯化苦倒在烟剂上，点燃烟剂后投入鼠洞。

7. 溴敌隆($C_{30}H_{23}BrO_4$)

通用名称：溴敌隆，bromadiolone。别名：乐万通，Musal。制剂：0.005％饵剂，0.01％饵粒，0.005％、0.01％毒饵，0.5％母药、母粉、母液。

理化性质　原药有效成分含量98％、95％、92％，为白色至黄白色粉末，熔点200～210℃。工业品呈黄白色，熔点110～115℃。20℃时溶解度：水中为19 mg/L，乙醇中8.2 g/L，醋酸乙酯中25 g/L，二甲基甲酰胺中730 g/L。常温下贮存稳定在2年以上。难溶于正乙烷、水和乙醚，微溶于丙酮、氯仿，在贮存与使用条件下稳定，但在一定高温和阳光下则不稳定，有降解的可能。

作用特点　溴敌隆是一种适口性好、毒力强、靶谱广的第二代抗凝血高效杀鼠剂。它不但具备敌鼠钠盐、杀鼠醚等第一代抗凝血剂作用缓慢、不易引起鼠类惊觉、容易全歼害鼠的特点，而且具有急性毒性强的突出优点，单剂量使用对各种鼠都有效，还可有效地杀灭对第一代抗凝血剂产生抗性的害鼠。死亡高峰一般在取食后的4～6 d。

毒性　溴敌隆属高毒杀鼠剂。原药大白鼠急性经口致死中量(LD_{50})雄性为1.75 mg/kg，雌性为1.125 mg/kg，吸入致死中浓度(LC_{50})为200 mg/m^3。兔急性经皮LD_{50}为9.4 mg/kg。对眼睛有中度刺激作用，对皮肤无明显刺激作用。在试验剂量内对动物无致畸、致突变、致癌作用。三代繁殖试验和神经毒性试验中，未见异常。两年喂养试验无作用剂量大白鼠为10 μg/(kg·d)，犬为5～10 μg/(kg·d)。溴敌隆对鱼类和水生生物毒性中等；对鸟类低毒，野鸭LD_{50}为1 690 mg/kg。脊椎动物取食中毒死亡的老鼠后，不会引起二次中毒。

使用方法　防治高原鼢鼠，配成0.02％毒饵，按洞投放，每洞10 g。防治高原鼠兔可使用0.01％毒饵，每洞2 g。长爪沙鼠可使用0.01％毒饵，每洞1 g，也可以使用常规的0.005％毒饵，每洞2 g。达乌尔黄鼠使用0.005％毒饵，每洞20 g，也可采用0.007 5％毒饵，每洞15 g。

注意事项　①溴敌隆灭鼠效果很好，但在害鼠对第一代抗凝血性杀鼠剂未产生抗性之前，不必大面积推广。待第一代抗凝血性杀鼠剂产生抗性再使用该药会更好地发挥其特点。②高毒杀鼠剂，有二次中毒问题。避免药剂接触眼睛、鼻、口或皮肤，施药完毕后，施药者应彻底清洗。如发生误服中毒，不要给中毒者服用任何东西，不要使中毒者呕吐，应立即求医治疗，维生素K_1为有效解毒药。

8. 氟鼠灵($C_{33}H_{25}F_3O_4$)

通用名称：氟鼠灵，flocoumafen。别名：氟鼠酮、伏灭鼠、杀它仗、氟氧灵、氟羟香豆素。主要制剂：0.005％毒饵。

理化性质　纯品为淡黄色或近白色结晶粉末。密度1.23 g/cm^3，熔点161～192℃，常温下微溶于水，溶于大多数有机溶剂。

作用机制　是一种适口性极佳的第二代抗凝血杀鼠剂，对第一代抗凝血杀鼠剂产生抗性的害鼠有同等的效力。一次投饵就能控制各种鼠类，无二次中毒现象，对环境和人安全，适于各种场所灭鼠需要。

使用方法 投饵施药，防治家鼠 0.005%毒饵每间房 50 g 堆施，防治田鼠 0.005%毒饵 1～1.5 kg/hm^2 堆施。

注意事项 ①对鱼类、鸟类高毒，对犬敏感。②毒饵包装物及收集的死鼠应烧掉或深埋。③不要与粮食、种子、饲料放在一起。

9. α-氯代醇

通用名称：α-氯代醇 3-chloropropan-1,2-diol。主要制剂：1%饵剂。

理化性质 α-氯代醇原药外观为无色液体，放置后呈淡黄色，213℃时分解，熔点为 －40℃，密度为 1.317～1.321 g/cm^3；易溶于水和乙醇、乙醚、丙酮等大部分有机溶剂，微溶于甲苯，不溶于苯、四氯化碳和石油醚等非极性溶剂；常温下可稳定 2 年。

作用机制 α-氯代醇是一种雄性抗生育剂，能引起雄性大鼠、仓鼠、豚鼠等多种动物不育。其作用机制是其在附睾头处形成斑块，阻断(塞)输精小管，使雄鼠不能排精；并可能导致睾丸和附睾极度膨大，然后再萎缩，最终导致不育。其分子具有 *R* 型和 *S* 型异构体，生殖毒性作用由 *S* 型异构体引起，*R* 型异构体可导致大鼠肝脏损伤。

使用方法 采用饱和投饵法，用量参考推荐剂量。

注意事项 施药及储存应防止非靶标哺乳动物误服。

10. 雷公藤甲素

通用名称：雷公藤甲素，triptolide。主要制剂：0.25 mg/kg 颗粒剂。

理化性质 雷公藤甲素是环氧二萜类化合物，是从卫矛科植物雷公藤的根、叶、花及果实中提取的，纯品为白色或者类白色固体，熔点为 226～227℃；难溶于水，易溶于甲醇、二甲基亚砜、无水乙醇、乙酸乙酯和氯仿等。

作用机制 为植物性雄性不育杀鼠剂，其作用机制主要是抑制鼠类睾丸的乳酸脱氢酶，使附睾尾部萎缩，选择性的损伤睾丸生精细胞；产品中含有氯内酯醇、16-羟基丙酯醇、内酯酮、南蛇藤素等具有细胞毒性，对鼠类有慢性致死作用。

使用方法 饱和投饵投放施药，用量参考推荐剂量。

注意事项 哺乳动物误服后导致性成熟后大量形成的睾丸精子特异酶乳酸氢酶(LPH-C4)及排卵受抑制，从而抑制生育。

11. 莪术醇

通用名称：莪术醇，curcumol。主要制剂：0.2%饵剂。

理化性质 莪术醇为无色针状晶体，熔点为 143～144℃，易溶于乙醚和氯仿，溶于乙醇，微溶于石油醚，几乎不溶于水；在加热条件下，可发生变晶和升华现象。原药为白色固体粉末。

作用机制 莪术醇是从莪术挥发油中提取的倍半萜，属低毒植物源雌性不育杀鼠剂；具有适口性强、起效快、对环境无污染、对非靶标动物和人畜安全等优点。其作用机制是破坏雌性害鼠胎盘绒毛膜组织，导致流产、死胎、子宫水肿等，破坏妊娠过程，达到不育效果。

使用方法 防治森林、农田害鼠，饵剂 330 g/667 m^2 饱和投饵施药。

注意事项 可结合害鼠的取食特点选用饵剂或者采用母粉与害鼠喜食饵料如燕麦粉等制备饵粒，在害鼠受孕繁殖前投饵效果较佳，当年投饵受害鼠受孕繁殖时间影响亦可能在次年见效。

12. C 型肉毒梭菌毒素

通用名称：C 型肉毒梭菌毒素。主要制剂：3 000 毒价/g 饵粒，100 万毒价/mL 浓饵剂，

100 万毒价/mL 水剂。

理化性质　C 型肉毒梭菌毒素为大分子蛋白质，高纯度原药为淡黄色透明液体，冻干剂为灰白色块状或者粉末状固体；易溶于水，无异味；怕光怕热，在低温和无光照条件下可长时间保持毒力；在酸性(pH3.5～6.8)条件下稳定，碱性(pH10～11)下很快失活；在－15℃以下低温条件下可保持 1 年以上。该毒素固体状态比液体状态时抗热性能强。

作用机制　C 型肉毒梭菌毒素是一种蛋白质神经毒素，可经消化道和呼吸道黏膜甚至皮肤破损处侵入鼠体。毒素被机体吸收后，经循环系统作用于神经末梢抑制乙酰胆碱的释放，使鼠体产生软瘫现象，最后出现吸收麻痹，导致死亡，是一种极毒的嗜神经性麻痹毒素。

使用方法　饱和投饵投放施药，用量参考推荐剂量。

注意事项　①配制毒饵时不要在高温、阳光下搅拌；不要用碱性水，略偏酸性为宜，以防降低毒力，且要现配现用；由于毒素毒饵对鼠类适口性好，一般不加引诱剂。②使用及储存时注意防碱防热，干燥冷凉处储存。③对人畜毒性较高，大面积灭鼠时，万一误食，可用 C 型肉毒梭菌抗血清治疗。

思考题

1. 草地有害生物防治的基本措施有哪些？
2. 简述植物检疫的任务及构成植物检疫对象的条件。
3. 如何理解草地有害生物综合治理？
4. 试述农业防治的主要内容。
5. 如何利用牧草品种(种)的抗性进行草地有害生物防治？
6. 如何有效构建草地有害生物综合治理体系？

第八章

草地植物主要病害及防治方法

第一节 豆科牧草病害

一、苜蓿锈病

苜蓿锈病在世界各苜蓿种植区普遍发生，是苜蓿重要的茎叶病害之一。以色列、埃及、苏丹、南非、美国中南部(如佛罗里达州、亚拉巴马州、堪萨斯州)等国家和地区的苜蓿受害严重。在我国吉林、辽宁、内蒙古、河北、北京、山西、陕西、宁夏、甘肃、新疆、山东、江苏、河南、湖北、贵州、云南、四川、西藏和台湾等 19 个省份均有发生，但以甘肃陇东、宁夏盐池、内蒙古呼和浩特和赤峰一线及以南地区如陕西关中、山西晋南、江苏南京等地区病害发生严重。苜蓿锈病发生程度受苜蓿品种和环境条件影响十分显著。

苜蓿发生锈病后，光合作用下降，呼吸强度上升，并且由于孢子堆破裂而破坏了植物表皮，使水分蒸腾强度显著上升，干热时容易萎蔫，叶片皱缩，提前干枯脱落。病害严重时使干草减产 60%，种子减产 50%，瘪籽率高达 50%～70%，病叶的鲜重比健叶减少 44%，粗蛋白减少 18.2%，粗纤维增加 14.83%，病株可溶性糖类含量下降，总氮量减少 30%，病草适口性下降。有报道，感染锈病的苜蓿植株含有毒素，影响适口性，易使家畜中毒。

(一)症状

此病为害叶片、叶柄、茎及荚果均可表现症状，但主要出现在叶片背面。染病部位开始出现小的褪绿斑，随后隆起形成圆形、灰绿色疱状斑，这些疱状斑即是锈病的夏孢子堆和冬孢子堆，夏孢子堆肉桂色，冬孢子堆暗褐色，孢子堆的直径多数小于 1 mm。最后疱状斑破裂露出棕红色或铁锈色粉末，即为病菌的夏孢子和冬孢子。

苜蓿锈病的冬孢子萌发产生担孢子，担孢子侵染大戟属的乳浆大戟(*Euphorbia esula*)或柏大戟(*E. cyparissias*)等，使之产生系统性症状，植株变黄，矮化，叶形变短宽，有时枝条畸形或偶见徒长，病株呈扫帚状。叶片上初生蜜黄色小点，随后叶片背面密布杯状突起——锈子器，由此散出的黄色粉末即是将侵染苜蓿的锈孢子。

(二)病原

1. *病原形态*

苜蓿锈病由担子菌门锈菌目单胞锈菌属条纹单胞锈菌(*Uromyces striatus* Schroet.)或称条纹单胞锈菌苜蓿变种[*Uromyces stratus* var. *medicaginis* (Pass.) Arth.]侵染引起。病菌

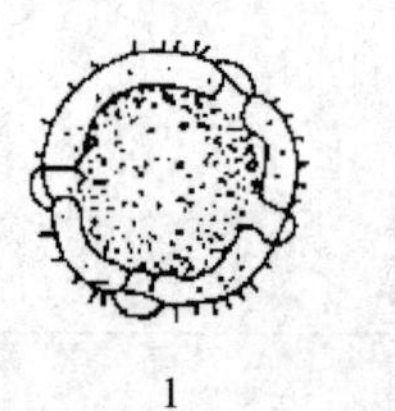
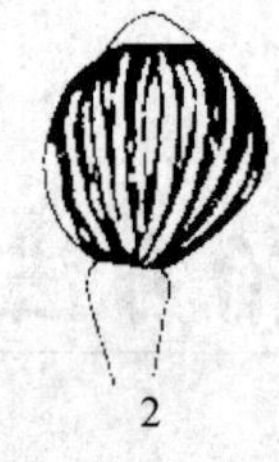

图 8-1 单胞锈菌属
(仿孙照芳和刘若)
1.夏孢子 2.冬孢子

夏孢子单细胞，球形至宽椭圆形，淡黄褐色，壁上有均匀的小刺，2～5 个芽孔，大小(17～27) μm×(16～23) μm，壁厚 1～2 μm。冬孢子单胞，宽椭圆形、卵形或近球形，淡褐色至褐色，壁厚 1.5～2 μm，外表有长短不一纵向隆起的条纹，芽孔顶生，外有透明的乳突，柄短，无色，多脱落，大小(17～29) μm×(13～24) μm。性子器生于大戟属植物叶背，性孢子单胞，无色，椭圆形，(2～3) μm×(1～2) μm。锈孢子球形至宽椭圆形，壁有明显的疣，内含物黄橙色，芽孔明显，大小(14～28) μm×(11～21) μm。见图 8-1。

2.生物学特性

此菌除侵染紫花苜蓿(*Medicago sativa*)外，还侵染镰荚苜蓿(*M. falcata*)、南苜蓿(*M. hispida*)、天蓝苜蓿(*M. lupulina*)、小苜蓿(*M. minima*)、杂花苜蓿(*M. media*)、蓝花苜蓿(*M. coerulea*)、胶质苜蓿(*M. glutinosa*)、平卧苜蓿(*M. prostrata*)、蒺藜状苜蓿(*M. tribuloides*)、皱纹苜蓿(*M. rugosa*)、皿形苜蓿(*M. scutellata*)、布朗其苜蓿(*M. blancheana*)等。该锈菌的转主寄主是乳浆大戟(*Euphorbia esula*)、柏大戟(*E. cyparissias*)、杰氏大戟(*E. gerardiana*)和多枝大戟(*E. virgata*)。

夏孢子发芽和侵入的适温为 15～25℃，最低温度 2℃，超过 30℃虽能萌发，但芽管畸形，到 35℃夏孢子便不能发芽。夏孢子发芽要求相对湿度不低于 98%，以水膜内的发芽率最高。

苜蓿锈菌冬孢子具“假休眠性”，即遇到寄主植物汁液(或分泌物)它们随时可以发芽，遇不到寄主植物汁液(或分泌物)又可以较长时期保持休眠状态。这说明寄主植物汁液中存在该菌冬孢子萌发的必需物质。

(三)发生规律

苜蓿锈菌借冬孢子或休眠菌丝在感病的寄主植物残体上或地下器官内越冬，在冬季较温暖的地区夏孢子也能越冬。在我国北方地区，苜蓿锈病发生的菌源除来自南方温暖地区的夏孢子，当地越冬菌源的作用也不容忽视。冬孢子越冬后萌发产生担孢子，侵染大戟属植物，在大戟属植物上产生性子器和锈子器，散出黄色粉末(锈孢子)，锈孢子侵染苜蓿，继而产生夏孢子。生长季节，苜蓿上产生的夏孢子借助气流传播，在田间进行多次再侵染，造成田间病害流行。

在灌溉频繁或降水多、结雾、有露，植物表面经常有液态水膜，气温在 15～25 ℃条件时，发病较重。内蒙古呼和浩特地区，受侵染的乳浆大戟，于 5 月中、下旬产生锈子器和锈孢子，传到附近苜蓿植株上，6 月上旬苜蓿锈病开始发生。病害高峰期一般出现在 7 月下旬至 8 月上旬以后。病害高峰出现的早晚以及病害程度的轻重，主要与当年 4～8 月的降水量及其分布有密切关系。降水量较多又分布较均匀的年份，病害高峰期出现较早，发病程度较重，反之病害高峰期较晚，发病较轻。

在北方较干旱的地区，不利于锈病的流行，只有在雨季来临的 7～8 月，才能满足夏孢子发芽侵入的湿度条件，所以病害流行期也多在 7 月中、下旬之后。另外，氮肥施用过量，草层稠密和倒伏，刈割过迟均可使此病加重为害。

(四)防治方法

(1)选用抗病品种　锈菌是一种严格寄生菌，对寄主有高度专化性，选用抗病品种防治此病是最有效的方法。据报道，勘利浦、莫伯、切罗克、阳高、咸阳、富平、武功、石家庄、草原2号、兰花、爬蔓等品种具有较强的抗锈病性；银川苜蓿、临洮苜蓿、新疆大叶等品种易感锈病。

(2)建立无病留种田　发病严重的草地应尽快刈割，不宜留种。

(3)合理施肥　科学增施磷、钾肥和钙肥，少施氮肥，可以提高苜蓿抗病性。

(4)合理排灌　勿使草层湿度过大，以减轻病害。

(5)适时早刈割或放牧　在苜蓿普遍发生锈病或发病之前，应提早刈割或放牧，减少田间病原物数量及增强植株自身的活力，降低再生牧草的发病率。

(6)铲除转主寄主　拔除田间带病乳浆大戟是防治苜蓿锈病的重要措施之一。

(7)化学防治　科研用地和制种田可选用代森锰锌、萎锈灵、氧化萎锈灵、三唑酮、福美双、戊唑醇、氟硅唑、代森锌、百菌清、甲基硫菌灵、烯唑醇等药剂交替喷雾防治。喷施浓度、间隔期、喷药次数根据药剂种类和病情而定。

二、苜蓿霜霉病

苜蓿霜霉病广泛发生于温带地区，在热带和亚热带高海拔地区也有发生，在我国不同海拔地区的苜蓿种植区黑龙江、吉林、辽宁、河北、内蒙古、山西、陕西、甘肃、青海、宁夏、新疆、江苏、浙江、四川、云南、广东等省份均有发生。发病严重时，发病率近乎100%，病情指数44.3，头茬草减产30%以上，种子产量和品质也受到严重影响。感染苜蓿霜霉病的苜蓿植株与健康植株相比，其株高下降10.40%～36.50%，鲜重下降18.61%～64.55%，分枝数下降4.92%～36.87%，生殖枝数下降17.90%～86.15%，花序数下降17.75%～87.50%，水分含量下降7.48%～43.02%，叶绿素含量下降28.42%～68.63%。

(一)症状

1.局部性症状

感病植株的叶片正面出现不规则形的淡绿色或黄绿色褪绿斑，病斑边缘不清晰，随病斑的扩大或汇合，以至整片小叶呈黄绿色，叶缘向下方卷曲。潮湿时叶背出现灰白色至淡紫色霉层，即病原菌的游动孢子囊梗和孢子囊。嫩枝、嫩叶症状明显。

2.系统性症状

感病植株节间缩短，茎变粗、扭曲畸形，全株矮化褪绿，潮湿时，叶背面亦布满灰白色至淡紫色霉层。重病株不能形成花序或发育不良，大量落花、落荚；严重时整个植株枯死。

(二)病原

1.病原形态

引起苜蓿霜霉病的病原有[*Peronospora aestivalis* Syd.，异名：三叶草霜霉菌(*P. trifoliorum* de Bary)，三叶草霜霉菌苜蓿专化型(*P. trifoliorum* f. sp. *medicaginis* de Bary)]和罗马尼亚霜霉(*P. romanica* Săvul. & Rayss)两种，均隶属于卵菌门(Oomycota)霜霉目(Peronosporales)霜霉科(Peronosporaceae)霜霉属(*Peronospora*)真菌。

苜蓿霜霉菌孢子囊单生或丛生，淡褐色，自气孔伸出，大小为(128～424) μm×(6～12) μm，平均238 μm×8.4 μm；主干直立，基部膨大，长72～288 μm，平均149 μm；上部二叉状分枝4～8次，呈锐角或直角，末枝直，呈圆锥状，稍弯曲，渐尖，长3～20 μm；孢子囊淡褐色、褐色，长椭圆形、长卵形、球形，大小为(16～30) μm×(16～22) μm，平均 24.4 μm×19.3 μm；藏卵器壁厚、光滑，近球形，黄褐色，直径为 36～44 μm；卵孢子壁厚、多光滑，球形，黄褐色，直径为 24～34 μm；多发现干枯死后的叶片组织内(图 8-2A)。罗马尼亚霜霉孢子囊单生或丛生，无色，自气孔伸出，大小为(256～520) μm×(4～12) μm，平均 373.3 μm×6.8 μm；主干直立，基部膨大或不膨大，长为 144～320 μm，平均 214.7 μm；上部二叉状分枝 4～7 次，呈锐角、钝角或直角，次分枝常弯曲，末枝直或弯，渐尖，长为 4～18 μm；孢子囊浅褐色或褐色，阔椭圆形或近球形，大小为(18～22) μm×(16～20) μm，平均 20.2 μm×17.8 μm，未见有性态(图 8-2B)。

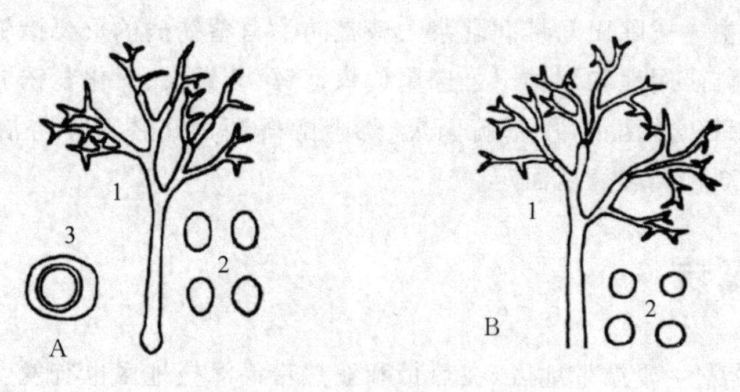

图 8-2　苜蓿霜霉菌(仿李春杰)

A. 苜蓿霜霉　B. 罗马尼亚霜霉

1. 孢子囊梗　2. 孢子囊　3. 卵孢子

2. 生物学特性

苜蓿霜霉菌可以寄生紫花苜蓿(*Mediago sativa*)、南苜蓿(*M. hispida*)、杂花苜蓿(*M. varia*)、黄花苜蓿(*M. falcata*)和杂种苜蓿(*M. falcata*×*M. sativa*)等。罗马尼亚霜霉可侵染天蓝苜蓿(*M. lupulina*)。该病菌为严格的寄生菌，尚未有人工分离、培养成功的报道。病原菌需要保存在温室内的苜蓿活株上。苜蓿霜霉孢子囊萌发的适宜温度为 15～21℃，最适温度为 18℃；孢子囊在相对湿度 10%时萌发率为 51.6%，相对湿度低于 95%时不能萌发：孢子囊萌发的适宜 pH 为 6.15～7.69，最适 pH 为 6.91。苜蓿叶片汁液对孢子囊的萌发有较强的促进作用。24 h 后蒸馏水中的孢子囊萌发率为 25.5%，稀释 5 倍的苜蓿叶片汁液中的孢子囊萌发率高达 39.3%。蔗糖液和土壤浸提液对孢子囊的萌发无明显的刺激作用。经越冬处理的卵孢子在 20℃时萌发率最高。

(三) 发生规律

1. 侵染循环

病菌以菌丝体在系统侵染的苜蓿病株地下部分越冬，或以卵孢子在病残体内越冬，混入种子间的卵孢子是远距离传播的重要途径。翌春随着苜蓿植株返青生长，感病植株表现症状，产生游动孢子囊随风传播，或卵孢子萌发产生芽管或游动孢子引起初次侵染。游动孢子囊的产生要求黑暗和接近 100%的相对湿度。在田间，游动孢子囊借风和雨水滴溅传播。游动孢子萌发必须有液态水存在，发芽温度 4～29℃，最适温度 18℃。发芽管通常形成吸器直接侵入寄主表皮或通过气孔侵入。幼嫩组织易受侵染，一般 5 d 可以完成一个侵染循环。温凉潮湿，雨、雾、结露频繁的气候条件有利于此病的发生，炎热干燥的夏季停止发病。在川塬灌区和阴湿地区，甘肃河西地区、临夏州发病较早，始发于 4 月下旬至 5 月上旬，一般在 6 月初和 7 月底有 2 个发病高峰，8 月下旬病害基本停止发展。各茬苜蓿均易感染霜霉病，在我国北方，第一茬草受害较重。

新疆农业大学2003—2005年连续3年在呼图壁对苜蓿霜霉病病情发展动态的调查表明：连续3年病害发生动态没有一致性的波动起伏，主要原因是3年的气候条件各不相同，尤其是降雨量差别较大。

2.栽培管理措施对苜蓿霜霉病发生的影响

作为制种田，种植一年的新疆大叶苜蓿前期较感霜霉病，而后期则表现与种植3年的新疆大叶对苜蓿霜霉病的抗病性没有明显差异；作为打草田，相同或不同品种霜霉病的发生并不因种植年限增加而明显加重。不同施肥水平对苜蓿霜霉病抗性差异不显著。

(四) 防治方法

(1)选用抗病品种　苜蓿中阿尔古奎斯、巴瑞尔、阿毕卡、安古斯、日本1品种、伊鲁瑰斯、布韦兹、托尔、81-69美国、CP4350萨蓝纳斯、贝维、润布勒、兰热来恩德和威斯康星等14个品种属免疫类群；普劳勒、班纳、L2-1079匈牙利和兴平4个品种属高抗类群；肇东、陇中和陇东3个品种属高感类群；78-27捷克、阿波罗、准格尔、陕北和河西5个品种属极感类群。绝大多数极感品种和所有高感品种均为国内品种，而所有免疫品种和绝大多数高抗品种为国外引进品种，这种由于品种的来源不同而引起的抗病性差异很可能与苜蓿霜霉菌的高度寄生专化性有关。国内抗霜霉病的苜蓿品种有中兰1号和新牧4号。

(2)牧草混播　不同种类的牧草，特别是豆科与禾本科牧草混播，可提高土壤肥力，增加牧草产量，既是草地生产中的常用措施，也是防治牧草病害的有效方法。

(3)改进草地管理措施　实行宽行条播，有利于草地通风透光；春季苜蓿返青后应及时拔除系统发病的病株，头茬草应尽早刈割或放牧，有利于降低下茬牧草的发病率；增施磷、钾肥，施用根瘤菌，有利于增强牧草的抗病性；搞好田园卫生，有利于压低田间菌源；对于受害过重、已严重退化，无法长期轮作的草地，应采取倒茬措施：低刈→深翻→非寄主作物(如小麦)倒茬→深翻→重新建植草地。

(4)化学防治　对于科研用地和制种苜蓿田，在发病前，喷施一定量的草酸可诱导苜蓿对霜霉病的抗性；发病初期，建议甲霜灵、甲霜灵·锰锌、霜霉威、代森锌、三乙膦酸铝等交替使用，对苜蓿霜霉病均有较好的防治效果。以上药物在必要时可每隔7～10 d施药1次。对于大范围的刈牧用草地可用杀菌剂拌种。用种子重量0.2%～0.3%的25%甲霜灵可湿性粉剂或种子重量0.4%～0.5%的50%多菌灵可湿性粉剂处理种子可减轻苗期病害。

三、苜蓿白粉病

苜蓿白粉病是苜蓿常见病害，许多国家和地区都有发生。美国、意大利、俄罗斯、日本、新西兰等国家都有报道。在我国的甘肃、吉林、山西、安徽、四川、新疆、北京、河北、西藏、贵州、云南等地均有发生，有些地区为害严重，且有逐年加重的趋势，给苜蓿生产尤其是苜蓿种子生产带来严重威胁。感病后的苜蓿与健康植株相比，其消化率下降14%，粗蛋白减少16%，草产量降低30%～40%，种子产量降低41%～50%，牧草品质低劣，适口性下降，种子生活力降低，家畜采食后，能引起不同程度的毒性危害。在新疆南北疆为害苜蓿的白粉病菌是豆科内丝白粉菌和豌豆白粉菌，而其中豆科内丝白粉菌在北疆大部分地区引起发病，发病率较高，普遍达到5%～15%，重者达到100%，在南疆发病率较低，通常在1%以下，而由豌豆白粉菌引起的白粉病发病率低，危害不大。

(一)症状

苜蓿白粉病主要发生在苜蓿叶片正、反两面，茎、叶柄及荚果上。发病后，最初出现小的圆形病斑，病部有一层丝状白色霉层，后病斑逐渐扩大，相互汇合，最后覆盖全部叶片。由豌豆白粉菌引起的白粉病形成的霉层稀薄，后期在霉层表面着生黑色小点，即病菌的闭囊壳；而由豆科内丝白粉菌引起的白粉病形成的霉层较厚，呈毡状，后期在霉层内生有橙黄色至黑色小点，也为病菌的闭囊壳。

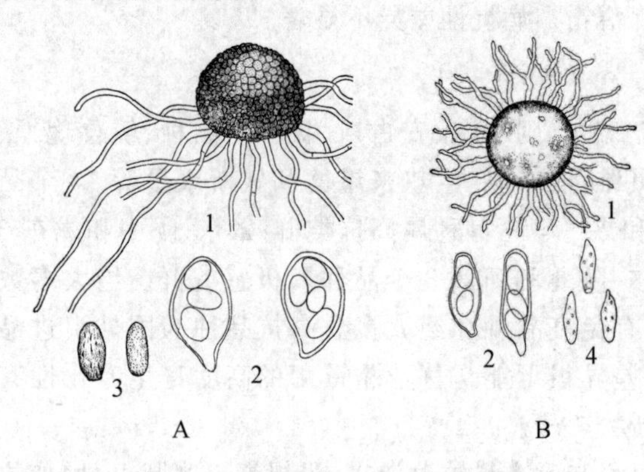

图 8-3　苜蓿白粉病菌(仿赵震宇)

A. 豌豆白粉菌　B. 豆科内丝白粉菌

1. 闭囊壳　2. 子囊和子囊孢子

3. 分生孢子　4. 初生分生孢子

(二)病原

1. 病原形态

病原主要有两种：一种是豌豆白粉菌(*Erysiphe pisi*)。菌落生于叶两面，分生孢子单胞、长椭圆形，呈链生。大小(29～41.3) μm×(12.4～19.8) μm。闭囊壳散生，球形、扁球形，黑褐色，大小 91～114.6 μm。壳壁细胞小、多角形，大小 4～8.3 μm。附属丝丝状，子囊 3～11 个，子囊长椭圆形、有短柄，内有子囊孢子 3～6 个(图 8-3A)。另一种是豆科内丝白粉菌(*Leveillula leguminosarum*)。其菌丝体先寄生在寄主组织内，将要形成子实体时，始产生大量气生菌丝。分生孢子单胞，椭圆形，大多单个着生于分生孢子梗上，极少串生，大小(40～80) μm×(12～16) μm。闭囊壳埋生于菌丝体中，扁球形，褐色，壳壁不光滑，附属丝丝状、较短，直径 130～240 μm，壳壁细胞较大、多角形，直径 13～17 μm。闭囊壳内有许多子囊(可多达几十个)，子囊孢子大多数是两个(图 8-3B)。

2. 生物学特性

(1)苜蓿白粉菌闭囊壳越冬成活率　在新疆，埋于 5 cm、10 cm 的病残体上有部分子囊存活，具有侵染能力；而埋于 15 cm、20 cm、25 cm 的病残体在土壤中已基本上腐烂，子囊已完全失去活性；在室温、冰箱(4℃)保存及田间自然越冬情况下病残体的闭囊壳内子囊成活率均较高，最高达到 38%，而在甘肃等地以成熟的闭囊壳在病叶上越冬、室外自然条件下越冬的子囊孢子存活率达 80%。

(2)寄主范围　豆科内丝白粉菌寄主范围包括苜蓿属、黄芪属、红豆草属、野豌豆属、鹰嘴豆属、槐属等。有严格的寄生专化性，但研究还很不充分。豌豆白粉菌寄生在苜蓿属、三叶草属、草木樨属、野豌豆属、红豆草属、黄芪属等豆科植物上。此外，还危害蓼科、十字花科、大戟科、毛茛科、旋花科、菊科、唇形科等的上百种植物。也有很强的寄生专化性。

(三)发生规律

苜蓿白粉病菌以闭囊壳在病株残体上越冬，以子囊孢子进行初侵染。或以休眠菌丝越冬，次春于苜蓿返青生长后，在返青幼苗上继续生长蔓延。气温 20～25℃，大气相对湿度在 50%～70%时开始发病。生长季节内以分生孢子随气流传播进行多次再侵染。分生孢子数量大，在适宜条件下很快造成病害流行。

日照充足，多风，土壤和空气湿度中等，海拔较高等环境有利于此病发生。草层稠密，遮阴，刈割利用不及时，草地年代较长或卫生措施缺乏，都会使此病发生严重。过量施用氮肥可使病情加重，磷、钾肥比例合理施用，有助于提高抗病性。土壤含水量在40%以下时发病轻。接种白粉病菌后感病品种与中感品种及抗病品种间叶绿素含量差异显著，叶绿素含量随接种时间的延长和发病程度的增加而显著降低。

在新疆，苜蓿白粉病自6月初出现零星病株，后随气温上升和苜蓿生育期的推进呈现缓慢上升趋势，8月下旬达到发病高峰期，且逐年加重。其主要影响收种田苜蓿的后期生长，若为收草田，则对二茬苜蓿后期和三茬苜蓿有影响。川塬灌区偶有发生，且以一年生和第二茬为最严重。

在甘肃，苜蓿白粉病一般在7月下旬至8月上旬苜蓿生长的中后期开始发生，8月下旬至9月上旬为发病高峰期，同时也是病原物开始出现黑色成熟闭囊壳的时期，此时有成熟闭囊壳的病叶占总病叶数的20%～30%。对于收种田品种间对白粉病抗性差异显著，而作为收草田，相同或不同品种白粉病的发生并不因种植年限增加而明显加重。

(四)防治方法

(1)培用抗病品种　新牧1号、苜蓿王、公农1号、天水苜蓿、庆阳苜蓿、阿尔冈金、巨人201、金皇后等品种对白粉病具有较强抗病性。

(2)适时刈割　在病原菌的闭囊壳未形成或刚开始形成，但还未大量成熟时，将田间的牧草刈割干净，不留残株，以减少越冬病原。由于白粉病为气传病害，所以，刈割时应大面积连片进行，以减少田块间的相互传染。牧草收获后，在入冬前应清除田间枯枝落叶或焚烧残茬，以减少翌年的初侵染源。

(3)化学防治　70%甲基硫菌灵可湿性粉剂1 500倍液、15%三唑酮可湿性粉剂800倍液或2.5～3 kg/667 m^2胶体硫或高脂膜200倍液喷雾有显著防效，一般10 d 1次，连续3次。发病初期或前期采用药剂防治比后期防效好。

四、苜蓿褐斑病

苜蓿褐斑病(普通叶斑病)是一种世界性病害，是我国各苜蓿产区，特别是西北地区最严重的病害之一，常造成牧草产量的较大损失，以及干草和种子品质的降低。另外，家畜采食后会引起流产、不育等疾病，对畜牧业有较大影响。目前该病在我国新疆、甘肃、宁夏、陕西、内蒙古、吉林、河北、山西、山东、湖北、江苏、云南等省份均有报道，是我国苜蓿生产中常见且危害性较大的病害之一。在新疆，苜蓿褐斑病在北疆严重发生或中度发生，病叶率为54.7%～100%，病情指数为16.8%～90.1%；在甘肃祁连地区，苜蓿褐斑病发生严重，落叶率达50%以上，牧草减产15%～40%，种子减产25%～57%，粗蛋白质含量下降16%，可消化率下降14%左右；北京及周边地区重病地发病率可达80%以上，落叶率达60%以上，减产40%～60%。褐斑病使苜蓿病叶中粗蛋白含量减少25%，减少的幅度与病害严重度呈正相关。

(一)症状

该病主要发生于叶上，也可为害茎部，感病叶片初期出现褐色圆形小点状的病斑，边缘光滑或呈细齿状，直径0.5～3 mm，多不互相汇合，后逐渐扩大，多呈圆形；后期病斑上有褐色的盘状隆起物(子囊盘),病斑大小一般为0.5～4 mm。病斑多半先发生于下部叶片和茎上,感病严重的植株上病斑密布整个叶片,导致叶片变黄、皱缩,并提前凋萎、脱落。茎部病斑为长形,黑褐色,边缘整齐。

(二)病原

病原为子囊菌门假盘菌属的苜蓿假盘菌[*Pseudopeziza medicaginis* (Lib) Sacc.],异名:三叶草假盘菌[*P. trifolii* (Biv. ex Fr.) Fuckel f. sp. *medicaginis-sativae* Schmiedeknecht]。病菌的子座和子囊盘生于叶片上面的病斑中央部位,一般单生,也有少数几个聚生,初埋生于表皮下,成熟时子实层突破表皮,子囊盘直径为370～640 μm,子囊暴露。子囊棒状,无色,大小(55～78) μm×(8～10) μm。子囊间夹生比子囊细而略长的侧丝,通常无隔,顶端常略膨大。子囊内有8个子囊孢子,排成1～2列。子囊孢子单胞,无色,卵形至椭圆形,有时内含2个油滴状物,大小(8～12) μm×(4～6) μm(图8-4)。在自然状态下未见此菌的分生孢子阶段。此菌在人工培养基上生长较慢。

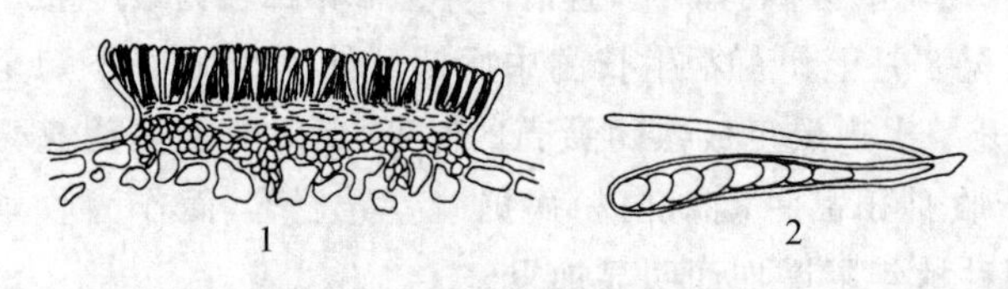

图8-4　苜蓿假盘菌(仿刘若)

1.子囊盘　2.子囊、子囊孢子、侧丝

苜蓿假盘菌子囊孢子萌发温度为6～25℃,最适温度为15～20℃,高于30℃时萌发率很低,芽管生长温度为10～30℃,最适温度为20℃,24～36 h内萌发并侵入寄主后,经过20～25 d生长发育才能形成成熟的子囊盘。苜蓿假盘菌在田间最适侵染温度为10～20℃,25～28℃时侵染减退,28℃以上停止侵染。

苜蓿假盘菌的寄主有小苜蓿(*Medicago minima*)、南苜蓿(*M. hispida*)、镰荚苜蓿(*M. falcata*)、细齿苜蓿(*M. caerulea*)等以及白花草木樨(*Melilotus albus*)、红豆草(*Onobrychis viciifolia*)、胡卢巴(*Trigonella foenum-graecum*)、蓝胡卢巴(*T. caerulea*)、长柔毛野豌豆(*Vicia villosa*)、红车轴草(*Trifolium pratense*)、白车轴草(*Trifolium repens*)等。

(三)发生规律

病原菌以子囊盘在田间病残体上越冬。翌春,随着苜蓿的返青生长,越冬的病菌遇适宜的温、湿度条件,子囊孢子便从子囊中弹射出来,随风传到新叶上,发芽侵入苜蓿植株,引起发病。苜蓿生长季节,病害可发生多次再侵染。当相对湿度达58%～75%、日均温在15～30℃、旬均温为10.2～15.2℃时,褐斑病开始流行。当温度达16～17℃、相对湿度为79%～97%时,几天之内就造成大流行。降水和结露加速此病发生,大量灌水使病情严重。湿度是该病发生的重要条件,宽行播种和干旱、无灌溉条件的地区,发病较轻。此病主要在生长季节的中后期发生严重,发病盛期从7月中旬到9月下旬,对第二、三茬苜蓿危害较大。

(四)防治方法

(1)选用抗病品种　不同苜蓿品种对褐斑病的抗性有显著差异,蒂坦、拉达客、特里伏衣斯、苏诺拉、费纳尔、杜普梯、弗拉曼迪、艾莫拉得等品种均较抗病。抗褐斑病品种的主要来源是比利时的弗来米斯类型。

在甘肃中部干旱、半干旱地区,引进品种雷西斯抗性较高,霍纳伊、伊鲁瑰斯、81-98拉达克、80-85丹麦苜蓿、公农1号、富平苜蓿等均表现程度不同的抗病性;在内蒙古锡林浩特观察,加拿大的润布勒苜蓿、荷兰的向阳6号及我国渭南苜蓿、沂阳苜蓿等比较抗病。

(2)加强栽培管理　在病害没有蔓延时应及早刈割，以减少牧草的损失。与禾本科牧草混播，实施宽行条播，可显著降低发病率。合理进行肥水管理，控制田间湿度；清除病株残体和杂草，减少来年的初侵染源。

(3)化学防治　在病害发生初期，喷施75%百菌清可湿性粉剂500～600倍液、50%苯菌灵可湿性粉剂1 500～2 000倍液、70%代森锰锌可湿性粉剂600倍液、70%甲基硫菌灵可湿性粉剂1 000倍液、50%福美双可湿性粉剂500～700倍液。7～10 d 1次，视病情发展防治1～3次。

五、苜蓿轮纹病

苜蓿轮纹病也叫苜蓿春季黑茎病和茎点霉叶斑病，广泛分布在欧洲和美洲，其他苜蓿种植区也有报道。在美国和加拿大的温带地区是苜蓿的毁灭性病害，严重发生时，使美国犹他州的苜蓿干草减产40%～50%，种子减产32%，发芽率下降28%，病株种子的千粒重仅为健株的33.8%。我国吉林、河北、内蒙古、甘肃、宁夏、新疆和贵州等省份都有发生，种子可以带菌。在甘肃中部夏季凉爽而又较多雨的山区，如榆中北山、静宁、会宁等地发生较严重。因多发生于春季，以黑茎症状为主，故称春季黑茎病。

(一)症状

该病可侵染和危害苜蓿的叶、茎、荚果以及根颈和根上部。病株叶片上病斑近圆形或不规则形，多发生于叶缘或小叶尖端，直径为2～10 mm。病部褐色，后期变浅，边缘不清晰。病斑上微具轮纹并有小黑点，即病原的分生孢子器。叶片上往往仅有少数(1～3个)病斑，病斑周围的组织往往枯死。

茎和叶柄上的病斑呈长形或不规则形，深褐色至黑色，稍凹陷，扩展后可环绕茎部一周。植株下部茎大面积变黑，后期病斑中央色变浅，低温低湿条件下，病斑上产生许多小黑点状分生孢子器，常使茎开裂呈"溃疡状"，或使茎环剥死亡。

根部受侵染，病菌还可扩展到根颈和根的上部，引起腐烂。

(二)病原

病原为半知菌类茎点霉属的苜蓿茎点霉(*Phoma medicaginis* Mallbr. & Roum. var. *medicaginis* Boerema)，异名：苜蓿草茎点霉(*Phoma herbarum* var. *medicaginis* West. ex Rabenh.)、不全壳二孢(*Ascochyta imperfecta* Peck.)。

分生孢子器球形、扁球形，散生或聚生于越冬的茎斑或叶斑上，突破寄主表皮，器壁淡褐色、褐色或黑色，膜质，直径93～234 μm。当分生孢子器被放入水中，分生孢子在黏稠的胶质物中，呈牙膏状或楔形自孔口排出。分生孢子无色，卵形、椭圆形、柱形，直或弯，末端圆，多数为无隔单胞，少数双胞，分隔处缢缩或不缢缩，大小(4～15) μm×2.5 μm(图8-5)。据报道，其有性阶段为 *Pleospora rehiana*(Stariz.)Sacc，但未被证实。

在马铃薯葡萄糖琼脂(PDA)培养基上，菌落橄榄绿色至近黑色，有絮状边缘。在温度为18～24℃时，产生大量分生孢子器和器孢子。感病的叶片和茎放入温室内也容易产生分生孢子器和孢子。

此病菌除为害苜蓿外，还可感染草木樨属、三叶草属、蚕豆、豌豆、菜豆、扁蓿豆、大翼豆、鹰

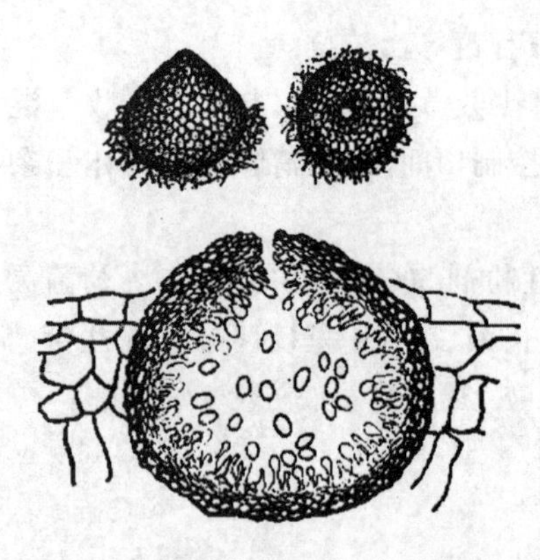

图 8-5 苜蓿轮纹病菌（仿许志刚）
茎点霉属分生孢子器及分生孢子

嘴黄芪、百脉根、山黧豆、小冠花等，但有些人认为寄生在三叶草上的种与苜蓿上的种不同。

（三）发生规律

病菌主要以分生孢子器在病残体上越冬，感染的根颈和主根上部也是病原菌越冬载体。种子可以带菌，病菌以菌丝侵染种皮，其带菌率高达 83%。春季，病残体上的分生孢子器遇雨水，孢子便从中渗出，被水、风或昆虫传播到新的植株上，引起初次侵染。雨露对孢子的释放与造成侵染是必要条件。生长季节分生孢子器很少在寄主病斑上形成，故第一茬草通常受害最重，冷凉潮湿的秋季病害再次严重发生，发病适温 16～24℃。

（四）防治方法

(1)选用抗病品种　目前，尚无对本病高抗品种可用，但有些中等抗病的品种，如美国的 A-169、A-155、智利、格林、达科他等普通品种和蒂坦比较抗病。甘肃中部地区，多叶苜蓿、察北苜蓿、奇台苜蓿、雷西斯、庆阳苜蓿、沙湾苜蓿、公农 1 号等也表现中等抗病。

(2)严把种子质量关，使用无病良种　在干燥地区生产种子，可大大降低其带菌率。对潮湿地区生产的种子，应使用福美双、甲基硫菌灵等杀菌剂进行种子处理。

(3)改进草地管理措施　提早刈割发病草地，以减少叶片损失。秋冬季节田间燃烧病株残体，以消灭或减少越冬菌源。与禾本科牧草混播可明显减少发病。轮作，增施磷、钾肥等也都有一定的防病效果。

(4)药剂防治　病害发生初期，可用代森锰锌、福美双等进行茎叶喷雾。7～10 d 1 次，视病情发展防治 1～3 次。

六、苜蓿镰刀菌根腐病

苜蓿镰刀菌根腐病又称镰孢根腐病。广泛发生于世界各地。由于该病造成苜蓿根系及主根腐烂，但不致很快造成植株死亡，易为生产者所忽视，但在干旱、低温或其他逆境条件下，病株常常死亡，是造成苜蓿草地提前衰败的主要原因。在美国南部和西南部，由苜蓿尖镰孢引起的萎蔫病是一种严重的病害。我国主要分布在新疆、甘肃、内蒙古、吉林和北京等地，甘肃武威、榆中等地发生较重。

（一）症状

(1)地上部症状　早期苜蓿返青季节即可表现症状，感病植株比健株发芽延迟 20 d 左右，分蘖茎数明显减少，植株稀疏，生长缓慢。生长旺期，感病植株起初个别枝叶或植株的一侧枝梢萎蔫下垂，叶片变黄枯萎，常有红紫色变色。发病植株随病害发展，地上部生长不良，叶片由外向里逐渐变黄，最后整株枯死。

(2)根部症状　病菌主要侵染根部，发病初期根部产生水渍状褐色坏死斑，主根导管呈红褐色至暗褐色条状变色，横切面上出现小的部分或完整的变色环。严重时整个根全部死亡，腐烂、中空，仅残留纤维状维管束。湿度大时，根茎表面产生白色霉层，即病菌的菌丝体和分生孢子，根易从土中拔起。

(二)病原

苜蓿镰刀菌根腐病菌属半知菌类镰孢属。引起苜蓿根腐病的镰刀菌主要有三种：尖镰孢(*Fusarium oxysporm*)、燕麦镰孢(*F. avenaceum*)和腐皮镰孢(*F. solani*)。但甘肃定西市的苜蓿根和根颈腐烂病的优势病原菌为尖孢镰刀菌(*F. oxysporm*)、锐顶镰刀菌(*F. acuminatum*)和半裸镰刀菌(*F. semitectum*)。

(1)苜蓿尖镰孢[*Fusarium oxysporium* Schlecht. ex Fr. f. sp. *medicaginis* (Weimer) Snyder & Hans] 在大多数培养基上能迅速生长，培养物毡状到絮状，菌丝无色，菌落从无色到淡橙红色或蓝紫色或灰蓝色，依培养基和温度而异，生长适温25℃左右。小分生孢子无色，一般无隔，卵形到椭圆形或柱形，(5～12) μm×(2.2～2.5) μm。大分生孢子无色，镰刀形，(25～50) μm×(4～5.5) μm，两端稍尖，一般有3隔。孢子着生于侧生的分生孢子梗上或分生孢子座中。厚垣孢子间生或端生，一般单生或双生，大小7～11 μm(图8-6)。

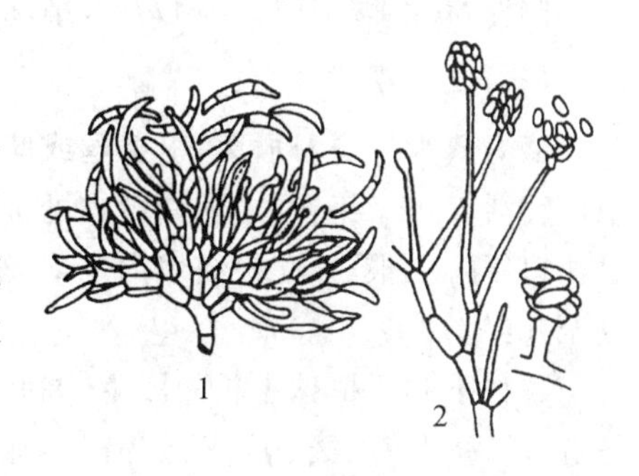

图8-6 镰孢霉属(仿许志刚)

1. 分生孢子座和大型分生孢子
2. 分生孢子梗和小型分生孢子

该菌主要侵染紫花苜蓿，人工接种时可侵染冬箭筈豌豆、春箭筈豌豆和豌豆。

(2)腐皮镰孢[*F. solani* (Mart.) App. et Wollenw.] 分生孢子着生于子座上，近纺锤形，稍弯曲，两端圆形或钝锥形，足细胞不明显，有3～5个隔膜。大量存在时呈淡褐色至土黄色。3隔分生孢子(19～50) μm×(3.5～7) μm；5隔分生孢子(32～68) μm×(4～7) μm。厚垣孢子顶生或间生，褐色，单生，球形或洋梨形，单胞者8 μm×8 μm，双胞者(9～16) μm×(6～10) μm，平滑或有小瘤。

菌丝生长的温度范围为8～38℃，最适20～28℃；产生分生孢子的温度范围为10～38℃，最适25℃；分生孢子萌发的温度范围为8～38℃，最适25～32℃。在pH5～10的范围内该菌均能生长和产孢，菌丝生长最适pH5～9；分生孢子产生和萌发最适pH6～7。分生孢子在饱和湿度或水滴中萌发快，相对湿度低于85%时不能萌发。光照处理对该菌生长无显著影响。分生孢子的致死温度为50℃ 10 min或55℃ 5 min，菌丝体的致死温度为60℃ 30 min或65℃ 5 min。

该菌侵染苜蓿、三叶草属、羽扇豆、草木樨、菜豆。人工接种也侵染豌豆。

(3)燕麦镰孢[*F. avenaceum* (Fr.) Sacc.] 菌丝体白色，带洋红色，棉絮状，基质红色至深琥珀色。分生孢子着生于子座和孢子梗束上，孢子细长，镰形至近线状，弯曲较大，顶细胞窄，稍尖，足细胞明显，0～7个隔膜，多数为3～5个，尤以5隔者更为多见，大小(22～74) μm×(2.3～4.4) μm。

燕麦镰孢寄生于麦类、玉米、高粱、谷子等禾本科作物，引起根腐；也寄生于蚕豆、苜蓿、三叶草等豆科植物，引起根腐。人工接种豌豆、羽扇豆、菜豆、紫云英等均能引起基腐或根腐。

(4)锐顶镰孢菌(*F. acuminatum*) 在PSA培养基上气生菌丝茂密，绒状，在Bilai's和WA培养基上菌丝少，菌落白色，在米饭培养基上产生枣红色色素。无小型分生孢子，大型分生孢子的形态较为一致，镰刀形，弯曲，中间细胞明显膨大，顶细胞延长呈锥形，腹背双曲线弯曲不明显，3～6隔，多为4～5隔。产孢细胞单瓶梗，厚垣孢子多串生，也有单生、顶生。

(5)半裸镰孢菌(*F. semitectum*)　在PSA培养基上气生菌丝茂密，初为白色，后浅驼色。在Bilai's和WA培养基上菌丝稀疏，白色。在米饭培养基上为浅驼色。小型分生孢子少见，大型分生孢子有2种形态：一为纺锤形，两端楔形，多为3～5隔，大小为(16.0～64.5) μm×(3.2～5.7) μm；二为镰刀形，顶端楔形，基胞有明显足孢，3～8隔，产孢细胞有2种，即多芽生和复瓶梗，厚垣孢子球形，多串生、间生或顶生。

此外，粉红镰孢(*F. roseum*)、串珠镰孢(*F. monififorme*)也可引起苜蓿根腐。

(三)发生规律

镰刀菌为土壤习居菌，以菌丝或厚垣孢子在病株残体或土壤中越冬，病菌厚垣孢子在土壤中可存活5～10年，种子和粪肥也可带菌传播，是主要初侵染源。病菌可以直接侵入小根或通过伤口侵入主根，并在根组织内定殖，小根很快腐烂，主根或根颈部位病害发展慢，腐烂常需数月至几年。

各种不利于植株生长的因素，如叶部病害、地下害虫、频繁刈割、土壤过干或过湿、早霜、严冬、缺肥、寡照、土壤pH偏低等都会加快根腐病的发展。土温在25～30℃时，最适宜此病发生。土壤湿度大，地下害虫发生多，连作地块往往发病较重。

根结线虫、丝核菌和茎点霉等病原物常伴随发生，使病情复杂和严重化，有时难以分清哪个是真正的或主要的病原物，因此，笼统称之苜蓿综合性根腐病或颈腐病。

(四)防治方法

(1)培用抗病品种　培育和使用抗病品种，是防治苜蓿镰刀菌根腐病切实可行的措施。目前，生产上可选用CW227、CW301、CW400、WL232HQ、WL324等品种。其他抗性较强的品种还有维拉、德福、巨人201、草原2号、塞特、阿尔冈金、图牧2号、甘农2号等。

(2)改进草地管理措施　选择地势较高，排水良好的沙壤土或壤土地种植苜蓿；发病严重的地块可实行3～5年的轮作；加强田间管理，及时清除病残体，并集中销毁；生长期适时浇水施肥，保持适当的土壤肥力，特别注意保证钾肥的水平，促进根系生长；及时防治地下害虫及线虫，减少伤口侵染；刈割时间要适当，不宜频繁刈割。

(3)化学防治　种子处理：用种子重量0.3%的70%土菌消可湿性粉剂与40%拌种双可湿性粉剂等量混合后拌种，可避免种子带菌。药剂灌根：发病初期，可选用50%多菌灵可湿性粉剂500倍液，或50%甲基硫菌灵可湿性粉剂500倍液灌根，10～15 d 1次，视病情发展防治1～3次。

七、苜蓿斑枯病

苜蓿斑枯病也叫苜蓿壳针孢叶斑病。我国的吉林、内蒙古、甘肃、宁夏等省份时有发生。在气候较寒冷的内蒙古锡林浩特地区，常见此病发生，其危害情况与褐斑病相近，是当地两种最主要的苜蓿叶病。在甘肃静宁、西峰等地有时发病也较重，其他地区一般危害较轻。

(一)症状

主要危害叶片,开始在叶片上形成近圆形的褐色小斑,以后随病斑扩大,逐渐变为灰白色至近白色,形状近圆形或不规则形,直径 1～6 mm,病斑中央有 1～2 个不整齐的褐色环纹,散生许多黑褐色小点,即病原菌的分生孢子器。病斑外有明显的褐色边缘。

图 8-7　苜蓿壳针孢(仿许志刚)
分生孢子器和线形分生孢子

(二)病原

由半知菌类壳针孢属的苜蓿壳针孢(*Septoria medicaginis* Rob. et Desm.)侵染引起。分生孢子器叶两面生,散生,初埋生,后突破表皮,扁球形至近球形。器壁褐色,膜质,直径 80～128 μm。分生孢子针状至鞭形,无色,微弯,一般 3～7 个隔膜,大小(50～130) μm×(2.5～3) μm(俄罗斯资料为 20 μm×3 μm),基部近截形,顶端略钝(图 8-7)。

(三)发生规律

病原菌以菌丝或分生孢子器在病残体上越冬。次年春季,苜蓿返青后遇到适宜的温、湿度条件,释放出分生孢子,随风、雨、昆虫传播,先侵染植株下部叶片,引起初次侵染。生长季节可不断产生分生孢子重复侵染,病害逐渐向植株上部蔓延。

(四)防治方法

参看苜蓿褐斑病、苜蓿轮纹病等其他叶斑病的防治措施。

八、苜蓿花叶病

花叶病是苜蓿的重要病害,在我国西北、华北地区发生较为普遍,局部区域苜蓿花叶病发病率达 50%以上。受病毒感染的苜蓿植株蛋白质含量下降,牧草干重降低,根瘤数和花粉萌发率降低,植物雌激素积累,严重影响牧草的产量及品质,造成鲜草损失和种子减产,易受干旱或霜冻的危害,易被其他病害侵染;同时,苜蓿感染病毒后,终生带毒,作为病毒的多年生活体寄主,为病毒及其介体昆虫提供了场所,有利于病毒的扩散和侵染,引致其他农作物的产量损失。

(一)症状

染病的苜蓿叶部有淡绿或黄化的斑驳(花叶),叶或叶柄扭曲变形、皱缩,枝茎严重矮化,植株长势衰弱,之后叶片变黄、逐渐脱落,严重时造成根系坏死和植株死亡。苜蓿花叶病毒的寄主范围十分广泛,能侵染 51 科 430 余种双子叶植物,如辣椒、苜蓿、豌豆、豇豆、菜豆、蚕豆、苋色藜、昆诺藜及烤烟等多种重要经济作物和豆科牧草。苜蓿花叶病毒主要通过汁液摩擦和多种蚜虫以非持久方式进行传播。传毒蚜虫(棉蚜、桃蚜和苜蓿蚜等)通过其取食口器机械地将病毒传入健康植株体内致使其带毒。此外,苜蓿花叶病毒还可通过种子传播,如苜蓿的种子带毒,导致苜蓿花叶病毒病的危害呈逐年加重和蔓延趋势。有研究表明,豆科牧草可通过花粉和胚珠传播苜蓿花叶病毒。

(二)病原

引起苜蓿花叶病的病原主要是苜蓿花叶病毒(alfalfa mosaic virus,AMV)。苜蓿花叶病毒是雀麦花叶病毒科(*Bromoviridae*)苜蓿花叶病毒属(*Alfamovirus*)的唯一成员。1931 年首次在美国报道,其后阿根廷、巴西、中国等地也有相关报道,是一种世界性分布的具有严重危害性的病毒。苜蓿花叶病毒是三分体正义单链 RNA,病毒基因组由 3 条单链 RNA(RNA1、RNA2 和 RNA3)和 1 个亚基因组 RNA4 构成。RNA1 和 RNA2 分别编码 126kDa 的 P1 蛋白和 90kDa 的 P2 蛋白,P1 蛋白的 N 和 C 末端分别有类似转甲基酶和解旋酶的区域;P2 蛋白是基于 RNA 复制的 RNA 聚合酶,P1 和 P2 蛋白共同构成了 AMV 的复制酶; RNA3 编码 32kDa 的 P3 蛋白和 24kDa 的外壳蛋白,亚基因组 RNA4 是由 RNA3 衍生形成的,编码 24 kDa 的外壳蛋白。

另外,还有豇豆花叶病毒 (cowpea mosaic virus,CPMV)、白三叶花叶病毒(white clover mosaic virus,WCMV)、菜豆花叶病毒(bean yellow mosaic virus,BYMV)、三叶草黄叶脉病毒(clover yellow vein virus,CYVV)、红三叶草明脉花叶病毒 (red clover vein mosaic virus, RCVMV)、番茄花叶病毒(tomato mosaic virus,ToMV)和花生矮化病毒 (peanut stunt virus, PSV) 等病毒也可引起苜蓿花叶病,对苜蓿生产造成经济损失。

(三)发生规律

苜蓿花叶病毒病的发生与蚜虫发生情况密切相关。蚜虫的传毒率与蚜虫的种类、气候条件及寄主范围有密切的关系,有翅蚜的活动能力强且范围广,所以传毒作用较大。高温干旱天气不仅有利于蚜虫活动,还可降低寄主的抗病性,促进该病毒在寄主体内繁殖。因此,苜蓿花叶病毒病多发生于高温、干旱、缺水的天气条件下。在苜蓿栽培过程中,从春季到初夏均可发生苜蓿花叶病毒病,7 月上旬至 8 月下旬为发病高峰期,且老苜蓿地发病重于新苜蓿地。

(四)防治方法

目前,对于苜蓿花叶病毒的防治尚无有效的化学药剂,主要是通过降低作物内外的侵染源、限制介体的传播和扩散以及选留健株筛选或培育抗病品种等措施进行防控,以降低农作物的产量损失。

(1)加强田间管理　带毒种子是植物生长中重要的毒源,播种前须进行种子处理;幼苗移栽时要选择健康的无毒种苗进行栽种。由于苜蓿花叶病毒寄主广泛,可经汁液摩擦传播,在田间进行农事操作时要尽量避免病毒经人为因素或机械等传播,一经发现苜蓿花叶病毒初侵染植株要及时清除、销毁。清除田间杂草,减少毒源植物,减少病害的发生。

(2)传播介体防控　苜蓿花叶病毒的传播介体主要是蚜虫,多种蚜虫以非持久方式进行传播。可通过防治蚜虫达到防治苜蓿花叶病毒的目的。

生物防治:在摸清当地蚜虫及其天敌发生发展规律的基础上,利用捕食性或寄生性天敌,如瓢虫、食蚜蝇、草蛉、捕食螨及昆虫病原线虫等进行防治有一定效果。

物理防治:利用遮阳网、防虫网及化纤网等设施育苗栽培,能减少蚜虫侵入;同时可利用蚜虫对不同颜色的趋性采用色板诱杀,通过悬挂黄色、蓝色诱虫板诱杀蚜虫,减少蚜虫数量。

化学防治:在作物生长过程中使用高效低毒低残留农药(氯氢菊酯、吡虫啉等)防控蚜虫。

(3)抗病育种　培育抗病毒植株是防治病毒病最简单有效的方法。在苜蓿花叶病毒的抗病育种中,主要采用病毒来源的抗性基因外壳蛋白基因和复制酶基因进行转基因获得高抗病的转基因植株。在多种经济作物和豆科牧草的生产过程中，为减少苜蓿花叶病毒的发生，利用基因工程技术，培育抗苜蓿花叶病毒的转基因植株新品种是一种重要的手段，也是最有效的方法。

九、三叶草锈病

三叶草锈病广泛分布于世界各地三叶草种植区，我国新疆、甘肃、河北、贵州、云南等地发生较重。可侵染红三叶（*Trifolium pratense*）、白三叶（*T. repens*）、绛三叶（*T. incarnatum*）、地三叶（*T. subterraneum*）、杂三叶（*T. hybridum*）等各种三叶草，表现较强的寄主专化性。此病严重发生时，降低鲜草产量，影响种子生产，造成较大经济损失并使三叶草营养价值降低。此外，该病还会降低三叶草的固氮能力。患病三叶草含有毒物质，影响家畜的健康。

（一）症状

三叶草的茎、叶柄、叶片和花萼均可感病，以茎和叶片受害最重。受害部位多发生于叶背，出现疱疹状的锈色病斑，为病菌的夏孢子堆，病斑隆起，椭圆至长椭圆形，棕褐色，(2～4) mm×(0.8～1.0) mm，表皮易破裂散出茶褐色粉状夏孢子。生长季节后期，病部出现暗褐色粉状冬孢子堆。叶柄及花萼上的孢子堆零散分布，较小，椭圆至短条形。春季的新叶上有时出现蜜黄色杯状小点，即病原菌的锈子器。病株生长发育不良，株型矮小，严重时叶片提早脱落，在干热条件下病株很快出现萎蔫。

（二）病原

三叶草单胞锈菌[*Uromyces trifolii* Hedw.(Lev.)]，异名：*U. fallens*(Desm.) Kern.。属于担子菌门单胞锈菌属长生活史的单主寄生菌。性孢子器生叶正面，黄色；锈子器生于叶两面，多生于叶背面，或叶柄上，杯形，包被黄白色；锈孢子近球形至椭圆形，淡黄色，有细瘤，(16～24) μm×(12～20) μm；夏孢子拟球形、椭圆形或卵圆形，浅褐色，具细刺，(17～29) μm×(16～25) μm，有2～4个芽孔；冬孢子亚球形、椭圆形，褐色，(18～32) μm×(16～24) μm，壁光滑或具少数分散或排列成线状的突起；柄短而无色，可脱落。依寄生性不同可分为3个变种：①三叶草单胞锈菌白三叶变种[*U. trifolii* var. *trifolii-repentis*(Liro.) Arthur]，寄生于白三叶草（*Trifolium repens* L.）和金花菜（*Medicago denticulate* Willd.）；②三叶草单胞锈菌杂三叶变种[*U. trifolii* var. *hybridi*(Davis.) Arthur]，寄生于杂三叶草（*T. hybridum* L.）；③三叶草单胞锈菌金花菜变种[*U. trifolii* var. *fallens*(Desm.) Arthur]，寄生于金花菜、红三叶草（*T. pratense* L.）和中生三叶草（*T. medium* L.）。

（三）发生规律

病菌以冬孢子和休眠菌丝在病株及病残体上越冬，有时也可以秋季冬孢子萌发产生的锈子器越冬。翌年春天形成夏孢子堆，夏孢子借风、雨水、昆虫传播，造成病害流行。初夏和晚秋等凉爽、潮湿的气候条件，最有利于发病。盛夏高温和冬季低温，都不利于病害的发生，高海拔地区比低热地区盛发期晚，但为害持续期长。贵州中部和南部地区，4月下旬至5月上旬始见夏孢子堆。降水或结露频繁，有利于病害的发生。

（四）防治方法

（1）选用抗病品种　我国贵州栽培的阿宁吞、逸生、巴东、哈米多利等红三叶品种表现抗病。

(2)管理措施　秋季刈茬适当放低,并尽量清除刈后的病残体,以减少越冬菌源和初侵染源。增施磷、钾肥,增强植株抗病力,夏季忌施高氮化肥。通过适牧、适割控制病害的发生发展。

(3)药剂防治　发病初期可选用25%粉锈宁或25%三唑醇1 000倍液喷雾,连喷2次,间隔15～20 d,防效良好。

十、三叶草白粉病

三叶草白粉病广泛分布于世界各地。我国陕西、贵州、辽宁、吉林、内蒙古、新疆、宁夏、甘肃、河北、江苏等地均有发生。温暖潮湿地区发病严重,干旱地区和北方为害较轻。该病菌的寄主范围很广,据资料目前已知其可侵染582种高等植物,其中豆科植物212种,我国报道侵染的豆科植物在50种以上。该病使三叶草的光合效率明显下降,鲜草、干草及种子产量大幅度降低,适口性差,大发生时,牲畜避食,给生产造成很大的损失。

(一)症状

该病主要为害叶片。发病初期叶片两面产生白色絮状斑点,初为圆形,后迅速扩大汇合覆盖大部或全部叶面,为病菌的菌丝体和分生孢子构成的白色粉斑,叶片逐渐变黄,失去光合作用功能,最后干枯并脱落。茎、荚果受害,症状与叶片相似,但病斑小且白色粉层较少。病害流行时,整个草地如同喷过白粉。严重时,可使叶片变黄或枯落,种子不实或瘪劣。发病后期,病斑上产生许多黑褐色小黑点,即病原菌的闭囊壳。

(二)病原

豌豆白粉菌(*Erysiphe pisi* DC.),异名:蓼白粉菌(*E. polygoin* DC.)。属于子囊菌门白粉菌属。分生孢子梗由外生菌丝上长出,直立,无色,顶串生分生孢子;分生孢子桶形,或两端钝圆的圆柱形,单胞,无色,(25.4～43.2) μm×(11.4～18.3) μm;闭囊壳扁球形,暗褐色,直径92～130 μm,个别达150 μm;附属丝多根,菌丝状,长约为闭囊壳直径的1～3倍,基部褐色,向顶渐淡至无色;子囊多个,卵形、椭圆形,少数近球形,具短柄至近无柄,(43.2～86.4) μm×(30.5～48.3) μm;内生2～6个子囊孢子;子囊孢子单胞,淡黄色,卵形或椭圆形,(17.8～27.9) μm×(11.4～16.4) μm(图8-8)。

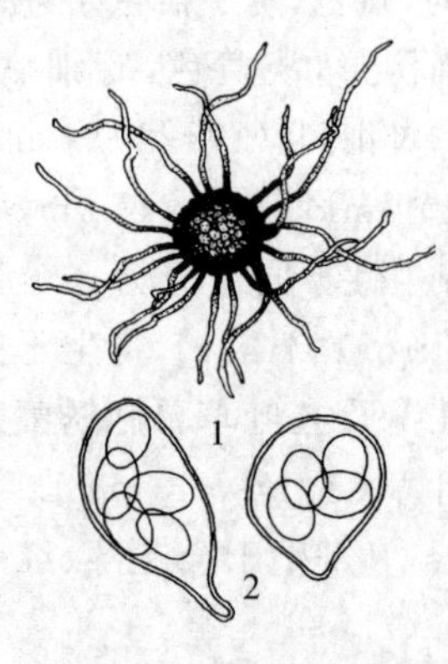

图8-8　豌豆白粉菌

(仿刘若)

1.闭囊壳　2.子囊和子囊孢子

(三)发生规律

病原菌主要以闭囊壳在病残体上越冬,或以休眠菌丝在寄主根茎或体内越冬。翌年春天条件适宜时以子囊孢子侵染寄主。但在我国贵州,红三叶草不产生有性阶段的闭囊壳;在新疆野生白三叶草也很少形成闭囊壳。在大多数三叶草种植区,分生孢子阶段是病害扩展和流行的主要时期。分生孢子借风传播,生长季节可进行多次再侵染,造成病害流行,病原菌能随种子远距离传播。潮湿且昼夜温差大有利于此病的发生和流行,多雨或过于潮湿则不利于病害的发生。过量施用氮肥或磷肥,会加重病害的发生。增施钾肥可抑制菌丝的生长,使病情减轻。

(四)防治方法

(1)选用抗病品种 荷兰红头、新西兰 G22、哈马阿等品种及白三叶较抗白粉病。

(2)管理措施 合理密植,每平方米密度以 200 株为宜,条播行距为 15～30 cm,收种用地行距为 30～50 cm,有利于通风透光;加强草地田间管理,注意抗旱防涝,清除田间病株、残茬集中烧毁,减少病原。在发病初期进行重牧或刈割,可有效地控制病害流行。

(3)药剂防治 发病初期,用 27%高脂膜乳剂 80～100 倍液进行喷雾;或选用 25%三唑酮 200 倍液,75%百菌清可湿性粉剂 500～800 倍液,50%甲基硫菌灵可湿性粉剂 1 000 倍液喷雾,每隔 7 d 喷 1 次,连喷 2～3 次。上述药剂与高脂膜剂复配混用,可显著提高防效。

十一、三叶草球梗孢炭疽病

三叶草球梗孢炭疽病俗称"火烧病",广泛分布于欧洲、美国、澳大利亚、日本和独联体国家。我国仅在甘肃省岷县、漳县冷凉潮湿地发现此病。为害症状虽与刺盘孢炭疽病相似,但因主要发生在较冷凉的北方地区,又称三叶草北方炭疽病。病菌主要为害红三叶、地三叶和绛三叶,此外还可侵染杂三叶、亚历山大三叶、白三叶、间三叶等三叶草种。与三叶草刺盘孢不同,此菌不侵染紫花苜蓿和百脉根,但可能侵染天蓝苜蓿和红豆草,有生理小种分化现象。该病对红三叶、地三叶草种危害较大,往往引起毁灭性损失。发病严重时,可使红三叶鲜草产量减产 50%以上,种子减产 60%以上,地三叶减产甚至可能绝产。

(一)症状

整个植株地上部分均可受害。叶片受害出现萎蔫,茎秆受害纵向变褐、下陷开裂以至断折,植株下弯是此病的典型症状。小叶柄和叶柄受侵后出现黑褐色长圆斑,迅速扩展至整个节间,病斑下陷呈溃疡状,最后使小叶萎蔫枯死;根颈部受侵染则常造成形成层和维管束变黑。因病株呈暗褐或黑色,发病严重的草地呈现如焚烧过的景象,故俗称"火烧病"。花序染病,小花的花冠变为淡蓝紫色,花萼上出现浅褐色具黑色边缘的病斑,病组织呈枯焦状。子房染病后不形成种子或种子发育不良。潮湿时,病部出现粉红色疱斑,即病原菌的分生孢子盘。在生长季节后期的病株或越冬的病残体上,分生孢子盘则形成大量黑色小点。

(二)病原

噬茎球梗孢[*Kabatiella caulivora* (Kirchn.) Karak],属于半知菌类。分生孢子梗集中生于无色的分生孢子盘上,粗棍棒状,无色,大小为(120～130) μm×(4.5～7) μm,顶端 2～8 个孔口,可同步形成分生孢子。分生孢子单胞,无色,镰刀形或近于直形,末端钝圆或稍尖,大小为(12～22) μm×(3.5～5.2) μm(图 8-9)。生长季后期或在越冬残体上,可产生大量分生孢子器。分生孢子器半埋生,大小为(112～121) μm×(121～168) μm。内生器孢子,单胞,无色,大小为(6.2～7.4) μm×(2.5～5.5) μm。

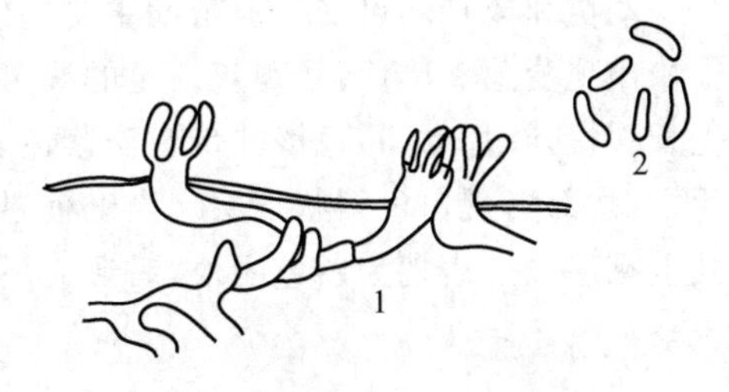

图 8-9 噬茎球梗孢(仿刘若)

1. 分生孢子梗 2. 分生孢子

(三)发生规律

病原菌以分生孢子盘在病株残体上越冬,次年春季以器孢子进行初侵染,生长季节,反复形成分生孢子盘使病害扩展蔓延。分生孢子侵染的适宜温度为20℃,最低温4℃,最高温28℃,相对湿度为90%~100%,并要在植株表面有液态水膜时才能侵染。适宜条件下,分生孢子12~24 h内萌发,48~72 h内直接由表皮侵入。病原菌可侵入种皮达到胚部,种子萌发时,病菌蔓延到子叶上,使幼苗发病。带菌种子可远距离传播病害,也是田间重要的初侵染源。发病适宜温度为14~16℃,28℃以上极少发病。

凉爽潮湿条件此病易流行,频繁而短促的降雨有利于此病的发生,光照强度弱有利于发病。草层稠密或倒伏时,发病严重。

(四)防治方法

(1)选用抗病品种　达里克、泰勒等品种对该病有较强的抗病性。

(2)管理措施　种子处理:认真清选种子,除去其间有可能带菌的瘪粒和残体。对种子进行消毒处理,70℃干热处理种子6 h,或60℃干热处理4 d以杀灭种子所带病菌。也可用福美双、克菌丹拌种,以降低幼苗发病率。适当减少播种量:采用宽行播种,以防草层过密。适时刈割或适当提高载畜量:发病草地提前刈割,清除刈后残体,以减少田间侵染源,减轻下茬草的发病程度。适当提高载畜量,在一定程度上可减轻病害。

(3)药剂防治　发病初期间隔喷施2次代森锌。

十二、三叶草核盘菌腐烂病

三叶草核盘菌腐烂病是一种广泛分布于世界各地的毁灭性病害。我国贵州、云南和江苏等三叶草种植区普遍发生,台湾地区也有记载。病菌寄主范围较广,可侵染红三叶、白三叶、杂三叶、绛三叶、亚历山大三叶、平卧三叶(*T. procumbens*)、间三叶及苜蓿属、红豆草、百脉根、蚕豆、豌豆、箭筈豌豆、黄芪、柔毛野豌豆等豆科植物。此外,还侵染藜、苦苣菜、蒲公英、车前、龙胆、老鹳草、田蓟、荠菜、菥蓂、千里光、月见草等许多其他科的植物。此菌的寄主专化性不显著。该病为害严重时,可使红三叶植株死亡50%~80%,造成大块秃斑,是导致红三叶草地提前退化的主要原因。

(一)症状

幼苗和成株均可受害。苗期主要发生在茎基部,病部出现水渍状斑点,后逐渐扩展,病株很快出现萎蔫和倒伏,呈现灰白色的湿腐。成株期,感病叶片、叶柄和茎上出现褐色病斑,病株生长缓慢,叶片卷曲,色淡并带有淡紫色。茎基、根颈及根部变褐、腐烂,潮湿条件下病株很快死亡,病部出现白色絮状霉层。当土壤温度升高湿度降低时,病组织表皮脱落或表现为干腐,其上霉层先是表现为白色团块,后形成黑色粒状的菌核。

(二)病原

三叶草核盘菌(*Sclerotinia trifoliorum* Erikss.),属于子囊菌门核盘菌属。菌核球形、椭圆形,表面粗糙,黑色,3~5 mm;可形成于病组织表面或内部,多分布于土表至地下7 cm深的地下器官或土壤中,也可深达20 cm。菌核萌发产生子囊盘。子囊盘黄褐色至棕褐色,具柄,呈漏斗状,顶部初闭合,成熟后展开呈碟状或浅杯状,盘上由子囊或侧丝紧密排列构成子实层。

子囊圆筒状,(147～234) μm×(9.3～16.5) μm,内部 8 个子囊孢子排成一列或两列。子囊孢子单胞,无色,卵圆形,大小为(8～20) μm×(5～13) μm(图 8-10)。

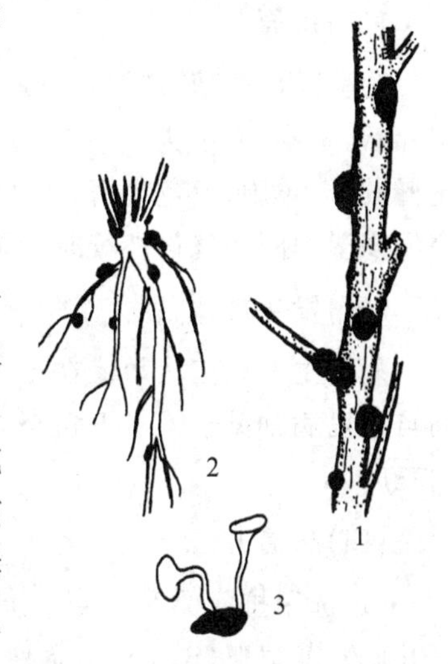

图 8-10 三叶草核盘菌(仿刘若)

1. 菌核 2. 子囊和侧丝 3. 子囊盘

(三)发生规律

病原菌的侵染循环开始于秋季或初冬,此时存在于土壤中或病株残体上的菌核萌发形成子囊盘,弹射出子囊孢子。孢子随风传播至寄主的叶片或叶柄进行侵染。子囊孢子萌发后从气孔或直接侵入寄主。菌丝在寄主体的细胞内或细胞间蔓延,并分泌毒素和酶,杀死寄主组织并使之分解,造成病株软腐或萎蔫。冬季,病原菌以休眠菌丝体在寄主上越冬,也可以菌核越冬。雪层厚时,寄主体内的菌丝仍可活跃生长,使病害继续发展和蔓延。次年春季被害植株的病组织上便产生大量菌核。到秋季,菌核萌发,又开始下一个侵染循环。

此病在凉爽潮湿条件下发生和流行。适宜病害发展的温度范围为 13～18℃,夏季气温升至 25～27℃或以上,病情停止发展。病菌对土壤酸碱度的适应范围很广,但土壤 pH 5.5 时最适于此菌生长。沙壤土有利于此病的发生,尿素可抑制菌核的形成。

(四)防治方法

(1)选用抗病品种 一般对当地适应性强的类型或抗寒品种较为抗病。四倍体的三叶草品种比二倍体品种抗病性强。

(2)管理措施 增施磷钾肥可增加寄主抗性;秋季刈割后耙地或放牧,使菌核埋入土表 5 cm 以下,抑制其萌发产生子囊盘。重病草地应深犁,并实行 4～7 年的轮作。

(3)药剂防治 牧草播前用五氯硝基苯对土壤进行消毒处理(5 kg/hm^{2}施于土壤中),发病初期用 50%多菌灵可湿性粉剂 1 000 倍液或 50%甲基硫菌灵可湿性粉剂 1 000 倍液喷雾,均有较好的防效。

十三、三叶草白绢病

白绢病是三叶草最重要的病害之一,广泛分布于世界各三叶草种植区,尤以热带、亚热带地区发生严重。该病严重发生时可造成三叶草草地稀疏,出现秃斑,产量大幅降低。除红三叶、白三叶等三叶草种外,还为害苜蓿、豌豆等多种牧草,造成根部和茎基腐烂,地上部分枯萎。

(一)症状

典型特征呈鸡窝形秃斑。发病初期,常表现为叶柄基部出现水浸状污褐斑,后柄部湿腐,蔓延至整个叶柄并扩展到匍匐茎。此时病部长出大量白色绢状菌丝,迅速向四周辐射侵染,在邻近茎、叶和地表形成直径 10～25 cm 的大菌落圈。被害植株死亡后草地形成近圆形的秃斑,形如鸡窝。后期,交织菌丝彼此融结形成圆形至椭圆形疏松的绒团,继而绒团显著内缢干缩成坚硬的小菌粒,散落地表或附于干枯的病残组织外。

(二)病原

为罗氏白娟菌[*Pellicularia rolfsii* (Sacc.) West.],子实体白色,密织成层。担子无色,棍棒状,单胞,大小为5～15 μm。其顶端着生5～6 μm稍弯曲的4个小梗。担孢子顶生,球形至椭圆形,单胞,无色光滑,大小为(5～10) μm×(3～6) μm。在三叶草上,有性世代只在夏季高温高湿田间小气候持续时间较长的情况下才产生。

(三)发生规律

病菌主要以菌核散落在土表或附于病部基质外越冬,也可以菌索在病残组织上越冬。田间自然发病常见于4月下旬至10月下旬,沙质土、积水土和连作地发病较重,红三叶发病重于白三叶。

(四)防治方法

(1)选用抗病品种　红三叶如罗特克里(Rotklee)、图罗阿(Turoa),白三叶如克尔利卡(Cllika)、苏尼亚(Sonia)等品种都具有较好的抗病性。

(2)管理措施　建立混生放牧草场,刈割草地建议与禾本科牧草混播。重病草地应尽快刈割以减少侵染源,深翻和轮作栽培。

(3)药剂防治　对发病中心及周边邻近植株进行喷雾和泼根,用70%代森锰锌、50%多菌灵或40%菌核净可湿性粉剂700～800倍液浇根或400～500倍喷雾,能有效控制菌丝生长。

十四、红豆草锈病

红豆草锈病主要分布在欧洲等地的红豆草种植区。我国甘肃、新疆、山东等省份都有发生。病菌可侵染多种红豆草,但不侵染苜蓿、三叶草、草木樨、羽扇豆等其他豆科植物。此病可使红豆草的大量叶片提前脱落,牧草生长不良,干草和种子的产量和品质下降。

(一)症状

叶片、叶柄、茎秆、花梗及荚均可受害。受侵部初生很小的棕红色夏孢子堆,突破表皮外露,呈粉末状,后期出现大量黑褐色粉末状的冬孢子堆。病株上有大量叶片、小花和未充分发育的荚果提前脱落。

(二)病原

红豆草单胞锈菌(*Uromyces onobrychidis* Lev.),属于担子菌门单胞锈菌属。夏孢子卵圆形,淡黄褐色,壁有细刺,具3～5个芽孔,大小为(19～26) μm×(16～20) μm。冬孢子球形或卵圆形,壁较薄,具稀疏而不明显的刺,顶端有明显的近于无色的乳突,大小为(21～24) μm×(18～19) μm,柄短无色。锈子器未知,转主寄主尚不明确,有报道称是大戟属(*Euphorbia* spp.)。

(三)发生规律

病原菌以冬孢子或休眠菌丝在病残体或多年生寄主上越冬,成为次年发病的初侵染源。温暖地区夏孢子也可越冬。生长季节,病株上产生的夏孢子借气流传播,在草地上造成多次再侵染。条件适宜时,每5～10 d就可产生一代夏孢子,从而使病害迅速蔓延。病菌孢子必须在水滴中萌发，故多雨潮湿的天气有利于此病流行。草层稠密、牧草倒伏和种植年限较长的草地发病重，混播和宽行播种可减轻发病。

(四)防治方法

(1)选用抗病品种 应成为控制红豆草锈病的主要措施。

(2)管理措施 留种地宽行播种，刈割草地与禾本科牧草混播，重病草地应尽快刈割。

(3)药剂防治 参见苜蓿和三叶草锈病防治部分，另外还可用胶体硫等保护草地，使发病率明显降低。

十五、红豆草白粉病

红豆草白粉病广泛分布欧亚各国的红豆草种植区。我国的甘肃、新疆、辽宁有此病发生。病菌可侵染苜蓿属、三叶草属、草木樨属、野豌豆属、红豆草属、胡枝子属、黄芪属、骆驼刺、苦豆子等多种豆科植物，分化为多个生理小种。此病严重时使整片草地变白，发病率达100%，致使种子产量减少50%～70%，产草量也明显下降。

(一)症状

病叶两面产生白粉状霉层，后期霉层上产生初为黄色、橙色，后呈黑色的小点，即病原菌的闭囊壳。豆科内丝白粉菌侵染时，初期在叶背面形成较厚的白色斑块状霉层，后逐渐蔓延覆满整个叶片的正、反两面，呈毡状，其内埋生褐色至黑褐色小点状闭囊壳。病株的大量叶片提前脱落。茎、叶柄和荚果也可被侵染。

(二)病原

(1)豌豆白粉菌(*Erysiphe pisi* DC.) 异名：蓼白粉菌(*E. polygini* DC.)。豌豆白粉菌分生孢子梗由外生菌丝上长出，单生，直立，不分枝。顶生分生孢子，分生孢子桶形或两端钝圆的圆柱形。闭囊壳上附属丝丝状，长度为闭囊壳直径的0.5～5倍。

(2)豆科内丝白粉菌(*Leveillula leguminosarum* Golov.) 异名：鞑靼内丝白粉菌[*L. tauricq*(Lev.)Arn.]。豆科内丝白粉菌的分生孢子梗由气孔伸出，直立，有的分枝，常几个束生，顶单生分生孢子，分生孢子有两种类型、初生分生孢子披针形或狭卵形，顶渐尖而基平截，大小为(49.2～72.8) μm×(12.8～23.5) μm；次生分生孢子长椭圆形或两端钝圆的圆柱形，闭囊壳埋生于菌丝体内，与菌丝交织在一起，褐色扁球形，直径为150～225 μm；附属丝无色，弯曲或分叉，长约为闭囊壳直径的0.8倍。闭囊壳内含17～20个子囊，子囊长椭圆形至卵形，两侧不对称，具长柄，直或弯，大小为(68～116) μm×(26～34) μm，内含两个子囊孢子，少数内具3个。子囊孢子椭圆形，单胞，无色，大小为(21～37.5) μm×(12～17.5) μm。

(三)发生规律

病原菌以闭囊壳、休眠菌丝或分生孢子在病株或病残体上越冬，成为初侵染源。生长季节形成多代分生孢子，借风力传播，造成多次再侵染。病害多发生于6月末至9月。昼夜温差大，多风，中等湿度，气温在16～28℃之间，有利于此病的发生。高湿度或干旱均不利于发病，但有灌溉条件的干旱地区(如甘肃武威)发病严重。

(四)防治方法

(1)管理措施 选无病草地留种，重病田提前刈割。

(2)药剂防治　播种前用15%三唑酮可湿性粉剂拌种，发病初期可用硫磺、三唑酮、多菌灵或高脂膜等进行喷雾防治。

十六、红豆草壳二孢轮纹病

红豆草壳二孢轮纹病也称茎斑病，在欧洲分布很广，我国内蒙古、甘肃和新疆已有发现，且在甘肃省分布较广，其中天水地区发病最重。自然条件下仅侵染红豆草属的各个种，人工接种可侵染山黧豆属、豌豆属、野豌豆属、兵豆属等豆科植物。发病严重时可造成相当大的危害，导致种子和干草显著减产。

(一)症状

植株的叶、茎和荚果均可被侵染，其中以茎部受害最重。叶部病斑小而圆，淡黄褐色。茎部病斑多为长圆形，淡黄褐色，有深褐色边缘。荚部受害形成长圆形或不规则病斑，边缘黑褐色。该病的最主要识别特征是后期病斑中部出现轮纹状排列的暗色小点，即病菌的分生孢子器。

(二)病原

红豆草壳二孢(*Ascochyta onobrychidis* Prill. et Pelar)。分生孢子器埋生，近球形或扁球形，褐色，直径为115～250 μm，孔口突破表皮而外露。天气潮湿时，孔口处可溢出大量分生孢子，孢子被黏性介质粘在一起呈粉红色，遇水易分散。分生孢子无色，两端钝圆的圆柱形，具0～3个隔膜，多数为1个隔膜，分隔处稍缢缩，大小为(5～24.8) μm×(4.1～9.5) μm。

(三)发生规律

病原菌在田间病株或病残体上越冬，也可在种子上越冬，并借带菌种子作远距离传播。幼苗发病率较高。潮湿凉爽的气候条件有利于此病的发生。病害随草地使用年限延长而加重。

(四)防治方法

(1)选用抗病品种　已报道有70多个品种抗此病。英国的普通18和19、瑞士的波拉12等均对此病有较强的抗病性。

(2)管理措施　一是与禾本科牧草混播；二是加强种子检疫；三是对重病草地进行轮作。

(3)化学防治　播种前用福美双、多菌灵等杀菌剂对种子进行药剂处理。

十七、沙打旺黑斑病

沙打旺黑斑病仅在我国发现，是沙打旺的一种新病害，内蒙古、山西北部、陕西北部、甘肃东部、河北北部及辽宁西部都有发生，是甘、陕、晋、内蒙古等黄土高原及其边缘地区沙打旺的重要病害。病菌只侵染沙打旺。内蒙古清水河县，三四年生的沙打旺地，发病株率常达80%～90%，可能是该地区沙打旺草地迅速衰败的重要原因之一。

(一)症状

病菌主要侵害叶片、叶柄和茎秆。受害部位先出现圆形、椭圆形至不规则形的黑色小点状病斑，略有光泽，稍隆起。随着病斑增多和扩大，叶片、叶柄或茎秆成片变黑，甚至整片小叶全部变黑。叶柄或茎上黑斑的外围常呈黄褐色至褐色，茎秆上有2～3处变黑的茎段，并可环茎一周，致使病斑以上部分枯死。田间发病普遍而严重时，植株呈现“火烧状”。

(二)病原

山黧豆扁裂腔孢菌[*Diachorella lathyri*(Fckl.)Sutton]。分生孢子器生于寄主表皮下，扁平，黑色，无孔口，不规则长缝状开裂。分生孢子梗自分生孢子器的底壁产生，柱状，无色，不分枝或仅在基部分枝，顶端着生分生孢子。分生孢子单胞，无色，两端较窄细，梭形或近长梨形，大小(5～10) μm×(2～2.5) μm，多数孢子顶端具有附属丝，短刺状至丝状，由孢子延伸而成，其长度5 μm左右，长的可达12.5 μm，但也有部分孢子无附属丝。本种原报道自罗马尼亚的块茎山黧豆(*Lathyrus tuberosus*)，载孢体直径80～100 μm，分生孢子(5～12) μm×(1.5～2.5) μm，附属丝长10～30 μm。在我国沙打旺上载孢体直径120～470 μm，分生孢子(5～10.5) μm×(2.5～3.0) μm，附属丝长多为5.0～13.2 μm，有少数无附属丝者。

(三)发生规律

病菌以脱落在田间的病叶越冬并产生有性世代，田间病株残体是第二年的初侵染来源。混在种子间的带菌碎叶片是远距离传播的途径。黄土高原及周边地区的气候条件，对该病原菌的生存与繁衍有利，故该地区沙打旺黑斑病发生普遍而严重。

(四)防治方法

目前对该病害尚无有效的防治措施，但注意清选种子，清洁田园，对已发病的田块应早刈割，可在一定程度上减少病害所造成的损失。

第二节 禾本科牧草病害

一、锈病

几乎每一种禾本科草地植物都受一种或几种锈病为害。致病锈菌主要有柄锈菌(*Puccinia*)和单胞锈菌(*Uromyces*)。锈菌是严格寄生物，不引致寄主植物急性死亡，但却使之衰弱减产，抗逆性降低，草地提前失去使用价值。病草的适口性差，利用率低。国外曾有报道，认为锈病发生严重的禾本科牧草，牲畜食入一定量后会产生呕吐等中毒现象。

(一)秆锈病

秆锈病是草地常见病，广泛分布于国内外。为害禾本科很多个属的草地植物。受害较重的有冰草(*Agropyron* spp.)、早熟禾(*Poa* spp.)、多年生黑麦草(*Lolium perenne*)、猫尾草(*Phleum pratense*)和狗牙根(*Cynodon dactylon*)等。

1.症状

植株地上部分均可受侵染，以茎秆和叶鞘发生最重。病部出现较大的、长圆形疱斑，以后此处的寄主表皮破裂，露出粉末状孢子堆，初为黄褐色，即夏孢子堆。后期出现黑褐色、近黑色的粉末状冬孢子堆。

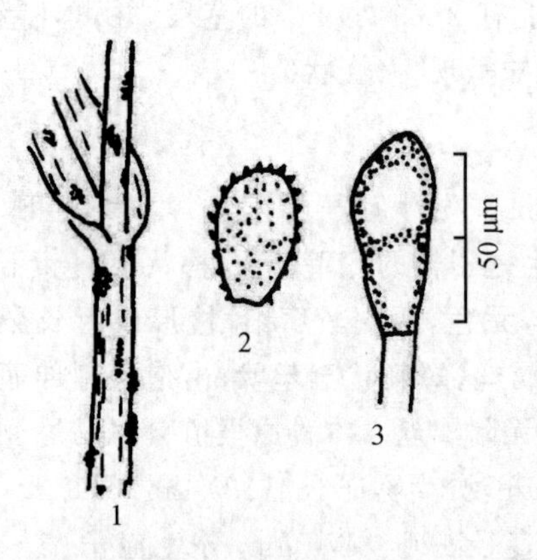

图 8-11 禾草秆锈病(仿刘若)

1.症状 2.夏孢子 3.冬孢子

2.病原

禾柄锈菌(*Puccinia graminis* Pers.)。属于担子菌门锈菌目柄锈菌科柄锈菌属。夏孢子单胞,长圆形,黄褐色,表面有小刺,大小(21～43) μm×(13～24) μm,有4个芽孔排列在赤道上,有柄但易脱落;冬孢子棒状,双胞,分隔处缢缩,棕褐色,下部色较淡,壁光滑,顶壁厚(5～11 μm)而侧壁薄(1.5 μm),顶端圆锥形或圆形,大小(35～65) μm×(13～25) μm,柄与冬孢子长度相近或更长(图8-11)。

禾柄锈菌因其寄主范围的差异而划分为若干个变种,国内对禾草的秆锈菌变种还有待研究。

3.发生规律

禾柄锈菌是转主寄生菌物。夏孢子和冬孢子阶段寄生在禾本科植物上。生长季内,夏孢子堆不断产生夏孢子,随气流传播到其他植株上发生侵染。生长季后期产生冬孢子越冬。翌年萌发产生担子孢子(担孢子)侵染转主寄主小檗属(*Berberis*)和十大功劳属(*Mahonia*)植物,在转主寄主上产生性孢子和锈孢子,锈孢子返回侵染禾本科而完成整个生活史。但是,对于禾本科秆锈病的流行来说,不必一定要有转主寄主的存在和参与。春季,由季风从冬季温暖的地区传来夏孢子,就可以发生侵染并造成流行。但是在转主寄主上发生的有性过程,无疑也产生许多新的病原菌变种或小种,使抗病的寄主类型丧失抗性,从而增加了抗病育种和防治工作的难度。

秆锈病的流行需要较高的温度和湿度,发病适温为19～25℃。夜间气温15.6～21.1℃,植株表面有液态水膜时,最适宜夏孢子萌发和侵染。秆锈菌在潜育期内最适日间温度为23.9～29.4℃,故多在气温较高的地区和季节流行。降雨结露频繁或灌溉的草地上,秆锈病常发生较重。

(二)冠锈病

冠锈病也是禾本科草地植物重要的锈病之一。至少以不同生理专化型侵染23属禾本科草地植物。对黑麦草、翦股颖、早熟禾、羊茅、碱茅、狗牙根等属种为害尤大,使产量和品质下降。

1.症状

主要为害叶片,也侵染其他地上器官。夏孢子堆叶两面生,初为黄色、橙褐色疱斑,而后寄主表皮破裂露出橘黄色粉末状夏孢子堆。严重时,病斑汇合至病叶枯死。生长后期,衰老叶片背面出现黑褐色稍隆起的丘斑,即病菌的冬孢子堆。

2.病原

担子菌门柄锈菌属的禾冠柄锈菌(*Puccinia coronata* Corda)。国外文献报道,至少发现12个不同的生理专化型为害不同种属的禾本科植物。分布遍及各大洲。

夏孢子堆叶两面生,椭圆形、长条形,(1.2～2.0) mm×(0.8～1.2) mm。夏孢子球形、宽椭圆形、卵圆形,淡黄色,大小为(16～21.3) μm×(18～25) μm,壁厚1～1.5 μm,有细刺,有芽孔6～8个,散生。冬孢子堆多生于叶背,寄主表皮不破裂。冬孢子棒形,双胞,栗褐色,顶端有3～10个指状突起,上宽,下较细,分隔处缢缩不明显,大小为(13～24) μm×(30～67) μm,柄短而色淡(图 8-12)。

病菌的转主寄主为鼠李属(*Rhamnus*)植物,冠锈病的发生和流行不必有转主寄主存在。

3. 发生规律

病菌以夏孢子在病残组织上越冬,或在温暖地区以菌丝体和夏孢子在生长中的植株上越冬。次年,夏孢子重复发生和侵染新株。冬孢子不易萌发,在侵染循环中作用不大。各种逆境条件有利于此病发生。

(三)条锈病

条锈病为一种分布广泛的锈病,我国南北许多省份均有报道,是小麦等粮食作物的主要病害,也严重为害多种禾本科草地植物。

1. 症状

地上部分均可受害,但主要发生于叶片。夏孢子堆较小,鲜黄色,不穿透叶片,沿叶脉排列成虚线状("针脚"状),初为小丘斑状,后寄主表皮破裂露出粉末状夏孢子堆。冬孢子堆主要生于叶背面,近黑色,表皮不破裂,形状与排列形式类似夏孢子堆。

2. 病原

担子菌门柄锈菌属的条形柄锈菌(*Puccinia striiformis* West.)。夏孢子单胞,球形、卵形,淡黄色,壁有细刺,有芽孔 3~5 个,散生,直径 18~30 μm,随寄主而略有不同。冬孢子双胞,棒状,深褐色,下部较淡,分隔处稍缢缩,顶壁平截、斜切或钝圆形,大小为(30~57) μm×(15~25) μm(图 8-13)。未发现有锈子器阶段。

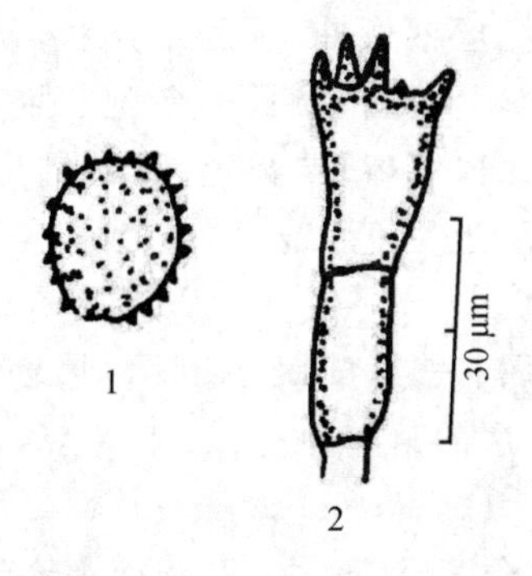

图 8-12 禾冠柄锈菌(仿刘若)

1. 夏孢子 2. 冬孢子

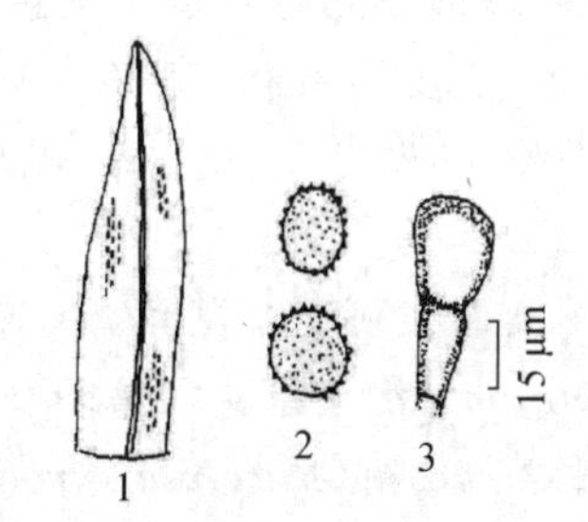

图 8-13 禾草条锈病(仿刘若)

1. 症状 2. 夏孢子 3. 冬孢子

3. 发生规律

主要以夏孢子阶段对寄主反复侵染。小麦上的条锈菌侵入适温为 9~13℃,潜育适温 13~16℃。此病由于发生适温较低,故多于生育中前期就开始流行。在高寒地区及我国北方分布较广。夏孢子在北纬 50°以南均可越冬。

(四)叶锈病

叶锈病分布遍及各国。国内各省份常见的叶锈病菌侵染多种禾本科草地植物,而以翦股颖、早熟禾、羊茅、多年生黑麦草、冰草和披碱草最常发生。

1. 症状

主要发生于叶部,其他地上部分受害较少。夏孢子堆较小,近圆形,赤褐色,粉末状,排列不整齐,通常不穿透叶背。冬孢子堆多生于叶背或叶鞘上,黑色,近圆形,扁平,不突破表皮。

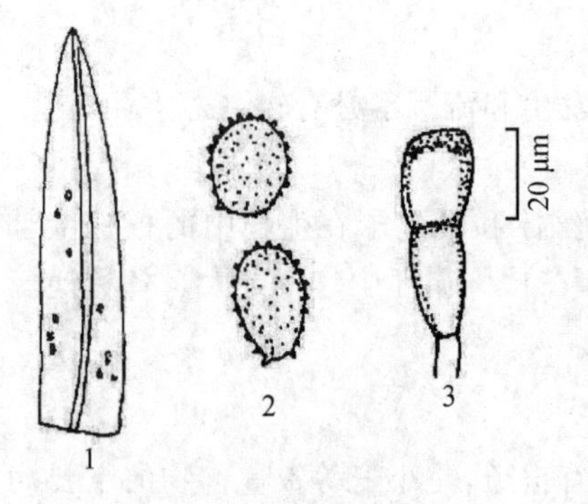

图 8-14 禾草叶锈病(仿刘若)

1.症状 2.夏孢子 3.冬孢子

2.病原

担子菌门柄锈菌属的隐匿柄锈菌(*Puccinia recondita* Rob. et Desm.)。夏孢子单胞,球形、宽椭圆形,淡黄色,壁有细刺,有4～8个分散的芽孔,大小为(13～34) μm×(16～32) μm。冬孢子棒状,顶部圆形或平直,隔处稍缢缩,孢壁栗褐色,下部色较淡,大小为(10～24) μm×(26～65) μm,柄短,无色(图8-14)。

转主寄主为唐松草属(*Thalictrum*)、小乌头(*Isopyrum fumaxioides*)。国外报道,飞燕草属(*Dephinium*)、银莲花属(*Anemone*)、升麻属(*Acteae*)和毒毛茛(*Rannunculus virosa*)也是其转主寄主。

3.发生规律

夏孢子萌发和侵入适温为15～25℃。萌发时相对湿度为100%且需有液态水膜。同时也必须有充足的光照,才能正常生长和发育。

(五)其他锈病

1.早熟禾柄锈菌[*Puccinia brachypodii* var. *poae-nemoralis* (Ouh) Cumm et Greene]

异名:草地早熟禾柄锈菌[*Puccinia poae-sudeticae* (Westend.) Jorstad.]。此病广泛见于国内和国外,不仅为害早熟禾属,还侵染其他多属禾草。

夏孢子堆主要生于叶正面,橙黄色,有较多侧丝。侧丝柄弯曲,下为细丝状,顶部膨大。夏孢子单胞,球形、椭圆形,近于无色,壁有细刺,有8个不清楚的芽孔。冬孢子堆主要生于叶背,黑褐色,表皮不破裂、扁平。冬孢子棒状,上粗下细,双棒,栗褐色,顶部钝形或圆形,隔膜处稍缢缩,顶壁厚3～6 μm,侧壁厚1.5 μm,柄短,近无色。未发现性子器和锈子器阶段。

此菌侵染看麦娘属、发草属、猫尾草属、早熟禾属、三毛草属、蔄股颖属、黄花茅属(*Anthoxanthum*)、沿沟草属(*Catabrosa*)、画眉草属、羊茅属的某些种。

2.狗牙根柄锈菌(*Puccinia cynodontis* Lacr.)

此病在国外分布广泛。我国陕西、山西、浙江、安徽、台湾、江苏、福建、河南等地已有报道。

夏孢子堆主要生于叶下,肉桂色至褐色;夏孢子单胞,球形,肉桂色至淡褐色,壁有细刺,有2～3个芽孔,分布于赤道,大小(19～23) μm×(20～26) μm。冬孢子堆主要生于叶下,黑褐色。冬孢子双胞,椭圆形,两端钝或略尖,隔膜处稍缢缩,深栗褐色,下端色淡,大小(16～22) μm×(28～42) μm。柄短,近于无色。

国外报道其转主寄主为车前属(*Plantago* spp.)。此病还侵染蟋蟀草(*Eleusine indica*)。

3.雀麦隐匿柄锈菌(*Puccinia recondita* Rob. et Desm. f. sp. *bromina* Erikss.)

此病是雀麦属较重要的病害。其症状与叶锈病类似。夏孢子淡黄色,单胞,球形至椭圆形,壁有细刺,大小为(17.5～26) μm×(15～25) μm。冬孢子双胞,棒形,偶见单胞者,壁呈褐色,顶部色深,下部较淡,顶壁厚,呈锥形或平截,大小为(37.5～60) μm×(12.5～20) μm。

4.秦岭柄锈菌(*Puccinia tsinlingensis* Wang)

是我国首先报道的雀麦属的锈菌。夏孢子堆主要生于叶上面,椭圆形,散生,长0.5～1.0 mm,粉末状,黄色至褐色。夏孢子球形、近球形,橙黄色,单胞,壁有细刺,大小为(21～

25) μm×(20～23) μm，壁有6～7个散生的芽孔，芽孔上有明显的无色乳突。冬孢子堆大多生于叶上面，有时茎生，点状，椭圆形，长0.2～0.5 mm，淡黑色，为寄主表皮覆盖。冬孢子棒状，矩圆形、双胞，顶部锥形或平截，基部渐细，隔膜处缢缩或不缢缩，上部褐色，下部淡褐色，大小(41～58) μm×(17～23) μm。

5. 羊茅属柄锈菌[*Puccinia festucae* (DC.) Plower]

夏孢子堆主要生于叶下面，黄色。夏孢子宽椭圆形，浅黄色，单胞，有细刺，有5～7个散生的芽孔，大小(19～23) μm×(20～26) μm。冬孢子堆主要生于叶下，栗褐色，粉末状。冬孢子棒形，双胞，(13～19) μm×(45～58) μm，上部栗褐色，下部淡褐色，顶部有2～5个直形突起，长10～25 μm，柄短略带褐色。

只寄生羊茅(*Festuca ovina*)。转主寄主为忍冬(*Lonicera* spp.)。

6. 山地单胞锈菌(*Puccinia montanensis* Ellis.)

夏孢子堆主要生于叶上面，椭圆形，排成线状，淡褐色，有侧丝。夏孢子椭圆形，单胞，淡褐色，有细刺，有8～10个分散的芽孔，大小(19～26) μm×(21～32) μm。冬孢子堆主要生于叶下面，长形，排成长线状，不突破表皮，有深色侧丝。冬孢子长棒形，双胞，上端截形或锥形，下部较细，栗褐色，大小(18～34) μm×(35～64) μm，柄短，有色。

侵染冰草属、披碱草属、大麦属、臭草属、猬草属、黑麦草属、细坦麦属。转主寄主为小檗(*Berberis fendeleri* Gray)。

7. 结缕草柄锈菌(*Puccinia zoysiae* Diet.)

夏孢子堆无侧丝。夏孢子有小疣，透明至淡黄色。赤道处有5～7个芽孔，大小15～17 μm。冬孢子堆裸露。冬孢子棒形、椭圆形，双胞，栗褐色，大小(16～21) μm×(28～42) μm，柄长达100 μm。

侵染结缕草属的一些种。

8. 梯牧草单胞锈菌(*Uromyces phlei-michelii* Cruchet)

性子器无描述，锈子器生于多种毛茛(*Rannunculus* spp.)上，生于叶下面，聚生。锈孢子球形、半球形，壁有疣，褐色，(17～24) μm×(15～20) μm。夏孢子堆叶两面生，多在叶脉之间，(0.2～1) mm×(0.2～0.4) mm，长期为表皮所覆盖，黄褐色。夏孢子球形、椭圆形，(20～30) μm×(18～23) μm，有小刺，2～4个芽孔；冬孢子卵形、梨形，单胞，顶部平切或圆形，褐色，壁光滑，顶部色较深，(20～31) μm×(14～24) μm。

寄生在多种梯牧草上，是单主寄生锈菌。

9. 鸭茅单胞锈菌(*Uromyces dactylidis* Otth)

性子器生于叶上面，有时叶两面生，散生于锈子器间，直径115～130 μm，有侧丝，黄色。锈子器生于叶背或叶柄上，圆形或形状不规则，聚生，杯状。锈孢子串生，球形或带棱角，(17～25) μm×(16～20) μm，壁有小疣，淡黄色。夏孢子堆叶两面生，散生或排成行，椭圆形或卵形，长期覆盖于表皮下，后突破表皮呈粉末状，黄褐色，偶见侧丝。夏孢子球形、卵形、椭圆形，大小(20～32) μm×(18～25) μm，壁有细刺，有芽孔3～9个。冬孢子堆主要生于叶下面，散生或排成行，卵形或长形，覆盖于表皮下，垫状，深褐色至黑色。冬孢子卵形、椭圆形或梨形，单胞，(18～30) μm×(14～20) μm，顶部圆形或尖、平扁，基部渐细，壁平滑，黄褐色，柄无色或淡褐色，短，有大量褐色线状的侧丝。

主要寄主为鸡脚草(*Dactylis glomerata*)，转主寄主为白毛茛(*Rannunculus repens*)。

(六)防治方法

(1)选用抗病品种　选用抗病的牧草品种是该病最可行和最经济有效的防治方法,因为不同基因型的禾草,对某些锈病的抗性有显著差异。目前,我国禾本科草地植物抗锈育种工作尚待开展。

(2)科学施肥　根据当地土壤进行配方施肥。务求土壤中磷、钾元素有足够水平,不宜过施速效氮肥。

(3)合理排灌　播前细致平整土地;不在低洼易涝处种植禾草;遇雨及时排涝,防止植株表面经常结露和存有液态水;灌水尽可能在清早及上午,以便入夜时禾草地上部分已干燥。这些措施目的是减少锈菌孢子在液态水膜中萌发和侵染的概率。

(4)草地卫生　发病较重草地应适当提早刈割,以减少菌源。刈草时尽可能降低刈茬高度,以减少病原菌在田间的残留量。

(5)药剂防治　对草坪及科研等地块,可适时喷药防治。发病期内每7～10 d施药1次。可选用以下药物:萎锈灵、氧化萎锈灵、放线酮、粉锈宁、福美双、代森锌、百菌清、吡锈灵、叶锈敌、麦锈灵、甲基托布津等。刈草后喷药效果显著提高。用药量及浓度应认真参照所购药品的说明书进行。

二、黑粉病

黑粉病由多种黑粉菌引起。各种黑粉菌多侵染植株的特定器官或部位,引起叶黑粉病、秆黑粉病、穗黑粉病等。禾本科植物最常受黑粉菌侵染,许多禾本科草地植物常可见一种至多种黑粉病。发病部位因病菌寄生而被毁,后期多碎裂散出黑粉孢子。黑粉病不仅引起作物及禾草减产,其黑粉孢子吸入呼吸道后可引起动物哮喘,呼吸道发炎,食入一定量后能使人、畜呕吐或发生神经系统症状。本节将介绍禾本科草地植物的一些主要黑粉病。

(一)条黑粉病

1.症状

植株被侵染后生长缓慢,矮小,分蘖少,根系不发达,不形成花序或花序短小。叶片和叶鞘上先是产生长短不一的黄绿色条纹,后变为暗灰色或银灰色,表皮破裂后释放出黑褐色粉末状冬孢子,而后病叶呈浅褐色或褐色、丝裂、卷曲,最后枯死,但病株始终直立。症状在春末和秋季较易发现,夏季干热条件下病株多半枯死而不易看到。

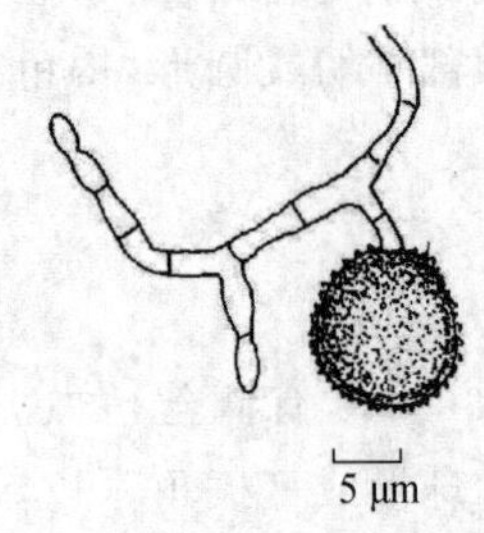

图 8-15　香草黑粉菌

(仿刘若)

冬孢子及萌发出的菌丝体

2.病原

担子菌门黑粉菌目黑粉菌属香草黑粉菌(条黑粉菌)[*Ustilago striiformis*(Westend.) Niessl.]。冬孢子球形、近球形,偶有形状不规则的,暗榄褐色,壁有细刺,直径9～11 μm(图8-15)。此菌在燕麦粉琼脂培养基上,室温下生长良好,并可产生大量有生活力的孢子。

3.发生规律

病原菌冬季以休眠菌丝体在多年生寄主的分生组织内越冬,或以冬孢子在种子间、残体上和土壤中越冬。冬孢子随种子、风雨、刈割、践踏、耕耙等过程而传播。水也可以传送孢子及病残组织。冬孢子可以长期休眠(265 d)而仍有生活力。

春季或秋季,条件适宜时冬孢子萌发产生担子,担子可以产生担孢子,担孢子萌发出单核菌丝,遇性别相反的芽管可发生融合,产生有侵染力的双核菌丝。有时担子直接萌发成芽管,与性别相反的芽管融合产生侵染菌丝。侵染菌丝侵入幼苗的胚芽鞘,或成株的侧芽或腋芽部的分生组织。一旦侵入植株,菌丝体就系统地生长到所有分蘖、根茎、新叶中去,并随器官和组织的生长而蔓延。发育到一定阶段后,菌丝体产生大量黑粉状的冬孢子,并随寄主组织碎裂而散出。

该病随草地年限而逐年加重,3 年以上草地发病率较高。地势低洼、降水或灌溉频繁的草地黑粉病发生较重。

4. 防治方法

(1)选用抗病品种　草地早熟禾已有约 40 个品种较抗此病,使用抗病品种是最经济的防治方法。

(2)使用无病播种材料　选用无病草种或草皮等。

(3)药剂防治　播前用福美双、克菌丹、五氯硝基苯等杀菌剂进行种子处理。田间病害发生期喷施三唑酮、甲基硫菌灵、苯醚甲环唑等药剂防治。

(二)秆黑粉病

此病也是禾本科草地植物常见的黑粉病。常与条黑粉病同时发生于一株植物上。危害多大于条黑粉病。其症状与条黑粉病相似。病原为担子菌纲腥黑粉科的冰草茎黑粉菌[*Urocystis agropyri* (Preuss) Schrot.],异名:羊茅茎黑粉菌(*U. festucae* Ul.)、早熟禾茎黑粉菌[*U. poae* (Liro) Padw.]、小麦茎黑粉菌(*U. tritici* Korn)。冬孢子团球形、椭圆形,多由 1~3 个冬孢子组成,偶见 4 个者,外有一层无色的不孕细胞包被,大小为(18~35) μm×(35~40) μm。冬孢子单胞,圆形,光滑,直径 10~18 μm,榄褐色(图 8-16)。

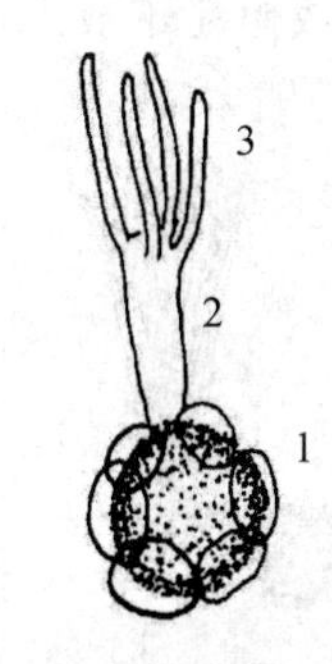

图 8-16　冰草茎黑粉菌的冬孢子团及其萌发

(仿刘若)

1. 冬孢子　2. 担子　3. 担孢子

此病的发生规律及防治参看条黑粉病。

(三)雀麦黑穗(粉)病

此病分布广泛,是雀麦属穗部重要病害。我国报道此病为害扁穗雀麦(*Bromus catharticus*,吉林)、日本雀麦(*B.* japonica,内蒙古),发病率达 30%~50%。在欧洲严重为害田雀麦(*B. arvensis*),并可使大家畜(如马)流产,羊食入一定量后可中毒死亡。

1. 症状

病菌主要为害花器。子房被破坏变为疱状孢子堆。孢子堆外覆盖着寄主组织产生的膜,灰色,其多少受颖片所包被。后期,膜破裂,冬孢子堆裸露,黑粉状,有时黏结成团块。在同一花序上可同时存在有病小穗和健康小穗。病小穗较短而宽。

2. 病原

雀麦黑粉菌(*Ustilago bullata* Berk),异名:*U. bromivora* Fisch.,属担子菌门黑粉菌目黑粉菌属。冬孢子单胞,球形、卵形,直径 6.8~10.2 μm,壁有小疣,榄褐色,孢子大小因寄主而异,差异约 2 μm。此菌的寄主还有冰草属、大麦属、披碱草属、羊茅属、细坦麦属等数十种禾草。此菌有生理专化性，已报道至少有13个生理小种。病菌的冬孢子在土壤中或黏附于种子表面越冬。次春萌发后侵入幼苗胚芽鞘，随植株生长而达到花序，产生孢子堆。在室温和干燥条件下，冬孢子寿命可长达10年之久。

3. 防治方法

(1)种子处理　温水浸种：种子浸于53～54℃温水中5 min，水量为种子量的20倍，处理后将种子摊开、晾干。药物拌种：萎锈灵(有效成分3 g/kg种子)、福美双(12 g/kg种子)拌种可有效防治此病。克菌丹、杀菌灵、氧化萎锈灵也很有效。

(2)减少传染源　消灭田间地边野生寄主，如毛雀麦(*Bromus mollis*)，可以减少田间种植的雀麦发病。

(3)选用抗病品种　国外已育成抗此病的冰草、雀麦和加拿大披碱草等品种。国内尚待开展此类工作。

(四)菵草颖坚黑穗病

该病是草地和建坪用菵草种子生产的重要病害。

1. 症状

病株地上及地下部分生长停滞，只有穗部产生黑粉(冬孢子)，子房完全变为孢子，但果皮完好，故黑粉不散出。

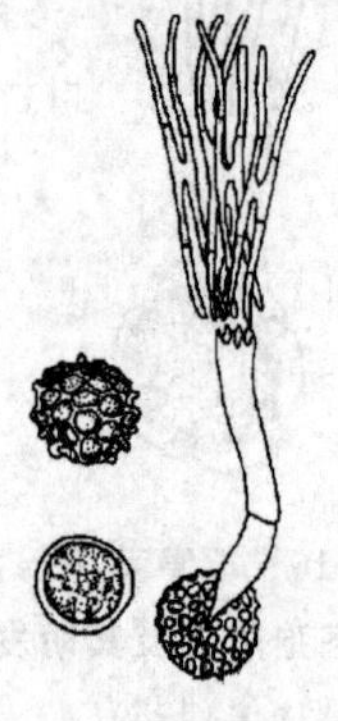

图8-17　苍白腥黑粉菌
(仿陆家云等)
冬孢子和冬孢子萌发

2. 病原

(1)苍白腥黑粉菌(*Tilletia pallida* Fisher)　属担子菌门黑粉菌目腥黑粉菌属。孢子淡黄褐色至无色，球形，单胞，直径18～25 μm，壁有疣刺，外有透明的不孕细胞包被(图8-17)。

(2)迷惑腥黑粉菌[*Tilletia decipiens* (Pers.) Korn.]　孢子球形、近球形、卵形，单胞，紫褐色，直径23～29 μm，孢壁有网纹，埋生于透明胶质鞘内，鞘厚2.5 μm，不孕细胞少数，透明。

以上两种腥黑粉菌均以冬孢子在种子间越冬，翌春与种子同时萌发。冬孢子萌发产生担子，其上端产生丝状担孢子，担孢子成对融合形成有特点的“H”形结构，由之产生双核的侵染菌丝，侵入寄主幼苗。菌丝体在寄主组织内生长蔓延，长入花序，最终破坏子房。

3. 防治方法

主要是播种前药物处理种子。所用药物参看雀麦黑穗病。国外认为，福美双拌种可以有效控制此病发生。

(五)早熟禾散黑穗病

该病影响早熟禾和其他一些禾草种子生产。

1. 症状

病穗扭曲变形，子房内充满黑粉状冬孢子。外皮易破裂而散出黑粉，最终只留下穗轴。

2. 病原

碱草黑粉菌(*Ustilago trebouxii* H. Syd.)，属担子菌门黑粉菌目黑粉菌属。孢子球形至卵形，浅榄褐色，有小刺，有时光滑，一侧色较深且刺较明显，(3.5～5) μm×(3.5～7) μm。

除几种早熟禾外，还侵染披碱草属、大麦属、碱茅属、细坦麦属、针茅属。

3. 防治方法

参看雀麦黑穗病。

(六)狗牙根散黑穗病

该病是建坪用狗牙根种子生产的重要病害。

1. 症状

花序完全被病原菌破坏,变为黑褐色冬孢子,随风雨而散落,只剩穗轴。

2. 病原

狗牙根散黑粉菌[*Ustilago cynodontis* (Pass.) Henn.],属担子菌门黑粉菌目黑粉菌属。冬孢子球形、近球形,淡黄褐色,直径 5~8 μm,孢壁光滑。

3. 防治方法

参看雀麦黑穗病。

(七)苏丹草丝黑穗病

该病是苏丹草、假高粱、高粱的主要病害,使籽粒减产,分布广泛。

1. 症状

整个或部分花序变为黑粉(冬孢子)。病株比健株略矮小,色较浓。病穗中下部膨大,有时歪扭。包膜破裂后散出黑褐色粉末,即病菌冬孢子,同时露出成束的黑色丝状物,即寄主残存的维管束组织,故称丝黑穗病。偶见病菌侵害叶片,产生稍隆起的灰色小瘤,后散出黑粉。

图 8-18 苏丹草丝黑穗病
(仿刘若)
1. 症状 2. 冬孢子

2. 病原

丝轴黑粉菌(高粱丝黑穗菌)[*Sphacelotheca reiliana* (Kuhn) Clint.],异名:高粱丝团黑粉菌[*Sorosporium relianum* (Kuhn) McAlp.]。冬孢子球形、近球形,暗褐色,直径 9~15 μm,表面有细刺,未成熟的冬孢子多数 10 个聚集成团,不紧密,成熟时散开(图 8-18)。

3. 发生规律

此菌冬孢子主要在土壤和病残组织内越冬,成为次年侵染来源。种子带菌的作用比较次要。冬孢子可在土壤中存活 3 年以上。冬孢子与种子同时萌发,产生担孢子并合产生双核的侵染菌丝,之后侵入幼苗的芽鞘、胚轴或幼根,侵入生长点,随寄主生长发育,最终进入穗部产生冬孢子。

病菌萌发温度为 15~36℃,适温 28~36℃,土壤水分充足时发病轻,土壤含水量为 18%~20%,5 cm 深处土温 15℃上下时,最有利于侵染。若播种过早、覆土过厚、出苗缓慢则发病重。连作田块发病重。不同品种的敏感性不一。

4. 防治方法

(1)合理耕作 精细整地,保持墒情良好;适期播种,避免深播,播后及时镇压,力求出苗迅速;实行 3 年轮作;不用带病残组织的粪肥作基肥,以减少土壤中侵染来源。

(2)田间管理 发现病穗应及时剪除,带出田间深埋(必须在未散出黑粉时进行,并从病株基部刈割)。

(3)种子处理　用20%萎锈灵乳油0.5 kg加水2.5 kg,拌种子35～40 kg,堆在塑料薄膜上,覆以塑料薄膜(或装入塑料袋内),闷种4 h,稍晾晒,即可播种,效果良好。无此药剂时,用50%多菌灵或50%萎锈灵可湿性粉剂拌种(药量为种子重的0.7%)。

三、白粉病

白粉病是禾本科草地植物最常见的病害之一。可发生于几十属的禾本科草地植物上。分布遍及各大洲。此病虽不使寄主急性死亡,但严重影响其生长发育和抗逆性,是多年生草地和草坪利用年限缩短的一个诱因,也是许多禾谷类作物(如小麦)和一年生禾草减产的原因之一。早熟禾属、羊茅属、狗牙根、结缕草、小糠草受害尤重。

1.症状

禾草地上组织均可受侵染,但以叶片和叶鞘受害最重。病部出现蛛网状的白粉霉层,初为点状,后汇合成片,甚至覆盖全叶。霉层下的叶组织褪绿变黄,逐渐呈黄褐色。霉层上有黄色、橙色、黑褐色小点,即病原菌不同成熟程度的闭囊壳。发病严重时,植株表层好似喷撒了一层白粉,植株光合作用减弱,呼吸强度增强,导致草地早衰,禾草减产。

2.病原

禾布氏白粉菌[*Blumeria graminis* (DC.) Speer],异名:禾白粉菌(*Erysiphe graminis* DC.)。属子囊菌门白粉菌目白粉菌属。菌丝体存在于寄主体外,只以吸器伸入寄主表皮细胞吸收养分。菌丝体无色,产生直立的分生孢子梗,其上串生分生孢子。分生孢子无色,单胞,卵圆形、椭圆形,(25～30) μm×(8～10) μm。分生孢子寿命短暂,只有3～4 d的侵染力。闭囊壳球形、扁球形,成熟后壁黑褐色,无孔口,直径135～180 μm。壳外有线状附属丝,不分枝,无色,无隔膜。闭囊壳内有子囊8～30个。子囊长卵圆形,无色,内有4～8个子囊孢子。子囊孢子椭圆形,单胞,无色,(20～33) μm×(10～13) μm(图8-19)。

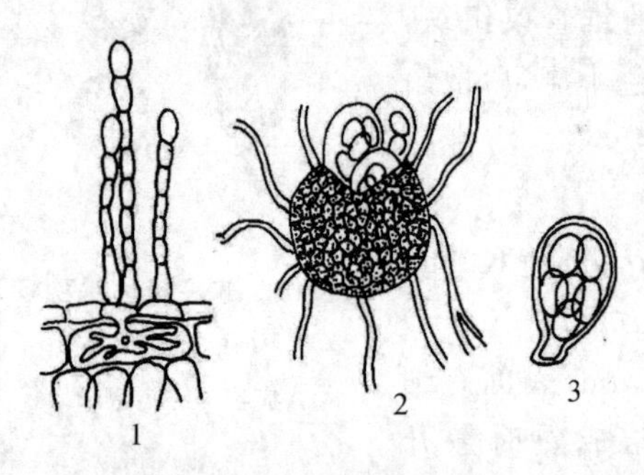

图8-19　禾白粉菌(仿刘若)

1.吸器和分生孢子　2.闭囊壳　3.子囊

3.发生规律

白粉菌借分生孢子在田间传播,孢子随气流落到侵染部位,在潮湿、凉爽(13～22℃,最适18.3℃)和多云的条件下,2 h内就可以萌发并侵入。病部的菌丝体在适宜条件下,可以连续7～14 d不断产生分生孢子,直至此处寄主组织死亡。受侵染部位1周后就开始产生分生孢子。

闭囊壳产生于生长季后期,但许多禾本科植物上的白粉菌不产生闭囊壳。病菌以闭囊壳在残体上越冬,也可以休眠菌丝体在活寄主上越冬。春季,又释放出分生孢子或子囊孢子在田间开始侵染。

白粉菌在饱和空气湿度条件下产孢而且孢子萌发最好。水膜中孢子不能萌发,散射光有利于分生孢子存活和萌发,故在荫蔽之处发病较重。此病在5℃以下和25℃以上停止扩展。连续降雨不利于病害发生。冬季温暖,生长季湿润而雨量不大的年份,以及低光照条件、空气流通不畅的草地，病害容易发生流行。干旱可降低禾草抗病力而有助于发病，草层稠密使病情加重。

4.防治方法

(1)选用抗病品种　不同属、种和品种的禾草对白粉病常表现显著的抗病性差异。选择在本地种植表现抗病的品种，是防治此病最经济有效的途径。

(2)选择适合的播种方式　禾草与豆科牧草混播可以减轻病害发生。

(3)搞好草地卫生　耙除枯草或冬季焚烧残草，控制次年病害流行。当草地已发生白粉病时，应提前刈牧，以减少田间病原。

(4)合理施肥　勿过施速效氮肥，保证足够的磷、钾肥。

(5)药剂防治　发生白粉病时，可用以下药剂定期喷施，放线酮、放线酮＋五氯硝基苯、放线酮＋福美双、粉锈宁、托布津、多菌灵、多抗霉素、丙环唑，每 7～10 d 喷施一次。

四、麦角病

麦角病是多种禾本科草地植物的重要病害。分布遍及各大洲。在我国分布也很广泛，三北地区的草原畜牧地区屡有报道。此病不仅使牧草种子减产(子房变为菌核)，而且所产生的菌核(麦角)含有多种具剧毒的生物碱。人、畜食入相当数量后，重者可以急性死亡(欧洲等地屡有这方面的记载)，轻者引起流涎、麻痹、昏睡。母畜中止怀胎而流产，畜禽的产奶和产蛋量急剧下降。国外也曾报道，染上麦角病的病穗上产生的甜味黏液(俗称“蜜露”)，当蜜蜂食后，可引起中毒以致过冬期间大量死亡。其所酿的蜜对人的健康也有影响。但麦角中所含的有效成分可引起平滑肌收缩，是引产和产后止血的重要药物，在医学上有一定的药用价值。

1.症状

麦角菌只侵染禾本科植物的花器，罹病小花初期分泌淡黄色蜜状甜味液体，称为“蜜露”，内含大量麦角菌的分生孢子。多种昆虫采食“蜜露”后体表携带其分生孢子代为传播，飞溅的雨点、水滴也可以传播病菌，故田间常成片地发生病穗。病粒内的菌丝体常发育成坚硬的紫黑色菌核，呈角状突出于颖片之外，故称“麦角”。有些禾本科的花期短，种子成熟早，不常产生麦角，只有“蜜露”阶段。田间诊断时应选择潮湿的清晨或阴霾天气进行，此时“蜜露”明显易见。干燥后只呈蜜黄色薄膜黏附于穗表，不易识别(图 8-20)。

2.病原

麦角菌[*Claviceps purpurea* (Fr.) Tul.]，属于子囊菌门麦角菌属。此属的其他一些种如雀稗麦角菌(*Claviceps paspali* Stev. et Hall)的麦角也具剧毒，可使禽畜食后中毒。

“蜜露”内无性阶段的分生孢子单胞，无色，(3.5～6) μm×(2.5～3) μm(图 8-21)。

病原菌的菌核呈香蕉状、柱状，表层紫黑色，内部白色，质地坚硬，大小因寄主而异，如无芒雀麦、看麦娘、紫羊茅上的麦角长 2～11 mm，无芒雀麦的麦角可长达 15 mm，黑麦的麦角长 10～30 mm，早熟禾的麦角少有超过 3 mm 长的，一个病穗可产生几个或几十个麦角。无芒雀麦上曾有报道，在一个病穗上产生 109 个麦角，使大多数花器不能产生种子。

图 8-20　禾草麦角病症状

（仿刘若）

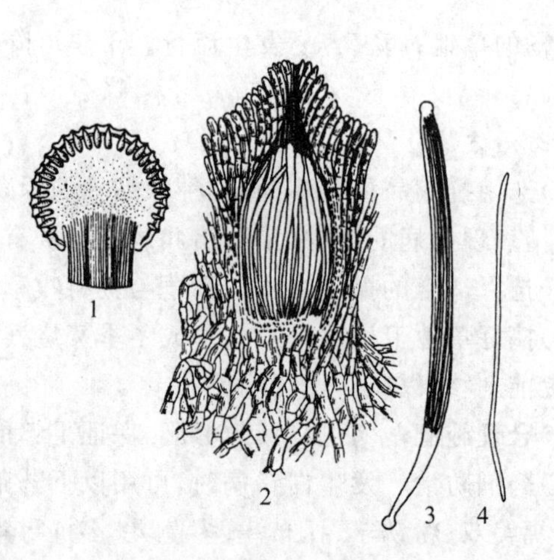

图 8-21　麦角菌（仿陆家云等）

1. 子囊壳着生于子座顶端头状体上

2. 子囊壳　3. 子囊　4. 子囊孢子

麦角成熟后落入土壤中越冬，翌年春季条件适宜时萌发出 1～60 个肉色有柄子座，子座球形，上有许多乳头状突起，即子囊壳的孔口。子囊壳埋生于子座表层组织内，烧瓶状，内有若干个细长棒状的子囊，子囊壳大小为(150～175) μm×(200～250) μm。子囊透明无色，细长棒状，稍弯曲，大小为 4 μm×(100～125) μm，有侧丝；子囊内含 8 个丝状子囊孢子，后期有分隔，大小为(0.6～0.7) μm×(50～76) μm。子座产生 5～7 d 后子囊壳成熟，空气相对湿度为 76%～78%或以上时，子囊孢子可以强力发射出来，有时随黏性物质排出。发射出的子囊孢子借气流传播，黏液中的分生孢子借飞溅的水滴和昆虫传播到其他小花上。

3. 发生规律

菌核在土壤中或混杂在种子间越冬。翌年空气湿度达到 80%～93%时，土壤含水量在 35%以上，土温 10℃以上，麦角开始萌发产生子座。子座产生 5～7 d 后子囊壳成熟。雨后晴暖有风条件有利于子囊孢子发射。冷凉潮湿的天气有利于麦角病发生。气候干旱但有灌溉条件并有树木荫蔽的草地，麦角病也可严重发生。一般花期长或花期多值雨季的禾草，此病发生较重。禾草中封闭式开花或自花授粉的种类很少感病。几种花期不同而又互相重叠的禾本科牧草田块，后开花的种类常发病严重。此病以分生孢子在田间蔓延，菌核(麦角)混杂在种子中进行远距离传播。麦角在室温下贮存 2 年丧失萌发力。在寒冷且干燥的条件下，生活力可保持更长时间。

4. 防治方法

(1)播种清洁种子　播前应对种子进行产地检疫及实验室检验，杜绝播种掺杂麦角的种子。所播种子最好在室温下存贮 2 年以上。

(2)选择适宜种植地　低洼、易涝，土壤酸性，阴坡及林木荫蔽处，麦角病容易流行。

(3)选用抗病或避病品种　不同属种的禾本科牧草其开花习性和时期也不相同，对麦角病的敏感性不同，表现为同一条件下发病率有显著差异。如肥披碱草、赖草和白茅的穗发病率仅为 5.5%～7.8%。选择这些抗病或避病品种种植，可有效防止此病蔓延。

(4)合理配置草种　在同一地区，不种植花期前后衔接的感病禾本科牧草和作物。

(5)倒茬　连年严重发生麦角病的草地应翻耕，改种非寄主植物。重病草地不宜收种。

(6)合理施肥 增施磷、钾肥,可以增强寄主抗病力。速效氮施用过多会提高发病率。

(7)消灭菌源 及时刈割或用除莠剂消灭草地及其附近生长的醉马草等野生寄主,以减少菌源。

(8)焚除枯草 在牧草休眠季内实行焚烧,可基本铲除禾草麦角病,同时兼治种子线虫。

五、香柱病

香柱病是禾本科草地植物常见病害,严重影响种子生产,而且病草体内产生某些生物碱,易使家畜食后中毒。此病在国内外分布广泛。甘肃曾发现该病严重为害早熟禾属牧草。

1.症状

此病的菌丝体系统地寄生在植株各个器官和部位。发育到一定阶段后,内生的菌丝体穿透寄主组织在体表生长白色蛛网状霉层,进而形成绒毡状的"鞘",包围在茎秆、花序、叶和叶鞘之外,形状似一柱"香",即病原菌的子座。子座初为白色、灰白色,后变为黄色、黄橙色。病株多矮小,发育不良(图 8-22)。

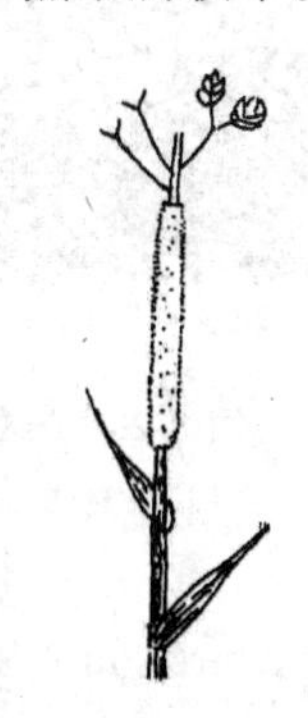

图 8-22 禾草香柱病

(仿刘若)

2.病原

香柱菌[*Epichloe typhina* (Pers.) Tul.],属子囊菌门。子座长2~5 cm,初为白色、淡黄色,后变为黄橙色、灰橙色。分生孢子无色,卵形,大小为(3~9) μm×(1~3) μm。子囊壳埋生于子座之中,大小为(300~600) μm×250 μm,有明显的孔口,孔口开于表面,梨形,黄色。子囊长柱形,单膜,顶壁加厚,有折光性的顶帽,透明无色,大小为(130~200) μm×(7~10) μm。子囊孢子无色,线状,有隔膜,直径 1.5~2 μm,长度几乎与子囊相等。

3.发生规律

病菌侵入寄主后,可年复一年系统地寄生在寄主全株内,只有繁殖枝发育,才在其上产生子座。体内菌丝体只有通过切片和染色后,才可在显微镜下观察到。种子带菌是主要传播途径,菌丝体存在于种皮、胚乳和胚内。种子萌发后,菌丝侵入幼苗。子囊孢子和分生孢子阶段在传播病害上的作用尚无定论。过量漫灌、地势低洼有利于此病发生。在"蘑菇圈"外沿的禾本科草地植物,常大量产生子座。

4.防治方法

(1)种子检疫 对引入的播种材料,应进行植物检疫。发现种子带菌,应予以销毁。不从染病疫区草地调种。

(2)栽培管理 高湿条件下香柱病发生严重,并大量产生子座,过量氮肥也促使子座大量产生,因而应合理排灌,避免偏施和过施速效氮肥,做到健身栽培。

(3)轮作倒茬 发病严重的草地宜及早翻耕,改种其他非寄主植物。

六、赤霉病

赤霉病是禾本科草地植物的重要病害,能侵染多种禾本科草地植物和其他科植物,分布相当广泛。我国有许多关于此病严重发生于黑麦草、鸭茅、鹅观草、冰草的报道。此病不仅使作物和牧草减产，而且产生毒素。人、畜食入后，发热、腹胀、呕吐、腹泻，还可引致许多其他疾患。

1. 症状

此病可引发禾草植株根腐、穗腐、秆腐等症状。苗期发病，病苗叶色浅淡，根部断续有水渍状病斑，幼苗腐烂死亡。成株期发病，潮湿时在病穗颖缝等处出现粉红或橙红色霉层，即病菌的分生孢子，后期病部常出现聚生的小黑点，即病菌的子囊壳。

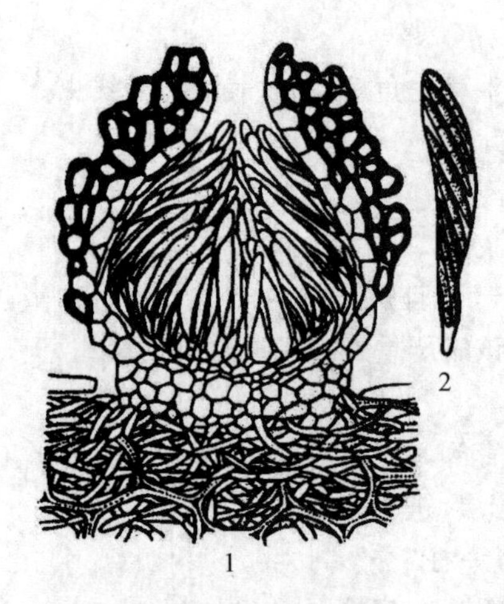

图 8-23　玉蜀黍赤霉
1. 子囊壳　2. 子囊

2. 病原

无性阶段为禾谷镰刀菌（*Fusarium graminearum* Schw.），属半知菌类丛梗孢目镰刀菌属；有性阶段为玉蜀黍赤霉[*Gibberella zeae*（Schw.）Petch.]（图 8-23），属子囊菌门核菌纲球壳目赤霉属。大分生孢子镰形或纺锤形，微弯，两端尖削，顶细胞圆锥形，足细胞明显，无色，一般有 3～5 个隔膜，也有 1 个或多达 7 个者，大小变化很大，因寄主及隔膜数目而异，3 个隔膜的为（3～6）μm×（25～66）μm。不产生或很少产生小分生孢子，不产生厚垣孢子。子囊壳散生或聚生于病组织表面，卵形至圆锥形，顶部有明显乳突，壳壁膜质，蓝紫色、紫黑色，大小（130～260）μm×（140～300）μm，内含大量无色子囊。子囊棒状，直形或微弯，大小（50～80）μm×（10～14）μm，内含 8 个子囊孢子。子囊孢子纺锤形，无色，微弯，多有 3 个隔膜；大小（20～30）μm×（4～5）μm，在子囊内排成单行或双行。

3. 发生规律

病原菌在病株残体内越冬。春季气温 10℃以上且多湿的条件下，产生子囊壳并形成子囊孢子，借风、雨传播，侵入寄主。此菌发育温度为 8～32℃，最适温度 24～28℃。最适相对湿度为 80%～100%。子囊阶段能耐－20℃低温。病害潜育期随温度而异，15℃时为 7～8 d；18～20℃时为 4～5 d；25℃时为 2 d。多雨潮湿和高温天气有利于此病发生，土质黏重、地势低洼使病情加重。

4. 防治方法

（1）搞好草地卫生　清除病株残体，冬季焚茬，可减少菌源，使次年病情减轻。

（2）农业防治　合理排灌，防止积涝，配方施肥，勿过施氮肥；合理密植，通风透光，预防倒伏，有利于控制病害发生。

（3）药剂防治　发病前期就开始施药防治，施药间隔期 7～10 d，连续 2～3 次。常用药剂有多菌灵、甲基硫菌灵、三唑酮、异菌脲、丙硫菌唑等。

七、苏丹草大斑病

此病发生在玉米和高粱属植物上，寄主有玉米、高粱、苏丹草、阿拉伯高粱，但病原菌寄主专化性强。为害严重，国内外分布广泛。

1. 症状

主要为害叶片，叶部病斑长梭形，大小为（20～60）mm×（4～10）mm，边缘水渍状，中央枯黄色至褐色,后期边缘紫色,叶斑正反面均可见黑色霉状物,即病菌的分生孢子梗和分生孢子,严重时全叶枯死。叶鞘及苞片上也能发生病斑。

2. 病原

半知菌类大斑离蠕孢[*Bipolaris turcicum*(Pass.) Shoemaker],异名:大斑长蠕孢(*Helminthosporium turcicum* Pass.)。自然界中不产生有性世代。分生孢子梗由气孔中伸出,2~6 根丛生,榄褐色,有 2~6 个隔膜,大小为(12.5~188.7) μm×(7.5~10.0) μm,基部膨大,孢痕明显,生于顶点或膝状折屈处。分生孢子梭形,榄褐色,直或微弯,基细胞有明显脐点,突出,有 2~8 个隔膜,多为 4~7 个,大小为(45~140.6) μm×(15~25) μm,孢子由两端细胞萌发产生芽管(图 8-24)。

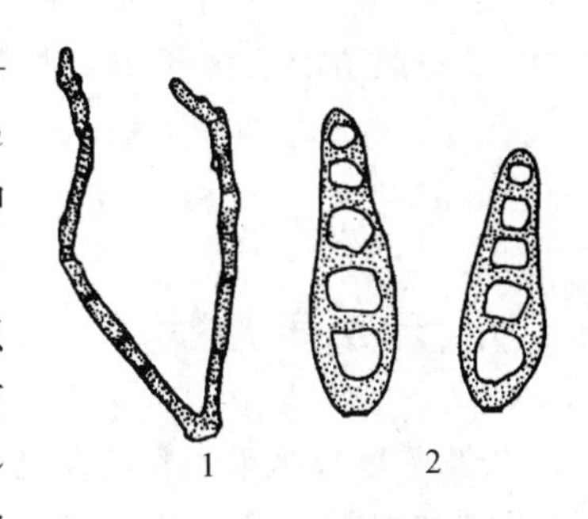

图 8-24 大斑离蠕孢

1. 分生孢子梗 2. 分生孢子

3. 发生规律

病原菌以休眠菌丝体和分生孢子在病株残体上越冬,成为第二年春季田间侵染来源。孢子借风雨传播,由表皮或气孔侵入。菌丝生长适温 27~30℃,温度范围为 5~35℃。孢子形成温度为 11~30℃,最适温度 23~27℃。田间流行适温约为 25℃。孢子侵入后,10~14 d 便可在病斑上产生孢子。孢子萌发需要多雨有雾天气,相对湿度至少在 60%,且叶面要有液态水膜。新叶比老叶抗病力强,苗期或幼株比抽穗后成株发病轻。

4. 防治方法

(1)农业防治 收割后彻底清除田间残体;科学配方施肥,保证氮素充足;适时早播,尽量避开高温多雨时期。

(2)药剂防治 可使用麦穗宁、棉萎灵、退菌特、甲基托布津、代森锌、福美双等杀菌剂保护。

八、禾草细菌性枯萎病(黑腐病)

禾草细菌性枯萎病(黑腐病)又称禾草细菌性黑腐病(grass bacterial black rot)。主要为害多年生及一年生黑麦草、早熟禾属、剪股颖属、苇状羊茅及其他羊茅、鸭茅、梯牧草等。国外广泛分布,我国尚未见报道。

1. 症状

病株叶片初为蓝绿色,皱缩,卷曲,后呈红褐色,迅速枯萎,可在 48 h 内干枯。病株根系很快死亡分解,在草地上形成形状不规则的死草区。

2. 病原

由黑腐黄单胞杆菌禾本科变种(*Xanthomonas campestris* pv. *graminis* Fgli. & Schmidt)所致。

3. 发生规律

病原细菌可在病草和残体中越冬。借刈耕机具、人畜活动及种植病草皮等传播。通过刈割或其他原因所致的伤口侵入。在病株内主要存在叶、根、茎、根颈等器官的维管束组织内,导致寄主水分吸收和运转受阻,产生萎蔫和枯干症状,最终死亡。

4.防治方法

(1)使用抗病品种　不同品种牧草抗性有差异。例如潘克拉斯(Penneros)和潘尼格(Penegle) 品种的匍匐勒股颖较抗此病。

(2)药剂防治　种子田或科研试验田可试用25%叶枯灵可湿性粉剂250～400倍液或45%代森铵水剂1 000倍液、10%叶枯净可湿性粉剂250～400 g (兑水60～75 L)喷雾或浇灌(每100m² 浇11 L药液)防治。

九、禾草黄矮病

禾草黄矮病是禾本科牧草常见病害,分布遍及各大洲,引起病害的大麦黄矮病毒能够侵染150多种禾本科作物和禾草,包括小麦、大麦、燕麦、水稻、玉米等重要粮食作物,山羊草、偃麦草、冰草、簇毛麦等野生单子叶植物以及狗尾草、雀麦等各种田间单子叶禾草,引起寄主种子、牧草产量和品质下降。

1.症状

因寄主种类而不同。多出现全株矮化,生长缓慢,分蘖减少,根系发育不良,不抽穗或穗发育不良。叶片黄化或发红,多由叶尖或叶缘开始,有些寄主叶上出现条斑,病叶变硬、变厚等症状;也有些寄主如鸭茅、狗牙根、苇状羊茅、多花黑麦草、球茎隔草、苏丹草、匍匐野麦、无芒虎尾草、毛绒稷等禾草虽带毒但不表现症状,尽管不表现症状,也能显著降低牧草的产量。

2.病原

大麦黄矮病毒(Barley yellow dwarf virus,BYDV),黄症病毒科(*Luteoviridae*)黄症病毒属(*Luteovirus*)病毒成员。大麦黄矮病毒基因组为正义单链RNA,全长约为5.7 kb,无5'端帽子结构,也无3'端多聚腺苷酸Poly(A)尾巴,目前共发现有7个开放式阅读框(open reading frame,ORF)以及3个分别位于5'末端、ORF5与ORF6之间和3'末端的非翻译区(untranslated Region,UTR)。ORF1与ORF2位于基因组5'端,并且有部分重叠;ORF4完全包含于ORF3内部;ORF3仅隔一个终止密码子与ORF5相连;ORF3a的5'端与ORF2的3'端部分重叠,ORF3a的3'端与ORF3的5'端部分重叠;ORF6较小,位于基因组3'端,其前后均为UTR,不与任何ORF有重叠。大麦黄矮病毒这种高度精简的基因组结构,保证了在长度较短的基因组中涵盖了病毒生命活动所必需的全部遗传信息,同时也为病毒基因的表达调控提供了可能。

大麦黄矮病毒粒体为正二十面体球状,直径25～30 nm,沉降系数115～118S,致死温度65～70℃(或60～70℃),稀释终点10^3。根据传毒介体的专化性和鉴别寄主反应,可分为7个株系(BYDV-PAV、BYDV-PAS、BYDV-MAV、BYDV-GAV、BYDV-ker Ⅱ、BYDV-ker Ⅲ、BYDV-SGV)。虽然它们的粒体形态基本一致,但BYDV不同株系的全基因组长度不同,血清学反应也存在差异。

主要的寄主有苇状羊茅、草地羊茅、羊茅、匍匐紫羊茅、意大利黑麦草、多年生黑麦草、草地早熟禾等。

3.发生规律

大麦黄矮病毒在寄主体内系统分布,冬季多聚集在分蘖节部位越冬,次年拔节时沿筛管细胞移动,多集中在茎、叶部位。在叶和根的筛管细胞质内可见到病毒粒体。该病毒通过蚜虫以持久、循回、非增殖方式传播，不同株系传播介体不一，主要的介体昆虫有：麦二叉蚜(*Shizaphis graminum*)、麦长管蚜(*Sitobion avenae*)、禾谷缢管蚜(*Rhopalosiphum padi*)、玉米蚜(*R. maydis*)、麦无网长管蚜(*Acyrthosipyum dirhodum*)、百合蚜(*Neomyzus cirumflexus*)、莓蚜(*Sitobion fragariae*)、早熟禾缢管蚜(*Rhopalosiphum poae*)、苹果缢管蚜(*R. fitchii*)。大麦黄矮病毒仅能通过特定的蚜虫以持久循回非增殖方式传播，是目前已知的唯一传播方式。介体蚜虫刺吸带毒植株时，病毒随病汁液由蚜虫口针进入消化道，在后肠位置通过内吞作用进入血淋巴，在血淋巴中与蚜虫内共生细菌分泌的蛋白相互作用以保持病毒粒子的完整性和侵染性，最终到达副唾液腺，通过受体介导的内吞作用穿过副唾液腺基底膜进入蚜虫唾液，随蚜虫取食感染健康的寄主植物。在该循环过程中，病毒穿过蚜虫副唾液腺基底膜的过程是介体特异性的，即一种大麦黄矮病毒只能特异性地穿过一种或少数几种蚜虫的基底膜，这种特异性决定了病毒蚜传的特异性。

4. 防治方法

(1)选用抗病草种或品种　例如 Wallaroo 和 Rigdon 等燕麦品种较抗此病。

(2)药剂防治　灭蚜防病，主要以田间喷施杀虫剂为主，通过控制田间介体蚜虫的种群数量，减少禾草黄矮病的传播以达到防治禾草黄矮病的目的。可用 2.5%敌杀死乳油、20%速灭杀丁乳油等药剂防治。

第三节　其他科牧草病害

一、聚合草细菌性青枯病

聚合草细菌性青枯病主要发生在我国南方地区，四川、湖北、江苏、浙江、福建、广东、广西等省份有报道。平均发病率 10%～30%，严重地块可达 90%。

1. 症状

发病初期在中午烈日下，植株基部老叶呈萎蔫状，早晚湿度大时，可恢复。此时镜检维管束组织可见溢菌现象。后随着病情发展，上部叶片和心叶也出现青绿色萎蔫；根部外观有时完好，但其维管束变褐。严重时，叶柄及根茎交界处湿腐，主根腐烂，侧根皮层也呈黑褐色并腐烂。最后植株死亡，呈典型青枯症状。

2. 病原

由青枯假单胞杆菌[*Pseudomonas solanaceearum* (Smith) Smith]引起。为革兰氏阴性短杆菌，不产芽孢，无荚膜，大小(0.6～0.9) μm×(1.0～2.0) μm。可泳动，有极生鞭毛 1～4 根。

3. 发生规律

地表 5 cm 处土温为 27℃，土壤含水量为 25%，空气湿度为 55%时，此病开始发生。近地表土温升至 37℃，土壤含水量 35%，空气相对湿度 85%左右时，发病严重。耕作刈割、昆虫为害等造成的伤口加剧此病发生。

高温高湿、土壤偏酸、黏性壤土、田间积水、偏施氮肥、频繁刈割或虫害等有利于青枯病发生。

4. 防治方法

及时清除已发病死亡植株，并对周围土壤进行消毒，可撒施生石灰粉、草木灰或在病穴灌注 2%福尔马林或 20%石灰水。发病初期或高温期刈割后应酌情使用药剂，如青枯立克(有效成分:黄芪多糖、绿原酸≥2.1%)或硫酸链霉素等。

合理施用氮肥，多施有机肥和磷钾肥，以增强植株抗病性。

二、驼绒藜锈病

锈病是驼绒藜上重要病害，新疆地区发生严重，青海、内蒙古也有发生。

1. 症状

主要为害叶片。叶背面产生近圆形疱斑，粉状，直径约 1 mm，黄褐色至锈色，为病原菌夏孢子堆。后期孢子堆多为锈褐色，为病原菌冬孢子堆。

2. 病原

主要由担子菌亚门(Basidiomycotina)冬孢菌纲(Teliomycetes)锈菌目(Uredinales)柄锈菌科(Pucciniaceae)单胞锈菌属(*Uromyces*)的优若藜单胞锈菌(*U. enrotiae* Trany)引起。夏孢子椭圆形、卵圆形，单胞，淡黄色，壁有细刺，大小(21～32) μm×(16～21) μm。冬孢子球形、椭圆形，黄褐色，大小(16～24) μm×(15～22.5) μm。

青海发现的驼绒藜锈病由柄锈菌科柄锈菌属(*Puccinia*)优若藜柄锈菌(*P. burnettii* Griff)引起。

3. 发生规律

驼绒藜锈病为同主寄生锈菌。其性子器、锈子器阶段均寄生在驼绒藜上。

4. 防治方法

参看苜蓿白粉病。注意选育和种植抗病品种，并加强田间管理。

三、柱花草炭疽病

柱花草炭疽病分布广，危害重，是柱花草(*Stylosanthes* spp.)最重要的病害之一。柱花草炭疽病起源于南美洲，后在北美洲、亚洲、非洲、大洋洲等地均有报道。我国柱花草种植区如海南、广东、广西等地，炭疽病是当地柱花草生产上最重要的病害，严重时可造成种子颗粒无收，牧草严重减产。

1. 症状

主要为害叶片、叶柄、茎干、花序和种子。叶上病斑圆形、椭圆形或多角形，褐色，多数病斑中部颜色略淡呈灰褐色，边缘深褐色，直径一般为 0.5～5 mm，最大可达 10 mm，病斑外围有一浅色晕圈。病斑上着生有橙黄色的分生孢子团。叶柄和茎上病斑较小，多呈梭形，当茎上病斑环茎一周时，枝条枯死，倒伏，最后逐渐全株死亡。还可造成花序败落不结籽。

2. 病原

半知菌亚门(Deuteromycotina)腔孢纲(Coelomycetes)黑盘孢目(Melanconiales)黑盘孢科(Melanconiaceae)炭疽菌属(*Colletotrichum*)的胶孢炭疽菌(*C. gloeosporioides* Penz.)引起。

分生孢子盘多叶面生，初埋生表皮下，散生，直径 60～120 μm，有时有硬而长的深褐色刚毛。分生孢子梗较短,基部有分枝,无色,圆柱状,光滑,内壁芽生瓶体式产孢;分生孢子单细胞,无色,纺锤形,壁薄,新产生的孢子具1～3个油点,老熟孢子的胞质颗粒状,孢子萌发前产生隔膜。自然状态下的分生孢子较短粗,大小为(14～18) μm×(5.2～5.6) μm,培养状态下的分生孢子较细长,(18～20) μm×(4～4.5) μm。

3.发生规律

相对湿度大于95%,温度在26～30℃时最利于炭疽病的流行。一般流行期出现在雨季后期,尤其是台风过后,田间湿度增大,植株上便出现很多急性扩展型病斑,发展很快,几天后叶片即可脱落,天气干燥时病害停止发展,病情趋于稳定。温度较低时,如遇阴雨天气也有利于病害发展。

4.防治方法

(1)培育和选用抗病品种　柱花草种间和品种间对炭疽病的抗性差异较大,利用高度抗病材料培育出高产抗病品种,是防治炭疽病较理想的途径。我国常见的较抗炭疽病品种有:热研2号、热研5号、热研10号等。

(2)适宜的草地管理措施　对炭疽病危害严重的草地,可用过牧措施造成不利病原菌的环境条件,减少病原数量,达到控制病害流行的目的。对耐焚烧的柱花草(如头状柱花草),在热带雨季开始前一个月左右刈割(留茬10～15 cm),然后放火焚烧,可降低侵染源数量,减轻下茬草炭疽病的危害,并有利于植株生长。另外,与玉米、木薯或果树套种,可减少病原菌越冬传播,减少初侵染源,有利于控制炭疽病的传播和发生。

(3)用化学药剂进行种子处理或田间喷施　用种子量0.1%的多菌灵、福美双、苯来特、百菌清等拌种或浸种,可杀死或抑制种子携带的炭疽病菌。多菌灵、苯来特和灭菌灵(主要成分:二氯异氰尿酸钠)、锌贝克、百菌清、杜邦克露(有效成分:64%代森锰锌和8%霜脲氰)等对炭疽病有抑制作用,可在病害发生初期起到防治作用。

思考题

1.简述苜蓿常见病害的诊断和鉴定方法。

2.我国有哪些危害苜蓿的常见病害?各由哪类病原引起?

3.苜蓿锈病、白粉病、霜霉病、褐斑病的发生规律有何不同?有哪些相应的防病措施?

4.苜蓿镰孢菌根腐病分布于我国各苜蓿产区,请简述其防病要点。

5.禾本科牧草有哪些主要病害?其病原分别是什么?

6.比较禾草四种锈病的症状特点。

7.根据禾草锈病的发生规律提出该病的综合防治措施。

8.常见的禾草黑粉病有哪些?其病原分别是什么?

9.以条黑粉病为例说明禾草黑粉病的发生规律,并提出其综合防治措施。

10.试述禾草白粉病的症状特点。

11.根据禾草白粉病的发生规律提出该病的综合防治措施。

12.试述禾草麦角病的症状特点。

13.简述禾草麦角病的病害循环,依此提出该病的综合防治方案。

14.简述有利于聚合草细菌性青枯病的发病条件。

15.如何防治柱花草炭疽病?

第九章

草地主要害虫及防治方法

第一节　天然草地害虫

一、蝗虫类

蝗虫属直翅目蝗总科的害虫，种类多、分布广、食性杂。平原、山地和牧区、农区、半农半牧区等都有不同程度的分布和为害。其中东亚飞蝗是我国历史上的一大害虫，曾给农牧业生产造成巨大损失。

草原蝗虫主要分布在我国十大牧区，多发生在荒漠草原、山地草原、高山草原、草甸草原、盆地和滨湖洼地、沼泽草甸等生境类型上。由于各地区环境条件的差异，蝗虫的种类及发生规律也不同，一般为多种混合发生。

(一)亚洲飞蝗

飞蝗(*Locusta migratoria* L.)属直翅目蝗科，在我国有东亚飞蝗(*Locusta migratoria manilensis* Meyen)、亚洲飞蝗(*Locusta migratoria migratoria* L.)和西藏飞蝗(*Locusta migratoria tibetensis* Chen)3 个亚种，其中我国北方草原以亚洲飞蝗为主。

亚洲飞蝗在国外分布于土耳其、伊朗、阿富汗、俄罗斯、哈萨克斯坦、乌兹别克斯坦、吉尔吉斯斯坦、土库曼斯坦、乌克兰、欧洲南部、蒙古、朝鲜、日本北部；在国内分布于新疆、青海、宁夏、内蒙古及东北三省和甘肃的河西走廊，以蒙新高原的低洼地区为主要发生区。在新疆主要分布在沿湖(博斯腾湖、艾比湖、乌伦古湖)或河流两岸及沼泽芦苇丛生的地带(如额尔济斯河、玛纳斯河、伊犁河及塔里木河)。主要以禾本科和莎草科的作物及杂草为食，其中最喜食芦苇、稗、红草、玉米、小麦等植物。一般不喜食双子叶植物，仅在饥饿时取食，但对其发育有影响，使之不能完成生活史或不能产卵。成虫和蝗蝻咬食叶片和嫩茎，从叶缘吃成缺刻甚至蚕食全叶或咬食嫩穗，严重时将大面积植株吃成光秆。

1. 形态特征(图 9-1)

(1)成虫　可分为不同的生态型。

群居型：头部较宽，复眼较大。前胸背板略短，沟前区明显缩狭，沟后区较宽平。前胸背板中隆线较平直；前缘近圆形，后缘呈钝圆形。前翅较长，远超过腹部末端。后足胫节淡黄色。体呈黑褐色且较固定。前翅长：雄性 43～55 mm，雌性 53～61 mm。后足腿节长：雄性 21～26 mm，雌性 24～31 mm。

散居型：头部较狭，复眼较小。前胸背板稍长，沟前区不明显缩狭，沟后区略高，不呈鞍状。前胸背板中隆线呈弧状隆起，呈屋脊形；前胸背板前缘为锐角形向前突出，后缘呈直角形。前翅较短，略超过腹部末端。后足胫节常为淡红色。体色常随环境的变化而改变，一般呈绿色或黄绿色、灰褐色等。前翅长：雄性 43～55 mm，雌性 53～60 mm。后足腿节长：雄性 22～26 mm，雌性 27～31 mm。

中间型：也称转变型、过渡型。头部缩狭不明显，复眼大小介于群居型和散居型之间。前胸背板沟后区较高，略呈鞍形。前翅超过腹部末端较多或略超过。

(2)卵囊及卵　卵囊褐玫瑰色，长筒状，略弯曲，长 50～75 mm。顶部是卵囊盖，上部 1/5 或更长部分为海绵状胶质物，下部斜排着卵粒，卵粒 55～115 粒，一般排成 4 排，卵粒间胶质黏结。卵粒黄褐色，长 7～8 mm，呈香蕉状。

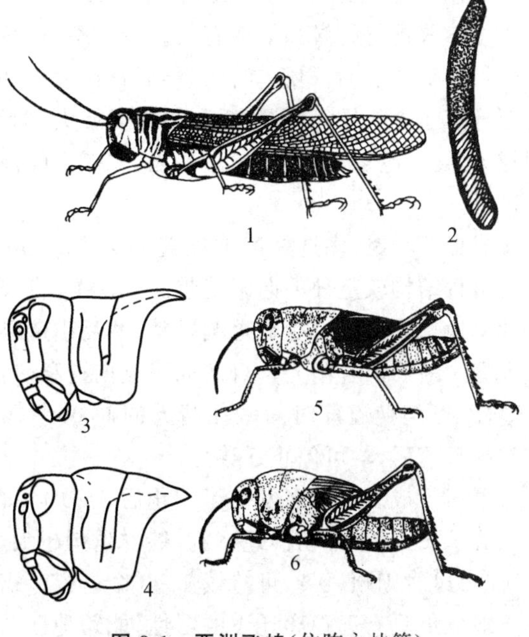

图 9-1　亚洲飞蝗(仿陈永林等)

1. 成虫　2. 卵囊　3. 群居型成虫的头部和前胸背板
4. 散居型成虫的头部和前胸背板　5. 群居型 5 龄蝗蝻
6. 散居型 5 龄蝗蝻

(3)蝗蝻(若虫)　雌雄两性皆为 5 龄。

1 龄：触角 13～14 节。体长 7～10 mm。群居型体色橙黄色或黑褐色，无光泽。前胸背板背面具黑绒色纵纹，背板镶有狭波状的黄色边缘，中胸及后胸背板微凸。散居型体色常为绿色、黄绿色或淡褐色。

2 龄：触角 15～17 节，有时 18～19 节。体长 10～14 mm。群居型体色橙黄或黑褐色。前胸背板 2 条黑绒色纵纹明显。散居型多呈绿色、黄绿色或淡褐色，前胸背板无黑绒色纵纹。翅芽较明显，顶端指向下方。

3 龄：触角 22～23 节。体长 15～21 mm。群居型体色橙黄或黑褐色，散居型多呈绿色、黄绿色或淡褐色。翅芽明显指向下方，群居型翅芽呈黑色，散居型呈绿色或淡褐色。

4 龄：触角 21～25 节。体长 24～26 mm。前翅芽狭短，后翅芽三角形，皆向上翻折，后翅芽在外，且盖住前翅芽。翅芽端部皆指向后方，其长度可达腹部第 3 节。

5 龄：触角 23～26 节。体长：雄性 25～36 mm，雌性 32～40 mm。翅芽较前胸背板长或等长。翅芽长度可到达腹部第四五节。

2. 生活史与习性

亚洲飞蝗在新疆博斯腾湖蝗区和北疆准噶尔盆地边缘蝗区一年发生 1 代，哈密、吐鲁番盆地一年可发生 2 代。以卵在土中越冬。发生时期随年份不同和地区等环境条件的变化而有较大的差异。在南疆的博斯腾湖蝗区卵的孵化期在 4 月下旬至 5 月上旬，6 月上中旬为成虫羽化盛期，6 月下旬至 7 月上旬开始产卵，8 月为产卵盛期。在北疆准噶尔盆地各蝗区卵的孵化期约在 5 月上旬，蝻期发育 30～35 d。6 月中旬成虫羽化，7 月初交尾和产卵，产卵期可延至 9

月中旬，9月下旬或10月初成虫逐渐死亡。

飞蝗取食与气候和龄期有关。干旱季节，食量大，为害重。因为要从大量食物中索取较多水分供其生命活动。夏季晴天，早晨日出后约30 min开始取食，中午因气温过高停食，下午4时至日落前食量最大，日落后和阴雨天或大风天取食甚少。每头一生可取食267.4 g。蝗蝻龄期越大，食量越多，成虫期食量最大，尤以交配前期更显著。因此，撒施毒饵时应根据其取食规律进行。

成虫产卵时，多选择植被覆盖度25%～50%、土壤含水量10%～22%、含盐量0.2%～1.2%，且结构较坚硬的向阳地带。1龄群居型蝗蝻常集中于植物上部，2龄后喜群聚于裸地或稀薄草地。开始先有少数蝗蝻跳动，然后引起条件反射，四周的蝗蝻随之跳跃集中，由小群汇成大群。最后向着阳光垂直的同一方向迁移。途中，蝗群不断扩大，形成庞大的纵队，浩浩荡荡，势不可挡。迁移时间多在晴天的9:00～16:00，当遇雨天、浓云遮日、中午地面温度超过40℃或日落后，均可停止迁移。

群居型成虫迁飞多发生于羽化后5～10 d的性成熟前期。开始在蝗群中有少数个体在空中盘旋试飞，逐渐带动群蝗飞旋，蝗群越聚越大，连续试飞2～3 d，即可定向迁飞。微风时常逆向飞，大风时则顺风飞，可持续1～3个昼夜。需要取食饮水时即可降落，也可因下雨迫降。亚洲飞蝗成虫具有远距离迁飞的习性，能跨地区乃至跨国迁飞扩散，导致其扩散区当年或来年飞蝗灾害的暴发。

3.发生与环境的关系

(1)虫源基数　亚洲飞蝗以卵在土内越冬。次年虫口密度与上一年越冬蝗卵存活率密切相关。春秋两季气候变化频繁，春季早期干热能促进蝗卵提早孵化和加速蝗蝻生长，秋季适时高温则可以保证秋蝗充分产卵，下一年春季蝗卵基数可能明显提高；但如果秋季高温持续时间过长，则不利于越冬蝗卵存活。反之，如春、秋季节阴冷，则蝗卵孵化迟、生长缓慢，当秋末寒流降临时蝗蝻尚不能全部羽化或成虫不能充分产卵而死亡，从而降低来年的基数。据1950年以来的记载，博斯腾湖区亚洲飞蝗出现四次大发生：第一次发生在1952—1953年，第二次发生在1956—1957年，第三次发生在1968—1971年，第四次则为1976—1978年，都是连年发生，密度最高均达2 000头/m²以上，可见高的虫源基数能促进蝗灾暴发。

(2)环境　亚洲飞蝗的适生环境为土壤含盐量低，pH在7.5～8.0之间的湖滨滩地，受气候、水文、土质、植被等因素综合作用而形成了各种蝗区。在博斯腾湖蝗区，芦苇生长的高度及覆盖度，土壤含盐量，滩地泛水时间与深度，残蝗虫口数4个因素的综合作用，即构成当年发生数量的多少。例如，芦苇是飞蝗的主要食物，也是其主要栖息与产卵的场所，但当芦苇生长高达2 m以上且覆盖度很高时，则仅能作为飞蝗取食栖息的生境而不能成为其适宜的产卵场所。如果产卵适宜地的湖滨滩地内泛水，成虫不能在此产卵而被迫产卵于湖滩外围含盐量高(pH在8.0以上)的滩地，致使翌年卵孵化量很低。此外，虽有适宜的环境条件，如虫口基数很低，也不能大量发生。

(3)气候　亚洲飞蝗越冬卵发育起点温度为14.7℃，蝗蝻发育起点温度为17.7℃，在24～36℃的恒温条件下，蝗卵孵化需要8.4～18.5 d；在24～34.5℃恒温条件下，蝗蝻羽化为成虫需要22.85～59.79 d，且均随温度升高，有发育历期缩短的趋势。

博斯腾湖的入湖水系都是开都河，发源于巴音布鲁克山区。研究认为博斯腾湖地区亚洲飞蝗的发生与前3年巴音布鲁克山区的降水量有关。如果前3年的降水量总和在770～

820 mm 之间，且呈现第一年多、第二年少、第三年多的"V"形波动时，可能导致亚洲飞蝗严重发生。分析其原因，第一年山区降水偏多，使博斯腾湖地区出现飞蝗的适生环境，从而导致虫口基数加大；而第二年山区降水偏少，博斯腾湖水位偏低，出现大量适宜飞蝗产卵的湖滨滩地，加之上一年虫口基数偏高，具备了飞蝗大暴发的条件；当第三年山区降水偏多时，不仅有大量的虫口基数，同时食物条件充足，导致蝗灾发生。

研究哈萨克斯坦迁飞至我国新疆吉木乃县的亚洲飞蝗与气象因子关系表明，迁飞时间多发于7、8月间的午后到20时。迁飞时的主要风向以西南风为主，风速大于3.3 m/s。另外，1990年以后与1971—1990年间相比，吉木乃县冬季、夏季的平均降水量明显增多，历年平均气温冬、春、夏季也呈升高的趋势，这种气候变化特征有利于迁入的亚洲飞蝗蝗卵安全越冬。

(4)天敌　亚洲飞蝗天敌主要包括蜥蜴、蜘蛛、芫菁、寄生蜂、寄生蝇、鸟类等。

(二)土蝗

在我国，除飞蝗、稻蝗、竹蝗外，其他种类统称土蝗。土蝗种类很多，约占蝗虫种类的90%。在我国北方地区分布较广、能造成一定危害的主要有红胫波腿蝗[*Asiotmethis zacharjini*(B.-Bienko)]，短额负蝗(*Atractomorpha sinensis* I. Boliva)，红翅皱膝蝗[*Angaracris rhodopa*(F.-W.)]，朱腿痂蝗[*Bryodema*(F.-W.)]，大垫尖翅蝗[*Epacromius coerulipes*(Ivanov)]，亚洲小车蝗(*Oedaleus asiaticus* B.-Bienko)，意大利蝗[*Calliptamus italicus italicus*(L.)]，黑腿星翅蝗(*Calliptamus barbarus cephalotes* F.-W.)，红胫戟纹蝗[*Dociostaurus*(S.) *kraussi kraussi*(Ingen.)]，小翅雏蝗[*Chorthippus fallax*(Zub.)]，狭翅雏蝗[*Chorthippus dubius*(Zub.)]，宽须蚁蝗[*Myrmeleotettix palpalis*(Zub.)]，西伯利亚蝗[*Gomphocerus sibiricus sibiricus*(L.)]，细垫蝗(*Duroniella anguatata* Mistsh)，荒地剑角蝗[*Acrida oxycephela*(Rall)]，瘤锥蝗(*Chrotogonus turonicus* Kuthy.)，毛足棒角蝗[*Dasyhippus barbipes* (Fischer-Waldheim)]等种和亚种。均属直翅目蝗科。

宽须蚁蝗在我国主要分布在青海、甘肃、新疆、内蒙古等省份，主要为害禾本科及莎草科牧草和燕麦、青稞、小麦等作物。意大利蝗是新疆、甘肃等草原的重要有害蝗虫种类，它主要喜食菊科的多种蒿类和藜科以及禾本科的植物，也可为害小麦等作物。大垫尖翅蝗在我国分布很广，主要分布于西北、华北、东北、内蒙古、江苏等地区，主要为害禾本科、豆科、菊科、藜科、蓼科等牧草及玉米、高粱、谷子、小麦等作物。小翅雏蝗主要分布于青海、甘肃、新疆、内蒙古、吉林、山西、河北等地区，是高山草原发生的优势种类，主要为害禾本科、莎草科牧草及苜蓿、谷子、麦类等作物。狭翅雏蝗分布于青海、甘肃、内蒙古、山西、河北、陕西等地区，主要为害禾本科、莎草科牧草。朱腿痂蝗主要分布于新疆，是冬季牧场及部分春秋牧场的优势有害种类，主要取食芨芨草、蒿草等。西伯利亚蝗分布于新疆、内蒙古、黑龙江、吉林等地区，以禾本科、莎草科牧草和农作物为主要食料，喜食的植物有天山赖草、狐茅、牛尾草、紫花芨芨草、冰草、细柄茅、三棱草、野葱、蒲公英、马蔺、小麦等，常对牧草造成严重损失。红翅皱膝蝗分布于内蒙古、甘肃、青海、陕西、山西、河北、黑龙江等省份，多分布在高山草原、山地草原和荒漠草原，主要为害菊科、禾本科牧草。

1. 形态特征

(1)宽须蚁蝗　体长：雄性10.4～13.1 mm，雌性11.3～17.7 mm。触角棒槌状，顶端明显膨大，但不呈锤状。头侧窝狭长呈四角形。下颚须的顶端节较宽，顶端呈切面，长度为其宽的1.5～2倍。前胸背板侧隆线在沟前区颇弯曲，在沟后区较分开。雄性前翅到达后足腿节的顶端，雌性前翅不到达后足腿节的顶端。前翅前缘较直，基部不扩大，向端部逐渐变狭。鼓膜孔呈狭缝状(图 9-2)。

(2)意大利蝗　体长：雄性 14.5～23.4 mm，雌性 24.5～41.1 mm。体形短粗，前胸背板中隆线较低，侧隆线明显，几乎平行，3 条横沟均明显。前胸腹板在两足基部之间具有近乎圆柱状的前胸腹板突。后足腿节内侧玫瑰色或红色，常有两条不到达底缘的黑纹。前、后翅均发达，前翅明显地超过后足腿节的顶端，后翅基部玫瑰色(图 9-3)。

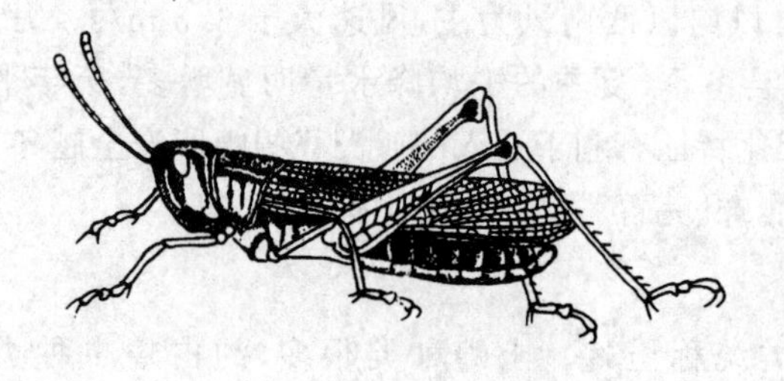

图 9-2　宽须蚁蝗(仿陆伯林)

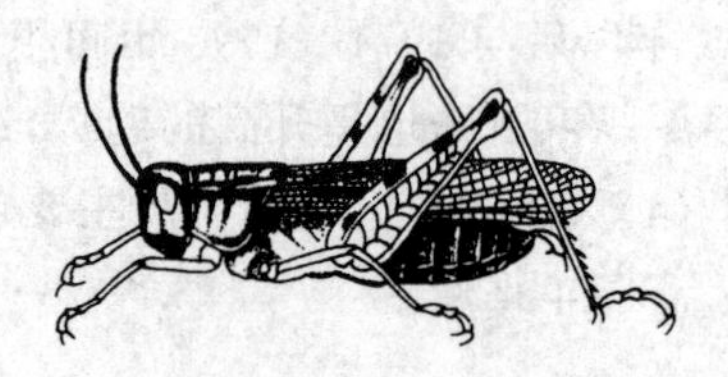

图 9-3　意大利蝗(仿陆伯林)

(3)大垫尖翅蝗　体黄褐色、褐色或黄绿色。体长：雄性 14.5～18.5 mm，雌性 23～29 mm。前翅长：雄性 13～16 mm，雌性 17～27 mm。头短，侧面看略高于前胸背板。前胸背板的背面中央具红褐色或暗褐色纵纹和不明显的"×"形淡色花纹。前翅发达，常超过后足腿节的顶端，有时到达或超过胫节的中部。中脉域的中闰脉明显。后翅透明。后足腿节上侧有 3 条暗色横纹，下侧玫瑰色。胫节淡黄色，有 3 个不完整的淡色环。胫节刺的顶端黑色。跗节爪间的中垫较长，顶端超过爪的中部(图 9-4)。

(4)小翅雏蝗　体黄褐色或绿褐色。体长：雄性 9.8～15.1 mm，雌性 14.7～21.7 mm。前翅长：雄性 5.7～13.1 mm，雌性 3.4～6.6 mm。头部较短，短于前胸背板，头侧窝明显呈狭长四方形，颜面向后倾斜，颜面隆起宽平。前胸背板中隆线较低，侧隆线在沟前区略向内弯曲，后横沟位于其中部。雄性前翅短，顶端宽圆，不到达后足股节的顶端，前缘脉域近基部明显扩大，顶端不超过前翅的中部。后翅很短，呈鳞片状。前足跗节第 1 节短于第 3 节。后足腿节上膝侧片黑色，胫节黄褐色，爪间中垫较长，顶端超过爪的中部。雌性体型较雄性粗笨，前翅短小，通常到达腹部第 3 节，且在背部明显分开，背面有较宽的间隔。后翅退化为片状物(图 9-5)。

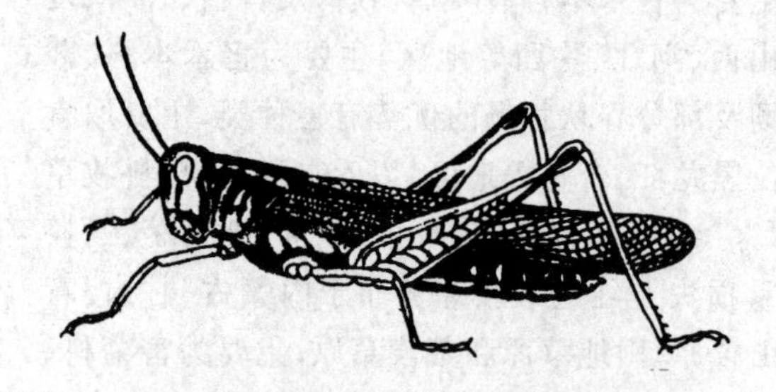

图 9-4　大垫尖翅蝗(仿刘举鹏等)

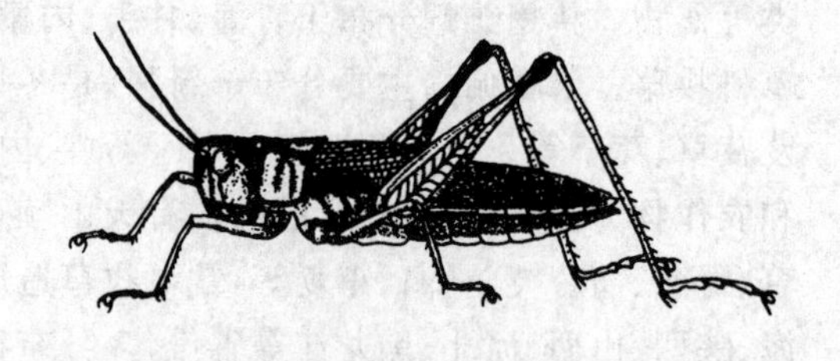

图 9-5　小翅雏蝗(仿《中国农作物病虫害》)

(5)狭翅雏蝗　体长：雄性 12.5～14.5 mm，雌性 14～18.5 mm。前翅长：雄性 7.3～10.2 mm，雌性 8～10.5 mm。头部较短，颜面倾斜度大，头顶与颜面相接处较狭。前胸背板后横沟接近中部，侧隆线在沟前区向内弯曲。雌、雄两性前胸背板沿侧隆线具 2 条浅色条纹，前翅不超过后足腿节端部，到达或仅超过腹端，前缘脉域在基部明显扩大。雄性前翅在顶端较狭，最宽处接近中部。雌性前翅前缘脉域具白色纵纹，中脉域较狭，最宽处等于或略大于肘脉域的最宽处。后足腿节内侧基部有暗色斜纹，其端部色淡。

(6)朱腿痂蝗 体长：雄性 25～32 mm，雌性 32～42 mm。前翅长：雄性 32～36.5 mm，雌性 20～24 mm。雄体细长，雌体粗短，体躯常具有较密的粗大刻点和短的隆线，或小的颗粒。头顶较宽，顶端钝圆。前胸背板的前端较狭，后端宽平，隆起的颗粒和短隆线很多。中隆线较低，被 2 条横沟割断，侧隆线在沟后区略可见。后足腿节粗短，内侧和底侧及后足胫节均为红色；后足胫节内侧有刺 9～13 个。雄性前后翅均很发达，可达到后足胫节的顶端；雌性前后翅较不发达，仅到达后足股节顶端。雌性前翅中脉域的中闰脉明显，后翅基部玫瑰色，其余部分暗色(图 9-6)。

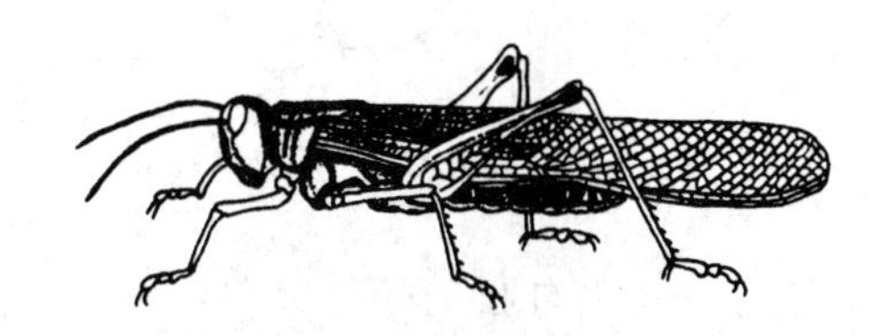

图 9-6 朱腿痂蝗

(仿《中国农作物病虫害》)

(7)西伯利亚蝗 体长：雄性 17.1～23.4 mm，雌性 19～25 mm。前翅长：雄性 11.6～16.5 mm，雌性 12～14.7 mm。头顶端较钝，颜面倾斜，头侧窝明显，呈狭长四方形。雌雄两性触角顶端明显膨大，以雄性更为明显，膨大呈锤状。雄性前胸背板明显地呈圆形隆起，中隆线呈弧形；雌性前胸背板较平坦。雄性前翅中脉域很宽，有整齐的横脉，其前足胫节膨大近乎梨形(图 9-7)。

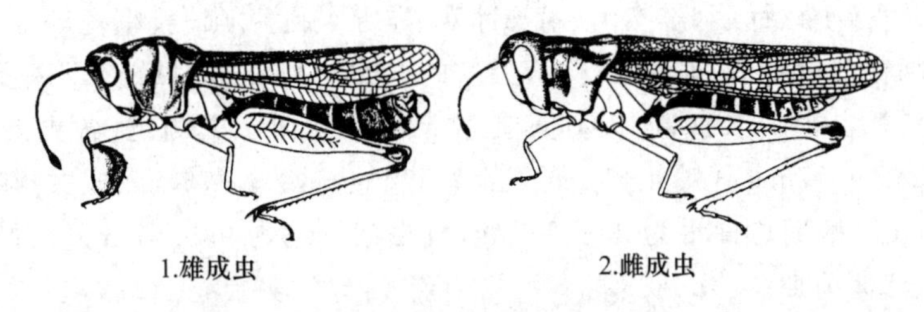

图 9-7 西伯利亚蝗(仿黄淦)

(8)红翅皱膝蝗 体长：雄性 23～29 mm，雌性 28～32 mm。前翅长：雄性 23～31 mm，雌性 23～32 mm。后足腿节长：雄性 12～14 mm，雌性 14～17 mm。体浅绿色或黄褐色，上具细碎褐色斑点。头顶宽平，与颜面隆起形成圆形。头侧窝明显，三角形。前后翅发达，超过后足胫节中部，后翅透明，基部玫瑰红色。后足腿节外侧黄绿色，具不太明显的 3 个暗色横斑，内侧橙红，具黑斑 2 个，近端部具一黄色膝前环。后足胫节橙红或黄色，基部膨大部分具平行的细隆线(图 9-8)。

(9)亚洲小车蝗 体长：雄性 21～25 mm，雌性 31～37 mm。前翅长：雄性 20～24.5 mm，雌性 28.5～34.5 mm。体灰褐色或绿色，有深褐色斑。头、胸及翅上的黑褐斑纹鲜艳。前胸背板中部明显缩狭，有明显的“×”字纹，图纹在沟前区与沟后区等宽。前胸背板侧片近后部有倾斜的淡色斑。前翅基半部有 2～3 块大黑斑，端半部有细碎不明显的褐斑。后翅基部淡黄绿色，中部有车轮形褐色带纹。后足腿节顶端黑色，上侧和内侧有 3 个黑斑，胫节红色，基部具有不明显的淡黄褐色环(图 9-9)。

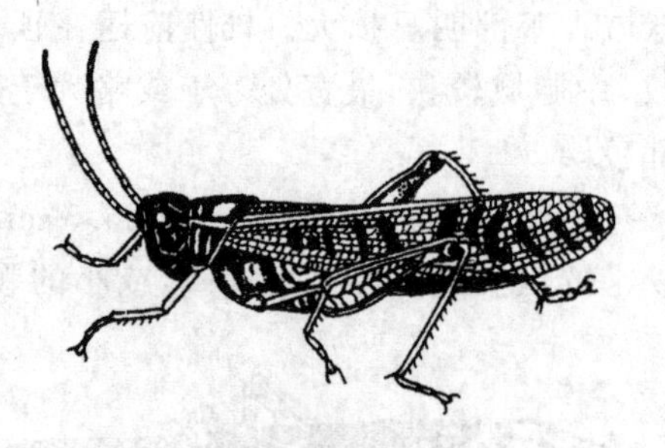

图 9-8 红翅皱膝蝗(仿冯光翰)

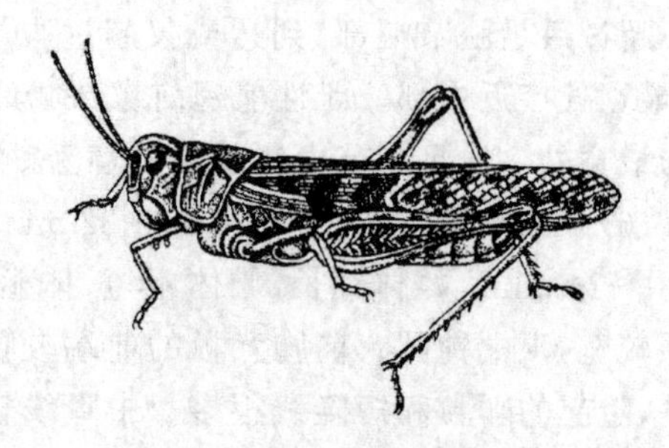

图 9-9 亚洲小车蝗

2.生活史与习性

(1)宽须蚁蝗 一年发生1代,以卵在土中越冬。一般年份,在新疆和内蒙古地区最早孵化出现在5月中旬,孵化盛期约在5月中、下旬。最早羽化约在6月中旬,羽化盛期在6月下旬至7月上旬。产卵初期约在6月下旬,盛期7月上中旬。成虫可生活到8～9月份。在青海、甘肃地区,宽须蚁蝗4月中旬开始孵化,5月中下旬进入孵化盛期。6月中下旬开始羽化,经15～20 d开始交配,7月中下旬进入产卵期,8月下旬为产卵末期。雌蝗可产卵囊2～3块。雄性成虫交配后20 d左右随即死亡,产卵后的雌虫亦经20 d左右即死亡。

蝗蝻雄性共4龄,雌性5龄。在甘肃夏河草原,各龄平均历期为1龄15.3 d,2龄16.5 d,3龄16.5 d,4龄15.7 d,5龄17.0 d。全蝻期雄性为69.8 d,雌性为75.1 d,成虫寿命49.5 d。

宽须蚁蝗喜食碱草、针茅、早熟禾、扁穗冰草、羊茅、狐茅、燕麦、小麦等禾本科植物。除蝗蝻蜕皮和成虫羽化前后1～2 d不取食外,天气的变化对取食也很敏感,阴雨低温天气停止取食,刮风、多云天气也很少取食,所以其日食量十分不规律。据测定,各虫龄平均日食量为:1龄0.49 mg,2龄1.77 mg,3龄4.85 mg,4龄7.47 mg,5龄11.76 mg;成虫:雌性为28.66 mg,雄性为10.09 mg。蝻期总食量为333.35 mg,成虫期平均为959.57 mg。日食量最大值在成虫初期和交配、产卵前期。

成虫产卵时间一般在11:30—17:30,产卵高峰多在14:00左右。产卵与日间不同时间内的气温和地温的变化有密切联系,其产卵虫数常随温度的升高而增加,产卵要求适宜的气温在19.5～24℃,地温在18～22℃之间。

产卵对土壤的硬度及含水量具有明显的选择,土壤硬度为6.0 kg/cm^2、含水量为4%时,所产卵块数最多。如果土壤过干或过湿,不仅不利于产卵,而且对卵的孵化也十分不利,然而宽须蚁蝗却多分布在土壤含水量极低的荒漠草原、山地草原上,这是因为卵囊有向上吸水的能力,卵块具有柔韧而呈革质状的卵囊外壁,卵粒也就不致因水分丧失而干枯。

(2)意大利蝗 一年发生1代,以卵在土中越冬。一般年份,卵孵化最早出现在5月上旬,5月中下旬为孵化盛期,个别年份孵化末期可延迟至6月上中旬。最早羽化期约在6月上旬,羽化盛期通常在6月中旬。产卵初期在6月下旬,盛期在7上中旬,产卵末期可延迟到8月份。成虫经多次交配后,雄虫常先于雌虫死去,雌虫可活到9月中旬。

成虫在羽化后4～7 d开始交配产卵。产卵多在10:00—16:00之间,多选择在不十分坚硬碎石较多的裸露地段,喜集中产卵。雌虫一般可产卵3～5块,每块含卵20～50粒。

蝗卵的孵化与天气状况以及土壤温度、湿度的关系密切。在孵化期间,如遇天气变阴或云层增厚而温度下降时,孵化率则明显降低;在天气转晴升温后,孵化率则明显增高。每天孵化的盛时在上午8:00—10:00,而以10:00前孵化最多,一般晴天在16:00以前皆有孵化。据在新疆巴里坤5月14日至6月10日期间的观察,55.6%的卵是在上午8:00—10:00孵化的,10:00—12:00、12:00—14:00孵化的分别为16.6%及16.1%,8:00以前孵化的仅占4.2%。当距地面5 cm深处的土壤温度为12~22℃时,卵的孵化率较高;土温在15~22℃时孵化最盛,此时距地表35 cm处的气温为17.0~28.5℃。

蝗蝻雄性共5龄,雌性6龄。初孵化的蝗蝻,2 d以后开始取食为害。蝗蝻有聚集趋光晒体的习性,当晴天地表温度达到25.1℃时,开始在地面聚集。当地表温度达28.2℃时,绝大部分蝗蝻分群聚集,每群蝗蝻的数量十几头至几十头不等。在阴天或大风天,蝗蝻和成虫则分散栖息于草丛中,无群聚现象。

蝗蝻善于跳跃,雄性跳跃能力更强。幼龄蝻一次可跳1 m左右,老龄蝻一次可跳2 m以上。成虫善于飞翔,特别是羽化后产卵前进行短距离的飞翔。飞翔有助于卵巢的发育。

(3)大垫尖翅蝗　在东北、华北北部和新疆每年发生1代,华北中南部、西北和黄淮地区2代。均以卵块在土内越冬。以山东省为例,越冬卵于4月底至5月上旬开始陆续孵化出土,蝻期36~46 d,平均39.4 d。6月上中旬开始羽化,7月上旬产卵,至8月上中旬成虫陆续死亡。成虫期46~69 d,平均56.3 d。第2代卵于7月下旬至8月初孵化出土,蝻期30~38 d,平均33.3 d,较第1代短6 d左右。8月下旬末至9月初始羽化,9月中旬至10月底交配产越冬卵,至11月初成虫死亡。成虫期42~78 d,平均55.9 d,与第1代成虫期相近。

蝗蝻共5龄。初孵幼蝻活动力弱,多集中在植物茎叶上。2龄以后随龄期的增加,活动力和食量不断增加。成虫喜跳善飞,有利其扩散觅食、求偶交配、产卵。成虫喜选择在高岗、河堤、田埂、路边和荒地产卵,尤以植被覆盖率50%以下的地带落卵量大,而覆盖率70%以上者的卵量少。单雌一生平均产9.7块,每块有卵8~30粒,平均18.6粒,每头平均产卵180.4粒。第2代单雌产卵3~9块,平均3.6块,74.5粒。

大垫尖翅蝗卵和蝗蝻的发育起点温度和有效积温依次分别是(15.2±0.78)、275.6和17.79、202.5 d·℃。在适温范围内,温度高,蝗卵和蝗蝻发育速度快,生殖力强。干旱年份,尤其是7月份的降雨量对第1代成虫产卵和第2代幼蝻的孵化影响大。若7月干旱,第2代发生面积大;反之,由于洼地积水,成虫被迫退至小面积高地产卵,发生面积小。因此,温度偏高干旱年份,种群数量大,发生严重。

(4)小翅雏蝗　一年发生1代,以卵在土中越冬。一般6月中下旬开始孵化,羽化期在8月上中旬。产卵期:青海和甘肃最早在9月上旬,产卵盛期约在9月中下旬,华北一带产卵期从8月下旬延长至10月下旬,在高山草原地区,9月中旬还大量活动,但雄虫数量明显减少。蝗蝻共4龄,少数雌性5龄。在甘肃夏河草原,各龄平均历期为1龄15.3 d,2龄12.9 d,3龄12.9 d,4龄14.3 d。全蝻期为55.3 d,成虫寿命43.9 d。

小翅雏蝗喜栖息于较潮湿环境中,主要发生在牧草较茂密的草场上,在河岸的马蔺、禾草滩以及农田、路旁的水草丛中常大量发生。小翅雏蝗除取食禾本科牧草外,也常喜食苜蓿、草木樨、灰绿藜和马蔺。

(5)狭翅雏蝗　一年发生1代,以卵在土中越冬。卵不滞育,只要条件适宜,越冬前后均能吸水发育。土下5 cm地温在13.5℃以上卵开始孵化,孵化盛期的土温约15℃。因此,最早在5月上旬开始孵化出土,一般孵化盛期约在6月下旬,蝗蝻共4龄。8月上中旬为羽化期,9月上中旬为产卵期,卵产于土下1~3 cm处。在甘肃夏河草原,蝻期发育为70.5 d,成虫寿命

42.4 d。

狭翅雏蝗主要发生在植被较稀疏的禾本科草地上，覆盖度低于85%的莎草科草地也有少量分布。喜食植物有禾本科的碱草、针茅、落草、早熟禾、扁穗冰草、垂穗披碱草、赖草、狐茅，莎草科的苔草、蒿草，豆科的黄芪、苜蓿、三叶草、草木樨，十字花科的芜菁，蔷薇科的委陵菜，菊科的蒲公英、紫菀、光沙蒿等。不喜食小麦苗，对玉米幼苗基本不取食。各虫(龄)态平均日食量：1龄为1.03 mg，2龄为2.27 mg，3龄4.47 mg，4龄10 mg，5龄14.28 mg；成虫雌性为27.24 mg，雄性为4.76 mg。蝻期总食量约363 mg，成虫期为741 mg。

(6)朱腿痂蝗　一年发生1代，以卵在土中越冬。一般年份，5月中下旬卵孵化并一直延续到6月下旬，蝗蝻期共4龄。成虫6月中旬出现。7月上旬开始产卵，7月中下旬为产卵盛期。9月仍可见到成虫。

朱腿痂蝗喜在裸露的土表和石表栖息，其栖息地点的改变常随阳光照射的部位而转移。取食与光线和温度有密切的关系，雨天不取食，阴天很少取食，只有在太阳出来后当地表温度升到17℃时才普遍取食。主要食害紫花芨芨草、猪毛菜、臭蒿、香蒿、刺儿菜、荠菜、灰菜、三棱草、沙葱等。

成虫交配活动多在晴天进行，阴雨天则停止交配，雨后转晴，土表温度达到18℃时，又进行交配。产卵也在晴天进行，产卵时光线的要求比对土壤硬度的要求更为严格。一般喜在土质较为疏松并混有石粒的地方分散产卵。

(7)西伯利亚蝗　一年发生1代，以卵在土中越冬。一般年份，最早卵孵化出现在4月下旬或5月上旬，盛期在5月上中旬。成虫羽化最早在5月中旬，6月上旬为羽化盛期。6月中旬开始产卵，6月下旬为产卵盛期，产卵可延迟到7～8月份。雄性常先于雌性死亡，雌性成虫在9月仍可见到。

蝗蝻共4龄，各龄历期一般为：1龄13 d，2龄9～10 d，3龄7～8 d，4龄13 d。各龄期的长短同海拔高度和气候条件有关，一般海拔高，历期较长；气温高，则历期短。

西伯利亚蝗喜集中产卵，特别喜欢在草地冬窝子的羊粪层中产卵，被选择的产卵场所是土质疏松、避风向阳、温度较高、植被覆盖度较小的地方。

西伯利亚蝗有扩散及迁移的习性，蝻初孵化时常呈小群的点状分布，2龄以后开始扩散，3及4龄时继续扩散。成虫期，特别在性成熟前常有结群较长距离的迁飞行为，其飞行高度同气温高低呈正相关，中午前后，为飞行高峰，飞行高度为40～50 m，有时高达100 m以上，一次迁飞距离为数百米，一群蝗虫的数量为数百头至千头以上。

(8)红翅皱膝蝗　一年发生1代，以卵在土中越冬。一般年份，最早孵化在5月中旬，孵化盛期在6月上旬，羽化最早约在7月上旬，7月下旬进入羽化盛期，8月上中旬开始产卵。10月中下旬地面仍可见到成虫。

蝗蝻共4龄，据在甘肃夏河草原观察，各虫(龄)态平均历期：蝗蝻1龄为16.8 d，2龄15.6 d，3龄16.1 d，4龄20.0 d，成虫寿命雄性为48.0 d，雌性为42.9 d。

红翅皱膝蝗喜食纤维素含量低的菊科、蔷薇科和百合科等阔叶草，亦取食禾本科牧草。各龄蝗蝻平均日食量：1龄为2.29 mg，2龄6.66 mg，3龄20.05 mg，4龄57.54 mg，成虫日食量，雌性为158.45 mg，雄性63.45 mg。蝻期总食量约1.62 g，成虫期约为5.20 g。雄性日食量的最高值出现在羽化初期，雌性的高峰值出现在羽化初期和产卵前期。

皱膝蝗喜栖息于傍山坡地和比较干旱、土壤含沙量大、植被稀疏的草地上。据观察，卵的孵化对土壤温度的要求是，孵化始期，距地面 5 cm 土层的旬平均土温为 9.9～10.5℃；孵化盛期，旬平均土温为 12.1～13.5℃。

(9)亚洲小车蝗　一年发生 1 代，以卵在土壤中越冬。在内蒙古乌兰察布市四子王旗草原，6 月中旬越冬卵开始孵化；蝗蝻雄性 4 龄，雌性 5 龄；1～3 龄蝗蝻高峰期在 6 月中下旬至 7 月初，终见期在 7 月下旬；4～5 龄蝗蝻于 6 月下旬始见，高峰期在 7 月上中旬，终见期在 7 月末；成虫于 7 月上旬始见，高峰期在 7 月中旬至 8 月下旬，7 月下旬至 8 月上旬开始产卵，终见期在 9 月上旬。

为地栖性蝗虫，适生于土壤板结的沙质土，植被稀疏的向阳坡地，地表裸露的丘陵等温度较高的环境。中午为活动高峰，阴雨、大风天不活动。成虫具有一定的趋光性，雌虫强于雄虫。成虫喜欢选择在地面裸露、土壤偏碱性(pH 7.5～8.8)、湿度较大的向阳坡地产卵，黄沙土壤易于形成卵囊。产卵数量随土壤硬度的增加而明显增加，松软土壤内产卵块数明显下降。初孵化蝗蝻活动能力弱，群集在孵化处的杂草丛中栖息和取食，3 龄后活动能力增强并逐渐扩散。主要取食禾本科植物，在食料缺乏的情况下也取食莎草科、鸢尾科植物。在草原上主要取食羊草、隐子草、针茅、冰草、苔草等，也可为害玉米、小麦、谷子等禾本科农作物。

(三)草原蝗虫的调查方法

1.春季查卵

在残蝗活动过的地方，选择不同自然环境的蝗区，于蝗虫越冬卵孵化前挖卵调查。一般在 4 月份进行随机取样，每点 1 m^2。每个蝗区挖卵一般不少于 10 块，统计卵块密度、卵粒数、死亡率及其原因。

2.夏季查蝗蝻

夏季查蝗蝻目的在于查清蝗虫发生的种类，蝗蝻和成虫(特别是优势种)发生时期、密度、面积，以确定防治时期、防治面积和防治方法等。

查蝻的方法可分为典型环境定期网捕和全面普查两种。前者着重在查明蝗虫的种类，各种蝗虫所占的比例及发生时期，以确定防治适期；后者主要在搞清发生的面积和密度，以确定防治面积。

(1)典型环境定期网捕检查　在蝗区内根据地势、土壤、植物种类、植被生长情况和覆盖度等，选择有代表性的典型环境(或草场类型)若干处，作为经常检查的场所。一般每隔 5～7 d 分别在各典型环境用昆虫网捕蝗蝻 200～300 头，统计种类和龄期。

(2)全面普查　在防治之前要在蝗区进行 2～3 次全面普查。普查完毕后，将调查结果汇总整理，并参照典型环境定期网捕所得数据，绘出蝗蝻分布种类、密度、面积的简图，作为规划防治区域的重要依据。面积很大的蝗区可乘汽车定距离取样普查。也可根据不同生境类型或草地类型，采用随机取样的调查方法来进行普查。取样时可采用目测法或方框取样法。

扫网调查法：是用捕虫网紧贴植被往复扫捕调查的一种方法。调查时，手持捕虫网逆风直线或折线行走，避免重复作业，往复 100 网为一个记录单元，并对网内蝗虫数量、种类、龄期等内容进行统计。捕虫网的制作标准是：网口直径 33 cm，网袋网眼孔径为 0.006 9 cm，网口至网底长 66 cm，网口至网底呈钝锥形，手柄直径 2～3 cm，长 100～130 cm。

目测法：目测计数 1 m^2 内的蝗虫种类及数量，此法适用于地势平坦、蝗虫密度不高的情况。

样方框调查法：是利用样框取样器调查的方法。调查中常用的样框取样器有两种：一种是

0.25 m^2样框取样器，适于调查小型蝗虫或大中型蝗虫3龄期以前的蝗蝻使用。调查时沿直线或折线行走取样，将样框取样器快速扣在取样地点，然后对框内蝗虫数量、种类、龄期等内容进行统计。另一种是1 m^2样框取样器，适于调查大中型蝗虫的高龄蝗蝻及成虫。如蝗虫种群低龄阶段(1龄至3龄蝗蝻)时取样间隔距离5m以下；如蝗虫种群开始出现扩散趋势，可适当调整取样间隔距离，样点间直线距离大于100 m。

在蝗虫发生地区区域划分的基础上进行调查线路规划，线路应穿越调查区域内所有主要的地貌单元和草地类型。如蝗虫分布垂直分布变化比较明显时，按照垂直分布方向设置调查路线。在宜生区调查蝗虫密度时，每一单独宜生区总的取样数应遵循普查取样数量表规定的标准(表9-1)。

表9-1　区域普查取样数量表

宜生区面积 $S/10^2\ m^2$	取样数量
$S \leqslant 3$	$\geqslant 10$
$3 < S \leqslant 7$	$\geqslant 15$
$7 < S \leqslant 13$	$\geqslant 20$
$13 < S \leqslant 33$	$\geqslant 30$
$33 < S \leqslant 66$	$\geqslant 50$
> 66	$\geqslant 60$

3.秋季查成虫

调查防治后残蝗密度，目的在于了解防治效果和预测下代的发生面积。方法同查蝗蝻，时间分别在防治后和产卵盛期，内容包括蝗虫种类、数量以及雌雄比例。

4.生殖力调查

田间捕获生命力强的雌、雄性第5龄蝗蝻30对进行笼罩饲养，其中单独饲养10对，群养20对。逐日观察记载羽化和产卵情况，统计单雌产卵量。

5.天敌调查

结合蝗虫各虫态调查，同时做好天敌调查。查清不同生境蝗虫天敌种类和优势种及其种群数量变化动态。选择不同地势、植被等类型的蝗片，每蝗片随机10点取样，每点1 m^2，调查蝗虫和天敌种类、虫态及密度。每10 d调查1次。在卵、蝗蝻4龄和成虫羽化盛期各取活虫100头(粒)，带回室内饲养，观察寄生性天敌的种类、虫态及密度。记载所有调查结果。

(四)防治适期、防治指标与防治面积

1.防治适期

由于蝗虫种类多而且混合发生，发生时期参差不齐，除飞蝗为3龄以前防治外，在种类比较单纯地区，防治适期应在绝大部分蝗蝻已经孵化，最早孵化的种类还没有羽化为成虫的时期。在种类复杂蝗区，应在早发生的种类(主要种)虽羽化，还未产卵，中期发生种类(次要种)尚未羽化，晚期发生种类(优势种)绝大部分蝗蝻已孵化出土的时期，开展防治较为适宜。在确定防治适期时，应着重考虑优势种和主要种的发生和防治时期，兼顾次要种。一旦确定了防治适期，防治工作应采取速决战，防止防治时间过长。一般每一蝗区的防治工作要求最迟应在优势蝗虫种类进入交配盛期之前结束。

2. 防治指标

防治指标是蝗虫种群密度值，当蝗虫种群密度达到此值时应采取防治措施，以防止危害损失超过经济允许损失水平。蝗虫种类及其发生分布区域不同，防治指标有所差异。据新疆蝗虫鼠害测报防治站研究，西伯利亚蝗在山地草原防治指标为 17.5 头/m^2，意大利蝗、戟纹蝗在荒漠、半荒漠草原防治指标为≥8 头/m^2。冯光翰等 1995 年研究提出草原蝗虫的防治指标为：小型种类(如宽须蚁蝗、狭翅雏蝗等)为 32.3 头/m^2，中型种类(如大垫尖翅蝗、邱氏异爪蝗等)为 17.6 头/m^2，大型种类(如红翅皱膝蝗、痂蝗等)为 5.2 头/m^2；在以小型蝗虫为优势，伴有少量中型和大型种类混合发生时，防治指标为 26.2 头/m^2。邱星辉于 2004 年提出 5 种蝗虫 3 龄期的防治指标：毛足棒角蝗为 22.7 头/m^2，小蛛蝗为 37.4 头/m^2，亚洲小车蝗为 16.9 头/m^2，宽须蚁蝗为 34.3 头/m^2，狭翅雏蝗为 36.7 头/m^2。

3. 防治面积

根据调查结果，凡有虫样方比较均匀、虫口密度在防治指标以上的调查区，均可列为防治面积。在蝗虫发生面积大、密度均匀而又超过防治指标、地势平坦的蝗区，宜采用飞机或大型机械防治；发生面积小，密度虽达到防治指标，但彼此相距较远的地区，应采用中、小型地面机械进行防治。

(五)防治方法

1. 生物防治

(1)牧鸡、牧鸭灭蝗　在有条件的蝗区，养鸡、养鸭灭蝗，既能发展养殖业，又保护了草原。据测定，一只童鸡一日可捕食中等体型的蝗虫 1 183 头，最多 1 602 头，一个防治季节可治蝗 0.6 hm^2；一般 1 000 ～1 500 只为一个放牧单元，一个防治季节可防治 10～15 hm^2，灭蝗效果在 90%以上。一只鸭平均日食蝗虫 800～940 头，在蝗虫密度 40 头/m^2以上时，放牧鸭群 6～8 d 后，在 3 000 m^2的区域内虫口密度可降至 1 头/m^2，一个治蝗季节一只鸭可治蝗 1.2 hm^2。

(2)人工筑巢招引益鸟治蝗　在蝗区人工修筑鸟巢和乱石堆，创造益鸟栖息产卵的场所，招引益鸟栖息育雏，捕食蝗虫，对控制蝗害效果十分明显，一次性投资，多年受益。

(3)蝗虫微孢子虫灭蝗　蝗虫微孢子虫是一种专寄生于蝗虫等直翅目昆虫虫体的单细胞真核原生动物，可感染 20 多种蝗虫。目前登记的有 0.4 亿孢子/mL 蝗虫微孢子虫悬浮剂，可按照每公顷 120～240 mL 制剂喷雾施药。

(4)微生物农药　在草原蝗虫发生区可以采用 100 亿孢子/mL 绿僵菌油悬浮剂进行喷雾，施用剂量 1 200 mL/hm^2左右，也可采用 10 亿孢子/g 的绿僵菌饵剂机械喷洒，用量在 1 500 g/hm^2 左右。使用绿僵菌油悬浮剂或者绿僵菌饵剂取决于防治区域植被覆盖率及植被长势，高海拔及山地草原等紫外线强烈的区域适当调整使用量和施药时间。

(5)植物源农药　0.3%印楝素乳油每 667 m^2 180～250 mL 制剂喷雾，1%苦参碱可溶液剂每 667 m^2 180～250 mL 制剂喷雾。印楝素对光敏感，暴露在阳光下的印楝素因为高度感光会逐渐失去活性；低于 20℃的贮藏条件有利于印楝素的稳定性，较高的温度会加速印楝素的降解。储存和运送时避免暴晒。

(6)保护天敌　蝗虫天敌主要包括蜥蜴、蜘蛛、芫菁、寄生蜂、寄生蝇、鸟类等，加强保护，发挥自然控制作用。

2. 机械防治

内蒙古草原站自行设计制造的 3CXH-220 型吸蝗虫机，工作效率 1.3～1.7 hm^2/h，在草层高度 15～45 cm 的放牧地和打草地上吸捕率平均为 86.7%。所捕蝗虫可作为优质蛋白饲料用于畜禽养殖业和饲料工业。

3. 药剂防治

(1)喷雾施药　4.5%高效氯氰菊酯乳油、50 g/L 氟虫脲可分散液剂、20%高氯・马乳油、20 阿维・三唑磷乳油等喷雾施药,5%吡虫啉油剂超低容量喷雾施药。

(2)毒饵诱杀　当药械不足和植被稀疏时,用毒饵防治效果好。将麦麸或米糠、玉米糁、高粱糁或鲜马粪等 100 份、清水 100 份、90%敌百虫 1.5 份混合拌匀,23～30 kg/hm^2(以干料计)。也可用蝗虫喜食的鲜草 100 份,切碎,加水 30 份,拌入上述药剂,100～150 kg/hm^2;根据蝗虫取食习性,在取食前均匀撒布。毒饵随配随用,不宜过夜。阴雨、大风和气温过高或过低时不宜使用。

二、草原毛虫类

草原毛虫又名红头黑毛虫、草原毒蛾,属鳞翅目毒蛾科。草原毛虫是我国青藏高原牧区的重要害虫,发生在海拔 3 000～5 000 m 的高山草原,主要分布在青海、甘肃、西藏、四川等省份。在青海、西藏、甘肃大量为害的是青海草原毛虫(*Gynaephora qinghaiensis* Chou et Ying),尚有金黄草原毛虫(*G. aureata* Chou et Ying)混合发生;在四川阿坝地区发生的是若尔盖草原毛虫(*G. ruoergensis* Chou et Ying)和小草原毛虫(*G. minora* Chou et Ying)。

草原毛虫主要以幼虫取食为害莎草科、禾本科、豆科、蓼科、蔷薇科等各科牧草,影响牧草生长,造成牧草产量降低,严重阻碍草地畜牧业的可持续发展。以下重点介绍青海草原毛虫。

(一)形态特征(图 9-10)

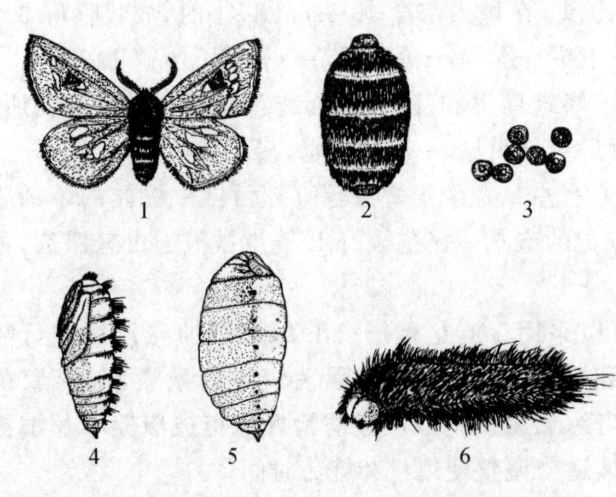

图 9-10　青海草原毛虫(仿西北高原生物研究所)

1. 雄成虫　2. 雌成虫　3. 卵　4. 雄蛹　5. 雌蛹　6. 幼虫

成虫　雌雄异型。雄虫体长 7～9 mm,体黑色,被覆黄色细毛。头部较小,口器退化,仅留痕迹。触角发达,羽毛状。复眼卵圆形,黑色。前、后翅均发达,前翅有一短径室,R_3 与 R_4 同柄,从径室端角发出,R_5 也从同一点生出。后翅基室矛状,M_3 与 Cu_1 基部合并成柄。3 对足均发达,覆黄色长毛,跗节 5 节,各节端部黄色。雌虫体长 8～14 mm,宽 5～9 mm,体灰黄色,柔软,肥大,触角短棍棒状。前后翅和足均退化。

卵　乳白色,直径 1.3 mm 左右,上端中央凹陷,呈浅褐色,接近孵化时,颜色逐渐变暗。

幼虫　老熟幼虫体长 22 mm 左右,体黑色,密生黑色长毛,头部红色,腹部第六、七节的中背腺突起,呈鲜黄色或火红色。

蛹　雌雄异型。雄蛹椭圆形,长 7.6～10.2 mm,宽 3.8～5.1 mm,背部密生灰黑色细长毛,腹部背面有 3 条淡黄色结晶状腺体,腹部末端尖细。雌蛹纺锤形,长 9.5～14.1 mm,宽 4.6～7.1 mm,全身比较光滑,深黑色,背部具有稀疏的灰黑色毛。雄蛹茧长 12.0～15.7 mm,

宽 6.8～8.3 mm，椭圆形，灰黑色。雌蛹茧长 14.5～19.5 mm，宽 7.5～11.3 mm。

（二）生活史与习性

草原毛虫一年发生 1 代，以第 1 龄幼虫在雌茧内于草根下或土中越冬。翌年 4 月中下旬或 5 月上旬开始活动。5 月下旬至 6 月上旬为 3 龄幼虫为害盛期。7 月上旬雄性幼虫开始结茧化蛹，7 月下旬雌性幼虫开始结茧化蛹，7 月底至 8 月上中旬为化蛹盛期。8 月初成虫开始羽化，8 月中下旬为羽化、交配和产卵盛期。9 月初卵开始孵化，9 月底至 10 月中旬为孵化盛期。新孵出的 1 龄幼虫仅取食卵壳，不危害牧草，不久便开始逐渐进入越冬阶段。

成虫雌雄蛾羽化后，不需要补充营养就能交配产卵。雌蛾不能爬行和飞翔，羽化后生殖孔不断伸缩，以尾端将茧的一端顶破，同时释放出一种二十一碳三烯为主要组分的性信息素，引诱雄蛾钻入交尾。

雄蛾飞翔能力较强，高度不超过 70 cm，像蝶类跳跃式上下飞行，晴天中午前后活动最盛。雄蛾一旦交配，生命即将告终。雌蛾完成交配，生殖孔不再散发性引诱物，雄虫不再来访。雌雄蛾均无趋光性，雄蛾有假死性。成虫交配后，经 3～24 h 开始产卵。产卵时雌虫不改变仰卧姿势，产卵于腹部四周。产卵历期 20～25 d，每雌产卵少者 30～40 粒，多者 300 粒左右，一般为 120 粒左右。

1 龄幼虫有群聚习性，常数十条或上百条聚居一处。幼虫自 2 龄开始取食为害，5 龄后进入暴食期，6 月中旬至 7 月为害最盛。低龄幼虫晴天中午前后取食最盛，高龄幼虫 13～16℃时取食最盛，主要喜食小嵩草、矮嵩草、藏嵩草、垂穗披碱草、早熟禾、细叶苔、紫羊茅、落草等。幼虫爬行较快，每分钟可爬行 50 cm 左右，末龄幼虫爬行更快，一般可爬行 2～3 km，对扩散起了很大作用。在牧区，远距离的传播主要随牲畜驮运、放牧和牧民迁移等活动，把附着在牲畜身上、物品上的幼虫带到异地。饥饿试验表明，在帐篷里，4 龄幼虫经 1 周后死亡；在室内，光线充足、温度较低，20 d 后多数仍能正常生活。这种很强的耐饥饿能力，为其传播提供了有利条件。

（三）发生与环境的关系

1. 温度

草原毛虫适应青藏高原昼夜温差大、无霜期短、气候变化异常、冬季寒冷的严酷自然条件，1 龄幼虫有滞育特性，需经越冬阶段的低温刺激持续到下年 4～5 月才开始生长发育。

温度影响卵期的长短，卵期温度高，有利于卵的孵化。温度也影响幼虫出土早晚和牧草返青的迟早。4～5 月温度高，幼虫出土早，温度低则出土晚。羽化期温度低于 15℃时，雄蛾不能起飞，雌蛾不能适时交配，产的卵不能孵化，影响第 2 代发生数量。

2. 降雨量

草原毛虫的繁殖很容易受到湿度环境的影响。1 年中的年降水量、不同时期的降水量都会对草原毛虫的繁殖和活动产生影响。草原毛虫喜湿润，年降雨量在 400 mm 左右的地区有利于该虫发生。4～5 月降雨多，温度低，会进一步推迟草原毛虫的出土时间；温度高，牧草返青早则有利于幼虫出土和生长发育，其数量也多。7～8 月，气温较高，雨量较多有利于发生。但雨量过多，雄蛾不能飞翔寻找雌虫交配；湿度过大，易使卵发霉腐烂。冬春季节，如果连续阴雨天气，草原毛虫的越冬场所大量积雪，土壤温度会进一步升高，十分有利于草原毛虫的正常越冬，第 2 年牧草返青期后，草原毛虫的危害程度较为严重。

3. 天敌

天敌的多少是毛虫数量变动的一个重要因素。寄生于幼虫或蛹体内的天敌有：寄生蝇(*Spoggosia echinura*)、黑瘤姬蜂(*Coccygomimus* sp.)、格姬蜂(*Gravenhorstica* sp.)、金小蜂(*Pteromalus gynaephora chinghaiensis*)。寄生蝇是主要天敌，其寄生率最高可达 44.6%。

取食幼虫的鸟类有角百灵、长嘴百灵、小云雀、地鸦、棕颈雪雀、白腰雪雀、树麻雀、大杜鹃、红嘴乌鸦等。1 头角百灵幼鸟每天可吃 100 多头幼虫，对毛虫有一定的抑制作用。

(四)预测预报

1. 发生量的调查

调查毛虫的发生区域、面积、密度、危害程度等以制订下年防治计划。发生量的调查在 8 月中旬至 10 月份进行，具体时间根据各地气候等条件决定。如正处卵期，幼虫刚孵化，在调查中卵和幼虫均会遇到，所以统计单位面积内(一般 1 m^2)的卵和幼虫数；也可以统计雌虫茧数，根据雌虫平均产卵量和卵的孵化率，就可预测出单位面积的幼虫数。这样根据茧数和平均产卵量调查发生量比一个样方、一个样方地计幼虫方便，因为此时幼虫很小，数起来很费工。

调查孵化率的方法：在不同生境中，共抽茧 300～500 个，每茧抽卵 20 粒，均匀混合，每 20 粒 1 包，包于纱布中置露天下，待卵全部孵化后，检查纱布中未孵化的卵，然后计算孵化率。

2. 幼虫越冬死亡率的调查

由于冬季严寒，一部分幼虫可能在越冬过程中死亡，因此，冬前调查的虫数，并不能准确代表翌年的发生量。通过越冬死亡率的复查，修正上年秋季检查的幼虫数，即可得出当年的发生量，确定是否需要进行防治。

越冬死亡率的调查于下年 5 月上中旬，幼虫开始出土活动时，在上年调查的基础上进行。即在上年秋季查卵时，在不同类型的生境上选有代表性的点，做出明显标记作为样区，春末在这些有标记的样区内进行复查。也可在秋季，在样区内的地方将虫茧轻轻取出，从破裂的一端倒出幼虫，勿使其受损伤，检查数量后将幼虫装入茧内放置原处，然后做出标记，翌年春天就在原地复查。这次检查，不仅要查茧内幼虫，同时还要查寻附近草根、土壤裂缝中等地方的幼虫。在同一生境类型中，一般取样 10～20 个即可。

(五)防治方法

1. 拾虫茧

7～8 月在草原毛虫羽化之前捡拾虫茧，集中掩埋或焚烧，对减少毛虫发生率，降低毛虫危害均有明显的效果。

2. 生物防治

(1)保护天敌　草原毛虫的天敌主要有鸟类、寄生蝇、寄生蜂等。寄生蝇和寄生蜂均寄生于毛虫的幼虫体内，被寄生的幼虫不能化蛹或羽化。捕食毛虫的鸟类有角白灵、长嘴百灵、小云雀、棕颈雪雀和大杜鹃等。鸟类个体数量多，在育雏及雏鸟群飞觅食时期，大量捕食毛虫，对毛虫有一定的抑制作用。

(2)微生物农药　包括苏云金杆菌、球孢白僵菌等微生物制剂，喷雾施药。

(3)植物源农药　有苦参碱水剂、苦参碱可溶液剂、印楝素乳油等，喷雾施药。

3. 化学防治

10%氯菊酯乳油、10%氯氰菊酯乳油、4.5%高效氯氰菊酯乳油、25 g/L 溴氰菊酯乳油、

100 g/L 联苯菊酯乳油等菊酯类农药或 90%敌百虫可溶粉剂、45%杀螟硫磷乳油、20%高氯·马乳油等,在幼虫 2～3 龄期喷雾。

三、草地螟

草地螟(*Loxostege sticticalis* Linnaeus)又称黄绿条螟、甜菜网螟等,属鳞翅目螟蛾科。分布于欧洲、亚洲大陆和北美洲的草原及接近草原地带的平原;我国主要分布于东北、西北、华北、内蒙古等地。

草地螟主要以幼虫为害藜科、蓼科、豆科、茄科、葫芦科、十字花科、伞形花科、锦葵科、莎草科、亚麻科、大麻科、百合科、蔷薇科、旋花科、禾本科等 48 个科近 300 种植物。但嗜好甜菜和豆科作物,在食物缺乏时可为害杨、柳、榆等树木。初龄幼虫取食叶肉,残留表皮薄壁,3 龄后可食尽叶片。食物缺乏时,可成群迁移。

(一)形态特征(图 9-11)

成虫 体长 8～12 mm,翅展 12～28 mm。前翅灰褐色至暗褐色,翅中央稍近前方有一近似方形的淡黄色或浅褐色斑,翅外缘为黄白色,并有一连串的淡黄色小点连成条纹。后翅黄褐色或灰色,沿外缘有 2 条平行的黑色波状条纹。

卵 乳白色,有珍珠光泽。椭圆形,卵面稍突起。长 0.8～1 mm,宽 0.4～0.5 mm。

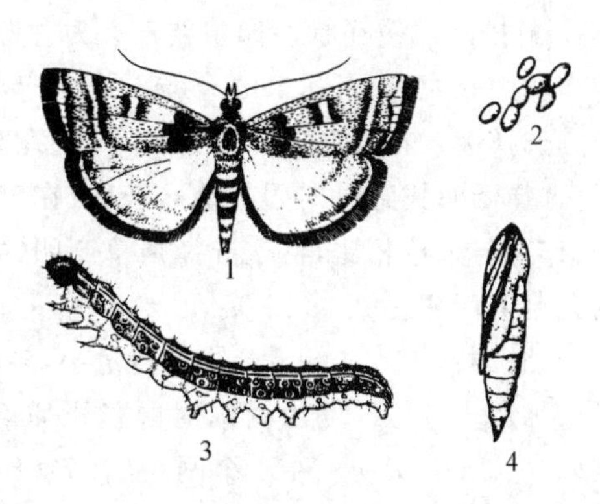

图 9-11 草地螟(仿西北农学院)

1.成虫 2.卵 3.幼虫 4.蛹

幼虫 共 5 龄。1 龄体长 1.2～2.7 mm,头部黑色;胴部浅绿色透明,中、后胸两侧各有 2 个毛瘤,上生刚毛 2 根。2 龄体长 2.8～5.5 mm,头部黑色,有三角形的斑;胴部暗绿色,有浅色侧带,前胸背板有 3 条白色纵线,中、后胸毛瘤基部有同心圆。3 龄体长 5.9～9 mm,头部黑色,胴部黑色或灰绿色,背面有浅色和暗色相间的条带,并有浅灰色的侧带。4 龄体长 912 mm,头部黑色,有明显白斑;胴部黑色或暗绿色,前胸盾板黑色发亮,浅色侧带有光泽,背面有 2 条断续白线,毛瘤黑色。5 龄体长 14～25 mm,头部黑色,有明显的白斑;胴部黑色或深绿色至黄绿色,前胸背板黑色,有 3 条黄色纵纹,3 节胸部背面有背线,腹部有毛瘤,黄绿色。

蛹 长 8～15 mm,黄色至黄褐色。腹端两侧圆形,中间凹,各圆突上着生 2 对臀刺。雌蛹生殖孔在第 8 节,距肛门远。雄蛹生殖孔在第 9 节,距肛门近。

茧 长筒形,长 20～40 mm,宽 2.7～4.8 mm,白色。茧上部有一羽化孔,口径略小于茧的直径,并有薄丝封口。茧下端略窄,底部钝圆。茧外黏附细土,呈土色。

(二)生活史与习性

在我国一年发生 1～3 代,随地区而异。青海湟源、内蒙古呼伦贝尔、锡林郭勒及河北张家口坝上地区一年发生 1～2 代,黑龙江、吉林大部分地区、山西、河北北部和内蒙古西部地区一年 2～3 代,山西中部的平川各县、临汾西部的山区县和陕西延安东北部的山区一年发生 3 代。

以老熟幼虫在土中结丝茧越冬。翌年春季化蛹、羽化。在山西雁北、河北张家口及东北等发生区，越冬代成虫盛发期在 6 月上中旬，第 1 代卵历期 4～6 d，幼虫历期 13～20 d，6 月下旬至 7 月上旬为幼虫发生为害盛期。第 1 代成虫盛发期在 7 月中下旬，蛾量一般较少。第 2 代成虫盛发期在 8 月下旬，幼虫历期 17～25 d，老熟后滞育越冬。

成虫羽化高峰在晴天的 23 时至次日 5 时。羽化后先爬行振翅 1 h 左右，3 h 后可飞行 3～5 m。成虫各种行为活动具有群集性，每天多在 10 时前和 15 时后活动，20～24 时达活动高峰。白天喜欢在低洼潮湿、杂草茂密的滩地及林带间集群飞翔，寻找开花植物；晚上无风、有月光时，则集群潜伏在草丛、树丛或作物田内，无月光或月光较暗时，有向光飞翔的习性。成虫趋光性强，对白炽灯、荧光灯、黑光灯、卤灯以及各种火焰都有很强的趋性，尤其趋向黑光灯。但糖醋液、糖酒液对成虫无诱集力。成虫羽化后有取食补充营养的习性，喜在低洼、背风向阳的荒地、杂草丛生的田间、地头、蜜源植物较多的坡地活动和吸食花蜜、水分。

夜间 23 时成虫开始交尾，0～2 时达到高峰。交尾持续时间约 1 h，最长达 115 min。成虫产卵前期 4～5 d，产卵高峰期在羽化后 6～8 d，产卵时间多在晚上 8～12 时。卵单产或聚产，3～5 粒排列成覆瓦状。卵主要产在寄主植物的叶背面，距地面 8 cm 处着卵量最多。单雌平均产卵 200 粒，多者达 800 余粒。成虫产卵对气候、植被、地形、地势、土壤理化性状等都有很强的选择性。在气温偏高的条件下，选择高海拔冷凉地区和凉爽的地方产卵；在气温偏低条件下，选择低海拔背风向阳的地区产卵；在气温适宜的条件下，则选择幼虫喜食的双子叶植物产卵；作物与杂草相比，喜欢选择杂草产卵，尤其喜欢在灰灰菜、猪毛菜、碱蒿等幼嫩多汁、耐盐碱的杂草上产卵。

幼虫共 5 龄。1～3 龄幼虫食量小，多群栖于植物心叶内取食，开始为聚集分布，以后随虫龄增加逐步分散。幼虫受惊时吐丝下垂转移，并随龄期增长吐丝量增加，3 龄时开始吐丝结网，一般 3～4 头幼虫结 1 个网，也有 7～8 头幼虫结 1 个网。4 龄末至 5 龄幼虫常单虫结网，分散取食为害，5 龄幼虫进入暴食阶段，食量占幼虫期总食量的 80％以上。幼虫活泼而暴烈，稍有触动，立即做波浪状向前或向后跃动、逃走。4 龄幼虫爬行速度达 1～1.5 m/min，吃尽一片植物后，常迅速群集迁移到其他田块为害。在草地螟发生期，幼虫有突然暴发成灾的特点。主要原因是由于成虫产卵选择的生境有利于卵和幼虫的整齐、集中发育，且多为杂草，在低龄幼虫阶段不易被人们发现，当温度稍高时，迅速进入 4～5 龄暴食期，很快使草场或农田被毁。

幼虫老熟后钻入土层中 4～9 cm 深处作袋状茧，竖立于土中，在茧内化蛹。

(三)迁飞规律

我国草地螟的发生区可分为主要越冬区和扩散发生区。主要越冬区为主要的虫源地，扩散发生区春季发生的成虫以迁入虫源为主。6 月上中旬越冬代成虫进入羽化盛期，当气温升至 20℃以上时，随西南暖风气流起飞，并顺风远距离迁飞，迁往虫源区的东北方向。东北各省及内蒙古东部等地的春季成虫主要由越冬区迁入，这是我国草地螟远距离北迁的主要路径。在主要越冬区遇到的气流方向不稳定，或遇不到合适的西南气流，则形成迁往其他方向的蛾群，在主要越冬区的山区与平原之间垂直或水平迁飞。

据观察，在黄昏后出现微风或地表温度逆增时，成虫大量起飞。迁飞高度距地面 80～400 m，多数为 80～240 m，迁飞速度可达 20 m/s，每晚迁飞距离可达 300～500 km，迁飞前成虫极少交配，卵巢发育级别以 1 级为主，在迁飞过程中完成性成熟。

(四)发生与环境的关系

1. 气候

大范围适宜的气候条件是草地螟暴发的必要条件。研究表明，平均气温偏高、降雨量和相对湿度偏高的年份，往往有利于大发生。长期高温干旱，或发蛾盛期持续低温，种群数量下降，发生频率降低。由于各地的温度、湿度、光照等存在显著差异，影响草地螟发生的关键因子也不完全相同。如在黑龙江温度比湿度重要，而在山西、陕西、甘肃等地湿度比温度重要。

温湿度和风对成虫的发生期、发生量、生殖力、迁飞等均有显著影响。成虫发生期若平均气温在17℃以下，则羽化期延长；雌蛾寿命随湿度的提高而延长，产卵前期相应缩短，但在连续17℃以下低温和湿度高于85%的条件下，雌蛾产卵量减少，死亡率增加；在长时间30℃以上高温、相对湿度40%以下的干旱条件下，能引起雄蛾不育，雌蛾卵巢发育受到抑制，产卵量减少或卵巢退化不能产卵，不孕率增加。草地螟种群增长适宜温度为21～22℃，相对湿度为60%～80%。

越冬幼虫的滞育率与光周期和温度有关，进而影响越冬虫源数量。草地螟属短日照滞育型或长日照发育型昆虫。幼虫在光照7～12 h的光周期下滞育率100%，在13～14 h为97.4%～80.7%，在15～17 h为50%。光周期最低临界点为13 h，最高临界点为16 h，可作为划分滞育区和非滞育区的指标。在滞育临界光周期内，低温诱发幼虫滞育，温度越高滞育率越低。

此外，春季西南气流的状况，直接决定越冬代成虫的迁飞数量和迁飞方向。

2. 食物

成虫具有取食补充营养的习性。成虫发生期蜜源植物丰富，营养供应充足，性成熟快，产卵量也会增加。成虫吸食花蜜的同时，首先需吸取一定量的水分，以保证正常生理代谢和生殖的需要；如果满足不了水分的需求，即使有充足的蜜源，也不会增加产卵量。

幼虫的营养条件直接影响幼虫乃至蛹的发育状况和成虫的产卵量。如取食藜科等植物，幼虫生长发育快，个体大，化蛹后蛹重可达30 mg以上，羽化出的成虫寿命长，产卵多。相反，食料适宜，蛹重在30 mg以下，成虫寿命短，产卵少。

3. 天敌

天敌对草地螟的种群有一定的自然抑制作用。国外报道，草地螟的寄生蜂、寄生蝇及其他天敌有70余种，目前用于防治的是赤眼蜂。我国发现有寄生蝇、寄生蜂、白僵菌、细菌类、捕食性天敌(如蚂蚁、步行虫和鸟类)等，其中寄生蜂有26属36种。寄生性天敌的自然寄生率一般为6%～7%，有时高达50%～60%。

(五)预测预报

1. 发生趋势的中期预测

(1)越冬虫茧冬后调查　主要调查越冬后虫茧的存活率和化蛹、羽化进度。4月中旬土壤解冻后开始，至成虫羽化盛期结束，每3 d调查1次。每次剖查50～100个新鲜虫茧，分别记载死茧数、活茧数、化蛹数、羽化数等，计算虫茧的存活率、化蛹率和羽化率。

(2)地面及高空天气形势资料收集　及时收集有关天气预报资料，重点掌握地面及高空天气形势预报资料。汇总各地调查数据，结合地面及高空天气形势，预测草地螟的迁出峰次、主迁日期、主降落地区，并据长期预报加以校正，结合本地区的具体情况做出各地的中期预测。

2.发生动态的短期预报

(1)发生程度预测　从4月15日开始，安装20 W黑光灯逐日观测灯下蛾量。当日诱蛾量达100头以上时，逐日解剖20头雌蛾，确定卵巢发育级别。如果成虫发生高峰期日蛾量达1 000头以上，卵巢发育2～3级占50%以上，即可根据最高日蛾量的多少、当时的气象条件、植被、蜜源等因素进行综合分析，对第1代幼虫的发生程度做出预测。一般诱蛾高峰日蛾量在10 000头以上，峰后10 d内的日平均气温在20～26℃，相对湿度60%～80%，又有大量蜜源植物，第1代幼虫有大发生的趋势；诱蛾高峰日蛾量5 000～10 000头，峰后10 d内的日平均气温18～28℃，相对湿度50%～60%，为中等发生年；诱蛾高峰日蛾量1 000头以上，峰后10 d内的日平均气温在17℃以上，相对湿度为40%左右，为轻度发生。

(2)防治适期预测　根据诱蛾高峰出现的日期，用历期推算法或有效积温法预测防治适期。通常在温湿度适宜条件下，成虫产卵前期为4～6 d，卵期3～4 d，1龄幼虫期3～4 d，蛾高峰后10～12 d为第1代2龄幼虫发生盛期，即防治适期。

(六)防治方法

1.耕作防治

在草地螟集中越冬区，采取秋翻、春耕、耙耱及冬灌等措施，恶化越冬场所的生态条件，可显著增加越冬死亡率，压低越冬虫源数量，减轻第1代幼虫的发生量。在成虫产卵前或产卵高峰期除草灭卵，清除田间、地埂杂草，进行深埋处理，可有效减少田间虫口密度。在老熟幼虫入土期，及时中耕、灌水可造成幼虫大量死亡。

2.诱杀成虫

利用草地螟的趋光性，成虫发生期在田间设置黑光灯进行诱杀。据测算，一盏黑光灯可控制和减轻方圆6.7 hm^2的危害程度，诱杀率在85%以上。

3.阻止幼虫迁移扩散

在草原、荒坡、江河沿岸等杂草繁茂、幼虫密度大的地方，在受害田块的周围挖沟或喷洒药带封锁地块，阻止幼虫迁移扩散，封锁虫源。

4.药剂防治

可选用25%甲维·灭幼脲悬浮剂，或25 g/L溴氰菊酯乳油，或50 g/L氯氟氰菊酯乳油，或25 g/L联苯菊酯乳油，或4.5%高效氯氰菊酯乳油，或20%三唑磷乳油，或25%灭幼脲悬浮剂，或5%氯虫苯甲酰胺悬浮剂，或2.2%甲维·氟铃脲悬浮剂等，幼虫3龄前喷雾施药。

采用苏云金杆菌、球孢白僵菌等微生物农药及苦参碱、印楝素等植物农药喷雾施药，可作为草地螟无害化药剂防治尤其是与化学农药交替使用的生物农药。

四、叶甲类

叶甲是北方草地暴发性的重要害虫类群，属鞘翅目叶甲科。主要有草原叶甲(*Geina invenusta* Jacobson)、阔胫萤叶甲[*Pallasiola absinthii* (Pallas)]、红柳粗角萤叶甲(*Diorhabda desertieoca* Chen.)、沙蒿金叶甲(*Chrysolina aderuginosa* Fald.)、白茨粗角萤叶甲(*Diorhabda rybakowi* Weise)、阿尔泰秃跗叶甲(*Crosita altaica altaica* Gebler)、天山秃跗叶甲(*C. altaica urumchlana* Chen)、脊萤叶甲[*Theone silphoides* (Dalman)]、愈纹萤叶甲(*Galeruca reichardti* Jacobson)、沙葱萤叶甲[*Galeruca daurica* (Joannis)]。

草原叶甲分布于青海高山草原。阔胫萤叶甲分布在甘肃、内蒙古、新疆、吉林、辽宁等省份的山地荒漠草地，为害驴驴蒿、合头草、珠芽蓼等。沙蒿金叶甲分布于西藏、青海、甘肃、内蒙古、宁夏、吉林等地，是宁夏和内蒙古西部草原为害沙蒿的专食性害虫。成虫取食沙蒿的生长点，使植株不能正常生长，形成“鸟巢”状丛生点。幼虫啃食新生和再生叶片，造成断叶、缺刻或整株枯干。白茨粗角萤叶甲分布于新疆、内蒙古、甘肃、青海、陕西等省份，是西北荒漠草原为害白茨的害虫。该虫为寡食性，以成、幼虫取食白茨的叶、幼芽、嫩枝及果实，造成缺刻、断叶、断梢、伤果等，发生严重时，可吃光整个叶片、嫩梢，造成白茨灌丛一片灰白，来年成片死亡。阿尔泰秃跗叶甲、脊萤叶甲分布在新疆荒漠草地，主要为害蒿属植物。成虫取食蒿草的生长点，使植株不能正常生长，幼虫啃食新生叶片及嫩茎，造成断叶或整株干枯。沙葱萤叶甲分布在内蒙古、新疆和甘肃等省份，成虫和幼虫均能为害，但主要以幼虫为害沙葱、多根葱、野韭等百合科葱属牧草的叶部，严重时会啃食茎部，将牧草地上部分啃食一光。该虫从 2009 年开始在内蒙古草原上突然大面积暴发成灾，呈现逐年加重的趋势。

(一)形态特征

1. 草原叶甲(图 9-12)

成虫　全体黑色。体长：雌性 7～8 mm，雄性 5～6 mm。头部较前胸大，具中纵沟，把头壳分为两半。复眼极长，椭圆形，触角丝状，向后伸长可达鞘翅后缘。前胸背板小，前宽后狭，中间有一纵沟，周缘具边框，前、后角各具长毛 1 根。鞘翅短缩，仅覆盖腹背 1～3 节，翅面密布皱纹，后翅退化消失。腹部背面具稀疏黄毛。雄虫前足和中足第 1 跗节膨大呈梨形，雌虫则较窄。雌虫腹部末节较雄虫明显拱凸。

2. 阔胫萤叶甲(图 9-13)

成虫　体长 6.5～7.5 mm，宽 3～4 mm，全身披黄褐色毛。头顶中央有 1 条纵沟，复眼小，触角念珠状，11 节。足除胫节端部和跗节为黑色外均为黄色。鞘翅基部外侧隆起，每侧鞘翅上有 3 条黑色纵脊。雄虫腹节末端中央凹陷。

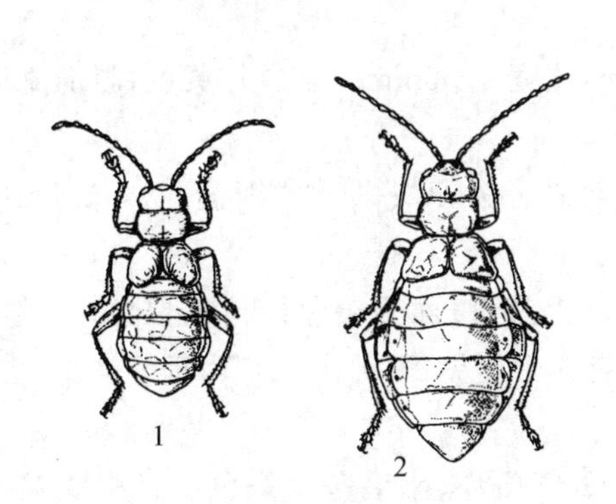

图 9-12　草原叶甲(仿王书永)
1. 雄成虫　2. 雌成虫

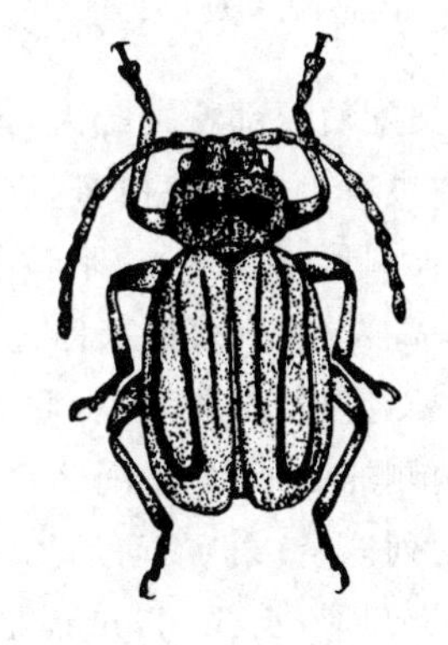

图 9-13　阔胫萤叶甲
(仿 Gressitt 等)

卵　长椭圆形，淡黄色，长 1.8 mm，宽 1.2 mm。

幼虫　老熟幼虫体长 10～13 mm，黑色，背部具黑色毛。

蛹　长 12 mm，前、中、后胸各有一撮灰白色毛。头顶和胸部为黑褐色，腹部为黄褐色，各节密生绒毛。

3. 沙蒿金叶甲(图 9-14)

成虫　体卵圆形,背面隆起,长 5～8 mm,深绿色或紫绿色,具金属光泽。触角黑褐色,线状,11 节。复眼较大,卵圆形,明显突出。前胸背板横宽,前缘内凹,背面有不规则刻点。鞘翅有 10 行刻点。后胸腹板凸有边缘,缘内有刻点,腹部腹面有细刻点和白毛。足同体色而较暗,散生刻点和白毛,胫节端部及 1～3 跗节下面密生黄褐色细毛。

卵　长椭圆形,长 1.4～2 mm。初产橙黄色,后变为紫褐色,孵化时胚胎橙红色,两侧各有 3 个大黑点。

幼虫　初孵幼虫体长 2.5 mm。头黄色,胸黄白色,腹部黄褐色,触角端部及爪黑色,体两侧各有 3 个大黑点。老熟幼虫体长 9～12 mm,背面有 5 条黑褐色纵纹。瘤突黑色,刚毛白色。

蛹　初化蛹米黄色,半球形,长 6～8.5 mm,宽 3～4 mm。密生褐色刚毛,头向下弯曲。

4. 白茨粗角萤叶甲(图 9-15)

成虫　雄虫体长 5～8 mm,宽 2.5 mm,深黄色,体被白色绒毛。头部后缘具"山"字形黑斑,触角、复眼、小盾片、腿节端部、胫节基部和端部、跗节、爪均为黑褐色。前胸背板有一"小"字形黑斑,每个鞘翅中央各有 1 条狭窄的黑色纵纹,中缝黑色,肩角明显。前胸背板和鞘翅上的刻点大小一致。

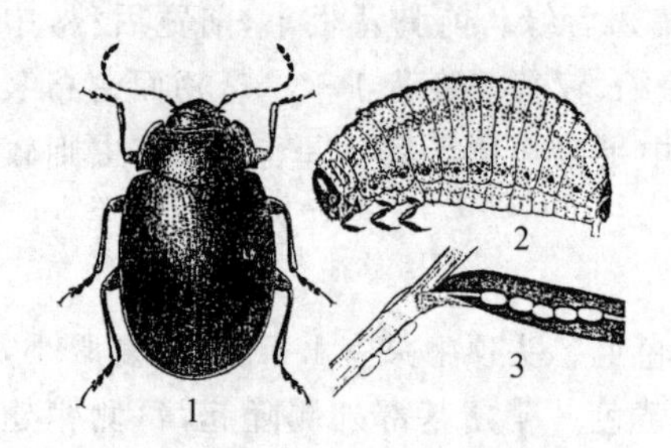

图 9-14　沙蒿金叶甲(仿高兆宁)

1. 成虫　2. 幼虫　3. 卵

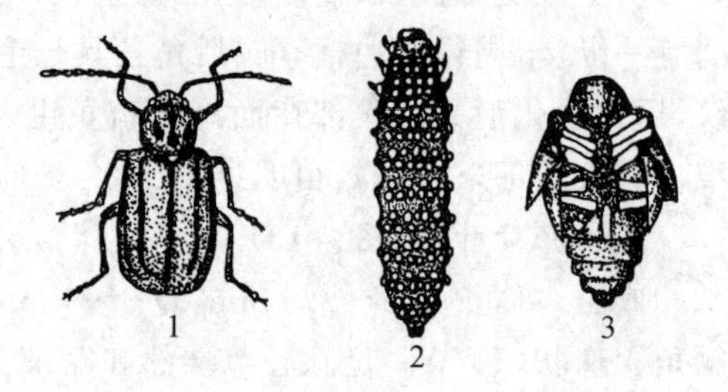

图 9-15　白茨粗角萤叶甲(仿高兆宁和田畴)

1. 成虫　2. 幼虫　3. 蛹

雌虫交配后腹部特别肥大,体长 8～12 mm,体宽 4～6mm。小盾片黄色,腹部 4 节露在翅外,每节中央有 1 个黑色横斑,周围黄白色。

卵　长圆形,长 1 mm,暗黄色。卵粒由黏液黏合为卵块,卵块"钢盔"状,长 5～6 mm,宽 4～5 mm,高 2 mm。表面灰白色。

幼虫　老熟幼虫体黑色,瘤突、前胸背板、肛上片、腹面为黄色。体毛白色,前胸背板有 4 个黑斑,两侧的 2 个大,中间 2 个小。中、后胸有 8 个瘤突;腹部 1～7 节,每节有 10 个瘤突,前列 4 个,后列 6 个;第 8 节有瘤突 8 个。

蛹　长圆形,长 6～7 mm,宽 3 mm,米黄色,气门环、刚毛基部黑色。背中线宽,深黄色。复眼棕色,上颚端部黑色。

5. 阿尔泰秃跗叶甲(图 9-16)

成虫　体为绿紫色、铜紫色,具金属光泽,前胸及鞘翅两侧绿色。前胸背板有明显的侧缘,刻点细小。小盾片三角形。两鞘翅愈合成一整体盖在体背,鞘翅上的刻点远较前胸背板上的粗大,后翅不发达。雄虫前足各跗节明显膨大,两侧钝圆,前中足各跗节及后足第 1 跗节腹面生有跗毛,后足第 3 跗节端部深裂。

6. 脊萤叶甲(图 9-17)

成虫 体为亮黑色,头、触角、足黑色,前胸背板、鞘翅红棕色。触角着生处靠近位于复眼前缘前方;后头及前胸背板刻点深。小盾片舌状,黑色,光亮。鞘翅较扁平,有完整的侧缘,肩角隆起,脊纹微弱,两鞘翅在端部分离,臀板裸露。具后翅。中足基节窝靠近,第 3 跗节狭窄,不宽于第 2 节,跗节下方具短刺,前中足跗节具毛垫,后足胫节具刺。雄虫跗节边缘有毛条纹,雌虫后中跗节光滑。

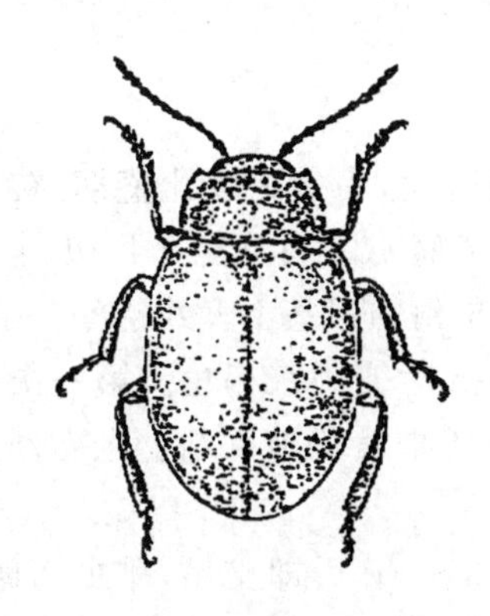

图 9-16 阿尔泰秃跗叶甲成虫

(仿张茂新)

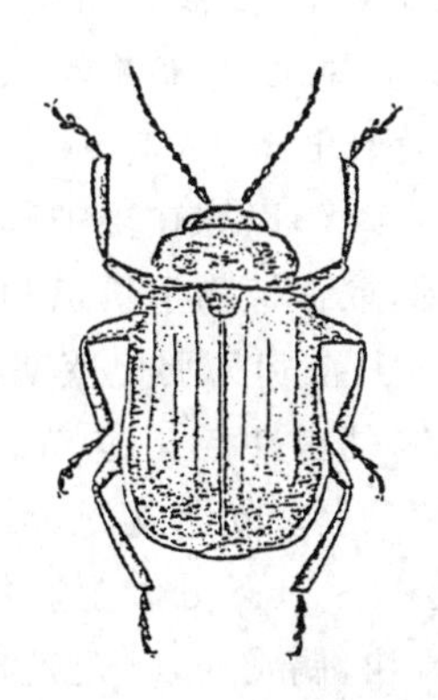

图 9-17 脊萤叶甲成虫

(仿张茂新)

7. 沙葱萤叶甲

成虫 体长卵形,长约 7.50 mm,宽约 5.95 mm,雌虫体型略大于雄虫。羽化初期虫体为淡黄色,逐渐变为乌金色,具光泽。触角 11 节,7～11 节较 2～5 节稍粗。复眼较大,卵圆形,明显突出。头、前胸背板及足呈黑褐色。前胸背板横宽,长宽比约为 3∶1,表面拱突,上覆瘤突。小盾片呈倒三角形,无刻点。鞘翅缘褶及小盾片为黑色。鞘翅由内向外排列 5 条黑色条纹,内侧第 1 条紧贴边缘,第 3、4 条短于其他 3 条,第 2 和第 5 条末端相连。端背片上有一条黄色纵纹,具极细刻点。腹部共 5 节,初羽化的成虫腹部末端遮盖于鞘翅内,取食生活一段时间以后腹部逐渐膨大,腹末端外露于鞘翅。雌虫腹末端为椭圆形,有 1 条“一”字形裂口,交配后腹部膨胀变大。雄虫末端亦为椭圆形,腹板末端呈两个波峰状凸起。

卵 椭圆形,长约 1.3 mm,宽约 1.1 mm。初产为淡黄色,后逐渐变为金黄色。

幼虫 共 3 龄。1 龄头壳宽 0.75～0.82 mm,体长约 3.15 mm;2 龄头壳宽 1.45～1.58 mm,体长约 5.98 mm;3 龄头壳宽 2.09～2.14 mm,体长约 11.22 mm。初孵幼虫淡黄色,随发育体色逐渐变为黑色。体躯呈长形,体表具有毛瘤和刚毛,腹节有较深的横褶。化蛹前体躯缩成“U”形。

蛹 体长约 3.81 mm,宽约 2.62 mm。初化蛹为淡黄色,后渐变为金黄色。体表分布不均匀的刚毛,复眼、触角及足的末端呈黑褐色。触角从复眼之间向外伸出,包裹住前中足,前、中足外露,后足大部分被后翅所覆盖。前后翅位于体躯两侧,前翅覆在后翅上。前端为前胸背板,后胸背板大部分可见。腹部共 7 节,1～5 节各有气门一对。土茧为近圆形,虫体末端常附着蜕皮。

(二)生活史与习性

1.草原叶甲

一年发生1代,在青海玉树地区,7月下旬至8月成虫大量出现。成虫极耐寒冷,连续数日气温在0℃以下的风雪交加天气,成虫仍在牧草上取食、交尾。正常情况下,成虫在晴天无风时活动最盛。成虫爬至牧草顶部,啃食叶片呈缺刻。食性杂,取食多种牧草,主要有莎草科的列氏嵩草、矮嵩草、藏嵩草、苔草、华扁穗草,禾本科的早熟禾、羊茅,蓼科的珠芽蓼、圆穗蓼,蔷薇科的艾氏委陵菜、金腊梅,百合科野葱等。

2.阔胫萤叶甲

一年发生1代,以卵在土中越冬。5月上旬卵开始孵化,中旬为孵化盛期,初龄幼虫群聚在牧草茎基部,取食植物生长点和幼叶。6月中旬为为害盛期,6月底至7月初,老熟幼虫入土做土室化蛹,8月上旬为羽化盛期,中旬交尾产卵,卵产于植物根基土表处越冬。

幼虫3龄,幼虫期50 d左右。初孵幼虫淡黄色,24 h后变为灰褐色。第一次蜕皮时幼虫倒挂于植株枝条上。幼虫喜光,活动性强,极耐饥,20 d不取食仍能存活。老熟幼虫多在牧草根部疏松土层2～5 cm处做土室化蛹,蛹期28 d。

成虫爬行快,偶飞翔,具趋光和假死性。成虫取食3～5 d后即交尾,雌虫产卵集中,呈块状聚产于牧草根部0.5～1 cm疏松土层中,每块含卵40～55粒。

3.沙蒿金叶甲

一年发生1代,以老熟幼虫在深层沙土中越冬,个别也以蛹或成虫越冬。越冬幼虫翌年4月化蛹,5月上旬成虫羽化。5月中旬平均气温达16.7℃时成虫大量出土,并爬到植株上为害。6月中旬开始交配,7月下旬开始产卵,直到10月下旬,平均气温下降到7℃时产卵结束,8月上旬幼虫开始孵化,11月中旬老熟幼虫陆续入土越冬。9月下旬有个别幼虫化蛹越冬。

春季,成虫出土后取食沙蒿的生长点。成虫交尾多在早、晚进行,并有多次交尾习性。卵散产,排列成行,每行3～5粒。每雌产卵51～387粒,平均180粒,主要产在寄主附近的画眉草、蒙古冰草等草株的叶鞘、叶片上。卵期在田间一般12～15 d,卵孵化率96.8%。

幼虫共分4龄,1龄7 d,2龄5 d,3龄7 d,4龄227 d,全期246 d。幼虫具趋高性和趋蒿性。1～2龄幼虫仅能取食叶片的半边,3～4龄幼虫取食全叶,严重时可吃光植株叶片,造成整株枯死。幼虫有自相残杀现象,亦有假死性。幼虫老熟后停止取食,钻入8～20 cm的湿土层中筑室化蛹或越冬。越冬主要集中在15～25 cm、含水量30%左右的深土层中,以积雪较多的沙丘阴面深土中为多。

成虫耐饥饿,为害期23 d不取食,死亡率仅50%。喜高攀,不善飞翔,迁移主要靠爬行,偶尔飞行,飞翔距离在100 m左右。有假死性。

4.白茨粗角萤叶甲

在宁夏一年发生2代,以成虫在土壤中越冬。翌年4月中旬越冬成虫开始出土活动,第1代幼虫始见于5月中旬,5月下旬达盛期,6月上旬入土化蛹,6月中旬第1代成虫出现,7月上旬至9月上旬为第2代幼虫活动期,8月下旬第2代成虫出现,9月下旬少数成虫开始越冬。

越冬成虫出蛰后经1～3 d取食,即交配、产卵。第1代成虫大量交尾在羽化后10～15 d。第2代成虫羽化后,在越冬前不交尾,越冬后经过一段补充营养后才开始交尾。越冬代成虫的卵都产在枝干上;第1代成虫多产卵于叶背和叶面,仅极少数产在枝干上。每雌一生平均可产7个卵块,共含卵640余粒。在日均温25.8℃下,卵期最长10 d,最短5 d,平均6.9 d,卵孵化整齐，同一块卵在 24 h 内能全部孵化，以傍晚至翌日早晨孵化最多，卵孵化率 95%～100%。初孵幼虫先在卵块附近群集，1 h 后分散取食。幼虫共 3 龄，1 龄发育历期 4 d，2 龄 6～7 d，3 龄 13～14 d，全期 23～25 d。老熟幼虫暴食一段时间后，即入土做椭圆形蛹室化蛹。第 1 代幼虫和第 2 代幼虫均于沙土中化蛹，化蛹深度 1～12 cm，以 3～6 cm 处最多。蛹室光滑，个别蛹被有褐色薄茧。第 1 代蛹期 10～12 d，第 2 代蛹期 17 d 左右。

第 1 代成虫寿命平均 40.7 d，第 2 代成虫寿命长达 9 个月左右。成虫越冬入土深度为 5～15 cm，以 5～10 cm 最多。

5. 阿尔泰秃跗叶甲

在阿尔泰地区 2 年完成 1 代，以卵或成虫在土壤中、牛粪下、蒿草根部和石片下越冬。翌年 4 月下旬，越冬卵开始孵化，6 月中旬老熟幼虫在蒿草根茎部、牛粪或石块下化蛹，7 月上旬见新羽化的成虫，10 月底 11 月初成虫在牛粪、石片下或蒿草根部越冬。

以成虫越冬的在翌年 4 月，当地表温度达 15℃时，开始活动取食。5 月气温逐渐升高，地表温度达 25℃时，活动频繁，夜间成虫多栖于蒿草丛中或优若藜根茎部，6 月上旬开始交尾，7 月下旬至 8 月上旬开始产卵，产卵高峰期在 8 月中下旬，9 月下旬为产卵末期。

卵散产在蒿草根部 1～5 cm 深的土中，一头雌虫最多产 130 粒卵。卵昼夜均可孵化。幼龄幼虫具群聚性，活动力差，耐饥力强。随龄期的增大，开始扩散取食，主要取食幼嫩茎叶，食物缺乏时，啃食茎秆表皮，3 龄后幼虫食量增大，耐旱性强，能适生于 13.8%～16.6%土壤湿度范围。老熟幼虫停止取食，钻入蒿草丛中、石块下、土缝中化蛹。幼虫共 5 龄，历期 50～58 d。蛹在 7 月上旬开始羽化，蛹期 15～23 d。

成虫白天活动，取食蒿草叶片，咬断嫩茎，每日活动高峰在 16:00—18:00，当地表温度低于 15℃时，就躲在牛粪下或牧草根茎部；耐饥力强，如下雪、刮风可连续几天不食，成虫两鞘翅愈合，不能飞翔，10 月下旬，气温下降，成虫活力减弱。据调查，80%成虫在牛粪下越冬，20%在蒿草根部或石块下越冬。

6. 脊萤叶甲

在北疆一年发生 1 代，以卵在表层土壤中越冬。卵期 6～7 个月，翌年 4 月中下旬越冬卵开始孵化，孵化的幼虫爬到蒿草上食害幼叶，幼虫期 35～46 d，6 月中旬至 7 月上旬老熟幼虫爬入蒿草根部或石片下做土室化蛹，蛹期 13～15 d。7 月中下旬成虫出现。成虫能转株为害，迁移主要靠爬行。8 月中旬成虫开始交尾，交尾多在上午。9 月上旬产卵，每雌 1 次产 1 个卵块，1 个卵块最多有卵 75 粒，最少有 25 粒，1 头雌虫一生可产 2～3 个卵块。卵多产在蒿草根茎部土壤中，成虫产卵后不久即死亡。初孵化幼虫头为黑色，胸、腹部淡黄色，第 2 天变为灰褐色至深褐色，并开始取食，幼虫多集中在蒿草上部。幼虫老熟后在土室中化蛹。蛹为黄色，离蛹。

7. 沙葱萤叶甲

一年发生 1 代，以卵在牛粪、石块及草丛下越冬。在内蒙古锡林浩特和阿巴嘎旗草原，越冬卵的孵化时间很不一致，跨度较大，最早 4 月上旬开始孵化，最晚 5 月下旬孵化，盛期在 4 月下旬。幼虫大量取食新鲜的沙葱、多根葱及野韭菜等百合科葱属植物。5 月中旬老熟幼虫开始建造土室化蛹。6 月上旬成虫开始羽化，刚羽化成虫大量取食以补充营养，随后进入蛰伏期越夏。8 月下旬雌雄成虫开始交配产卵，其间取食量较大。至 9 月下旬成虫基本在草原消失，个别成虫见于牛粪、石块及草丛下。

幼虫随龄期增大取食量也随之增加，3 龄幼虫期食量约占幼虫期总食量的 65%。幼虫仅取食百合科葱属植物,喜取食较嫩的叶茎,取食野韭菜时沿叶面边缘啃食,寄主为沙葱、多根葱时,啃食植物叶茎。该虫幼虫期危害严重,可将沙葱等百合科葱属植物地上部分取食殆尽,仅剩根茬。取食过后多附在植物根部。幼虫在上午10时后较活跃,气温较高时常躲在寄主基部。具有较强爬行能力,当寄主食物缺少时,有群体迁移现象。幼虫具有假死性,幼虫在寄主植物上有群集性。老熟幼虫停止取食后,在牛粪及石块下结土室化蛹。

羽化初期成虫大量取食,危害百合科葱属植物。7月上旬进入蛰伏期,在牛粪、石块下及草丛基部越夏。成虫有群集性,整个成虫期为3～4个月,夏季高温季节很少取食,以滞育状态越夏。8月下旬再次取食补充营养。据室内观察,24℃条件下,成虫取食5～9 d后开始交配产卵。雌雄可多次交尾,雌虫一生产卵1～2次,直至死亡。交尾时雄虫前足附在雌虫背上,交配时间为50～90 min。交尾后3～6 d开始产卵,常产于牛粪、石块及针茅丛下,每次产卵37～80粒。成虫仅取食百合科葱属植物,成虫初期食量较大,但取食周期较短且在夏季发生滞育,总取食量低于幼虫期。

(三)发生与环境的关系

1. 温湿度

沙蒿金叶甲具抗高温耐低温的能力。夏季在42℃条件下,11月份气温达－5℃时仍能正常取食,部分成虫可在1月份－20℃的低温下越冬。喜干燥,不耐潮湿。在25℃下,室内相对湿度控制在30%、50%和70%,4 d后,在相对湿度30%和50%的处理下活动正常,70%的处理下死亡率达50%。沙蒿金叶甲成虫、卵、蛹的发育起点温度分别为21.3、21.4和10.8℃,有效积温分别为101、49和127.7 d·℃。

白茨粗角萤叶甲喜高温,不耐潮湿,环境温度是决定其发生量的重要因子。据室内饲养观察,成虫在27～31℃产卵量最多,幼虫发育速度快;温度低于17℃,则产卵极少。据在宁夏盐池5年的野外观察,4—5月适量降雨,气温逐渐上升,有利于白茨发芽生长,出蛰成虫食料充足,其产卵量大,第1代幼虫数量大,往往引起第2代成虫成灾为害。

阿尔泰秃跗叶甲、脊萤叶甲均喜高温而又耐低温。据室内观察,在气温27℃和空气相对湿度73%的条件下饲养3d后,阿尔泰叶甲和脊萤叶甲的死亡率分别为47%和54%,10 d后两种叶甲全部死亡。在29℃和相对湿度52%的条件下饲养,两种叶甲都能正常取食、交尾和产卵。早春气温回升快而且稳定,5—7月气温高,有一定量的雨水,有利叶甲生长发育,容易引起大发生。8月多暴雨,常使虫口数量剧减。两种叶甲均喜欢在寄主下疏松的沙土中或在寄主附近的牛粪、石片下越冬,主要集中在含水量为12%～30%、0～5 cm深的表土层。阿尔泰秃跗叶甲以低山小丘陵向阳面为多,脊萤叶甲和愈纹萤叶甲则以地势平缓处为多。

温湿度等气候条件是影响沙葱萤叶甲生长发育和存活的主要环境因素之一。温度对沙葱萤叶甲卵、幼虫和蛹的发育速率有显著的影响,发育速率随温度的升高而加快。在变温条件下,卵期、幼虫期和蛹期分别从最低温度组合(8/20℃,即每天20℃ 14 h和8℃ 10 h组合,平均15℃)的44.1、46.4和16.9 d,缩短至最高温度组合(20/32℃,即每天32℃ 14 h和20℃ 10 h组合,平均27℃)的26.5、17.8和5.8 d;卵、幼虫和蛹的发育起点温度分别为9.5、7.4和8.5℃,有效积温分别为397.2、344.8和113.5 d·℃。湿度对沙葱萤叶甲卵的孵化及幼虫和蛹的存活有显著影响,高湿有利于卵的孵化,但不利于幼虫和蛹的存活。春季干旱不利于越冬卵的孵化,通常春季降雨后越冬卵才开始大量孵化。因此,春季温度回升早、有降雨,幼虫发生早;反之,发生晚。

2. 寄主植物

白茨粗角萤叶甲危害与白茨种类、长势及郁闭度关系密切。在相同条件下,大果白茨受害重于西伯利亚白茨;长势好及郁闭度大的白茨丛,虫口密度大,受害重;长势衰弱及郁闭度小的白茨丛,虫口密度小,受害轻。

阿尔泰秃跗叶甲、脊萤叶甲食性狭窄,其分布、发生均与寄主植物的多寡有直接的关系,在寄主植物单一、分布面积广的草场上为害严重,植被复杂、寄主稀疏的草场上为害较轻。

沙葱萤叶甲食性窄,只取食沙葱、野韭和多根葱等百合科葱属植物。室内研究表明,幼虫取食沙葱、野韭和多根葱时,幼虫期和蛹期分别为 24.3、27.9、33.1 d 和 6.6、7.4、8.4 d,幼虫取食量分别为 393.8、442.5 和 496.1 mg(鲜重)。因此,沙葱是最适寄主植物,其次为野韭,再次为多根葱。

3. 天敌

主要有食虫鸟类、蜥蜴类、寄生蜂类等。如蜥蜴每次可食沙蒿金叶甲 3～5 头;每头刺猬一次可食沙蒿金叶甲 50 头;寄生在叶甲成虫体腔内的线虫,寄生率达 22.5%。

(四)防治方法

1. 保护利用天敌

天敌主要有食虫鸟类、蜥蜴类、寄生蜂类等。如白茨粗角萤叶甲卵期有大量的啮小蜂寄生,第 1 代卵块寄生率可达 75%,每块卵平均有啮小蜂 13.5 头;第 2 代卵块寄生率 24%,每块卵平均有啮小蜂 31.6 头。

2. 药剂防治

可选用 0.5%印楝素乳油,或 0.6%苦参碱水剂,或 4.5%乳油高效氯氰菊酯,或 48%毒死蜱乳油等喷雾施药。

五、僧夜蛾

僧夜蛾(*Leiometopon simyridis* Staudinger)又名白刺夜蛾、白刺毛虫,属鳞翅目夜蛾科,是荒漠草原专食白刺(*Nitraria* spp.)的暴发性害虫,国内分布于甘肃、内蒙古、宁夏、新疆等省份。1996 年在甘肃民勤县、金昌市与内蒙古阿拉善右旗、阿拉善左旗的荒漠草原上大面积发生,仅民勤、金昌市发生面积 33 万 hm^2,平均虫口密度 189 头/m^2,最高达 2 516 头/m^2,蚕食白刺的叶片和嫩芽,使白刺枯萎死亡。

(一)形态特征

成虫　体长 12～14 mm,翅展约 34 mm,浅土黄色。胸部背面密生白色、黄色、灰褐色或仅端部黑色的长鳞毛。前翅淡黄色,各横线由黑褐色鳞片组成,内横线中部向外弯曲,外横线锯齿状,后半段为 2 个白色月纹,此线外区淡黄褐色,后翅淡灰褐色,边缘黑色的长点相连,缘毛白色。

卵　呈斗笠形,高(0.62±0.12) mm,直径(0.85±0.05) mm,表面有 8 条放射状纵棱。卵初产时淡绿色,后逐渐变暗,临近孵化时为灰黑色,未受精卵乳白色,内空。

幼虫　体长 40 mm,体淡草绿色,着生许多不规则黑紫色斑点。头部为灰褐色,具很多黑色斑点和稀疏长毛。前胸背板中央有 2 条黑色纵线。从中胸至腹部背面,每节有 4 个黑紫色斑,两侧各1个黄色毛瘤。胸足黑色,腹足外侧1个黑斑。

蛹 体长10~14 mm,褐色或棕红色,裸蛹,体表有细小刻点,气门突出,环绕一圈小刺突。腹部末端较粗糙,中央凹陷,着生刺毛约20根。雄蛹腹部腹面第9节生殖孔呈圆形,中央具略凹陷的纵沟,节间线几呈直线。雌蛹生殖孔位于第8节腹面,呈狭缝状,节间线呈"∧"字形。蛹外有茧,茧由幼虫分泌的黏液和沙土粒组成,茧长约49 mm,直径8 mm。

(二)生活史与习性

1. 生活史

僧夜蛾一年发生3代,以蛹在白刺附近较硬的滩地和风床地面下5~7 cm土层中越冬。越冬蛹在甘肃省金昌市和民勤县于4月中旬开始羽化,5月中下旬为越冬代成虫发生盛期。田间4月下旬出现第1代卵,第1代幼虫最早5月上旬出现,5月下旬至6月上旬为3龄幼虫盛期。7月上旬为第2代卵的产卵盛期,第2代幼虫盛期在7月中下旬。8月上旬第3代幼虫孵出,9月中下旬入土化蛹越冬。僧夜蛾成虫产卵期很长,世代发生颇不整齐,有世代重叠现象。

僧夜蛾的发育历期,卵期(11.74±2.6) d,1龄幼虫(3.85±0.54) d,2龄(3.36±0.75) d,3龄(3.03±0.83) d,4龄(2.80±0.61) d,5龄(3.96±0.75) d,前蛹期(2.62±1.03) d,蛹期(13.05±1.84) d,成虫寿命(4.0±1.2) d,发生1代约为48 d。

2. 习性

(1)成虫 成虫昼伏夜出,白天潜藏在草丛中或静伏在白刺枝条上,傍晚开始活动,活动最盛在23时至次日凌晨1时。成虫具有强的趋光性,飞翔力强,羽化后随即进行交配,产卵前期1~2 d。雌虫产卵成块状,每雌产1~4块,多数只产1块,呈鱼鳞状密集排列不重叠。每雌产卵约120粒,多者可达300粒,产卵一般在夜间进行,卵产在白刺叶片的背面。

(2)幼虫 初孵化的1龄幼虫,常数十头至上百头群聚一处,5~6 h后逐渐分散在周围的叶片上,24 h可向邻近白刺枝条上迁移。大龄幼虫吃光白刺叶子后,转向周围植株。1~2龄幼虫身体纤弱,死亡率很高,从1龄幼虫发育到5龄老熟幼虫,存活率约30%。幼虫专食白刺,3龄以后食量逐渐增大,5龄进入暴食期。幼虫历期约17 d,幼虫期的总食鲜草量约为2.45 g/头。老熟幼虫化蛹前食量锐减,最后完全停食,进入前蛹期。

(3)蛹 在室内饲养条件下,进入前蛹期的幼虫吐一层薄的丝质茧,把自身包起来然后化蛹。在野外草地上,第1、2代5龄老熟幼虫从白刺枝叶上落到就近地面,钻入疏松的沙土中进入前蛹期。第3代老熟幼虫停食前,迁移到距白刺植株3~10 m处,寻找土质较坚硬的砾质土壤地段上垂直打洞,洞深3.5~6.5 cm,平均5 cm,然后进入前蛹期作茧化蛹。茧距地表3~5 cm,茧内蛹体头部向上,有寄蝇寄生的蛹,体表无光泽,蛹体略膨大,有时头部破裂。

(三)发生与环境的关系

1. 气象因子

在荒漠草原上,制约僧夜蛾数量变动的主要因子是降水。在甘肃的金昌和民勤影响其发生数量的主要因素是6~8月的降水量。6~8月多雨,不但有利于僧夜蛾的生长发育,而且白刺生长茂盛,食物丰富,使害虫数量大暴发。

2. 天敌

僧夜蛾的天敌较多,对僧夜蛾有一定控制作用。寄生性天敌有寄生蜂和寄生蝇。寄生蜂

(*Stethynium* sp.)寄生于僧夜蛾卵内，寄生蝇有拍生蝇(*Peteina* sp.)，寄生于僧夜蛾蛹体内。捕食性天敌主要有瓢虫、姬蝽、蚁蛉、猎蝽等捕食性昆虫以及蜘蛛类、蜥蜴类和鸟类等。

(四)防治方法

1. 生物防治

保护利用自然天敌；应用苏云金杆菌、球孢白僵菌等微生物制剂；应用苦参碱水剂、苦参碱可溶液剂、印楝素乳油、苦皮藤素水乳剂等植物源农药。

2. 物理防治

利用成虫的趋光性在发生区采用灯光诱杀。

3. 药剂防治

最佳防治时期为第1代幼虫发生期，防治指标为39.7头/m^2。常用药剂有5%甲氨基阿维菌素苯甲酸盐乳油、10%溴氰虫酰胺可分散油悬浮剂、20%氟苯虫酰胺水分散粒剂、240 g/L虫螨腈悬浮剂、80%敌百虫可溶粉剂、20%虫酰肼悬浮剂、5%氟啶脲乳油、25%灭幼脲悬浮剂及菊酯类药剂等。

六、拟步甲类

拟步甲类属鞘翅目拟步甲科。为害草地的拟步甲主要有网目沙潜[网目拟地甲(*Opatrum subaratum* Faldermann)]、蒙古沙潜[又称蒙古拟地甲(*Gonocephalum reticulatum* Motschulsky)]、突颊侧琵甲(*Prosodes dilaticollis* Motschulsky)(任国栋和李哲于2000年将草原拟步甲和亮柔拟步甲修订为突颊侧琵甲)等。网目沙潜国内分布于东北、河北、北京、山东、山西、甘肃、陕西和安徽等地，蒙古沙潜国内分布于内蒙古、东北、河北、北京、天津、山东、山西、甘肃、青海、宁夏和江苏等地，两种沙潜均是我国北方干旱地区广泛分布的地下害虫，常混合发生。突颊侧琵甲仅分布于新疆的伊宁市、霍城县、察布查尔县、巩留县、特克斯县、尼勒克县、新源县、玛纳斯县、呼图壁县等地。

网目沙潜和蒙古沙潜的成虫食性杂，以取食草坪幼苗的幼嫩叶片为主，幼虫多在4 cm以上土层栖息活动，可取食幼苗嫩茎、嫩根且能钻入根茎内取食，造成幼苗枯萎甚至死亡，以草坪禾草受害最重，发生数量多时可将草坪叶片食光，或因幼虫蛀食根茎造成叶部枯黄致死。

突颊侧琵甲幼虫密度一般100～200头/m^2，高者达500头/m^2，受害的草场大片的牧草被吃光。为害植物主要有博乐蒿、冷蒿、伏地肤、旱生禾草等，除取食青草外，也食枯草。牧草苗期，是受害致死的危险时期。

(一)形态特征

1. 网目沙潜(图9-18)

成虫　体长10 mm，呈黑色。头部黑褐色，较扁，触角黑色，11节，棍棒状。复眼黑色，位于头部下方。在通常情况下，鞘翅上常附有土粒，故看起来呈灰色。前胸发达，前缘呈弧形弯曲，点刻密如细沙状。鞘翅甚长，将腹节完全遮盖。鞘翅除点刻外有几条隆起纵线。腹部腹板可见5节。

卵　长1.2～1.5 mm，宽0.7～0.9 mm，椭圆形，乳白色，表面光滑。

幼虫　体细长，12节，约20 mm，与金针虫相似，体呈深灰黄色，背板灰褐色较浓。前足较中、后足长而粗大,中、后足大小相等。腹末节小,纺锤形,背板前部稍突起成一横脊,并有褐色隆起部分,边缘共有刚毛 12 根,其排列是:末端中央有 4 根,两侧各排列 4 根。

蛹　体长 6.8～8.7 mm,宽 3.1～4 mm,腹部末端有 2 个刺状突起,乳白色略带灰色,羽化前深黄褐色,裸蛹。

2.蒙古沙潜(图 9-18)

成虫　体长 6～8 mm,呈暗黑褐色。复眼小,白色。前胸背板外缘近圆形,前缘凹进,前缘角较锐,向前突出,其上有小点刻。鞘翅黑褐色,密布点刻及纵纹,并有黄色细毛,点刻不如网目沙潜明显,身体和鞘翅均较网目沙潜窄细。

卵　长 0.5～1.25 mm,宽 0.5～0.8 mm。椭圆形,乳白色,表面光滑。

幼虫　与网目沙潜幼虫相似,不同处在于本种腹部末节背板中央有陷下纵沟 1 条,边缘每侧各有 4 条褐色刚毛。

蛹　体长 5.5～7.4 mm,乳白色,略带灰黄色,复眼红褐色至褐色。羽化前,足、前胸和尾部变浅褐色。

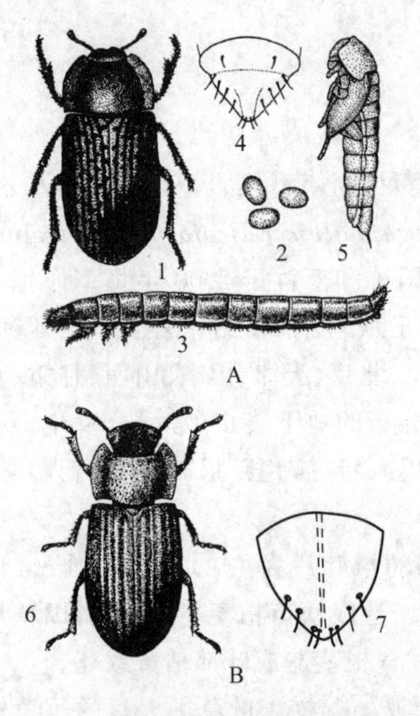

图 9-18　网目沙潜和蒙古沙潜(仿李照会)

A.网目沙潜:1.成虫　2.卵　3.幼虫　4.幼虫末节　5.蛹

B.蒙古沙潜:6.成虫　7.幼虫末节

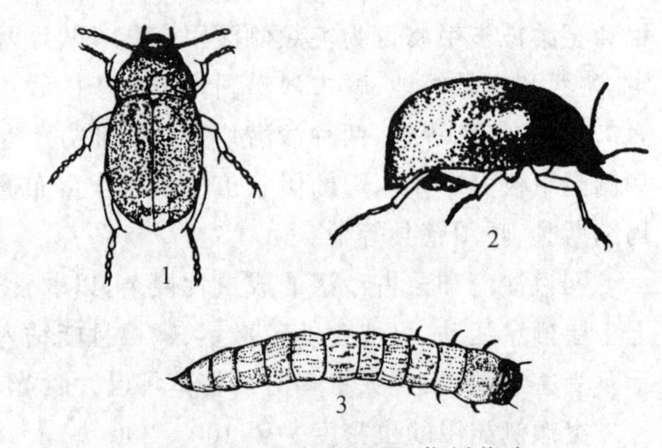

图 9-19　突颊侧琵甲(仿刘芳政)

1.雌成虫背面观　2.雌成虫侧面观　3.幼虫

3.突颊侧琵甲(图 9-19)

成虫　长椭圆形,雄虫体长 16～20 mm,雌虫 20～24 mm,背面极度隆起,亮漆黑色,仅跗节和胫节端部棕色。触角向后长达前胸背板中部,第 2～6 节圆柱形,第 7 节较粗,圆三角形,第 8～10 节球形,末节尖心形;第 3～7 节多毛,第 3 节长于第 4 节 1.5 倍。前胸背板近于正方形,宽略大于长;前缘略直,仅两侧有细饰边;侧缘基半部直,饰边翘起,端半部收缩较明显,平展而无饰边;基部中间宽直,侧角向后突出,无饰边;背面中央宽平,四周浅凹并具细刻点。前胸侧板密布皱纹,局部有横皱纹。前足基节间腹突中央有纵沟,下折部分的中间收缩,端部扩大。鞘翅强烈拱起，向侧缘急剧降低，不比前胸背板宽；小盾片后方的鞘翅凹陷，端部 1/3 陡峭弯降；翅面无刻点，仅有不明显细皱纹。前足胫节内缘直，近端部有突垫，前、中足跗节第 1～3 节下侧有突垫；后足腿节长于腹部末端。腹部圆拱，中间及两侧有木锉状具毛小刻点；肛节的刻点略深，但无毛。雌性鞘翅末端略尖，刻点较密，有 2 条背沟。阳茎端部锥形，两侧由底部向端部逐渐收缩并变尖，背面有疏点；阳茎基部长卵形，长是端部的 2.7 倍。

幼虫　体长 32～36 mm，淡黄色，扁圆形；头部和胸部背面明显色深，有侧单眼 1 对；头顶后缘有刚毛，与头侧区的刚毛相连；上唇前缘宽凹，背面中间有 3 对刚毛，大致排成一横列；内唇前缘及两侧前半部具毛，中间有 2 纵列刺状毛；上颚背外侧基部有 1 根刚毛；前胸节宽大于长，较中、后胸节长。第 9 腹节圆锥形，有尾突 1 枚，基部略收缩，每侧有 3～4 枚刺，背面有弱皱纹；侧观尾突向上显著翘起，腹突尖圆。前足胫节内缘有 1 枚刺和 9～11 根刚毛；腿节内缘 3～4 枚刺和 15～21 根刚毛；转节内侧有 3 枚刺和 3 根刚毛。中、后足胫节内缘有 3～4 根刚毛；腿节内缘有 6～7 根刚毛；转节内缘有 3 根刚毛。

(二)生活史与习性

1. 网目沙潜和蒙古沙潜

网目沙潜和蒙古沙潜均一年 1 代，以成虫在 2～10 cm 土层中、寄主根际、田间地边遗留的秸秆、残株、落叶内，靠近建筑物的缝隙、碎石、砖瓦下及鼠洞等地越冬。越冬成虫 2 月中下旬耕层土温达 8℃时开始活动，3 月下旬杂草发芽后大量出土，取食杂草嫩芽和嫩根；3—4 月大量出土活动，到 7—8 月高温季节白天隐蔽，夜间取食，亦喜食饼肥等有香味的物质。4 月下旬至 5 月下旬为产卵盛期，卵散产于 1～4 cm 土中；5—6 月为幼虫为害盛期。6 月中下旬幼虫开始老熟，并于土中 5～10 cm 深处做土室化蛹，成虫羽化后多趋于作物和杂草根际越夏，秋季向外转移为害。当年不交尾，为害至 11 月，陆续潜土越冬。

网目沙潜性喜干旱和较黏性的土壤。成虫不能飞只会在地面爬行，假死性强。成虫寿命很长，最长可达 2 年以上，最短为 83d。据报道，网目沙潜有孤雄生殖现象。

蒙古沙潜成虫活跃善飞，趋光性强。幼虫活泼，惊动后可快速前进或后退。

2. 突颊侧琵甲

3 年完成 1 代，世代重叠，以成虫和老龄幼虫在土中越冬。越冬成虫于翌春 3 月下旬出土取食、交尾，4 月初开始产卵，4 月下旬至 5 月中旬为产卵盛期，6 月底产卵结束，成虫群体自然死亡。

当年幼虫发育至秋末进入 10 龄以上越冬；第二年幼虫继续为害至秋末再度越冬；第三年，牧草萌动时，越冬幼虫出土开始为害，为害期 3 个月，6 月中旬开始化蛹，7 月为化蛹盛期。7 月上旬成虫开始羽化，羽化盛期在 7 月下旬至 8 月上旬。羽化后的成虫停留在蛹室内越夏越冬，至翌年 3 月下旬才出蛰活动。

成虫在土中休眠 8 个月之后，于春季牧草萌发之时出土活动，大量咬食嫩芽、幼茎，以满足繁衍后代必需的营养物质。成虫白天潜伏在表土层中或覆盖物下，日落后陆续开始活动，迅速爬行四处寻找配偶，前半夜是交尾高峰期；后半夜则各自寻食，此时行动缓慢，黎明大多数迁入表土层。成虫后翅退化，靠爬行转移扩散，行动十分敏捷。

成虫交尾后潜入土中筑土室，在土室壁上再筑卵室，一土室壁上可作若干个卵室。卵产于卵室中，每卵室中产卵 1 粒，偶有 2 粒者。雌虫产卵量与补充营养质量有关，每头雌虫产卵量，少则 50 余粒，多则 200 粒。成虫寿命 10～11 个月，包括休眠期 7～8 个月(从羽化至次年 3 月)，活动期 3 个月(3 月下旬至 6 月下旬)。

幼虫的整个生长发育均在土中进行，幼虫期的长短与取食食物营养有关，1～2 龄幼虫死亡率高，大龄幼虫抗逆力较强。

幼虫主要在春秋两季为害。春季，自 3 月中下旬牧草萌发返青时起开始为害，4—5 月为害性最大，主要咬食草根并为害新萌发的嫩芽，咬断幼茎，造成灾害。秋季是幼虫大量取食的生长发育时期，虽然为害很严重，但由于牧草生长高大，一般地面上反映不出灾情。

幼虫在草场上有打土洞的习性，遇风吹草动，或人、畜干扰，虫体立即落于洞中。约有 10%的幼虫在下半夜至日出前 2～3 h 出土取食，取食时虫体半截露在洞外，用足抱住草株，咬食其幼嫩部分，或取食枯草。幼虫有将咬断的草拖入洞或离洞爬行寻食的习性。虫口密度大的地方，一年生牧草幼苗被歼之，幼虫集中围歼宿根性多年生牧草。单株蒿草或木地肤下，常聚集数十头乃至百余头幼虫，其为害的结果是造成大片不毛之地，或残留一些分散的零星小片绿色孤岛，这些孤岛仍处在幼虫的包歼之中。幼虫贪食，性凶暴，可相互残杀。

幼虫在土中的垂直分布有明显的季节规律，春季大多数生活在 30 cm 以上的土层中，夏季大多数在 30～40 cm 以下的土层中生活，秋季又复上升，冬季潜入深土层越冬。

老熟幼虫多在 30～40 cm 土层，最深在 60 cm 处筑土室化蛹，蛹期 12～18 d，在同一生境内，发育基本一致，羽化相当整齐。

(三)防治方法

1. 加强草原建设

在拟步甲为害严重已退化草场上飞播、补播牧草，恢复草地植被；围栏封育、划区轮牧，合理利用草场；山前、山麓发展节节麦、雀麦打草草场。

2. 生物防治

保护步甲 、蜈蚣 、蜥蜴、避日蛛、蚂蚁、蟾蜍、寄生性真菌等自然天敌，发挥自然控制作用。

3. 药剂防治

(1)毒饵法　90%敌百虫、麸皮、青草以 1∶(100～200)比例配比；或每公顷用 3%印楝素乳油 10 mL+60 mL 水+2 g 白砂糖拌 300 g 麸皮配制成毒饵，防治成虫效果良好。

(2)喷药法　越冬幼虫出土后至成虫产卵前是药剂防治的有利时机。可选用 4.5%高效顺反氯氰菊酯乳油 1 000 倍液，或 25%阿克泰水分散粒剂 6 000～8 000 倍液，或 4.5%保绿宁乳油 2 000 倍液，或 90%敌百虫晶体 1 000～1 500 倍液进行喷雾。

第二节　豆科草地害虫

一、紫苜蓿叶象

紫苜蓿叶象[*Hypera postica* (Gyllenhal)]属鞘翅目象甲科。在国外主要分布于欧洲、北美洲、亚洲中西部和非洲北部。国内分布于新疆、内蒙古和甘肃等省份。其成虫和幼虫均能取食为害，是苜蓿和三叶草上的主要害虫。初龄幼虫在茎内蛀食，形成黑色隧道，还可潜食叶芽、花芽，延缓植株生长，造成子房干枯，花蕾脱落；成虫和 3 龄以上幼虫均可剥食叶肉，仅残留枯焦的网状叶脉，严重时叶片全被取食。当一株具 4～5 头幼虫时，可使苜蓿减产 29%～35%。

(一)形态特征(图 9-20)

成虫 体长 4.5～6.5 mm。全身被覆黄褐色鳞片,头部黑色,喙细长且甚弯曲。触角膝状,触角沟直。前胸背板有 2 条较宽的褐色纵条纹,中间间隔一条细灰线。鞘翅上有 3 段等长的深褐色纵行条纹,中间段条纹最长,可达鞘翅的 3/5。

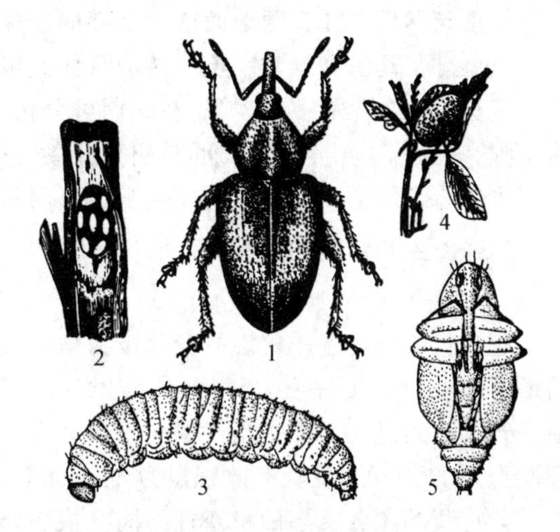

图 9-20 紫苜蓿叶象(仿张学祖)
1.成虫 2.在苜蓿茎秆中的卵 3.幼虫
4.在叶片上的茧 5.蛹

卵 长 0.5～0.6 mm,宽 0.25 mm,椭圆形,黄色具光泽。近孵化时变为褐色,卵顶发黑。

幼虫 头部黑色,初孵幼虫取食后,虫体由草绿变为绿色。老熟幼虫体长 8～9 mm,背线和侧线为白色,背线两侧各有 1 条深绿色的纵纹。幼虫无足,可利用腹面有刚毛的瘤状突迅速行动。

蛹 裸蛹,初期为黄色,之后变为绿色。蛹具茧,茧近乎椭球形,白色具丝质光泽,编织为疏松有弹性的网状。茧长 5.5～8 mm,宽约 5.5 mm。

(二)生活史与习性

紫苜蓿叶象在新疆一年发生 2～3 代,以成虫在苜蓿地残枝落叶下或地面裂缝中滞育越冬。在呼图壁地区,于早春 4 月上旬,待苜蓿开始萌发,越冬代成虫开始出蛰取食,4 月下旬达为害盛期。成虫补充营养 2～3 d 之后进行交尾,交尾后 3～5 d 开始产卵。产卵盛期在 5 月上中旬。由于越冬代成虫经历严寒冬季,其存活个体的体能较好,以致使其雌虫产卵历期、产卵总量及产卵高峰持续期均较长。第 1 代幼虫的盛期在 5 月下旬至 6 月上旬,此代幼虫对头茬苜蓿为害严重,是防治的关键期。早期的成熟幼虫于 5 月底作茧化蛹,化蛹盛期为 6 月上中旬。第 1 代成虫羽化盛期在 6 月中下旬。羽化的第 1 代成虫会有 10%个体进入滞育。第 2 代卵于 7 月上旬孵化,7 月中旬幼虫出现,7 月下旬幼虫化蛹,8 月上旬出现第 2 代成虫。第 2 代成虫受高温影响约有 65%的个体进入滞育。第 3 代幼虫盛期在 8 月中下旬,化蛹盛期为 9 月中旬,羽化盛期 9 月下旬至 10 月上旬,由于秋季天气转凉,羽化成虫进行短暂取食后全部进入越冬阶段滞育。

雌虫用喙在茎上咬出一小洞产卵,一洞少则 1 粒,多则 30～40 粒,平均为 8.4 粒。产卵完成后用排泄物封闭洞口,此时植株茎上会留一小黑疤。成虫在苜蓿茎秆上的产卵部位随着苜蓿生育期的变化而变化,分枝期主要在 0～20 cm 处产卵,开花期则主要在 0～60 cm 处产卵。单雌一生可产 400～1 000 粒卵,零星个体产卵高达 3 600 粒。

从茎秆中孵化的幼虫部分个体会在茎内蛀食 2～3 d,使茎内形成黑色隧道,进而影响苜蓿生长;大部分个体潜入叶芽和花芽为害,进而破坏苜蓿上部生长点。苜蓿在失去生长点后,其下方会长出新的叶芽和花芽,而这些新生组织又相继会被幼虫取食。3 龄以上幼虫依靠其绿色的体色,可在叶上暴露取食,食去叶肉,仅剩叶脉,造成子房干枯,花蕾脱落,严重影响苜蓿干草和种子的产量。在苜蓿孕蕾期与成虫大量产卵盛期相一致的地区,苜蓿受害最为严重。

幼虫老熟后多在苜蓿地面或中上部的植株上吐丝作茧，茧是由2～3个叶片相连而成的疏松、白色丝网，幼虫和蛹常在茧内转动身体。茧固定于叶片上并不牢靠，极易掉落。

紫苜蓿叶象具有多型现象，在蛹期可分化为短翅型蛹和长翅型蛹，其长、短翅型分化与苜蓿年限有关，如1年生苜蓿田的长翅型叶象的比例100%，而在2、3年生苜蓿田长翅型叶象比例分别为53.20%、37.36%，7年生苜蓿田的长翅型比例仅为12.2%。

(三)发生与环境的关系

1.气候条件

越冬代成虫对春季气温的变化极为敏锐，当气温升至11～12℃时其出土活动。成虫活动的最适温度为20℃左右，当气温升至24～25℃时，便转移至荫凉处，长翅型个体则会离开苜蓿地进行长距离迁飞。夏季当气温高于24～25℃时，成虫则进入夏眠状态。完成一个世代的发育起点为10.14℃，世代有效积温为480.96℃。

紫苜蓿叶象各虫态的耐寒性不同。成虫、长翅型蛹、短翅型蛹、4龄幼虫以及3龄幼虫的过冷却点依次为－20.46、－10.34、－9.55、－10.0和－9.75℃；冰点依次为－18.24、－6.68、－6.52、－7.52和－7.86℃。在各虫态中以成虫的耐寒力最强，可耐受－20℃左右的低温，幼虫和蛹的耐寒力相近，仅能耐受约－10.0℃的低温。

2.天敌

紫苜蓿叶象的捕食性天敌有步甲、金小蜂、花蓟马、瓢虫等。在新疆苜蓿田调查发现，七星瓢虫(*Coccinella septempunctata* Linnaeus)、多异瓢虫[*Hippodamia variegata*(Goeze)]、方斑瓢虫[*Propylea quatuordecimpunctata*(Linnaeus)]、蜘蛛类均会捕食苜蓿叶象甲幼虫。

紫苜蓿叶象的寄生性天敌种类众多，卵期天敌有缨小蜂和广腹细蜂，幼虫天敌有姬蜂、姬小蜂、啮小蜂和茧蜂，蛹期天敌有姬小蜂和金小蜂，成虫期天敌有茧蜂和寄蝇。在新疆，紫苜蓿叶象的寄生蜂有6种，其中苜蓿叶象啮小蜂[*Tetrastichus incertus*(Ratzeburg)]、苜蓿叶象姬蜂[*Bathyplectes curculionis*(Thomson)]和短窄象甲姬蜂[*Bathyplectes anurus*(Thomson)]是控制紫苜蓿叶象幼虫的优势寄生蜂，其寄生率为5.10%～78.95%，年寄生率为30.55%，而苜蓿叶象啮小蜂是控制紫苜蓿叶象幼虫最为重要的寄生蜂。

紫苜蓿叶象的病原微生物有耳霉、虫疫霉和白僵菌，其中疫霉菌(*Erynia phytonomi*)是紫苜蓿叶象的主要致病菌。当田间紫苜蓿叶象幼虫密度高时，降水会促进此菌的发生。

(四)防治方法

1.农业防治

(1)加强田间管理　早春苜蓿再生萌发前耙地，可疏松土壤，减少水分蒸发，加速苜蓿的生长。及时进行秋耕冬灌，可降低其越冬基数。

(2)轮作和间作　适时选择小麦、玉米等单子叶作物轮作，有利于提高苜蓿产草量，还有利于降低田间虫口基数。在苜蓿田中间作其他牧草也可减少该虫的田间虫口密度。

(3)提前刈割　紫苜蓿叶象成、幼虫均可危害苜蓿，其中越冬代紫苜蓿叶象的产卵量最高、产卵历期最长，从而致使第1代3龄、4龄幼虫对第1茬苜蓿的危害最为严重，因此，适当提前对第1茬苜蓿刈割，留茬不超过4～5 cm，割下的苜蓿尽快运出田外，以消灭幼虫和卵，有利于减少当年的虫口基数。

2.生物防治

紫苜蓿叶象的天敌众多，加强天敌的保护和利用，可有效控制其田间发生。

3. 化学防治

在早春成虫出蛰未产卵且天敌还未活动之前施药。还可在秋后苜蓿最后一茬收割后的茬地上施药，以减少其越冬虫量。可选用25%噻虫嗪水分散粒剂、5%氟啶脲乳油、90%敌百虫可溶粉剂、40%三唑磷乳油、2.5%溴氰菊酯乳油、4.5%高效氯氰菊酯乳油、10%醚菊酯悬浮剂等菊酯类药剂。

二、苜蓿籽象

苜蓿籽象属鞘翅目象甲科，主要有苜蓿籽象（*Tychius rnedicaginis* Bris.）和草木樨籽象（*T. melilotus* Steph.）。

苜蓿籽象在国外分布于俄罗斯的南部和中部，欧洲的中部、南部和东南部；中亚。在国内仅分布于新疆和甘肃。其成虫可啃食叶肉，危害花蕾和花器，幼虫蛀食豆科植物（苜蓿、三叶草、草木樨等）的种子，进而影响种子产量。

（一）形态特征（图9-21）

成虫 体长2.3～2.8 mm（不包括喙），体暗棕色。头部被较小的黄白色鳞片，自触角着生处至喙末端为棕黄色，无鳞片。前胸背板密布黄白色鳞片；鳞片自两侧向背中央倾斜，并在背中线相遇。鞘翅鳞片黄白色，合缝处有4列淡色纵条纹，条纹间夹杂不整齐的刻点。足基节和转节黑色，其他各节为棕黄色。爪为双枝式，内侧爪较小。腹部第2腹片两侧向后延伸为三角形，可完全盖住第3腹片的两侧。

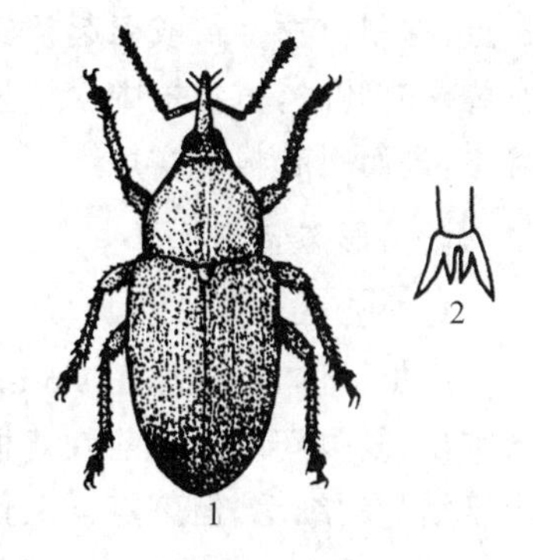

图9-21 苜蓿籽象（仿张学祖）

1. 成虫 2. 双枝式的爪

卵 长椭圆形，长0.5～0.6 mm。初产卵乳白色，随发育可渐变为黄色，并具光泽。

幼虫 老熟幼虫体长4.0～4.5 mm，乳白色、弯曲，头部棕褐色。

蛹 裸蛹，初为白色，后渐由黄转褐。蛹室长3～4 mm，宽1.5～2.0 mm。

（二）生活史与习性

在新疆，苜蓿籽象一年发生1代，以成虫在苜蓿种子田地下作土室滞育越夏和越冬。翌年早春3月底，待苜蓿萌发，越冬成虫离开土室到离地面1～2 cm土层或苜蓿根丛中活动。当气温为11℃时，才会出土活动，随着气温升高其虫量逐渐上升，为害加剧；4月下旬到5月上旬是为害盛期。当苜蓿进入现蕾期，成虫转向花蕾取食，其中雌虫的卵巢发育逐渐成熟。5月下旬成虫交尾。6月初，待苜蓿出现嫩荚，成虫开始产卵；6月中下旬幼虫大量出现，6月末7月初老熟幼虫脱荚入土作土室，7月上中旬化蛹，7月下旬羽化为成虫，但新羽化的成虫不出土，在土室内越冬。

春季气温11℃以上时，越冬成虫开始出土取食，喜食心叶和嫩叶，其在叶背啃食下表皮和叶肉，形成众多透明的长条斑，为害严重时，整株叶片仅存枯黄的网状上表皮。苜蓿进入孕蕾期，成虫转到花蕾基部钻食，咬食花萼和花冠，以致其无法正常开放。当苜蓿结荚时，成虫则自植株下部转至上部，并常向邻近的苜蓿地迁飞。交尾后的雌虫将卵产于幼嫩种荚内的种皮上。

一荚上产卵1～4粒,多为1～2粒。

初孵幼虫会咬破苜蓿种皮钻入,之后将种子蛀食一空,残留种皮,并排有黑色粪便。一个种荚内一般有幼虫1～2头,最多可达4头。幼虫无转移种荚的习性,仅串联为害一个种荚内的种子。幼虫老熟后,会咬破豆荚后落到地面,作土室化蛹,且多在2～6 cm土层化蛹。蛹室长4.2～5.2 mm,直径2.6～3.1 mm。其化蛹和成虫羽化的适宜土壤湿度为10%～40%。

据报道,苜蓿籽象幼虫可被一种金小蜂(*Habrocytus* sp.)寄生,其寄生率可达22%。

(三)防治方法

参看紫苜蓿叶象。

三、根瘤象类

根瘤象属鞘翅目象甲科。为害豆科牧草的主要有驴豆根瘤象(*Sitona callosus* Gyllenhal)和条纹根瘤象[*S. lineatus* (L.)]。我国仅分布于新疆和甘肃。成虫为害幼苗,取食叶子和生长点,抑制植物生长或引起整株死亡;幼虫蛀食根和根瘤,进而降低土壤肥力;当根瘤受害率达28%～91%时,植物根中含氮量降低9%～36%。此外,如根和根瘤被害,病原微生物可侵染寄主,进而引起根部腐烂。

(一)形态特征

1.驴豆根瘤象

成虫　体长4.2～6.2 mm,体黑色,体表被白色鳞片。喙短而粗,前胸背板中央有纵沟,复眼突出,复眼间距大于前胸背板前缘之宽。鞘翅上有10条纵行刻点,纵刻点间还有2～3列突出于鳞片的细毛,但刻点沟上仅着生一排整齐的细毛。

卵　长0.4～0.48 mm,宽0.36 mm,略呈椭圆形。初产时淡黄色,2～3 d后变为黑色而有光泽。

幼虫　体长5 mm,头部淡褐色,全身白色,被稀疏的黑色细毛。无足,腹部略弯曲。

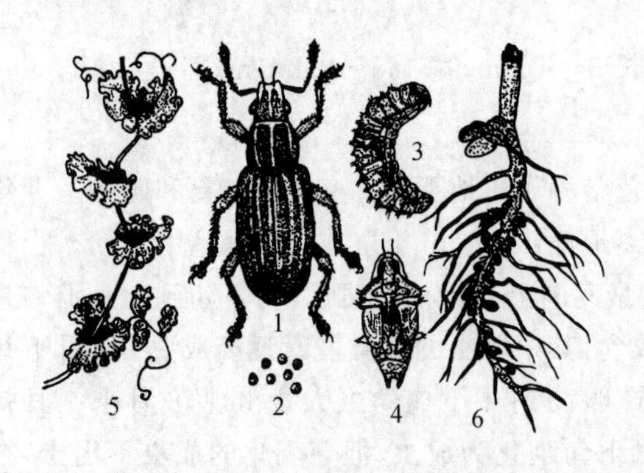

图9-22　条纹根瘤象(仿 Глущенко)

1.成虫　2.卵　3.幼虫　4.蛹
5.成虫为害豌豆叶片　6.幼虫为害苜蓿根瘤

2.条纹根瘤象

与驴豆根瘤象相似,但成虫体较小,体长3.4～5.3 mm,鞘翅狭长,侧缘平直;棕灰色且具淡色纵纹;复眼间距小于前胸背板前缘之宽(图9-22)。

(二)生活史与习性

驴豆根瘤象一年发生1代,以成虫在多年生豆科植物根部或土表枯枝落叶下越冬。驴豆根瘤象的越冬成虫在4月上旬苜蓿萌发时出土活动,取食2～3 d后开始交配产卵,产卵盛期在5月份。4月下旬卵开始孵化,孵化盛期在5月中下旬,卵期20 d左右。幼虫期约40 d,老熟幼虫6月中旬开始化蛹,6月下旬至7月初为化蛹盛期。成虫最早羽化在6月下旬,盛期在7月上旬,9—10月间,成虫逐渐潜伏越冬。

成虫昼夜活动，但取食集中在夜间，随气温升高，其食量增大，当温度在15～20℃时其食量最大。成虫从叶缘开始取食，使叶片形成缺刻孔洞，严重时可使叶片仅留少量主脉。当气温约10℃时开始交配产卵，交尾和产卵常同时进行，产卵适宜温度为21～25℃，单雌一生可产卵258粒。卵多散生于靠近苜蓿根茎的土表或落叶上，有时则产在植株的叶片上，待卵粒变黑后则落到地表。成虫具假死性，当遇惊动会落地。

幼虫从卵中孵出后，会钻入植物根部取食，多取食根瘤，根瘤会被蛀食一空，少量取食根毛和主根，可使主根形成凹陷或纵沟，还可钻入茎髓部取食，甚至将根洞穿。

(三)防治方法

1. 农业防治

(1)隔离　在轮作规划时，将一年生豆科作物与多年生豆科牧草远离，以减少成虫在早期对一年生作物的迁移为害。

(2)早播　适当提前一年生豆科牧草的播种期，减少苗前被害，收割后尽快翻耕，以消灭地下的幼虫和蛹。

(3)施肥　豆科牧草播种前增施磷钾肥，可增加根瘤数量，进而避免根瘤象取食根瘤引起的减产。

(4)灌溉　灌溉可减少根瘤象幼虫的密度，因为幼虫无法耐受潮湿的土壤。

2. 药剂防治

参看紫苜蓿叶象。

四、豆芫菁

豆芫菁(*Epicauta gorhami* Marseul)又名白条豆芫菁、锯角豆芫菁，属鞘翅目芫菁科。分布于东北、内蒙古、陕西、河北、河南、山西、山东、江西、浙江、福建、广东等地。其主要为害苜蓿、三叶草、沙打旺、草木樨、柠条、锦鸡儿、豌豆、甜菜等作物。多在开花期为害，成虫取食叶片会形成缺刻或仅剩叶脉，猖獗时可取食全株叶片，导致植株不能开花，严重影响产量。

为害苜蓿等豆科牧草和饲料作物的芫菁还有红头黑芫菁(*Epicauta sibirica* Pallas)、黑头黑芫菁(*E. dubia* Fabricus)、中华芫菁(*E. chinensis* Laporte)、红头芫菁(*E. erythrocephala* Pallas)、绿芫菁(*Lytta caraganae* Pallas)等。

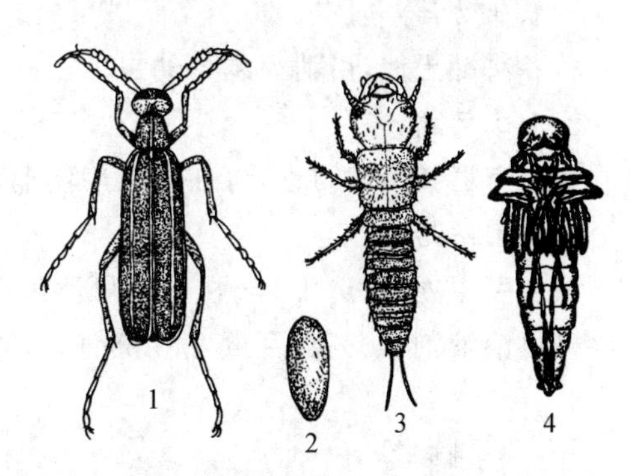

图9-23　豆芫菁(仿河北农业大学)

1. 雄成虫　2. 卵　3. 1龄幼虫　4. 蛹

(一)形态特征(图9-23)

成虫　体长15～18 mm，雌虫触角丝状，雄虫触角第3～7节扁而宽。头部除触角基部的瘤状突、复眼除了内侧黑色外，其余部分均为红色。触角近基部几节暗红色。胸、腹部和鞘翅均为黑色，前胸背板中央和每个鞘翅中部均具有一白色纵纹，前胸两侧、鞘翅外缘及腹部腹板会丛生灰白色绒毛。

卵　长椭圆形，长2.5～3.0 mm，宽0.9～1.2 mm。初产时乳白色，后变为黄白色；表面光滑,卵排列成菊花状。

幼虫　6个龄期。1龄幼虫似双尾虫,深褐色,胸足发达,末端有3爪。2龄、3龄、4龄及6龄形似蛴螬,体长分别为3.8～5.0、6.0～8.7、9.8～10.8及12.4～13.4 mm。5龄幼虫外形似象甲幼虫,体长8.6～10.4 mm,全身被一层薄膜,光滑无毛,胸足呈乳状突。

蛹　体长15.4 mm,头宽2.8 mm,体黄白色,复眼黑色。前胸背板侧缘及后缘各有9根长刺,而第1～6腹背板后缘两侧各生6根刺,第7～8腹节两侧各生5根刺。后足跗节末端几乎达腹部末端,第9腹节短小。

(二)生活史与习性

豆芫菁在华北和河南一年发生1代;在湖北一年发生2代,均以5龄幼虫在土中越冬。翌年春蜕皮为6龄幼虫后化蛹。一年1代的地区,6月下旬至8月中旬羽化为成虫,并开始交尾产卵,在此期间为害牧草及作物;幼虫在7月中旬卵开始,其生活于土中,至8月中旬发育为5龄幼虫开始越冬。一年2代地区,第1代成虫于5—6月出现,第2代成虫则在8月中旬出现,9月下旬往后发生数量逐渐减少。

在北京地区,卵期18～21 d,幼虫1龄和2龄历期为4～6 d,3龄历期为4～7 d,4龄历期为5～9 d,5龄历期最长可达292～298 d,这是由于包含越冬期,6龄历期9～13 d。蛹期为10～15 d,成虫寿命为30～35 d。

成虫羽化后,于清晨出土活动,常在白天群集为害,其食量颇大,1头单日可取食4～6片大豆叶。受惊遇敌时常坠地,同时从腿节末端分泌含芫菁素的黄色液体,此液体能刺激皮肤红肿和发泡。成虫羽化后4～5 d开始交尾,雌虫一生仅产卵1次;产卵时,先用口器或前足挖一深约5 cm的土穴,每穴产卵70～150粒,卵产完拨土封穴。

幼虫孵出后,以蝗卵和土蜂巢内幼虫为食,如若未取食蝗卵,会在10 d左右死亡。一块蝗卵只够1头幼虫取食,如幼虫多时,会相互残杀。幼虫1～4龄食量渐增,5～6龄则不取食,一生约可取食蝗卵45～104粒,是蝗虫的重要天敌。

(三)防治方法

1.农业防治

秋冬耕翻土地,可消灭越冬幼虫。

2.人工网捕

成虫有群集为害习性,可在清晨用网捕获聚集的成虫。

3.药剂防治

成虫发生期,可选用5%桉油精可溶液剂、4%鱼藤酮乳油、1.2%烟碱·苦参碱乳油、1%苦参碱可溶液剂、90%敌百虫可溶粉剂、40%辛硫磷乳油等进行喷雾防治。

五、盲蝽类

盲蝽属半翅目盲蝽科。具有经济危害性的种类有绿盲蝽(*Lygus lucorum* Meyer-Dür.)、苜蓿盲蝽[*Adelphocoris lineolatus* (Goeze)]、牧草盲蝽[*L. pratensis* (Linnaeus)]、中黑盲蝽(*A. saturalis* Jakovlev)、三点盲蝽(*A. fasciaticollis* Reuter)等。苜蓿盲蝽分布于东北、华北、西北、山东、江苏、浙江、江西及湖南北部等地。牧草盲蝽分布于西北、华北、东北等地。绿盲蝽则全国广布。三点盲蝽主要分布于西北、华北、辽宁等地，在新疆和长江流域有零星分布。中黑盲蝽为偏北种类，黑龙江以南、甘肃以东、湖南以北及沿海各省份均有分布。

盲蝽是一类多食性害虫，寄主广泛，除各种豆科牧草外，还取食禾本科牧草、棉花、蔬菜和油料等作物。成虫和若虫均以刺吸式口器吸食嫩茎叶、花蕾、子房的汁液，受害部位逐渐凋萎、变黄、枯干而脱落，进而影响牧草和种子的产量和质量。

（一）形态特征

1. 绿盲蝽（图 9-24）

成虫　体长约 5 mm，绿色，被细毛。触角比体短，第 2 节的长度约为第 3、4 节长度之和。前胸背板上具黑色小刻点。前翅绿色，膜质部暗灰色。

卵　长约 1 mm，卵盖乳白色，中央凹陷，两端较突起。卵常散产于植物组织内，仅外露卵盖。

若虫　初孵若虫短而粗，体绿色，复眼红色。5 龄若虫鲜绿色，被黑细毛。复眼灰色。触角淡黄色，末端颜色渐深。翅芽末端为蓝色，可伸达腹部第 4 节。足淡绿色，跗节末端及爪黑褐色，其余部分为淡绿色。

2. 苜蓿盲蝽（图 9-25）

成虫　体长约 7.5 mm，黄褐色，触角比体略长，前胸背板后缘有 2 个黑色圆点，小盾片上有“ㄱ ┌”形黑纹。胫节刺着生处具黑色小点。

卵　白色或淡黄色，长约 1.3 mm；卵盖平坦，外缘具一指状突。

若虫　1～2 龄若虫的复眼和触角第 4 节均为红色；至 3 龄后复眼变为褐色，并显露翅芽；5 龄若虫体黄绿色，被黑毛，复眼紫色，触角黄色，翅芽超过腹部第 3 节，腿节有黑斑，胫节具黑刺，体长约 5.6 mm。

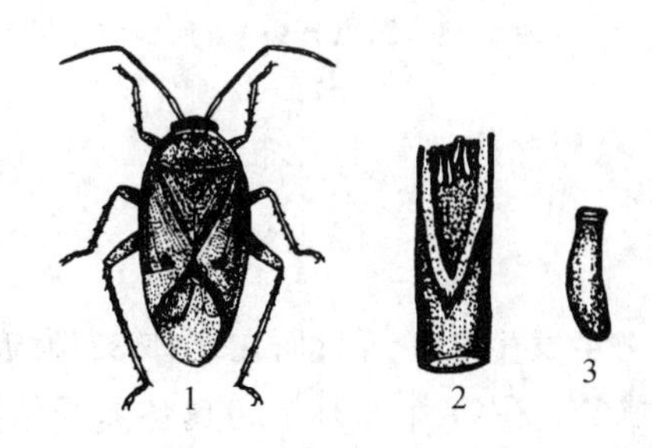

图 9-24　绿盲蝽（仿朱弘复等）

1. 雌成虫　2. 苜蓿茬内的越冬卵　3. 卵

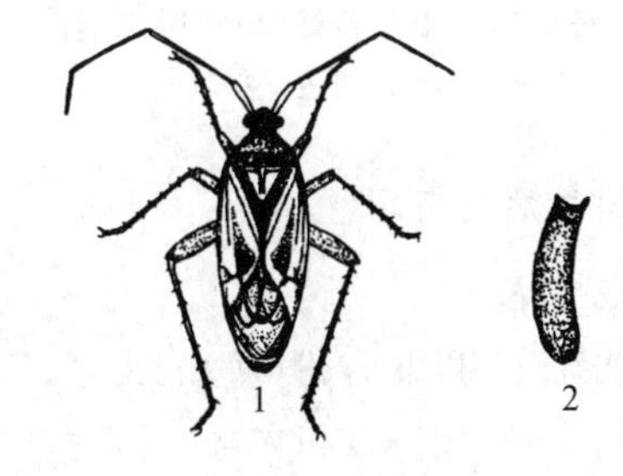

图 9-25　苜蓿盲蝽（仿河南农学院）

1. 雌成虫　2. 卵

3. 牧草盲蝽（图 9-26）

成虫　体长约 6 mm，绿褐色。触角比体短，前胸背板有橘皮状刻点，侧缘黑色，后缘有一黑纹，中部有 4 条纵纹，小盾片黄色，中央呈黑褐色凹陷。后足腿节有黑色环纹，胫节基部黑色。

卵　长约 1.5 mm，浅黄绿色，长袋形，微弯曲。

若虫　5 龄若虫体长约 5.5 mm，黄褐色，前胸背板两侧、小盾片两侧及第 3、4 腹节间各有 1 个圆形褐斑。

4. 中黑盲蝽（图 9-27）

成虫　体长 6～7 mm，褐色，触角比体长。前胸背板中央有 2 个黑色小圆斑。小盾片与爪

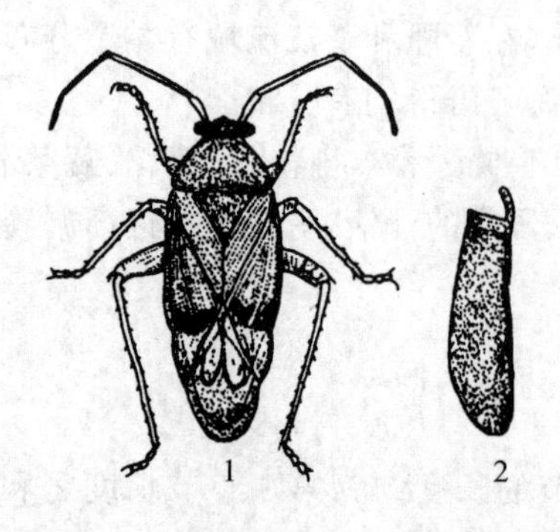

图 9-26 牧草盲蝽(仿华中农学院)

1.雌成虫 2.卵

片大部分为黑色,在背中央形成1条黑褐色条带。

卵 长约1.2 mm。卵盖上有黑斑,外缘具一丝状附属物。

若虫 5龄若虫深绿色,被黑色刚毛。复眼紫色。头部和触角为赤褐色。腹部中央颜色较深。

5.三点盲蝽(图9-28)

成虫 体长7 mm,黄褐色,被黄毛。触角黄褐色,与体近等长,第2节顶端黑色。前胸背板后缘具一黑色横纹,前缘具3个黑斑。在小盾片及2个楔片上具3个明显的黄绿色三角形斑。足褐红色。

卵 长1.2 mm,淡黄色。卵盖一端具白色丝状附属物,中部具2个小突起。

若虫 5龄若虫体黄绿色,密被黑色细毛。触角第2～4节基部青色,余节为褐红色。翅芽末端黑色,可伸达腹部第4节。

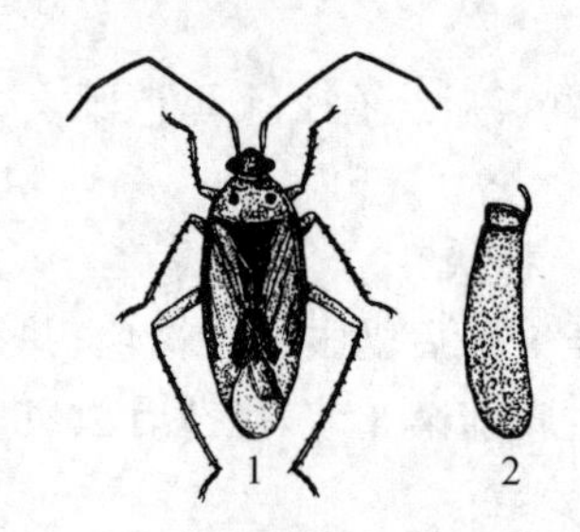

图 9-27 中黑盲蝽(仿华中农学院)

1.雌成虫 2.卵

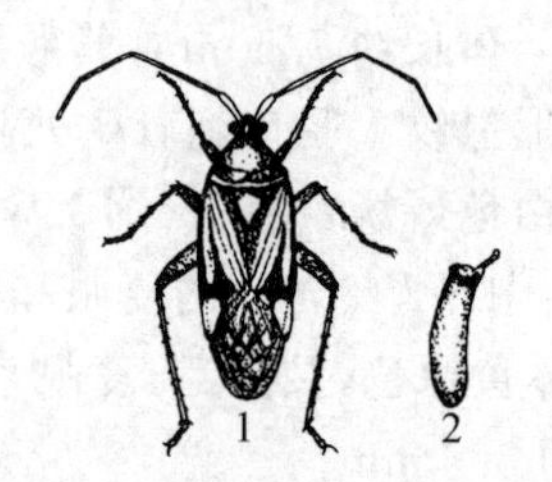

图 9-28 三点盲蝽(仿河南农学院)

1.成虫 2.卵

(二)生活史与习性

1.绿盲蝽

在北纬32°以北省份(河北、山东、河南、陕西),一年发生3～4代;而在北纬32°附近地区,一年发生4～5代。以卵在寄主植物表皮或残茬中越冬。在河南,3月下旬越冬卵开始孵化,5月初羽化为成虫。卵多产在寄主的叶片幼嫩主脉、花蕾及嫩茎内。6月间发生第2代,在7～8月间发生第3～4代。由于成虫寿命长,产卵期长,故具有世代重叠现象。第5代成虫在9月底羽化,10月上旬产卵,11月下旬陆续死亡。

2.苜蓿盲蝽

在新疆(莎车)和北京一年发生3代,在山西、河南和陕西则一年发生3～4代,而在南京一年发生4～5代。均以卵在苜蓿茎内越冬。在新疆(莎车),越冬卵4月上旬孵化,成虫在5月上旬开始羽化。第2代若虫6月上旬出现,第3代若虫7月下旬孵出,8月中下旬羽化,9月中旬产卵越冬。雌成虫多在夜间产卵,在寄主上用喙刺一小孔,将7～8枚卵产于其中,卵囊垂直或倾斜插入组织中,卵盖微露。夏季第1、2代成虫产卵,多产于苜蓿株高20～40 cm处;秋季第3代成虫则常产在茎秆下部近根处。第1代雌虫产卵量最多,为78～200粒,第3代雌虫最少仅为20～44粒。

3. 牧草盲蝽

在山西一年发生2～3代，在陕西一年发生3～4代，在新疆（库尔勒和莎车）一年发生4代，均以成虫在苜蓿地或田边杂草中越冬。在山西，越冬成虫于4月初在返青的苜蓿地产卵，4月底卵开始孵化，5月中旬待苜蓿成熟后成虫开始转入棉田、蔬菜和果树上，6月中下旬棉花进入现蕾期第2代若虫出现，此代若虫为害棉花最为最重。8月中旬第3代若虫羽化为成虫，多转移至苜蓿和蔬菜上为害。卵产于苜蓿的嫩茎、叶柄和叶脉处的组织内，临近孵化时产卵处表面常具褐色隆起。至10月初成虫开始越冬。

各虫态历期：在新疆莎车，第1～4代卵期历期分别为11.4、8.3、7.8和9.2 d；若虫历期各代依次为18.2、11、12.3、23 d。成虫寿命，第1代23 d，第2代17.6 d，第3代24 d，第4代33～50 d（越冬代）。产卵前期4～5 d，产卵期12～18 d。

4. 中黑盲蝽

陕西和河南，一年发生4代，以卵在寄主植物的茎秆组织中越冬。越冬卵于翌年4月上旬孵化，5月上旬羽化为第1代成虫，第2代成虫在6月下旬羽化，第3代成虫在8月上旬羽化，而第4代成虫则于9月中旬羽化。

5. 三点盲蝽

在河南，一年发生3代，以卵在刺槐、杨、柳等树干上树皮裂纹中越冬。越冬卵自4月下旬开始孵化，初孵若虫借助风力迁入邻近草坪或农田（苜蓿地、棉田和豌豆田）内为害。5月下旬羽化为成虫，第2代若虫在6月下旬出现，若虫期历期为15 d。7月上旬第2代成虫羽化，7月中旬孵出第3代若虫，若虫期历期为15.5 d。第3代成虫自8月上旬羽化，在8月下旬开始在寄主上产卵越冬。

(三)发生与环境的关系

苜蓿盲蝽和三点盲蝽发育的适宜温度为20～35℃，最适宜温度前者为23～30℃，后者为25℃左右。而绿盲蝽发育的适宜温度范围则更广一些。春季低温会引起越冬卵延迟孵化，夏季高温（在35℃以上）时，成、若虫会大量死亡。盲蝽类是喜湿昆虫，越冬卵一般在相对湿度60%以上才能孵化。在6—8月降雨偏多年份，则有利其发生。在陕西关中，6—8月，当月降雨量超过100 mm，特别达到200 mm时，盲蝽的发生会加重；如若降雨量不到100 mm时，则其发生轻微。

(四)防治方法

1. 农业防治

(1)早割或低割　直接饲用或干草用苜蓿开花率达10%时收割，可减轻盲蝽类害虫的为害和降低若虫的羽化数量。在刈割第2～3茬苜蓿时，尽量减少残茬高度，这样可减少在茎秆中的卵，进而减少越冬虫口基数。

(2)诱虫带　苜蓿田收割时，先从四周开始刈割，中央留下不收割的诱虫条带，待害虫在其上集聚时施药杀灭。

2. 生物防治

据罗淑萍等(2012)研究报道，红颈常室茧蜂（*Peristenus spretus* Chen et van Achterber）对绿盲蝽若虫的平均寄生率为37.5%，其防效显著高于农户常规防治园的6.2%。

3. 药剂防治

可用0.5%藜芦碱、3%阿维菌素、50%噻虫嗪、25%吡虫啉、35%毒死蜱+5%啶虫脒、

90%敌百虫可溶粉剂、25%～50%噻虫嗪水分散粒剂、50%氟啶虫胺腈水分散粒剂或20%甲氰菊酯乳油、2.5%～5%高效氯氟氰菊酯乳油等菊酯类农药喷雾防治。

六、蚜虫类

蚜虫属半翅目蚜科，种类众多，对豆科牧草造成严重危害的主要有蚜科的豆蚜(苜蓿蚜)(*Aphis craccivora* Koch)、豌豆蚜(豆无网长管蚜)[*Acyrthosiphon pisum*(Harris)]和斑蚜科的三叶草彩斑蚜(苜蓿斑蚜)[*Therioaphis trifolii*(Monell)]。

豆蚜、豌豆蚜均分布于我国及世界各地；三叶草彩斑蚜在国外已知分布于北美和大洋洲等地，我国则分布于新疆、甘肃、北京、吉林、辽宁、山西、河北和云南。豆蚜和豌豆蚜的主要寄主为苜蓿、野豌豆、红豆草、三叶草、紫云英等豆科植物；三叶草彩斑蚜的主要寄主为苜蓿、苦草、芒柄草属。成、若蚜聚集在苜蓿的嫩茎、叶、幼芽和花器等各部位上聚集，以刺吸式口器吸取汁液，被害植株叶子会卷缩，蕾和花变黄脱落，影响寄主生长发育、开花结实，进而影响其产量和质量，严重发生时，田间寄主常成片枯死。蚜虫在为害时还能分泌蜜露，诱发煤污病，污染牧草。此外，豌豆蚜可传播苜蓿花叶病毒，三叶草彩斑蚜能分泌毒素杀死寄主幼苗和成熟的植株。

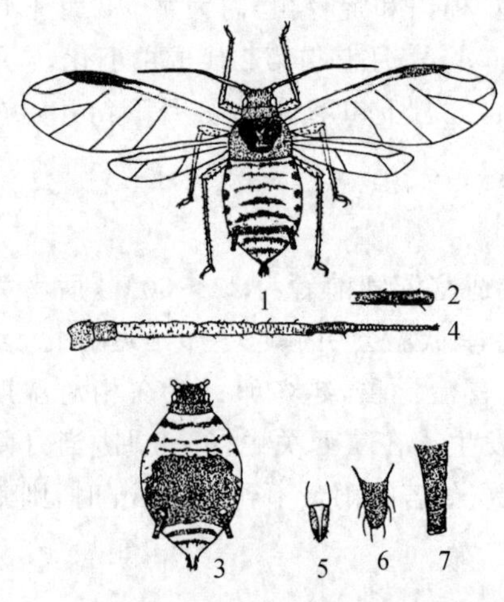

图 9-29　豆蚜(仿张广学)

有翅雌蚜：1. 成虫　2. 触角第3节

无翅雌蚜：3. 成虫(除去触角3～6节及足)

4. 触角　5. 喙端部　6. 尾片　7. 腹管

(一)形态特征

1. 豆蚜(图 9-29)

有翅胎生蚜　成蚜体长1.5～1.8 mm，黑绿色，有光泽。触角6节，第1～2节黑褐色，余节为黄白色，其中第3节较长，其上具有感觉圈4～7个。翅痣和翅脉均为橙黄色。足的腿节、胫节、跗节均为暗黑色，余节为黄白色。腹背板各节均有硬化的暗褐色横纹。腹管黑色，圆筒状，端部稍细，具覆瓦状花纹。尾片黑色，端部背弯，两侧各有3根刚毛。若虫体小、黄褐色，体被薄蜡粉，腹管和尾片均黑色。

无翅胎生蚜　成蚜体长1.8～2.0 mm，黑色或紫黑色，有光泽，体被蜡粉。触角6节，第1～2节、第3～4节和第5节基部为黄白色，余节为黑色。腹部体节分界不明显，背板具一块灰色大骨化斑。若虫体小，灰紫色或黑褐色。

卵　长椭圆形，初产时为淡黄色，后变草绿色，临近孵化时呈黑色。

2. 豌豆蚜(图 9-30)

有翅胎生蚜　体长3 mm，黄绿色，额瘤大且外突。触角淡黄色，超过体长，前5节端部具黑色环，第6节深色；第3节细长，其上具有感觉圈8～19个。腹管淡黄色，细长弯曲。尾片淡黄色，细且尖，两侧各着生约10根刚毛。

无翅胎生蚜　体长4 mm，触角第3节基部具3个感觉圈。其余同有翅蚜。

有翅蚜和无翅蚜均具有淡黄色、淡绿色、黄褐色等体色。

3.三叶草彩斑蚜(图 9-31)

有翅胎生蚜　体长卵形,长 1.8 mm,淡黄白色;体毛粗长,具褐色毛基斑。背部至少有 6 排黑色斑。翅脉有昙,翅脉端部昙加宽。腹管短筒形,尾片瘤状,顶端钝,具毛 8～12 根。

无翅胎生蚜　体长 2.0～2.2 mm,有明显褐色毛基斑,至少成 6 列褐色毛基斑。其余同有翅胎生蚜。有翅蚜和无翅蚜均具有淡黄色、淡绿色、黄褐色等体色。

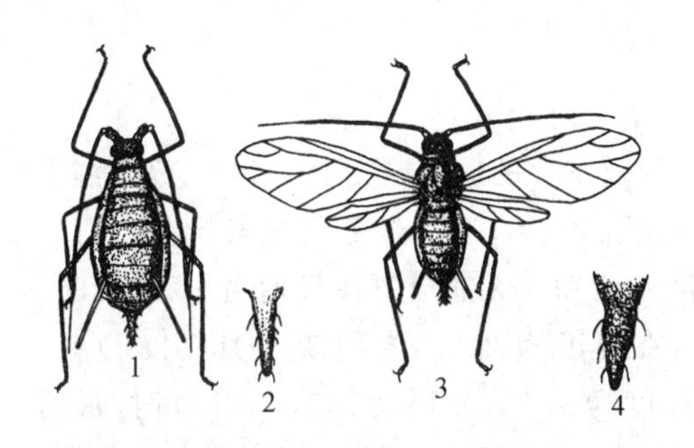

图 9-30　豌豆蚜(仿吴福桢等)

1.无翅蚜　2.无翅蚜的尾片

3.有翅蚜　4.有翅蚜的尾片

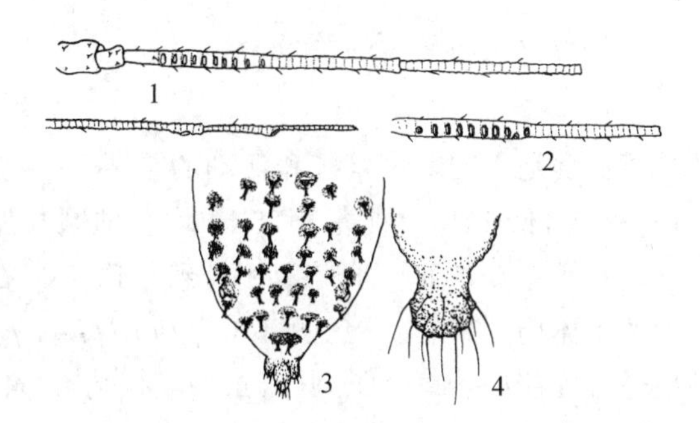

图 9-31　三叶草彩斑蚜(仿张广学)

无翅孤雌蚜:1.触角　3.腹部背面观

有翅孤雌蚜:2.触角第 3 节　4.尾片

(二)生活史与习性

豆蚜一年发生数代,多者可达 20 余代。山东主要以无翅成蚜和若蚜在苜蓿、野豌豆等植物的心叶及根茎处越冬,少数以卵越冬。在新疆和甘肃,以卵在豆科牧草根茎处、枯叶残荚或土表中越冬。在山东,越冬蚜 3 月上中旬开始活动,4 月下旬气温为 14℃时,产生大量有翅蚜,向豌豆、槐树等春季寄主上迁飞。5 月中下旬,有的春季寄主枯萎或老化,又产生大量有翅蚜,向已出土的花生及其他寄主上迁飞。6 月底 7 月初,花生盛花期,为害最烈。10 月份产生有翅蚜迁飞至越冬寄主上为害、繁殖后越冬。少数个体则产生性蚜,交配产卵,以卵越冬。在甘肃,豆蚜 4 月中旬苜蓿返青后,越冬卵孵化繁殖为害,至 5 月下旬至 6 月上旬扩散为害。至 10 月下旬交尾产卵越冬。在山东烟台,月温度在 8～9℃时,完成一代约需 20 d;12～13℃时,约需 12 d;22～23℃时,仅需 5 d;24～25℃时,则需 6 d。在北方豆蚜世代的发育起点温度为 17℃,世代有效积温为 136 d·℃。

豌豆蚜和三叶草彩斑蚜在北方一年发生数代,以卵越冬。在甘肃,两种蚜虫均在 4 月上旬气温约为 10℃,苜蓿返青时,卵孵化,若虫开始活动;至 5 月上旬苜蓿分枝期蚜量猛增,6 月上旬为害最盛。7 月上旬苜蓿进入结荚期,叶渐枯黄,田间会出现大量有翅蚜向外迁飞,此时苜蓿地的蚜虫数量骤减。在河北康保县,在 5 月中旬至 9 月下旬三叶草彩斑蚜的种群发生出现 4 个高峰,分别在 7 月 13 日、7 月 27 日、8 月 17 日、9 月 14 日,其中 7 月 27 日为种群发生数量最高。从 5 月中旬到 6 月中旬,种群数量稳定,进入 7 月份种群数量迅速增加,这个时期正值苜蓿生长期,此时蚜虫大量发生将严重影响苜蓿产量及质量,为整个生长季防治蚜虫的关键时期。进入 8 月份种群数量下降,至 9 月中旬种群略有回升,至 9 月底气温约 7℃,蚜虫进入越冬状态。

豌豆蚜是苜蓿地中体型最大的蚜虫,其次是豆蚜,三叶草彩斑蚜则最小。在甘肃兰州,6 月中旬以后三叶草彩斑蚜种群数量最大,其次为豌豆蚜,豆蚜种群数量较小。蚜虫的种群密度主要受苜蓿生长期和前期虫量的影响，如在7月下旬同时在二茬苜蓿地、正在开花的苜蓿地和结荚期苜蓿地调查，其种群密度差异很大，即使在不同结荚期的地块，其种群密度也不尽相同。豌豆蚜喜在茎和顶部嫩叶上取食。豆蚜喜在茎顶端群集取食，有时也在苜蓿绿荚果上群集取食。三叶草彩斑蚜喜在叶背面取食，一般在植株下部的种群数量最大，也喜在茎上取食，特别在苜蓿种子田。在甘肃兰州，7月中下旬集中在种子田茎秆上取食，多在下部叶片取食。

(三)发生与环境的关系

1. 气候

温度是影响蚜虫繁殖和活动的重要非生物因素。豆蚜发育的适宜温度16～23℃，最适温度19～22℃，低于15℃或高于25℃，均会抑制其发育。耐低温能力较强，越冬无翅若蚜在−14～−12℃下持续12 h，当日均温回升到−4℃时，又开始恢复活动。无翅成蚜在日均温−2.6℃时，少数个体仍能繁殖。豌豆蚜(*Acyrthosiphon pisum*)：在温度为21℃，光周期为16 L:8 D时，最适宜红色型若蚜生长，其若虫历期仅为8.64 d；在温度为18℃，光周期为20 L:4 D时，最适宜绿色若蚜生长，其若虫历期为9.68 d。在适温22.5℃条件下，两种色型豌豆蚜均在繁殖期，寿命最长，净增殖率最高，而在12℃时平均世代周期最长，种群加倍时间最长。在恒温22.5℃、光周期23 L:1 D条件下，两色型豌豆蚜净增殖率均最小，而在恒温22.5℃、光周期为19L:5D条件下，两色型豌豆蚜的内禀增长率均最大。温度升高可使三叶草彩斑蚜的种群数量升高，而温度降低其种群数量降低。三叶草彩斑蚜喜欢温暖干燥少雨的环境。

大气湿度和降雨是决定蚜虫种群数量变动的主导因素。在适宜的温度范围内，相对湿度在60%～70%时，有利于大量繁殖，高于80%或低于50%时，对繁殖有明显的抑制作用。在山东莱阳，4—5月份相对湿度稳定在50%～80%之间，豆蚜大发生，6月湿度持续偏低，则会发生爆发为害，如6月降雨较多，则蚜量少，为害轻。在新疆玛纳斯，如5月多雨会抑制豆蚜繁殖，6月少雨则适宜其繁殖，而高温暴雨则不利其发生。因此，5—6月的气候条件抑制其繁殖，当年为害极轻；5月适宜，6月抑制，其为害短而轻；5月抑制，6月适宜，则其为害晚；若5月和6月均适宜，则其为害早且严重。降雨量直接影响三叶草彩斑蚜的个体数量。

2. 天敌

豆科牧草苜蓿田的蚜虫天敌种类丰富，主要有蚜茧蜂、瓢虫、食蚜蝇、食蚜蝽、草蛉、蜘蛛等。自然条件下天敌活动时间晚于蚜虫，但蚜虫活动中后期天敌数量会增多，表现明显的控制蚜虫的作用。

(四)防治方法

1. 保护天敌

在苜蓿田，蚜虫的天敌种类和数量较多，所以化学防治时最好选用对天敌低毒、靶标强的农药，以保护天敌种群。

2. 提前刈割

虫害发生初期，提前收割苜蓿可减缓蚜虫发生，应尽快提前收割。

3. 选用抗蚜品种

各地可根据当地实际状况，选用抗一种或多种蚜虫的抗虫品种。

4. 药剂防治

蚜虫发生初期可选用吡虫啉与氟铃脲混剂(比例 12:8)、新烟碱类化合物与氟铃脲混剂(比例 18:2)、10%吡虫啉可湿性粉剂、50%抗蚜威水分散粒剂、5%啶虫脒乳油、25%吡蚜酮可湿性粉剂或 25 g/L 溴氰菊酯乳油、4.5%高效氯氰菊酯乳油、2.5%高效氯氟氰菊酯水乳剂等菊酯类药剂喷雾施药。

七、蓟马类

蓟马属缨翅目。为害豆科牧草的重要蓟马种类有蓟马科的牛角花齿蓟马[别名红豆草蓟马,*Odontothrips loti* (Haliday)]、花蓟马(*Frankliniella intonsa* Trybom)、烟蓟马(*Thrips tabaci* Lindeman)、豆蓟马(*Taeniothrips distalis* Karny)、苜蓿蓟马[*Odontothrips phaleratus* (Haliday)],管蓟马科的稻管蓟马[*Haplothrips aculeatus*(Fabricius)]。

牛角花齿蓟马在国内分布于河北、山西、内蒙古、河南、陕西、甘肃、宁夏等地,寄主植物为苜蓿、红豆草、黄花草木樨、三叶草等。花蓟马分布于广东、贵州及长江流域以北各省份,主要为害紫云英、苜蓿、苕子及豌豆、豇豆、蚕豆、花生等。烟蓟马广布于全国各省份,寄主广泛,除了严重为害棉花、烟草、葱、甜菜等作物外,广泛分布于苜蓿种植区。豆蓟马主要分布于河北、河南及南方各省份,寄主植物同花蓟马。苜蓿蓟马分布于内蒙古和宁夏,寄主植物有苜蓿、三叶草、甜菜、羊草、披碱草等。

蓟马为害牧草的叶、芽和花等部位,嫩叶被害后呈现斑点,叶片出现卷曲甚至枯死;生长点被害后发黄、凋萎,以致顶芽不能继续生长和开花;花期为害最重,在花内取食,捣散花粉,破坏柱头,吸收花器营养,造成花和荚脱落。蓟马为害会导致苜蓿品质降低,在内蒙古,苜蓿由于蓟马为害,苜蓿干草产量会损失 14.9%,粗蛋白含量下降 8.76%~11.56%,粗脂肪下降约 32.8%,胡萝卜素下降 18.7%,钙减少 53.9%~70%,磷减少 15.8%,受害植株氨基酸总量下降 36.4%,而粗纤维最多增加了 12.2%,最终导致苜蓿的品质严重变低。

(一)形态特征

1. 牛角花齿蓟马(图 9-32)

成虫 体长 1.3~1.6 mm,体暗黑色,但触角第 3 节、3 对足的跗节及第 1 对足的胫节为黄色。前翅有黄色和淡黑色斑纹,前翅基部近 1/4 部分为黄色,形成两个黄色斑,中部为淡黑色,之后为淡黄色,到翅端为淡黑色。

卵 长 0.2 mm,宽 0.1 mm,肾形,半透明,微黄色。

若虫 淡黄色,其分为 4 个龄期,其中 4 龄若虫又称伪蛹。

2. 花蓟马(图 9-33)

成虫 体长 1.3~1.5 mm,雌虫褐色,头、前胸常黄褐色,雄虫全体黄色,触角 8 节,第 3~4 及第 5 节基部为黄褐色,余节暗褐色。前胸背板前角外缘各有 1 根长鬃,后角有 2 根长鬃。前翅上脉鬃 19~22 根,下脉鬃 14~16 根。

卵 初产时乳白色,卵圆形,头的一端有卵帽。

若虫 长 1.2~1.4 mm,体色为橘黄到淡橘红色,分为 4 个龄期,其中 4 龄若虫又称伪蛹。

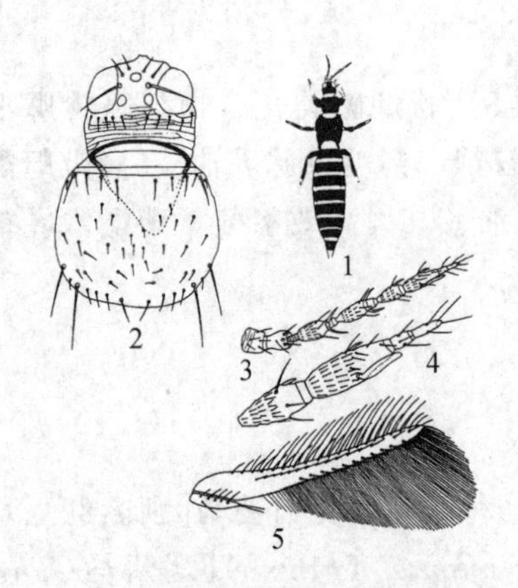

图 9-32 牛角花齿蓟马(仿韩运发)

1.雌成虫 2.头和前胸 3.触角
4.触角 5～8 节 5.前翅

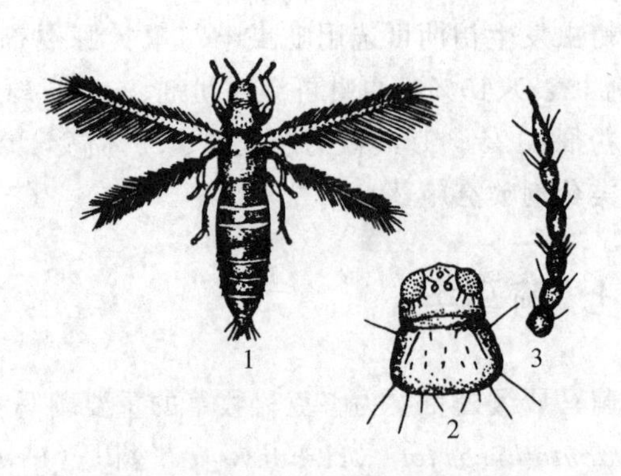

图 9-33 花蓟马(仿华南农业大学)

1.雌成虫 2.头及前胸背板 3.触角

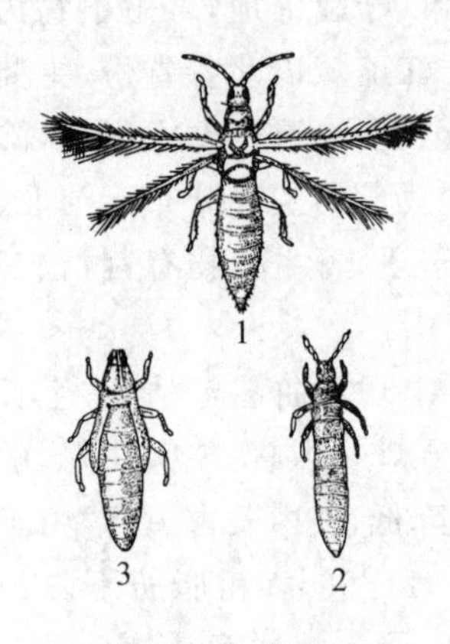

图 9-34 烟蓟马

(仿华南农业大学)

1.成虫 2.若虫 3.伪蛹

3.烟蓟马(图 9-34)

成虫 体长 1.0～1.3 mm,淡黄色,背面黑褐色,复眼紫红色。触角 7 节,第 1 节色淡,第 2、6、7 节灰褐色,第 3～5 节淡黄褐色,但第 4、5 节末端色较淡。前胸背板两后角各有 1 对长鬃。翅淡黄色,上脉鬃 4～6 根,下脉鬃 14～17 根。

卵 长 0.3 mm,肾形,乳白色。

若虫 体淡黄色,其分为 4 个龄期;触角 6 节,淡灰色,第 4 节有 3 排微毛;复眼暗红色。4 龄若虫又称伪蛹。

(二)生活史与习性

1.牛角花齿蓟马

牛角花齿蓟马在陕西关中地区一年可发生 11 代;在内蒙古一年发生 5 代,以伪蛹在 5～10 cm 土层中越冬。在内蒙古,4 月中旬气温在 8℃以上越冬伪蛹开始羽化,成虫开始活动;6 月初为第 2 代卵孵化盛期,7 月上旬为成虫盛发期;10 月中旬气温 7℃以下开始化伪蛹越冬。在陕西关中地区,4 月初,牛角花齿蓟马开始出现,随温度升高虫口密度呈波动性变化。田间在 5 月中下旬至 6 月上旬虫口密度增至约 400 头/百株,但到 6 月中下旬,由于天敌和气候(主要是降雨)的影响,以及苜蓿第一茬的采割,破坏了蓟马的生存环境,虫口密度下降;此后随着气温上升和新茬苜蓿的生长,虫口密度迅速回升,7 月中旬至 8 月上旬是发生高峰期,虫口密度最多可达 700～800 头/百株。9 月份,由于多雨虫口密度减少,为害减轻。11 月份气温低于 7℃时,若虫进入 5～10 cm 土层中以伪蛹越冬。

成虫喜欢在植株顶部活动,产卵主要在未展开的心叶中。在恒温 22℃条件下,单雌产卵量可达 92 粒。

2.花蓟马

在南方,一年发生 11～14 代,以成虫越冬;在北方,则以伪蛹在 5～10 cm 土中越冬。在贵州 3 月中旬出现成虫,3 月下旬至 4 月上旬可见 1～2 龄若虫。在甘肃 4 月中旬,旬气温 10.2℃时,可见成虫活动,7 月上旬成虫开始发生。成虫以清晨和傍晚取食最烈,阴天隐藏在叶背面。成虫行动活泼，怕阳光，产卵于花梗、花瓣等组织。

3. 烟蓟马

在东北，一年发生3～4代；而山东一年发生6～10代。不同地域越冬虫态不同，如在河北、湖北和江西，主要以成虫在枯枝落叶或叶鞘内越冬，少数以伪蛹在土表层内越冬；在新疆，则以伪蛹越冬为主；在东北，以成虫越冬。越冬虫体于翌年春季开始活动，在越冬寄主上短时间栖息后，会迁移到早春作物及豆科牧草上，一般6—7月是为害盛期。在北方，5—6月卵期历期为6～7 d；而在温度19℃、相对湿度84.5%条件下，卵期历期为8 d。1～2龄若虫历期为10～14 d，前蛹期4～7 d，世代历期约为20 d。成虫飞翔能力强，惧怕阳光，白天栖息在叶背面，多产卵于花器、叶表皮下或叶脉内。单雌产卵量20～100粒。

(三)发生与环境的关系

各种蓟马的发生常受气候条件的影响。温暖干旱气候有利于蓟马大发生，而高温多雨会抑制其发生，因为雨水的机械冲刷和浸泡会使蓟马有较大死伤。在江西，3月下旬至4月上中旬春季温暖季节，平均气温在20～25℃持续5 d以上，有利于其大发生。清明前后低矮的开花植物多，为其提供充足食物，有利于其大发生；大雨和阵雨均会抑制其发生。

牛角花齿蓟马发育繁殖的最适气温为20～25℃，最适相对湿度60%～70%。其迁移活动的最适温度是20～30℃，相对湿度60%～70%。其世代的发育起点温度为7.9℃，世代有效积温为245.3 d·℃。

在中温、高湿条件下花蓟马繁殖最快，为害最重。如5—7月份，阴雨连绵，为害加重；夏季高温干燥，会抑制其发生。

烟蓟马多发生于较干旱年份，在陕西泾阳(2017年)，6月上旬气温为22～25℃，相对湿度44%～70%有利于其发生，气温在27～28℃时则会抑制其发生。

蓟马对不同颜色的选择有差异，牛角花齿蓟马对绿色和黄色有很强的趋性，而烟蓟马和花蓟马对蓝色趋性最强。

蓟马的天敌有花蝽、瓢虫、步甲类及蜘蛛。在甘肃景泰和武威，蓟马类的主要天敌是小花蝽，其次是瓢虫。

(四)防治方法

1. 选用抗虫品种

选用抗虫苜蓿品种是控制蓟马为害的有效措施。

2. 色板诱杀

牛角花齿蓟马对绿色和黄色有较强趋性，花蓟马对蓝色趋性最强，而烟蓟马对蓝紫色、蓝色和黄色趋性最强，故对牛角花齿蓟马防治可选用黄色和绿色诱虫板对其进行诱杀，对花蓟马防治可选用蓝色诱虫板，而对烟蓟马防治可选用蓝色诱虫板和蓝紫色、蓝色和黄色诱虫板。

3. 药剂防治

对于苜蓿草田和种子田的蓟马类的防治期有所不同。在草田，当第2茬苜蓿高度达到20 cm以上时为防治关键期，防治的同时还可兼治其他刺吸口器类害虫(叶蝉类和蚜虫类等)。而在种子田，则应在苜蓿盛花期前进行防治。

可选用的药剂有70%吡虫啉水分散粒剂、多杀霉素悬浮剂、1.8%阿维菌素乳油、5%啶虫脒乳油、2.4%阿维·高氯微乳剂、5%阿维·啶虫脒微乳剂、4.5%高效氯氰菊酯乳油、25%噻虫嗪水分散剂、10%溴氰虫酰胺可分散油悬浮剂、10%多杀霉素悬浮剂等进行喷雾施药。施药期间隔期 7 d,连续用药 2~3 次,可达到较好防效。

八、苜蓿籽蜂

苜蓿籽蜂[*Bruchophagus gibbus* (Boheman)]属膜翅目广肩小蜂科。国外分布于欧洲、美洲、大洋洲。我国分布在新疆、甘肃、内蒙古、陕西、山西、河北、河南、山东、辽宁等省份。寄主植物主要有苜蓿、三叶草、草木樨、沙打旺、紫云英、鹰嘴豆、百脉根、骆驼刺等。籽蜂幼虫在种子内蛀食,可严重为害留种苜蓿,苜蓿种子受害率在新疆为 58%,在甘肃(河西)为 27%,在内蒙古为 26%~30%。

(一)形态特征(图 9-35)

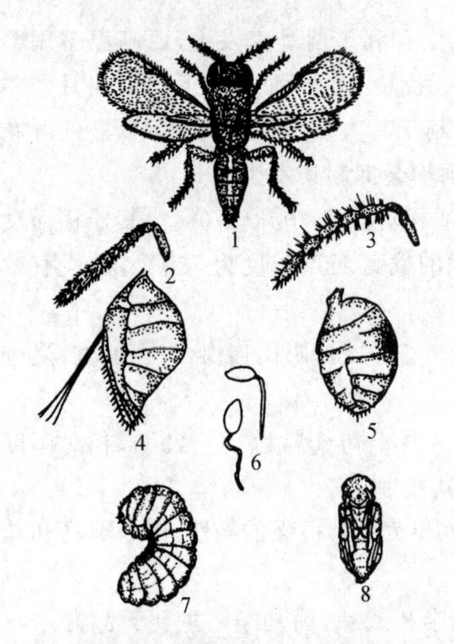

图 9-35 苜蓿籽蜂(仿张学祖)

1.雌蜂 2.雌蜂触角 3.雄蜂触角
4.雌蜂腹部侧面(示产卵器着生部位)
5.雄蜂腹面 6.卵 7.幼虫 8.蛹

成虫 雌蜂体长 1.2 mm,通体黑色,无光泽。头大,有粗刻点,复眼酱褐色,触角较短,共 10 节,柄节最长。胸部极隆突,刻点粗大,无光泽。胸足基节淡黄色,转节、腿节、胫节中间部分黑色,两端淡棕色。腹部腹面具有 1 对腹产卵瓣和 1 对内产卵瓣所组成的产卵管,平时纳入由背产卵瓣所组成的外鞘之内。腹部侧扁,腹末端渐尖。雄蜂体长 1.4~1.8 mm,触角较长,共 9 节,第 3 节上有 3~4 圈较长的细毛,第 4~8 节各为 2 圈较长的细毛,腹末端为圆形。

卵 长 0.04 mm,宽 0.02 mm,长椭圆形,一端具细长的丝状柄,可达卵长的 2~3 倍。卵白色,有光泽,半透明。

幼虫 体长 2 mm,无足。初龄幼虫为绿色,末龄为白色。头部有 1 对棕黄色的上颚,其内缘有一个三角形的小齿。

蛹 为裸蛹;复眼红色,初化蛹为白色,之后变为乳黄色,羽化时为黑色。

(二)生活史与习性

苜蓿籽蜂在适宜的条件下,可全年繁殖。在新疆呼图壁地区 1 年发生 3 代,在苜蓿种子内以各龄幼虫均可越冬,但多为 3 龄幼虫(约占 60%)。在田间残株、自生苜蓿种荚内、种子脱落场地以及贮存种子的仓库内越冬。越冬幼虫在 4 月下旬开始化蛹,5 月中下旬进入盛期,末期在 6 月中旬。5 月上旬越冬代成虫开始羽化,5 月下旬进入羽化盛期,而末期在 6 月中下旬。第 1 代幼虫发生在 5 月中旬至 7 月中旬,在 6 月下旬达盛期;7 月上旬成虫开始羽化,7 月中旬达羽化盛期。第 2 代幼虫的发生期在 7 月中旬至 9 月底,盛期在 7 月下旬至 8 月上旬;第 2 代成虫发生在 7 月底,盛期在 8 月中旬。第 3 代幼虫于 8 月上旬开始出现,在种子内发育至 2~3 龄后开始滞育越冬。

成虫羽化时,用口器咬破种皮,再在种荚上咬一羽化圆孔。羽化后的成虫立即交配,如能找到产卵寄主，几小时后即可产卵。成虫在温度高、湿度小的中午前后最为活跃，在寄主植物新结荚的上方飞翔，尤其喜欢在已变褐色的种荚上爬行。雌蜂会选择乳熟或嫩绿的种荚产卵，产卵时先在种荚上爬行，选择合适部位后，高举腹部，将产卵器插入种荚，将卵产于种子胚的子叶中，外留细小的卵柄。雌蜂在一个种粒中产卵1粒，一生可产卵15～65粒。卵经3～12d孵化，幼虫在一粒种子内完成发育，很少转移至其他种子；在一个种荚内常有1～4粒种子会被寄生。老熟幼虫在种粒内完成化蛹，但在室内贮存的种子中，化蛹率仅为60%。当室内温度高于外界，越冬幼虫常会提早羽化而失去繁殖机会。

(三)防治方法

1. 农业防治

(1)轮作　老苜蓿地块应及时翻耕，同一块苜蓿地不宜连续2年轮作。

(2)将第一茬苜蓿留作种用　在种荚75%呈棕褐色时收割，可防止掉粒，同时应尽快脱粒，并及时销毁秸秆残屑。后茬苜蓿种子不作为留种使用。

(3)早播或选用早熟品种　适时早播或播种早熟品种；也可提早刈割，以减轻虫害。

2. 加强检疫

对调运的种子，要进行严格的检疫处理，以防止害虫的蔓延扩散。

3. 种子处理

(1)盐水选种　把种子浸泡在15%～20%的食盐水中，将上浮的种子清除销毁。选好的种子用清水冲洗后备用。

(2)开水烫种　开水烫种30 s，可烫死全部幼虫，且有利于种子萌发。也可用50℃热水处理30 min。

(3)入库管理　种子入库时，一层种子一层萘。萘的用量为种子重量的1%～3%。

(4)干热处理　在50℃下干热处理种子1～3 d，杀虫效果最佳。

4. 药剂防治

苜蓿籽蜂世代重叠，幼虫又在种子内蛀食，给化学防治带来困难；同时药剂防治会杀伤传粉昆虫及天敌，会影响苜蓿授粉结实，进而降低种子产量，因此，要慎用药剂防治。一般在苜蓿结荚成虫大量出现时，选用80%敌敌畏乳油或90%敌百虫可溶性粉剂喷雾施药防治。

九、苜蓿夜蛾

苜蓿夜蛾[*Heliothis dipsacea* (Linnaeus)]属鳞翅目夜蛾科。普遍分布于东北、西北、华北及华中各省份，主要为害栽培苜蓿。

苜蓿夜蛾为多食性昆虫，其寄主植物多达70多种，其中对豆科牧草中的苜蓿、草木樨、三叶草等为害较重。1～2龄幼虫多在叶面取食叶肉，2龄以后则从叶缘向内蚕食，取食后会形成不规则的缺刻。此外，幼虫还会钻蛀寄主植物的花蕾、果实和种子。

(一)形态特征(图9-36)

成虫　体长13～14 mm，翅展30～38 mm。头、胸灰褐色，并混杂暗绿色，下唇须和足灰白色。前翅灰褐混杂青绿色，部分个体为浅褐色。外横线、中横线绿褐色或赤褐色，翅的中部有一宽且深的横线，肾状纹为黑褐色，翅的外缘具7个黑点点状斑。后翅淡黄褐色，外缘有一黑

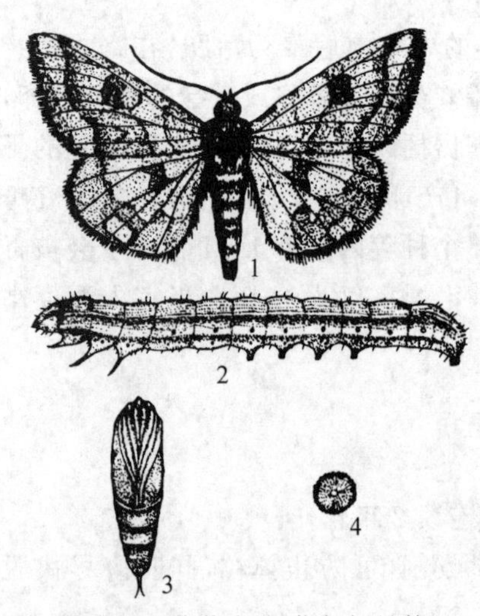

图 9-36 苜蓿夜蛾(仿何振昌等)

1.成虫 2.幼虫 3.蛹 4.卵

色宽带,其中夹有心形淡褐色斑。近前部有 1 个褐色枕形斑纹,缘毛为黄白色。

卵 扁圆形,长 0.44～0.48 mm,底部较平。卵壳表面有 26～28 个纵脊,长短不一,但均不达底部,纵棱之间有横道 13～15 条。

幼虫 老熟幼虫体长 40 mm 左右,头部黄褐色,具 5～7 个黑斑,在中央的斑点形成倒“八”字形。体色变化很大,一般为黄绿色,腹面黄色,偶见黑褐色或淡红色的幼虫。背线及亚背线黑褐色,气门线黄绿色,胸足、腹足黄绿色。

蛹 淡褐色,体长 15～20 mm,宽 4～5 mm。腹部 1～4 节背面有细小刻点;第 5～7 背板及腹面有 7～8 排细密的圆形或半圆形刻点。腹末端有 2 个相连的突起,其上各生臀刺 1 根。

(二)生活史与习性

苜蓿夜蛾在西北、东北和华北,一年发生 2 代,以蛹在土中越冬。在新疆,越冬蛹于翌年 5 月开始羽化,而在内蒙古、甘肃、宁夏、东北等地区则均在 6 月开始羽化。卵产在寄主植物的叶片或花上,一生能产 600～700 粒卵,卵约经 7 d 孵化。在新疆、宁夏、甘肃等地区,第 1 代幼虫为害苜蓿、胡麻等作物的花蕾,发育至老熟幼虫后即入土化蛹。第 2 代幼虫继续为害原寄主或扩散转移至其他作物;直至 9 月,第 2 代老熟幼虫入土化蛹越冬。

成虫喜白天在植株间飞翔,吸食花蜜,补充营养。对糖蜜和光有趋性。幼龄幼虫受惊后会倒退,而老熟幼虫具假死性。

(三)防治方法

1.农业防治

加强中耕,牧草收割后应及时翻耕。

2.物理防治

利用黑光灯或糠醋盆诱杀成虫。

3.药剂防治

掌握在幼虫前可选用 90%敌百虫可溶性粉剂、20%氟苯虫酰胺水分散粒剂、5%甲氨基苯甲酸盐水分散粒剂、10%溴氰虫酰胺可分散油悬浮剂、20%虫酰肼悬浮剂、4.5%高效氯氰菊酯乳油等进行喷雾施药。

第三节 禾本科草地害虫

一、黏虫类

黏虫[*Mythimna separata*(Walker)]、劳氏黏虫[*Leucania loreyi*(Duponchel)]、谷黏虫[*Pseudaletia*(*Leucania*) *zeae* Dup.]均属鳞翅目夜蛾科。黏虫在我国的分布除西藏无记载

外,各省份均有发生危害,是世界性禾本科作物的重要害虫。劳氏黏虫分布在广东、福建、四川、江西、湖南、湖北、浙江、江苏、山东、河南等地。谷黏虫分布于新疆。

黏虫的幼虫食性很杂,可取食多种植物,尤其喜食禾本科植物,主要为害苏丹草、羊草、披碱草、黑麦草、冰草、狗尾草等牧草,以及麦类、水稻等作物。幼虫咬食叶片,1～2 龄幼虫仅食叶肉,形成小圆孔,3 龄后形成缺刻,5～6 龄达暴食期。为害严重时将叶片吃光,使植株形成光秆。

(一)形态特征(图 9-37)

成虫 淡黄色或淡灰褐色,体长 17～20 mm,翅展 35～45 mm。前翅中央近前缘有两个淡黄色圆斑,外侧圆斑较大,其下方有一小白点,白点两侧各有一个小黑点。由翅尖向后方有一条暗色条纹。雄蛾稍小,体色较深,其尾端经压挤后,可伸出 1 对鳃盖形抱握器,其顶端具一长刺,这一特征是区别于其他近似种的可靠特征。雌蛾腹部末端有一尖形的产卵器。

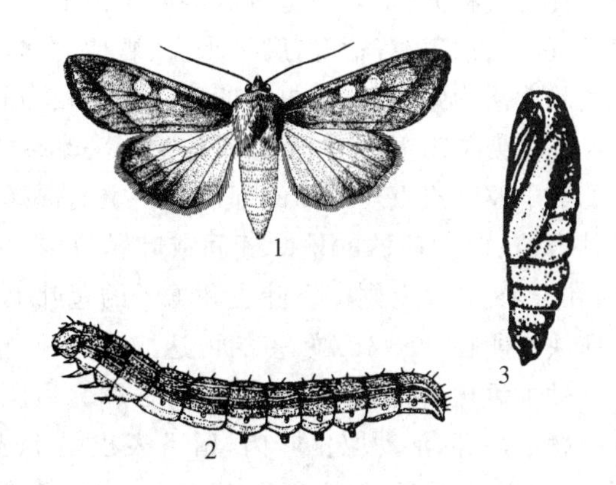

图 9-37 黏虫(仿吴福桢等)

1. 成虫 2. 幼虫 3. 蛹

卵 很小,呈馒头形,初产时乳白色,卵表面有网状脊纹,孵化前呈黄褐色至黑褐色。

幼虫 体长 39 mm,沿蜕裂线有褐色"八"字纹。背中线白色,边缘有细黑线;背中线两侧有 2 条红褐色至黑褐色、上下镶有灰白色细线的宽带。幼虫 6 龄,各龄区别见表 9-2。

表 9-2 黏虫各龄幼虫的区别

龄期	头部花纹	腹足对数	爬行姿势	被害状	体长/mm	头宽/mm
1	无	只有后 2 对	体背拱成弓形	吃叶肉,呈麻布眼状	1.5～3.4	0.32
2	无	前 2 对仅发育一半	体背拱成弓形	吃叶肉,呈长条状	3.4～3.6	0.55
3	无	前 1 对仅发育一半	稍成弓形	吃叶肉,呈宽条状	6.4～9.4	0.90
4	有	4 对腹足发育完全	蠕动行走	吃成缺刻	9.4～14	1.40
5	有	4 对腹足发育完全	蠕动行走	吃成缺刻	14～24	2.40
6	有	4 对腹足发育完全	蠕动行走	吃成缺刻	24～40	3.50

蛹 红褐色,体长 19～23 mm,腹部第 5～7 节背面近前缘处有横列的马蹄形刻点,中央刻点大而密,两侧渐稀,尾端具 1 对粗大的刺,刺的两旁各有短而弯曲的细刺 2 对。雄蛹生殖孔在腹部第 9 节,雌蛹生殖孔在第 8 节。

(二)生活史与习性

黏虫在发育过程中无滞育现象,条件适合时终年可以繁殖,因此,在我国各地发生的世代数因地区的纬度而异,纬度愈高,世代愈少。黑龙江、吉林、内蒙古一年发生 2 代,甘肃、内蒙古东南部、河北东部及北部、山西中北部、宁夏等地一年发生 2～3 代,河北南部、山西南部、河南北部和东部一年发生 3～4 代,江苏、安徽、陕西等地区为 4～5 代,浙江、江西、湖南为 5～6 代,福建6～7代，广东和广西为7～8代。

黏虫发育一代所需要的天数以及各虫态的历期，主要受温度的影响，因此各代历期不同。在自然情况下，第1代卵期6～15 d，以后各代3～6 d；幼虫期14～28 d；前蛹期1～3 d，蛹期10～14 d；成虫产卵前期3～7 d；完成1代需40～50 d。

成虫昼伏夜出，傍晚开始活动、取食、交配、产卵，白天隐藏在草丛、灌木丛、棚舍、土缝等处。在夜间有明显的2次活动高峰，一次在傍晚8～9时，另一次则在黎明前。成虫羽化后，必须取食花蜜补充营养，在适宜温湿度条件下，才能正常发育产卵。主要蜜源植物有桃、李、杏、苹果、刺槐、油菜、苜蓿等，腐烂果实、酒糟、发酵液等也能吸引成虫取食，黏虫成虫对糖、酒混合液的趋性甚为强烈，但成虫产卵后趋化性减弱而趋光性加强。

黏虫繁殖力极强，在适宜条件下每头雌蛾能产卵1 000～2 000粒，一般为500～1 600粒，少的数十粒。成虫对产卵的部位有一定的选择性，在谷子上多产在谷苗上部三四叶片的尖端，或枯心苗、白发病株的枯叶缝间或叶鞘里；在小麦上多产于中下部干叶卷缝中或上部枯叶尖上；在玉米、高粱上则产于叶尖和穗子的苞叶上。卵常排列成行，上有胶质物互相黏结成块，每一卵块有卵粒20～40粒，多的可达200～300粒。

幼虫孵化后，群集在裹叶里，食去卵壳后爬出叶面。1～2龄幼虫白天多隐蔽在作物心叶或叶鞘中，晚间活动取食叶肉，留下表皮呈半透明的小斑点。3～4龄幼虫蚕食叶缘，咬成缺刻，5～6龄达暴食期，咬食叶片，啃食穗轴，其食量占整个幼虫期的90%以上。

幼虫有潜土习性，4龄以上幼虫常潜伏于作物根旁的松土里，深度达1～2 cm。幼虫有假死性，1～2龄幼虫受惊后常吐丝下垂，悬在半空，随风飘散。3龄以后受惊后则立即落地，身体蜷曲成环状不动，片刻再爬上作物或钻入松土里。

幼虫老熟后，停止取食，排尽粪，钻入作物根部附近的松土里，在1～2 cm深处作土茧，在其内化蛹。

黏虫在北方地区不能越冬，在华南不能越夏，在我国东部地区具有季节性南北接续为害的特点，即从春季开始，从南向北逐渐发生，夏季以后又从北向南发生。黏虫成虫的飞翔能力很强，其飞行速度为每小时20～40 km，并能持续飞行7～8 h。据调查研究和对各地气象资料的分析结果，基本明确了黏虫在我国东部地区的越冬分界线，北纬33°，或1月份0℃等温线可作为黏虫能否越冬的分界线，此线以北，各地冬季日平均温≤0℃的天数在30 d以上，黏虫不能越冬；在此线以南各地，冬季气候比较温暖，月平均温度≤0℃的天数多在30 d以下，黏虫可以越冬。

（三）发生与环境的关系

黏虫发生的数量与为害程度，受气候条件、食物营养、人的生产活动及天敌的影响很大。如环境条件合适，发生就会严重，反之，为害减轻。

1. 气候

黏虫对温湿度要求比较严格，雨水多的年份黏虫往往大发生。成虫产卵适温为15～30℃，最适温为19～25℃，相对湿度为90%左右。温度高于25℃或低于15℃时，产卵量减少，在35℃条件下任何相对湿度均不能产卵。如温度在21℃、相对湿度在40%左右时，则卵不能孵化。因此，高温低湿是黏虫产卵重要的抑制条件。不同温湿度对幼虫的成活和发育影响也很大，特别是4龄幼虫更为明显。在23～30℃之间，随湿度的降低，幼虫死亡率增大，在18%相对湿度下无一存活。在35℃下，任何相对湿度死亡率均为100%。在32℃下，相对湿度为

40%时,幼虫亦不能成活。老熟6龄幼虫在35℃条件下是半麻痹状态,不能钻土化蛹。蛹在34～35℃条件下,能够羽化,但不能展翅。幼虫正常化蛹率,与相对湿度呈正相关。土壤过于干燥常引起蛹体死亡。暴雨会使初龄幼虫大量死亡。

2. 食物

食料是黏虫发育过程中所必需的营养物质和水分的来源。据试验,以小麦、鸭茅和芦苇等禾本科植物饲养的幼虫发育较好,发育快、成活率高、成虫繁殖力强;平均幼虫期仅17.7 d,蛹重在0.4 g以上,每头雌蛾平均产卵1 700粒左右。而用小蓟和苜蓿饲养的幼虫,发育较慢,幼虫历期长达30 d,蛹重不到0.3 g,成虫的繁殖力很低,甚至不能产卵。

不同的补充营养,对黏虫成虫的发育与繁殖机能的影响也很大。如以小蓟花和苜蓿花饲养的成虫,产卵前期分别为7 d和9 d,每雌平均产卵量分别为1 747粒和645粒。用3%的蜂蜜水饲养成虫,产卵前期为8.4 d,平均1头雌蛾产卵1 400粒,而饲以清水的成虫,产卵前期为10.4 d,平均1头雌蛾产卵367粒。

3. 天敌

黏虫的天敌种类很多,如蛙类、捕食性蜘蛛、寄生蜂、寄生蝇、蚂蚁、金星步行虫、菌类等。在田间黏虫种群数量较少时,天敌能起到一定的抑制效果。

(四)防治方法

1. 诱杀成虫

从蛾子数量上升时起,用糖醋酒液或其他发酵有酸甜味的食物配成诱杀剂,盛于盆、碗等容器内,每0.3～0.6 hm^2放1盆,盆要高出作物30 cm左右,诱剂保持3 cm深左右,每天早晨取出蛾子,白天将盆盖好,傍晚开盖。5～7 d换诱剂1次,连续16～20 d。糖醋酒液的配制方法是:糖3份、酒1份、醋4份、水2份,调匀后加1份2.5%敌百虫粉剂。

2. 诱蛾采卵

从产卵初期开始直到盛末期止,在田间插设小谷草把,150把/hm^2,采卵间隔时间3～5 d为宜,最好把谷草把上的卵块带出田外消灭,再更换新谷草把。

3. 利用频振式太阳能诱虫灯诱杀成虫

从蛾子数量上升时布置诱虫灯,灯的数量根据诱虫灯的诱虫范围设置。

4. 药剂防治

在幼虫3龄以前防治。可用2.5%高效氯氟氰菊酯40～80 mL/667m^2,5%氯虫苯甲酰胺30～40 mL/667 m^2,5%高效氯氟氰菊酯12～18 g/667 m^2,20%辛硫灭多威乳油80～100 g/667 m^2,兑水40～50 kg均匀喷雾。喷药时间最好选在早晨或傍晚,以提高防效。

二、蚜虫类

为害禾本科作物和牧草的蚜虫主要有麦长管蚜[*Sitobion avenae*(F.)]、麦二叉蚜[*Schizaphis graminum*(Rond.)]、禾谷缢管蚜[*Rhopalosipum padi*(L.)]和麦无网长管蚜[*Acyrthosiphon dirhodum*(Walker)]4种,属半翅目蚜科。

上述几种蚜虫分布极广,均为全球性种类,在国内除麦无网长管蚜分布于北方地区外,其余3种蚜虫在各地区普遍发生。一般禾谷缢管蚜主要发生在南方,而麦二叉蚜主要发生在西北和华北地区。

蚜虫为害麦类及其他禾本科作物和牧草，主要为害的牧草有：燕麦、披碱草、雀麦、鹅观草、苏丹草、冰草、赖草、看麦娘、羊茅等。蚜虫以成虫和若虫吸食叶片、茎秆和嫩穗的汁液，影响寄主的发育，严重时常导致生长停滞，最后枯黄。同时还能传播多种病毒病，如引起燕麦红叶病的燕麦黄矮病毒。

(一)形态特征

蚜虫为多型性昆虫，在其生活史过程中，一般都历经卵、干母、干雌、有翅胎生雌蚜、无翅胎生雌蚜、性蚜等不同蚜型。但以无翅和有翅胎生雌蚜发生数量最多，出现历期最长，是主要为害蚜型。

1. 麦长管蚜(图 9-38)

触角比体长；腹管长，超过腹末。有翅胎生雌蚜体长 2.4～2.8 mm；头胸部暗绿色，腹部黄绿色至浓绿色，腹背两侧有黑斑 4～5 个；复眼红色；额瘤明显；前翅中脉 3 叉；腹管长筒形，黑色，端部具网状纹；触角第 3 节有感觉圈 6～18 个。无翅胎生雌蚜体长 2.3～2.9 mm；体淡绿色至深绿色，腹部常有黑斑；复眼红色；腹管与有翅型同。

2. 麦二叉蚜(图 9-39)

触角比体短；腹管较短，不超过腹末。有翅胎生雌蚜体长 1.8～2.3 mm；头胸部灰黑色，腹部绿色，背面中央有一条深绿色纵线；额瘤不明显；前翅中脉 2 叉；腹管绿色，端部色暗；触角第 3 节有感觉圈 5～8 个。无翅胎生雌蚜体长 1.4～2 mm；体淡绿色至黄绿色，腹背中央有深绿色纵线；复眼紫黑色；腹管淡黄绿色，顶端黑色。

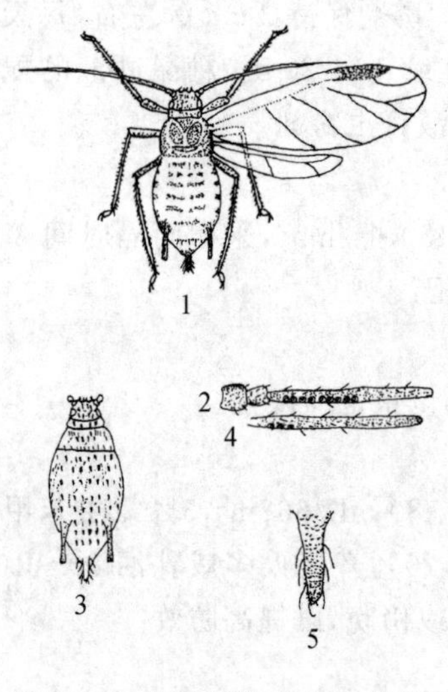

图 9-38　麦长管蚜(仿张广学等)

有翅雌蚜：1. 成虫　2. 触角第 1～3 节

无翅雌蚜：3. 成虫(除去触角及足)

4. 触角第 3 节　5. 尾片

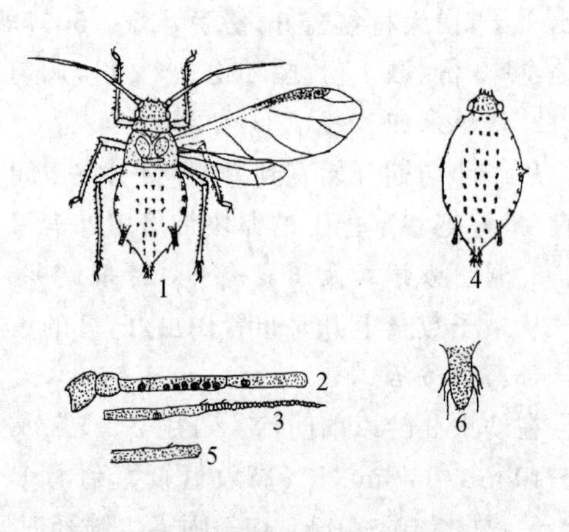

图 9-39　麦二叉蚜(仿张广学等)

有翅雌蚜：1. 成虫　2. 触角第 1～4 节

3. 触角第 5～6 节

无翅雌蚜：4. 成虫(除去触角及足)

5. 触角第 3 节　6. 尾片

3. 禾谷缢管蚜

触角比体短；腹管较短，不超过腹末。有翅胎生雌蚜体长 1.6 mm 左右；前翅中脉 3 叉，腹部暗绿色带紫褐色，腹背两侧及腹管中央有黑色斑纹；腹管黑色，端部缢缩如瓶颈；触角第 3 节有感觉圈 17～22 个。无翅胎生雌蚜体长 1.7～1.8 mm；暗绿至黑绿色，复眼黑色；腹管黑色，腹管周围多为暗红色。

4. 麦无网长管蚜

触角比体长；腹管长，多超过腹末。有翅胎生雌蚜前翅中脉 3 叉；腹管长筒形，淡绿色，端部无网状纹；触角第 3 节有感觉圈 40 个以上；额瘤明显。无翅胎生雌蚜体长 2～2.4 mm；体白绿至淡绿色，腹背中央有黄绿至深绿纵线；复眼紫黑色；腹管与有翅型同。

(二)生活史与习性

蚜虫一年发生的世代数，因地而异，一般可发生 10 余代至 20 代及以上，越冬虫态也随各地气候而不同。四种蚜虫中，除禾谷缢管蚜和麦无网长管蚜在我国北方常以卵在蔷薇科木本植物上越冬外，其余两种，或以成、若虫，或以卵在冬麦或禾本科牧草上越冬。北纬 36°以北地区，麦二叉蚜多以卵越冬，麦长管蚜和麦无网长管蚜产卵越冬地区又向北移，越往北部地区，以卵越冬率越高，而且发生代数越少。以卵越冬的地区，如宁夏、甘肃、新疆、内蒙古等地，翌春牧草萌发，小麦返青后，越冬卵孵化，蚜虫开始为害和繁殖。麦类成熟期，各种蚜虫都飞离麦田，迁至其他禾本科作物和牧草上。秋末，在冬麦区，小麦出土后，麦蚜再迁回冬麦苗上繁殖为害，最后以无翅成、若蚜或以卵越冬；而在单纯春麦区，则于麦收后迁至禾草上，一般以卵越冬。

麦二叉蚜最喜幼苗，常在苗期开始为害，瘠薄田为害严重。喜干旱，怕光照，多分布于植株下部和叶片背面。麦二叉蚜致害能力最强，在吸食过程中能分泌有毒物质，破坏叶绿素，被害叶面呈黄斑，严重时下部叶片枯死，呈现一片黄色。麦长管蚜喜光照，较耐潮湿，多分布于植株上部和叶片正面，抽穗灌浆后，繁殖量大增，并集中穗部为害。麦无网长管蚜介于麦二叉蚜和麦长管蚜之间，主要在叶面和茎秆上为害。禾谷缢管蚜怕光喜湿，多分布在植株下部的叶鞘、叶背甚至根茎部分，嗜食茎秆和叶鞘。

(三)发生与环境的关系

1. 气候条件

蚜虫为间歇性猖獗的害虫，温湿度对其发生的消长常起主导作用。温度在 15～25℃、相对湿度在 75%以下，是其适生的温湿度组合范围。但由于蚜虫种类不同，各种蚜虫要求的温湿度范围也各异。麦二叉蚜在田间 15～22℃是其胎生雌蚜生育的最适温度范围，30℃以上生育停滞。麦长管蚜的适温范围低于麦二叉蚜，为 12～20℃，28℃以上生育停滞。麦无网长管蚜适温范围又低于麦长管蚜，最不耐高温，26℃以上生育即受抑制；在 7 月份平均温度超过 26℃的地区不能越夏。而禾谷缢管蚜最耐高温，在湿度适合的情况下，30℃左右生育速度最快，但最不耐低温，在 1 月份年平均温度为－2℃的地区不能越冬。麦二叉蚜较喜干燥，其适宜的相对湿度为 35%～67%，而麦长管蚜比较喜湿，其适湿范围为相对湿度 40%～80%。麦无网长管蚜则与麦长管蚜相似。禾谷缢管蚜喜高湿，不耐干旱，在年雨量 250 mm 以下地区不能发生。

一般冬前 10 月份和春季 2～3 月份气候温暖、降雨较少的年份，蚜虫易猖獗为害；而寒冷多雨的年份则发生轻微。

2. 天敌

蚜虫的天敌种类较多，主要类群有瓢虫、草蛉、蚜茧蜂、食蚜蝇、食蚜蜘蛛和蚜霉菌等，尤以瓢虫和蚜茧蜂最重要。据测定，七星瓢虫幼虫平均每天的食蚜量：1 龄 10.7 头，2 龄 37.7 头，3 龄 60.5 头，4 龄 124.2 头；成虫每天可食蚜 100 头左右。但在自然情况下，这些天敌常是在蚜量的高峰之后开始大量出现，故对当年蚜害常起不到较好的控制，而对后期和越夏蚜量则有一定控制作用。

(四)防治方法

1. 农业防治

对一年生禾本科牧草实行轮作，最好以阔叶类作物进行轮作；冬灌能杀死大量蚜虫；浅耕灭茬结合深耕消灭杂草和自生苗上的蚜虫；加强田间管理，如增施磷钾基肥，清除田边杂草等措施，均能减轻为害损失。

2. 药剂防治

可用10%吡虫啉可湿性粉剂、50%抗蚜威水分散粒剂、5%啶虫脒乳油、25%吡蚜酮可湿性粉剂或25 g/L溴氰菊酯乳油、4.5%高效氯氰菊酯乳油、2.5%高效氯氟氰菊酯水乳剂等菊酯类药剂喷雾施药。

三、叶蝉类

叶蝉属半翅目叶蝉科。主要有大青叶蝉(*Tettigella viridis* Linnaeus)、二点叶蝉(*Cicadula fascifrons* Stål)、黑尾叶蝉 (*Nephotettix cincticeps* Uhler)。

大青叶蝉国内除西藏不详外，其他各省份均有发生，以甘肃、宁夏、内蒙古、新疆、河南、河北、山东、山西、江苏等地发生量较大，为害较严重，主要为害禾本科作物和牧草、豆类、十字花科植物以及树木等。二点叶蝉分布于东北、华北、内蒙古、宁夏以及南方各省份，为害禾本科牧草、小麦、水稻以及棉花、大豆、蔬菜等。黑尾叶蝉分布于东北、华北、西北、华东、华中、西南、华南等地区，而以南方各省份发生较多，主要为害麦类、水稻、稗草、看麦娘、游草、结缕草、狗尾草、双穗雀稗、马鞭草、马唐、甜茅等。

叶蝉均以成虫、若虫群集叶背及茎秆上，刺吸其汁液，使寄主生长发育不良，叶片受害后，多褪色呈畸形卷缩现象，甚至全叶枯死。苗期受害寄主常因流出大量汁液，经日晒枯萎而死。

(一)形态特征(图9-40)

1. 大青叶蝉

成虫　体长7～10 mm，青绿色。头部颜面淡褐色，颊区在近唇基缝处有一小型黑斑，在触角上方有一块黑斑，头部后缘有1对不规则的多边形黑斑。前胸背板和小盾片淡黄绿色。前翅绿色带青蓝色光泽，前缘淡白，端部透明，翅脉青黄色，具狭窄的淡黑色边缘；后翅烟黑色，半透明。

卵　长1.6 mm，长卵圆形，中间稍弯曲，初产时淡黄色，近孵化前可见红色眼点。

若虫　初孵时灰白色，后变淡黄色，胸、腹部背面有4条暗褐色纵纹。

2. 二点叶蝉

成虫　体长3.5～4 mm，淡黄绿色，略带灰色，头顶有2个明显的小圆黑点。复眼内侧各有一短纵黑纹。单眼橙黄色，位于复眼及黑纹之前。前面有显著的黑横纹2对。前胸背板淡黄色，小盾片鲜黄绿色，基部有2个黑斑，中央有一细横刻痕。腹部背面黑色，腹面中央及雌性产卵管黑色。足淡黄色，后足胫节及各足跗节均具小黑点。

卵　长椭圆形，长约0.6 mm。

若虫 初孵时黄灰色，成长后头部有2个明显的黑褐色点。

3. 黑尾叶蝉

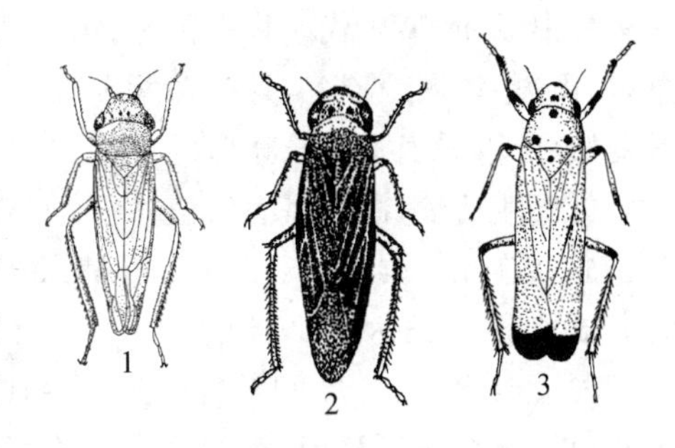

图9-40 三种叶蝉的成虫(仿葛仲麟)

1. 大青叶蝉 2. 二点叶蝉 3. 黑尾叶蝉

成虫 雄虫体长约4.5 mm，雌虫5.5 mm。黄绿色。在头部两复眼间有一黑色横带，横带后方的正中线黑色，极细，有时不明显。复眼黑色，单眼黄色。前胸背板前半部黄绿色，后半部绿色，小盾片黄绿色。前翅鲜绿色，前缘黄色，翅端1/3处雄虫为黑色，雌虫为淡褐色(少数雄虫前翅端部亦呈淡褐色)。雌虫胸、腹部腹面淡褐色，腹部背面为灰黑色，而雄虫均为黑色。

卵 长1.0 mm左右，长椭圆形，中间微弯曲。初产为乳白色，后由淡黄变为灰黄色，近孵化时，2个眼点变为红褐色。

若虫 共5龄。1龄：体长1.0～1.2 mm。复眼红色。体黄白色，两侧褐色。2龄：体长1.8～2.0 mm。复眼赤褐色。体淡黄绿色，体侧褐色。3龄：体长2.0～2.3 mm。复眼褐色。体淡黄绿色，头部后端有一倒"八"字形褐色纹，各胸节及2～8腹节背面中央各有1对褐色点。前翅芽微显。4龄：体长2.5～2.8 mm。复眼深褐色。体黄绿色，两侧褐色消退。前翅芽伸至第1腹节，后翅芽伸至第2腹节。5龄：体长3.5～4 mm。复眼黑褐色。体黄绿色。前翅芽伸达第3腹节，覆盖后翅芽。腹部2～8节背面有4列刚毛和6列小褐点。

(二)生活史与习性

1. 大青叶蝉

生活在北纬25°以北，皆以卵越冬。长江以北各地，卵产于木本植物枝条皮下组织内，长江以南则多以卵在禾本植物的茎秆内越冬。大青叶蝉在东北一年发生2代，甘肃2～3代，北京、河北、山东、苏北等地一年发生3代，湖北5代，江西5～6代。

在北京越冬卵4月上旬至4月下旬孵化，第1代成虫羽化期为5月中下旬，第2代为6月末至7月下旬，第3代8月中旬至9月中旬。在江西南昌越冬卵于3月中旬至4月上旬孵化，成虫羽化期：第1代为4月下旬至5月中旬，第2代6月中旬到7月上旬，第3代8月上中旬，第4代9月上、中旬，第5代10月中下旬。

成虫有趋光性。非越冬代成虫多产卵于寄主植物的叶背主脉组织中，卵痕如月牙状，每块卵3～15粒，一般为10粒左右，较整齐排列呈弧形口袋状。若虫孵化多在早晨进行，初孵若虫群集枝叶上，以后逐渐分散为害。中午气温高时最为活跃，晨昏气温低时，成、若虫多潜伏不动。

2. 二点叶蝉

在江西南昌一年约发生5代，以成虫及大、中若虫在潮湿草地越冬。3月下旬至4月上中旬越冬若虫羽化，第1代成虫于6月上中旬出现，陆续繁殖为害，12月上中旬仍能正常活动。在宁夏银川以成虫在冬麦上越冬，7—8月为盛发为害期。

3. 黑尾叶蝉

华东每年发生4～5代，华中5～6代，华南6～7代。由于成虫产卵期长，各世代有明显的重叠现象，在发生5代的地区，各代成虫的发生盛期：第1代为4月下旬，第2代6月下旬，第3

代7月中下旬,第4代8月中下旬,第5代为9月中下旬。主要以若虫和少量成虫在绿肥田、草地、田边、休闲地越冬,其中在紫云英、苕子上越冬的虫口密度最大。越冬期间主要的食料是看麦娘,所以看麦娘生长旺盛的地方,越冬虫口密度均很高。

成虫性活泼,白天多潜伏植株中、下部;早晨和夜晚在叶片上为害。高温、微风的晴天最活跃。成虫趋光性强,晚8—10时灯捕最多,天气闷热的黑夜,灯下虫数也多。成虫寿命10~20 d,越冬期可长达100 d以上。

成虫羽化后7~8 d开始产卵,14~16时产卵最多,卵多产于叶鞘边缘内侧,少数产于叶片中肋内。卵粒单行排列,每卵块一般有卵11~20粒,最多30粒。卵期:28~30℃为5~7 d,24~25℃为8~11 d,21~22℃为11~15 d,16~17℃为20~24 d。

若虫多栖息在植株基部,少数在叶片或穗上取食。幼虫有群聚习性,遇惊动时,便横行斜走或跳跃而逃。若虫共5龄,2~4龄活动最强,初龄和末龄较为迟钝。

冬季少严寒霜冻,春季气温高,降雨少,有利黑尾叶蝉安全越冬,越冬死亡率低。发生最适宜的气温为28℃左右,田间相对湿度75%~90%。一般自6月份气温稳定上升后虫量显著增多,到7~8月高温季节,发生量达高峰。凡夏秋高温干旱年份,有利黑尾叶蝉的大发生。

(三)防治方法

对叶蝉类害虫,主要应掌握在若虫盛发期喷药防治。常用40%乐果乳剂1 000倍液,50%叶蝉散乳油、90%敌百虫、50%杀螟松乳油1 000~1 500倍液,25%亚胺硫磷400~500倍液,25%西维因可湿性粉剂500~800倍液,50%马拉硫磷1 000倍液喷雾。

四、秆蝇类

秆蝇属双翅目秆蝇科,主要有瑞典秆蝇(*Oscinella frit* Linnaeus)和麦秆蝇(*Meromyza saltotrix* Linnaeus)2种。瑞典秆蝇又叫燕麦蝇;麦秆蝇又叫黄麦秆蝇、绿麦秆蝇,俗称麦钻心虫、麦蛆等。

瑞典秆蝇分布于宁夏、甘肃、内蒙古、青海、河北、山西、陕西等地区。麦秆蝇分布于内蒙古、甘肃、新疆、青海、河北、山西、陕西、宁夏、河南、山东、四川、云南、广东等地区。

秆蝇除为害小麦外,也是禾本科牧草的重要害虫。主要为害的牧草有大麦草、黑麦草、披碱草、白草、狗尾草、赖草、绿毛鹅观草、雀麦、早熟禾和马唐等。莎草科的有细叶苔、异穗苔等。

秆蝇以幼虫为害,从叶鞘与茎间潜入,在幼嫩的心叶或穗节基部1/5~1/4处或近基部呈螺旋状向下蛀食幼嫩组织。危害状以被害茎的生育期不同而分4种情况:分蘖拔节期幼虫取食心叶基部与生长点,使心叶外露部分干枯变黄,成为"枯心苗";孕穗期被害嫩穗及嫩穗节不能正常发育抽穗,到被害后期,嫩穗因组织破坏并有腐烂,叶鞘外部有时呈黄褐色长形块状斑,形成"烂穗";孕穗末期幼虫入茎后潜入小穗为害小花,穗抽出后,被害小穗脱水失绿变为黄白色,形成"坏穗";抽穗初期幼虫取食穗基部尚未角质化的幼嫩组织,使外露的穗部脱水失绿干枯,变为黄白色,形成"白穗"。

(一)形态特征

1.瑞典秆蝇(图9-41)

成虫　体长1.5~2.0 mm。全身黑色具光泽,是较为粗壮的小型蝇类。触角黑色,喙端白色。前胸背板黑色,翅透明具金属光泽。腹部下面淡黄色。足的腿节黑色,胫节中部黑色,下端棕黄色,跗节棕黄色。

卵　长圆柱形,白色,有明显的纵沟和纵脊。

幼虫　初孵化时水样透明,体长约 1.0 mm。老熟时为黄白色,圆柱状,蛆型,口钩镰刀状。体长 4.5 mm,前端较小,末节圆形,其末端有 2 个短小突起,上有气孔。

蛹　长 2～3 mm,棕褐色,圆柱形,前端有 4 个乳状突起,后端有 2 个突起。

2.麦秆蝇(图 9-42)

成虫　体长:雄 3.0～3.5 mm,雌 3.7～4.5 mm。体黄绿色。复眼黑色,有青绿色光泽。单眼区褐斑较大,边缘越出单眼之外。下颚须基部黄绿色,端部 2/3 部分膨大成棍棒状,黑色。翅透明,有光泽,翅脉黄色。胸部背面有 3 条纵纹,中央的纵纹直达棱状部的末端,其末端的宽度大于前端宽度的 1/2,两侧纵纹各在后端分叉为二,越冬代成虫胸背纵纹为深褐至黑色,其他世代成虫则为土黄至黄棕色。腹部背面亦有纵纹,其色泽在越冬代成虫与胸背纵线同,其他世代成虫腹背纵线仅中央 1 条明显。足黄绿色,跗节暗色。后足腿节显著膨大,内侧有黑色刺列,胫节显著弯曲。

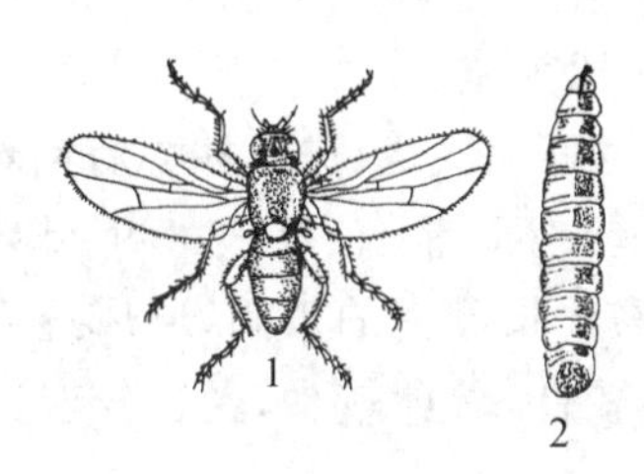

图 9-41　瑞典秆蝇(仿吴福桢等)

1.成虫　2.幼虫

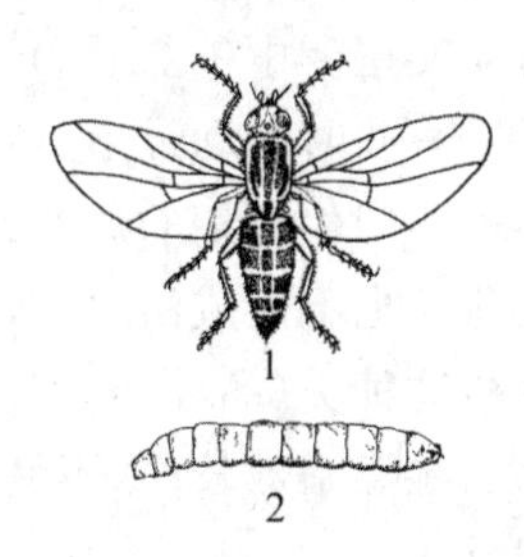

图 9-42　麦秆蝇(仿吴福桢等)

1.成虫　2.幼虫

卵　长椭圆形,两端瘦削,长 1.0 mm 左右。卵壳白色,表面有十余条纵纹,光泽不显著。

幼虫　老熟幼虫体长 6.0～6.5 mm。体蛆型,细长;呈黄绿或淡黄绿色。口钩黑色。前气门分支,气门小孔数为 6～9 个,多数为 7 个。

蛹　围蛹。体长:雄 4.3～4.8 mm,雌 5.0～5.3 mm。体色初期较淡,后期黄绿色,通过蛹壳可见复眼、胸部及腹部纵线和下颚须端部的黑色部分。口钩色泽及前气门分支和气门小孔数与幼虫同。

(二)生活史与习性

1.生活史

(1)瑞典秆蝇　在宁夏一年发生 2 代,以老熟幼虫在禾本科牧草、冬麦根茎部越冬。越冬幼虫于翌年约 5 月开始在田间出现。6 月为成虫发生盛期。卵散产,大多产于叶面基部近叶舌处。卵经 5～7 d 孵化,幼虫孵出即蛀入叶鞘内,并由此蛀入茎内为害。5—6 月间第 1 代卵及幼虫出现。6 月间是为害盛期。7 月为化蛹及羽化盛期,第 2 代成虫常飞到冰草上产卵。幼虫孵出后蛀入寄主茎内,即在近地面处茎内越冬。

据资料,春季气温达 12℃时,越冬幼虫开始活动,不久就形成围蛹,在蛹壳内化蛹,蛹期 11～13 d。成虫的习性随气温而变化,温度低于 8℃时不活动;8～15℃时飞翔、取食,但不产卵;16～30℃时,成虫产卵、取食旺盛;温度超过 35℃时,则又抑制成虫的活动。成虫羽化后 10 d

开始产卵，最喜在2～3叶期植株茎上产卵，1头雌虫约在1个月内可产卵70粒。卵期3～8 d。幼虫3龄，幼虫期10～22 d，平均14 d左右。完成一个世代约需45 d。

(2)麦秆蝇　在华北春麦区，麦秆蝇一年发生2代，以幼虫在禾本科牧草茎中越冬。在内蒙古西部，越冬代成虫产卵前期为1～19 d，平均5.5 d；产卵期1～22 d，平均11 d。雌虫平均产卵11.8粒，最多可达41粒。卵均散产，大多产于叶面基部，与叶脉呈平行状。卵经4～7 d孵化，盛孵期在6月上中旬。幼虫在苗茎中为害，约经20 d成熟化蛹。蛹期为3～12 d，平均9.9 d，7月中旬为化蛹盛期。第1代成虫于7月下旬羽化，一般在麦收时第1代大部分羽化成虫离开麦田，转移到禾草上产卵、繁殖、为害，直至越冬。

在山西晋南、陕西关中地区，麦秆蝇一年发生4代，以幼虫在麦苗和禾草寄主内越冬。翌年2—3月间越冬代幼虫开始化蛹，蛹期10～12 d。4月中下旬为越冬代成虫羽化盛期，第1代成虫盛期为5月下旬至6月上旬；第2代成虫盛期为7月中下旬；第3代成虫盛期为9月下旬左右，在秋播麦苗上或禾草上产卵孵化寄生直至越冬，在冬季较暖之日仍能取食为害。

2. 习性

成虫早晚及夜间栖息于叶片背面，且多在植株下部。晴朗之日上午10时左右，气温升高，开始大量活动交尾。中午前后，日光强烈，温度过高时，又潜伏植株下部，至下午2时以后又逐渐活动，下午5—6时活动最盛，雌虫于田间产卵也以此时段为主。

根据小麦不同生育期的调查结果，拔节期着卵最多，孕穗期次之，进入抽穗后期着卵极少，而且幼虫入茎后也不能成活。茎部、叶片基部无茸毛或茸毛短而稀疏、叶子宽阔、叶鞘短、叶舌短的禾本科植物种类(品种)着卵较多，被害也较重。作物生长茂密的田间，通风透光较差，温度低，湿度大，湿温系数较高，不利于秆蝇生活，成虫密度较低，着卵较少，受害较轻；生长稀疏的田间则相反。

(三)发生与环境的关系

1. 气候

同一地区由于不同年份气候的变化，秆蝇越冬代成虫发生的早晚也不相同。据内蒙古西部中滩地区连续7年(1957—1963年)的调查，越冬代成虫开始盛发期可分为早(6月1日以前)、中(6月1～10日)及晚(6月10日以后)三类情况。在此期间，4—5月份气温对越冬代成虫开始盛发期有一定影响，尤其4月份的气温更为重要。当4月份平均气温高于多年平均值者则开始盛发早，低于平均值者则晚，与平均值相近者则属中间类型。

麦秆蝇越冬代成虫的发生量取决于越冬基数的大小，而越冬基数的大小又与第一代成虫羽化后的气候有关。根据1957—1962年在中滩地区的调查分析，8月份降雨量的大小与翌年越冬代成虫发生数量具有强负相关。8月份降雨量少，则翌年越冬代成虫发生量较多；相反，则发生量较少。

2. 耕作栽培技术

一般适期早播，合理密植，水肥条件好，生长发育快，拔节早，茂密旺盛的田块受害较轻；土壤盐碱化，地势低洼，排水不良，施肥不足，迟播及播种过深，禾苗生长不良的田块则受害较重。

3. 天敌

已发现麦秆蝇幼虫主要有两种寄生蜂，一种属姬蜂科，另一种属小蜂科，后者寄生率较高。在晋南冬麦区，一般年份寄生率在10%左右，最高年份可达40%以上。春秋两季发生的第1及第4代幼虫被寄生率高于夏季发生的第2、3代。如越冬代幼虫被寄生率高于30%，为害最轻，若低于 30%为害则重。

(四)防治方法

1. 农业防治

加强栽培管理，因地制宜地创造有利于禾草生长发育而对麦秆蝇发生不利的条件。具体措施包括深翻土地、增施肥料、及时灌溉、适时早播、浅播、合理密植等，促进牧草的生长发育，提高其抗虫能力，可避免和减轻禾草受害。

2. 药剂防治

药剂防治的关键时期为越冬代成虫盛发期至第 1 代幼虫孵化入茎以前。常用药剂有 2.5%敌百虫乳油、40%乐果乳油、36%克螨蝇乳油、10%吡虫啉可湿性粉剂、25%速灭威可湿性粉剂等。

五、小麦皮蓟马

小麦皮蓟马(*Haplothips tritici* Kurdjumov)属缨翅目皮蓟马科。小麦皮蓟马在我国已知分布于新疆、甘肃、内蒙古等地区，国外分布于西欧、北美、东南亚、哈萨克斯坦和俄罗斯境内的草原地带。蓟马寄主十分广泛，除为害禾本科牧草外，还为害禾谷类作物、豆科、十字花科等植物的花器。成虫和若虫均能以锉吸式口器锉破花器，严重时便不结籽粒，甚至造成白穗。在牧草灌浆乳熟期，能锉破籽粒，吸食浆液，造成结实不饱满，甚至空瘪，对禾本科牧草种子生产带来极大危害。据资料记载，蓟马严重为害的牧草有无芒雀麦、狐茅草、看麦娘、鸡脚草、披碱草、羊草、草地早熟禾、蔺股颖等。

(一)形态特征(图 9-43)

成虫　全体黑色，体长 1.5～2.0 mm，头部略呈长方形。触角 8 节，第 2 节上有感觉孔，第 3 节上有 4 个感觉锥，第 4 节最大，上有 4 个感觉锥。第 3、4 节淡色。前翅仅有 1 条不明显的纵脉，并不延至顶端，翅上光滑无微毛。腹部末节延长成尾管，其末端有 6 根细长的刚毛，其间各生短毛 1 根。

卵　乳黄色，大小为 0.2 mm×0.45 mm，一端较尖。

若虫　共 5 龄。初孵若虫淡黄色；随着龄期的增长，2 龄若虫逐渐变为橙色至鲜红色，但触角及尾管始终略呈黑色；3 龄出现翅芽，称之为前蛹；4～5 龄不食少动，称作伪蛹，触角紧贴于头的两侧。

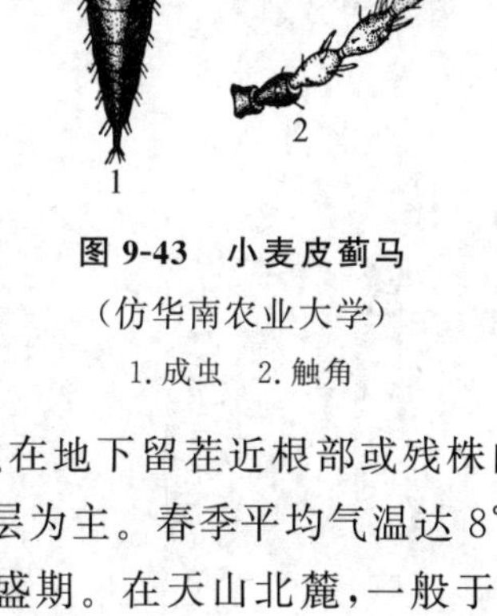

图 9-43　小麦皮蓟马

(仿华南农业大学)

1. 成虫　2. 触角

(二)生活史与习性

小麦皮蓟马在新疆各地均为一年发生 1 代，以 2 龄红色若虫在地下留茬近根部或残株内越冬。越冬前后在土壤中的深度可达 15 cm，但以 1～5 cm 的表层为主。春季平均气温达 8℃时，越冬若虫开始活动，当旬平均气温达 15℃时，若虫进入伪蛹盛期。在天山北麓，一般于 5 月上中旬成虫开始羽化，羽化高峰常与春麦抽穗期吻合。

初羽化的成虫，常 3～5 头成群集中在植株上部，在孕穗和吐芒期，成虫经裂开的旗叶潜入穗部。抽穗扬花时，是穗上卵出现的高峰。每雌产卵约 20 粒，卵呈不规则的块状，被胶质粘固着。卵经 7～8 d 孵化。若虫在穗中的出现高峰为灌浆期。初孵化若虫可在穗上活动 3～5 d，而后转入颖壳内，这是药剂防治的有利时机。作物收割时，部分若虫自穗内爬出，落入田间；部分随收割作物进入脱粒场，潜伏于附近麦草堆下或其他禾草中。

在未开垦的草原上，小麦皮蓟马以禾本科草类为食，虫口密度很低，每平方米不超过 1 头。但开垦种植以后，为蓟马创造了食物丰富的发生基地，草地附近的蓟马逐渐集中到栽培作物或牧草上，发展成为麦类作物和栽培禾草的重要害虫。

(三)防治方法

1. 农业防治

主要农业措施有轮作倒茬，选用早熟品种或提前播种，秋季及时翻耕土地，消灭越冬若虫。

2. 药剂防治

常用药剂有 35％伏杀磷乳油、44％速凯乳油、1.8％爱比菌素、35％赛丹乳油、10％吡虫啉可湿性粉剂等。

六、青稞穗蝇

青稞穗蝇(*Nanna truncate* Fan)俗称囊胎、坐蹲、瘿花、白头发等，属双翅目粪蝇科。多分布于青海和甘肃。在青海脑山地区发生严重，以阴山和阴湿的滩边地最重，川水地区发生于沿河两岸低湿地带。以幼虫主要为害青稞、大麦草、黑麦草、燕麦草、冰草等禾本科牧草和饲料作物。

青稞穗蝇为害青稞时造成 3 种不同的为害状。

不抽穗：穗蝇幼虫入侵最早。在穗轴形成初期或未抽穗前，幼嫩小穗已被幼虫食毁或残留纤维状渣滓。穗轴及穗节一般不被害，但极纤小，紧挨穗节下的一节，一般发育不良，穗包于叶鞘内无法抽出。青稞旗叶挺立，上面常留有幼虫穿过的小孔多个，被害植株成熟后绿色，较健株约矮 20 cm。

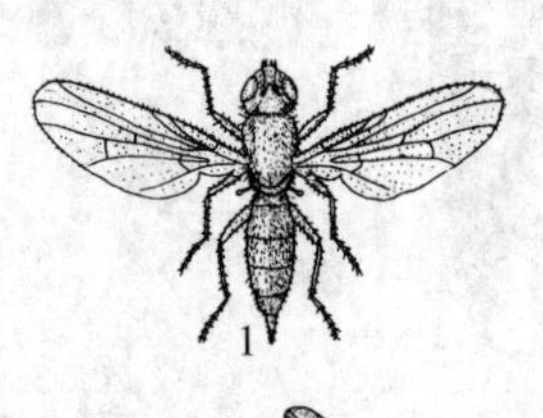

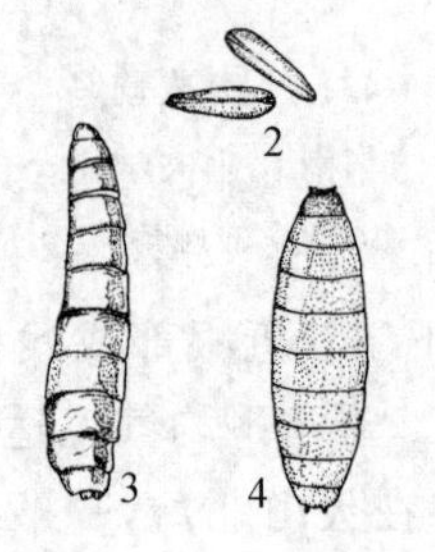

图 9-44　青稞穗蝇

(仿《中国农作物病虫害》)

1. 成虫　2. 卵　3. 幼虫　4. 蛹

半抽穗：幼虫入侵较早。穗轴略露出叶鞘，芒和颖壳残缺不全，一般在穗轴下部受害较重。穗上残留的少数籽粒为深褐色，裸露于颖壳外。

全抽穗：幼虫入侵较迟。穗轴下部完全露出叶鞘，其他同半抽穗症状。

三种症状的比例，因青稞品种、播种期和幼虫入侵早迟而异。一般以全抽穗的表现较多，其余两种较少。被害株每穗损失 14.8 粒，矮 19.1 cm，穗短一半以上。

(一)形态特征(图 9-44)

成虫　体黑色，雄虫体长 5.0～5.5 mm，雌虫 5.0～6.0 mm，翅展 9.5～11.2 mm。头和胸部暗灰色。触角黑色，芒具极短的毛。腹部黑色，椭圆形，末端稍尖，生殖器位于末端。翅具紫色光泽，前缘基鳞、亚前缘骨片、腋瓣、平衡棒均淡黄色。足除中后足基节暗色外，其余各节均呈黄色，后足腿节尤为明显。前足腿节前面的黑色鬃7～11个(平均9个)。

卵 似小船形。初产时乳白色,约2 d后渐变黄或淡褐色。长1.5 mm,宽0.5 mm左右。卵背面具1条纵沟,其两端稍宽;背面多边形,刻纹明显。

幼虫 体黄白色,3龄幼虫体长7.0 mm,宽1.1 mm,长圆锥形,而第8节略瘦。前气门两分叉,每一分叉各具6个呈树枝状排列的指状突起。后气门近圆形。肛板前小棘为6列。

蛹 略呈纺锤形,长约5.0 mm,宽1.1～1.5 mm,从土中刚取出的蛹呈黄褐色,渐变为褐色。第8腹节较狭,后气门明显突出。

(二)生活史与习性

青稞穗蝇在青海省一年发生1代,以蛹在6～13 cm深的土中越冬。翌年4月下旬(川水地区)至5月中旬(脑山地区)成虫羽化出土,川水地区5月中下旬为发生盛期。成虫寿命8～16 d,其连续发生时期约70 d,成虫羽化后1 d左右,进行交尾产卵,卵多产于植株肥壮稠密的第四五片叶面的主脉上,5月上旬为其产卵初期,盛期在5月中下旬,末期在6月下旬。幼虫在5月中旬开始孵化,盛期在6月上旬。幼虫孵化后侵入正在拔节的幼苗,为害幼穗。幼虫在穗节内蛀食,经22～31 d后老熟,于6月下旬至7月上旬,青稞乳熟前离开穗部,入土潜伏,经3～6 d后即大量化蛹。卵期5～12 d,幼虫期60 d,蛹期约300 d。青稞穗蝇在川水地区较脑山地区早发生15 d左右。

成虫发生期和青稞拔节期相吻合。早上8时前大量羽化,上午9—11时和下午3—5时活动最盛。成虫多栖息于植株叶上,最有利于成虫活动的为晴朗无风、气温9～16℃的天气。成虫每次交尾需8～10 min,交尾姿势重叠式,如受惊不分开,同飞他处。成虫多在无风晴朗天气活动最盛时产卵,卵散产,每片叶有卵1～4粒。未经交配产的卵不发育。卵在早上8时前孵化最多,须有充分的湿度才能维持其生活力。

幼虫从卵的一端上面凹沟缝中破壳而出,经3～5 min离开卵壳,向植株上部爬行至顶端,从未展开的心叶空隙中入侵,或由心叶处进入嫩茎内,钻入穗基节,蛀食刚形成的小穗。一般每穗1头幼虫,最多2～3头。当青稞灌浆后,幼虫即达老熟,开始陆续从穗节叶鞘缝隙处爬出,落地入土,在夜晚和雨天落土最多。幼虫入土暂不活动,经2～3 d后蜕皮变为围蛹,在土中越冬,以7 cm以上的土内蛹最多,占90%以上。

(三)防治方法

1. 农业防治

适当提前播种和选育早熟品种,可基本上避过穗蝇幼虫的为害。在青海种植青稞的脑山地区,一般3月底至4月初播种,可降低穗蝇为害率20%～50%。在为害严重年份,应及早刈割;作干草用的牧草,应于抽穗前收割,这样可将80%的穗蝇幼虫消灭于干草中。

2. 药剂防治

在成虫发生初期和盛期,可用下列药剂喷雾:40%乐果、90%敌百虫晶体、50%杀螟松、36%克螨蝇乳油、48%乐斯本乳油等。

七、草地贪夜蛾

草地贪夜蛾(*Spodoptera frugiperda*)属鳞翅目夜蛾科,俗称秋黏虫。该虫原分布于北美洲和南美洲地区,受国际贸易活动和季风气候的影响,加之其迁飞性强,自2016年起扩散至非洲和亚洲,于2019年1月自缅甸侵入我国云南并迅速扩散至北方。因其迁飞性强、繁殖力高、适生区域广、扩散速度快,对我国农业生产、草地保护造成巨大的经济损失和风险。

草地贪夜蛾多食性,种下分化出嗜食玉米、高粱的玉米型和主要为害水稻、牧草的水稻型,寄主植物高达350余种,包括禾本科的玉米、小麦、水稻、高粱、甘蔗、马唐、牛筋草、狗尾草、虎尾草、无芒稗、看麦娘以及棉花、甜菜、甘蓝、甜椒、马铃薯、番茄、烟草、向日葵等多种作物和牧草,在我国发生的主要为玉米型,以玉米受害最重。

草地贪夜蛾以幼虫为害植物叶片、根茎、生长点、果实等植物组织,可切断种苗根茎、钻入孕穗和果实中为害。在玉米上,主要为害心叶、幼嫩雄穗、花丝和籽粒等部位,表现出极明显的趋嫩习性。低龄幼虫取食叶肉组织后留下叶表皮,形成半透明薄膜"窗孔",能吐丝借助风力扩散转移到新的寄主上;高龄幼虫食量大,取食叶片后形成不规则的长行孔洞,剥开卷心可见多头幼虫及新鲜粪便颗粒,严重时可造成玉米生长点死亡,影响叶片和果穗的正常发育。

(一)形态特征(图9-45)

成虫　体灰褐色,翅展32～40 mm。触角丝状。雌蛾前翅灰褐色,顶角处靠近前缘向内的白色斑不明显。肾形纹灰褐色夹杂黑色和白色鳞片;环形纹边缘黄褐色,内侧为灰褐色。外缘线黄白色,内侧有不连续三角形黑斑。雄蛾前翅狭长,灰褐色,夹杂白色、黄褐色与黑色斑纹,顶角向内有一明显白色斑纹。环形纹、肾形纹明显,环形纹黄褐色,基部有1黑褐色斑纹;肾形纹灰褐色,前后各有1黄褐色斑点,后侧斑点较大,左右两侧均有1白斑,左侧白斑可与环形纹相连,渐变为黄褐色。后翅银白色,前缘和外缘具黑色边,翅脉棕色。腹部为红褐色,腹面两侧各有1排黑色斑点,雌蛾腹部末节鳞毛无缺口,而雄蛾腹部末节鳞毛有1缺口。雌雄前足基部均膨大,雄虫较雌虫明显。

图9-45　草地贪夜蛾(1引自赵胜圆等,2、3引自孔德英等,4张润志摄)

1.雌雄成虫　2.卵　3.幼虫　4.蛹

卵 卵粒直径0.4 mm,高0.3 mm,圆顶型,表面具放射状花纹,底部扁平,多产于叶正面,100～200粒堆积成单层或多层的块状。卵上覆盖浅灰色的绒毛,似霉层,即雌蛾鳞片。初产时为浅绿或白色,孵化前逐渐变为棕色。

幼虫 共6龄,老熟幼虫体长35～45 mm。1龄幼虫体长1 mm左右,白色或黄绿色,头部大、黑色,倒"Y"形纹不明显。3龄后幼虫头部由橙黄变为红褐色,体褐色,头部"V"形纹与前胸背板中央条纹形成的白色或浅黄色倒"Y"形纹明显。背线、亚背线与气门线明显,均为白色,各腹节背面都有4个着生原生刚毛的黑色毛瘤。1、2龄时各腹节背面毛瘤大小一致,3龄后第8、9腹节背面的毛瘤显著增大,第8腹节4个毛瘤排列呈正方形,第9腹节毛瘤排列呈倒梯形,其余腹节毛瘤排列均呈梯形。

蛹 长椭圆形,长14～18 mm,化蛹初期体淡绿色,逐渐变为红棕色。腹部气门片黑色。腹部末端有1对短而粗壮的臀棘,棘基部分开向外呈"八"字形,端部无弯曲。

(二)生活史与习性

草地贪夜蛾多化性,在我国一年发生1～10代,从南往北世代数逐渐减少,条件适宜无滞育现象。草地贪夜蛾在我国的越冬区域在北纬28°～31°以南地区,此界以北地区草地贪夜蛾无法越冬,虫源来自南方。在1月份10℃等温线以南区域,包括广东、广西、云南、福建、台湾等省区南部以及海南等热带、亚热带地区以及中南半岛大部分地区可周年繁殖。每年4月之后草地贪夜蛾才会迅速从周年繁殖区向北扩散。生长发育的最适宜温度为26～32℃。在28℃ 条件下,30 d左右即可完成一个世代。

草地贪夜蛾昼伏夜出,趋光性强,一般在夜间进行迁飞、交配和产卵等活动,温暖潮湿的夜晚最活跃。白天藏身于寄主叶片基部的叶腋处或地面的植物残枝叶片中。傍晚开始活动,迁飞性强,借助气流一晚可飞行100 km,产卵前可迁飞500 km,春夏季向非越冬区迁飞,秋季回迁。成虫寿命7～21 d,平均10 d。雌蛾羽化3 d后,即可交配产卵。雌、雄蛾可多次交配,每雌产卵量500～1 000粒,多则2 000粒,往往迁移很长距离后异地产卵,产卵高峰是在开始产卵的前3～5 d,最高日产卵量可达230粒/头;产卵主要在晚上20:00至次日5:00时进行。玉米型偏好在玉米、小麦、黑麦草、马唐、高粱上产卵。卵块产,多产于寄主叶片正面或背面靠近主叶脉区域,玉米喇叭口期多见于近喇叭口处。每雌可产6～10块卵,每个卵块卵粒数目不等,多则300粒呈单层或双层排列。

卵期为2～10 d,在夏季一般为2～3 d。幼虫6龄,幼虫期12～35 d。刚孵化的幼虫具有取食卵壳习性,群聚为害嫩叶,造成很多半透明薄膜状"窗孔"或叶片被吃透后随着叶片的伸长呈大小不等的孔洞。低龄幼虫畏光、可吐丝下垂借助风力扩散至新植株,具假死性,受到惊吓时卷缩成"C"字形。3龄以上幼虫暴食性,具有自残习性,可钻蛀危害,蛀心叶、穗苞甚至茎秆。老熟幼虫一般进入土壤中2～8 cm处结茧化蛹,蛹期在夏季为8～9 d,在冬季为20～30 d。

(三)发生与环境的关系

草地贪夜蛾没有滞育现象,必须每年北迁南回以躲避夏季高温、冬季低温以及食料缺乏等不良环境。因而草地贪夜蛾时空分布、发生数量、为害程度,受温度、季风、寄主食物营养、天敌等诸多环境因子影响。

1.气候条件

草地贪夜蛾各虫态的发育期温度均在10～12℃之间,生长发育的最适宜温度为26～

32℃。当环境温度低于15℃成虫不能产卵，高于35℃条件下化蛹率降低，卵不能孵化，不能完成生活史。草地贪夜蛾幼虫在田间平均气温低于10℃并持续8～10 d时死亡率达到100%。在－10℃低温处理3 h，蛹仅有5%存活。冬季温度低于0℃的时间连续超过40 d的地区所有虫态均无法存活。当温度过高或过低，草地贪夜蛾就须北迁南回。最冷月平均气温≥10℃地区可常年发生，也是长江流域、华北、西北甚至东北等地草地贪夜蛾重要初期虫源。草地贪夜蛾成虫迁飞性强，季风是导致草地贪夜蛾长距离迁飞的主要因素之一。适宜条件下，草地贪夜蛾一晚可迁徙上百千米。草地贪夜蛾成虫3～5 d就能从华南地区随季风向长江流域、黄淮海地区和华北地区大范围扩散传播。冬季时，北方的草地贪夜蛾回迁至南方，在我国华南和东南亚邻国热带、南亚热带地区的玉米、甘蔗等作物和杂草上继续为害。

草地贪夜蛾在土中化蛹，沙质黏土或黏质沙土适合其化蛹和羽化，羽化率与土壤温度成正比，与土壤湿度成反比。蛹在34～35℃条件下，能够羽化，但不能展翅。幼虫的正常化蛹率，与相对湿度呈正相关。土壤过于干燥常引起蛹体死亡。暴雨会使初龄幼虫大量死亡。

2. 食物营养

寄主植物种类不同，食物营养差异影响草地贪夜蛾生长发育和繁殖。草地贪夜蛾最嗜食玉米，也为害小麦、甘蔗、高粱、烟草、水稻等多种作物以及多种杂草。但取食非嗜食寄主幼虫发育历期延长，卵孵化率、幼虫存活率、化蛹率和成虫羽化率均显著降低，雌性比率下降，雌成虫寿命显著缩短，单雌产卵量显著减少，表现出明显的取食选择性。此外，成虫期补充10%蜂蜜水或10%蔗糖水能显著延长产卵期和成虫寿命并提高产卵量。

3. 天敌

草地贪夜蛾天敌资源丰富，主要寄生性天敌有夜蛾黑卵蜂（*Telenomus remus* Nixon）、螟黄赤眼蜂（*Trichogramma chilonis*）、短管赤眼蜂（*Trichogramma pretiosum*）、岛甲腹茧蜂（*Chelonus insularis* Cresson）、缘腹绒茧蜂（*Cotesia marginiventris* Cresson）、螟甲腹茧蜂（*Chelonus munakatae* Munakata）、斑痣悬茧蜂（*Meteorus pulchricornis*）、斯氏侧沟茧蜂（*Microplitis similis*）等。捕食性天敌有益蝽（*Picromerus lewisi*）、东亚小花蝽（*Orus sauteri*）、七星瓢虫（*Coccinella septempunctata*）、异色瓢虫（*Harmonia axyridis*）等。另外，颗粒体病毒（GV）、多核多角体病毒（MNPV）、金龟子绿僵菌（*Metarhizium anisopliae*）、球孢白僵菌（*Beauveria bassiana*）等，对其发生也有一定抑制作用。

（四）防治方法

1. 农业防治

草地贪夜蛾嗜食玉米，发生区应避免玉米成片种植，通过合理间作套种、轮作，改种杀虫蛋白活性表达较高的转Bt基因抗虫玉米，调整播种期，加强田间管理，人工摘除卵块等措施降低虫口基数。

2. 物理防治

诱杀成虫可有效降低迁飞虫源数量和产卵量。在草地贪夜蛾成虫发生高峰期，集中连片使用黑光灯诱集；或利用主要成分为顺-9-十四乙酸酯的草地贪夜蛾性诱剂诱杀以及利用糖醋酒液或其他发酵有酸甜味的食物均可起到良好诱杀效果。

3. 生物防治

卵期释放夜蛾黑卵蜂、短管赤眼蜂可有效灭卵。在卵孵化初期选择喷施苏云金杆菌、金龟子绿僵菌、球孢白僵菌、核型多角体病毒以及多杀菌素等生物农药或选择释放瓢虫、蠋蝽、小花蜻等天敌进行防治。

4. 化学防治

利用化学杀虫剂是目前防治草地贪夜蛾的主要方法，使用时注意交替用药和轮换用药避免产生抗药性。在害虫 3 龄以前和玉米喇叭口期作为防治关键期，使用甲氨基阿维菌素苯甲酸盐、茚虫威、四氯虫酰胺、氯虫苯甲酰胺、虱螨脲、虫螨腈、乙基多杀菌素、氟苯虫酰胺等单剂及其复配剂具有良好控制作用。

思考题

1. 我国为害草地的地下害虫主要有哪几类？地下害虫的为害有何特点？

2. 如何鉴别亚洲飞蝗各龄蝗蝻及成虫的两种生物型？如何将亚洲飞蝗群居型的防治严格掌握在 3 龄蝗蝻前？

3. 蝗虫的调查测报方法有哪些？如何进行综合防治？

4. 土蝗主要有哪些种类？发生各有何特点？

5. 目前防治蝗虫的方法有哪些？

6. 草原毛虫发生为害规律及影响因素有哪些？

7. 试述草地螟发生为害的特点和防治技术。

8. 试述北方草地发生的叶甲的主要种类及生活习性。

9. 简述僧夜蛾的生活史和习性。

10. 试述北方草地发生的拟步甲类的主要种类及生活习性。

11. 简述危害豆科牧草的主要害虫种类。根据其为害的部位可分哪几种为害情况？

12. 危害苜蓿种子的害虫有哪些种类？发生、危害各有什么特点？如何进行防治？

13. 试述苜蓿叶象甲的生物学和生态学特性及其与防治的关系。

14. 危害豆科牧草的夜蛾类主要有哪些？各有哪些危害特点？如何进行防治？

15. 蚜虫的天敌包括哪些类群？如何进行保护利用？

16. 危害豆科牧草的蓟马有哪些主要种类？发生、危害各有什么特点？如何进行防治？

17. 草地贪夜蛾在我国的发生、危害有什么特点？如何进行防治？

第十章

草地主要啮齿动物及防治方法

第一节　鼠兔和兔

一、达乌尔鼠兔

达乌尔鼠兔(*Ochotona daurica* Pallas)也称蒿兔子、鸣声鼠、啼兔、蒙古鼠兔、耕兔子、达乌里啼兔等,属兔形目鼠兔科。在我国分布于内蒙古、华北北部、陕甘宁及青海高原的部分地区。是草原的主要害鼠之一,不但取食大量的优质牧草,而且因挖掘洞穴而破坏大片的牧场,严重时可引起草原沙化和山坡地区水土大量流失。据统计,每一洞系的破坏面积可达6.43 m^2。

1.形态特征(图10-1)

图10-1　达乌尔鼠兔

体形较小,体长125～190 mm。体形短粗,吻圆钝,耳短圆,四肢短小,后足较前肢略长,无尾。夏毛较短,背部沙褐色,杂有全黑的细毛,耳内侧褐色,耳缘、上下唇白色。吻侧有黑黄色长须。冬毛较长,背部自吻端至尾基沙黄褐色。吻侧有黑黄色长须。眼周有极窄的黑色边缘。耳内侧沙黄褐色,边缘白色。耳后有一明显的淡色小区。腹毛灰白色。颈下和胸部中央有一沙黄色斑块。四肢外侧沙黄褐色,内侧较淡。足背面淡黄白色,腹面有短毛。

颅全长≤45 mm。鼻骨狭长,前端微膨大,末端圆弧形。额骨隆起。顶骨前部隆起,后部扁平。人字嵴与矢状嵴发达呈棱嵴突起。颧弓粗壮,后端延伸成剑状突。左右前颌骨腹面仅前端相接,门齿孔和腭孔合为一个大孔,区别于其他鼠兔。犁骨完全露于外方,听泡大。上门齿2对,前面1对大而弯曲,前面内侧有很深的纵沟,后面1对很小,不及前者的1/2,呈棒状。第1前臼齿较小,呈扁圆柱状;第2前臼齿形状不规则,其内侧有2个突出棱。下门齿1对。第1下前臼齿略呈三角形,外侧有3个突出棱。

2.生态特性

达乌尔鼠兔是典型的草原动物,栖息于高原丘陵、典型草原和山地草原。营群居式生活,洞穴多筑于锦鸡儿和芨芨草丛下。夏季多在简单洞中居住,简单洞只有1个洞口,无仓库;冬季多在复杂洞中居住，复杂洞有3～30个洞口，较大洞前有小土丘。洞口附近常有草黄色或灰褐色球形粪粒。各洞口间有许多宽约5 cm交织成网状的跑道。洞道结构复杂，弯曲多支，总长约3～10 m，洞内有一巢室，距地面40～60 cm，内有垫草建成的扁平状巢；在距洞口不远处，有1～3个仓库(图10-2)。

可全天在洞外活动。夏季日活动规律有上、下午两个活动高峰，冬季两个活动高峰相隔的时间缩短。夜晚亦可出洞活动。主食植物的绿色部分，如嫩茎和根芽。夏季食物主要是冷蒿、锦鸡儿、地椒及一些禾本科和莎草科植物，春季食物包括各种植物的新生幼芽。秋季有贮草习性。贮草时，先将牧草咬断，并堆积成一个个直径为10～30 cm的小草堆，每堆重1.5～2.5 kg。鼠兔数量多时，在2～3 km^2的地面上可有多达千个的小草堆。草在晒成半干后，再拖入洞中贮存，作为越冬之用。不冬眠，在积雪下仍然活动。在雪下挖洞道并开口于雪面。晴朗无风天气下，喜在洞口晒太阳。偶尔在雪上活动，但活动范围不超过10 m。

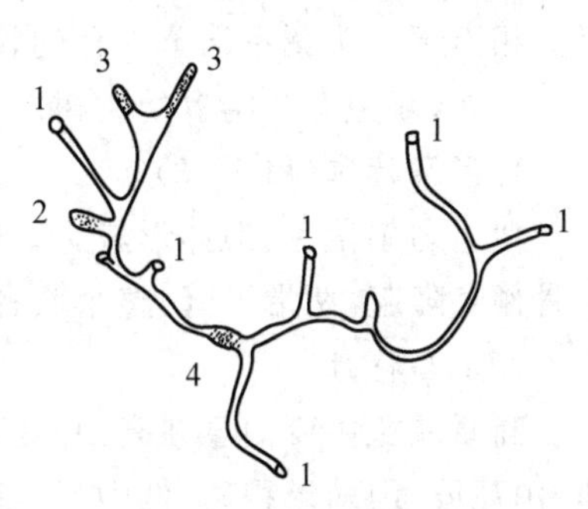

图10-2 达乌尔鼠兔洞道平面图(仿宋恺)

1.洞口 2.便所 3.盲洞 4.巢室

一年繁殖2胎。繁殖期4—10月份，6月份妊娠率最高。每窝产仔5～12个。幼鼠出生后7 d开始到洞外附近活动。地区间、年间和季节间种群数量变动很大。从秋季到翌年春季其密度可降为原来的1/30～1/25，高峰年密度可超过低谷年10倍以上。天敌主要是鼬科动物及一些猛禽和蛇类。体外寄生虫有跳蚤与硬蜱。

3.防治方法

可采用0.005%的溴敌隆一次投药灭杀，投饵量为1.5 g/洞，或0.1%的C型肉毒素，0.5～1.0 g/洞灭杀。

此外，还可以采用封洞法、鼓风法、陷阱法、鼠夹、挖洞等物理方法灭鼠。封洞法是冬季用泥或雪将洞口堵死，结冻后，不易挖开洞口，使鼠兔闷死于洞中。鼓风捕鼠法是利用鼠兔遇到急促气浪即警惕逃窜的特性，向其洞内鼓风，乘它向外逃跑时捕捉；其方法是，把有鼠的洞口堵住，只留2个，1个洞口张1个布袋，向另1个洞口内鼓风，鼠兔突然遭到急促气浪，就向顺风的一端逃窜，结果钻入布袋而被捉住。陷阱法是5月初幼鼠开始出洞活动时，在洞口附近跑道上挖一深约30 cm的垂直洞，当幼鼠受惊吓乱窜时，就会掉入其中，或被捉住或饿死在洞中。

应注意对天敌的保护，利用天敌灭鼠。

二、高原鼠兔

高原鼠兔(*Ochotona curzoniae* Hodgson)也称黑唇鼠兔、鸣声鼠、石老鼠、阿乌亚(藏语)等，属兔形目鼠兔科。在我国分布于青海、西藏、四川、甘肃和新疆南部。是青藏高原草甸和草甸草原的优势鼠种与主要害鼠。由于群栖穴居、具有强烈的挖掘活动和以植物为食的生态特征，使其对植被和土壤的破坏极为严重。

高原鼠兔挖掘活动在地表形成无数的土丘，不仅破坏生草层，还可能引起严重的水土流失。重度危害区，破坏面积在45%左右，极度危害区可达85%以上，甚至成为次生裸地。在高山草甸区，经鼠兔破坏后，土壤含水量由原来的30%～50%下降到18%～20%，有机质含量由原来的10%～20%下降到4%左右，由于土壤结构、肥力和含水量的变化，不利于优良牧草的生长，但为杂草生长创造了条件，加速了草场的退化，甚至形成寸草不生的黑土滩。另外，鼠兔还大量采食牧草的茎、叶、花、种子和根芽，使牧草生机衰退，失去抽穗、开花、结实、散播种子增加新植株的机会，促进草原退化。据统计，1只成年鼠兔4个月可消耗9.5 kg牧草，56只成年鼠兔相当于1头藏系绵羊1日的牧食量，而在鼠兔发生区，1 hm^2内就可能有250多只鼠兔。

此外，鼠兔春季啃食幼树树皮，对人工林幼苗亦可造成危害。

1. 形态特征(图10-3)

似达乌尔鼠兔，但体形较大。吻部上下唇均为黑色，背部毛色夏季棕黄色，冬季浅棕色。头骨额骨隆起，两端下降，整个头骨背面显得较高。听泡较小，为10～11.5 mm。

2. 生态特性

高原鼠兔主要栖息在高山、亚高山草甸、草原化草甸、草甸化草原和干草原上。在河谷阶地、山麓坡、山前洪积扇、低山丘陵阳坡的小蒿草和紫花针茅草场上数量较多，在山地阴坡数量较少。

营群居洞穴生活。洞穴有栖居洞和临时洞2种。栖居洞结构复杂(图10-4)，用于居住和繁殖，一般有4～25个洞口。洞口前有4 cm左右高、不生草的扇形土丘，常成为鼠兔出洞后或入洞前停留的瞭望台。洞口之间常有纵横交错的跑道。冬春季节为御寒保温有一半的洞口被土堵塞，留下的洞口少而小(直径6～7 cm，洞口下倾斜度大于60°)，也常用枯草堵住；夏秋季节，从6—7月份起陆续挖开冬天封住的洞口或新扩挖较大的洞口(直径8～12 cm，洞口下倾斜度小于30°～45°)。洞口下方的洞道伸至25～45cm的地方转为平行洞道，洞道弯曲多支，长10～97 m。洞道内有室、巢室和便所，室为洞内扩大的部分，供临时休息之用；巢室距地面40～52 cm，大小为(21 cm×30 cm×13 cm)～(32 cm×35 cm×23 cm)，内有盘状巢，垫枯草和兽毛等，供产仔和睡眠之用；便所是洞道内短而扩大的分支，内积粪便。临时洞构造简单，是暂时性隐蔽的场所，洞口少(1～6个)而小(直径6～7 cm)，洞道短(长5 m左右)而浅(距地面20～33 cm)，很少弯曲分支。洞内有室和便所，但无窝巢。此外，在鼠兔栖息的地区，还有大量的废弃洞穴和挖食草根留下的浅坑。

图10-3 高原鼠兔

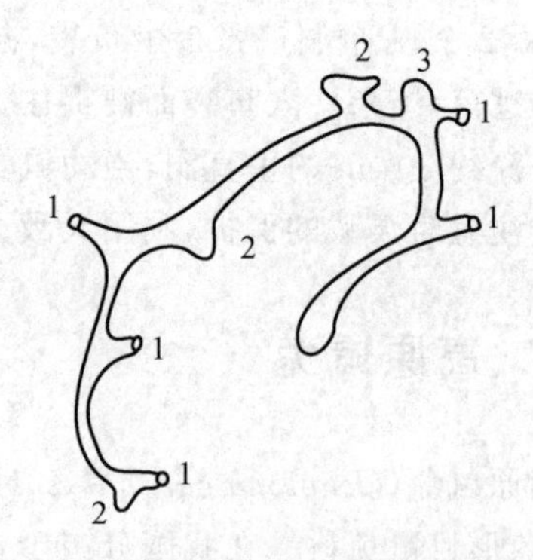

图10-4 高原鼠兔栖居洞(仿宋恺)

1. 洞口 2. 便所 3. 巢室

白天活动，夏秋季节可活动至夜晚11时，活动包括采食、交配、挖洞和冬贮等行为，活动半径通常为22 m左右。其日活动频数、强度和活动行为随季节和天气条件变化。春夏发情交配季节，互相往来频繁，一次能奔跑75 m；7月初大量幼鼠出洞，并开始分居，此时，采食时间长，活动范围缩小，彼此往来减少。8—9 月份，成、幼体进入肥育期，采食时间可达 13.5～16 h，并开始出现准备越冬的行为(包括清理和挖掘洞穴、贮备食料、封堵洞口等)。10 月至翌年 1 月份活动频率明显降低。冬季可在雪下活动，晴天无风的中午有时出洞晒太阳、采食。4—5 月份活动高峰在上午 6—10 时，6—9 月份每天有两个活动高峰，最高峰在上午 7—10 时，下午活动明显降低，但高峰亦很明显。10 月份活动高峰在上午 7—10 时，11 月份活动高峰在 11—14 时。

食物主要为植物的嫩茎、叶、花、种子及根芽。喜食鲜嫩多汁的绿色部分，尤其是禾本科、莎草科、豆科和菊科植物，其中最喜食的植物有波伐早熟禾、多枝黄芪、异穗苔、青稞、蒲公英；喜食的有小蒿草、扁穗冰草、白里金梅、老芒麦、针茅、燕麦草、鹅观草、无芒雀麦；较喜食的有二裂委陵菜、阿尔泰紫菀等。食性随环境和季节而发生变化，4—5 月份胃容物根芽比例高达 48.2%；7 月份胃容物植物绿色部分达到 82.7%；8 月份胃容物绿色部分为 26.1%，种子占 33.9%；9 月份胃容物绿色部分为 3.1%，干草占 55.6%。采食量较大，平均日采食鲜草 77.3 g，日食量占体重的 52%。有贮草习性，每年 7—8 月份开始贮草，常把草咬断，堆成一个个直径 10～30 cm 的小草堆，每垛重 1.5～2.5 kg。

一年繁殖 1～2 次，繁殖期为 3—9 月份，妊娠率 83.3%～88.9%，每胎产仔 1～8 只。

3. 防治方法

主要采用化学杀鼠剂灭鼠，方法包括毒饵法、喷雾法和熏蒸法。毒饵法灭鼠时机宜选择在冬春季(10 月至翌年 3 月)，诱饵选用燕麦、青稞、大麦、珠芽蓼等种子，如用蔬菜、青草、青干草作诱饵，亦可在夏季使用毒饵灭鼠。喷雾法灭鼠可用内吸性药剂，宜在 5 月下旬至 7 月中旬进行，施毒后应保持足够的禁牧期。熏蒸法应在夏季使用。灭鼠时要严格规范使用化学杀鼠剂。

此外，也可采用封洞法、鼓风法、陷阱法等物理方法灭鼠(方法同达乌尔鼠兔)。

三、草兔

草兔(*Lepus capensis* Linnaeus)也称蒙古兔、野兔、山跳子、跳猫等，属兔形目兔科。是我国 9 种野兔中分布最广的一种，自黑龙江与内蒙古向南可达长江流域以及云南和贵州。对农林牧业有一定危害，破坏固沙植物，并可携带一些自然疫源性疾病。在农区盗食播种后的农作物种子，出芽后则啃食幼苗，甚至连根一齐吃光。冬季对果园危害较重，常把果树树皮啃光。在牧区则与家畜争食牧草。在固沙造林地区冬季啃食树苗，对固沙造林有很大危害。但草兔肉可食用；毛皮尤其是冬皮是一种较好的裘皮，毛被柔软，保暖性强，为北方地区重要的毛皮兽。

1. 形态特征(图 10-5)

体形中等。耳狭长，前折可达鼻端。尾较长，约为后足长的 80%，为我国野兔尾最长者；尾背面具黑斑，其边缘及尾底纯白。后肢显著长于前肢。毛色因栖息地区和环境的不同而存在较大的个体变化。背毛沙黄色至深褐色，颊部与腹毛色白。

图 10-5 草兔(www.blueanimalbio.com)

颅全长≤90 mm。鼻骨较长且前窄后宽。额骨前部平坦而后部隆起，前部两侧向上翘起。眶上突前支较小，后支较大。顶骨微隆，成体的顶间骨无明显界线。枕骨上方中部有一似长方形的枕上突。颧弓平直。门齿孔长，后部较宽。腭桥长小于翼骨间宽。听泡较小，但隆起明显。下颌关节面较宽大，略向后伸。上颌2对门齿，前方1对粗大，唇面纵沟较浅；后1对门齿较小，不及第1对之半，呈椭圆柱状，紧贴于第1对门齿后方。第1上前臼齿较小而短，前方具1条浅沟。第2、3上前臼齿等大，最后1枚臼齿极小，呈细椭圆柱状。下颌门齿1对，第1下前臼齿的前缘具2条浅沟，其咀嚼面有3条齿嵴。2枚下前臼齿甚发达，齿冠高于臼齿齿冠，并向后倾斜，第3下臼齿较小并极度前倾。

2.生态特性

无固定栖息场所和洞穴，栖息环境十分广泛，包括草原、干草原、森林草原，以及农田、丘陵、山坡地附近的地带。白天在隐蔽处挖一浅凹卧伏休息，日落开始觅食活动，晨、昏为活动高峰。有时白天亦见活动。多单独活动。草兔活动范围一般在3 km以内。活动常有固定路线。平时活动速度较慢，两耳竖立，运动时呈跳跃状；遇险时，两耳紧贴颈背，后足蹬地，可迅速奔跑1～2 km；当猛禽追捕时，时而迅速奔跑，时而突然停止，路线迂回曲折，直至逃到隐蔽物下为止。其足迹特点是两前足迹前后交错排列，两后足迹平行对称，呈“∴”形。

一般冬末交配，翌年初春产仔。北方地区年产2～3窝，长江流域年产4～6窝。哺乳期仍可进行交配。产仔多在僻静的灌丛和草丛中，或利用其他动物的洞穴产仔。用垫草铺成临时的窝，并咬下腹毛铺在草上。妊娠期45～48 d，幼兔出生便能自由活动，出生后1个月左右可脱离母兔，营独立生活。草兔没有长距离迁移现象。天敌主要是苍鹰等猛禽以及狐、狼等犬科动物。

3.防治方法

草兔属于资源毛皮动物，防治可以结合狩猎进行。常用方法有枪猎法、套猎法、弓形夹、网捕法等。

(1)枪猎法　即用枪猎捕(受枪支许可限制)。捕猎时，若兔迎面跑来应瞄准其前足射击；若从侧面跑过，应瞄准其头部射击；若与猎手同向逃窜，应瞄准其吻端射击。

(2)套猎法　即用10多根马尾搓成细绳或22号细铁丝制成直径约15 cm的活套，置于草兔经常出没的道路上，套距地面约18 cm，当兔的头部钻入活套后，便极力挣扎，促使活套收紧直至将兔勒死。

(3)弓形夹　即将弓形夹伪装后置于其通道上，当鼠夹机关被触动时，将其打倒并使其窒息死亡。

四、高原兔

高原兔(*Lepus oiostolus* Hodgson)也称灰尾兔、长毛兔等，属兔形目兔科。在我国分布于青藏高原及四川西部、柴达木盆地和昆仑山。危害农作物和牧草。在农区啃食农作物的幼茎、嫩芽、花、果实和块根，危害很大。在牧区啃食各种优良牧草及种子，影响牧草的更新。但高原兔毛长绒厚，皮板张幅大，属于优质兔皮。

1.形态特征(图10-6)

体形较大，被毛柔软，底绒丰厚。耳大且前折明显超过鼻端。臀毛灰色，故又称灰尾兔。吻端须极长，最长者可达耳基部。夏毛体背为暗黄灰色。额与鼻部中央暗黑色，为发达的多色节毛(由毛基至毛尖为棕灰色－沙黄色－黑色),并杂有少量全黑色长毛。鼻部两侧和眼周围的毛色较浅。冬毛长密,背毛微卷曲。头顶、耳背和体背部中央呈浅灰棕色。从背部至体侧毛色渐淡而黑斑消失。双颊、眼周及耳与眼之间的部位呈浅灰白色。耳尖黑色。躯体腹面白色(前胸土黄色)。前肢淡黄色,后肢外侧棕色,足背白色。尾白色具灰色毛基,背中央有一灰色长斑。

图 10-6 高原兔

头骨粗大,颅全长≥90 mm。鼻骨与额骨中缝等长。额骨低平,两侧骨棱极发达且斜伸向上。眶后突极大且外缘显著高于眶间额骨部分。眼眶高度显著大于其他兔种。颧骨平直。门齿孔后部显著外凸,腭骨长小于翼骨间宽。听泡小而低,下颌关节面较大,关节突略向后伸。上颌第 1 对门齿前面具深沟,且偏于内侧,牙齿在沟内侧的部分很窄且明显高于沟外侧部分;第 1 上前臼齿前侧的棱角不明显。下齿列长度显著小于下颌齿隙的长度。

2. 生态特性

高原兔是青藏高原的代表动物。常栖息于海拔较高的高山草甸和草原地区。多隐蔽在芨芨草丛、河滩灌丛以及丘陵沟谷等处,不在光裸地区活动。白天在灌丛、草地上活动,活动范围不大,有固定的活动地区和路线,常利用旱獭的废弃洞栖居。冬季在低洼的沟谷地带活动,并在灌丛中挖一卧穴,雌兔卧巢深而大,呈卵圆形;雄兔卧巢长而直,为长圆形。在气候温暖的地区,每年产仔 2～3 窝,每胎产 2～5 仔;青藏高原、祁连山地区每年繁殖 1 次,繁殖期为 5—7 月份,每胎产 5～7 仔。

3. 防治方法

同草兔。

第二节 旱獭和黄鼠

一、喜马拉雅旱獭

喜马拉雅旱獭(*Marmota himalayana* Hodgson)也称哈拉(甘肃、青海)、獭拉(藏语)、雪猪、土拨鼠,属啮齿目松鼠科。在我国分布于西藏、新疆南部、青海、甘肃西部、云南西北部和四川西部。属于益害参半的种类。旱獭以优良牧草的绿色部分为食,在中等数量地区,因采食而可使产草量减少 50%,严重影响草原的载畜量;旱獭群聚穴居,挖掘能力特强,一个旱獭的居住洞一般可挖出 4 m^3的泥土,并形成高 0.3～1 m、面积达 1～5 m^2的“旱獭丘”;旱獭的挖掘活动所形成的洞穴和土丘,在中等数量地区,可覆盖草原面积的 26%左右,造成局部草原退化。旱獭是鼠疫杆菌的自然宿主,其栖息地带常形成鼠疫的自然疫源地。

但是,旱獭皮属于高级毛皮,其皮板较厚,毛密度较大,长度适中,针毛与绒毛比例适当,光泽美观,适于制作裘皮;我国年产旱獭皮数十万张,为国际市场上的畅销品。旱獭肉细嫩鲜美,可供食用。脂肪亦可提取高级润滑油,还可入药,医治风湿性关节炎。

图 10-7　喜马拉雅旱獭

1. 形态特征(图 10-7)

大型啮齿动物(体长 450～670 mm,体重 4.50～7.25 kg)。体躯肥胖,呈圆条形。头部短圆,顶部具显著黑斑。耳小颈粗。尾短而末端扁。四肢短粗,前足 4 指,爪甚发达;后足 5 趾,爪不及前足发达。背毛深褐青黄色,杂有不规则的黑色散斑,腹毛灰黑色,腹中央有橙黄色纵线,幼体呈灰黄色。

头骨粗壮结实,略似三角形。鼻骨较宽而长,前端略超过门齿,后端超过前颌骨后缘,镶入额内前端。眶上突发达,向下外方微弯。眶间区凹陷较浅面平坦。颧弓后部明显扩张,鳞骨前下缘的眶后突起甚小。腭弓狭长,其后缘超过前颌骨的后缘。下颌骨的喙状突后缘近乎垂直,不显后弯曲,喙状突与关节突之间的切迹深而较窄。

2. 生态特性

栖息于高原的草原上。栖息地多分布在河谷、阶地、山麓平原等地区,数量与地形有关,山麓平原和山地阳坡下缘密度较高,阶地、山坡上部和河谷沟壁等处数量中等,其他地区数量较低。

家族型洞系生活,每个家族由成年雌体、雄体和 1、2 龄的仔兽组成,同居于一个洞系中,幼体性成熟后则分居。每个家族洞分为冬洞、夏洞和临时洞 3 种类型。冬洞结构复杂,有数个洞口,洞口前有土丘。洞口有外洞口和内洞口之分,洞口宽广结实,光滑油润,无草,出入践踏的足迹明显,入口处有新鲜的粪便,有强烈的鼠臭味。洞道呈大半圆形,自洞口以 45°角向下倾斜,入地 0.5 m 后与地面平行。洞道离地深 1.5～3.5 m,长 7～12 m。巢室离地面深 1.5～3.5 m,容积为 140 cm×80 cm×60 cm,内垫有很厚的干草。窝巢温度 0～10℃。夏洞结构简单,只有一个小巢室。冬洞和夏洞均可用于繁殖和夜间休息。临时洞最简单,洞道长 1～2 m,洞口 1～2 个,有室无窝巢,分布于栖居洞周围,供采食时逃避敌害和夏季中午歇凉之用。

旱獭白天活动,出入洞的时间常依太阳出没而定,活动规律有明显的季节变化。5 月下旬出蛰不久即开始分居,分居后以窜洞、追逐活动为主,遇洞必进,活动距离可达 200～300 m,此时,很少采食。6 月下旬后,采食开始增多,取食范围扩大。7、8 月份采食的次数增多,时间延长,范围更大,此时日出出洞采食,午间在洞内外卧伏休息,午后继续采食,日落前入洞;幼体出洞时,成体多在洞旁守望,当发现敌害时,常发出"咕比咕比"的报警声。9 月下旬开始准备冬眠,多 10 时后出洞,16 时以后均回洞。日均温降到 0℃以下和结冰、降雪时,旱獭很少出洞,随后入蛰。旱獭是典型的冬眠动物,出蛰和入蛰的时间各地不一,出蛰期大约在当地牧草返青前半个月左右,入蛰期则在草类大部分枯黄之后。

旱獭食物主要为植物的绿色部分,如草叶、嫩茎等,亦食草籽和小动物,喜食禾本科和莎草科植物,其次是豆科、蓼科和蔷薇科等植物;亦常盗食农区的青稞、燕麦、油菜和马铃薯等作物;夏季可日食鲜草 1.5kg。

旱獭每年繁殖 1 次。出蛰后不久即开始交配,交配期间,雄体间争斗激烈;母兽妊娠期 30～35 d,每胎产 1～9 仔,6 月中旬以后幼獭开始出洞。幼獭 2 岁龄时性成熟,寿命可达 8 年以上。由于母兽妊娠率较低(50%左右)而仔兽死亡率高,因此,旱獭的年增长率不高,数量变动较小。

旱獭营家族生活，通常数个家族形成一个群聚，并有其他鸟兽与旱獭混居——“鸟鼠同穴”的现象。天敌主要是食肉兽和猛禽。

3. 防治方法

在整个活动期内均可进行防治。

(1)化学防治　旱獭不食人工诱饵，故毒饵法无效，一般常用熏蒸法。可用氯化苦(60～100 g/洞)、磷化铝(12 g)或磷化钙(30 g)熏蒸，使用时注意限制使用要求。

(2)机械捕捉　可用3号弓形夹或活套捕捉。宜在洞口附近旱獭必经之路设夹或套，夹和夹链需伪装，并每隔3～4 h检查1次。最好在弓形夹或活套安置好之后，往洞内投入少量的氯化苦，可促使其提早出洞，于短期内捕获。

(3)枪猎法　旱獭出洞后，性机敏，宜选定隐蔽位置射击。

(4)挖洞法　挖开冬眠洞，可捕获较多的个体，且毛皮质量最好。

二、灰旱獭

灰旱獭(*Marmota baibacina* Brandt)亦称天山旱獭、哈拉(藏语)、苏鲁(哈语)、塔尔巴干(蒙语)，属啮齿目松鼠科。在我国分布于新疆北部。属于益害参半的种类。因采食牧草、盗洞挖掘而破坏草原。但獭皮属于高级毛皮，肉可供食用，脂肪可提取高级润滑油，并可入药。

1. 形态特征(图10-8)

大型啮齿动物(体长约580 mm，体重约7 kg)。体短粗，四肢短，足宽大，爪粗短，拇指退化。尾耳短小，尾长为体长的1/4左右，耳长小于30 mm。雌体乳头6对。背毛污白或干草黄色，针毛毛尖暗褐色或锈色，腹毛多呈棕黄色。面颊部褐黑色，唇灰白色，颏下有长条型白斑。尾背黄白色，尾端黑褐色。

图10-8　灰旱獭

(www.blueanimalbio.com)

颅骨短粗，颅全长<95 mm，颧宽55 mm。人字嵴发达，在枕骨面有一个大凹坑。眶间部宽平，眶上突发达，眶下孔的位置甚低。上门齿前缘微凸，有2条纵沟。第2上前臼齿较大。

2. 生态特性

栖息于海拔1 200～3 700 m的高山草甸、森林草原和山地草原中。尤其喜栖居在向阳山坡、山间开阔平地和低海拔较地区较湿润的迎风坡。挖掘能力甚强，其洞道多挖掘在岩石坡或灌丛下，洞口有挖洞时推出的“旱獭丘”。

营家族式穴居生活。洞群由居住洞和临时洞组成。居住洞有冬用洞、夏用洞和冬夏兼用洞之分。居住洞结构复杂，洞道弯曲且分支较多；洞口1～5个，光滑整齐呈扁圆形；洞道长18.5～50.4 m、直径15～20 cm，第一个弯曲距洞口1～1.5 m；距地面1.5 m以下，有窝巢1～4个，巢垫厚草，呈卵圆形，容积为(65～96) cm×(39～45) cm×(33～48) cm。临时洞散布在洞群周围，结构简单，洞道较直而无分支，洞道短浅(长≤5 m，深≤2 m)。家族洞穴之间常有明显的跑道相连。

营白昼活动，活动时间基本上与日出日落吻合。活动规律有明显的季节变化，夏季日出后和日落前的2～3 h为旱獭活动的高峰期，中午炎热回洞休息。早春和晚秋，因晨昏寒冷，多于中午在地面活动。活动的范围多在洞群附近区域。

一年繁殖1次。春季出蛰后即进入交配期，妊娠期35～40 d，每胎1～13只，4月中下旬大批分娩，5月下旬至6月上旬，大批仔獭出洞活动。仔獭3次冬眠后性成熟。种群的雌雄比例为1：1.15，年龄组成约为幼獭：亚成体(2～3岁)：成体(4岁以上)=1：1：2。由于旱獭每年只有51%左右的性成熟个体参加繁殖，且繁殖力较低、仔獭死亡率较高(40%仔獭活不到入蛰)，因此，种群数量较稳定，年间变化小。

食物以植物的绿色部分为主，尤其喜食羊茅、狐茅、早熟禾、野燕麦和高山梯牧草等禾本科植物，同时，还吃一些灌木的嫩枝与未成熟的种子。食量较大，胃平均重215g。

冬眠动物，出、入蛰时间与物候有关。一般春天在融雪、草芽萌发和9℃以上气温时期(3—4月)出蛰，秋后在植物大部枯黄、初雪和0℃以下气温时期(9—10月)入蛰，入蛰前体形肥胖，体内积存大量脂肪，将洞口全部堵死进行冬眠。灰旱獭有"鸟鼠同穴"现象，共栖的鸟兽有长尾黄鼠、赤颊黄鼠和角百灵等。天敌有熊、狼、狐、艾鼬、香鼬、石貂、鸢、雕、鹫等。

3. 防治方法

同喜马拉雅旱獭。

三、草原旱獭

草原旱獭[*Marmota bobak* (Muller)]也称塔尔巴干(蒙古语)，属啮齿目松鼠科。据马勇(1987)等研究，西伯利亚旱獭属于该种的一个亚种。在我国分布于内蒙古、河北、山西北部和新疆(天山)。属于益害参半的种类。因采食牧草、盗洞挖掘而破坏草原。但獭皮属于高级毛皮，肉可供食用，脂肪可提取高级润滑油，并可入药。

图 10-9 草原旱獭

1. 形态特征(图10-9)

大型啮齿动物。体躯肥胖，头部短圆，四肢短粗，前足爪发达。体由褐灰色至深褐灰色。背部褐色，腹部草黄色，背、腹毛色无显著分界。尾棕褐色，尾基两侧针毛毛尖黄色，足背浅灰黄色。吻部两侧和下颌橙黄色，嘴四周有不完整的圈；吻端、额顶部为深褐色，延至耳基形成显著的帽盖状。眼至耳基橙黄色。眶下、两颊灰黑色，耳壳浅橙黄色。

鼻骨侧面与前颌呈水平直线状相接。枕骨乳状突长而向前弯曲，枕骨大孔背缘方圆形。上下门齿前面内侧有一纵沟。第3下臼齿无齿嵴。

2. 生态特性

栖息于海拔600 m以上的丘陵草原地带和1 500 m以上的山区。多栖于山腰和坡地，阴阳坡均有分布，但以阳坡偏多，洞群呈带状或片状分布。

营家族式洞群生活，洞穴有冬眠洞、夏洞和临时洞之分，每个家族由旱獭2～4只组成，常占据1个冬眠洞、3～8个夏洞和3～5个临时洞。冬眠洞为栖居的主要洞穴，结构复杂，洞口

2～7个，前有“旱獭丘”，洞道长约6 m，深约2 m。洞内有窝巢、盲洞和便所；主洞口与其他洞口和觅食地之间有跑道相连。夏洞是活动期间的栖居洞，结构简单，有1～2个洞口，洞外的土丘较小，洞内有巢室。临时洞供逃避敌害和临时休息，只有1个洞口，洞外多无土丘，洞道短浅，内无巢室。

营白昼活动，活动时很机警，出洞时先在“旱獭丘”上竖立瞭望，无敌情时才离洞活动和觅食；若发现敌情，则鸣叫警示全群，并继续瞭望；如敌情接近，便迅速窜入洞中，直到敌害远离。活动规律有明显的季节变化。春季9—17时最为活跃(中午不活动)；夏季日出而动，日落而止，日活动量最大；秋天活动减弱，10—14时较活跃。

冬眠动物，出入蛰时间与当地气候有关。春季3月下旬至4月上旬出蛰，阴坡较阳坡晚10 d左右，出蛰顺序是先成獭后幼獭，刚出蛰旱獭行动迟缓，晚出早归，10 d后恢复正常。9月下旬至10月中旬入蛰，入蛰前以泥土和粪便封住洞口，然后头尾相接，环卧巢中，进入冬眠。

食物主要是植物，包括牧草嫩芽、嫩根、茎、叶、种子等。越冬时，略有贮食现象。繁殖期始于4月份，妊娠期约40 d，妊娠率为56.4%，每胎产仔2～9只。6月中旬幼獭大批出洞活动，幼獭2岁性成熟。有“鸟鼠同穴”现象。天敌主要有狼、狐、鼬和猛禽等。

3. 防治方法

同喜马拉雅旱獭。

四、达乌尔黄鼠

达乌尔黄鼠(*Spermophilus dauricus* Brandt)也称蒙古黄鼠、草原黄鼠、大眼贼、豆鼠等，属啮齿目松鼠科。在我国广泛分布于东北平原、华北平原、蒙古高原、黄土高原，西至甘肃东部和青海的湟水河谷，南至黄河，包括东北、内蒙古、河北、山东、山西、陕西、宁夏、甘肃和新疆等省区。是我国重要害鼠之一。它主要以植物的幼嫩部分和种子为食，直接影响到植物的生长发育，对农牧业造成危害。春季，常吃草根和播下的作物种子，致使牧草不能发芽，作物缺苗断垄，幼苗生长遭到危害。夏季，植物拔节之后，咬断茎秆，吸取其所需要的水分，俗称“放排”，每遇干旱，危害更为严重。由于达乌尔黄鼠的挖掘活动，常造成大面积不生草地和水土流失。它们的洞穴常挖在田边地埂，易引起田间灌水流失，甚至使堤坝溃决，引起严重水灾。对荒沙造林亦有危害。此外，达乌尔黄鼠还是鼠疫自然疫源地中的主要宿主和传播者。

1. 形态特征(图10-10)

体粗壮，成体体长约200 mm。尾短，其长仅为体长1/4～1/3。尾毛蓬松，向两侧展开。头圆、眼大，故称“大眼贼”。耳壳退化，仅留有皮褶呈嵴状。四肢粗短，可用后肢直立。前足拇指不显著，但具小爪，足掌裸露，有掌垫3枚。后足跖部被毛，趾垫4枚。爪色黑而强壮。雌体乳头5对。体背部深黄而带黑褐色，杂有黑毛，毛基灰黑色，毛的上段土黄色，毛尖黑褐色。腹部、体侧和前肢外侧均为沙黄色。尾的背面与体背同色而稍深，但向两侧伸展的长毛毛基黄褐色，中段黑色，毛尖淡黄色，形成围绕尾轴的黑色毛环。夏毛色深，冬毛色较浅；幼鼠较成鼠毛色深。

图10-10 达乌尔黄鼠

颅骨呈卵圆形,前端略尖。额骨与顶骨间无明显区分,各骨间骨缝不明显。眶上嵴基部的前端有缺口,无人字嵴。门齿孔小,长约为宽的2倍。听泡的纵轴大于横轴。门齿狭扁,锐利。前臼齿和臼齿均具丘状突。第2、第3上臼齿齿尖不发达或无,下前臼齿的齿尖也不发达。

2. 生态特性

达乌尔黄鼠是我国北部干旱草原和半荒漠草原的主要鼠类。在草原、农田、荒地以及河边滩地、荒漠化灌丛均可分布。喜散居,栖息环境多种多样,对环境有一定的选择性:丘陵坡麓数量较高,岗丘顶部一般密度很低;在草原多栖居于低矮禾草、禾草-蒿草草地,更喜居于畜圈和牲畜大量放牧的地方,在高草丛和植被稠密的地方很少;在黄土高原洞穴多建于路旁、地边或塬峁草丛;铁路、公路两侧的荒地亦常成为其栖息之地。达乌尔黄鼠多在壤土、较黏重的盐碱土壤中挖掘,而很少在沙质土中打洞。

食物主要以植物性食物为主,也食少量鞘翅目昆虫。春夏季节喜食作物的绿色茎叶和幼苗,其喜食植物的种类与环境提供的植物种类有很大关系,喜食的植物种类主要有蒙古葱、阿尔泰紫菀、猪毛菜、黄芪、冷蒿、兴安胡枝子、野苜蓿、甘草、百里香、毛芦苇、星毛萎陵菜、羊草、鹤虱等。秋季肥育期大量盗食即将成熟的谷穗和杂草籽实,可为害小麦、谷子、糜黍、莜麦、向日葵、胡麻等。在草原环境中以啃食牧草为主。栖息地食物条件可以直接影响其肥满度,从而对越冬数量起到制约作用。

喜独居,一般每鼠一洞。洞系结构简单,可分为越冬洞和临时洞。越冬洞洞口圆滑,直径6 cm,深150～200 cm,洞道长200～400 cm,窝巢位于洞的最深处。洞口入地的洞道,起初斜行,而后近乎垂直,接着再斜行一段入巢。越冬洞中有巢室和便所,巢窝内絮羊草、隐子草等植物和羊毛等杂物;便所常在洞口的一侧,是一个膨大的盲洞。临时洞的洞径约8 cm,呈不规则圆形,洞道斜行,洞道长40～90 cm,有多个洞口,无窝巢,为达乌尔黄鼠临时避难之用。

白天活动为主,每天日出开始出洞活动,活动规律有季节变化。春秋两季活动高峰在中午12点左右,夏季则避开炎热的中午,有两个高峰,即上午9—10时和下午3—4时,上午高于下午。大风雨对活动有明显的抑制,但雨后活动频繁。活动距离在100 m左右,巢区面积(5—8月)成年雄鼠为(3 807.2±640.3) m^2,成年雌鼠为(4 192±948.7) m^2;有领域行为,领域的直径7～15 m。当食物条件改变或受到惊吓时,可进行数百至上千米的迁移。被鼠夹打伤或受急性药毒饵侵害的个体大多进行迁移,并有记忆能力。

有冬眠习性,冬眠前有较长的肥育期。入蛰期与气温下降程度有关。在内蒙古于9月中旬至11月上旬入洞,并将洞口封闭,蜷缩于窝巢中蛰眠;在黄土高原多在11月间陆续进入冬眠。入蛰顺序和出蛰相同,即成年雄鼠入蛰最早,成年雌鼠较晚,幼鼠最晚。查干敖包地区延续到10月中旬,个别的直至11月初。成体雄鼠冬眠约8个月,雌鼠约7个月,幼鼠5.5～6个月。入蛰后鼠的体温下降,呼吸减弱,心跳缓慢,依靠体内积蓄的脂肪维持生命。出蛰期与当地气温的回升有关,一般日均地温为4℃时开始出蛰,其顺序为先雄后雌。从清明至谷雨为出蛰期,出蛰有两个高峰,雄鼠出蛰高峰在清明节前后,雌鼠出蛰高峰在谷雨后。因此,可以把谷雨后10 d作为完全出蛰的时间界限。

每年换毛2次。出蛰后开始换夏毛,由背部向两侧逐步脱换,繁殖后期换齐。8月初至下旬换齐冬毛。

每年繁殖1次,繁殖季节比较集中。出蛰后经过10 d左右的恢复即进入繁殖期。有些地方4月下旬就可见到孕鼠,5—6月为繁殖盛期,7月初已很少见到怀孕母鼠。妊娠期28 d,平均胚胎数 2～13 只。妊娠率为 87.5%～97.2%。哺乳期 25～28 d。幼鼠出生后 28 d 开始出洞活动,夏末与母鼠分居,不再进入母鼠洞,翌年可参加繁殖。正常年份,种群性比接近 1∶1。但各年龄组间有明显差异。幼鼠中的雄鼠比例较大,2 龄鼠趋于 1∶1,3 龄以上则雄少雌多。

达乌尔黄鼠寿命可达 7 年,可用臼齿磨损特点、晶体干重、头骨特点等鉴定其年龄,并可将达乌尔黄鼠划分为 5 个年龄组:Ⅰ组为当年出生至夏初的幼体,Ⅱ组为当年出生的冬眠之前或经过一个冬眠的亚成体,Ⅲ组和Ⅳ组分别为第 2 年和第 3 年冬眠之后的成体,Ⅴ组为经过 4 次冬眠后或更长时间的老体。

种群数量的季节变动较大。出蛰后即越冬鼠的保存基数对全年密度影响甚大。3 月末开始苏醒出蛰,密度逐渐增高,至 5 月份基本稳定,6 月份幼鼠与亲鼠分居,开始有少量幼鼠出现,密度开始增高,7 月份种群数量达到高峰,9 月份以后数量下降,直至冬眠为止。数量最多的年份可以达到最少的年份的 10 倍以上。

3. 防治方法

(1)物理方法　可以用器械捕捉或人工浇水捕捉,但此方法不适于大面积防治。

(2)化学方法　大面积消灭鼠时,主要采用此方法。根据达乌尔黄鼠的生物学特征,在不同季节可采用不同的灭鼠方法。

春季(4—5 月份)达乌尔黄鼠由出蛰期进入交配期后,活动旺盛,出入洞穴频繁,取食量大,但牧草尚未返青,食料缺乏,此时,采用毒饵法灭杀是最有利的时机。灭鼠毒饵可采用:

0.005%溴敌隆毒饵:以谷物(麦类、玉米或豆类)为诱饵。洞内 1 次投药,投饵量为 15～20 g/洞;亦可采用条状投饵,即每隔 50 m 呈直线状投饵,亦可达到毒杀的目的。

0.001%～0.005%大隆毒饵:1 次投药或 1 周投 1 次,投饵量为 1 000 g/hm^2 或 5～10 g/洞。

采用毒饵灭杀达乌尔黄鼠时,毒饵要求新鲜,并选择晴天投放,雨天会降低毒效。

夏季(6—7 月份)植物生长茂盛,达乌尔黄鼠的食物丰富,不适于使用毒饵法。而此时正是幼鼠分居前母鼠与仔鼠对不良条件抵抗力较弱的时候,宜采用熏蒸法。

熏蒸剂:包括氯化苦、磷化铝、磷化钙等。使用氯化苦熏蒸时,要求气温不低于 12℃;用磷化铝 2 片投入黄鼠洞中,灭效较高;用磷化钙 10～15 g 投入黄鼠洞中,同时加水 10 mL,立即掩埋洞口,灭效更高。

烟雾炮:每洞投 1 只即可达到灭杀效果。

五、长尾黄鼠

长尾黄鼠(*Spermophilus undulatus* Pallas)也称黄鼠、大眼贼、豆鼠,属啮齿目松鼠科。在我国分布于黑龙江省北部和新疆天山山脉西段、阿拉套山和阿尔泰山的草原和高山草原地带。是草原主要害鼠之一。种群密度大时对草场有明显的破坏作用。为鼠疫自然疫源动物。

1. 形态特征(图 10-11)

体形较大的一种黄鼠。体长 200～250 mm,尾长超过体长的 1/3。前后掌裸露,耳壳短,呈嵴状。体重可达 500 g 以上。夏毛色深,背灰褐色,有隐约的小白斑。体侧草黄色、锈棕色或灰褐色。头顶、额部灰褐色,颊部棕黄色。腹部、前后肢棕色或锈棕色。尾背面锈棕色,与体背显著不同,多覆以近端黑色与毛尖白色的三色节长毛。尾腹面棕黄色。幼体色浅,背部斑点不甚明显。

图 10-11 长尾黄鼠

头骨宽大,颅全长 50 mm 左右,颧宽超过 30 mm。额骨、顶骨略向上隆起。眶间部超过 10 mm。眶后突细而向下弯曲。颧弓在眶前部向中央靠近,与头骨纵轴呈较缓的斜坡向鼻部延伸。人字嵴发达,听泡纵横轴约等长。上门齿圆形,后无切迹,后方有 2 个不明显的门齿坑。上齿隙长大于上齿列长。下臼齿齿尖发达。

2. 生态特性

栖息于海拔 1 700～3 000 m 的高山地带和较为湿润的山前丘陵、林缘及河谷地带。植被类型多为山地草原、森林草原和亚高山草甸,多集中在植被生长较好的缓坡、小溪的河谷地带。

洞穴生活,有居住洞和临时洞之分。居住洞洞口 1～2 个,洞口直径 8～13 cm,洞道弯曲,内有主洞道、支洞道、盲洞和窝巢。窝巢多为 1 个,椭圆形(26 cm×22 cm×20 cm),垫松软干草。夏季居住洞较浅,冬眠洞较深,均在冻土层以下。临时洞洞道简单,无窝巢,仅供避敌使用。

白昼活动,活动时常后足着地直立身体,观察周围动静,或伏于地面或石头上晒太阳。遇敌害时发出特有鸣叫,以警告同类,并迅速逃回洞中。活动规律有明显季节变化。春季多 8—16 时在地面活动。6 月份以后,常在 6 点半左右开始在地面活动,中午炎热时停止,下午凉爽后再出洞活动,并于日落前有一个活动高峰。秋季活动推迟,8 时左右才开始出洞。冬眠。每年 3 月底至 4 月初出蛰,顺序为先幼鼠后成鼠。9 月中旬至 10 月初入蛰,顺序是雌先雄后,最后是幼鼠。

主要取食莎草科和禾本科植物的绿色部分,亦吃鞘翅目昆虫、牧草种子。每年繁殖 1 次。春季发情交配,妊娠率 85%,妊娠期 30 d 左右,5 月下旬至 6 月上旬产仔,胎仔数 7～11 只,哺乳期 25 d 左右。6 月下旬幼鼠开始大批出洞活动,出洞 4～5 d 后离开母洞另找新居,第二年春季性成熟。天敌主要是食肉兽和猛禽。

3. 防治方法

由于拒食人工投放的任何饵料,因此,可采用熏蒸剂灭鼠或弓形夹洞口捕杀。熏蒸剂包括氯化苦、磷化铝、磷化钙等。

六、赤颊黄鼠

赤颊黄鼠(*Spermophilus erythrogenys* Brandt)属啮齿目松鼠科。在国内仅分布于内蒙古的北部和新疆的北部。种群数量一般比较稳定，种群密度大时对草场有明显的破坏作用。为鼠疫自然疫原动物。

1. 形态特征(图 10-12)

体形较大，体长 180～230 mm。耳小、尾短，尾长小于体长的 1/3。前肢发达，趾爪较尖。前后掌裸露，仅在两侧及后跟被毛。体重可达 570 g 左右。体色鲜艳，颊部和头顶具锈色斑。背部灰黄色且有黑色小斑点，腹毛淡黄色，背腹毛色差别明显。尾毛淡黄色，尾端毛尖白色。

颅全长<45 mm。听泡长小于宽。

图 10-12 赤颊黄鼠

2. 生态特性

生活在山地草原、荒漠、半荒漠草原地区，多栖息于缓坡和阶地上，有时与达乌尔黄鼠混居。

洞穴生活。洞穴分为居住洞和临时洞。临时洞结构简单，1 个洞口，洞道短浅，内无窝巢，多分布在居住洞周围。居住洞结构复杂，其中夏洞 2 个洞口，冬眠洞 1 个洞口，内有窝巢和空室，另有一条垂直向上的暗窗。夏季黄鼠在妊娠期另挖新洞，所以夏用洞常有新旧 2 个窝巢和 1～4 个便所，育仔巢通常距地表 140～160 cm。

白昼活动。性机敏，警惕性高。出洞前常在洞口四处瞭望，如遇敌害立即发出短促单一的"吱"声，报警给同类，并迅速逃入洞中。活动受天气影响，活动范围一般不超过 30～40 m。5 月中旬 12—14 时为活动高峰，早晚活动甚少，夜间无活动。冬眠。3 月下旬至 4 月下旬出蛰，雄先雌后，幼鼠最晚。9 月下旬至 10 月上旬入蛰。该鼠在夏季干旱期可进行夏眠。

草食性动物，主要取食蒙古葱、多根葱和禾草的营养部分，也吃少量的甲虫和蜥蜴。日食量为 150～170 g，无贮食习性。一年繁殖 1 次；3 月底至 4 月底进入交配期，交配期雌雄鼠频繁窜洞，极为活跃；妊娠期 28～30 d，产仔期为 5 月上旬至 6 月上旬，胎仔数为 2～10 只；6 月下旬幼鼠与母鼠分居。

3. 防治方法

同达乌尔黄鼠。

第三节 仓鼠

一、大仓鼠

大仓鼠(*Cricetulus triton* de Winton)也称灰仓鼠、大腮鼠、田鼠、齐氏鼠、棉榔头，属啮齿目仓鼠科仓鼠亚科。在我国广泛分布于北方地区，包括黑龙江、吉林、辽宁、内蒙古、河北、北京、山东、河南、江苏、山西、陕西等省区，安徽、浙江也有分布。是农牧业害鼠，窃食和盗贮大量粮食，可使作物减产，并是鼠疫、钩端螺旋体等传染病的宿主和传播者。

1. 形态特征(图 10-13)

仓鼠属中体形最大的一种。成体体长>140 mm。耳短圆，具极窄的白色边缘。具颊囊。尾较短，长度不超过体长之半。乳头 8 个。冬毛：耳的内外侧被以很短的棕褐色毛；背面呈深

图 10-13 大仓鼠
(www.blueanimalbio.com)

灰色，中央无黑色纵纹；体侧较浅；腹部与四肢内侧白色，其中下颏、前肢内侧和胸部中央为纯白色；足背纯白色；尾暗色，尾尖白色。夏毛：稍暗，但沙黄色较明显；幼体近纯黑灰色。

头骨粗大，棱角明显。顶间骨大，近长方形。枕骨上缘具人字嵴。前颌骨两侧上门齿齿根突起，伸至前颌骨与上颌骨的接缝处。颧骨甚细弱。门齿孔狭长，其末端不达于第1上臼齿前缘。听泡凸起且较窄，其内角与翼骨突相接。二听泡间的距离与翼骨间距等宽。上臼齿3个，上颌第1臼齿最大，具有6个齿突；第3臼齿最小且仅有3个齿突，其后方外侧的齿突极不明显。下颌第3臼齿的齿突有4个，但内侧的1个极小。

2. 生态特性

栖居于农田、菜园及相邻的各种生态环境，偶入住宅。

洞穴不甚复杂，每个洞系有3～4个洞口，洞口直径3～8.5 cm，其中有一个洞口和地面垂直，其余洞口倾斜并经常堵塞，仅在新挖洞口或春季清除洞穴时作为向外运输的通道。洞道总长度可达125～350 cm。巢室1～2个，直径11～30 cm，由柔软杂草构成，为居住和哺乳的场所。仓库1～3个，直径为7～10 cm，深35～140 cm，贮藏量可达4～10 kg。

食性杂，以植物种子为主(如大豆、玉米、小麦、燕麦、马铃薯和向日葵等)，亦食昆虫和植物的绿色部分；秋季贮粮，并能分类贮藏，多以高粱和黍子存在一个仓库，谷子和稻谷放一库；日食量14.1 g左右。夜行性；活动时间因季节有别：春季(4月)3—5时是活动盛期，夏季(6月)21时至翌日1时活动最盛，秋季(9月)是全年的活动高峰期，以19—21时和翌日1时活动最为频繁，冬季(1月)以17—19时活动较盛。

种群性比(♂/♀)为0.95～1.33；每年繁殖2～3次，胎仔数9个左右。据胴体重可划分为4个年龄组：幼年组(40 g以下)、亚成体组(40.1～75 g)、成年Ⅰ组(75.1～120 g)、成年Ⅱ组(120.1 g以上)；年龄组成季节变化大，并有年度差异。成熟历期、性比和胎仔数对大仓鼠种群繁殖与数量增长影响较大。种群数量的季节消长在数量高的年份出现3个波峰(即前峰、中峰和后峰)，平常年份有2个波峰(中峰和后峰)，数量低的年份仅有一个波峰(后峰)，波峰以后峰最高，其季节变幅可达10～48倍；年间数量变化明显，变幅可达27倍，高峰年间距为7～8年。天敌主要是小型食肉兽。

3. 防治方法

(1)物理方法　可采用鼠夹、弓形夹等捕鼠工具以及挖洞和灌洞等方法捕杀。

(2)化学方法　毒饵毒杀：宜在春秋两季进行。以谷物种子为诱饵，如5%磷化锌毒饵，投饵量1 g/洞，灭鼠效果良好。熏杀：氯化苦、磷化铝和磷化钙等均有效，使用时注意限制要求。

二、黑线仓鼠

黑线仓鼠(*Cricetulus barabensis* Pallas)亦称背纹仓鼠、花背仓鼠、仓鼠、腮鼠、板仓、搬仓，属啮齿目仓鼠科仓鼠亚科。在我国广泛分布于北方地区，包括黑龙江、吉林、辽宁、内蒙古、河北、河南、山东、宁夏、甘肃、陕西、山西等省区，安徽、江苏也有分布。是农牧业害鼠。除直接取食粮食外，在贮粮过程中还要糟蹋远比吃掉的还要多的种子。在牧区则危害牧草更新。此外，还是鼠疫和钩端螺旋体病的宿主。

1. 形态特征(图 10-14)

小型鼠类，体形粗壮，体长约 95 mm。吻较钝，颊囊发达。耳圆。尾短，约为体长的 1/4。乳头 8 个。毛色因地区不同而具有很大的差异。耳具狭窄白边，内外侧被棕黑色短毛。身体背腹部毛色差别显著。冬毛背面从吻端至尾基部以及颊部、体侧与大腿的外侧均为黄褐色、红棕色或灰黄色，背部中央从头顶至尾基部有一条暗色条纹；吻侧、腹面、前后肢下部与足掌背部的毛为白色。尾背面黄褐色、腹面白色。

图 10-14 黑线仓鼠

(www. blueanimalbio. com)

头颅圆形，听泡隆起，颧弓不甚外凸，左右近平直。鼻骨窄，前部略膨大，后部较凹。无明显的眶上嵴。上颌骨在眶下孔前方有一小突起。颧弓细小，门齿孔狭长。上门齿细长。上臼齿 3 枚，前者较大，愈后愈小。第 1 上臼齿最大并有 6 个左右相对的齿突，第 2 上臼齿有 4 个齿突，第 3 上臼齿最小并有 4 个排列不规则的齿突，且后方两个极小。第 1 下臼齿有 3 对齿突，第 2、3 下臼齿均有 2 对齿突。

2. 生态特性

广泛栖息于草原、半荒漠、农田、山坡及河谷的林缘、灌丛等各种环境。在草原地带，多栖息于有锦鸡儿、蒿的地段，在半荒漠地区，多栖息在有较高蒿草的地方或水塘附近。

洞穴由洞口、洞道、仓库、窝巢、膨大部和盲道等组成。每个洞系有 2～4 个洞口，洞口直径 2～3 cm，洞道自洞口垂直下降约 20 cm 出现一个膨大部，并由此与窝巢和仓库相连。洞道可分为临时洞、居住洞和越冬洞三种类型。

临时洞：洞穴结构简单，仅有一个洞口(直径 3～4.7 cm)、一条洞道(长 40～47 cm)，很少分支，末端有一个膨大部(直径 8～20 cm)。此类洞道无鼠居住，仅供临时贮存粮食或筑巢材料之用。

居住洞：结构较复杂，春季至秋季居住，并用于产仔和育幼。洞口 1～3 个(直径 2.5～4.5 cm)，常以松土堵住洞口，敞开洞口者均为废弃洞或无鼠洞。洞道直径 4～6 cm，深入地下一小段后即与地面平行，有较多的分支和膨大部。巢穴(6～8) cm×(9～13) cm，距地面 30～40 cm。巢材为柔软的干草和羽毛。

越冬洞：结构最复杂，全年有鼠居住。洞道较长(>2 m)，分支和膨大部最多。越冬窝巢距地面 70 cm 以上。

夜行性。有 2 个日活动高峰，分别在 20—22 时和 4—6 时。秋季活动频繁但范围小(巢穴 20～50 m 范围之内)，冬季和初春活动少但范围大(可超过 100 m)。不冬眠，贮粮越冬。食性杂。食物以植物种子为主，包括各种作物种子和草籽，亦食少量昆虫和植物的绿色部分及根茎等。日食量 4.6 g。具贮粮习性，常用颊囊盛运食物，每个洞穴可贮粮 1～1.5 kg。每年有春秋 2 个繁殖高峰(5—6 月和 8—10 月)，胎仔数 5～6 个。种群数量的季节动态因地而异，如内蒙古地区有两个数量高峰(5 月和 8 月)，淮北地区有一个高峰。年间数量差异可达 6.7 倍，高峰年间距约为 8 年。

3. 防治方法

以莜麦等谷物种子为诱饵，制成 0.1%～0.2%敌鼠钠盐或 0.037 5%～0.075%杀鼠醚毒饵，灭鼠效果良好。

第四节 鼢鼠

一、中华鼢鼠

中华鼢鼠(*Eospalax fontanieri* Milne-Edwards)也称原鼢鼠、瞎老鼠、瞎狯、瞎老、瞎瞎、仔隆、方氏鼢鼠等，属啮齿目鼹形鼠科鼢鼠亚科。在我国分布于甘肃、青海东部、宁夏、陕西西北部、山西、河北西部、内蒙古(鄂尔多斯高原南部)等地区。是我国华北和西北地区农林牧业的主要害鼠，通过挖掘活动和采食严重危害草原。一只鼢鼠每年能推出 15～180 个土丘，在中等数量地区，1 hm^2 内可有土丘 200 多个，土丘覆盖度为 20%～40%，严重地区可达 80%。此外，鼢鼠主要以植物的地下部分为食，日食鲜草 120 g 左右，日采食面积为 500 cm^2，食取的牧草约占植被重量的 70.68%，可致使 500 cm^2 的草原成秃斑。但鼢鼠毛皮可加工利用，资源量较大。

1. 形态特征(图 10-15)

图 10-15　中华鼢鼠

体形粗短肥壮。体长 146～250 mm，一般雄体大于雌体。头部宽扁，吻端钝圆。耳壳退化，隐于毛下。眼极小。四肢短，前后肢粗壮，爪特别发达，呈镰刀状，第 2 与第 3 趾的爪接近等长。尾细短，被稀疏短毛。毛被柔软呈绒状，无针毛。灰褐色，夏季背毛锈红色，吻上方与两眼间有一较小的淡色区，额部中央有一不规则的白斑。腹毛灰黑色。足背污白色。

头骨宽短，轮廓有突出的棱嵴。鼻骨较窄，幼体的额骨平坦，老年个体有发达的眶上嵴，向后与颞嵴相连，并延伸至人字嵴处。鳞骨前侧有发达的嵴。人字嵴发达呈棱状突起。上枕骨自人字嵴向上形成两条明显的纵棱，并呈斜面斜下。门齿孔小，其末端与臼齿间没有明显的凸起。听泡小而低平。门齿宽大，唇面橘黄色。第 3 上臼齿后端具向后方斜伸的小突起，内侧的第 1 凹陷角较浅，而与第 2 下臼齿相当，但稍小。

2. 生态特性

中华鼢鼠是终年地下生活鼠类，我国黄土高原为其典型的栖息环境。分布于草原、山林和农田中，特别喜在地势低洼、土壤疏松湿润、食物比较丰富的地段栖息。在山地阴坡、阶地和沟谷等处的退化草场、马铃薯地分布较多。

地下挖洞时，每隔一段距离将挖出的土推出洞外，形成明显的“土丘链”，土丘常位于洞道的两侧，少数在洞道上方。洞穴结构复杂，地面极少见到开放洞口，由洞道和老窝组成。

洞道可分为常洞、草洞和朝天洞。常洞是由老窝到草洞经常活动的通道，距地面 10～40 cm，与地面平行，弯曲多支，常有临时巢、仓库和便所。临时巢垫有干草，是临时休息的地方;仓库哑铃形,位于洞道两侧,是贮存食物的地方;便所较小,内有粪便。草洞是取食食物时所留下的洞道,较浅,距地表 6~10 cm。朝天洞是常洞向下通到老窝垂直通道。

老窝距地面 50~180 cm,内有巢室、仓库和便所。巢室较大[(15~19) cm×(17~36) cm],盘状巢,内垫软草;仓库 2~3 个,呈囊状[(10~20) cm×(15~30) cm],常贮存大量食物;便所为短盲洞。

营单洞独居生活,繁殖期雌雄洞道互相沟通,繁殖期过后又被堵塞。昼夜活动。不同季节的日活动高峰存在差异:春季在 10—12 时与 18—20 时,夏季运动降低,秋季在 14—18 时,雨后地面湿潮时,活动最为频繁。

新土丘出现的数量变化与鼢鼠的活动规律密切相关,春秋季节鼢鼠挖掘活动最为频繁。春季进入繁殖期,觅食、求偶活动增强,4 月初始见新土丘,4 月中旬至 5 月初(繁殖盛期)新土丘增多。6—8 月份新土丘逐渐减少。秋季为贮运越冬食物,挖掘频繁,9 月初至 9 月下旬新土丘增加达到高潮,10 月初逐渐减少,地面冻结后完全消失。不冬眠,冬季栖于老窝中。

有封洞习性,当洞道被挖开后,就前来推土封闭,将洞口堵死后另挖一通道衔接起来。

植食性,食性广,喜食植物的多汁鲜嫩的块根、块茎等,有时亦将地上部分的茎、叶和种子拖入洞内取食。在草原常取食沙蒿、萎陵菜、狗娃花、异叶青兰、引果芥、珠芽蓼等植物的根系,以及赖草,针茅的根部、花序和种子;在农区采食苜蓿、青稞、燕麦、小麦、马铃薯、豆类、高粱、玉米、黍子、花生、甘薯、甜菜、棉花幼苗以及蔬菜等;甚至啃食果树或针叶树的根部。

一年繁殖 1~2 次。3 月下旬至 4 月下旬进入交配期,妊娠期约为 1 个月,4 月下旬至 5 月中旬进入繁殖盛期,胎仔数 1~6 只,5 月下旬至 7 月上旬进入哺乳盛期,7 月大量幼鼠独立生活。8—9 月份可进行第二次繁殖。

雄性比例低约占 39.64%,雌雄个体数全年仅 5—6 月份数量差异显著,数量最低和最高相差 1 倍左右。

3.防治方法

(1)物理防治　采用地箭法和弓形夹法灭杀(图 10-16)。弓形夹灭杀常用 0、1 号弓形夹,方法是先通开洞道留一通风口;顺着草洞找到常洞,在常洞上挖一洞口,再在洞道底挖一圆浅坑;然后,将夹与洞道垂直布放,并在夹上轻撒细土,夹链用木桩固定于洞外,最后用草皮将洞口盖严;待鼢鼠通过或前来堵洞时,踏夹灭杀。

(2)毒饵法　可使用各种杀鼠剂。诱饵最好用多汁蔬菜,如马铃薯、胡萝卜、大葱、苴莲等。投饵最好在 5 月中旬以前完成。

投饵方法:有开洞投饵和插洞投饵 2 种投饵方法(图 10-17)。开洞投饵法适于在较紧实的草地上使用,即在常洞上挖一洞口,取净落入洞内的土,再用长柄勺把毒饵投放到洞道深处,然后将洞口用草皮严密封住。插洞投饵法适于在松软的草地上使用,即用 1 根尖木棒在常洞上方插一洞口。插到洞道时,有一种下陷的感觉,此时,轻轻转动并小心地提出木棒。然后用小勺向洞内投入毒饵。最后,用湿土团把洞口堵死。

投饵量:0.02%溴敌隆,10 g/洞;0.001%~0.005%大隆,5~10 g/洞;0.1% C 型肉毒素,5 g/洞。

(3)熏蒸法　熏蒸剂包括氯化苦、磷化铝、磷化钙等,使用时注意限制要求。在水源较近使用效果较好。

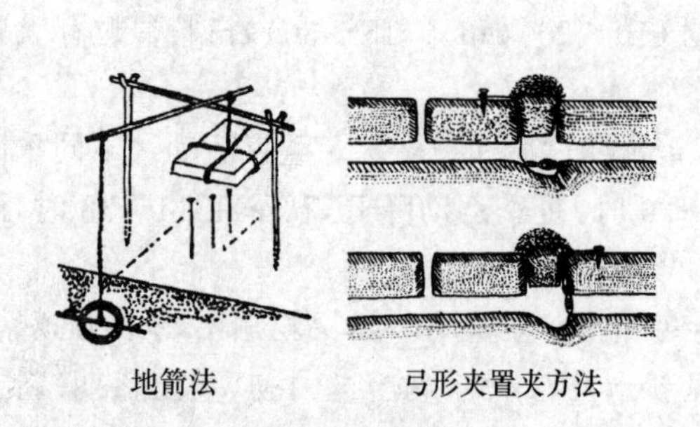

图 10-16 物理防治法
（仿刘乾开和宋恺）

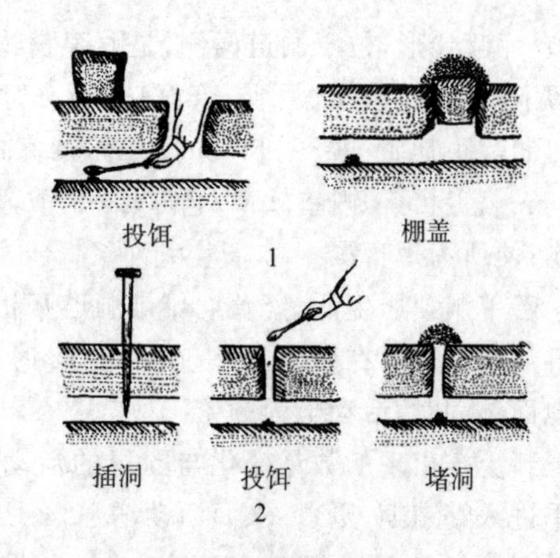

图 10-17 毒饵防治法（仿宋恺）
1. 开洞投饵法 2. 插洞投饵法

二、草原鼢鼠

草原鼢鼠(*Myospalax aspalax* Pallas)也称地羊、瞎老鼠、外贝加尔鼢鼠、达乌尔鼢鼠，属啮齿目鼹形鼠科鼢鼠亚科。在我国分布于内蒙古东部、黑龙江西部、吉林西部和河北北部。对农牧业有危害。但毛皮绒细柔软，可加工利用。

1. 形态特征

似中华鼢鼠，但前肢爪极粗大，第 3 趾上的爪长 16～20 mm。眼小。耳隐于毛被之下。尾较短，几乎全部裸露，仅具极稀疏的短白毛。我国鼢鼠中毛色最淡的一种，银灰色而略带浅赭色，上下唇纯白色，额部无白色斑点。头顶、背部及体侧毛色一致，毛基淡灰而毛尖淡赭色。腹面毛基灰褐色而毛尖污白色。尾和后足背面有白色短毛。

鼻骨宽平，前 1/3 显著扩大，后 2/3 外缘接近平行，末端稍尖。额骨前缘嵌入两鼻骨之间。颧弓宽大。眶前孔略呈三角形。头骨后端在人字嵴处呈截切面。上门齿末端伸至臼齿列的前方；上臼齿由前向后逐渐减小且结构极相似——内侧均有 1 个内陷角，外侧有 2 个内陷角，第 1 下臼齿外侧有 2 个内陷角、内侧有 3 个内陷角，咀嚼面最前叶近圆形；第 2 下臼齿内侧有 2 个内陷角，其第 1 叶为横列；第 3 下臼齿外侧 2 个内陷角极不明显，内侧第 1 个内陷角较深，第 2 个较浅，其最后 1 叶为向后突起。

2. 生态特性

栖息于土质较为松软的草原和农田地区。栖息地常有许多排列成直线或弧形的大小不一的土丘，直径 50～70 cm。洞系分为洞道、窝巢及仓库等部分。洞道极长，深 30～50 cm，窝巢深达 2 m 左右。营地下生活，有时夜间爬出地面活动。不冬眠。春末夏初活动频繁。5—6 月份开始繁殖。以植物的地下部分为食，喜食含淀粉的根茎。

3. 防治方法

同中华鼢鼠。

三、高原鼢鼠

高原鼢鼠(*Eospalax baileyi* Thomas)别名贝氏鼢鼠。是青藏高原特有鼠种,自祁连山地到甘南、青海以及四川西北部均有分布。

1. 形态特征(图 10-18)

尾短。耳壳退化,眼小,鼻垫呈三叶形,尾及后足上面覆以密毛,前足指爪发达,适应于地下挖掘活动。躯体被毛柔软,并具光泽。鼻垫上缘及唇周为污白色。额部无白色斑。背腹毛色基本一致。成体毛色从头部至尾部呈灰棕色,自臀部至头部观呈暗赭棕色,腹面较背部更暗灰色,毛基均为暗鼠灰色,毛尖赭棕色。幼体及半成体为蓝灰色及暗灰色。尾上面自尾基到尾端暗灰色条纹逐渐变细变弱,尾下面和暗色条纹四周为白色、污白色或土黄白色。前肢上面毛色与体背雷同,后肢上面毛色呈污白色、暗棕黄色或浅灰色。尾被以密厚短毛,呈白色。

图 10-18 高原鼢鼠

鼻骨后端呈钝锥状,无缺刻,且超越前颌骨后端;鼻骨近中部明显扩大。左右颞嵴在后部比在额顶骨缝处较为相近。门齿孔包围在前颌骨范围内。最后上臼齿较大,而且其末端多1小齿叶,因而内侧具有 2 个凹角。下颌骨冠状突与关节突之间凹陷较深,从侧面观呈“V”字形。

2. 生态特性

高原鼢鼠营地下生活。主要活动在地表下 10～25 cm 之间。由于采食挖掘活动,在地面上留有拱推出的土丘、食眼、土花和龟裂痕迹。种群密度越大,活动越频繁,在地表留下的土丘及各种活动痕迹越多。因此,土丘及各种活动痕迹可作为判断高原鼢鼠活动节律及活动强度的依据。

在若尔盖草原上高原鼢鼠年活动有两个高峰。经对样方新推土丘数统计和测验,第 1 活动高峰在 4 月中旬至 6 月中旬,第 2 活动高峰 9 月初至 10 月中旬。这两个活动高峰期正是高原鼢鼠的主要危害期,其中 4—6 月也是其繁殖期。

高原鼢鼠洞穴复杂多样,雌鼠洞弯曲,雄鼠洞较直。据王权业等 1986 年在互助县东沟乡龙一村剖洞观察,一般洞道分支 3～5 个,洞道弯曲,洞穴按用途大体可分为老窝、主洞(通道)、贮藏洞、觅食洞和粪便洞 5 种。老窝在 2.33～4 m 以下的深处,2 m 以上洞道开始分支,觅食洞在地下 16 cm 的土层内。

高原鼢鼠掘出地面的土丘一般呈圆锥形,雄鼠掘的土丘直径(平均直径 51.73 cm)大于雌鼠掘的土丘(平均直径 41.38 cm)。从每年 4 月初开始出现新土丘,4 月底至 5 月中旬的新土丘最多,6—8 月份新土丘逐渐减少,9 月初新土丘又开始增加,9 月下旬达到高潮,10 月初新土丘逐渐减少,地面冻结后完全消失。新土丘的出现和数量变化与鼢鼠的活动规律有密切的关系,并直接关系到判断的准确性。一般鼢鼠都栖息在新土丘周围,新旧土丘的区别在于新土丘土质较蓬松,无牧草生长。一般有鼠的地面,牧草有撬松的现象,牧草发黄或枯死等。雌雄高原鼢鼠为繁殖创造条件,其巢区在空间分布上常呈镶嵌格局。但雌雄鼠的洞道互不相通,在掘洞时向地面推出的土丘分布上各有不同。一般雄鼠的活动范围大，推出的土丘多呈直线分布，到一定距离后改变方向，改变方向后的土丘仍呈直线分布。而雌鼠的活动范围相应较小，推出的土丘成团簇分布，即人们常说："雄鼠呈直线，雌鼠团团转"。这是野外判断鼢鼠性别的重要指标之一。

高原鼢鼠主要取食植物的根、皮、茎、叶、果实和种子等，其食性与分布区的植被状况有密切的关系。分布于甘南地区的高原鼢鼠主要以蔷薇科和菊科类杂草为食，分布于林区的高原鼢鼠除了取食杂草外，特别喜食许多树木的根部；而分布于很多栖息地的高原鼢鼠，由于多是高原鼢鼠危害较为严重的区域，草场植被严重退化，和退化不明显的草场相比，两栖息地中的植物均以杂草类为主，优良牧草禾本科和莎草类植物相对较少。但两种栖息地中各植物种的相对频度却明显不同。在高寒草甸中，出现频次最高的前 10 种植物依次为鹅绒委陵菜、细叶亚菊、垂穗披碱草、苔草、雅毛茛、异叶米口袋、矮嵩草、柔软紫菀、磨岭草和矮禾绒草；在高寒灌丛中，出现频次最高的前 10 种植物依次为垂穗披碱草、鹅绒委陵菜、早熟禾、皱叶酸膜、兰石草、西伯利亚蓼、直立梗唐松草、海乳草、落草和华马先蒿。

3. 防治方法

同中华鼢鼠。

第五节　沙鼠

一、大沙鼠

大沙鼠(*Rhombomys opimus* Lichtenstein)也称大沙土鼠，属啮齿目仓鼠科沙鼠亚科。在我国分布于新疆、甘肃、宁夏、内蒙古等省区，占据着准噶尔荒漠，新疆、内蒙古和甘肃的毗连荒漠、阿拉善荒漠以及蒙、甘、宁荒漠等广大地区。喜食固沙植物的枝条及种子，影响固沙林的天然更新与正常结实，并可造成固沙林衰退；取食和挖掘活动影响荒漠植被，降低草场载畜量并破坏路基；为鼠疫等自然疫源性疾病的宿主。

1. 形态特征(图 10-19)

图 10-19　大沙鼠

(www.blueanimalbio.com)

体形较大。成体体长 150～200 mm；耳短小，不及后足长之半；尾粗大，几近体长。爪粗壮而锐利，暗黑色。毛色变异较大，夏毛短而色浅，冬毛长而色暗。夏毛额部和背部暗沙黄或暗黄褐色，毛由基部至尖部呈现为灰－沙黄－黑色(或褐色)变化。颊、耳后和体侧毛色较浅。腹面和四肢内侧毛色污白而略带黄色。四肢外侧和后足跖部被少量黄色或红锈色毛。尾后半段具黑色或棕黑色长毛，并在尾端形成笔状毛束。

头骨粗壮、宽大，鼻骨狭长，颧宽近颅全长的 3/5，眶上嵴明显，顶骨颞嵴明显。听泡不与颞骨颧突相接触。门齿孔后缘连线不达于上臼齿列。上门齿前缘有 2 条纵沟，外侧的一条更为明显。第 1 上臼齿有 3 个椭圆形齿环，第 2 上臼齿有 2 个，第 3 上臼齿被中部的一浅凹陷分成前后两个齿叶。

2. 生态特性

大沙鼠是典型的荒漠啮齿动物。栖息环境与固沙植物梭梭、柽柳、盐爪爪、白刺等灌木丛相联系,在梭梭荒漠中常能形成高密度的群体,洞群覆盖环境面积可达50%。

群栖性,有明显的洞群。洞群中心区洞口密布、洞系相连、鼠密度最大。家族式洞系,洞道结构复杂,洞口直径6～12 cm,洞口数十个至百余个,占地数百平方米。洞系的地下通道纵横交错,分2～3层,上层距地表20～40 cm,内有巢(分夏巢与冬巢)、粮仓和便所,洞口前多有高大的土丘(高40～60 cm,面积1～2 m^2)。

以植物肉质多汁的绿色部分、枝条外皮、芯和种子为食,其食谱有梭梭、猪毛菜、琵琶柴、盐爪爪、白刺、假木贼、锦鸡儿、芦苇等40多种植物。贮粮越冬,常把梭梭枝条咬断成5～7 cm的小段,搬进仓库中贮存或堆放在洞外。不冬眠,白天活动。冬季活动高峰为11—14时,活动范围一般不超过2.5 m;夏季活动高峰在7—10时和17—19时。出洞时先探出头部张望,若遇险则以尖叫声报警,并迅速将头缩回洞内,半小时至1 h后才再次出洞;出洞后先立在洞口土丘上四处张望,如无异常,以叫声发出信号,然后才开始在地面上活动。每年4—9月繁殖,年繁殖2～3胎,怀孕期25 d左右,窝仔数1～11只。春季出生的雌鼠当年参加繁殖。冬季死亡率可达90%左右。种群数量常与食物、降水量密切相关。天敌有鹰、鼬和狐狸等。

3. 防治方法

毒饵灭杀:用梭梭嫩枝配成0.005%溴敌隆毒饵,3—4月份一次投药,2 g/洞。

二、长爪沙鼠

长爪沙鼠(*Meriones unguiculatus* Milne-Edwards)亦称长爪沙土鼠、蒙古沙鼠或黑爪蒙古沙土鼠(内蒙古一带)、黄耗子(河北坝上地区)、砂耗子、白条鼠、黄尾巴鼠、沙土鼠等,属啮齿目仓鼠科沙鼠亚科。在我国分布于辽宁、内蒙古、河北、山西北部、陕西北部、甘肃东部和宁夏等地。是我国北方农牧业的主要害鼠。在牧区大量消耗牧草并破坏土层结构,在农区则盗食并贮存大量粮食,可使农作物减产甚至达到免于收割的程度,此外,还是鼠疫病原体的主要宿主。

1. 形态特征(图10-20)

体长100～125 mm。耳圆,约为后足长1/3,眼大。尾等于或略小于体长,具密毛,末端有深褐色毛束。足掌有细毛,具黑褐色、弯曲而锐利的爪。头部和尾部毛呈沙黄色,毛尖黑色;口角至耳后有一灰白色条纹。背部沙黄色并杂有黑毛。胸腹部呈污白色,毛尖白色,毛基灰色(区别于子午沙鼠)。

图10-20 长爪沙鼠

(www.blueanimalbio.com)

颅骨前窄后宽,鼻骨狭长,颧宽超过颅全长的1/2;顶间骨宽大,呈卵圆形;左右听泡发达且相距较近;门齿孔狭长,向后几乎达到与臼齿平齐。门齿前缘外侧部有一纵沟;成体上、下颊齿有齿根,咀嚼面呈一列菱形。

2. 生态特性

荒漠草原啮齿动物,亦分布于干草原和农区。最适生境为背风向阳、疏松沙质土壤、坡度较小并长有白刺、滨藜及小画眉草等茂密植物的环境。干草原常零星分布。

家族式洞系。洞系包括洞口、洞道、仓库和巢室等部分，根据结构和功能可分为越冬洞、夏季洞和临时洞。越冬洞结构复杂：有 4～20 个洞口，洞口直径 6～7 cm；洞道由洞口斜行向下 30 cm 后与地面平行；巢室距地面 50～150 cm，内铺有盐生酸模、雾冰藜、小画眉草、虎尾草或针茅等植物；仓库 5～6 个。夏季洞无仓库。临时洞有 2～3 个洞口，洞道短而直，为临时藏身之所(图 10-21)。

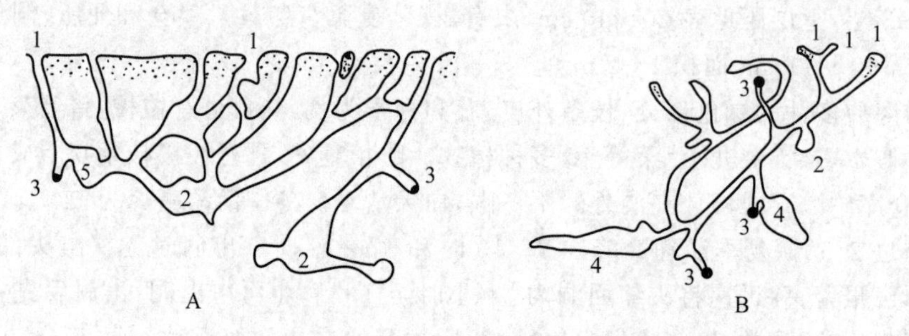

图 10-21 长爪沙鼠的夏季洞穴(左)和越冬洞穴(右)(仿刘乾开)

1.洞口 2.窝室 3.盲洞 4.仓库 5.便所

白昼活动，夏秋季全天活动，冬春季活动高峰为 10—15 时；活动范围为数百米至 1 km。食物为滨藜、猪毛菜、绵蓬、蒿类和白刺果等植物的绿色部分及其种子，在农区则主要采食糜、黍、高粱、谷子、蚕豆、胡麻、苍耳和益母草等。不冬眠。秋季贮粮越冬，牧区贮粮植物常为白刺、沙蓬、绵蓬、苦豆子和蒺藜种子等。全年可以繁殖，繁殖高峰集中在春、秋两季；草原地区 3、4 月份进入交配期，每胎 3～10 仔，妊娠期 20～25 d；春产幼鼠当年可参加繁殖。

种群数量的年间变化较大(1.13～28.81 只/hm^2)，季节变化较小。影响种群数量变化的环境因子主要是降水，农业生产活动(如翻耕、秋收、运场、打草等)对长爪沙鼠的活动亦有一定影响。

3.防治方法

(1)草原　毒饵灭杀：0.005%溴敌隆无壳谷物毒饵，一次投药，2 g/洞。大发生时，可采取 30 m 行距条状投放磷化锌或敌鼠钠盐等无壳谷物毒饵。

(2)农区　综合防治：春季先发动一次捕鼠运动，降低基础繁殖鼠数；收获前用药物进行第二次灭鼠；尽量缩短秋收时间，捡净地里的谷穗；消灭沙鼠栖息处所；同时，配合冬灌和深翻，可以达到较好的防治效果。

三、子午沙鼠

子午沙鼠(*Meriones meridianus* Pallas)亦称黄耗子、中午沙鼠、午时沙土鼠，属啮齿目仓鼠科沙鼠亚科。在我国分布于内蒙古、河北、山西、陕西北部、宁夏、甘肃、青海和新疆等省区。危害固沙植物，破坏荒漠和半荒漠牧场的饲料条件；其洞穴可加速水土流失；鼠疫等病原体的主要宿主。

1.形态特征(图 10-22)

似长爪沙鼠，仅稍肥硕。体长 105～150 mm；尾长与体长近相等。耳短圆，向前折可达眼部。后足掌被密毛，前端有一小裸区。头部和体侧毛色较浅。背部沙黄色或浅棕黄色，毛基暗灰色,中间沙黄色,毛尖黄棕色;腹毛为纯白色(长爪沙鼠的腹毛毛尖白色、毛基为灰色);尾毛沙黄色,尾端具毛束。爪基部浅褐色,尖部白色。

头骨较宽大。颧宽约为颅全长3/5。顶间骨背面明显隆起,后缘有凸起。听泡发达,其前外角与颧弓可接触。门齿孔狭长,后缘达臼齿前端的连线。门齿唇面黄色,上门齿有一条纵沟。臼齿咀嚼面平坦,珐琅质被齿沟分成棱形齿环:第1上臼齿有3个,第2上臼齿有2个,第3上臼齿仅为圆柱形齿环。

图 10-22 子午沙鼠

2. 生态特性

荒漠和半荒漠啮齿动物,亦侵入耕地、住宅、仓库或果园。洞系由洞口、洞道、窝巢、仓库、食台和便所组成。洞口多在固定沙丘的边缘或灌丛下以及坑坎的中下部。洞道结构较简单,可分为栖息洞和临时洞,栖息洞有1～4个洞口,洞口直径5～9 cm,洞道长1.2～3 m,多具分支和盲洞;窝巢位于洞道最远端,距地面40～70 cm,由芦苇及其他植物的根皮、须根和兽毛组成;食台为沙鼠啃食的地方,常留有许多种壳和残核。一般每洞系只居住一对成鼠,而在哺乳期,仅雌鼠和幼鼠同居。夏季,洞口常用沙封住。临时洞的洞道浅短(＜1.5 m),盲洞较多,无窝巢。

夜间活动为主,活动曲线为前峰型,高峰出现于子夜0时左右。杂食性,食物包括各类植物的种子和营养体,以及少量的动物性食物。不冬眠,冬季贮粮越冬,但也经常出洞觅食。3月中旬开始繁殖,繁殖期长达7个月;每年繁殖2～3次,妊娠率16.67%～37.5%,妊娠期22～28 d,产仔数平均为5.12只。种群数量季节变化明显,从春季到秋季约能增长10倍,冬季死亡率约为90%。年间数量波动不大。

3. 防治方法

毒饵灭杀:0.005%溴敌隆无壳种子毒饵,一次投药,2 g/洞。或在春秋两季,子午沙鼠最活跃的季节,采取70m行距浓密带状撒播无壳种子毒饵,灭效很高。

第六节 田鼠

一、布氏田鼠

布氏田鼠(*Lasiopodomys* Radde)亦称沙黄田鼠、草原田鼠、白蓝其田鼠、布兰德特田鼠,属啮齿目仓鼠科田鼠亚科。在我国分布于黑龙江、吉林、辽宁、内蒙古和河北等地。可大量啃噬牧草,并通过挖掘洞穴产生土丘,因此,可加剧水土流失,并改变植物群落组成,影响产草量。是鼠疫等病原体的主要宿主。

1. 形态特征(图10-23)

体形较小,体长90～135 mm。耳较小,长为10～13 mm。尾和四肢较短,尾长为其体长的1/5～1/4。体背沙黄色或黄褐色,体侧较浅而与背部的界限不清。腹毛浅灰而稍带黄色。尾

图 10-23 布氏田鼠

部背腹面毛色均与体背毛色相同,尾端毛较长。

头骨较狭颅田鼠宽大。颧宽为颅长的 3/5;眶间宽>3 mm;颞嵴发达;眶上嵴明显;腭骨后缘中央有下伸的小骨与翼状骨相连,在两侧形成翼窝。前颌骨的后缘与鼻骨后缘齐平。门齿唇面黄色。第 1 上臼齿前端横齿叶以后有 4 个封闭的三角形,第 2 上臼齿有 3 个,第 3 上臼齿内侧有 3 个突出角。第 1 下臼齿后端横齿叶之前有 5 个封闭的三角形,内侧 3 个,外侧 2 个;前端还有 1 个不规则的齿叶。第 2 下臼齿的横齿叶前有 4 个三角形,第 3 下臼齿有 3 个向内倾斜的齿叶。

2. 生态特性

针茅草原常见啮齿动物,喜栖于冷蒿、多根葱及隐子草较多、植被盖度为 15%~20%的草场;大发生时,其洞系往往连接成片,可侵入各种生境。

群居性。洞系可分为越冬洞、夏季洞及临时洞 3 种类型。越冬洞最复杂,由夏季洞扩展而来,包括洞口、洞道、仓库、巢室和便所等:洞口多为 8~16 个,有时可达几十个,洞口间有跑道相连;洞前有土丘,土丘高度 4~8 cm,占地 4~6 m^2;洞道距地面 12~22 cm;仓库 2~3 个,距地面 16~28 cm,多呈不规则长形,其长度为 50~100 cm,宽度和高度为 10~20 cm;巢室 1 个,距地面 21~32 cm,容积为 29 cm×17 cm×35 cm,内铺有 21~25 mm 厚的垫草。临时洞仅 1~2 个有洞道相连的洞口,最为简单,用以避难。

家族式生活,即同一洞群内由少数成体和一定数量的幼体或亚成体组成。贮粮越冬。8 月下旬至 9 月上旬开始贮粮,贮粮量可达 10 kg 以上,包括羊草、藜科植物和农作物的种子等。冬季常将洞口堵塞。春季活动高峰为 11—13 点,夏季活动高峰为日出后和日落前;经常活动的范围为 25~55 m。有迁移习性,迁移距离可达 4~10 km。主食牧草的绿色部分,种类包括羊草、针茅、苔草、冷蒿、多根葱、隐子草、狭叶锦鸡儿和冰草等植物。每日牧草采食量为 38 g。繁殖力强;繁殖期为 3 月下旬至 9 月,妊娠期 20 d 左右,胎仔数 5~14 只;越冬鼠每年可繁殖 3 胎,当年出生的第 1 胎和第 2 胎个体当年就可参加繁殖。生态寿命为 13 个月。种群数量波动十分明显,年间密度可相差几十倍甚至几百倍,大发生时可形成极高的密度,有时每公顷洞口可达 2 000 多个。天敌主要是狐狸、鼬类等。

3. 防治方法

(1)毒饵灭杀　可用 5%~10%磷化锌毒饵或 0.2%敌鼠钠盐毒饵杀灭。密集时可采用 20 m 宽行距条状投饵的方法,数量不大时可按洞口投饵。

(2)生物毒素杀鼠剂　可用 C 型肉毒梭菌毒素的冻干毒素配制莜麦毒饵进行杀灭,每克诱饵 2.0 万单位水溶液毒素,灭效可达 99%以上。

(3)生态综合治理　长期防治应采用生态防治综合治理。

二、狭颅田鼠

狭颅田鼠(*Microtus gregalis* Pallas)亦称群栖田鼠,属啮齿目仓鼠科田鼠亚科。分布于内蒙古、河北及新疆等地。是草地的主要害鼠之一。鼠密度最高的年代,因大量啃食牧草并通过挖掘活动严重破坏草场,可使产草量降低30%。

1.形态特征(图10-24)

体长100～135 mm。耳较小,几乎藏于毛中。四肢短小。尾短,为体长的1/5～1/4。体沙灰色。吻部及耳前方稍带棕色;额及背部灰棕色,毛基黑色,毛尖黄棕色,并杂有黑毛。体侧毛色较浅,腹面乳灰色,四肢背面沙黄色。尾背面较体背颜色稍浅,腹面乳白色。夏毛较冬毛色深。

图10-24　狭颅田鼠

头骨狭长,上面较平。眶间宽为3 mm左右,眶中间的纵棱明显,纵棱向后延伸,与脑颅两侧之棱相接。听泡间距离较大。腭骨具有2条纵沟。第1上臼齿第1横叶之后有4个封闭的三角形,第2上臼齿有3个,第3上臼齿有3个,但最后一块齿叶不呈三角形,其前端微向内弯。第1下臼齿最后横叶之前有5个封闭的三角形,第2下臼齿有4个,第3下臼齿有3个向内伸的齿叶。

2.生态特性

栖息于植被覆盖较好的草原,常居住在锦鸡儿丛下或其他丛生的牧草下面。亦栖息于森林草原、山地草原的湿润地带,以及河谷两岸和小溪附近的灌丛、草丛及河湖周围的沼泽地带。

傍晚和前半夜活动频繁。群居性。洞系有4～11个洞口,洞深5～30 cm,每洞系有2～3个或更多个仓库,仓库直径可达25 cm;主洞系之外,有时有临时洞穴。食物主要是植物的绿色部分。有贮粮习性。5—8月繁殖,胎仔数8～11个,年产3～4窝,春季出生的幼鼠当年可参加繁殖。

3.防治方法

同布氏田鼠。

三、鼹形田鼠

鼹形田鼠(*Ellobius talpinus* Pallas)亦称坦氏鼹形田鼠、瞎老鼠、翻鼠、地老鼠、普通地鼠、田鼠、拱鼠、瞎鼠子,属啮齿目仓鼠科田鼠亚科。在我国分布于内蒙古、陕西、甘肃、宁夏和新疆等地。危害主要表现为对草场的破坏,其挖掘活动和抛出的土丘对自然条件比较恶劣的半荒漠地带的牧草生产影响严重。

1.形态特征(图10-25)

图10-25　鼹形田鼠

(www.blueanimalbio.com)

体形短粗呈圆筒状,似鼢鼠,但较鼢鼠小且细弱。成体长100～135 mm。全身毛短密,无针毛。尾甚短,微露于毛被外。头大,眼极小,外耳壳退化,毛被之下仅有一外耳孔。上颌门齿突出于口外。前足5指,拇指短小,第2、3指较长,足掌裸露无毛,足垫2枚;后足5趾,掌垫3枚。前后足外侧密生长毛。毛色变异较大,分为常态型、黑化型和白化型三种。常态型体背沙黄褐色,自吻端至两耳处的毛色黑褐,黑色愈向吻端愈浓,最后几为纯黑色。体侧与腹部均为污白色,足背与趾间的毛为白色,尾毛淡黄或暗褐色。成鼠的毛色较深,幼鼠为灰色。黑化型全身毛色乌黑色,但毛基为白色,部分个体毛尖略显棕褐色,足背、趾间及尾尖具白色长毛。

头骨粗壮;鼻骨细长;颧弓向外扩展;脑颅圆而平滑,顶间骨呈方形或长方形,有的个体很小或缺如。门齿孔小,位于前颌骨与上颌骨交界处。腭后缘达第 2 上臼齿中间。听泡较小。门齿前伸出唇外。第 1 上臼齿内外侧各具 3 个突角;第 2 上臼齿外侧具 3 个突角,内侧具 2 个突角;第 3 上臼齿内外侧各具 2 个突角,部分个体外侧突角不明显。

2. 生态特性

栖息环境比较广泛,从高山到荒漠、森林、草甸灌丛均有分布,喜栖息在较湿润、植被发育良好的夏牧场中的沟谷、阴坡、准平原等生境。

营群栖的地下生活,很少出洞活动。洞系构造复杂,包括主洞道、推土道、草洞、栖息洞和巢室等部分。主洞道为洞系的干线,是采食及往来活动的主要通道,距地面 15～20 cm,长 10～100 m,四壁光滑,直径 5～7 cm,蜿蜒曲折,与地面平行。推土道为向地表抛出废土的洞道,分布在主洞道两侧,被排出的土在地面堆积成土丘,土丘的体积比鼢鼠土丘小,直径 15～20 cm,高 10～15 cm,土丘排列无一定规律,土丘间距离亦不固定。草洞在主洞道与排土洞道交会处附近,常有呈圆锥形的洞,锥顶有挖食草根时形成一小孔与地面相通。栖息洞斜向深处,其内有窝巢、仓库和便所,窝巢内垫有两层干草,内层较软,有 1～3 个仓库。

食物以植物的地下部分为主,也采食少量的植物绿色部分和种子。春夏季挖掘活动多在 10 时前和 18 时后,秋季则终日可见新拱出的土丘。每年繁殖 3～4 次,胎仔数 2～8 个。性比约为 1∶0.93,一般雌多于雄,但参加繁殖的雌鼠仅占成年雌鼠的 51%,繁殖力较弱。天敌为小型食肉兽和猛禽。

3. 防治方法

(1)鼠夹捕打　挖开主洞道,清除洞内浮土,用铁板夹或弓形夹多次捕打,方法同中华鼢鼠。

(2)毒饵灭杀　用一铁钎(直径 3 cm)在主洞道上深插,然后在洞内投入 10%磷化锌马铃薯或胡萝卜毒饵灭杀。此方法宜在早春进行,早春牧草处于返青阶段,易于寻找洞道,同时,正值食物青黄不接之际,用投饵法易取得较好效果。

四、根田鼠

根田鼠(*Microtus oeconomus* Pallas)亦称田老鼠,国内分布于新疆、甘肃、青海和陕西。国外分布于蒙古、俄罗斯,向西直至欧洲西部。根田鼠挖掘洞穴产生的土丘,可改变植被的群落组成,影响产草量,并加剧草地的水土流失。同时还是鼠疫等疾病的贮存宿主。为沙狐、艾虎等毛皮兽的主要食料。

图 10-26　根田鼠

1. 形态特征(图 10-26)

体型中等大小,较普通田鼠略大而粗壮,体毛蓬松,体长约为 105 mm,后足长约 19 mm,尾长不及体长一半,但大于后足长的 1.5 倍。体背毛深灰褐色乃至黑褐,沿背中部毛色深褐;腹毛灰白或沾淡棕黄色,尾毛双色，上面黑色，下面灰白或淡黄；四肢外侧及足背为灰褐色，四肢之内侧色同腹部。头骨较宽大，颅全长约 26 mm，颧骨相当宽大，颧宽约 14 mm，为颅全长的 1/2，眶间较宽大。第 2 上臼齿内侧有两个突出角，外侧有三个突出角；第 1 下臼齿最后横叶之前有四个封闭三角形与一个前叶；上齿列长约 6.8 mm，短于齿隙之长度。

2.生态特征

栖息海拔 2 000 m 以下的亚高山灌丛、林间隙地、草甸草地、山地草地、沼泽草地等比较潮湿、多水的生境。农田、苗圃绿洲中亦有少量分布。筑洞穴居，洞道较简单，大多为单一洞口。筑窝于草堆、草根、树根之下方。个别个体筑有外窝。以植物的绿色部分为食，冬季挖食植物之根部、块茎幼芽、种子。营昼夜活动之生活方式，于夏秋之间进行繁殖。年繁殖 3～4 次，在祁连山地，于 7、8 月间捕到的成年雌鼠，多数为怀孕个体。每胎通常有 3～9 仔，平均为 5 仔。天敌主要为鼬类、狐和狼、猛禽类。

3.防治方法

(1)化学灭鼠法　大面积灭鼠时，主要采用化学灭鼠法，人工、器械捕捉仅具有次要的意义。近年来群众性灭鼠的毒饵有：5%～10%磷化锌毒饵：以谷物（麦类、玉米或豆类）为诱饵，先用水煮成半熟，捞出后稍稍晾干，然后加 3%～5%的面糊，搅拌均匀，再加磷化锌，继续搅拌，最后加少量清油再搅拌均匀即成。在鼠洞外 16 cm 处，投放麦类毒饵 10～15 粒，或玉米毒饵 8～10 粒，或豆类毒饵 5 粒，就能达到毒杀的目的。条投时，可按行距 30～60 m 投放。如用飞机喷撒时，麦类毒饵的含药量应为 10%。毒饵配制后，要在阴凉处阴干 12～24 h。间隔 40 m，喷幅 40 m，于 5 月中旬喷撒为宜，每 667 m^2 用毒饵 0.4 kg。0.5%甘氟毒饵：以马铃薯、萝卜或番茄作诱饵。先将诱饵切成指头大小的方块，再将 0.5%甘氟用水稀释 4 倍。然后将诱饵捣毁入盛甘氟水溶液的金属容器中，搅拌、浸泡至甘氟水溶液诱饵吸干为止，亦可用麦类作诱饵。每洞投 3～5 块或 10～15 粒。如果在夏季使用带油的毒饵时，为了避免毒饵风干或被蚂蚁拖去，可将毒饵投入洞中，并不影响灭效。采用毒饵法消灭鼠时，毒饵要求新鲜，并选择晴天投放，雨天会降低毒效。夏季（6—7 月份），由于植物生长茂盛，鼠的食物丰富，不适于使用毒饵法。而此时正是幼鼠分居前母鼠与仔鼠对不良条件抵抗力较弱的时候，宜采用熏蒸法。氯化苦熏蒸法：温度不低于 12℃时，在鼠洞前使用氯化苦熏法较好。用小石子、羊粪粒或预先准备好的干草团若干，在晴天气温较高时，将羊粪粒或小石子盛于铁铲上，然后迅速倒上 3～5 mL 的氯化苦，马上投入鼠洞中，再用草塞住加土封好洞口即可。磷化铝或磷化钙熏蒸法：用磷化铝 1 片或磷化钙 15 g，投入鼠洞中，灭效较高。若投放磷化钙时同时加水 10 mL，立即掩埋洞口，灭效更高。灭鼠炮熏蒸法：投放灭鼠炮时，先将炮点燃，待冒出浓烟后再投入洞中，随后堵塞洞口。每洞投放一只灭鼠炮即可。

(2)其他灭鼠法

弯开夹法：用 0～1 号弓形夹，支放在洞口前的跑道上。将细钢活套安放在洞口内约 6 cm 深处，三面贴壁，上面腾空半厘米，当鼠出洞或入洞时均会被套住。

灌水法：消灭鼠的效果较好。对于沙土中的鼠洞，在水中掺些黏土，灭效更好。此外，还可采用箭扎、挖洞、热沙灌洞等方法来灭鼠。

五、草原兔尾鼠

草原兔尾鼠（*Lagurus lagurus* Pallas）也称草原旅鼠，属啮齿目仓鼠科田鼠亚科。在我国分布于新疆北部,是新疆地区主要害鼠之一。种群数量变化显著,数量高的年份,危害严重,洞群密集处,可使产草量减少30%～40%。亦啃食麦苗,可造成缺苗断垄,给农业生产带来严重危害。此外,还是兔热病病原体的天然携带者。

图 10-27 草原兔尾鼠
(www.blueanimalbio.com)

1.形态特征(图 10-27)

体形小,体长 80～120 mm。耳短圆,微露于毛被之外。四肢短小。尾短于后足长。背部毛色浅灰褐色,毛基深灰,中间浅黄,毛尖黑色或黄色。背脊有起于顶部止于臀部的黑色纵纹。腹部毛基浅灰,毛尖浅黄白。两颊、体侧及臀部毛色较背部浅。足背毛色浅黄,前足掌裸露,后足掌被白色毛。尾毛背面浅黄,腹面白色。

头骨宽扁,鼻骨宽短,额顶平直。眶上嵴较小,眶后突发达。颧弓粗壮并向外突出。门齿孔较大,腭骨上两条纵沟较浅。听泡膨大,下缘超过臼齿齿冠,后缘不超过枕髁。第2上臼齿显著短于第3上臼齿,第3上臼齿最后一个齿环呈三叶状,其内侧有3个突角,外侧有4个突角。第1下臼齿具有7个封闭的齿环,最前面的一个齿环为三叶状。

2.生态特性

栖息于亚高山草甸、高山草原、荒漠草原和荒漠中。鼠洞呈集群分布,每个洞群的洞口之间有跑道相连,洞口数可达100多个。洞穴分为居住洞和临时洞。居住洞包括洞口、洞道和巢室等,其中洞口10～20个,洞道直径3～4 cm,距地面10～20 cm,多与地面平行,长10～20 m;巢距地面25～50 cm,容积为20 cm×14 cm×18 cm,内有干细草叶做成的窝。临时洞分布在居住洞周围,长20～50 cm,有1～2个洞口。

食物主要是禾本科和豆科植物的绿色部分,亦喜食蒿属植物,亦啃食植物茎部嫩皮和根部表皮。取食时先将植物咬断,仅取食其幼嫩部分,其余则被抛弃;属于掠夺性取食,即将一片牧草吃光后再迁移到其他牧草丰盛之处生活。春夏拒食种子。秋季贮粮,常在洞口贮存干草,每堆达200～500 g。昼夜活动,晨、昏为活动高峰。不冬眠,冬季在雪下活动。繁殖力强,年繁殖3～6次,繁殖期4月初至9月。妊娠期21～25 d,每胎4～8仔。种群数量季节间和年间变化大,若幼鼠死亡率达25%,在6个月当中也可增长200倍左右。天敌有鹰、乌鸦、狐等。

3.防治方法

化学防治为主。由于植物生长季节拒食种子,可配制胡萝卜丁或苜蓿毒饵灭杀。

六、黄兔尾鼠

黄兔尾鼠(*Lagurus luteus* Eversmann)亦称黄草原旅鼠,属啮齿目仓鼠科田鼠亚科。在我国分布于新疆北部及内蒙古二连浩特等地,是新疆北部主要害鼠之一。营逐草而居的游牧式生活,其采食特点是吃光洞群附近的牧草再转移到植物丰盛地段,高密度年份对草场和农作物危害严重。由于洞道较浅,极易为人畜踏陷造成骨折,影响人畜安全。

1.形态特征(图 10-28)

体形较大,体长105～165 mm;耳极短,耳郭不突露于毛外。四肢短小,前足拇指爪很小。尾甚短,小于后足长。头部与体背沙灰色或沙黄色;背毛毛基灰色,中段淡黄白色,毛尖黑或黄褐色。两颊、体侧浅黄色。腹部和四肢淡黄色。足背浅黄色,足掌被有白色密毛。尾背腹面黄色。

图 10-28 黄兔尾鼠

头骨短宽。鼻骨较短,额顶部隆起。眶上嵴发达,眶后突发达,颞嵴明显。顶间骨近方形;颧弓粗大,向外扩张;门齿孔细长,腭骨具 2 条深沟,前端与门齿孔相通。翼蝶骨板状,不向上竖起。鳞骨前端具一发达的椎状突。第 1 上臼齿内侧第 2 凹陷角与第 2 上臼齿内侧第 1 凹陷角的前方有一小而明显的凸角。第 2 上臼齿与第 3 上臼齿大小相近。第 3 上臼齿最后一齿环不分叶,内侧有 2 个突角,外侧 3 个突角。第 1 下臼齿具 7 个封闭的齿环,最前面的一个齿环呈方形。

2. 生态特性

栖居于荒漠草原,以及砾石戈壁、低山丘陵和农田。食性广泛,夏季喜食蒿属、针茅、猪毛菜、骆驼蓬、小麦、苜蓿等绿色植物的茎叶,秋后主要以种子为食,取食时常将植株咬断后迅速衔入洞内啃食。

群栖性,洞系结构复杂,占地 10～100 m^2,由洞口、洞道、窝室和便所组成。洞口 5～8 个,洞口外有土丘和跑道;洞道长 20～50 m,距地面 20～30 cm;窝巢 1～3 个,内垫干草。白昼活动为主,晨昏活动最为频繁。洞系周围有些结构简单、用以避敌害的临时洞。密度高时,洞系连成一片,洞系所占的面积可占周围总面积的 20%～40%。行动迅速、机敏。不冬眠,冬季在雪下活动。有在洞口排粪的习性。繁殖期为 4 月中旬至 9 月中旬,年产 3～4 胎,每胎 3～12 仔。上半年出生的幼鼠当年可参加繁殖。种群数量季节间和年间波动显著,有利的年份,数量可以猛增,分布区逐渐扩大,每公顷可达 1 500～3 000 个洞口。

3. 防治方法

主要栖息于春秋牧场,可在牲畜转入夏场后用毒饵灭杀,诱饵可选用谷物及蒿类、假木贼等植物的茎叶。

第七节 跳鼠

一、三趾跳鼠

三趾跳鼠(*Dipus sagitta* Pallas)亦称毛脚跳鼠、沙鼠、跳兔、耶拉奔(蒙古语),属啮齿目跳鼠科。分布很广,我国北部大部分省区均有,分布的东界为吉林和辽宁二省的西部,南界约为万里长城、祁连山与昆仑山脉,包括内蒙古、陕西、宁夏、河北、吉林、辽宁、甘肃、青海和新疆等地。是荒漠草原和沙地的主要害鼠之一,因啃啮树苗、挖吃固沙植物种子和盗食谷物而对农林业造成危害。

1. 形态特征(图 10-29)

体形中等,体长 100～155 mm。头大,眼大。耳较短,前折不超过眼的前缘。耳壳前方有一排白色硬毛。前足 5 趾,后足仅具中间 3 趾,两侧趾完全退化,爪发达。后肢特别延长,其长

图 10-29 三趾跳鼠
(www.blueanimalbio.com)

度为前肢的3～4倍。尾长超过体长1/3以上，尾末端有黑白相间的“尾穗”。背毛灰棕色、棕红色或沙土黄色，部分毛尖黑色或为纯黑色毛，体侧锈黄色，下唇、腹面和尾基纯白色。

颅骨宽短。鼻骨前端具缺刻，鼻骨与额骨交汇处具明显下凹。颧骨细。泪骨发达。眶前孔很大。听泡发达。门齿孔短，其后端达于上臼齿列中小前臼齿之间。具两对很小的腭孔，一对近圆形，位于上颌左右第2臼齿之间，另一对位于齿后缘的内面。硬腭后缘超过上齿列末端甚远。门齿唇面黄色。上门齿与上颌垂直，唇面中央具浅沟；上前臼齿横截面为圆形，其高度小于第1上臼齿之半；上臼齿3枚，由前往后依次缩小。下门齿齿根很长，在髁状突外下方形成突起；下臼齿3枚。

2.生态特性

荒漠草原和沙地常见啮齿动物，多栖息在以梭梭、沙拐枣为主的灌木荒漠、红柳沙丘、胡杨疏林沙丘，以及沙蒿、沙柳、徐长卿为主的沙生植被中。

弥散性分布，洞系结构简单，一般由洞口、洞道、窝巢、盲洞和暗窗组成。每个洞系1个洞口，常被抛沙掩埋，但抛沙不聚集成堆；洞道洞径7.5～9.5 cm，长1.5～2 m；巢室圆形，距地面60～70 cm，位于洞道末端；巢圆盆形，由细软杂草构成，直径13～15 cm；盲洞位于窝巢两侧；暗窗末端仅以一薄层沙土与地面相隔，洞口遇警时，常由暗窗破土逃生。

夜间活动，白天栖于洞中，并用细沙掩埋洞口。傍晚出洞活动觅食，以后足着地跳跃，最大跃幅可达3 m以上。冬眠。3—4月出蛰，繁殖期为4—6月，妊娠期25～30 d，胎仔数2～7仔，年产1～2胎。8月育肥，9—10月开始冬眠，入蛰顺序为老年雄性个体—成年雌性个体—幼体。5月中旬和8月下旬因繁殖和准备冬眠，为全年的活动高峰期。食物为植物的茎、果实和根部(如沙蒿、白刺果和马铃薯的茎叶、杂草种子以及芦苇和禾本科植物的根部等)，也吃部分昆虫。

3.防治方法

(1)化学防治 毒饵灭杀或熏蒸法灭杀。

(2)人工捕打

挖洞法：在洞口附近用手指探查暗窗，并用物品将暗窗开口盖住，再挖洞找鼠。挖洞时，须时刻警惕鼠由洞口窜出。

杆钩法：用顶端装有铁质倒钩、长约3 m的柳条棍，迅速插入洞道，钻通堵洞的土栓，将鼠拧在铁钩上，拖出后致死。

火诱法：在密集区，选择无月光的黑夜，点燃火堆，当跳鼠发现火光前来时，用树枝贴地横扫，使其腿部受伤不能跳跃，乘机捕杀。

二、五趾跳鼠

五趾跳鼠(*Allactaga sibirica* Forster)亦称西伯利亚跳鼠、跳兔、驴跳，属啮齿目跳鼠科。在我国分布于黑龙江、吉林、辽宁、内蒙古、河北、山西、陕西、宁夏、甘肃、青海和新疆等省区。

在草原上主要以各类植物的种子为食，影响草原植被更新。在农区大量盗食蔬菜和种子，给农业生产带来一定危害。

1. 形态特征(图 10-30)

图 10-30 五趾跳鼠
(www.blueanimalbio.com)

跳鼠科中体形最大的一种，体长 125～200 mm。头钝，眼大，耳长约等于颅全长，触须发达。后肢发达，为前肢的 3～4 倍。后足 5 趾，仅中间 3 趾着地，其第 1、5 趾不达于其他 3 趾的基部。尾长为体长的 1.2～1.5 倍，末端具很大的羽状毛穗。耳内外侧边缘具有沙黄色短毛，颊部与体侧浅沙黄色。体背和四肢外侧沙黄带灰褐色，或棕褐带黄色，毛基浅灰色。腹毛纯白，背腹毛分界明显。尾背面部为褐黄色，腹面淡黄灰色。尾末端羽状毛束由基部至末端分别为灰白色、黑色和白色。

鼻骨细长。眶下孔极大，与颧骨联合构成颧弓的一部分。脑颅无明显的嵴，顶间骨甚大，宽约为长的 2 倍。门齿孔末端超过上臼齿列前缘。腭骨上具有 1 对卵圆形小孔，其位置与第 2 上臼齿相对。听泡隆起成三角形，但两听泡间隔较大。上门齿向前倾斜，前方白色，平滑无沟。前臼齿 1 枚，圆柱状，其大小与第 3 上门齿相似。上前臼齿的齿冠较小，与第 3 上臼齿的大小相似，臼齿咀嚼面具齿突。下门齿齿根极长，其末端在关节突的下方形成很大突起。

2. 生态特性

干旱半荒漠地带常见啮齿动物，栖息于草原、荒漠和农田。

独居，洞穴很简单，多位于灌丛下、沟坡、土坎或草地中。洞口 1～2 个，直径 6 cm 左右，洞道长约 5 m。临时洞较小，长 60～120 cm。白天常将洞口封住，并躲入其中。杂食性，以植物种子、绿色部分以及昆虫为食。有时动物性食物比例可达 70%～80%，主要成分是甲虫(包括幼虫)、蝗虫等。在植物性食物中，主要以狗尾草、紫云英等植物种子为食，农区则以谷物种子为食。

夜间活动为主，活动距离可达 1 000 m 以上。向前行走时前足收起，用后足跳跃，尾伸展作为平衡器，每跳可跃出 2～3 m。跳跃时速度快，姿态优美。前足仅用于短距离移动和抓取食物。冬眠。9 月下旬至 10 月上旬入蛰，翌年 4 月出蛰。入蛰顺序先雌后雄，出蛰顺序先雄后雌。每年 4—5 月份开始交配，每胎 2～9 仔。寿命 3～4 年。种群数量比较稳定，高密度环境的数量为 4～5 只/hm^2。天敌包括鸮、鼬、狐、兔狲等。

3. 防治方法

与三趾跳鼠相同。

第八节 家鼠和姬鼠

一、褐家鼠

褐家鼠(*Rattus norvegicus* Berkenhout)别名大家鼠、沟鼠、挪威鼠、白尾吊(广东)。褐家鼠是一种世界性分布的鼠种，除苔原带和亚寒带针叶林带的寒冷地区以外，凡是人类居住的地方都可以找到褐家鼠。各国人民都或多或少地遭受到褐家鼠的危害。褐家鼠的危害方式很多:它们毁坏作物,损害果树,损害和污染食品;损坏家具、衣物、建筑物和建筑材料,包括铅管和电线,甚至引起火灾;破坏田埂,引起灌水流失;咬死家禽和幼畜。特别是传播许多对人和家畜有危害的疾病。

图 10-31 褐家鼠

1. 形态特征(图 10-31)

褐家鼠的体型粗大,尾比较短,比体长短20%~30%。耳短而厚,约为后足长的1/2,向前拉不能遮住眼部。后足粗大,长度大于33 mm,但小于45 mm。后足趾间有一些雏形的蹼。乳头6对,胸部2对,腹部1对,鼠蹊部3对。背毛棕褐色至灰褐色,毛的基部深灰色,毛的尖端棕色。背中央全黑色的毛较多,故其颜色较体侧深。头部的颜色亦较深。腹面苍灰色,略带一些乳黄色,腹毛基部灰褐色,尖端白色。足背白色。尾上面黑褐,下面灰白。尾部由鳞片组成的环节明显,鳞片的基部生有白色和褐色细毛。褐家鼠的毛色变化较多,在旅大市曾发现白色个体;在福州曾发现淡黄色和黑褐色的个体。头骨与鼠属(*Rattus*)其他种类不同的特点是,左右两侧的颞嵴近乎平行,顶间骨的宽度与左右顶骨宽度的总和几乎相等。上颌第1臼齿较大,第2臼齿的长度仅为第1臼齿的2/3,第3臼齿的长度仅为第1臼齿的1/2。臼齿的咀嚼面上的齿突由釉质围成3个横嵴,但第2、第3臼齿咀嚼面的第1个横嵴退化,仅为1个内侧齿突,第3臼齿的横嵴已愈合,呈"C"字形。下颌臼齿咀嚼面的齿突不明显,但横嵴尚清晰。

2. 生态特性

褐家鼠主要是栖息于人类建筑物内的鼠种,在住室、厨房、厕所、垃圾堆和下水道内经常可以发现,特别是猪舍、马厩、鸡舍、屠宰场、冷藏库、食品库以及商店、食堂等处数量最多。在自然界主要栖息于耕地、菜园、草地,其次是沙丘、坟地和路旁。但在其栖息地附近必须有水源,这是褐家鼠所要求的基本栖息条件之一。河岸和沼泽化不高的草甸地带也是它们在自然界最基本的栖息地。

在居民区,褐家鼠的洞穴多建筑在阴沟和建筑物内。地板下、墙缝里以及各楼层之间的地板空隙都是褐家鼠隐蔽或筑巢的良好场所。在土木结构的建筑物内,常在墙角挖洞,洞道很长,分支很多,有时能从墙垣一直挖到室外,或从墙基挖到屋顶。在野外,洞穴多建筑在田埂和河堤上。洞口一般为2~4个,有时有进出口之分,进口通常只有1个,而出口处有松土堆。洞道长50~210 cm,深30~50 cm,一般只有一个窝巢。

在自然生境中,褐家鼠习惯于夜间活动,通常以黄昏和黎明前为活动高峰期。在居民区,昼夜均有活动,但以午夜前活动最频繁。每天下午起,活动逐渐增多,至上半夜达到高峰,午夜后,又趋减少,至上午则活动更少。夜间活动约为白昼活动的2.7倍。

褐家鼠视觉差,但嗅觉、听觉和触觉都很灵敏。记忆力强,警惕性高,多沿墙根壁角行走。善攀援,会游泳,能平地跳高1 m,跳远1.2 m。从15 m高处跳下不受重伤。行动小心谨慎,对环境改变十分敏感,有强烈的新物反应,但一经习惯,即失去警惕。

褐家鼠的迁移,可分为被动迁移和主动迁移两种形式。被动迁移,是借助于人类的车船及飞机等各种交通运输工具被带到各处。在兰新铁路通车以前,新疆没有褐家鼠,现在已成为哈密、乌鲁木齐等城市主要家栖鼠种之一。在褐家鼠迁移史上,这种被动迁移对其现代巨大的分布区的形成起了决定性的作用。主动迁移,又可分为季节性迁移和非季节性迁移。仅有一部分褐家鼠进行季节性迁移,它们春末夏初迁移至室外活动,到 10 月份,天气转冷后,又移入室内。这种迁移,有较大的流行病学意义。

褐家鼠非季节性迁移有不同的原因,而且性质也不全一样,总是迁移到对它有利的新环境中去。但是,褐家鼠具有很大的保守性,总是留恋自己的栖息地。栖居在野外的褐家鼠常以动物性食物为主要食料,如蛙类、蜥蜴类、小型的鼠形啮齿类、死鱼和大型的昆虫等,但植物性食物仍然是重要的补充食料。在室内,由于长期依附于人类,显然是杂食性的,但比较偏于肉食。它的食谱很广,几乎包括所有人类的食物,以及垃圾、饲料、粪便等,也吃肥皂、昆虫或其他能够捕得到的小动物。对各种食物的喜食程度,与栖息环境很有关系,在不同环境里差别很大。每天食量为其体重的 10%~20%,体重越轻,所占百分比越高。对饥渴的耐力较小,故取食较为频繁。据测定,褐家鼠对含水食物的日食量,与其含水量成正比。例如,以干小麦的消耗量为 100%,则对含水一半的面丸为 190%。若食物的含水量增加,饮水量相应减少,在达到一定程度后,虽不饮水也能生存。但仍保持其饮水习惯。

褐家鼠常有搬运食物的现象,但通常并不贮藏食物,然而也有例外。在热带和亚热带,全年均可繁殖。在温带,春、秋各有一个繁殖高峰,随着栖息地的不同,酷热的夏季有一个繁殖低潮,而在冬季则几乎完全停止。但在−10℃左右的冷藏库中,由于食物丰富,亦能繁殖。在北方,每一雌性褐家鼠一年生产 2~3 窝仔鼠。褐家鼠的妊娠期约为 21 d。初生的仔鼠生长很快,一周内长毛,9~14 d 睁眼,开始寻食,并在巢穴周围活动。约 3 月龄时,达到性成熟。生殖能力可保持一年半到两年。它的寿命可达 3 年以上,但平均寿命小于 3 年。褐家鼠的数量,城市比农村多,大、中城市比小城市多。据调查,在一些城市中褐家鼠所占捕获鼠类中的百分比为:沈阳 97.47%,旅大 65.68%,厦门 95.5%,广州 57.07%,重庆 90%,贵阳 49.03%,福州 27.58%,怀德 8.12%。

褐家鼠的疾病(包括与人类和家畜共有的疾病在内)是很多的,其中主要的有鼠疫、假性结核病、狂犬病、脑炎、立克次氏体病、类鼻疽病、李氏杆菌病、类丹毒、肠道传染病(副伤寒类)、布氏杆菌病、螺旋体病、黄疸病和霉菌病等。

3. 防治方法

对于家栖鼠种,应强调防重于治的原则。要求储藏食品的房间整齐、卫生,储藏好食品,使鼠类无法找到食物,而无法生存。仓库、食品加工间之类的建筑物,应有防鼠设施。由于人类生存环境十分复杂,褐家鼠等生存能力又十分顽强,常常防不胜防,应该用各种方法进行灭鼠。

毒饵法:适用于毒杀褐家鼠的胃毒剂很多,急性或缓效杀鼠剂均可使用。环庚烯、鼠克星等更是专门对付褐家鼠或家鼠属动物的低毒药物。各种药物的适用范围和使用浓度可参看本书第七章后面附草地常用农药简介。

由于褐家鼠生性多疑,毒饵的配制和施用都应精心。一般诱饵应选择当地褐家鼠嗜食的品种,尽可能加上油、糖等引诱剂。在潮湿环境下使用的毒饵,可裹上石蜡,以防霉变。使用急性杀鼠剂时,应先施用 6~7 d 无毒前饵,使用缓效杀鼠剂时,不必施用前饵,但应在 15 d 之内充分供应毒饵。毒饵应放在褐家鼠经常出没而又隐蔽之处,最好放在毒饵盒中。亦可用毒水、毒糊或毒粉消灭褐家鼠。

器械法:多种捕鼠器均可用于消灭褐家鼠。可用肉、油等作诱饵。使用鼠夹时,可预先挂饵而不支夹,几天之后,家鼠会丧失警惕性,即可支夹连续捕打。

熏蒸法:仓库、船舶可用毒气熏蒸,野地里的褐家鼠,亦可用磷化铝等熏杀。

二、小家鼠

小家鼠(*Mus musculus* Linnaeus)别名鼷鼠、米鼠、小老鼠、小耗子等。小家鼠遍及全球。在国内,分布区也很广,除了西藏等少数地区外,各地均可见到。小家鼠对农业的危害很严重,在大发生年代,常给农业造成很大损失。还参与一些自然疫源性疾病的传播和引起细菌性食物中毒。

1. 形态特征(图 10-32)

图 10-32 小家鼠

小家鼠是鼠类中较小的一种,平均体长约 90 mm。尾的长度变化较大:南方各亚种的尾长与体长几乎相等;北方各亚种的尾长小于体长。毛色变异亦较大,背毛由棕灰、灰褐至黑褐色,腹毛由纯白色至灰白、灰黄色。前后肢背面为灰白色或暗褐色。尾背面为棕褐色,腹面为白色或沙黄色,但有时不甚明显。头骨的吻部短,眶上嵴不发达,颅底较平,顶间骨甚宽,门齿孔长,其后缘超过第 1 上臼齿前缘的连结线,听泡小而扁平。下颌骨喙状突较小,髁状突较发达。上门齿内侧有一缺刻,上颌第 1 臼齿甚大,最末 1 个臼齿较小,因此,第 1 臼齿的长度大于第 2 臼齿和第 3 臼齿长度的总和。

2. 生态特性

小家鼠是与人伴生的小型啮齿动物。栖息环境十分广泛,常见于房舍、田野,在荒漠中亦可见其踪迹。小家鼠体小,只需很小的空间即可生存。在房舍中,既能在墙缝中做窝,更喜欢在家具、杂物堆中营巢;在田野里,非繁殖鼠可在枯草丛、禾捆、土块下随处栖身,到繁殖或天气变冷时,则在田埂、渠沿及旱地中较高亢的场所挖洞居住。小家鼠比较爱在疏松的土地上挖洞,其洞穴较为简单。洞口 1～2 个,有的亦有 3 个洞口,洞口直径 2.0～2.5 cm;洞道长平均 98 cm(63～160 cm),有的直接通入巢室,有的盘旋而入,或者先为一条通道中途分叉再合一通入;并行的二三条通道,有的呈水平走向,有的分上、下数层;巢室常通盲道,巢的位置一般位于洞穴深部,距田埂顶面 19～50 cm,一般均在田埂基部之上。小家鼠活动性强,能主动趋利避害。当适宜空间增加时就扩散,栖息地生态条件恶化就迁出,优化则迁入。这种极强的机动灵活性,不仅使该鼠具有明显的季节迁移特征,而且使之得以随时占据最有利的生活地段,成为富于暴发性的优势种。评价小家鼠栖息地优劣的生态条件可归结为食物和隐蔽条件及其稳定性,以及空间大小、土壤的紧实度等。在天山北麓的老农业区,4 月份小家鼠密集地是稻茬地和田间荒地,6 月份是小麦地,8 月份是水稻田和胡麻地,10 月份和 11 月份是水稻田和玉米地。稻茬地、小麦地及苜蓿地,水稻田和玉米地分别是各阶段的最适生境。至于房舍,则是冬季迁入,夏季迁出。

小家鼠营家庭式生活,在繁殖季节,由一雌一雄组成家庭,双方共同抚育仔鼠。待仔鼠长成,则家庭解体,有时是双亲先后离去,有时是仔鼠离巢出走。在繁殖盛期,也可发现亲鼠已孕，仔鼠仍在，甚至有几代仔鼠与亲鼠同栖一洞者(最多可超过 15 只)，每一家庭，有不超过数平方米的领域。

一般情况下，小家鼠昼伏夜出，在 20—23 时和 3—4 时有两个活动高峰，又以上半夜活动更为频繁。但其昼夜节律在不同地区、不同季节和不同生境可能有些差别。冬季，小家鼠多在雪下穿行，形成四通八达的雪道，并有通向雪面的洞口。当新雪再次覆盖后，小家鼠又由旧雪层到新雪层下活动，久而久之，整个雪被中鼠道层层叠叠，纵横交错。但小家鼠作长距离流窜时，并不在雪被下穿行。

小家鼠攀援能力很强，可沿铁丝迅速爬上滑下，在农田中，可沿作物茎秆攀援而上，并在穗间奔跑，如履平地。小家鼠亦能利用粗糙的墙面向上爬，到梁、天棚上活动。在新疆，土坯房多用壁纸糊顶，冬夜小家鼠常在纸顶上奔跑打闹，影响住户休息。小家鼠从 2.5 m 高处跳下不会受伤，甚至可以从梁上跳下，准确地落在盛装食物的容器上盗食。

小家鼠性杂食，但嗜食种子。在种群数量高时，能取食各种可食之物。从实验室观察的结果看，小家鼠对食物的嗜食程度，直接受它已采食过的食物的影响。小家鼠日食量为 3.30 g±0.25 g。在有饮水的情况下，平均饥饿 3.5 d 后死去，雄鼠耐饥能力为雌鼠的 4 倍。小家鼠习惯小量多餐，据观察，平均每天取食 193 次之多，每次仅吃食 10～20 mg。其取食场所常不固定，往往在一天之内遍及可能取食的所有地点。

小家鼠全年均可繁殖，但在北方仍有明显的季节性。在天山北麓，6—10 月份是田野小家鼠的繁殖盛期，怀孕率超过 50%，平均胎仔数超过 7.8 只，雄性睾丸下降率在 90%以上(10 月份除外)。而 11 月到翌年 3 月下旬，怀孕率在 30%以下，平均胎仔数和睾丸下降率也较低。小家鼠妊娠期约 19 d，平均胎仔数为 7.86 只，幼鼠在 2.5 月龄时即达性成熟，产仔间隔和年产窝数都随生境不同而发生变异。如在新疆北部，产仔间隔平均 38.9 d(23～80 d)，平均年产 9.4 窝；而在西宁市，产仔间隔平均 50.9 d(25～102 d)，平均年产仔 7.1 次。小家鼠在正常情况下雌多于雄，随着窝仔数的增高，雄性有增多的倾向。小家鼠的年龄组成在不同密度下有所不同，在高数量年，亚成年组比重高，在低数量年成年组比重偏高。此种现象反映了种群特征在不同密度水平下的变化。前者是前期刺激种群大发生的有利因素和后期高密度抑制效应双重作用的结果；后者则基于前期出生率低而后期生长发育快速的双重作用。

小家鼠实验种群胎仔成活率(母腹中胎儿的存活率)为 94.2%，初生到性成熟的存活率为 47.65%(初生至 25 d 为 57.88%，26 d 至 2.5 个月为 82.76%)。自然种群胎仔存活率为 76.9%，初生至性成熟存活率从 30%～35%到 87%(朱盛侃等，1993)。

总之，小家鼠有特别强大的生殖潜能，但其潜能的发挥受到其自身种群密度和多种环境因素的制约。种群密度的改变可导致个体极显著的生理变化和行为改变，在高密度的种群中，观察到肾上腺皮质增生，幼体胸腺萎缩和雌雄个体生殖腺的萎缩，表现出繁殖受到强烈的抑制。加上气候、农业收成和疾病的影响，使得小家鼠种群动态十分复杂多变。在个别年份，其数量可猛增千倍左右。如新疆天山北麓于 1967 年，伊犁谷地于 1970 年，都发生过小家鼠的大暴发，造成极大的危害。

小家鼠繁殖指数与密度呈显著的负相关。因此，小家鼠种群在一年中的生殖动态，在较大程度上受控于其数量水平，并且反应灵敏。种群增长率与其前一时段种群基数关系密切而直接。在北方，季节性抑制发生在 8—10 月份。

小家鼠的数量，在北方属典型的后峰型，每年到一定时期就会迅速增长，数量曲线陡然上升，具有指数式增长的特征，一旦受环境阻力或其他限制，又会立刻停止增长或骤然下降，表现为变幅很大，极不稳定。在天山北麓，其数量低谷在 4 月份，高峰在 10 月份，除自身的生殖抑制外，这主要是冬季严寒造成的。在珠江三角洲，农田小家鼠的数量波动曲线仍为单峰型，其最低点出现在 6—7 月份，峰期在冬季，这是由于 6—7 月份暴雨盛季，寄生虫感染率高，而冬季气候温和、食源充裕所致。可见小家鼠在不同地域季节消长的时序虽有不同，但基本形态是相同的。

3. 防治方法

小家鼠可以用多种捕鼠器捕杀，但所用的捕鼠器体积要小，灵敏度要高。大致说来，小家鼠不太狡猾，比褐家鼠易捕。群众经常使用碗扣、坛陷、水淹等方法。近年来，有些地方用粘蝇纸捕捉小家鼠，效果也好。

对于野外的小家鼠，除了可使用一般捕鼠器以外，翻草堆、灌洞和挖洞法亦可应用。毒杀小家鼠时，根据它对毒物的耐药力稍强而每次取食量小的特点，各种药物的使用浓度，应比消灭褐家鼠的剂量提高 50%～100%，但每堆投饵量可减少一半。一般灭鼠药物用 0.5～1.0 g，抗血凝剂可投放 3～5 g。诱饵以各种种子为佳，投饵应本着多堆少放的原则。野外大面积毒杀小家鼠时，宜于春暖雪融后进行，亦应提高毒饵的含药量。消灭草堆中的小 家鼠，可用布饵箱，内放毒饵数十克（视鼠的数量而定），也可同时放入粘有毒粉的干草、废纸等。在离地面 0.2～1 m 的地方，将草捆拔出少许，布饵箱放入后，外用草塞住。使用毒粉时，其浓度和消灭褐家鼠时相同，但投粉数量可减到每洞 3～5 g；毒糊和毒水仅在个别情况下使用。在野外，亦可用烟剂或其他熏蒸剂。

三、大林姬鼠

大林姬鼠（*Apodemus peninsulae* Thomas）别名林姬鼠、山耗子。分布于东北各省、内蒙古大兴安岭及阴山山脉一带，河北北部、山西、陕西、甘肃、青海等地。大林姬鼠喜食种子，每年要消耗相当数量的种子，影响林木的天然更新；而且对直播造林危害更为严重。另外，它有掩埋食物的习性，有利于种子的发芽与出苗。

1. 形态特征（图 10-33）

图 10-33　大林姬鼠

体形细长，长 70～120 mm，与黑线姬鼠相仿，尾长几与体等长或稍短于体长，尾季节性稀疏，尾鳞裸露，可看到明显的尾环。耳较大，耳前折时可达到眼部。前后足各有足垫 6 枚。胸腹部有 2 对乳头。头部和背部通常为灰黄色。夏毛背部为褐棕色，毛基深灰，毛尖黄棕色或略带黑尖，并杂有纯黑毛。冬毛棕黄色。腹部及四肢内侧灰白色。颊部和两侧毛色比背部略淡。尾上面为褐棕色，下面白色。头骨的吻部稍钝圆。颅全长为 22～30 mm。有眶上嵴，但不明显。额骨与顶骨之间的交接缝向后呈圆弧形。顶间骨略向后倾斜，而枕骨比较陡直，从上往下直观时，仅见部分上枕骨（此点区别于黑线姬鼠）。门齿孔与上齿列两端有相当大的距离。大林姬鼠的牙齿比黑线姬鼠稍大。第 1 上臼齿的长度，约为第 2 和第 3 上臼齿长度之和。第 1 上臼齿有 3 列横嵴，第 3 列内外侧的齿突已退化。第2上臼齿小于第1上臼齿,也有3列横嵴,第1列中央的齿突稍尖,两侧形成两个孤立的齿突,内侧比外侧发达。第3上臼齿最小,也分3叶。

2. 生态特性

大林姬鼠喜居于土壤较为干燥的针阔混交林中,阔叶疏林、杨桦林及农田中,一般做巢于地面枯枝落叶层下。有时在踏头甸子中也能成为优势种。在东北伊春的带岭,在该地农田中的数量仅次于黑线姬鼠。在大兴安岭伊图黑河,在山坡沟塘的采伐迹地上及原始落叶松林中都有一定的数量。森林采伐后,其数量在短期内有下降的趋势,但它仍能很好地生存,甚至老迹地、荒山榛丛大林姬鼠仍是第一位的优势种。有时也进入房屋中。在内蒙古阴山山脉的次生林地,该鼠也常为优势种,有时在仅有几棵杨树和一些山杏的条件下也发现有大林姬鼠。也曾发现于嫩江的森林草地。大林姬鼠在原始森林与砍伐迹地之间有季节性迁移现象:冬季伐光的迹地上缺乏隐蔽条件,移居于林内;自5月份开始进入夏季以后,迹地上草类繁茂,具有较好的隐蔽条件和食物条件,又迁到迹地;到秋季9、10月间草木枯萎以后,再返回林内。

大林姬鼠的巢穴多在倒木、树根以及枝堆下的枯枝落叶层中,以枯草枯叶作巢,若洞口被破坏时它还会修补。以夜间活动为主,但在白天也常出现。冬季在雪被下活动。地表有洞口,地面与雪层之间有纵横交错的洞道。

大林姬鼠喜食种子、果实等食物,有时也吃昆虫,很少吃植物的绿色部分。在笼饲条件下,吃红松的种子及托盘、榛子、糠椴、小叶椴、刺莓果、剪秋萝等的果实和种子。大林姬鼠有挖掘食物的能力,并能将未食尽的食物用枯枝和土壤加以掩埋。不在洞内取食,故在其洞内很少找到食物的残渣。

大林姬鼠于4月份开始繁殖,以5、6月份最盛。在东北带岭一带,大约到8月份已无孕鼠;但在长白山地区,11月份还曾发现孕鼠。每胎4～9仔,以5～7仔的最多。

大林姬鼠在数量上有明显的季节波动和年度变动。春季4—6月份为数量上升阶段,夏季7—9月份为高数量持续阶段,10月份数量开始下降。同时,该鼠在不同生境间存在迁移现象,以致数量的季节消长曲线有时出现多峰状态,但总的看来,仍属后峰型。大林姬鼠数量的年度变化,在不同年份的同一个月份内,其数量差异可达十几倍以上。数量变动的周期性与生境有密切关系。如在数量特高或特低的年份,各生境内的数量动态基本上是一致的;在中等年份,在最适生境可出现高数量,而在不适生境内则出现低数量。

3. 防治方法

在防治直播造林鼠害时,可采用毒物拌种、控制播期、清理迹地以及对种子进行催芽等办法。数量多时,可在播前用毒饵进行灭鼠。

四、黑线姬鼠

黑线姬鼠(*Apodemus agrarius* Pallas)别名田姬鼠、黑线鼠、长尾黑线鼠。黑线姬鼠的分布除新疆、青海、西藏外,遍及全国各省区,喜潮湿的地理环境,且常常形成极高的密度,是农业的主要害鼠。常盗食各种农作物的禾苗、种子、果实以及瓜、果、蔬菜。一般咬断作物的秸秆,取食作物的果实。对作物的危害,如水稻、小麦、玉米等,可从播种期维持到成熟期。在瓜菜田及保护地经常盗食瓜菜、种子、小苗。同时由于其经常迁入室内,而且是流行性出血热和钩端螺旋体的主要宿主,传播的疾病多达十几种。对人民群众的身体健康危害极大。

1. 形态特征(图 10-34)

图 10-34 黑线姬鼠

大小与大林姬鼠相当,体长 65～117 mm。尾长约为体长的 2/3,由于尾毛不发达,鳞片裸露,因而尾环比较明显。耳短,四肢不及大林姬鼠粗壮;前掌中央的两个掌垫较小,后足跖部亦较短。胸部和腹部各有 2 对乳头。黑线姬鼠最明显的特征是背部有一条黑线,从两耳之间一直延伸至接近尾的基部,但我国南方的种类,其黑线常不明显。背毛一般为棕褐色,亦有些个体带红棕色,体后部比前部颜色更为鲜艳,背毛基部一般为深灰色,上段为黄棕色。有些带有黑尖,黑线部分的毛全为黑色,腹部和四肢内侧灰白色,亦有些种类带赤黄色。其毛基均为深灰色,体侧近于棕黄色,其颜色由背向腹逐渐变浅。尾呈二色:背面黑色,腹面白色。头骨微凸,较狭小,眶上嵴明显,额骨与顶骨交接缝呈钝角,顶间骨窄。上臼齿齿突形成弯曲弧形的三列状。第 3 臼齿小,内侧前方有一孤立的齿叶,下方二齿叶相连通,年老者则成一整块。第 2 臼齿无前外方的齿尖,仅有前内侧的齿尖。

2. 生态特性

黑线姬鼠的栖息环境十分广泛,沼泽草甸、杂草丛、各种农田和田间空地,以及菜园、粮堆、草垛下、堤边、河沿和居民住宅中等,以向阳、潮湿、近水场所居多,甚至深入到亚寒带落叶松林的采伐迹地,但特别喜居于环境湿润、种子食物来源丰富的地区。

黑线姬鼠的洞系的结构比较简单,洞口数不多,一般 2～5 个不等,以 3 个居多,直径 1.5～3 cm。洞道全长 40～120 cm,内有岔道和盲道。洞深不超过 180 cm。全部洞系在 100 cm 范围以内。窝巢多由干草构成,其体积为 9 cm×10 cm×5 cm。由于姬鼠的活动力很强,常常更换洞穴,所以常利用一些空隙筑巢,或隐蔽在粮堆、草堆下。

黑线姬鼠主要在夜间活动,也偶在白天出现,但不如夜间活动频繁。其活动在 24 h 内有 2 个高峰,一个在黎明,一个在黄昏,而黄昏是活动最频繁的时候。是杂食性鼠类,以植物性食物为主。尤其以淀粉类(种子)食物以主,也食部分动物性食物及绿色植物。从食物的成分中也可以看到食物的季节变化:从秋季起和整个冬季,大多数姬鼠以种子为食,春季大量捕虫,而到夏季则食昆虫、野果和植物的绿色部分。在个别居住地(特别是在幼林的杂草中)每年温暖时期,昆虫占所有食物的 75%～85%。黑线姬鼠的日食量为 8.5～11 g,但日食量随食物的含水量而增长,食物含水量达 50%时最高。冬季储粮不多,通常所存的食物仅够 1～2 d 食用。

雄鼠的巢区面积为 1 034.7 m^2±70.1 m^2,活动距离为 53.4 m±2.4 m;雌鼠的巢区面积为 76.91 m^2±56.9 m^2,活动距离为 45.4 m±2.6 m。它们的迁移活动比较频繁,在样地内,逐旬的存留率平均为 66.7%(以该旬的存留数量除以上一旬的存留数量)。黑线姬鼠的季节性迁移也非常明显,秋季大部分姬鼠从田间迁移到谷物堆下,小部分迁移到人类建筑物里去。随着田间作物的播种和收割而逐渐转移。例如,在川西平原,春季 4—5 月份主要在各种小春作物地栖居,6—7 月份随小春作物收割后,多数迁到田边地角的麦堆内;以后,秋季作物成熟,又迁到秋熟作物地内栖居。秋季作物收割后,少数在田间居住,多数迁住到稻草堆中。

一般来说,黑线姬鼠从春到秋进行繁殖,在繁殖季节,雌鼠产 2 窝或(少部分)3 窝。但它们的繁殖期因地而异:在我国东北繁殖集中于夏季,如在大兴安岭伊图黑河,5月份妊娠率为28.18%,6—8月份妊娠率为40%～80%,9月份孕鼠已很少,妊娠率仅为5.74%,10月上旬以后未发现孕鼠;在川西平原繁殖季节在2—11月份,12月至翌年1月份未发现孕鼠,2月份妊娠率最低,为1.3%。孕鼠的消长与数量的季节变动和幼鼠大量出现的规律基本相符,均为双峰型,5月份妊娠率为82%,而6月份则为一年内数量最高的春峰期,10月份及11月份妊娠率分别为40%及60%,而11月份为一年内数量的秋峰期,但春峰数量高于秋峰数量。每胎仔数以5～7只的为多,占65.15%;在浙江(杭州、义乌)差不多全年都能繁殖,不过在寒冷季节,其繁殖力很低,每年也有两个繁殖盛期,第一个在4—5月份,为春季繁殖盛期,第二个在7—9月份,为秋季繁殖盛期,而秋季的妊娠率一般都超过春季,因此,在秋季繁殖盛期之后,就形成了种群数量的高峰阶段。平均每胎仔数为5.17～5.18只。

黑线姬鼠与其他鼠类相比,生长速度较慢:春季出生的雌鼠在体重15.5～18 g,体长74～95 mm时开始性成熟,此时大约为3月龄;雄鼠性成熟稍晚,在体重为19～21 g,体长77～102 mm时,为3～3.5月龄。秋季出生的生长期更长,直到第二年春季才达到性成熟,长达7～8个月之久。性成熟之后的小鼠仍不断生长,体重和体长还增加到1.5～2倍。因此,可以根据体重划分年龄,体重越大繁殖指数越高,其繁殖力随着体重的增长而递增的现象相当显著。在自然界中黑线姬鼠的寿命为1.5～2年,个别个体可达2.5～3年,但是几乎完全更新1次种群则需要2年的时间。对于小型啮齿动物来说,这种生命持续的时间就算是比较长的了。和北方的不同,分布在南方的黑线姬鼠,在春季数量有所增加,形成6月份小高峰,而秋季繁殖后,数量一直在上升,到秋末冬初为种群数量最高阶段,此后数量开始下降,但冬季数量下降的现象不如寒冷地区明显。

3.防治方法

根据黑线姬鼠的繁殖和数量变动的规律,灭鼠的最好季节是冬季。这时隐蔽条件和食物条件都比较差,是数量下降时期;冬季黑线姬鼠多聚集于田边、柴草堆中,比较容易捕杀;冬季灭鼠能有效地消灭来年春季参加繁殖的个体,并能影响其全年的数量。因此,冬季组织群众性的灭鼠运动具有重要意义。

搬移草堆消灭姬鼠是一种很有效方法,清除田间空地上、土丘和道旁的杂草,恶化其隐蔽条件,可减轻鼠害;深翻土地,破坏其洞系及识别方向位置的标志,能增加天敌捕食的机会;作物采收时要快收快打妥善储藏,断绝或减少鼠类食源;保护并利用天敌捕杀;人工捕杀,在黑线姬鼠数量高峰期或冬闲季节,可发动群众采取夹捕、封洞、陷阱、水灌、鼓风、剖挖或枪击等措施进行捕杀,对消灭姬鼠也会起到良好的作用。无论田间或人房和仓库等室内都可用毒饵法消灭。

毒饵法:用0.1%敌鼠钠盐毒饵、0.02%氯敌鼠钠盐毒饵、0.01%氯鼠酮毒饵、0.05%溴敌隆毒饵、0.03%～0.05%杀鼠醚毒饵,以小麦、莜麦、大米或玉米(小颗粒)作诱饵,采取封锁带式投饵技术和一次性饱和投饵技术,防效较好。也可使用1.5%甘氟小麦毒饵,半年内不能再用,宜与慢放毒饵交替使用,且该毒饵使用前要投放前饵,直到害鼠无戒备心再投放毒饵。

烟雾炮法:将硝酸钠或硝酸铵溶于适量热水中,再把40%硝酸钠与60%干牲畜粪或50%硝酸铵与50%锯末混合拌匀,晒干后装筒,秋季,选择晴天将炮筒一端蘸煤油、柴油或汽油,点燃待放出大烟雾时立即投入有效鼠洞内,堵实洞口,烟雾可入洞深达15～17 m处,5～10 min后害鼠即可被毒杀。

熏蒸法：在有效鼠洞内，每洞把注有 3～5 mL 氯化苦的棉花团或草团塞入，洞口盖土；也可用磷化铝，每洞 2～3 片。

思考题

1. 我国草地主要有害啮齿动物的种类有哪些？其防治方法有哪些？
2. 以布氏田鼠为例，如何结合其生态学特点进行有效防治？
3. 以高原鼢鼠为例，如何结合其生态学特点进行生态防治？

第十一章

草地主要毒草及防治方法

第一节　我国草地主要毒草

一、木贼

木贼(*Equisetum hyemale* L.)为多年生常绿草本。根茎横走或直立,黑棕色,节和根有黄棕色长毛。地上茎高达 1 m 或更高,中部直径 0.5～0.9 cm,节间长 5～8 cm,绿色,不分枝或在基部有少数直立的侧枝。地上枝有脊 16～22 条,脊的背部弧形或近方形,无明显小瘤或有小瘤 2 行;鞘筒 0.7～1.0 cm,黑棕色或顶部及基部各有一圈或仅顶部有一圈黑棕色;鞘齿 16～22 枚,披针形,长 0.3～0.4 cm。顶端淡棕色,膜质,芒状,早落,下部黑棕色,薄革质,基部的背面有 3～4 条纵棱,宿存或同鞘筒一起早落。孢子囊穗卵状,长 1.0～1.5 cm,直径 0.5～0.7 cm,顶端有小尖突,无柄(图 11-1)。

木贼生长于热、温、寒三带的低洼潮湿、沼泽、多荫的沙土地,喜阴湿的环境,全国各地均有分布。在我国黄河故道沿岸地带,特别是皖北、苏北及鲁东南地区,木贼生长极为茂盛,采刈青草中多有混杂,在冬、春季节饲喂动物而引起中毒。马、骡饲喂量超过日粮的 50% 即发生中毒。木贼中毒主要发生于马、牛,羊也有发生,在一定的地区往往呈群发性,病死率很高。

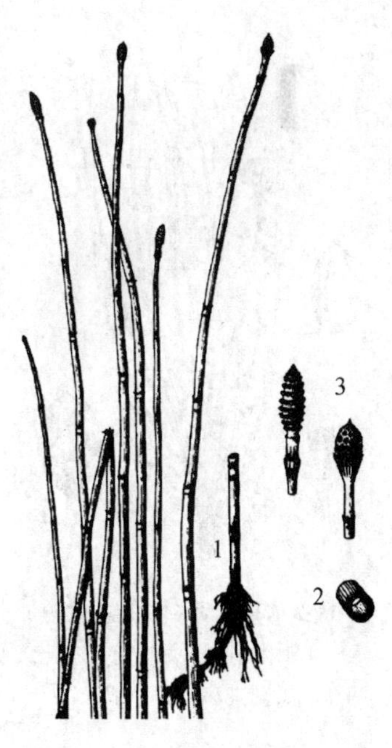

图 11-1　木贼(仿傅立国等)
1. 植株　2. 茎横截面(示茎中空)　3. 孢子囊

木贼全草含有烟碱、二甲基砜[$(CH_3)_2SO_2$]、咖啡酸、阿魏酸、硅酸、鞣质以及皂苷。还含有黄酮苷即山柰素-3,7-二葡萄糖苷(kaempferol-3,7-diglucoside)、山柰素-3-二葡萄糖苷(kaempferol-3-diglucoside)等。

家畜中毒后,表现为四肢运动机能障碍,跛行,站立不稳,步态蹒跚,或呈现犬坐姿势。有时兴奋不安,有时精神沉郁。特别引人注意的是,当兴奋发作时病畜行为狂暴,无法控制,甚至攻击人畜;呈现阵发性痉挛和强直性痉挛,感觉过敏,容易惊恐;呼吸与脉搏加快,全身出汗。发作后即转入抑制状态,呈现嗜眠。每次痉挛发作期间,病畜的头颈、背腰、胸腹部,以及四肢肌肉发生痉挛性收缩;颈项板硬,不能弯曲;背腰僵硬，四肢关节伸展困难，运动障碍。病的末期由于强直性痉挛反复发作，呼吸困难，全身出汗，终至脱水、窒息和虚脱。

急性中毒，病情严重，一般1～2 d死亡。慢性中毒，病程持续时间较长，病情时好时坏，病程持续达3个月以上，病畜逐渐消瘦，运动机能障碍，呈现后躯麻痹，若不及时治疗，大多预后不良。

本病的治疗原则主要是改进饲养，停止饲喂木贼草，加强护理，保持安静，及时采取解毒急救措施。首先肌肉注射维生素B_1，马、牛0.2～0.3 g。其次，依据病情及时强心、输液、补充电解质，防止脱水和酸中毒。牛、马先行放血1 000～2 000 mL，随后立即用复方氯化钠溶液或5%葡萄糖氯化钠溶液1 000～2 000 mL静脉注射；同时用25%氨茶碱溶液10 mL皮下注射。当脑及脑膜充血，中枢神经机能紊乱时，应用10%～25%葡萄糖溶液1 000～2 000 mL，或20%甘露醇溶液或25%山梨醇溶液等脱水剂，按1～2 g/kg体重，全速静脉注射。病畜发生痉挛时，可用水合氯醛、溴化钙、安定、氯丙嗪等药物进行解痉、镇静。

二、草麻黄

草麻黄（*Ephedra sinica* Stapf）别名麻黄、麻黄草，草本状灌木。基部多分枝，丛生；木质茎短或成葡萄状，小枝直立或稍弯曲，具细纵槽纹，触之有粗糙感。叶2裂，裂片锐三角形，先端急尖。花单性，雌雄异株。雄花为复穗状，具总梗，苞片常为4对，淡黄绿色，雄蕊7～8枚；雌球花单生，顶生于当年生枝，腋生于老枝，具短梗，雌花2，珠被管直立或顶端稍弯曲，管口裂缝窄长。5—6月份开花，8—9月份种子成熟。种子通常2粒，包于红色肉质苞片内，深褐色，一侧扁平或凹，一侧凸起，具2条槽纹，较光滑（图11-2）。

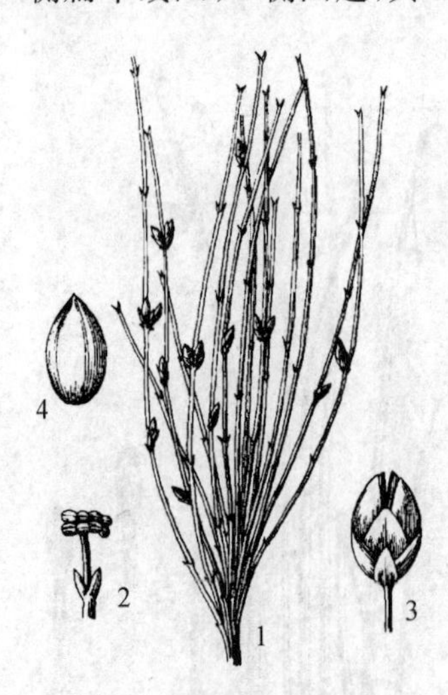

图11-2　草麻黄（仿史志诚等）

1.植株　2.雄花序

3.雌花序　4.种子

草麻黄主要生长在荒漠、半荒漠地区，且成片生长，正常情况下家畜在青草季节不采食草麻黄，但当久旱无雨的年份，放牧家畜由于缺草而被迫采食，一般在连续采食一周以后发病。外来的牲畜由于缺乏识别能力，更易中毒。此外，应用麻黄或麻黄素治疗疾病时，用药量过大，也可引起中毒。

草麻黄含有多种生物碱，主要为左旋麻黄碱（又称麻黄素，占总生物碱60%以上）、右旋伪麻黄碱（又称异麻黄素）。麻黄碱为拟肾上腺素药，有松弛支气管平滑肌，收缩血管，兴奋中枢及扩瞳等作用。超剂量进入体内时，可引起动物兴奋不安，甚至肌肉震颤或惊厥。

病畜中毒后表现为精神沉郁，食欲废绝，瘤胃蠕动减弱，排粪减少，粪球干小，腹部胀气，病马常出现腹痛。有的心跳加快，心搏亢进，心律失常。瞳孔散大，视力减弱或失明。呼吸困难，鼻孔开张。严重者肌肉震颤，行走踉跄，甚至出现惊厥，最后卧地不起，终因心力衰竭与窒息而死亡。有报道，马中毒时可出现流涎、出汗的现象。尸体剖检，可见心脏扩张、支气管黏膜出血、肺充血或水肿、胃肠充气。

为了防止牲畜中毒，在干旱年份，青草季节不要到密生麻黄的地段放牧。

对中毒病畜,可静脉注射溴剂,或肌肉注射氯丙嗪;静脉注射5%葡萄糖盐水与高渗葡萄糖溶液;口服盐类泻剂等必要的对症治疗。

三、乌头

乌头(*Aconitum carmichaeli* Debx.)为多年生草本,高60~150 cm。茎直立,上部有贴伏的稀疏柔毛。叶片革质,长6~11 cm,宽9~15 cm,掌状三深裂几达基部,中央裂片菱形,先端再有三浅裂,两侧叶片再二裂,叶表面暗绿色,背面灰绿色。顶生总状圆锥花序,花序轴及花梗有贴伏的柔毛,萼片5片,蓝紫色,上萼片呈高盔形,侧萼片近圆形。蓇葖果长圆形。花期9—10月份。块根通常2个连生,纺锤形或倒卵形,长2~5 cm,直径1~1.6 cm,外皮深灰褐色,质坚硬不易折断,栽培种侧根肥大,直径可达5 cm。全草有毒,根尤甚(图11-3)。

乌头是乌头属中我国最早作为药用的植物,其野生种称为草乌,分布于国内大部分省份喜生于山坡、林沿、草甸或灌丛中。

乌头属的有毒成分主要是二萜类生物碱,分两类:一类是氨醇类二萜生物碱,毒性很小或无毒;另一类是双酯类二萜生物碱,有强烈毒性,乌头的有毒生物碱多属此类,主要有乌头碱($C_{34}H_{47}O_{11}N$)、次乌头碱($C_{33}H_{45}O_{10}N$)、新乌头碱($C_{33}H_{45}O_{11}N$)。此外,还有塔拉乌头胺、川乌碱甲和川乌碱乙。乌头碱对家畜的致死量为0.02~0.05 mg/kg体重。

图11-3 乌头(仿史志诚等)

1.根 2.花枝 3.花冠纵剖 4.果实

乌头全株有毒,以块根毒性最强,一般在幼嫩时毒性较小,开花前及开花时毒性最强,结实后毒性最小,在晒干或贮存后毒性不消失。乌头碱的性质不稳定,加热水解后产生乌头次碱和乌头原碱,其毒性作用大为降低,如乌头次碱的毒性为乌头碱的1/50,而乌头原碱毒性仅为乌头碱的1/2 000~1/4 000。乌头生品经炮制、煎煮后,生物碱含量可损失81.3%,其毒性大减,但强心等药理作用并不消失,故可供药用。

乌头中毒的原因主要有两个:第一是误食。在盛长乌头的地区,家畜误食是引起中毒的主要原因。但由于常年放牧的家畜能识别当地不宜采食的植物,且乌头对口腔黏膜有强烈的刺激作用,家畜一般不会自然采食。饲草中混入乌头茎叶亦会引起中毒。第二是用药不当。主要是在用药时未经煎煮或煎煮时间不够长,药量过大或连续服用,对体弱家畜或孕畜尤易引起中毒。

乌头碱类生物碱主要侵害神经系统和心脏。中毒时使迷走神经高度兴奋,并直接作用于心肌,引起阵发性心动过速,早搏,传导延缓和阻滞,心室扑动和颤动,终至心肌无力收缩,停止搏动。由于抑制呼吸中枢,引起呼吸困难,呼吸变慢加深,终至呼吸衰竭。乌头碱对局部皮肤黏膜亦有强烈的刺激作用,使感觉神经末梢先兴奋后麻痹,局部先有烧灼感,感觉过敏,随后变为麻木,终至知觉丧失。

家畜食入乌头后，在消化道迅速被吸收，很快出现中毒症状，严重者数十分钟至数小时即可引起死亡。各种家畜共同的主要症状是：流涎，轧齿，恶心，呕吐，腹痛，腹泻；心悸，节律不齐，频发期外收缩和阵发性心动过速，脉搏细弱；呼吸减慢而不规则，重者呼吸困难，全身衰弱，四肢麻痹；严重中毒者病情很快恶化，病畜昏睡乃至昏迷，血压下降，体温降低，瞳孔放大，四肢搐搦，心律紊乱，乃至心房颤动，最后因呼吸困难和心脏衰竭而死。

病理变化：口腔及胃肠黏膜炎症，充血、出血、黏膜脱落；肾实质性炎症；肺充血；脑充血；心内膜和腹膜充血、出血。

家畜中毒后，立即用 0.1%高锰酸钾或 0.5%鞣酸溶液洗胃，并灌服活性炭、氧化镁等。同时静脉注射葡萄糖液和葡萄糖盐水。常用阿托品等抗胆碱药缓和迷走神经的兴奋，皮下注射(马、牛 15～30 mg，猪、羊 2～4 mg，犬 0.3～1 mg)，必要时可加入葡萄糖液中缓慢静脉注射1～2 次。心律紊乱可用利多卡因静脉滴注。若出现后肢麻痹、呼吸衰竭，可皮下注射硝酸士的宁，牛、马 0.01～0.05 g，猪、羊 0.002～0.004 g。

四、曼陀罗

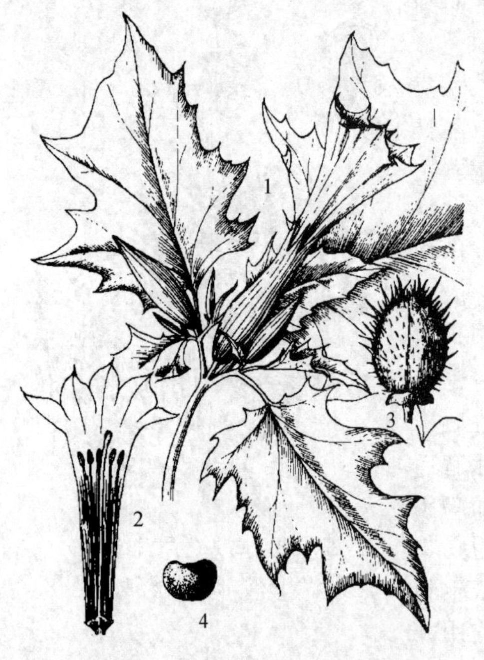

图 11-4　曼陀罗(仿史志诚等)
1. 花枝　2. 花冠展开图　3. 果实　4. 种子

曼陀罗(*Datura stramonium* L.)又称闹羊花、喇叭花、洋金花等，为茄科曼陀罗属一年生草本植物(图 11-4)。茎高 50～150 cm，直立，圆柱形。单叶互生，有柄，叶片宽卵形，边缘牙齿状或深波状。花单生于茎枝分叉间或叶腋间，白色，具短柄。蒴果直立，卵形，表面有不等长的坚硬针刺，成熟后 4 瓣裂，种子黑色，近卵形而稍扁。花期 6—10 月，果期 7—11 月。常见的除曼陀罗外，还有白花曼陀罗(*D. metel* Linn.)，又名南洋金花、凤茄花；毛花曼陀罗(*D. innoxia* Mill.)，又名北洋金花、串金花；紫花曼陀罗(*D. tatula* Linn.)；无刺曼陀罗(*D. inermis* Jacq.)；重瓣曼陀罗(*D. fastuosa* Linn.)等。

曼陀罗主要产于陕西、甘肃、青海、宁夏、新疆及全国其他各省份。白花曼陀罗主要产于江苏、浙江、福建、广东、广西等省份。毛花曼陀罗主要产于河北、辽宁、江苏等省份。常见于海拔 300～2 500 m 的路旁、山坡、宅旁、荒地杂草丛等处。

曼陀罗植株的各个部分都有毒性，根、茎、叶、花和蒴果中，均含有生物碱。其生物碱的含量因植物的部位和品种不同而有差异，根含 0.2%～0.25%，叶含 0.2%～0.7%，种子含 0.2%～0.4%，花可达 1.8%左右。毛花曼陀罗主要含东莨菪碱(天仙子碱)，其次还有莨菪碱(天仙子胺)、阿托品、托品碱、曼陀罗碱等，总生物碱含量在开花初期和果实开始成熟时最高，到种子成熟时迅速下降。根部主要含莨菪碱，且含量最高，地上部分主要含东莨菪碱。白花曼陀罗主要含东莨菪碱和莨菪碱等，总生物碱含量在开花期间最高，叶含量高。开花前东莨菪碱含量高，开花后逐渐减少，而莨菪碱相应地增加。

曼陀罗的根、茎、叶、花、果实、种子，对各种动物均有一定的毒性，以果实特别是种子毒性最大，嫩叶次之，干叶的毒性比鲜叶小。由于该植物气味难闻，而且果实上有刺，家畜一般避而不食，其中毒均系人为地混入饲料后所致。以猫最敏感，牛、马次之，幼畜特别是仔猪和犊牛的敏感性较高，绵羊和兔耐受性最强。动物采食后多在 30 min，最快 20 min 出现症状，最迟不超过 3 h。植株地上部分对牛的致死量为 150～300 g，马 150～200 g，绵羊 75～200 g；马食入种子 1 kg，次日痉挛死亡。

动物实验证明，犬静脉注射曼陀罗总碱的最小致死量(MLD)为 80 mg/kg，小鼠静脉注射的半数致死量(LD_{50})为 8.2 mg/kg。总碱吸收后，分布全身，并可通过胎盘屏障，进入胎儿循环，但对生殖功能和胎儿均无影响。遗传病理学研究发现，曼陀罗总碱对细胞内物质有损伤作用，能诱发染色体严重损伤。

当动物误食后，有毒物质可在 0.5～1.0 h 内被消化道吸收，发挥毒性作用，出现中毒症状。早期症状为口腔干燥，吞咽困难，肠音减弱。病畜表现兴奋不安，结膜潮红，视力障碍，心跳加快，呼吸增数。后期结膜发绀，瞳孔放大，对光反射及角膜反射消失，视物不清，肠音废绝，肠管鼓气，有时腹痛，粪便干，尿少而浑浊，皮肤干燥现猩红色，有时体温升高，发抖，四肢颤动，反射迟钝。血压先升高后降低，四肢发冷，呼吸浅表而缓慢，最后常因呼吸麻痹而死亡。

家畜中毒后，立即用 0.1%高锰酸钾液或 1%～3%的鞣酸洗胃，然后内服稀碘液、氧化镁、木炭末或通用解毒剂(活性炭 2 份、氧化镁 1 份、鞣酸 1 份)等以沉淀生物碱，也可用盐类泻剂灌服，同时静脉注射葡萄糖溶液，以促进毒物的排除。

拮抗剂用拟胆碱药毛果芸香碱或毒扁豆碱，或用抗胆碱酯酶药新斯的明。如皮下注射 3%毛果芸香碱或溴化(或氯化)乙酰胆碱，6 h 1 次，直到瞳孔缩小，胃肠蠕动增强，口腔湿润时为止。也可注射生理盐水或匹罗卡品，对中枢神经兴奋者可用巴比妥类或水合氯醛抑制，但剂量不宜过大。

对兴奋不安和抽搐者使用镇静剂(如安定、氯丙嗪等)，呼吸抑制者应及时给予呼吸兴奋剂(如尼可刹米、洛贝林等)。中药解毒可选用甘草、银花、连翘、绿豆、防风、桂枝等，煎汤内服；也可用发酸的淘米水冷服或服甘草水等。

五、小花棘豆

小花棘豆[*Oxytropis glabra* (Lam.) DC.]俗称马绊肠、苦马豆，为多年生草本植物，高 20～80 cm。根系发达，直根粗壮。茎分枝多，当年生植株多直立，多年生植株呈放射状匍匐铺散，茎末端上升，长 30～70 cm，无毛或疏被短柔毛，绿色。羽状复叶长 5～15 cm；叶轴疏被开展或贴伏短柔毛；托叶草质，披针形、披针状卵形以至三角形，彼此分离或基部与叶柄联合向下翻转，长 5～10 mm，无毛或微被柔毛；小叶 11～27，披针形或卵状披针形，基部宽楔形或圆形，上面无毛，下面微被贴伏的柔毛。多花组成稀疏总状花序，长 4～7 cm；总花梗长 5～12 cm，通常较叶长，被开展的白色短柔毛；苞片膜质，狭披针形，长约 2 mm，先端尖，疏被柔毛；花长 6～8 mm；花梗长 1 mm；花萼钟形，贴伏白色短柔毛，有时混生少量黑色短柔毛，萼齿披针状锥形，长 1.5～2 mm；花冠淡紫色或蓝紫色(偶有白色)；旗瓣长 7～8 mm，瓣片圆形，先端微缺；翼瓣长 6～7 mm，先尖全缘；龙骨瓣长 5～6 mm，子房疏被长柔毛。荚果膜质，长圆形，膨胀，下垂，长 10～20 mm，腹缝具深沟，背部圆形，疏被贴伏白色短柔毛或混生黑、白柔毛，后期无毛，一室。花期 6—8 月份，果期 7—9 月份（图 11-5）。

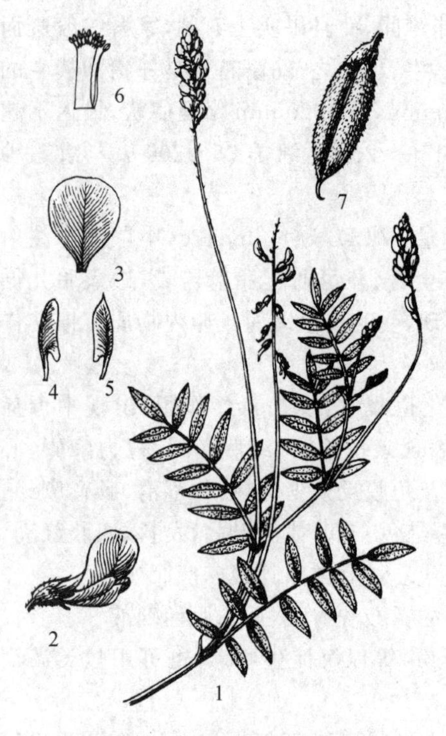

图 11-5　小花棘豆（仿史志诚等）

1. 植株　2. 花　3. 旗瓣　4. 翼瓣　5. 龙骨瓣　6. 雄蕊展开图　7. 果实

小花棘豆多分布于内蒙古、山西、陕西、甘肃、青海、新疆和西藏等省份海拔 400～3 400 m 干旱荒漠草原、沙漠地区、滩地草场、河谷阶地、冲积川地及盐土草滩上。

棘豆属的主要有毒成分是吲哚兹定生物碱——苦马豆素。苦马豆素能强烈抑制细胞溶酶体内的 α-甘露糖苷酶，使甘露糖不能正常代谢以及糖蛋白合成发生障碍，形成糖蛋白-天冬酰胺低聚糖。家畜棘豆中毒后，由于细胞内低聚糖大量聚积而形成空泡变性，进而造成器官组织损害和功能障碍。中毒动物往往出现以运动失调为主的神经症状，以及母畜不孕、孕畜流产和公畜不育等。苦马豆素还可透过胎盘屏障，直接影响胎儿，造成胎儿死亡或发育畸形。李守军等（1989）利用同位素示踪技术，探讨了小花棘豆的有毒成分之一的黄华碱毒代动力学，表明黄华碱具有吸收快、分布广、代谢率低、消除缓慢及蓄积程度较高等特点，毒性主要由其原形产生。在各器官中的含量依次为肝、肾、脾、肾上腺、脊髓等。

马棘豆中毒后，病初表现为行动缓慢，呆立不愿走动，牵之后退；四肢发僵而失去快速运动能力；易受惊而骚动，摔倒后不能自行起立，继之出现行步蹒跚似醉；有些病马瞳孔散大，视力减弱；有些病马呆若木马，含草呆立。牛、羊中毒后表现为精神沉郁，常拱背呆立，放牧时落群，由于后肢不灵活，行走时弯曲外展，步态蹒跚，驱赶时后躯常向一侧歪斜，往往欲快不能而倒地。妊娠羊易流产，产出弱羔、死胎、畸胎或腐败胎儿。公羊表现性欲降低或无性交能力。

目前尚无有效治疗棘豆中毒的药物，关键在于预防。对轻度中毒的病畜，及时转移至无棘豆的草场上放牧，并适当补饲精料，加强饮水可促进毒素从尿液中排出，一般可不药而愈。静脉注射 25％葡萄糖溶液（马、牛 500～1 000 mL，羊 200～300 mL）及 15％硫代硫酸钠溶液（马、牛 40 mL，羊 10 mL）有促进康复的作用。

六、毒芹

毒芹（*Cicuta virosa* L.）又名走马芹、野芹菜花、斑毒芹、毒人参等，是伞形科毒芹属多年生草本。株高 1 m 左右，根茎绿色，粗大，径达 3 cm，节间相接，具多数肥厚的长根。茎直立，中空，圆筒状，具细槽，茎上部分枝。叶互生，叶柄基部膨大呈鞘状，生有二回或三回羽状全裂叶。叶片呈长椭圆形或披针形，长 2～7 cm，宽 3～10 cm，先端渐尖，边缘具尖锯齿。复伞形花序顶生呈半球状，伞梗 10～20 个，略等长；每一小伞形花序径约 1.5 cm，开花时呈圆头状，具

20～40 花，花瓣白色；双悬果近圆形，长 2～2.4 mm，宽 2～2.7 mm，果棱钝圆，带木栓质，成熟时种子腹面与果皮剥离。花期 7—8 月份，果期 8—9 月份(图 11-6)。

毒芹多生长于河边、水沟旁、低洼潮湿草地。我国东北、西北、华北、华东地区均有生长，以黑龙江省最多。

毒芹全株有毒，有毒成分为毒芹素、毒芹甲素、毒芹乙素、毒芹丙素。此外，尚含有挥发油毒芹醛和伞花烃。毒芹素在毒芹的全体中均含有，但以根茎部为多。新鲜毒芹含毒芹素 0.2%，干燥者含 3.5%。在毒芹的根茎部尚含有毒芹碱、γ-去氢毒芹碱、羟基毒芹碱、伪羟基毒芹碱、N-甲基毒芹碱。毒芹所含的有毒物质即使晒干后仍不消失。

图 11-6 毒芹(仿史志诚等)
1. 植株下部 2. 植株上部 3. 花
4. 小苞片 5. 花瓣 6. 子房 7. 果实

毒芹中毒多发生于牛、羊，有时也能发生于猪和马。其根茎中毒量：以每千克体重误食新鲜毒芹根茎量计算，牛为 0.125 g，羊为 0.21 g，猪为 0.15 g，马为 0.1 g。致死量：牛为 200～250 g，羊为 60～80 g。

家畜毒芹中毒是因误食毒芹根茎部引起的。中毒多发生在早春与晚秋。毒芹在春季比其他植物萌发早。在开始放牧时，由于家畜贪青和饥不择食，不仅采食毒芹的幼苗，也采食生长在地表的毒芹根茎；晚秋时牧草枯萎，家畜喜食具有甜味的毒芹根茎或霜后气味消失的毒芹枯叶，因而引起中毒。夏季毒芹虽生长茂盛，但因有类似芹菜样的气味，家畜不愿采食或采食量不多，故很少引起中毒。

毒芹素是一种类脂质样物质，经胃肠道迅速吸收，并扩散于整个机体，首先作用于延脑和脊髓，引起兴奋性增强和强直性痉挛；同时刺激心血管运动中枢和迷走神经中枢，导致呼吸和心脏功能障碍。运动神经受到抑制，骨骼肌发生麻痹。

毒芹中毒一般表现为不安、流涎、呕吐、腹痛、腹部膨大及下痢。以后脉搏及呼吸加速，头低垂，站立不稳，步态蹒跚，衰弱、麻痹、呼吸困难，脉搏细弱，痉挛。最主要的是全身肌肉发生强直性和阵发性痉挛，在痉挛发生期间，动物突然倒地，头向后仰，角弓反张、四肢呈游泳动作。眼结膜充血、发绀、流泪，瞳孔散大。病程 2～24 h 不等。

马中毒时轻者口吐白沫，脉搏增数，瞳孔散大，肩、颈部肌肉痉挛。重者呕吐，腹痛、腹泻，磨齿，口角充满白色泡沫，痉挛显著，各种反射减弱或消失。体温下降，呼吸困难，牙关紧闭，常倒地、头向后仰，痉挛增重，最后窒息死亡。

牛除有上述一般表现外，还有反刍、嗳气停止，腹胀，沉郁，知觉丧失，肌肉震颤，口、鼻流血或血样泡沫状液体，瘤胃高度臌气时有后肢踢腹等腹痛症状，个别有犬坐姿势。羊中毒时有四肢厥冷、后肢麻痹、头向后弯，眼睑水肿，粪中带黏液和血液。

猪中毒主要为不安，气喘，全身抽搐，呼吸促迫，不能起立，呈右侧横卧的麻痹状态，喜欢右侧卧，病程 1～2 d。妊娠猪中毒时，所产仔猪表现全身震颤，后肢站立不稳，多在 7 d 内死亡。

毒芹中毒，病势急剧，如治疗及时，尚能恢复健康。发现中毒后应及时内服鲜牛奶或豆浆。在中毒初期可进行洗胃，也可内服稀碘液 1 500 mL（稀碘液配法：碘 1 g、碘化钾 2 g，溶于 1 500 mL 水中）或活性炭，服用高锰酸钾稀溶液或用其洗胃也能收到一定的疗效。

此外，还需根据情况进行对症疗法，如为了减轻痉挛，可用水合氯醛内服或灌肠，并内服溴剂。也有人主张，首先应用苯巴比妥钠，按每千克体重 25 mg 静脉或肌肉注射，或用盐酸氯丙嗪，每千克体重 1～2 mg 肌肉注射，以镇静，解痉，镇痛。

患畜全身衰弱时，皮下注射咖啡因（大动物 2～5 g，中小动物 0.5～2 g），或 20％樟脑油（大动物 20～40 mL，中小动物 3～5 mL）等强心药物。

七、狼毒

狼毒（*Stellera chamaejasme* L.）别名一把香、红火柴头、断肠草。多年生草本，高 20～50 cm。根粗大，木质，外皮棕褐色。茎丛生，直立，不分枝，光滑无毛。叶较密，通常互生，椭圆状披针形，长 1～3 cm，宽 2～8 mm，先端渐尖，基部钝圆或楔形，两面无毛。顶生头状花序。花黄色、白色或淡红色，具绿色总苞。花萼筒细瘦，长 8～12 mm，宽约 2 mm，下部常为紫色，具明显纵纹，顶端 5 裂，裂片近卵圆形，长 2～3 mm，具紫红色网纹；雄蕊 10，2 轮，着生于萼喉部与萼筒中部，花丝极短；子房椭圆形，1 室，上部密被淡黄色细毛，花柱极短，近头状；子房基部一侧有长约 1 mm 矩圆形蜜腺。小坚果卵形，黑褐色，长 4 mm，棕色，上半部被细毛，果皮膜质，为花萼管基部所包藏。花期 5—8 月份（图 11-7）。

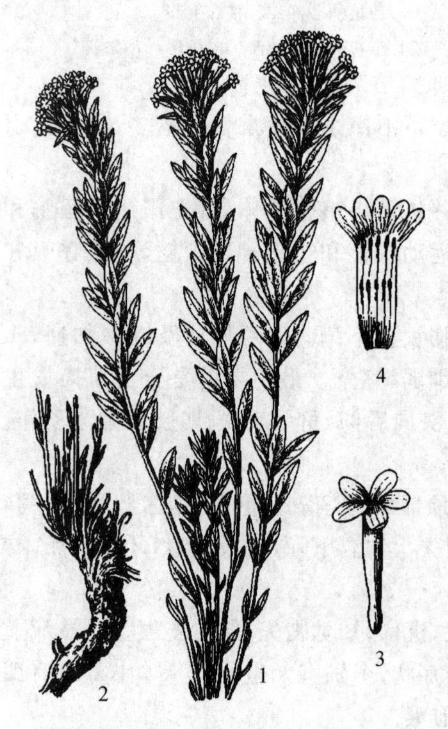

图 11-7　狼毒（仿史志诚等）
1. 植株　2. 根　3. 花　4. 花冠纵剖面

狼毒为旱生植物，主要分布在东北、华北、西南及宁夏、甘肃、青海、西藏、内蒙古等地。生于草地、高山向阳处。为干草原、沙质草原和典型草原草原群落的伴生种，在重度退化的草原上，已成为主要的建群种。

狼毒全草有毒且味劣，家畜一般不采食，但春季幼苗期，牛、羊等家畜因贪青或处于饥饿状态易误食而发生中毒。5—8 月份狼毒开花期，家畜呼吸道吸入花粉，或冬季牧草严重缺乏时，特别是草场载畜量增加情况下，家畜被迫采食干枯狼毒茎叶也可发生中毒。由外地引进的家畜对狼毒的鉴别能力差，也会误食中毒。

狼毒所含的化学成分甚多。主要有萜类树脂、有毒的高分子有机酸及瑞香狼毒素、狼毒素、二氢山柰酚等黄酮类化合物，此外，还含有香豆素、茴芹素、异茴芹素、异佛手柑内酯及牛防风素等。在上述所含的化学成分中，能引起中毒的有毒成分为狼毒素（$C_{30}H_{22}O_{10}$），它是一种具有双二氢黄酮结构的化合物。

狼毒根的毒性最大。家畜误食中毒后，主要表现精神沉郁、流涎、呕吐、腹痛、腹泻、呼吸促迫、心悸、全身痉挛，甚至死亡等。孕畜、孕妇接触时，可致流产。人接触时，可引起过敏性皮炎。根粉、花粉对眼、鼻、喉有强烈而持久的辛辣性刺激。牛、羊中毒时食欲停止，鼻镜干燥，结膜充血或发绀，卧地不起，肚腹胀大，粪便带黏液或血液，肌肉震颤，回头顾腹，全身痉挛。马中毒症状有精神萎靡，食欲废绝，腹泻，有疝痛症状，呈间歇性起卧，排尿困难，下唇松弛，中毒主要影响植物性神经系统，引起胃肠道功能紊乱。小鼠腹腔注射根的氯仿提取物 0.4 g/kg，出现四肢无力、伏地、惊厥死亡；腹腔注射石油醚提取物 0.05 g/kg，引起惊厥死亡。小鼠口服根 LD_{50} 为 3.92 g/kg，急性中毒症状虽然不强烈，但对心、肝、肾、脑有器质性改变及充血、出血及胃肠道出血。

狼毒进入动物体内，经胃肠道消化吸收后，首先作用于心脏，使心脏扩张，心肌收缩力减弱而发生心力衰竭，致使肺静脉、右心房和体循环静脉压升高，出现肺、肝、肾、胃、肠等腹腔器官瘀血。肺瘀血可引起肺泡扩张或萎缩，间隔增宽，导致肺换气、通气功能障碍，表现呼气性呼吸困难，引起各组织器官严重缺氧，从而加剧血管扩张、瘀血与出血。

狼毒中毒目前尚无特效治疗方法，主要采用对症疗法和支持疗法。中毒后可用 0.1%～0.5%的高锰酸钾溶液洗胃，内服活性炭或口服蛋清，也可用 5%葡萄糖生理盐水，或复方生理盐水及大剂量维生素 C 等静脉注射。消化道症状明显者，可用阿托品。惊厥者给予镇静剂。

预防狼毒中毒的方法是在早春狼毒返青期间，尽量不在有狼毒分布的草地、山坡上放牧，待到狼毒成株后，避开花期，再进行放牧采食其他牧草，以避免误食狼毒幼芽或吸入花粉而发生中毒。如果必须在该类草地放牧，应在放牧前补饲一定量的饲草、饲料，可以避免家畜处于饥饿状态下采食狼毒。从外地引入的家畜应尤加注意。

八、紫茎泽兰

紫茎泽兰(*Eupatorium adenophorum* Spreng)俗名解放草、败马草、黑颈草、亚热带飞机草等。系多年生粗壮草本，生长多年的下部茎逐渐老化变硬，呈半灌木状。茎直立丛生，高度变化大，通常 1～2 m，常带暗紫色，密被腺毛，全株有香气。叶对生，三角状菱形，两侧具疏齿，先端锐尖，长 7～8 cm，基部宽 6～7 cm，具约 3 cm 长的叶柄和显著的基出 3 脉，柄紫褐色，长 2～3 cm。头状花序钟形，长 4～5 cm，排列成伞房花序状，位于茎和分枝顶端。总苞一层，外面被腺毛。小花白色，管状，60～70 朵，长约 5 mm，下部纤细，上部膨大，开花时裂片平展反屈。雌蕊伸出花冠管约 3 mm。柱头 2，子房栗褐色，微弓曲，无毛。冠毛一层，刺毛状，与花冠管等长。瘦果黑色，长约 1.6 mm，五棱形(图 11-8)。

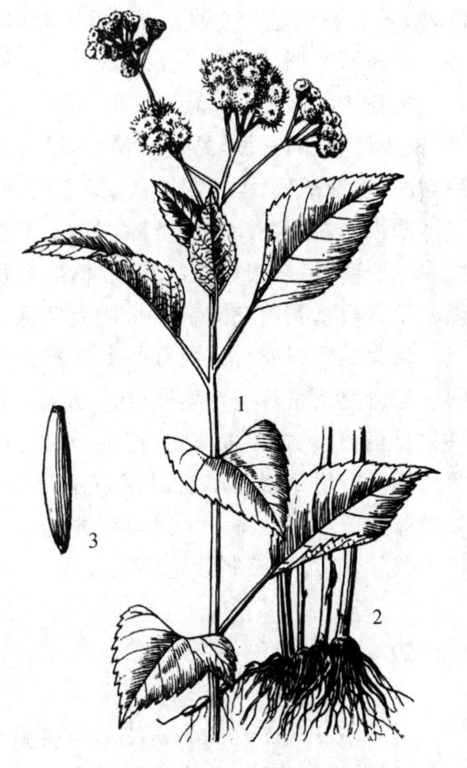

图 11-8 紫茎泽兰(仿史志诚等)

1. 植株上部 2. 植株下部 3. 果实

紫茎泽兰原产中美洲，在世界热带地区广泛归化。我国广泛分布于云南、广西、贵州、四川(西南部)、台湾等地。垂直分布上限为 2 500 m。

泽兰属主要有毒成分是佩兰毒素($C_6H_{22}O_3$)、泽兰苦内酯、香豆精类等。丁靖凯等(1991)曾从紫茎泽兰所含的芳香油(精油)鉴定出45种化合物,主要是对聚伞花素、乙酸龙脑酯。西双版纳热带植物研究所(1999)曾报道紫茎泽兰含有大量水解单宁及缩合单宁,数种黄酮类化合物,其精油中有明显的烃类及香豆素颜色反应。江蕴华等(1992)从紫茎泽兰获得石油醚溶物、乙醚溶物、乙酸乙酯溶物、乙醇溶物、水溶物。将这些粗提物分别给小鼠皮下注射,发现含有香豆素的乙醚溶物与含有单宁的乙醇溶物都有中等毒性,其芳香油有中等毒性。紫茎泽兰的毒素研究虽有一定进展,但主要毒素还有待研究。

马在低剂量皮下注射紫茎泽兰液后,会迅速发生中毒反应。可视黏膜青紫,舌半外伸,鼻翼张开,全身震颤,有时呈二式呼气。站立不稳,体躯摇摆,很快倒地不起。心跳加速,有心杂音。呼吸次数在短时间内增至26次/min。腹胁、腋下流汗,30 min后黏膜转粉红,时有空嚼,口鼻干燥,肺泡音增强。45 min后马匹略显恢复。次日,马精神不佳,两眼瞬膜有多处出血斑。继续2 d低剂量注射后,精神沉郁,食欲大减,有心杂音,倒卧于地,四肢强直,尾向背弯曲。全身大汗淋漓,小便失禁,瞳孔放大,感觉迟钝,体温降至35℃以下。死前卧地不起,肩部肌肉震颤,四肢时而强直,时而痉挛呻吟,于投毒后5 d内死亡。

低剂量鲜紫茎泽兰液6 d分6次静脉注射黄牛,其中毒反应与低剂量次数成正比关系。表现症状为全身震颤或抽搐,空嚼,腰背拱起,腹围增大,鼻镜干燥,口流唾液或泡沫,鼻孔流清涕,粪便外包少量黏液,排尿失禁或淋漓,尿色带有紫茎泽兰或稀碘酒色,眼球突出,经常眨眼,精神不振,心跳增速,心律不齐,胃肠蠕动音增强,腹部听诊呈鼓响音。濒死前表现四肢强直,后肢张开,站立不稳,随后呈犬坐样(后右侧卧)。颈部强直;四肢远端及耳尖发凉,针刺痛觉消失,腹部膨胀,口腔流涎,眼结膜及瞬膜呈树枝状瘀血,眼球突出,眼半闭,视觉迟钝。随后右肢刨地,呼吸短促,达29次/min,后期呼吸极度困难。听诊肺音微弱,且带有呻吟式的深呼吸。心音快速而微弱,达124～128次/min,口流泡沫,投毒后6 d死亡。

猪在4 d内分4次静脉注射,每次注射后半小时出现症状。全身发抖,后躯无力,鼻镜干燥,流少许鼻涕,昏厥,站立不稳,常卧地缩成一团,食欲减退,粪便稍干,体温下降等。数小时后,症状逐渐减轻,但不见消失,第5天死亡。

国内外对紫茎泽兰的防除都做了不少工作。普遍认为紫茎泽兰的生态适应性广,发生量大,单靠某种措施很难控制其危害,应采用综合防治。如种植狗牙根、地毯草、多种雀稗、多种黑麦草等根系繁茂,交错密织,适应性强,能与紫茎泽兰相竞争的牧草。

何大愚等(1984)在西藏的喜马拉雅山南麓与尼泊尔接壤地区发现了泽兰实蝇,并引入昆明生态研究所进行室内培养,于1987年报道了泽兰实蝇的专一寄生性和安全性。他们用63种常见植物(包括粮食作物、蔬菜、水果)进行网罩栽培,分别将泽兰实蝇反复投入网罩,发现泽兰实蝇只寄生于紫茎泽兰,并不危害其他植物,安全可靠。泽兰实蝇产卵多,繁殖力强。虫瘿结呈卵形或球形。每一个虫瘿结内有1～20条幼虫,泽兰实蝇在1年内可完成5个世代,不断扩大数量,就可以控制紫茎泽兰蔓延。

九、藜芦

藜芦(*Veratrum nigrum* L.)别名黑藜芦、山葱。多年生草本,高60～100 cm,茎直立,粗短,基部有叶鞘,枯死后残留黑褐色棕毛状纤维网。根簇生,肉质,外皮黄白色,干后棕黑色。叶互生,初生时呈折扇状,后展开为宽大的卵状椭圆形,长22～25 cm,宽10 cm,薄革质,先端渐尖或锐尖。叶有平行脉,基部渐狭呈鞘状,抱茎,叶上面青绿色,下面灰绿色,两面无毛。花小,紫黑色,密生成圆锥状花序,顶生总状花序常比侧生花序长2倍以上,雄花常生于花序轴下部,两性花多生于中部以上,花被6片,全缘,约与花梗等长。蒴果卵形或长圆形,熟时三裂,具多数卵圆形种子。花果期7—9月份(图11-9)。

藜芦喜生于海拔1 200～3 300 m的山地阴坡、渐湿草地或林下。分布于东北、华北及陕西、甘肃、山东、河南、湖北、四川、贵州等地。亚洲北部及欧洲中部也有。

图11-9 藜芦(仿史志诚等)

藜芦属有毒植物,含有多种甾体生物碱,包括两类:一类是介藜芦生物碱,主要如介藜芦胺(介芬胺)、伪介藜芦胺(伪介芬胺)、红藜芦胺(红介芬胺)等;另一类是西藜芦生物碱,主要如原藜芦碱A和B、藜芦胺、藜芦酰棋盘花胺、西芬胺及其酯类、计明胺等。各种藜芦所含生物碱的种类不尽相同,有的还含有龙葵碱、秋水仙碱等其他生物碱。

藜芦全株有毒,根和根茎的毒性最强,含生物碱最多,总生物碱含量为1%～2%。青贮或晒干后毒素不被破坏。原藜芦碱毒性最强,介藜芦胺次之。大鼠口服生藜芦1.8 g/kg体重即可能死亡,3.6 g/kg体重有60%死亡,注射1%藜芦液0.5 mL,于15 min内死亡。家畜采食毛叶藜芦自然中毒病例中,马食其根121 g、牛食180 g、猪食15 g即引起死亡。

家畜藜芦中毒通常是急性中毒,食入半小时乃至数小时后,出现大量流涎和持续呕吐,呻吟不安,腹胀,腹痛,腹泻,频频排尿。严重中毒者,全身出汗,心跳缓慢,节律不齐,脉搏微弱而徐缓,呼吸深而慢,可视黏膜发绀,血性下痢,肌肉震颤,肢体痉挛,运动障碍。后期全身衰竭、抽搐,瞳孔散大,血压和体温下降,昏睡乃至昏迷,最后因呼吸衰竭而死。病理变化主要是胃肠黏膜炎症和出血。

发现藜芦中毒后,迅速用0.1%～0.2%高锰酸钾溶液、0.5%～1%鞣酸溶液或浓茶反复洗胃,随后投服生物碱解毒剂和吸附剂,如鞣酸、药用炭、氧化镁等。当动物呕吐时不应遽然使用止吐剂,可静脉输注葡萄糖生理盐水,必要时使用溴化物等镇静剂和补充钾盐。当大量流涎、心跳缓慢、血压降低时可肌注硫酸阿托品注射液。

十、醉马草

醉马草[*Achnatherum inebrians* (Hance) Keng.]是禾本科芨芨草属植物,别名醉马芨芨、醉针茅、马尿扫。多年生草本。须根柔韧,秆直立,少数丛生,平滑,茎实心。高60～100 cm,径2.5～3.5 mm,通常具3～4节,节下贴生微毛,基部具鳞芽。叶鞘稍粗糙,上部者短于节间,叶鞘口具微毛;叶舌厚膜质,长约1 mm,顶端平截或具裂齿;叶片质地较硬,直立,边缘通常卷折，上面及边缘粗糙，茎生者长8～15 cm，基生者长达30 cm，宽2～10 mm。圆锥花序紧密呈穗状，直立或先端下倾，下部常有间断，长10～25 cm，宽1～2.5 cm，花序分枝每节6～7枚簇生，基部即生小穗；小穗长5～6 mm，灰绿色或基部带紫色，成熟后变成褐色；颖膜质，几等长，先端尖但常破裂，微粗糙，具3脉，外稃长约4 mm，背部密被柔毛，顶端具2微齿，具3脉，脉于顶端汇合且延伸成芒，芒长10～13 mm，一回膝曲，芒柱稍扭转且被微短毛，基盘钝，具短毛，长约0.5 mm；内稃具2脉，脉间被柔毛，无脊；花药长约2 mm，顶端具白色毫毛。颖果圆柱形，长约3 mm。早春萌发，花果期7—10月份(图11-10)。

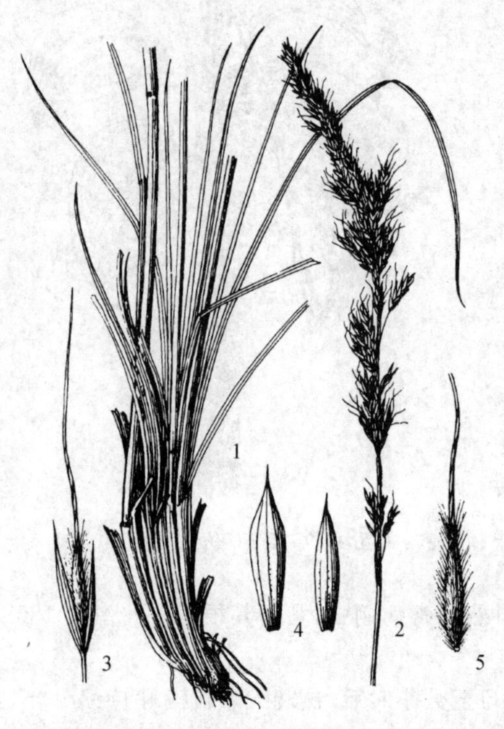

图 11-10　醉马草(仿史志诚等)

1.植株　2.花序　3.小穗　4.颖　5.小花

醉马草原产于欧亚两洲，在我国广泛分布于新疆、甘肃、宁夏、青海、内蒙古、陕西、西藏、四川等地，河北、山东、浙江也有分布。醉马草多生长于高山及亚高山草原、山坡草地、田边、路旁、河滩，海拔1 700～4 200 m。在青藏高原3 000～4 200 m的草原上，有时形成极大的群落。

最初认为醉马草中毒原因是其芒刺刺入动物皮肤、口腔、扁桃体等处引起物理性刺伤所致，而不是化学性中毒。张友杰等(1982)从醉马草中分离出麦角新碱、异麦角新碱等麦角类生物碱，但含量很低，且对马属动物不敏感，不是主要有毒成分。党晓鹏等(1989)从醉马草中分离出二烷双胺($C_8H_{22}N_2Cl_2$)，是一种有机胺类生物碱，经动物毒性试验认为是醉马草的主要有毒成分。但汪恩强等(1992)人工合成出二烷双胺后，经过动物毒性试验，否认了这一观点。李春杰等(2009)研究认为，引致牲畜醉马草中毒的真正原因是与感染产生麦角新碱和麦角酰胺内生真菌有关。

醉马草中毒多发生于马属动物，一般采食新鲜醉马草至体重的1%量即可发生中毒。在采食后30～60 min，就表现口吐白沫，精神沉郁，食欲减退甚至废绝。中毒较严重的病马，头低耳耷，站立不稳，行走摇晃，蹒跚如醉。有时表现阵发性狂暴，知觉过敏，只要有轻微的刺激就可产生强烈的反应。起卧不安，有时倒地不能起立，呈昏睡状态，类似脑炎症状。可视黏膜潮红或呈蓝紫色，心跳加快，呼吸促迫，鼻翼扩张，张口伸舌，后肢无力。严重的中毒马，除有上述症状外，尚可出现嗳气，肠鼓胀，腹痛，鼻出血及急性胃肠炎的症状。

驴醉马草中毒，初期表现精神沉郁，流泪，闭眼，肌肉震颤。然后摇头，伸颈，身体前倾，后肢向后伸展。运步困难，有时倒地。呼吸加快。

醉马草的芒刺刺伤角膜，可致失明。刺伤皮肤，在刺伤处发生血斑、浮肿、硬结或形成小脓肿。

家畜醉马草中毒系急性中毒，发病快，病程短。一般家畜中毒后虽然表现的症状较严重，但多数中毒家畜可耐过不死，呈现一过性中毒，并很快恢复健康。个别体弱、中毒严重者可致死亡。

醉马草中毒目前尚无特效治疗方法。早期应用酸类药物中和解毒,可给中毒马匹内服酸性药物,如稀盐酸 15 mL,醋酸 30 mL 或乳酸 15 mL。也可内服食醋或酸牛奶 500～1 000 mL,同时静脉注射等渗或高渗葡萄糖溶液 500～1 000 mL。也可用 11.2%乳酸钠 60 mL,一次静脉注射,有一定疗效。同时根据病情进行强心、补液等支持疗法。马属动物醉马草中毒致死率不高,只要尽早发现,立即使病畜脱离有醉马草生长的牧场,防止继续采食,使家畜保持安静,多饮微温盐水,促进毒物及早排出,在症状减轻有食欲时,给予优质青干草,不经治疗可自行恢复。

十一、毒麦

毒麦(*Lolium temulentum* L.)是禾本科黑麦草属植物,越年生或一年生草本。幼苗出土较小麦稍晚,但出土后生长迅速,抽穗、成熟比小麦早,熟后小穗随颖片脱落。株高 20～120 cm。叶鞘较疏松,长于节间,叶舌长约 2.7 mm,膜质截平,叶耳狭窄,叶片长 6～40 cm,宽 3～13 mm,质地较薄,无毛或微粗糙。穗状花序长 5～40 cm,宽 1～1.5 cm,有 12～14 个小穗;小穗长 8～9 mm,有 2～6 小花,以 5 为多,小穗轴节间长 1～1.5 mm,光滑无毛。第 1 颖(除顶生小穗外)退化,第 2 颖大,质地较硬,具 5～9 脉,具狭膜质边缘,长 8～10 mm;外稃质地较薄,基盘微小,具 5 脉,顶端膜质透明,第一外稃长 6 mm,芒长可达 1.4 cm,自近外稃顶端处伸出;内稃长约等于外稃,脊上具有微小纤毛。颖果长椭圆形,长 4～6 mm,宽约 2 mm,褐黄色至棕色,坚硬,无光泽,腹沟较宽(图 11-11)。

毒麦原产于欧洲,新中国成立前传入我国,其种子混杂在小麦等作物种子中,随麦种调运而扩散,已蔓延到全国 20 多个省份。黑龙江、吉林、甘肃、青海、新疆、湖北、江苏、浙江、山东、河南、安徽等省份都有发生。毒麦是一种有毒的杂草,主要混生于麦田,亦混生于亚麻、青稞田间,严重影响作物生产。毒麦籽粒中含有毒麦碱,人吃了含 4%毒麦的面粉,会出现头晕、昏迷、恶心、呕吐、痉挛等症状,几天内不能劳动。猪、马、鸡吃了混有毒麦的饲料会中毒晕倒。

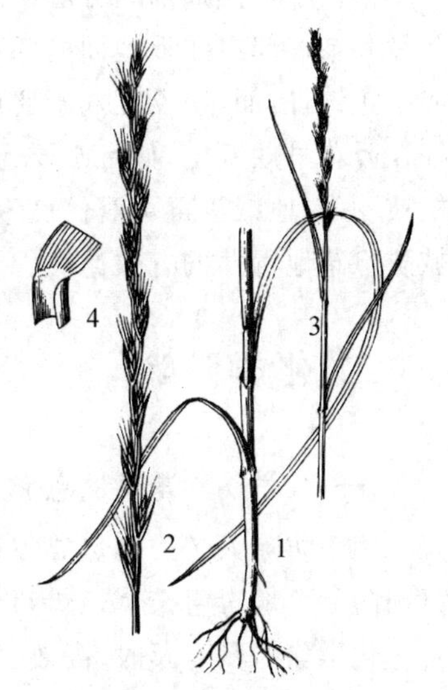

图 11-11　毒麦(仿史志诚等)

1. 植株下部　2. 植株上部　3. 花序　4. 叶舌

在毒麦种子内寄生一种有毒真菌(*Stromatinia temulenta* Prill. et Del.),能分泌一种主要作用于神经系统的生物碱,称为毒麦碱($C_7H_{12}N_2O$),对人畜都有毒性,以未成熟时或多雨潮湿季节收获的种子毒性最强,而毒麦的茎叶不具毒性。

马、猪、牛、羊和家禽采食一定量毒麦种子均可中毒,马最敏感。中毒致死量为 7 g/kg 体重,犬为 18 g/kg 体重。反刍动物和家禽较不敏感。

家畜在误食毒麦中毒后,多出现以神经症状为主的急性中毒现象,初兴奋后抑制,马中毒后起初狂躁不安,步态不稳,肌肉震颤,随后转为沉郁,昏睡,知觉减弱,脉搏细弱,呼吸困难,严重者倒地不起,陷入昏迷状态,瞳孔散大,体温下降,虚脱而死。尸体剖检发现胃肠黏膜炎症和出血;脑及脑膜充血、水肿;心和肾有变性变化。

毒麦是我国规定的进出口检疫对象,应严格执行国家有关检疫规定,防止毒麦进口及在国内蔓延扩散。一旦发现应通过选种、换种、轮作倒茬、耕作防除等方法消除毒麦。对饲养人员传授识别毒麦的知识,不用混杂毒麦的饲料饲喂家畜。一旦发生中毒立即停喂混有毒麦的饲料,轻度中毒的家畜可自愈,中毒较重者,可催吐、洗胃、导泻,如灌服硫酸钠(马 200～400 g)、鞣酸溶液(马 10～20 g),并针对临床症状进行对症治疗。

第二节　草地毒草防除技术

一、机械防除

机械清除是用人工或简单的机具如镰刀、锄铲等将毒草彻底挖除的方法。这种方法适用于清除那些分布集中,面积较小的有毒植物群丛。其特点是:一次连根挖除,不能再生。如果在萌发期进行清除,可以避免家畜采食而发生中毒。如果在结实期进行清除,则可控制有毒植物的种子传播和蔓延。

某些毒杂草特别是根茎及根蘖型草类,人工挖出后还能再生,因而铲除工作有时需要多次进行。一般来讲机械除草必须注意以下事项:①应连根铲除,或破坏毒草所有易萌生的部位,以免再生。②选择雨后进行,这时土壤比较疏松,容易铲除。③必须在毒草结实前进行。④可以将铲除毒害草与挖掘某些中草药植物结合起来,收到一举两得的效果。

生产中常用刈割的方法来防除草地毒草。刈割对直立的一年生毒草防除效果较好,但对叶片和结种部位靠近地面的毒草则收效甚微。在开花早期刈割往往可使直立生长的毒草减慢或中止结籽,而且,反复刈割还可消灭某些长势好的多年生毒草。对于大多数多年生毒草,最好在开花早期刈割,如有必要还须进行反复刈割。刈割防除毒草尽管效果有限,但可改进草地植被,有效地减少毒草对优良禾本科和豆科牧草的竞争。当草地放牧利用之后,刈割残茬是机械防除草地毒草的有效途径。

二、化学防除

(一)化学防除毒草的意义

用于防除人工或天然放牧地和割草地毒杂草的化学药剂,统称为化学除草剂。用化学除草剂防除草地毒害杂草,称为化学除莠,因此化学除草剂又叫除莠剂。

化学除莠具有及时、高效、省工和成本低等优点。它是大幅度提高劳动生产率,实现草地作业机械化不可少的一项技术,对改革现有的牧业制度有重要的意义。

除莠剂的主要优点有:

(1)选择性　它能杀灭毒杂草而不伤害优良牧草,当前采用的机械防除毒杂草,就很难自动区分杂草与牧草。

(2)传导性　它能把宿根毒杂草彻底毁灭,而机械除草时,常是斩草而不能除根。

(3)持久性　它能够在生长季节保留在土壤中,继续发挥药效不让杂草萌生,而机械除草只能取得当时的效果。

(4)效率高　比起人工除草来,这点最为突出,可以保证除草及时,比许多其他农业技术措施效率也要高得多。

(5)成本低　化学除草剂的杀草浓度均较低,大面积喷洒时最为经济合算。

化学除莠剂也有它的缺点,操作不当能毒害邻近的对药剂敏感的牧草或土壤中的有益生物,它在土壤中的残效会影响牧草再生、人畜健康和畜产品的质量,易使某些毒杂草产生抗药性。如连续多年使用同一种除草剂来除草,它们不但不被有效地消灭,反而会更加兴旺。各种除莠剂的优缺点在纳入草原除莠体系时,必须周详地加以考虑,而且应该与生物学防除、机械清除及其他农业技术措施结合起来,进行综合性草原毒杂草防除,以发挥其更大的效果。

(二)草地常见毒草的化学防除

1.小花棘豆

(1)氟草定(氯氟吡氧乙酸、使它隆)　为有机杂环类内吸传导型苗后除草剂,对小花棘豆有高度选择性。用药后很快被植物吸收,表现植株畸形、扭曲,逐渐枯萎死亡,根部腐烂,翌年不能复生。每公顷用20%氟草定乳油375～600 mL,兑水195～225 kg,均匀喷雾,防除效果95%以上。对禾本科和其他阔叶牧草安全。用药适期为小花棘豆分枝后至花期。

(2)2,4-D丁酯　为苯氧乙酸类激素型苗后除草剂,具较强的内吸传导性。施药后表现植株生长发育畸形,直至死亡,根部腐烂,翌年不能复生。

单用:每公顷用72% 2,4-D丁酯乳油2 250 mL,兑水225～300 kg,均匀喷雾,防除效果90%以上。对禾本科牧草安全,但对阔叶牧草药害较严重。

混用:为提高药效和减轻药害,每公顷用20%氟草定乳油225～300 mL加72%2,4-D丁酯乳油750～1 050 mL,兑水225～300 kg,均匀喷雾。也可每公顷用48%麦草畏水剂450～750 mL加72%2,4-D丁酯乳油600～750 mL,兑水225～300 kg,均匀喷雾。防除毒草效果95%以上,对禾本科牧草安全,仅对个别阔叶牧草有轻微药害,但后期尚能恢复。用药适期为小花棘豆分枝期至现蕾期。

(3)麦草畏　为苯甲酸类内吸传导型苗后除草剂。单用麦草畏对小花棘豆的防除效果仅80%左右,为提高防效,可每公顷用48%麦草畏水剂750 mL加72%2,4-D丁酯乳油750 mL,兑水250～300 kg,均匀喷雾。用药适期为小花棘豆分枝期至现蕾期。

(4)三氯吡氧乙酸(盖灌能)　为有机杂环类内吸传导型苗后除草剂,能很快被叶面吸收,并传导到植物全株。每公顷用61.6%三氯吡氧乙酸乳油1 500～2 250 mL,兑水375～450 kg,均匀喷雾。用药适期为小花棘豆分枝期。

(5)氨氯吡啶酸(滴·氨氯)　本剂可通过植株叶片和茎秆吸收,有很好的内吸传导作用。304 g/L滴·氨氯水剂有效成分用量456～684 g/hm^2,兑水300 kg,均匀喷雾。本剂仅对个别阔叶牧草有轻微的药害,但后期可恢复正常生长。用药适期为小花棘豆分枝期。

2.黄花棘豆

可参照小花棘豆化学防除法。

3.变异黄耆

可用氟草定(使它隆)。剂量与使用方法参照小花棘豆的化学防除。

4.狼毒

在狼毒已形成优势种群的高密度草地,每公顷用72% 2,4-D丁酯乳油3 000～3 750 mL,兑水375 kg,均匀喷雾;或每公顷用20%氟草定乳油600 mL加72%2,4-D丁酯乳油1 500 mL,兑水375～450 kg,均匀喷雾,或每公顷用304 g/L滴·氨氯水剂有效成分456～684 g,或环嗪酮点喷。防除效果达95%以上。

5.醉马草

(1)草甘膦　草甘膦可以清除一年生、多年生禾本科杂草和一年生双子叶植物,尤其是对一年生禾本科毒草效果最好。30%草甘膦混合皂酚每公顷草场喷13.5 kg,可清除90%的醉马草。若草甘膦加上柴油使用,效果更好,因柴油能很好地黏附于草上。小面积草场每公顷喷洒13.3 g草甘膦、13.3 g皂酚和10 kg水的混合液,清除效果很好。在无风、凉爽时喷洒,药液不会迅速蒸发,药效保持时间长。

(2)茅草枯　每公顷喷洒7.5～22.5 kg,喷药后第5天醉马草叶片开始枯萎,变黑;10～20 d后植株逐渐萎缩、卷曲;1个月后全部干枯死亡,根部腐烂。第二年春季,喷过药的草地上,醉马草无一返青。

6.紫茎泽兰

紫茎泽兰的有效防除剂甚多,交叉使用产生的配方更多,防除效果的统计标准又各不相同,很难比较各种配方的差异。谢开立等(1985)提出了建议推广的方案为:当年10月中下旬,用1.0%～1.2%草甘膦水剂(即1 kg清水+10～12 mL市售草甘膦水剂),混匀后喷雾,也可用0.8%～1.0%的2,4-D丁酯乳油(即1 kg清水+8～10 mL市售2,4-D丁酯乳油)喷雾,选择晴天,在上午10时至下午3时之间喷药。做到不重喷、不漏喷。待次年雨季开始时,及时在喷药地段上造林种草,更换新的优良植被。

(三)除草剂的药害及应注意的问题

在生产实践中由于除草剂的使用不当,常常会发生药害,而且有时药害十分严重。所以如何用好除草剂,提高药效,防止药害和降低成本是人们普遍关心的问题,也是关系到除草剂能否推广的问题。

1.除草剂对牧草及饲料作物的药害

(1)药害所引起的形态变异　很多除草剂由于对植物细胞化学和生理学产生影响,使牧草及杂草的习性出现异常。由于除草剂对植物细胞分裂和增长的干扰,可抑制牧草的生长。同时有些除草剂,也会使植物茎秆部的木质部发生畸变,使地上部和根系受到抑制,导致牧草生长受阻或停顿,一些除草剂,如2,4-D激素型除草剂还会引起牧草茎、叶的弯曲或扭曲,节间缩短、叶片增厚,产生畸形株苗。有的除草剂引起的药害会使牧草叶片产生枯斑,花和花序异常,以致不能结实。

(2)引起牧草群落的改变　多数除草剂对植物均有一定的选择性,有些可用在禾草草地中防除阔叶杂草,有些则用在杂类草草地防除禾本科杂草。由于有效防除对象的不同,草地施用除草剂后,可能会导致草地群落发生变化,使某些优势种牧草失去优势,而某些非优势种牧草占了主导地位。为了避免牧草成分的改变,应通过轮换不同类型的除草剂或使用混合制剂加以克服。

(3)药害的主要类型　①从受害的时期来分,可分为直接药害和间接药害(或叫二次药害)两种。直接药害是使用除草剂不当,对当季、当茬牧草及饲料作物所造成的药害。间接药害

(或叫二次药害)是在使用除草剂后对下季、下茬牧草及饲料作物所发生的药害。②从症状来分,可分为可见性药害和隐患性药害两种,其中可见性药害又包括激素型药害和触杀型药害。可见性药害是指用肉眼或从形态上可以直接观察到的药害。激素型药害主要表现在叶色反常变绿或黄化,生长停顿、萎缩、茎叶扭曲、心叶变形直至死亡;激素型除草剂的药害可分为正常、生长受抑制、心叶轻度畸形、心叶严重畸形、全株死亡等5级,如2,4-D、2甲4氯、百草敌、杀草丹、禾大壮等所引起的药害。触杀型药害主要表现为组织坏死,出现黄、褐、白色坏死斑点,直至茎、鞘、叶片及组织的枯死;其药害也可分为正常、叶片1/4枯黄(枯斑)、1/2枯黄(枯斑)、3/4枯黄(枯斑)、3/4以上枯黄(枯斑)至死亡,如除草醚、草甘膦、百草枯、敌草隆等除草剂,可引起植物叶片发生红、黄、灰、白等坏死症状。隐患性药害是指药害并没有在形态上明显表现出来,难以直观测定,但最终造成牧草产量和质量下降。

2.对人、畜、野生动物及有益昆虫的毒害

在放牧地里,常用的大多数除草剂是无毒害或毒害很低的,如果按照除草剂标签上介绍的方法施药,人、畜一般是不会中毒的。某些除草剂如五氯酚钠、除草醚、百草枯等,对人眼、鼻、皮肤、指甲等有刺激作用,可引起过敏,皮肤干裂、红肿、灼痛,脱皮,流泪等反应,但不会像有些杀虫剂(如滴滴涕)那样引起人、畜神经中毒、运动失调、致癌、肝脏病变等严重毒性。

有些除草剂,如2,4-D及其类似化合物,可以暂时增加某些有毒植物的适口性,牲畜采食了这些有毒植物后会引起中毒、流产等症状。如用2,4-D处理过的白藜,亚硝酸盐的成分增多。亚硝酸盐在动物的血液中会干扰氧的有效传送和利用,使动物窒息而死。

大多数除草剂对野生动物和有益昆虫都无毒性或仅有轻微毒性,如常用的除草醚、氟乐灵等60余种除草剂对蜜蜂和其他传粉昆虫都属低毒类,这类药剂可以在蜜蜂活动周围施用。此外,大多数除草剂只要在正常施用量下对土壤微生物也无不良影响,如除草剂中有的能刺激固氮菌的活性,对牧草生长起有益作用,但有些如五氯酚钠、苯胺灵则可能降低固氮菌的固氮作用。

除草剂对人、畜和有益昆虫等的毒害以及对环境的污染还受人为的控制,只要能做到有效、经济、安全、科学用药,就不会危害农作物,保证增产、增收,对人类做出重要贡献。

3.药害的预防与排除

(1)药害预防　①建立除草剂的试验、示范程序,总结经验后再推广使用。②在每个地区因地制宜地制定牧草及饲料作物或除草剂的安全使用操作技术规程,并加以贯彻和检查执行。③对症下药,在充分掌握药性、苗情、环境等方面的情况下,选用有针对性的除草剂,并在施用时尽可能限制用药量和施药次数。④混合用药与轮换用药,力求一次用药可兼治多种毒草并克服毒草的抗药性产生,减少药物用量和施药次数。⑤严格除草剂的安全使用操作技术规程,执行除草剂对牧草及家畜的安全施用间隔期。

(2)药害排除　①使用安全保护剂,如25788对酰胺类有良好的保护作用,H31866对甲草胺(拉索)有保护作用。施用BNA-80能抑制杀草丹的脱氯反应。②对激素型的药害,可喷洒赤霉素或撒石灰、草木灰、活性炭等化学药品。③对触杀型除草剂的药害,可施化学肥料以迅速恢复生长。④土壤处理剂的药害可以采取耕翻泡田,反复冲洗土壤,尽量减少残留。⑤对人眼、皮肤等有刺激的除草剂溅到皮肤上,要立即用清水、肥皂水清洗,一般不要用热水清洗。

4.化学除草应注意的问题

防止毒草对除草剂产生抗药性。毒草对除草剂的抗性原因,一是原来就有的耐药性生态型,二是有些毒草通过对药剂的选择与适应,逐渐增强了对药剂的解毒能力。应注意采取交替轮换用药和适当的施药量来防止抗药性的产生。

在使用任何一种除草剂之前,都要参考生产厂家的说明书来确定所防除的毒草对象、施药方法、施用时间和用药剂量。采取茎叶处理时,要在毒草对药剂最敏感、出苗比较整齐时用药。采用土壤处理时,要保证大多数毒草能够在除草剂有效期内发芽出土。施药量应在保证牧草安全无害的前提下,根据毒草对药剂的敏感程度、发生数量、施药时的天气情况和土壤状况灵活掌握。

喷洒过除草剂的喷雾器械和用具,必须彻底清洗,根据不同的除草剂可分别选用清水、氨水、肥皂水、热碱水等进行洗涤。尤其是2,4-D、苯氧乙酸类除草剂更要谨慎。

在喷施除草剂过程中,要穿戴好劳动防护用具。

三、生态控制

长期以来,防除和控制毒草的危害一直是人们极为关注的课题之一。但是由于焚烧法有风险,地方政府明令禁止,以防发生草原火灾;人工挖除法投劳多,且草山裸露难以恢复,易造成新的退化、沙化;化学防除法大面积推广耗资大,有的药源不足要进口,有的除莠剂可能引起新的污染和残留。因此,为了更为经济有效地防除毒草,我国科技工作者在不断总结群众经验的同时,应用现代科学技术,研究创造了许多生态控制毒草危害的方法,在实践中已有了初步效果,值得进一步推广应用。生态控制法是根据生态毒理学原理调整植物毒素在生态系统中的平衡关系所采用的一种生态工程方法。其特点是:①不采取化学的、机械的方法清除毒草,而是以生态学的方法限制毒草的生长或降低它在牧草中的比例;②依据有毒植物毒性特点和动物敏感性的差异,调整毒性方程式两侧的相互关系,改变品种特异作用与敏感性,以防止毒素的危害;③使一些有用的有毒植物得到条件性的保护,也使动物有毒植物中毒得到防止,显示经济、有效、生态平衡等多种效益。

(一)改善草群结构法

草库伦亦称草场围栏,在蒙语中是草园子的意思。围建草库伦是我国牧区的一项创举。草库伦的形式较多,如乔灌草三结合草库伦、草料乔三结合草库伦、打草与冬春放牧兼用草库伦等。草库伦可使牧草质量得到改善,草群结构改变,产草量大幅度提高。

内蒙古鄂尔多斯市约有38万hm^2草地上生长小花棘豆,该市乌审旗乌审召镇,覆盖度占可利用草场的30%~50%,1957年因采食小花棘豆引起中毒的头数占牲畜总头数的11%,其中马占40%。后来曾发动群众铲除小花棘豆,虽然在预防中毒方面起到一定作用,但牧场植被受到破坏,流沙侵袭严重。在退化的草甸草场上,由于风沙、干旱影响,一些中生的、适口性良好的耐牧性植物从草群中减少乃至消失,另一些旱生的、适口性差的耐牧性植物和毒草反而增多,形成退化草场草群结构,成为不可利用的毒草草场。当采取草库伦法改良后,草群结构发生变化,毒草在草群中的比例明显下降,成为优质可放牧、冬春打草、补饲的草场(表11-1)。

表 11-1　退化草场与草库伦内草群结构比较
（史志诚，1997）

经济类群	产草量	
	干重/（g/m^2）	占草群总重/%
Ⅰ.退化草场草群结构		
毒草（小花棘豆）	448.0	84.6
杂草	33.3	6.3
苔草	16.4	3.1
禾本科	31.9	6.0
豆科	0	0
Ⅱ.草库伦草群结构		
毒草（小花棘豆）	11.0	2.8
杂草	5.7	1.4
苔草	72.8	18.5
禾本科	168.0	42.7
豆科	136.2	34.6

由表 11-1 可见，退化草场上小花棘豆和杂草居多，毒草上升为 84.6%，禾本科草下降到 6%，没有豆科草，成为不可利用的毒草草场，强行放牧则引起动物中毒。相反，建立草库伦后，禾本科占 42.7%，豆科占 34.6%，毒草下降为 2.8%，在这样的草场放牧，极为安全。

(二)加快植被演替法

利用植物间的相互竞争，种植生长发育快且对某毒草竞争力强的一种或多种植物，抑制其生长繁殖，最后以人工植被替代。最成功的案例是内蒙古鄂尔多斯市利用该技术防控小花棘豆。据史志诚（1991）报道，内蒙古鄂尔多斯市乌审召草场上，小花棘豆危害马匹发展，当地群众曾采取人工铲除毒草的办法进行防除，仅 1958 年铲除毒草面积达 2.8 万 hm^2。但在之后的 30 多年内小花棘豆不仅未被控制，而且分布扩及全村。根据小花棘豆喜光怕阴的生物学特性，在春季顶凌播种草木樨，播种量为每公顷 11.3～15 kg，耙耘或赶羊溜，夏天生长季节管护好并实行禁牧。这样草木樨快速生长，覆盖度大，小花棘豆难以生长发展。1988—1989 年在 16 个牧场中试种 53.5 hm^2 草木犀，以这种加快植被演替的办法，使小花棘豆减少以至消失，不仅预防了家畜小花棘豆中毒，而且提高草场产草量，增加载畜量，乌审旗小花棘豆约 6.6 万 hm^2，如果采取此种办法改良可多载羊 20 万只。

(三)改变耕作制度法

新疆维吾尔自治区的阿合奇县利用毒麦的发生程度受海拔、无霜期和中耕作物所制约和毒麦是春麦的伴生杂草等特点，采用生态控制防除法获得成功。阿合奇县是 1962 年划定的毒麦疫区，该县毒麦的分布具有明显的地带性生态分布特点。县城和县城以东的库兰萨日克，海拔较低，历史上以种植春麦为主，1963 年毒麦普遍发生，之后推广冬麦，1982 年冬麦比例占 85.13%，因毒麦不能随冬麦越冬，改春麦为冬麦的耕作制度就控制了毒麦，仅在春麦地内伴生毒麦，农田也极少发生。县城以西约 50 km 处的哈拉奇乡是毒麦的集中发生区，每平方米有欧毒麦(*Lolium persicum*)51株,最高达155株,折合每公顷143.9万株,麦田中春麦和毒麦几乎各占一半。春麦和青稞的大面积播种给毒麦伴生创造了良好的生态环境。受海拔高度和气温影响的哈拉布拉克乡8月份即出现早霜,春麦不能充分成熟,冬麦不能越冬,只能种青稞,所以毒麦也不能大量发生(表11-2)。

由表11-2可见,库兰萨日克和县城可通过扩大冬麦和中耕作物面积,进行轮歇倒茬,改变毒麦生态环境,抑制毒麦的生存蔓延,达到防除的目的。哈拉奇乡可扩种一些蚕豆和油菜,并在退耕地上种苜蓿,实行草田轮作,在集中发生区分片防除。

表11-2 不同海拔高度和年均温度与毒麦生长的关系

(史志诚,1997)

地区	海拔/m	年平均气温/℃	无霜期/d	主要作物	毒麦发生情况
库兰萨日克	1 830	7	160～170	冬麦、春麦、玉米	农田极少
阿合奇县城	1 985	6.2	156		稀疏发生
哈拉奇	2 311	5	100～120	春麦、青稞	高密度发生
哈拉布拉克	2 480	4	90	青稞	无

(四)畜种限制法

翠雀属(*Delphinium* spp.)植物被牛采食后会很快引起中毒,但翠雀属植物对绵羊无害,所以在翠雀分布区以群牧绵羊为宜。

小冠花对反刍动物无害,而对单胃动物有毒,因此小冠花只能是饲喂反刍动物的一种牧草,而不能冠之于对所有家畜均是一种优良牧草。

荞麦对白色皮肤的家畜能引起感光过敏,而对黑色皮肤的家畜则无害。在利用荞麦及其副产品饲养家畜时,在品种和家畜肤色方面要注意选择或给予条件性限制。

前面我们叙述的品种对中毒的影响的资料都可以用来考虑如何通过畜种限制法预防植物中毒。比如,混有洋甘菊属(*Matricaria* spp.)的植物被马、绵羊和猪食后不会造成损害,而对牛则可引起冲撞病(pushing disease)。

(五)日粮控制法

日粮控制法是将有毒植物在日粮中的比例控制在非中毒量以下,从而使家畜既能有条件地利用天然含毒牧草(树叶),又不使体内功能受到损失,这为一些特定地区低毒植物中毒的预防开辟了新途径。史志诚等根据单宁的毒性(家兔LD_{50}=6.9 g/kg连续5 d,Pigeon,1962)和单宁在瘤胃中的临界含量(山羊8%～10%,牛3%～5%,Begovis,1978),研究了牛栎树叶中毒预防新法,即日粮控制法而取得成功。发病区耕牛在发病季节采取半日舍饲(上午)、半日放牧(下午在栎林放牧)的方法。连续观察3年,结果观察组(14头)临床检查无发病症候,仅见粪便色黑或稍干,尿液pH、比重均在正常范围内,未发现蛋白尿,但有铁反应,尿酚偏高,且游离酚高于结合酚;而对照组(12头)有发病死亡(发病5头,死亡2头),尿液检查pH、比重异常,尿酚偏高,且结合酚高于游离酚,出现倒置现象。

四、生物防除

(一)生物防除的意义

毒害杂草的生物防除就是审慎地利用某些动物、昆虫、病菌等天敌来消除或减少毒害杂草危害的措施。它是一种自然的生态现象,其目标不是根除有毒有害杂草而是根据群体生态学的原理,使一种毒杂草的多度减少到经济上可以容许的水平。凡利用生物学方法控制毒杂草的危害,均属于毒杂草生物防治的范围。生物防除包括天敌的引进、保存和增殖三个步骤,这些天敌直接或间接地消灭或削弱有害的寄主植物,而在一定程度上对有用的植物种无害。

利用生物防除毒害杂草,既可减少化学除草剂对环境的污染,又有利于自然界的生态平衡。因而近年来已日益引起人们的重视,国内外在研究用动物、真菌、细菌和病毒等来防除毒杂草方面积累了许多资料,一些研究成果已在生产上进行推广应用,取得了显著成效。

利用生物防除有毒有害杂草也有一定的局限性,它不能切实可靠地解决所有的毒杂草问题。所以,只有把生物防除与预防性的、物理的和化学的防除措施等结合起来,形成一个与牧草病虫害防治相适应的综合防除体系,才能从根本上解决草地毒害杂草的防除问题。

(二)生物防除法

1.以虫治草法

以虫治草是最早使用的一种毒杂草生物防治方法,利用有益昆虫对毒杂草取食,来达到防除的目的。这些昆虫大多是甲虫类昆虫,它们一般食性较专一,因而对其他植物不会有危害。

以紫茎泽兰的生物防除为例,20 世纪 40 年代美国从紫茎泽兰的原产地墨西哥引进泽兰实蝇(*Procecidochares utilis*)防治夏威夷群岛的紫茎泽兰,收到了一定效果。50 年代澳大利亚从夏威夷将泽兰实蝇引入昆士兰和新南威尔士,发现每株紫茎泽兰上都已形成虫瘿,明显干扰害草的正常繁殖。

泽兰实蝇产卵多,繁殖力强。虫瘿结呈卵形或球形,每一个虫瘿结内有 1～20 条幼虫。泽兰实蝇在 1 年内可完成 5 个世代,不断扩大数量,就可以控制紫茎泽兰蔓延。

我国学者何大愚等(1984)在西藏的喜马拉雅山南麓与尼泊尔接壤地区发现了泽兰实蝇,并引入昆明生态研究所进行室内培养,于 1987 年报道了泽兰实蝇的专一寄生性和安全性。他们用 63 种常见植物(包括粮食作物、蔬菜、水果)进行网罩栽培,分别将泽兰实蝇反复投入网罩,发现泽兰实蝇只寄生于紫茎泽兰,并不危害其他植物,安全可靠。

代聪等(1991)在经过长期观察发现,在放虫中心区域 4.3 km 半径内,经过二年半以上时间,泽兰实蝇寄生率达到 50%以上,野外紫茎泽兰的种子萌发率与无虫瘿寄生的紫茎泽兰相比下降 40%以上,紫茎泽兰种群密度比开始时下降 10%,收到一定的防治效果。

澳大利亚的专家发现,泽兰尾孢菌也是紫茎泽兰的天敌,会引起"叶斑病"使全株死亡,泽兰实蝇还是这种病原菌的传播者。

2.以菌治草法

这是利用病原微生物来控制毒杂草的方法。我国的"鲁保一号"是最早研制成功的杂草生物防治微生物制剂。它是一种真菌制剂,可以感染菟丝子,使用后可以有效地防止大豆菟丝子对大豆的侵害。

郭光远、杨宇容(1991)等对云南省 20 多个县、市调查中,发现广泛存在紫茎泽兰叶斑病,病原经分离观察,定名为飞机草菌绒孢(*Mycovellosiella eupatorii-odorati*),此菌能人工大量培养。培养基通常用紫茎泽兰叶汁加于 PPA 琼脂;在空气流通,阳光充足,紫茎泽兰成单优群落地段上施用菌剂,有利于病原菌的扩散流行,造成该病原菌在自然界中的循环感染。他们还研究了飞机草绒孢菌对紫茎泽兰生理过程的影响,发现染病组比对照组的光合效率降低 39.6%～68.8%,叶绿素含量减少 66.6%～67.8%,株高、叶片数、花朵数等明显降低。2007 年陶永红、李正跃等调查了昆明地区紫茎泽兰绒孢菌叶斑病发生规律,发现病菌自新生叶侵入,自倒数第三层叶始显症状,下部叶片的病情较上部叶片严重,植株的病叶率达 40%～70%,表明该病菌具有生物防治作用。此外,强胜和万佐玺等(2001)从紫茎泽兰病叶分离到链格孢菌(*Alternaria alternate*),认为该菌侵染速度快,致病性强,可开发为防治紫茎泽兰的真菌除草剂。

在豚草的天敌中有一些使豚草生病的微生物,其中白锈菌(*Albugo tragopogortis*)对豚草有较大的控制效果。据研究,在温度 16.7～18.4℃情况下,往豚草幼株上喷洒白锈菌孢子悬浮液并保持液滴 4h 以上可使豚草感病,叶背面长出许多白色小疱,叶正面在小疱处褪绿。豚草感病,子叶期比 4～10 对真叶期敏感。田间条件下染病豚草生物量减少 1/10 左右,每株种子产量降低 95%～100%。

应用生物防治方法对草地毒杂草进行控制,虽然与化学农药相比有许多优越性,如可保护人类健康,防止环境污染,保护有益生物,降低生产成本等,但目前在应用上还存在一些问题,其中最主要的是时效问题。利用生物控制病虫草害,大多不能在短时间内达到有效控制的目的。但是,无论如何,生物防治已经越来越受人们的关注,无公害化是草地农业发展的必然趋势,也是人类赖以生存的必然选择。

五、烧荒防除

有目的地进行烧荒是消灭草原有毒植物经济方便有效的方法,也是草原综合培育的措施之一。我国禁止天然草原烧荒,主要原因是草原烧荒很容易引发火灾。但是,火的灾害属性是相对于人类的经济而言的。从生态学角度看,火作为环境因子之一对植物群落的形成和演替有着很重要的影响。科学适当的草地烧荒,可以消除草原毒害杂草,改善草原的植被结构,提高草地的生产能力。尤其以禾草为主的草原在烧荒后,土壤地温提高,草灰变为肥料,因此可以促进次年春天牧草较早萌发,提高草群质量,同时,也烧死了一部分害虫的蛹及卵,减少虫害。据周禾等(1997)报道,焚烧可改善生态条件,使芨芨草在开花期增产 62.2%,明显提高生长前期粗蛋白质和粗灰分含量,同时无氮浸出物和粗纤维含量则相应下降,植物生育期可延长 15 d 左右,叶量增大,地上生物量增重大于地下。李子勇等(2009)对羊草人工草地进行了烧荒和不烧荒对比试验。结果表明,烧荒不仅清除了地表上的毒杂草、枯草,减少了虫害,而且有利于羊草的生长发育,烧荒后生育期提前了 1～4 d,提高结实率 6.1%。但是,必须指出的是,不同的群落类型以及不同的植物种类在不同的生境条件下对烧荒的反应各异。因此烧荒必须要方法科学,适时使用。如果掌握不当,不但会引起火灾,而且容易对豆科草类、蒿类、半灌木等地面芽和地上芽植物为主的草原造成伤害。烧荒应在晚秋或春季融雪后进行,因为此时对青草生长影响较小。烧荒前要经县级人民政府的草原防火主管部门批准方可进行。必须做好防火准备，并应在无风天烧荒，以避免风将火种远扬他处，引起别处草原火灾。烧荒后，一定要彻底熄灭余火，以免引起草原火灾。

六、免疫学方法

将有毒植物毒素免疫用于动物中毒病的防治在国内外刚起步。童德文等(2007)、Daniel Cook 等(2009)报道，给动物注射合成的疯草毒素苦马豆素-BAS 疫苗，其体内产生苦马豆素抗体，获得主动免疫力，动物对棘豆中毒产生免疫，能安全采食。目前，该方法尚处于试验探索阶段。为了从根本上化解毒草灾害，变害为益，对相应有毒植物毒素疫苗的深入研究不失为一种好措施。

第三节　草地毒草的综合防除

一、综合防除的意义

实践证明，各种防除草地毒害杂草的方法均可收到一定效果，但也不可避免地存在一定的缺陷。因此，控制草地毒害草的危害，必须坚持预防为主，综合防除的原则，因地制宜地组成以化学防除为主，其他措施配套的防除体系，充分发挥各种防除措施的优点，扬长避短，达到经济、安全、高效地控制草地毒害草的目的。

综合防除的内容就是把物理的、化学的和生物的方法协调到一个和谐的系统里，并经得起时间的考验。因此，毒害杂草的综合防除可以定义为：按照毒害杂草种类的种群动态和与环境的正相关关系，采用适当的技术措施，使毒害杂草的种群数量尽可能地保持在经济受害水平之下的一种草地管理制度。这个含义包括了生态学的观点、经济学的观点和环境保护学的观点。

所谓综合是指对象的综合、措施的综合和安排上的综合。对象的综合指主要防除对象(主要有毒有害杂草群落)的综合。措施的综合指包括生物的(含农业的)、物理的(含机械的)和化学的各种措施的综合施用。安排上的综合指毒害杂草防除措施(如化学防除适期的确定)及其他(如施肥、灌水等)草地培育改良措施在时间序列上的协调。

二、综合防除目标规划

从现有基础出发，分为近期目标和远期目标，由简单到复杂，建立最优的综合防除体系。

1. 近期目标

改进草地培育，改良技术措施，科学使用除草剂，协调有关防治措施和放牧管理措施之间的关系，防止杂草传播侵染及家畜中毒。

2. 远期目标

根据毒害杂草种群生态和系统生态，明确主要恶性杂草防除的经济阈值，发展新的防除技术，因地制宜地建立化学防除体系和农业防除体系，制定出最适的综合防除方案，建立最优的防除毒害杂草的草原生态系统。

三、综合防除方法

(一)加强草地管理

草地管理包括对放牧牲畜的管理和草地植被的管理。放牧牲畜的管理,关键在于控制草地放牧牲畜的头数,实行以草定畜。草地毒害杂草的大量繁衍往往是单位草地上牲畜头数太多,造成草地过牧退化的结果。据新疆草地调查资料,全疆春秋草场载畜量为 1 329.3 万只绵羊单位(绵羊单位是指 1 只体重 40 kg 的带羔母绵羊,维持其正常营养状况和正常繁殖能力的食草量),而现有载畜量为 1 912.6 万只绵羊单位,超载 583.3 万只绵羊单位。冬牧场载畜量为 2 085.7 万只绵羊单位,现有载畜量为 2 119.6 万只绵羊单位,超载 33.9 万只绵羊单位。冬春牧场载畜量 236.9 万只绵羊单位,现有 261 万只绵羊单位,超载 24.1 万只绵羊单位。冬春秋牧场载畜量为 338.5 万只绵羊单位,现有载畜量 779.7 万只绵羊单位,超载 441.2 万只绵羊单位。季节载畜量的严重不平衡和超载过牧,在靠天养畜的情况下,使草地牧草产草量大幅度下降,造成严重过牧。新疆乌鲁木齐春秋草场 20 世纪 80 年代比 60 年代牧草产量下降 42.5%。即使自然条件较好,产草量较高的夏场,也因牲畜头数的不断增加,产草量 80 年代比 60 年代下降 13.7%。过牧的结果是毒害草的大量繁衍。据调查,新疆伊犁谷地天山北坡中山带海拔 1 500~2 500 m 的山地草甸和山地草甸草原中毒草——乌头的分布面积达 13 万 hm^2 以上,参与度一般达 10%~20%,严重地段达 60%~70%。在新疆蒿属荒漠地区退化草场上,牲畜不食的骆驼蓬猛增。如新疆木垒县的一碗泉,骆驼蓬每公顷鲜草产量达 4 560 kg,因此,根据牧草产草量确定适宜的载畜量,保证草地合理的放牧强度,使草地植被得以均匀地被牲畜采食,是控制草地毒害杂草滋生最有力的措施。

草地植被的管理,重心在于改善草地牧草的生活条件,调节植物水分和养料,防除草地毒害草,对退化的草地进行更新复壮。牧草生长繁茂,毒害杂草在强有力的竞争者面前,在不利的生态环境下将逐渐衰退和死亡。如新疆伊犁地区,由于草地过牧退化,使乌头大量繁衍,给草地利用带来困难。但在自然保护区虽因草地退化,乌头也大量滋生,经保护两年后,由于牧草恢复重新繁茂生长,乌头则因生态环境的改变而迅速减少,保护第 3 年的草地上,乌头只零星可见,对草地利用不再产生影响。又如,酸模对高肥力酸性土壤、湿度适中的土壤很能适应,这样就可利用改变土壤酸性,控制湿度等来消灭此类毒杂草。

在牧草与毒害草系列中存在着毒害草竞争的临界持续期,以及最低允许密度的要求。所以将毒害草消灭在牧草的生长前期,可以使毒害草失去竞争优势或延后竞争(即牧草受毒害杂草竞争而明显减产的时期之后),从而把毒害草的危害减少到最低限度。

在某些情况下,对有毒有害杂草密度高的草地进行翻耕是必要的,然后播种施肥。这在降雨量中等的地区可采用。而在雨量有限的地区,则可以采用暂时不放牧或调节牧场使用时间的方法,促使优良牧草茂盛生长,从而达到抑制杂草生长的目的。在干燥的地区,用灌溉重播的方法也可以使优良牧草很快定植下来。

(二)合理利用草地

合理利用草地是根据牧草的生物学和生态学特点,从生长地的特征出发采用的一系列技术措施,是基于放牧对草地所产生的各种影响的深入研究对草地采用的合理利用方法。包括合理地组织季节轮牧，以放牧场轮换为中心的放牧场培育措施，对不同季节草场内固定承包给牧户的具体放牧地段，实行分区轮牧或分段轮牧，合理地组织畜群和加强放牧管理等各方面的综合技术措施。合理利用草地的措施在牲畜配置、放牧时期、放牧强度上都应该是适当的。因而，从当前看，它既能使草地得到最充分的利用，生产潜力得到最充分的发挥；从长远看，又可使牧草的生机得到维护，能长远保持和不断提高草场的生产力。国内外许多试验证明，分区轮牧可以比自由放牧提高牧草产量20%～40%。由于牧草生长好，草地利用充分、均匀，毒害杂草就能得以充分地抑制。草地过牧退化，是草地载畜量过高，对具体的放牧地段又因采用无计划的自由放牧方法，使优良牧草被反复啃食，特别是早春和秋季牧草再生，生命力最弱的时候反复利用的结果。一些生产点、居民点附近的草地，往往因过牧，使得毒害杂草大量滋生。这种现象在牧区到处可见。因此，合理利用草地是保证草地持续保持旺盛生命力，不断稳产高产，防除毒害杂草最基本的有效方法。

(三)清除法

清除法是指将已经发生和正在发生的毒害草除掉。此时需将机械方法、生物方法、化学方法综合起来进行防除。应当指出，各种措施在某一时期的作用和地位是不同的。在综合防除中，化学防除要根据草害的种群密度水平、危害程度、现有防除能力、挽回损失的价值等而决策。

毒害草的综合防除要把除害的有效性、合理布局和当年收益结合起来，各个环节必须有机地联成一个整体。

思考题

1. 请简要说明下列常见毒草的主要有毒成分及中毒症状：木贼、草麻黄、乌头、曼陀罗、小花棘豆、毒芹、狼毒、紫茎泽兰、藜芦、醉马草、毒麦。

2. 机械防除草地毒草应该注意哪些事项？

3. 简要说明化学防除草地毒草的意义。

4. 除草剂一般常分为哪几类？

5. 除草剂的杀毒机理是什么？

6. 草地上常用的除草剂有哪些？它们各有怎样的使用特点？

7. 除草剂的药害有哪些？

8. 在利用除草剂除草时应注意哪些事项？

9. 生态控制毒草的特点是什么？常用的方法有哪些？

10. 简要说明生物防治的意义。常用的生物防治方法有哪些？举例说明。

11. 简要说明草地毒害杂草综合防除方法。

参考文献

[1] 陈广平,郝树广,庞保平,等.光周期对内蒙古三种草原蝗虫高龄若虫发育、存活、羽化、生殖的影响[J].昆虫知识,2009,46(1):51-56.

[2] 陈辉,武明飞,刘杰,等. 我国草地贪夜蛾迁飞路径及其发生区划[J]. 植物保护学报,2020,47(4):747-757.

[3] 杜军利,武德功,刘长仲.异色瓢虫和多异瓢虫对两种色型豌豆蚜的捕食偏好研究[J].中国生态农业学报,2015,23(1):102-109.

[4] 豆卫,王俊梅,谭成虎,等.苦参碱防治荒漠草地蝗虫试验研究[J].草业科学,2010,27(3):153-156.

[5] 范锦胜,张李香,王贵强,等. 草地螟在5种寄主上的实验种群生命表[J].植物保护,2016,42(3):104-109.

[6] 房敏,姚领,唐庆峰,等. 草地贪夜蛾对主要杂草的取食适应性[J]. 植物保护学报,2020,47(5): 1055-1061.

[7] 高书晶,刘爱萍,徐林波,等.金龟子绿僵菌与联苯菊酯对亚洲小车蝗协同作用的生物测定[J].农药,2009,48(11):836-837,845.

[8] 高书晶,刘爱萍,徐林波,等.杀蝗绿僵菌与植物源农药混用对亚洲小车蝗的杀虫效果[J].农药,2010,49(10):757-759.

[9] 郭军,邓生荣,谯华彬,等. 6 种药剂对草地螟幼虫的田间防治效果[J].中国植保导刊,2017,37(5):74-76.

[10] 昊翔,周晓榕,庞保平,等.寄主植物对沙葱萤叶甲幼虫生长发育及取食的影响[J].草地学报,2014,22(4):854-858.

[11] 贺维琴.原州区苜蓿病虫害发生发展动态及防治对策[J].宁夏师范学院学报,2011,32(3):60-64.

[12] 洪军,杜桂林,贠旭疆,等.近十年来我国草原虫害生物防控综合配套技术的研究与推广进展[J].草业学报,2014,23(5):302-312.

[13] 洪军,杜桂林,王广君.我国草原蝗虫发生与防治现状分析[J].草地学报,2014,22(5):929-934.

[14] 胡靖,张廷伟,韩天虎,等.草原牧鸡灭蝗效果研究[J].草原与草坪,2012,23(3):74-77.

[15] 胡发成,白晶晶.河西走廊荒漠草原白刺夜蛾生活习性及防治研究[J].畜牧兽医杂志,2011(6):40-42.

[16] 胡桂馨,师尚礼,王森山,等.不同苜蓿品种对牛角花齿蓟马的耐害性研究[J].草地学报,2009,17(4):505-509.

[17] 黄红宙,贺义敏,梁丽珍,等.大同市土蝗的发生为害及防治对策[J].中国植保导刊,

2010,30(3):29-31.
[18]孔德英,孙涛,滕少娜,等. 草地贪夜蛾及其近似种的鉴定[J]. 植物检疫,2019,33(4):37-40.
[19] 李浩,周晓榕,庞保平,等.沙葱萤叶甲的过冷却能力与抗寒性[J].昆虫学报,2014,57(2):212-217.
[20] 李鸿昌,郝树广,康乐,等.内蒙古地区不同景观植被地带蝗总科生态区系的区域性分异[J].昆虫学报,2007,50(4):361-375.
[21] 李明,郭孝.硒钴肥基施对增强苜蓿防病能力的影响[J].家畜生态学报,2011,2:36-40.
[22] 李庆,封传红,张敏,等.西藏飞蝗的生物学特性[J].昆虫知识,2007,44(2):210-213.
[23] 李彦忠,高峰.甘肃环县两种沙打旺蛀秆害虫数量随季节、年份和草地年龄的变化动态[J].草业科学,2012,29(11):1778-1784.
[24] 李彦忠,南志标,张志新,等.沙打旺黄矮根腐病在我国北方5省区的分布与危害[J].草业学报,2011,20(2):39-45.
[25] 李永丹,王丽英,阿不都外力,等.意大利蝗痘病毒一些特性研究[J].昆虫学报,1998,41:105-110.
[26] 刘长月,赵莉,薛鹏,等.苜蓿籽蜂幼虫龄期的初步研究[J].植物检疫,2011,25(6):16-18.
[27] 刘长月,赵莉,张良,等.苜蓿叶象甲的防治药剂筛选及毒力测定[J].新疆农业大学学报,2010,33(1):31-35.
[28] 刘长仲,王万雄,吴小刚,等.苜蓿人工草地节肢动物群落的时间格局[J].应用生态学报,2002,13(8):990-992.
[29] 刘长仲,王刚,严林.蚜虱净对苜蓿田节肢动物群落结构及动态的影响[J].应用生态学报,2007,18(10):2379-2383.
[30] 刘长仲,王刚.高山草原狭翅雏蝗的生物学特性及种群空间分布[J].应用生态学报,2003,14(10):1729-1731.
[31] 刘长仲,冯光翰,王俊梅,等.皱膝蝗发生规律及预测预报的研究[J].草业学报,1998,7(3):46-50.
[32] 刘长仲,冯光翰.狭翅雏蝗种群动态的模糊聚类分析[J].草地学报,1997,5(2):108-112.
[33] 刘长仲,冯光翰.宽须蚁蝗生态学特性研究[J].植物保护学报,1999,26(2):153-156.
[34] 刘长仲,冯光翰.高山草原主要蝗虫的生物学特性[J].植物保护学报,2000,27(1):42-46.
[35] 刘长仲,严林,张新瑞,等.蚜虱净对苜蓿主要害虫及天敌种群数量的影响[J].生态学报,2008,28(10):5188-5193.
[36] 刘长仲,严林,魏列新,等.刈割对苜蓿主要害虫种群数量动态的影响[J].应用生态学报,2008,19(3):691-694.
[37] 刘长仲,周淑荣.刈割对苜蓿人工草地昆虫群落结构及动态的影响[J].生态学报,2004,24(3):542-546.
[38] 刘长仲,周淑荣.模糊聚类法在小翅雏蝗种群动态分析中的应用[J].应用生态学报,2002,13(8):1054-1056.
[39] 刘长仲.草原保护学[M].北京:中国农业大学出版社,2009.
[40] 刘长仲.草原保护学(第二分册).草地昆虫学[M].3版.北京:中国农业出版社,2009.

[41] 刘乾,刘长仲,孙鹭,等.七星瓢虫和多异瓢虫对三叶草彩斑蚜的功能反应研究[J].植物保护,2009,35(2):78-80.
[42] 刘荣堂.草原保护学(第一分册).草原啮齿动物学[M].3版.北京:中国农业出版社,2011.
[43] 卢辉,韩建国,张录达,等.高光谱遥感模型对亚洲小车蝗危害程度研究[J].光谱学与光谱分析,2009,29(3):745-748.
[44] 卢辉,韩建国,张泽华,等.典型草原亚洲小车蝗危害对植物补偿生长的作用[J].草业科学,2008,25(5):112-116.
[45] 卢辉,韩建国.典型草原三种蝗虫种群死亡率和竞争的研究[J].草地学报,2008,16(5):480-484.
[46]罗礼智,程云霞,江幸福,等.我国草地螟的寄生蜂及其与寄主的关系[J].中国生物防治学报,2018,34(3):327-335.
[47]罗礼智,程云霞,唐继洪,等.温湿度是影响草地螟发生为害规律的关键因子[J].植物保护,2016,42(4):1-8.
[48]罗淑萍,陆宴辉,崔艮中,等.冬枣园绿盲蝽绿色防控技术体系构建与示范[J].植物保护,2018,44(1):194-198.
[49] 吕宁,刘长仲.不同抗生素对豌豆蚜生物学特性的影响[J].中国生态农业学报,2014,22(2):208-216.
[50] 马崇勇,伟军,李海山,等.草原新害虫沙葱萤叶甲的初步研究[J].应用昆虫学报,2012,49(3):766-769.
[51] 马建华,高丽,张蓉,等.五种不同苜蓿品种对苜蓿斑蚜实验种群存活率及生殖力的影响及抗性分析[J].昆虫知识,2010,47(6):1161-1164.
[52] 马建华,朱猛蒙,张蓉,等.药剂处理对苜蓿地害虫-天敌群落的影响[J].宁夏大学学报,2009,30(3):282-284.
[53] 马耀,李鸿昌,康乐.内蒙古草地昆虫[M].杨凌:天则出版社,1991.
[54] 农业部畜牧业司,全国畜牧总站.草原植保实用技术手册[M].北京:中国农业出版社,2010.
[55] 全国畜牧总站.中国草原生物灾害[M].北京:中国农业出版社,2018.
[56] 全国农业技术推广服务中心.中国蝗虫预测预报与综合防治[M].北京:中国农业出版社,2011.
[57] 热夏提·乌孜别克,阿布都赛买提.伊犁地区牧草主要病虫害及防治[J].新疆畜牧业,2011,12:56-59.
[58] 荣杰,路浩,赵宝玉,等.美国有毒植物概述及其对畜牧业生产的影响[J].中国农业科学,2010,17:3633-3644.
[59] 史志诚,尉亚辉.中国草地重要有毒植物[M].北京:中国农业出版社,2016.
[60] 苏红田,白松,姚勇,等.近几年西藏飞蝗的发生与分布[J].草业科学,2007,27(1):78-80.
[61] 苏生昌,王雪薇,王纯利,等.苜蓿褐斑病在新疆的发生[J].草业科学,1997,14(5):31-33.
[62] 孙涛,龙瑞军,刘志云,等.祁连山高山草地蝗虫群落组成、发生时间动态及生物学特性[J].应用与环境生物学报,2010,16(4):550-554.

[63] 仝亚娟,陆宴辉,吴孔明,等.大眼长蝽对苜蓿盲蝽的捕食作用[J].应用昆虫学报,2011,48(1):136-140.

[64] 仝亚娟,吴孔明,高希武,等.三突花蛛对绿盲蝽和苜蓿盲蝽的捕食作用[J].中国生物防治,2009,25(2):97-101.

[65] 王发刚,贺英彩.祁连县草地有毒有害植物危害及防治[J].青海畜牧兽医杂志,2005,35(6):37-38.

[66] 王琳.四种药剂对莱豆蓟马的药效试验[J].黑龙江农业科学,2018,283(1):61-62.

[67] 王力,高杉,周俗.青藏高原东南部天然草地主要有毒植物调查研究[J].西北植物学报,2006,26(7):1428-1435.

[68] 王倩倩,王蕾,李克斌,等.不同寄主植物对草地螟的营养作用及消化酶的影响[J].植物保护,2015,41(4)46-51.

[69] 王小强,刘长仲.阿维菌素亚致死剂量下 2 种色型豌豆蚜解毒酶活力的研究[J].中国生态农业学报,2014,22(6):675-681.

[70] 王小强,刘长仲,邢亚田,等.吡虫啉、阿维菌素和高效氯氰菊酯亚致死剂量对绿色型豌豆蚜发育及繁殖的影响[J].草业学报,2014,23(5):279-286.

[71] 王应祥.中国哺乳动物种和亚种分类名录与分布大全[M].北京:中国林业出版社,2003.

[72] 王宗礼,孙启忠,常秉文.草原灾害[M].北京:中国农业出版社,2009.

[73] 伟军,冠军,贾淑杰,等.呼伦贝尔市不同草地类型中蝗虫分布特点初步研究[J].内蒙古草业,2012,24(2):47-49.

[74] 魏红.呼伦贝尔草地生态环境与有害生物发生的关系[J].内蒙古草业,2010,22(1):19-22.

[75] 魏学红,减建成,马少军,等.西藏那曲地区草原毛虫发生为害情况调查及药剂防治试验[J].中国植保导刊,2009,(11):27-28.

[76] 乌麻尔别克,熊玲.黑条小车蝗、意大利蝗和西伯利亚蝗发育起点温度及有效积温测定[J].新疆畜牧业,2007,S1:30-31.

[77] 吴虎山,能乃扎布.呼伦贝尔市草地蝗虫[M].北京:中国农业出版社,2009.

[78] 吴志刚,曲伟伟,张泽华,等.基于 CLIMEX 的苜蓿籽象甲在中国的适生区分析[J].植物保护,2012,38(3):63-66.

[79] 相红燕,钱秀娟,刘长仲.四种药剂对苜蓿常见害虫的田间防治效果研究[J].草原与草坪,2012,32(5):67-69.

[80] 邢会琴,李敏权,徐秉良,等.气孔与苜蓿品种对白粉病抗性的关系[J].草原与草坪,2003,102(3):42-45.

[81] 徐汉虹.植物化学保护学[M].5 版.北京:中国农业出版社,2018.

[82] 薛福祥.草原保护学(第三分册).牧草病理学[M].3 版.北京:中国农业出版社,2009.

[83] 熊玲.新疆草原以生物防治为主的蝗虫综合防治技术应用[J].新疆畜牧业,2011,3:59-63.

[84] 牙森·沙力.西藏飞蝗发生规律的分析[J].草地学报,2011,2:347-350.

[85] 严杜建,吴晨晨,赵宝玉.中国天然草地毒草灾害分布与防控技术的研究进展[J].贵州农业科学,2016,44(1):104-109.

[86] 严杜建,周启武,路浩,等.新疆天然草地毒草灾害分布与防控对策[J].中国农业科学,2015,3:565-582.
[87] 杨星科,黄顶成,葛斯琴,等.内蒙古百万亩草场遭受沙葱萤叶甲暴发危害[J].昆虫知识,2010,47(4):812.
[88] 尹亚丽,李世雄,刘明秀,等.紫花苜蓿伴生菌对菌核病菌的抑制作用[J].植物保护学报,2012,39(5):456-460.
[89] 于健龙,石红霄.草原毛虫对高寒嵩草草甸植物群落结构及土壤特性的影响[J].安徽农业科学,2010(9):4662-4664.
[90] 俞斌华,南志标,李彦忠.沙打旺苗期对黄矮根腐病菌的抗性评价[J].草业科学,2011,28(7):1301-1306.
[91] 贠旭疆,高松,董永平,等.草原蝗虫宜生区划分与监测技术导则[M].北京:中国标准出版社,2011.
[92] 贠旭疆,张泽华,高松,等.草原蝗虫调查规范[M].北京:中国农业出版社,2007.
[93] 张军霞,赵成章,殷翠琴,等.黑河上游天然草地亚洲小车蝗多度与地形的关系[J].生态学杂志,2013,32(2):305-310.
[94] 张娜,刘长月,武云霞,等.苜蓿叶象甲的耐寒性研究[J].草业科学,2011,28(3):459-463.
[95] 张娜,赵莉,柴颜军,等.不同温度下苜蓿叶象甲实验种群生命表研究[J].草地学报,2010,18(5):726-730.
[96] 张娜.苜蓿叶象甲实验种群生命表及翅型分化研究[D].新疆:新疆农业大学,2010.
[97] 张广学.西北农林蚜虫志[M].北京:中国环境科学出版社,1999.
[98] 张蓉,朱猛蒙,王芳,等.基于地理信息系统的耕地苜蓿斑蚜种群发生的适宜生境[J].应用生态学报,2009,20(8):1998-2004.
[99] 张廷伟,陈万斌,刘长仲,等.光周期对红色型豌豆蚜性蚜分化的诱导[J].生态学杂志,2017,36(10):2874-2879.
[100] 张廷伟,黄纯倩,杜军利,等.阿尔蚜茧蜂对不同龄期豌豆蚜的寄生及后代适合度研究[J].中国生态农业学报,2015,23(7):914-918.
[101] 张云慧,张智,刘杰,等.草地贪夜蛾对田间禾本科杂草的产卵和取食选择性[J].植物保护,2020,8. https://kns.cnki.net/kcms/detail/11.1982.S.20200825.1722.002.html
[102] 赵宝玉,刘忠艳,万学攀,等.中国西部草地毒草危害及治理对策[J].中国农业科学,2008,10:3094-3103.
[103] 郑永权,袁会珠.农药安全使用技术.北京:中国农业大学出版社,2009.
[104] 赵宝玉,莫重辉.天然草原牲畜毒害草中毒防治技术[M].陕西:西北农林科技大学出版社,2017.
[105] 赵莉,任海波.苜蓿籽象甲生物学特性的观察//农业生物灾害预防与控制研究[C].北京:中国农业科学技术出版社,2005.
[106] 赵莉,刘芳政,程帅莲,等.光照周期和温度对苜蓿叶象甲发育及滞育的影响[J].八一农学院学报,1994,17(4):32-37.
[107] 赵胜园,罗倩明,吴孔明,等.草地贪夜蛾与斜纹夜蛾的形态特征和生物学习性比较[J].中国植保导刊,2019,39(5):26-35.

[108] 赵宗峰,郭庆元,赵莉,等.苜蓿锈病与白粉病发生动态及两病复合产量损失估计初步研究[J].新疆农业科学,2011,4:668-671.

[109] 中国生态文明研究与促进会,中国西部生态文明发展报告编委会.2017 中国西部地区生态文明发展报告.北京:中国环境出版集团,2018.

[110] 中国农业科学院植物保护研究所.中国植物保护学会.中国农作物病虫害[M].3 版.北京:中国农业出版社,2015.

[111] 周晓榕,陈阳,郭永华,等.内蒙古荒漠草原亚洲小车蝗的种群动态[J].应用昆虫学报,2012,49(6):1598-1603.

[112] 周艳丽,王贵强,李广忠,等.黑龙江省西部草地蝗虫主要种类及综合治理研究[J].中国农学通报,2011,27(9):382-386.

[113] 周玉峰,杨茂发,等.龟纹瓢虫成虫对苜蓿豌豆无网长管蚜的捕食功能反应[J].安徽农业科学,2008,36(8):3264-3265.

[114] 朱猛蒙,蔡凤环,张蓉,等.宁夏固原苜蓿斑蚜种群发生适宜生境[J].植物保护学报,2011,38(1):25-30.

[115] 朱猛蒙,孙玉荣,张蓉,等.基于 GIS 的苜蓿斑蚜区域化预测预报技术初步研究[J].草业学报,2011,20(2):163-169.

[116]族米娜,牙森・沙力,阿力・西拉孜,等. 亚洲飞蝗不同发育阶段取食习性的研究[J]. 环境昆虫学报,2019,41(2):335-342.

[117]族米娜,牙森・沙力,阿孜古丽・阿布力孜,等. 新疆部分生态区亚洲飞蝗地理种群形态变异研究[J]. 新疆农业科学,2018,55(5):888-900.

[118] Arianne J C,James J E,Colleen F F,et al. Heavy livestock grazing promotes locust outbreaks by lowering plant nitrogen content[J]. Science,2012,335(6067):467-469.

[119] Berberet R C,Mc New R W. Reduction in yield and quality of leaf and stem components of alfalfa forage due to damage by larvae of (Coleoptera: Curculionidae) *Hypera postica*[J]. Journal of Economic Entomology,1986,79:212-218.

[120] Block W,Li H C,Worland R. Parameters of cold resistance in eggs of three species of grasshoppers from Inner Mongolia[J]. Cryoletters,1995,16(2):73-78.

[121] Bogij V I,Wittenberg K M,Smith S R. Post-harvest fungal resistance in alfalfa: cultivar response and mechanisms[J]. NAAIC,1996(1):55.

[122] Cárcamo H A, Vankosky M A,Wijerathna A,et al. Progress toward integrated pest management of pea leaf weevil: a review[J]. Annals of the Entomological Society of America, 2018, 111(4): 144-153.

[123] Chen H H,Zhao Y X,Kang L. Comparison of the olfactory sensitivity of two sympatric steppe grasshopper species (Orthoptera: Acrididae) to plant volatile compounds[J]. Science in China Series:C Life Sciences,2004,47(2):115-123.

[124] Chen Y L,Zhang De-er. Historical evidence for population dynamics of Tibetan migratory locust and the forecast of its outbreak[J]. Entomologia Sinica, 1999, 6 (2): 135-145.

[125] Chen Y L. The locust and grasshopper pests of China[M]. Beijing: China Forestry

Publishing House, 1999: 48-50.

[126] Cherry A J, Jenkins N E, Heviefo G, et al. Operational and economic analysis of a West African pilotscale production plant for aerial conidia of *Metarhizium* spp. for use as a Mycoinsecticide against locusts and grasshoppers[J]. Biocontrol Science and Technology, 1999, 9(1): 36-51.

[127] Dadrass S, Mirfakhraie S, Aramideh S, et al. The toxicity of three current insecticides against third larval stage of alfalfa weevil, *Hypera postica* Gyllenhal (Col: Curculionidae)[J]. Journal of Entomology and Zoology Studies [Internet], 2016, 4(5): 611-614.

[128] Cook D, Ralphs MH, Welch K D, et al. Locoweed Poisoning in Livestock[J]. Rangelands, 2009, 31(1): 16-21.

[129] Tong D W, Mu P H, Dong Q, et al. Immunological evaluation of SW-HSA conjugate on goats[J]. Colloids and Surfaces B: Biointerfaces, 2007, 58(1): 61-67.

[130] Dysart R J. Establishment in the United States of *Peridesmia discus* (Hymenoptera: Pteromalidae), egg predator of the alfalfa weevil (Coleoptera: Curculionidae)[J]. Environmental Entomology, 1988, 17: 409-411.

[131] Edward B R, Kathy L F. Biological control of alfalfa weevil in North America. Integrated Pest Management Review, 1998(3): 225-242.

[132] Hao S G, Kang L. Postdiapause development and hatching rate of three grasshopper species (Orthoptera: Acrididae) in Inner Mongolia[J]. Environmental Entomology, 2004, 33(6): 1528-1534.

[133] Hao S G, Kang L. Supercooling capacity and cold hardiness of the eggs of the grasshopper *Chorthippus fallax* (Orthoptera: Acrididae)[J]. European Journal of Entomology, 2004, 101(2): 231-236.

[134] Kang L, Chen Y L. Dynamics of grasshopper communities under different grazing intensities in Inner Mongolian steppes[J]. Insect Science, 2008, 2(3): 265-281.

[135] Liu C Z, Zhou S R, Yan L, et al. Competition among the adults of three grasshoppers on an alpine grassland[J]. Journal of Applied Entomology, 2007, 131(3): 153-159.

[136] Liu J, Zhu X W, Wang R Q, et al. Effects of grasshoppers on the dominant plants naturally growing in degraded grassland ecosystem in Northern China[J]. Ekológia, 2005, 24(2): 117-124.

[137] Mark A O, Anthony J. Stage-based mortality of grassland grasshoppers (Acrididae) from wandering spider (Lycosidae) predation [J]. Acta Oecologica, 1998, 19 (6): 507-515.

[138] Pellissier M E, Nelson Z, Jabbour R. Ecology and management of the alfalfa weevil (Coleoptera: Curculionidae) in western United States alfalfa[J]. Journal of Integrated Pest Management, 2017, 8(1): 1-7.

[139] Skinner D Z, Stutevilla D L. Host range expansion of the alfalfa rust pathogen[J]. Plant Disease, 1995, 79: 456-460.

[140] Tim G, Mark H. Does microclimate affect grasshopper populations after cutting of hay in improved grassland[J]. Journal of Insect Conservation, 2009, 13(1): 97-102.

[141] Yan L, Wang G, Liu C Z. Number of instars and stadium duration of *Gynaephora menyuanensis* from Qinghai-Tibetan Plateau in China[J]. Annals of the Entomological Society of America, 2006, 99(6): 1012-1018.